计算机网络技术及应用

第2版

高　阳　主编

王坚强　张红宇　周向红　副主编

清華大学出版社

北　京

内 容 简 介

本书在《计算机网络技术及应用》的基础上进行全面修订。全书共9章，系统地介绍了计算机网络的基本原理、组网技术、网络硬件系统、网络操作系统、互联网及其应用、网络安全、局域网的设计与安全管理等内容，还设置了相关的实验。本书内容翔实，力求做到基本理论适度，注重基本理论与原理的综合应用，强调实践和应用环节。

本书既可作为高等院校理工科工程型与应用型专业“计算机网络”课程的教材，又可作为管理科学与工程相关专业的“计算机网络”课程的教材，对从事计算机网络系统开发和维护的工程技术人员与企业管理人员也有参考价值。

图书在版编目 (CIP) 数据

计算机网络技术及应用 / 高阳主编 . —2 版 . —北京：清华大学出版社，2023.5(2024.11重印)

ISBN 978-7-302-63218-4

Ⅰ . ①计…　Ⅱ . ①高…　Ⅲ . ①计算机网络　Ⅳ . ① TP393

中国国家版本馆 CIP 数据核字 (2023) 第 052443 号

责任编辑： 刘向威
封面设计： 文　静
责任校对： 申晓焕
责任印制： 丛怀宇

出版发行： 清华大学出版社
　　网　　址： https://www.tup.com.cn，https://www.wqxuetang.com
　　地　　址： 北京清华大学学研大厦 A 座　　**邮　　编：** 100084
　　社 总 机： 010-83470000　　**邮　　购：** 010-62786544
　　投稿与读者服务： 010-62776969，c-service@tup.tsinghua.edu.cn
　　质 量 反 馈： 010-62772015，zhiliang@tup.tsinghua.edu.cn
　　课 件 下 载： https://www.tup.com.cn，010-83470236
印 装 者： 三河市君旺印务有限公司
经　　销： 全国新华书店
开　　本： 185mm×260mm　　**印　　张：** 31　　**字　　数：** 622 千字
版　　次： 2009 年 6 月第 1 版　2023 年 6 月第 2 版　　**印　　次：** 2024 年11月第 2 次印刷
印　　数： 1501 ~ 2000
定　　价： 88.00 元

产品编号：093242-01

第2版前言

21世纪是以网络为核心的信息化时代，依靠完善的网络实现了信息资源的全球化，网络技术已经成为信息化时代的标志性技术。随着互联网技术的发展和信息基础设施的提高，计算机网络正在改变我们的工作和生活方式。

2009年，以清华大学陈国青教授为组长的“中国高等院校信息系统学科课程体系课题组”所提出的《中国高等院校信息系统学科课程体系2005》中的“网络技术及应用”课程大纲为依据，并经适当修改而编著了《计算机网络技术及应用》（ISBN：978-7-302-20119-9）。教材出版后，深受国内高校广大师生的喜爱，先后14次印刷，发行量逾2万册。

为了适应计算机网络技术的快速发展，本次对《计算机网络技术及应用》一书进行了全面修订，删除了时效性差、知识陈旧的内容，补充了计算机网络技术发展已取得的新成果和新进展方面的内容。

全书分为9章，主要内容包括计算机网络的基本原理、组网技术、网络硬件系统、网络操作系统、互联网及其应用、网络安全、局域网的设计与安全管理，以及网络实验。

本书编写的原则如下：

（1）作为高等院校本科生计算机网络课程的教材，本书主要面向工程型与应用型学科专业。教材内容宜坚持基本理论适度，关注基本理论和原理的综合应用，强调实践和应用环节。

（2）新增内容的选取注意体现素质教育、理论素养、创新能力与实践能力的培养，为学生的知识、能力、素质协调发展创造条件。

（3）本书不是按传统的计算机网络ISO 7层模型的层次顺序来编写，而是以基础理论—实用技术—实际应用为主线来展开。基础理论方面包括计算机网络概论和计算机网络的基本原理两章。后者安排了12节，它是计算机网络的重要基础，既有经典的通信理论，又有新成果与新进展，如量子通信、5G及卫星互联网等内容；实用技术方面介绍了计算机网络的组网技术、网络硬件系统、网络操作系统、互联网和网络安全；实际应用方面列举了湖南某企业网的设计与安全管理以及国内某高校校园网的安全管理两个案例。

（4）坚持理论与实践并重的原则，重视在实践教学中培养学生的实践能力和创新能力。第9章安排了10个实验，共计10学时。

本书的计划教学课时数为64学时。每个学校可以根据专业特点选择相应的教学内容和学时。授课的建议如下：

（1）讲授。本书第1~4章，第5章的5.1节、5.2节，第6章的6.1~6.4节是重点，均应讲授，余下章节讲授与否，授课老师可根据实际情况自行选择。

（2）自学。除讲授内容之外，其余内容均以自学为主，老师可适当讲解难点。

本书主要由高阳、王坚强、张红宇、周向红、丁于思修订，中南大学信息与网络中心原副主任黄家林教授修订了8.3节，参加修订工作的还有侯文慧、王亚楠、吕龙、赵悦心、成思婕、周天予，以及深圳大学管理学院王晓康博士。全书由高阳任主编，王坚强、张红宇、周向红任副主编。

本书出版之际，深深感谢清华大学出版社刘向威编辑的辛勤工作。

本书在编写过程中参考了大量有价值的文献和资料，吸取了许多学者的宝贵经验，在此向这些文献的作者表示衷心的感谢。

由于作者水平有限，书中难免有错误和疏漏之处，敬请广大读者和专家批评指正。

高阳

2023年1月于岳麓山

第1版前言

本书以清华大学陈国青教授为组长的"中国高等院校信息系统学科课程体系课题组"所提出的《中国高等院校信息系统学科课程体系2005》中的"网络技术及应用"课程大纲为依据，并经适当修改而编著，书名定为"计算机网络技术及应用"。

在2004年教育部管理科学与工程类学科指导委员会制订的本学科核心课程以及各专业主干课程的教学基本要求中，"管理信息系统"是本学科的核心课程，而"系统分析与设计""数据结构与数据库""信息资源管理""计算机网络"是信息管理与信息系统专业的主干课程。而在上面提到的《中国高等院校信息系统学科课程体系2005》中，提出了信息系统教育的11门核心课程体系，并制订了其中10门课程的教学大纲，"网络技术及应用"（即"计算机网络"）是其中之一。这表明了该课程的重要性，同时也鞭策作者应尽力写好该教材。

本书共9章，较系统地介绍了计算机网络的基本原理（第1章及第2章）、计算机网络的组网技术（第3章）、计算机网络的组成（第4章及第5章）、计算机网络的应用（第6章及第7章）和计算机网络的建设与管理（第8章），第9章包含12个实验。

本书在编写时注意了下述几点。首先，本书主要定位于管理科学与工程类、工商管理类各专业，如信息管理与信息系统、电子商务等专业的本科生用作教材，也适合于非计算机专业使用。其次，本书按下述脉络依次展开论述，即计算机网络的基本原理、计算机网络的组网技术、计算机网络的组成、计算机网络的应用以及计算机网络的建设与管理，结构合理，层次清晰。最后，本书坚持理论与应用、理论与实践并重的原则组织内容。教材中，偏理论的章节主要有第1~3章以及第7章，其余章节则偏应用。第9章附有12个实验，可安排8~12学时的实验，力求通过实验培养学生的动手能力以及创新思维和独立分析问题、解决问题的能力。

本书按64学时设计，开课学时可在48~64学时范围内选择，含实验课10学时左右。如果学时较少，则第5章、第7章的7.5节~7.7节和7.9节~7.11节以及第8章可以自学，或以自学为主，并辅以教师适当讲解难点。此外，本书每章章末均附有习题，便于复习思考。

本书主要由高阳、王坚强主编，参加部分编写工作的还有成鹏飞、江资斌、郭尧琦、费成良、罗根、钟波、任世昶、龚岚、于湘东等。

在此要感谢陈国青教授的指导，感谢清华大学出版社索梅编审的辛勤工作。

限于作者水平，本书难免有错误与不当之处，恳请各位读者批评指正。

高阳

2009年3月于岳麓山

目 录

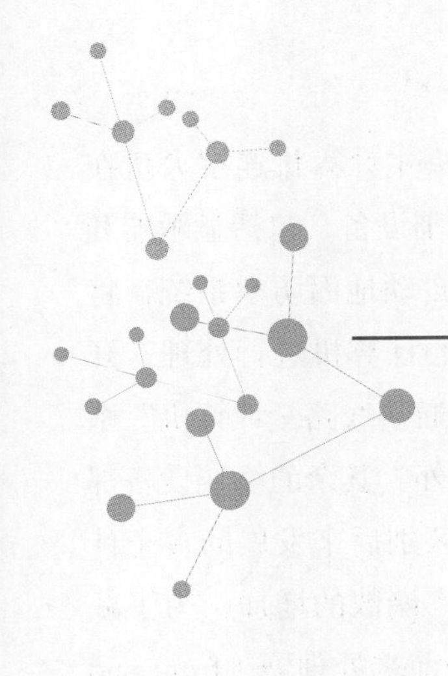

第 1 章 计算机网络概论

本章主要介绍计算机网络的概念、演变和发展、组成与功能、类别、计算机网络的体系结构以及发展趋势。

通过本章学习，可以了解（或掌握）：

- 计算机网络的概念；
- 计算机网络的发展历程；
- 计算机网络的组成、功能和类别；
- 计算机网络的体系结构；
- 计算机网络的发展趋势。

1.1 计算机网络发展概述

从 20 世纪 50 年代开始发展起来的计算机网络技术，随着计算机技术和通信技术的飞速发展而进入了一个崭新的时代。信息技术的迅猛发展，使得计算机网络技术面临新的机遇和挑战，同时也将促进计算机网络技术的进一步发展。

1.1.1 计算机网络

计算机网络是现代计算机技术和通信技术密切结合的产物，是随着社会对信息共享和信息传递的要求而发展起来的。所谓计算机网络是指利用通信设备和线路将地理位置不同的功能独立的多个计算机系统互联起来，以功能完善的网络软件，如网络通信协议、信息交换方式以及网络操作系统等，实现网络中信息传递和资源共享的系统。这里所谓功能独立的计算机系统，一般是指有中央处理器（central processing unit，CPU）的计算机。

1.1.2 计算机网络的演变和发展

计算机网络的发展过程经历了从简单到复杂，从单机到多机，由终端与计算机之间的通信到计算机与计算机之间直接通信的演变过程。至今其发展可以概括为 5 个阶段或者说 5 代。

1. 面向终端的计算机网络（1954—1968年）

第一代计算机网络是面向终端的计算机网络。它以一台中央主计算机连接大量在地理上处于分散位置的终端。所谓终端通常是指一台计算机的外围设备，包括显示器和键盘，无CPU和内存。早在20世纪50年代初，美国建立的半自动地面防空系统，将远距离的雷达和其他测量控制设备通过通信线路汇集到一台中心计算机进行处理，开始了计算机技术和通信技术相结合的尝试。这类简单的“终端—通信线路—计算机”系统，构成了计算机网络的雏形。这样的系统除了一台中心计算机外，其余的终端设备都没有CPU，因而无自主处理功能，还不能称为计算机网络。为区别后来发展的多个计算机互联的计算机网络，称其为面向终端的计算机网络。随着终端数的增加，为了减轻中心计算机的负担，在通信线路和中心计算机之间设置了一个前端处理器（front end processor，FEP）或通信控制器（communication control unit，CCU），专门负责与终端之间的通信控制，出现了数据处理与通信控制的分工，以便更好地发挥中心计算机的处理能力。另外，在终端较集中的地区，设置集线器或多路复用器，通过低速线路将附近群集的终端连至集线器和复用器，然后通过高速线路、调制解调器（modem）与远程计算机的前端机相连。面向终端的计算机网络示意图如图1.1所示。

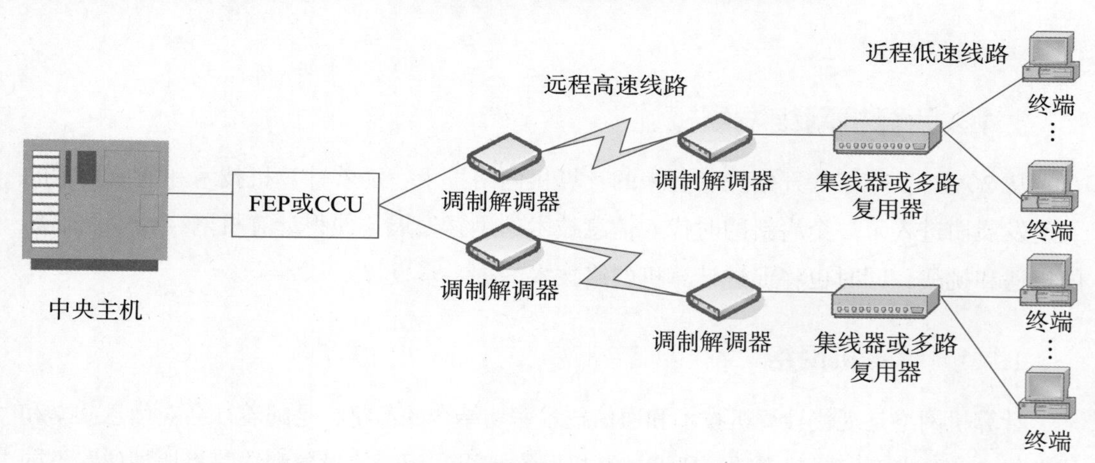

图1.1　面向终端的计算机网络示意图

上述计算机网络有两个明显的缺点：一是中央主机负荷很重，以致对终端的响应较慢，甚至出现中央主机崩溃的现象；二是单台中央主机系统的可靠性较低，一旦发生计算机故障，将导致整个系统瘫痪。面向终端的计算机网络的典型应用是当时的美国航空公司与IBM公司在20世纪50年代开始联合研制，于20世纪60年代投入使用的飞机订票系统SABRE-I，它由一台中央主机和全美范围的2000个计算机终端组成。

2. 计算机互联网络（1969—1983年）

第二代计算机网络是计算机互联网络。从20世纪60年代中期开始，出现了若干计算机互联系统，开创了“计算机 - 计算机”通信时代。20 世纪 60 年代后期，以美国国防部资助建立起来的阿帕网（Advanced Research Projects Agency network，ARPANET）为代表，从此标志着计算机网络的兴起。当时，这个网络把位于洛杉矶的加利福尼亚大学、位于圣巴巴拉的加利福尼亚大学、斯坦福大学及位于盐湖城的犹他州州立大学的计算机主机连接起来，采用分组交换技术传送信息。这种技术能够保证，如果这四所大学之间的某一条通信线路因某种原因被切断（如核打击）以后，信息仍能通过其他线路在各主机之间传递。这个 ARPANET 就是今天互联网（考虑到历史与习惯，全书中 Internet 与因特网、互联网通用）的雏形。到 1972 年，ARPANET 上的节点数已达到 40 个，这 40 个节点彼此之间可以发送小文本文件，当时称这种文件为电子邮件，也就是现在的 E-mail；并利用文件传输协议发送大文本文件，包括数据文件，即现在互联网中的文件传输协议（file transfer protocol，FTP）；同时通过把一台计算机模拟成另一台远程计算机的一个终端而使用远程计算机上的资源，这种方法被称为 TELNET。ARPANET 是一个成功的系统，它在概念、结构和网络设计方面都为后继的计算机网络打下了坚实的基础。

随后各大计算机公司都陆续推出了自己的网络体系结构，以及实现这些网络体系结构的软件和硬件产品。1974 年 IBM 公司提出的系统网络体系结构（systems network architecture，SNA）和 1975 年 DEC 公司推出的数字网络体系结构（digital network architecture，DNA）就是两个著名的例子。凡是按 SNA 组建的网络都可称为 SNA 网，而凡是按 DNA 组建的网络都可称为 DNA 网或 DECNet。这些网络也存在一些弊端，主要问题是各厂家提供的网络产品实现互联十分困难。这种自成体系的系统称为“封闭”系统。因此，人们迫切希望建立一系列的国际标准，渴望得到一个“开放”系统，这正是推动计算机网络走向国际标准化的一个重要因素。

计算机互联网络结构示意图如图 1.2 所示。

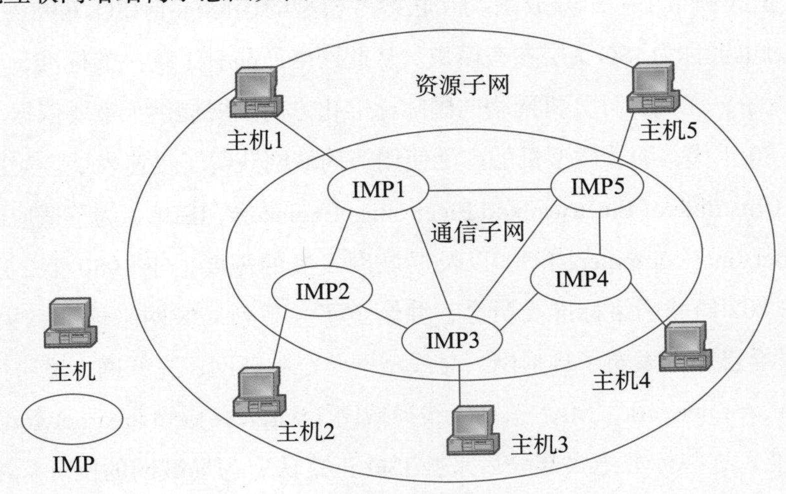

图 1.2　计算机互联网络结构示意图

图 1.2 中的接口报文处理机（interface message processor，IMP）专门负责通信处理，类似于现在的交换机。此外，在美国的 ARPANET 中开始把整个计算机网络划分成两部分：各用户计算机（包括服务器）划分成“资源子网”，因为所有资源均存储在这些计算机上；而用于构建计算机网络通信平台的各 IMP 以及所连接的传输线路共同构成“通信子网”。用户不仅可共享通信子网中的线路和网络设备资源，还可以共享资源子网中其他用户计算机上的硬件 / 软件资源。

特别应指出的是，1964 年美国的巴兰（Baran）提出了“存储 - 转发”（store-and-forward），1966 年英国的戴维斯（D.Davies）提出了“分组”（Packet）的概念，这对计算机网络的发展具有里程碑意义。1971 年投入运行的美国 ARPANET 第一次采用了分组交换技术，计算机网络的发展也由此进入了一个崭新的纪元。第二代计算机网络的既分散（从地理位置上来讲）又统一（从服务功能上来讲）的多主机计算机网络，使得整个计算机网络的性能大大提高，不会因为中央主机故障而使整个网络系统瘫痪。另外，可以将第一代计算机网络中的单一中央主机的负载分配到第二代计算机网络的多个计算机主机上，大大提高了计算机网络系统的响应性能。

3. 标准化网络（1984—1991 年）

第三代计算机网络是标准化网络。20 世纪 70 年代中期，计算机网络开始向体系结构标准化的方向迈进，即正式步入网络标准化时代。为了适应计算机向标准化方向发展的要求，国际标准化组织（International Organization for Standardization，ISO）于 1977 年成立了计算机与信息处理标准化委员会（TC97）下属的开放系统互联分技术委员会（SC16），开始着手制定开放系统互联的一系列国际标准。经过几年卓有成效的工作，1984 年 ISO 正式颁布了一个开放系统互联参考模型的国际标准 ISO 7498。模型分为 7 个层次，有时也被称为 ISO 7 层参考模型。从此网络产品有了统一的标准，此外这也促进了企业的竞争，尤其为计算机网络向国际标准化方向发展提供了重要依据。

20 世纪 80 年代，随着微型机的广泛使用，局域网获得了迅速发展。美国电气电子工程师学会（Institute of Electrical and Electronics Engineers，IEEE）为了适应微型机、个人计算机（personal computer，PC）以及局域网发展的需要，于 1980 年 2 月在旧金山成立了 IEEE 802 局域网络标准委员会，并制定了一系列局域网络标准。从 1980 年至今，802 委员会已相继发布了环形网、总线型网、令牌环网、光纤网、宽带网、城域网（metropolitan area network，MAN）和无线局域网（wireless local area network，WLAN）等局域网标准。这些标准绝大部分后来被 ISO 正式认定为局域网的国际标准。标准化网络结构示意图如图 1.3 所示。

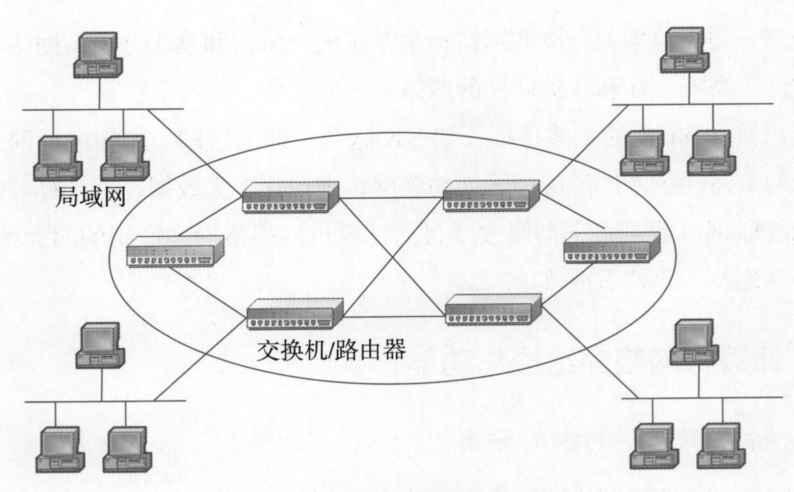

图 1.3　标准化网络结构示意图

4. 网络互联与高速网络（1992 年至今）

第四代计算机网络是网络互联与高速网络。进入 20 世纪 90 年代，特别是 1993 年美国宣布建立国家信息基础设施（national information infrastructure，NII）后，全世界许多国家都纷纷定制和建立本国的 NII，从而极大地推动了计算机网络技术的发展，使计算机网络的发展进入了一个崭新的阶段——计算机网络互联与高速网络阶段。

全球以互联网为核心的高速计算机互联网络已经形成，互联网已经成为人类最重要的和最大的知识宝库。网络互联和高速网络结构如图 1.4 所示，图中局域网（local area network，LAN）出入口与主干网出入口以及主干网之间的出入口一般均与路由器相连。

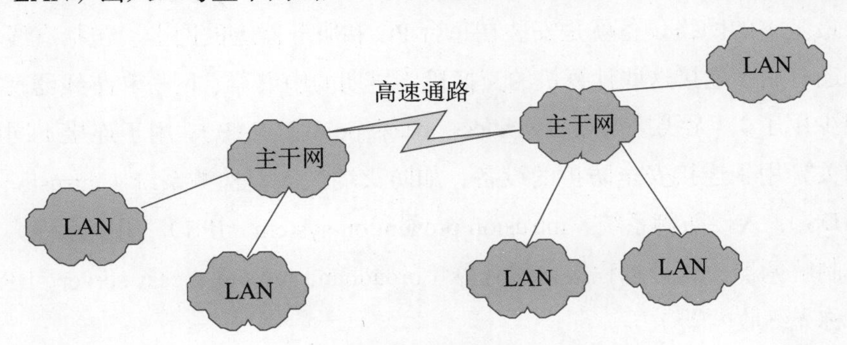

图 1.4　网络互联和高速网络结构示意图

5. 下一代计算机网络

1.5 节讨论了计算机网络的发展趋势。其中提到的触觉互联网（tactile Internet）、量子互联网（quantum Internet）、太赫兹互联网（terahertz Internet）是计算机网络较长远的发展方向。目前，下一代网络(next-generation network,NGN)，即第五代计算机网络，普遍认为是互联网、移动通信网、固定电话网的融合，IP 网络和光网络的融合，是可以提供语言、数据和多媒体等多种业务的综合开放的网络架构；是业务驱动、业务与呼叫控制分离、呼叫与承载分离的网络；是基于统一协议和基于分组的网络，是高智能化、高实时性、高安全性和高扩展性的网络。

目前可以看到NGN的一些特征：如三网融合，即电信网、广播电视网、计算机网相融合；新的革命性技术广泛应用，如物联网、虚拟化、大数据、云计算等的应用。其中云计算和物联网可能是将来彻底改变目前计算机网络格局和应用的两大技术。对此，后面章节还要论及，此处不再赘述。

1.2 计算机网络的组成与功能

1.2.1 计算机网络的组成要素

计算机网络由计算机网络硬件系统和计算机网络软件系统两大要素组成。计算机网络硬件系统包括计算机设备、网络设备、通信线路。计算机网络软件系统包括网络操作系统、网络应用软件、网络通信协议。

1. 计算机网络硬件系统

（1）计算机设备。计算机设备是网络中使用的各种计算机，如PC、笔记本电脑、平板电脑、具有上网功能的智能手机，甚至是一个很小的摄像头（可监测当地天气或交通情况，并在互联网上实时发布）；也可以是充当服务器的小型机、中型机，甚至是昂贵的大型机、巨型机等。

（2）网络设备。网络设备与通信线路（即传输介质）相连一起构成整个计算机网络的框架。最基本的网络设备就是安装在每台PC和服务器上的网卡，包括有线网卡和无线网卡，还有用于连接这些计算机的交换机（早期的中继器、网桥和集线器现在已基本不用或很少用了）、无线接入点（wireless access point，WAP）、用于连接不同网络的路由器、网关，用于连接安全防护的设备，如防火墙、入侵检测系统（intrusion detection system，IDS）、入侵防御系统（intrusion prevention system，IPS），用于远程广域网连接的各种调制解调器、宽带远程接入服务器（broadband remote access server，BRAS）、光端机（也称光纤收发器）等。

（3）通信线路。通信线路可以是物理有形的，如同轴电缆、双绞线、光缆（也称光纤）等，还可以是无形的，如各种无线通信中的通信线路，它其实就是各种肉眼看不见的各种电磁波。第4章将具体介绍计算机网络硬件系统，这里不再赘述。

2. 计算机网络软件系统

（1）网络操作系统。网络操作系统是安装在PC、服务器、交换机、路由器、防火墙等所有设备上的软件，常用的网络操作系统有Windows类操作系统、UNIX系统、

Linux 系统以及国产银河麒麟操作系统、统一操作系统（unity operating system，UOS）等，第 5 章将具体介绍。

（2）网络应用软件。网络应用软件是为实现某项网络具体应用而安装的软件，如通信类软件微信、微博等；文件传输协议类软件，如 Serv-U、Easy FTP、简易文件传输协议（trivial file transfer protocol，TFTP）服务器软件等；电子邮件通信类软件，如 Outlook、Foxmail、Gmail 等；浏览器访问软件，如 IE、Chrome、Firefox 等浏览器，以及其他应用软件等。

（3）网络通信协议。网络通信协议是独立或内植于操作系统的一类软件，如传输控制协议 / 互联网协议（transmission control protocol/internet protocol，TCP/IP）协议簇、IEEE 802 协议簇等；网络设备中的虚拟局域网（virtual local area network，VLAN）、生成树协议（spanning tree protocol，STP）、路由信息协议（routing information protocol，RIP）、开放最短路径优先（open shortest path first，OSPF）、边界网关协议（border gateway protocol，BGP）；拨号通信的点对点协议（point to point protocol，PPP）、以太网点对点协议（point-to-point protocol over ethernet，PPPoE）协议；虚拟专用网（virtual private network，VPN）通信的互联网安全协议（Internet protocol security，IPSec）、点对点隧道协议（point to point tunneling protocol，PPTP）、第二层隧道协议（layer 2 tunneling protocol，L2TP）等。

1.2.2　计算机网络的组成

从网络拓扑结构而言，计算机网络的结构包括星形网络、树形网络、总线型网络、环形网络、网状网络以及由这几种网络构成的复合型网络，这里对其结构不多论述。但从宏观上、从工作方式上可对最复杂的覆盖全球的互联网进行分析，可将互联网抽象为两大组成部分，即网络的边缘部分和网络的核心部分，如图 1.5 所示。

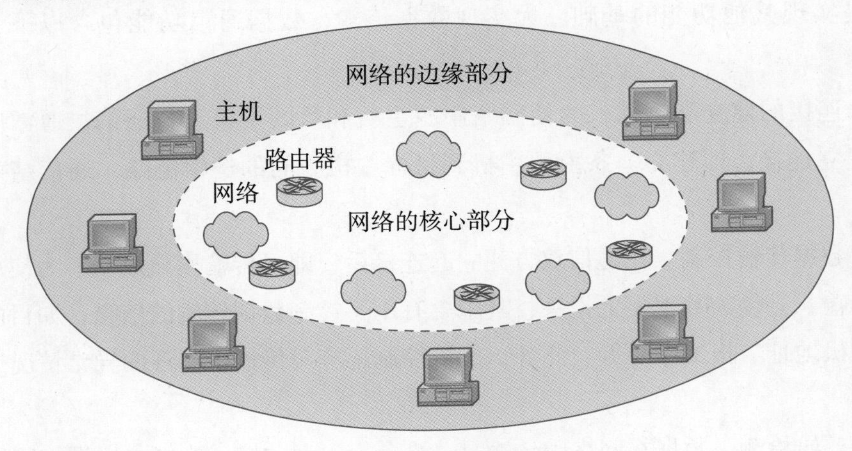

图 1.5　互联网的组成示意图

1. 网络的边缘部分

网络的边缘部分就是连接在互联网上的所有主机（host），或称端系统（end system）。这些主机各式各样，可以是普通的PC，包括笔记本电脑或平板电脑，以及智能手机，甚至微小的网络摄像头，也可以是小型机、中型机、大型机等。主机的拥有者可以是个人，也可以是单位，如企业、机关、学校等，也可以是互联网服务提供者（Internet service provider，ISP），即ISP不仅提供服务，还可以拥有若干主机。网络的边缘部分的主机使用网络的核心部分提供的服务，于是相互之间便可通信并交换或共享信息。

网络的边缘部分主机之间的通信通常又分为两大类：客户机/服务器模式（client/server，C/S）（见6.2.3节）和对等模式（peer to peer）（见1.3.5节）。

2. 网络的核心部分

网络的核心部分是互联网中最复杂的部分，它的功能是向网络的边缘部分中的大量主机提供连通性，使任何一台主机都能够与其他主机通信。在网络的核心部分起特殊作用的是网络设备路由器（router），它是一种专用计算机（但不叫主机）。路由器通过光缆将核心部分中的网络互联起来，实现分组交换或包交换（packet switching）。它转发收到的分组交换，这是网络的核心部分最重要的功能。分组交换将在第2章介绍。

1.2.3 计算机网络的功能

计算机网络的主要目标是实现资源共享，其主要功能如下。

1. 数据通信

该功能用于实现计算机与计算机之间的数据传输，这是计算机网络最基本的功能，也是实现其他功能的基础。为实现数据传输，数据通信功能包含以下6项具体内容。

（1）连接的建立和拆除。为使网络中源主机和目的主机进行通信，通常应先在它们之间建立连接，即建立一条由源主机到目标主机之间的逻辑链路，通信结束时拆除连接。

（2）数据传输控制。在通信双方建立起连接后，即可传输用户数据。为使用户数据能正确传输，必须为数据配上报头，其中含有用于控制数据传输的信息，如目的主机地址、源主机地址、报文序号等。此外，传输控制还应对传输中出现的异常情况进行及时处理。

（3）差错检测。数据在网络中传输时，难免会出现差错。为减少错误，网络中必须具有差错控制设施，既可检错，又可纠错。

（4）流量控制。数据在网络中传输时，应控制源主机发送数据流的速率，使之与目的主机接收数据流的速度相匹配，以保证目的主机能及时接收和处理所接收的数据流。否则，可能使接收方缓冲区中的数据溢出而丢失，严重时可能导致网络拥挤和死锁。

（5）路由选择。网络中，由源站到目的站通常有多条路径。路由选择指按一定策略，如传输路径最短、传输时延最小或传输费用最低等为被传输的报文选择一条最佳传输路径。

（6）多路复用。为提高传输线路利用率，通常都采用多路复用技术，即将一条物理链路虚拟为多条虚链路，使一条物理链路能为多个“用户对”同时提供信息传输功能。

上述主要内容将在第 2 章中详细讨论。

2. 资源共享

计算机网络中的资源可分为数据、软件、硬件 3 类。相应地，资源共享也可分为以下 3 类。

（1）数据共享。当今数据资源的重要性越来越大。前面提到的网络边缘主机之间通信的 C/S 模式中，客户机通常是桌面 PC、移动 PC 和智能手机等，而服务器通常是更为强大的机器，用于存储和发布 Web 页面、流视频、中继电子邮件等。目前，大部分提供搜索结果、电子邮件、Web 页面和视频的服务器都属于大型数据中心。例如，谷歌公司（Google）拥有 50 ～ 100 个数据中心，其中 15 个大型数据中心都有 10 万台以上的服务器，其存储的数据等资源可被全世界网络用户所使用。

（2）软件共享。通过计算机网络，可实现各种操作系统及其应用软件、工具软件、数据库管理软件和各种互联网信息服务的共享。共享软件允许多个用户同时调用服务器中的各种软件资源，并能保持数据的完整性和一致性。用户可以通过 C/S 或浏览器 / 服务器（browser/server，B/S）模式，使用各种类型的网络应用软件，共享远程服务器上的软件资源。

（3）硬件共享。为发挥巨型机和特殊外围设备的作用，并满足用户的要求，计算机网络也应具有硬件资源共享的功能。例如，某计算机系统 A 由于无某种特殊外围设备而无法处理某些复杂问题时，它可将处理问题的有关数据连同有关软件，一起传送至拥有这种特殊外围设备的系统 B，由系统 B 利用该硬件对数据进行处理，处理完成后再把有关软件及结果返回系统 A。此外，用户可共享网络打印机、共享磁盘、共享 CPU 等。

3. 负荷均衡和分布处理

（1）负荷均衡。负荷均衡是指网络中的工作负荷均匀地分配给网络中的各个计算机系统。当网络上某台主机的负载过重时，通过网络和一些应用程序的控制和管理，可以将任务交给网上其他的计算机处理，由多台计算机共同完成，起到负荷均衡的作用。

（2）分布处理。分布处理对一个作业的处理可分为 3 个步骤：提供作业文件，对作业进行加工处理，把处理结果输出。在单机环境下，上述 3 步都在本地计算机系统中进行。在网络环境下，根据分布处理的需求，可将作业分配给其他计算机系统进行处理，以提高系统的处理能力，高效地完成一些大型应用系统的程序计算以及大型数据库的访问等。

4. 提高系统的安全可靠性

计算机通过网络中的冗余部件可大大提高系统的可靠性，例如在工作过程中，一台机器出了故障，可以使用网络中的另一台机器；网络中一条通信线路出了故障，可以取道另一条线路，从而提高了网络整体系统的可靠性。

1.3 计算机网络的类别

为了对计算机网络有更进一步的认识，可以从不同的角度，如网络拓扑结构、网络控制方式、网络作用范围、通信传输方式、网络配置、使用范围、物理通信媒体、通信速率、数据交换方式、传输信号类型和网络操作系统等对计算机网络进行分类。

1.3.1 按网络拓扑结构分类

拓扑结构一般是指点和线的几何排列或组成的几何图形。计算机网络的拓扑结构是指一个网络的通信链路和节点的几何排列或物理布局图形。链路是网络中相邻两个节点之间的物理通路，节点是指计算机和有关的网络设备，甚至是一个网络，这是抽象原理的应用。按拓扑结构，计算机网络可分为以下 5 类。

1. 星形网络

星形拓扑是以中央节点为中心，并与各节点连接组成的，各节点与中央节点通过点到点的方式连接。其拓扑结构如图 1.6 所示，中央节点执行集中式控制策略，因此中央节点十分复杂，负担要比其他各节点重得多。现有的数据处理和语音通信的信息网大多采用星形网络。传统的专用小交换机（private branch exchange，PBX），即电话交换机就是星形网络结构的典型实例。

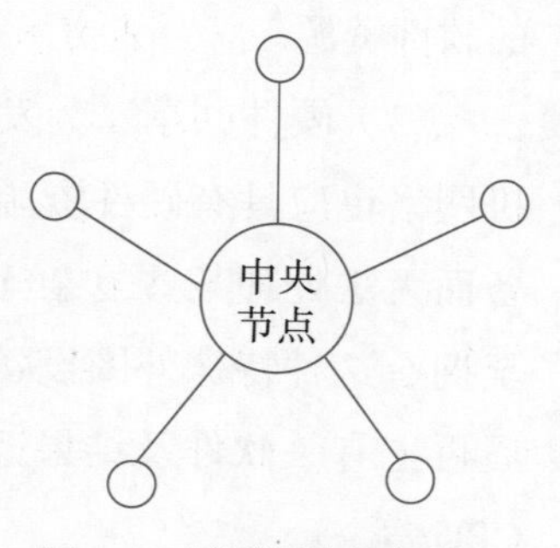

图 1.6 星形网络拓扑结构

在星形网络中任何两个节点要进行通信都必须经过中央节点。因此，中央节点的主要功能如下：当要求通信的站点发出请求后，中央节点的控制器要检查中央节点是否有空闲的通路，被叫设备是否空闲，从而决定是否能建立双方的物理连接；在两台设备通信过程中要维持这一通路；当通信完成或者不成功要求拆线时，中央节点应能拆除上述通道。

由于中央节点要与多机连接，线路较多，为便于集中连线，可采用集线器（hub）或交换机（switch）作为中央节点。hub 工作在开放系统互连参考模型（open system interconnect，OSI/RM）的第一层，是一种物理层的连接设备，主要起信号的再生转发功能，通常有 8 个以上的连接端口。每个端口之间电路相互独立，某一端口的故障不会影响其他端口状态，可以同时连接粗缆、细缆和双绞线。交换机工作在 OSI/RM 的第二层，功能比集线器更强。星形网络是目前广泛使用的局域网之一。

星形网络的特点是：网络结构简单，便于管理；控制简单，建网容易；网络延迟时间较短，误码率较低；网络线路共享能力差；线路利用率不高；中央节点负荷较重。

2. 树形网络

在实际建造一个大型网络时，往往是采用多级星形网络，即将多级星形网络按层次方式排列而形成树形网络，其拓扑结构如图 1.7 所示。由图 1.7 可见，树形拓扑以其独特的特点而与众不同：具有层次结构。中国传统的电话网络即采用树形结构，其由多级星形网构成。互联网（Internet）从整体上看也采用树形结构。位于树形结构不同层次的节点具有不同的地位，而且节点既可以是一台机器，也可以是一个网络。在互联网中，树根对应于最高层 APRANET 主干或 NSFNET 主干，中间节点对应于自治系统，一组自治管理的网络；叶节点对应于最底层的局域网。不同层次的网络管理、信息交换等问题上都是不平等的。

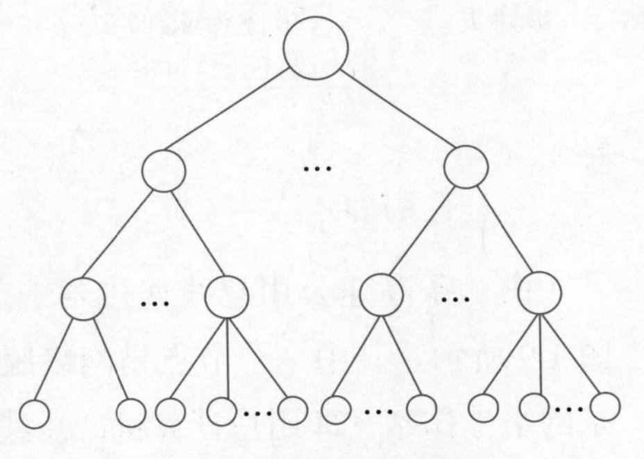

图 1.7　树形网络拓扑结构

图 1.8 所示为某大学校园网子网（商学院网络）的拓扑结构示意图，其为典型的树形网络。图中校园网内含一级交换机、路由器和服务器等设备。

树形网络的主要特点是：结构比较简单，易于扩展，成本低。在网络中，任意两个节点之间没有回路，每个链路都支持双向传输。网络中节点扩充方便灵活，寻找链路路径比较方便。但在这种网络系统中，除叶节点及其相连的链路外，任何一个节点或链路产生的故障都会影响整个网络。树形拓扑结构是目前企、事业单位局域网中应用最广泛的拓扑结构。

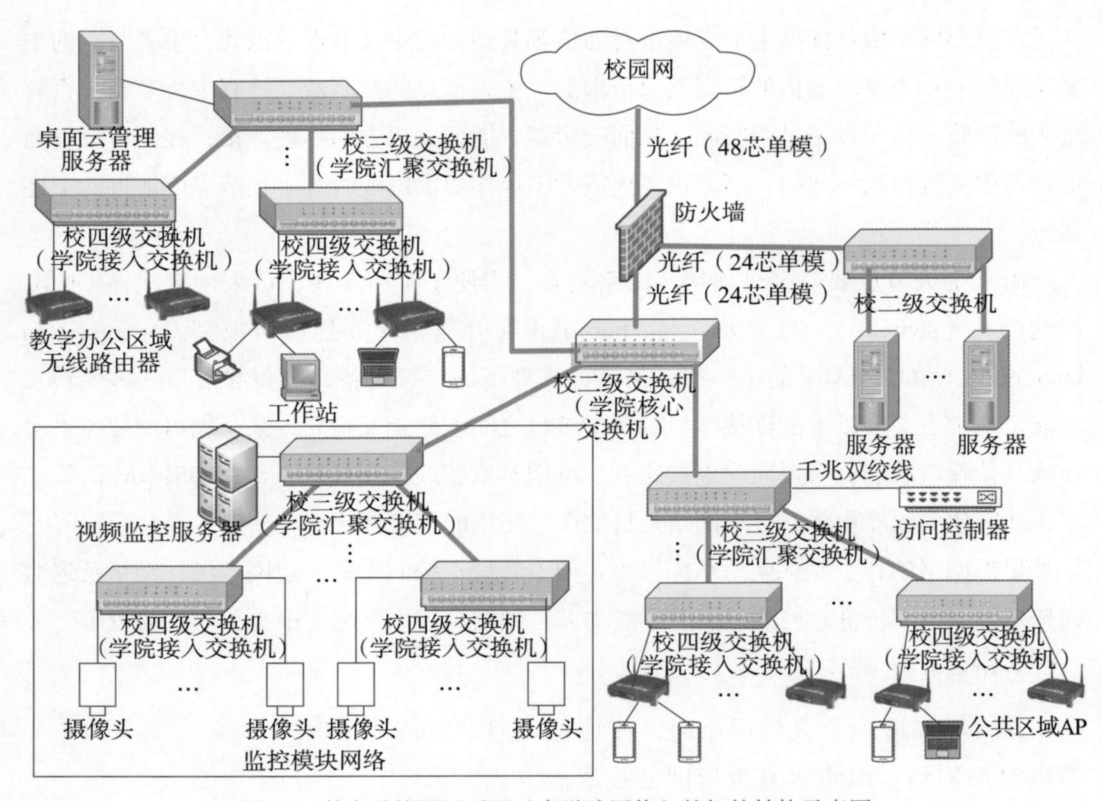

图 1.8　某大学校园网子网（商学院网络）的拓扑结构示意图

3. 总线型网络

由一条高速公用总线连接若干节点所形成的网络即为总线型网络，其拓扑结构如图 1.9 所示。其中一个节点是网络服务器，它提供网络通信及资源共享服务，其他节点是网络工作站，即用户计算机。总线型网络采用广播通信方式，即由一个节点发出的信息可被网络上的任一个节点所接收。由于多个节点连接到一条公用总线上，容易产生访问冲突。因此，必须采取某种介质访问控制方法来分配信道，以保证在一段时间内，只允许一个节点传送信息。

总线型网络的主要特点是：结构简单灵活，便于扩充，是一种很容易建造的网络；由于多个节点共用一条传输信道，因此信道利用率高，但容易产生访问冲突；数据速率高；但总线型网络常因一个节点出现故障（如接头接触不良等）而导致整个网络瘫痪，因此可靠性不高。

4. 环形网络

环形网络中各节点通过环路接口连在一条首尾相连的闭合环形通信线路中，其拓扑结构如图 1.10 所示，环上任何节点均可请求发送信息。由于环线公用，一个节点发出的信息必须穿越环中所有的环路接口，信息流的目的地址与环上某节点地址相符时，信息被该节点的环路接口所接收，并继续流向下一环路接口，一直流回到发送该信息的环路接口为止。

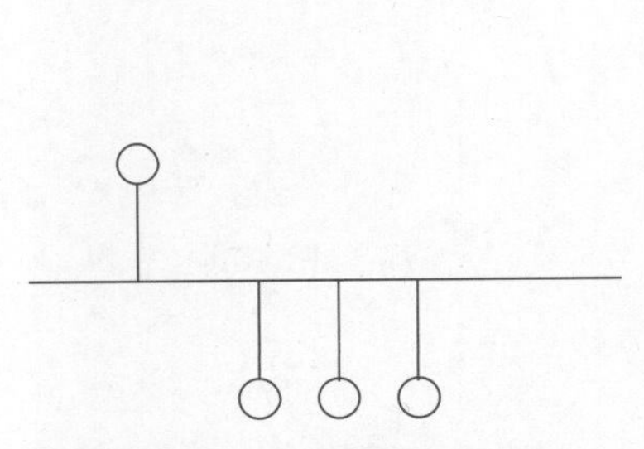

图 1.9　总线型网络拓扑结构

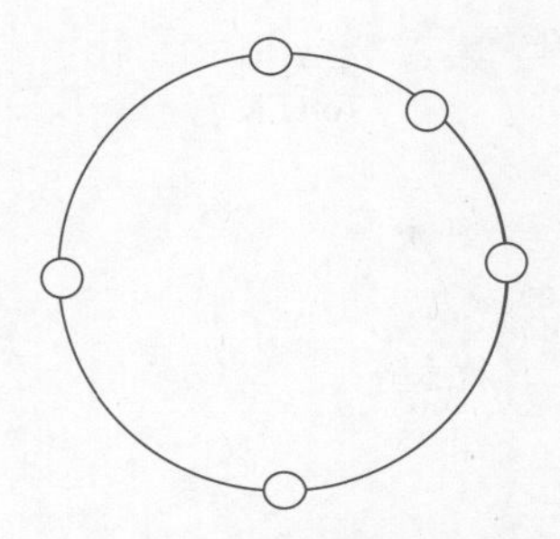

图 1.10　环形网络拓扑结构

环形网络的主要特点是：信息在网络中沿固定方向流动，两个节点间有唯一的通路，因而大大简化了路径选择的控制；某个节点发生故障时，可以自动旁路，可靠性较高；信息是串行穿过多个节点环路接口，当节点过多时，网络响应时间会变长，但当网络确定时，其延时固定，实时性强。

环形网络也是微机局域网使用的拓扑结构之一。

5. 网状网络

网状网络拓扑结构如 1.1 节图 1.2 所示，其中的通信子网即为网状拓扑结构。

网状网络是广域网中常采用的一种网络形式，是典型的点到点结构。虽然点到点信道可能会浪费一些信道带宽，但是用带宽换取了信道访问控制的简化。在长距离信道上一旦发生信道访问冲突，控制起来十分困难。而在这种点到点的拓扑结构中，没有信道竞争，几乎不存在信道访问控制问题。除了网状网络采用点到点的结构外，上面介绍的星形网络、某些环网，尤其是广域环网，也采用点到点的结构。在树形网络中，如果每一个节点都是一台机器，则上下层节点之间的信道也采用点到点的结构。总线型网络、局域环网是广播型结构，即网络中所有主机共享一条信道，某主机发出的数据，所有其他主机都可能收到。在广播信道中，由于信道共享而引起信道访问冲突，因此信道访问控制是首先要解决的问题。

网状网络的主要特点是：①网络可靠性高，一般通信子网任意两个节点之间，存在着两条或两条以上的通信路径。这样，当一条通信路径发生故障时，还可以通过另一条通信路径把信息送到目的节点。②可扩充性好，该网络无论是增加新功能，还是要将另一台新的计算机入网，以形成更大或更新的网络时，都比较方便；网络可建成各种形状，采用多种通信信道，多种数据速率。

以上介绍了 5 种基本的网络拓扑结构，以此为基础，还可以构造出一些复合型的网络拓扑结构。例如，中国教育和科研计算机网（CERNET）可认为是网状网络、树形网络等网络的复合。其主干网为网状结构，连接的每一所大学大多是树形结构。早期的中国教育科研计算机网主干网拓扑结构示意图如图 1.11 所示。

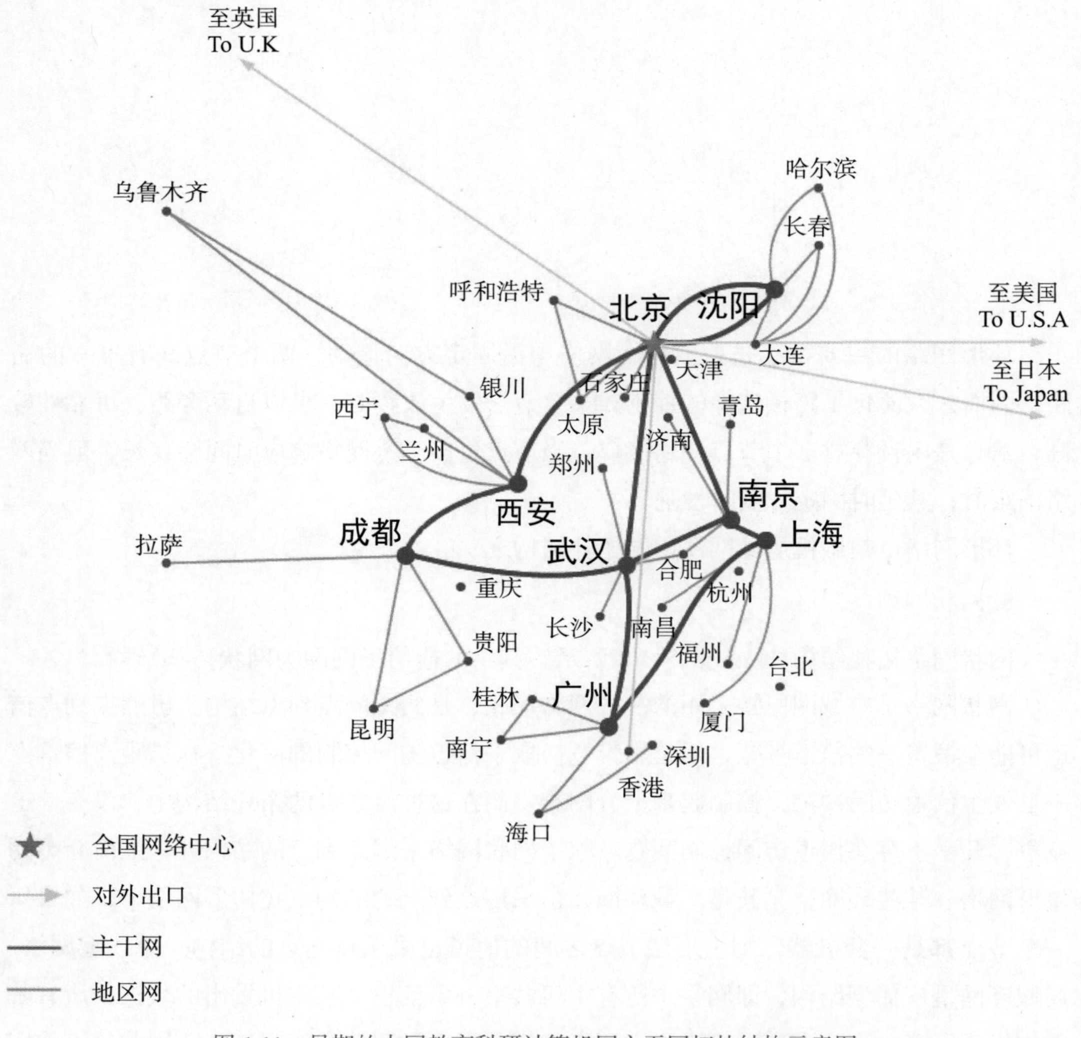

图 1.11 早期的中国教育科研计算机网主干网拓扑结构示意图

1.3.2 按网络控制方式分类

按网络所采用的控制方式，计算机网络可分为集中式计算机网络和分布式计算机网络。

1. 集中式计算机网络

这种网络的处理和控制功能都高度集中在一个或少数几个节点上，所有的信息流都必须经过这些节点之一。因此，这些节点是网络的处理和控制中心，其余的大多数节点则只有较少的处理和控制功能。星形网络和树形网络都是典型的集中式计算机网络。集中式计算机网络的主要优点是实现简单，其网络操作系统很容易从传统的分时操作系统经适当扩充改造而成，故早期的计算机网络都属于集中式计算机网络，目前仍广泛采用。其缺点是实时性差，可靠性低，缺乏较好的可扩充性和灵活性。应当指出，20 世纪 80 年代所推出的大量商品化的局域网中，用于提供网络服务和网络控制功能的软件主要驻留在网络服务器上，因而也把它们归于集中式控制网络，但它们具有分布处理功能。

2. 分布式计算机网络

在这种网络中，不存在一个处理和控制中心，网络中任一节点都至少和另外两个节点相连接，信息从一个节点到达另一个节点时，可能有多条路径。同时，网络中各个节点均以平等地位相互协调工作和交换信息，并可共同完成一个大型任务。分组交换网、网状网络属于分布式计算机网络。这种网络具有信息处理的分布性、可靠性、可扩充性及灵活性等一系列优点。因此，它是网络发展的方向。目前，大多数广域网中的主干网采用分布式控制方式，并采用较高的通信速率，以提高网络性能；对于大量非主干网，为了降低建网成本，则可采取集中控制方式。

1.3.3　按网络作用范围分类

按网络作用范围，计算机网络可分为个人区域网、局域网、城域网、广域网和互联网 5 类。

1. 个人区域网

个人区域网（personal area network，PAN）是指将个人使用的电子设备（如鼠标、键盘、打印机、平板电脑、便携电脑以及智能手机等）通过有线和（或）无线技术连接起来的小范围网络。个人区域网也称个域网。当全部采用无线技术将属于个人使用的电子设备连接起来时，则称为无线个人区域网（wireless personal area network，WPAN），不需要使用接入点（access point，AP）。这种无线网络就是蓝牙（bluetooth），目前整个网络的直径为 10m 左右。

WPAN 与 WLAN 不一样。WPAN 是以个人为中心的一个小网络，实际上它是一种低功率、小范围、低速率和低价格的电缆替代技术，但使用方便。而 WLAN 则是同时为多用户服务的一个大功率、中等范围和高速率的局域网。

2. 局域网

局域网是最常见的计算机网络，其分布范围小，一般直径小于 10km，一方面容易管理与配置；另一方面容易构成简洁规整的拓扑结构。局域网还具有速度快，延迟小等特点，使之得到了广泛应用。一般企业内部网、校园网等都是典型的局域网。局域网中的类型和规范较多，目前主流的局域网是以太网（ethernet）和 WLAN。以太网中又有许多规范，如 10Mbit/s 标准以太网、100Mbit/s 快速以太网、1Gbit/s 千兆以太网、10Gbit/s 万兆以太网和 100Gbit/s 10 万兆以太网。此外，局域网以前还有 IBM 令牌网（传输速率仅为 16Mbit/s）、光纤分布式数据接口（fiber distributed data interface，FDDI）网（最高传输速率可达 100Mbit/s）、异步传输方式（asynchronous transfer mode，ATM）网（最高传输速率可达 1Gbit/s）。

3. 城域网

城域网规模局限在一座城市的范围之内，辐射的地理范围从几十千米至数百千米。MAN 基本上是局域网的延伸，像是一个大型的局域网，通常使用与局域网相似的技术，但是在传输介质和布线结构方面牵涉范围较广。例如，涉及大型企业、机关、公司和社会服务部门的计算机联网需求，以及实现大量用户的多媒体信息，如声音方面包含语音和音乐，图形方面包含动画和视频图像，文字方面包含电子邮件及超文本网页等。MAN 列为单独一类，主要是因为有一个可实施的标准，即一般采用 IEEE 802.6。它通常采用异步传输技术作为骨干网传输技术，不过目前光纤技术也在 MAN 中得到了广泛使用。MAN 通常为一个或几个组织所有，更多的是为公众提供公共服务，如城市银行系统、城市消防系统、城市邮政系统、城市有线电视广播网络等。

多年来，局域网和广域网一直是网络的热点。局域网是组成其他两种类型网络的基础，MAN 一般都连入广域网。每个主机通过路由器连接到局域网上。

4. 广域网

广域网（wide area network，WAN）又称远程网，其分布范围广，网络本身不具备规则的拓扑结构。由于速度慢，延迟大，入网站点无法参与网络管理，所以，它要包含复杂的互联设备，如交换机、路由器等，由它们负责重要的管理工作，而入网站点只负责收发数据。

由上可见，广域网与局域网除在分布范围上的区别外，局域网一般不具有像路由器那样的专用设备，不存在路由选择问题；局域网具有规则的拓扑结构，广域网则没有。广域网采用点到点的传输方式，并且几乎都使用存储转发技术。

中国公用分组交换数据通信网（ChinaPAC），中国公用数字数据网（ChinaDDN），国家公用信息通信网［又称金桥网（ChinaGBN）］，中国教育和科研计算机网（CERNET）以及覆盖全球的互联网均是广域网。

5. 互联网

互联网是全球最大的网络，是广域网中的一种，也是最大的广域网，由众多网络相互连接而成。其前身是 ARPANet，采用 TCP/IP 协议簇进行通信。按工作方式，它由网络的边缘部分和网络的核心部分两部分组成。网络的边缘部分主要是主机、存储数据和软件，并进行信息处理。网络的核心部分主要是通信线路（光缆）和路由器，路由器按存储转发方式进行分组交换。

应注意的是，互联网的规模越来越大，上网的人数越来越多，主机的数量爆发式地增长。全世界超过 50% 的人通过手机和计算机（俗称电脑）成为互联网的网民。以我国为例，截至 2021 年 12 月，已有 10.32 亿人是互联网的网民，互联网普及率达 73.0%。早些年，接入互联网的主机主要是传统的桌面 PC 和服务器。而近年来，逐渐扩展到了各式各样的计算机和其他设备，如便携机、平板电脑、智能手机、电视、游戏机、摄像头、温度调节装置、家用电器、手表、眼镜、汽车运输控制系统等。目前，全世界已超过 250 亿台设备与互联网连接。特别是随着物联网的发展，接入互联网的设备将会大规模地增加。未来人们将能“随时随地”连接互联网等网络，享受多种多样的服务。

第 6 章将对互联网进行详细介绍。

1.3.4　按通信传输方式分类

如前所述，计算机网络常见的拓扑结构有总线型、星形、树形、环形和网状 5 类。不同拓扑结构的信道访问技术、性能、设备开销等各不相同，分别适用于不同的场合。尽管不同的信道拓扑结构差别明显，但总结起来可以分为两类：点到点（point-to-point）信道和广播（broadcasting）信道，信息只能沿着其中一种信道传播。因此，按通信传播方式可将计算机网络分为两类。

1. 点到点传播型网

网络中的每两台主机、两台节点交换机之间或主机与节点交换机之间都存在一条物理信道，机器（包括主机和节点交换机）沿某信道发送的数据只有信道另一端的唯一一台机器能收到。在这种点到点的拓扑结构中，没有信道竞争，几乎不存在访问控制问题。绝大多数广域网都采用点到点的拓扑结构，网状网络是典型的点到点拓扑结构。此外，星形结构、树形结构，某些环形网，尤其是广域环形网，也是点到点的拓扑结构。

广域网之所以都采用点到点信道，是用带宽来换取信道访问控制的简化，以防止发生访问冲突。在长距离信道上一旦发生信道访问冲突，控制起来将十分困难。

2. 广播型网

在广播型结构中，所有主机共享一条信道，某主机发出的数据，其他主机都能收到。在广播信道中，由于信道共享而引起信道访问冲突，因此信道访问控制是要解决的关键问题。广播型结构主要用于局域网，不同的局域网技术可以说是不同的信道访问控制技术。广播型网的典型代表是总线型网，局域环形网、微波、卫星通信网也是广播型网。局域网线路短，传输延迟小，信道访问控制相对容易，因此以额外的控制开销换取信道的利用率，从而降低整个网络成本。

1.3.5 按网络配置分类

这主要是对C/S模式的网络进行分类。按网络配置的不同，可将计算机网络分为对等网、单服务器网和混合网。几乎所有这种模式的网络都是这三种网络中的一种。

网络中的服务器是指向其他计算机提供服务的计算机，如文件服务器、Web服务器、E-mail服务器等。工作站是请求和接收服务器提供服务的计算机。

1. 对等网

如果在网络系统中，每台机器既是服务器，又是工作站，则这个网络系统就是对等网，也称同类网（peer to peer network，P2P）。在该网中，每台计算机都可以共享其他任何计算机的资源。

P2P技术是近年被业界广泛重视并迅速发展的一项技术，它是现代网络技术和分布式计算技术相结合的产物，是一种网络结构的思想，与目前网络中占据主导地位的C/S模式的一个本质区别，是网络结构中不再有中心节点，所有用户都是平等的伙伴。

目前，P2P技术的应用非常广泛，如应用于文件共享类软件：Napster、BitTorrent；通信类软件：Skype、QQ、MSN Message、Google Talk；多媒体传输类软件：PPLive、AnySee；共享类软件：OceanStore、Tapestry、Pastry；分布式计算类软件：GPU、SETI@home；协同类软件：Groove；搜索引擎类软件：Pandango等。使用纯P2P技术的网络系统有比特币网络、Gnutella等。关于P2P技术及其应用将在6.6.4节中阐述。

2. 单服务器网

单服务器网是指只有一台机器作为整个网络的服务器，其他机器全部都是工作站。在这种网络中，每个工作站在网中的地位是一样的，并都可以通过服务器享用全网的资源。

3. 混合网

如果网络中的服务器不止一个，同时每台工作站不是都可以当作服务器来使用，那么这个网就是混合网。混合网与单服务器网的差别在于网中不仅仅是只有一个服务器，而且每个工作站不能既是服务器又是工作站。

由于混合网中服务器不止一个，因此它避免了在单服务器网上工作的各工作站完全依赖于一个服务器。当服务器发生故障时，全网都处于瘫痪状态。所以，对于一些大型的、信息处理工作繁忙的和重要的网络系统，均采用混合网系统。

1.3.6　按使用范围分类

按网络使用范围，计算机网络可分为公用网和专用网。

1. 公用网

公用网是由我国政府出资建设，由工业和信息化部统一进行管理和控制的网络。它由若干路由器和交换机互联而成，主要用于连接各专用网，但也可连接端点用户设备。公用网一般以单模光纤作为传输线路。公用网络中的传输和交换装置可以租给按电信部门规定缴纳费用的任何机构部门使用。ChinaPAC、ChinaDDN 等均是公用网络。企业或校园等局域网可以通过公用网连接到互联网。公用网又分为公用电话交换网（PSTN）、公用数据网（PDN）、数字数据网（DDN）和综合业务数字网（ISDN）等类型。

2. 专用网

专用网是由某个部门或企、事业单位自行组建，不允许其他部门或单位使用。如中国金融信息网、邮政绿网等。专用网也可以租用电信部门的传输线路。专用网络根据网络环境又可细分为部门网络、企业网络和校园网等。

（1）部门网络（department network）。部门网络又称为工作组级网络，它是局限于一个部门的局域网，一般供一个分公司、处（科）或课题组使用。这种网络通常由若干工作站点、服务器和共享打印机组成。部门网络规模较小且技术成熟，管理简单。在大型企业和校园中，通常包含多个部门网络，并通过交换机等互联。部门网络和部门网络之间遵循 80/20 原则：部门网络中的信息业务流局限于部门内部流动的约占 80%，而部门之间的业务流约占 20%。

（2）企业网络（enterprise-wide network）。企业网络通常高层为用于互联企业内部各个部门网络的主干网，而低层则是各个部门或分支机构的部门网络。中型企业通常位于一幢大楼或一个建筑群中，而大型企业往往由分布在不同城市的分公司或分厂组成。所以企业网络不仅规模大，而且还可能具有多种类型的网络、品种繁多的网络硬件设备和网络软件。企业主干网中关键部件多采用容错技术。企业网络还必须配备经验丰富的专职网络管理人员。

（3）校园网（campus network）。校园网通常利用主干网络将院系、行政、后勤、图书馆和师生宿舍等多个局域网连接起来。大部分校园网都有一个网络中心负责管理与运行维护。我国高等院校都已建成了各自的校园网。

1.3.7　其他分类方式

除了上述分类方法外，计算机网络还可以采用下述分类方式。

（1）按网络传输信息采用的物理信道来分类，可分为有线网络和无线网络，而且两者还可细分。

（2）按通信速率来分类，可分为低速网络（数据速率在1.5Mbit/s以下的网络系统）、中速网络（数据速率在1.5～50Mbit/s的网络系统）、高速网络（数据速率在50Mbit/s以上的网络系统）。

（3）按数据交换方式分类，可分为线路交换网络、报文交换网络、分组交换网络、ATM等。

（4）按传输的信号分类，可分为数字网和模拟网。

（5）按采用的网络操作系统分类，可分为Windows NT网、Windows Server网、UNIX网和Linux网等。

1.4 计算机网络的体系结构

在计算机网络系统中，由于计算机类型、通信线路类型、连接方式、同步方式和通信方式等的不同，给网络各节点间的通信带来诸多问题。由于不同厂家不同型号的计算机通信方式各有差异，所以通信软件需根据不同情况进行开发。特别是异型网络的互联，它不仅涉及基本的数据传输，同时还涉及网络的应用和有关服务，应做到无论设备内部结构如何，相互都能发送可以理解的信息，因此这种真正以协同方式进行通信的任务是十分复杂的。要解决这个问题，势必涉及通信体系结构设计和各个厂家共同遵守约定标准的问题，这也即计算机网络的体系结构和协议问题。

为了对体系结构与协议有一个初步了解，先分析一下实际生活中的邮政系统，其如图1.12所示。人们平时写信时，都有个约定，即信件的格式和内容。一般必须采用双方都懂的语言文字和文体，开头是对方称谓，最后是落款等。这样，对方在收到信后才能读懂信里的内容，知道是谁写的，什么时候写的等。信写好之后，必须将信件用信封封装并交由邮局寄发。寄信人和邮局之间也要有约定，这就是规定信封写法并贴邮票。邮局收到信后，首先进行信件的分拣和分类，然后交付有关运输部门进行运输，如航空信交付民航、平信交铁路或公路运输部门等。这时，邮局和运输部门也要有约定，如到站地点、时间、包裹形式等。信件送到目的地后进行相反的过程，最终将信件送到收信人手中。由上可知，邮政系统可分为三层，而且上下层之间，同一层之间均有约定，亦即协议。这里的分层与协议，也即体系结构的基本含义。计算机网络中的通信也与邮政系统类似，首先将其分解为不同的层次，不同的层次完成相应的职能，然后层与层之间通过事先规定好的约定进行交互，从而完成整个通信任务。上述邮政系统的例子中涉及两个重要的概念，即体系结构与协议，下面进行介绍。

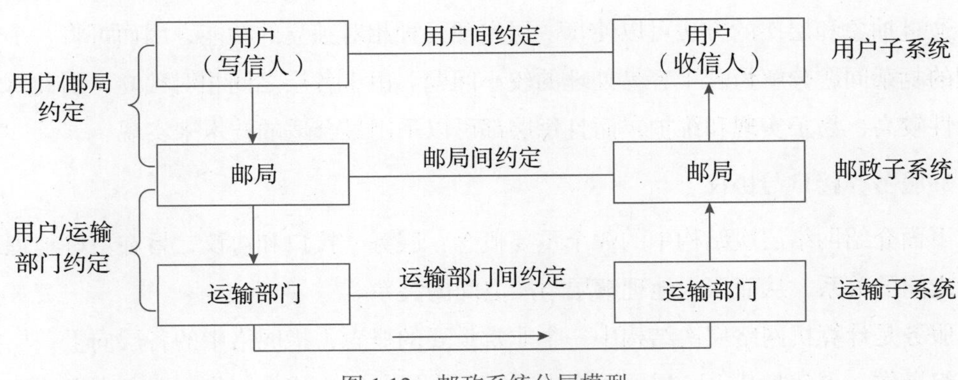

图 1.12　邮政系统分层模型

1.4.1　网络系统的体系结构

1. 层次结构

人类的思维能力不是无限的，如果同时面临的因素太多，就不可能做出精确的思维。处理复杂问题的一个有效方法，就是用抽象和层次的方式去构造和分析。同样，对于计算机网络这类复杂的大系统，亦可如此。如图 1.13 所示，可将一个计算机网络抽象为若干层。其中，第 *n* 层是由分布在不同系统中的处于第 *n* 层的子系统构成。

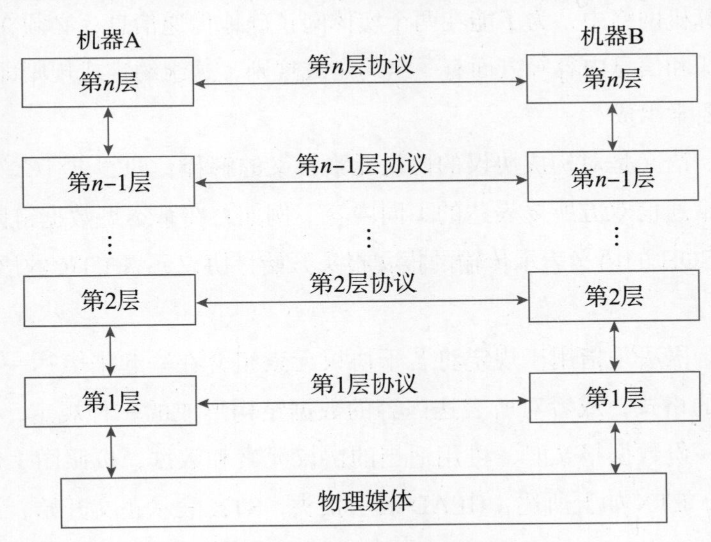

图 1.13　网络层次结构

在采用层次结构的系统中，其高层仅是利用其较低层次的接口所提供的服务，而不需了解其较低层次实现该服务时所采用的算法和协议；其较低层次也仅仅是使用从高层传送来的参数。这就是层次间的无关性。这种无关性使得一个层次中的模块可用一个新模块取代，只要新模块与老模块具有相同的服务和接口，即使它们执行完全不同的算法和协议也无妨。

通过抽象和层次的方法可以使每一层实现一种相对独立的功能，因而可将一个难以处理的复杂问题分解为若干容易处理的较小问题。由于各层之间相对独立，因此每层的灵活性较高，易于实现和维护，而且每层都可以采用最合适的技术来实现。

2. 服务、接口与协议

下面介绍网络层次结构中的3个重要概念：服务、接口和协议，旨在更好地理解这三者之间的关系，从而深入地理解层与层之间的关系。

服务是计算机网络层次结构中一个非常重要的概念，指网络中的各层向上一层提供的一组操作，也就是从上一层的角度来看，下一层所能完成的工作。服务定义了能够为上层完成的操作，但丝毫未涉及这些操作是如何完成的。

接口是网络相邻两层之间的边界，它定义较低层向较高层提供的原始操作和服务。一方面，相邻层通过它们之间的接口交换信息；另一方面，高层通过接口来使用下一层所提供的服务。

计算机之间的通信是在不同系统上的实体之间进行的。这里的实体泛指可以发送或接收信息的任何对象，例如终端、应用程序、通信进程等；这里的系统是指计算机、终端等具有一个以上实体的物理设备。对等层（即同级层）中进行通信的一对实体称为对等实体。在计算机网络中，为了能在两个实体间正确地传递信息，必须在有关信息传输顺序、信息格式和信息内容等方面有一组约定或规则，这组约定或规则即网络协议。网络协议由3个要素组成。

（1）语义。语义是对构成协议的协议元素含义的解释，即“讲什么”。不同类型的协议元素规定了通信双方所要表达的不同内容。例如，在基本型数据链路控制协议中，规定协议元素SOH的语义表示传输的报文报头开始，协议元素ETX的语义表示传输的报文正文结束。

（2）语法。语法是指用于规定将若干协议元素组合在一起来表达一个更完整的内容时所应遵循的格式，或者对所表达内容的数据结构形成的一种规定，即“怎么讲”。例如，在传输一份数据报文时，可用适当的协议元素和数据，按照图1.14的格式来表达，其中SOH、ETX如上所述，HEAD表示报头，STX表示正文开始，TEXT是正文，BCC是校验码。

SOH	HEAD	STX	TEXT	ETX	BCC

图1.14　语法格式示意图

（3）规则。规则规定事件的执行顺序，即“顺序控制”。例如，在双方通信时，首先由源站发送一份数据报文，如果目的站收到的是正确的报文，就应遵循协议规则，利用协议元素肯定应答（acknowledgement，ACK）来回答对方，以使源站知道其所发出的报文已被正确接收；如果目的站收到的是错误的报文，便应按规则用否定认可（negative acknowledgement，NAK）元素做出回答，以要求源站重发刚刚发过的报文。由上可见，网络协议实质上是实体间通信时所使用的一种语言。在层次结构中，每一层都可能有若干个协议，当同层的两个实体间相互通信时，必须满足这些协议。

服务、接口和协议三者之间的相互关系可以用面向对象的程序语言中的类来说明。接口就相当于一个类，服务是这个类中所提供方法的种类，而协议则是方法的具体实现。综上，高层通过接口来调用低层所提供的服务，服务通过低层的协议来具体实现。

3. 网络体系结构

网络体系结构是指对计算机网络及其部件所完成功能的一组抽象定义，是描述计算机网络通信方法的抽象模型结构，一般是指网络的层次及其协议的集合。具体而言是关于计算机网络应设置哪几层，每层应提供哪些功能的精确定义。至于这些功能应如何实现，则不属于网络体系结构部分。也就是说，网络体系结构只是从层次结构及功能上来描述计算机网络的结构，并不涉及每一层硬件和软件的组成，更不涉及这些硬件和软件本身的实现问题。由此可见，网络体系结构是抽象的，是书面上的对精确定义的描述。而对于为完成规定功能所用硬件和软件的具体实现问题，则并不属于网络体系结构的范畴。对于同样的网络体系结构，可采用不同的方法设计出完全不同的硬件和软件来为相应层次提供完全相同的功能和接口。

1.4.2　网络系统结构参考模型 ISO/OSI

1. 有关标准化组织

1974 年，美国 IBM 公司公布了世界上第一个 SNA，凡是遵循 SNA 的网络设备都可以很方便地进行互连。此后，许多公司也纷纷建立起自己的网络体系结构，这些体系结构大同小异，都采用了层次技术，只是各有特点，以适合于本公司生产的网络设备及计算机互连。网络体系结构的提出，大大推动了计算机网络的发展。

但是，随着计算机网络技术的发展，网络形式呈现多样化、复杂化的特点，人们也提出了很多问题，其中最突出的问题是不同体系结构的网络很难互连起来（即所谓的异种机连接问题）。为了更加充分地发挥计算机网络的效益，应当让不同厂家生产的计算机网络设备能够相互通信，于是越来越需要制定国际范围的标准，以使计算机网络尽可能地遵循统一的体系结构标准。若干标准化组织促进了通信标准的开发，下面简要介绍 5 个标准化组织：美国国家标准学会、国际电信联盟、电子工业协会、IEEE 和国际标准化组织。

（1）美国国家标准学会（American National Standard Institute，ANSI）设计了 ASCII 代码组，它是一种广泛使用的通信标准代码。

（2）国际电信联盟（International Telecommunications Union，ITU）有3个主要部门：无线通信部门（ITU-R）、电信标准化部门（ITU-T）和开发部门（ITU-D）。1953—1993年，ITU-T被称为CCITT（国际电报电话咨询委员会）。

（3）电子工业协会（Electronic Industries Association，EIA）是美国的电子厂商组织，最为人们熟悉的EIA标准之一是RS-232接口，这一通信接口允许数据在设备之间交换。

（4）IEEE建立了电子工业标准，IEEE下设一些标准组织（或工作组），每个工作组负责标准的一个领域，工作组802设置了网络设备和如何彼此通信的标准。

（5）国际标准化组织（ISO）开发了开放系统互联（open system interconnection，OSI）网络结构模型，模型定义了用于网络结构的7个数据处理层。网络结构是在发送设备和接收设备间进行数据传输的一种组织方案。

2. 开放系统互联参考模型的制定

1977年3月，国际标准化组织的技术委员会TC97成立一个新的技术分委员会SC16专门研究"开放系统互联"，并于1983年提出了开放系统互联参考模型，即著名的ISO 7498国际标准（我国相应的国家标准是GB 9387），记为OSI/RM（open systems interconnection/reference model）或者ISO/OSI/RM。通常人们也称它为OSI参考模型，简称OSI。开放系统互联的目的是使世界范围内的应用系统能够开放式（而不是封闭式）地进行信息交换。

所谓"开放"是指只要遵循OSI标准，一个系统就可以和位于世界上任何地方的、也遵循着同一标准的其他任何系统进行通信。这一点类似世界范围的电话系统和邮政系统，这两个系统都是开放系统。

所谓"系统"，本来是指按一定关系或规则工作在一起的一组物体或一组部件。但是在OSI术语中，"系统"则有其特殊的含义。我们用"真实系统"（real system）表示在现实世界中能够进行信息处理或信息传递的自治整体，它可以是一台或多台计算机以及和这些计算机相关的软件、外围设备、终端、操作员、信息传输手段等的集合。若这种真实系统在和其他真实系统通信时遵守OSI标准，则这个真实系统即称为开放真实系统。但是，一个开放式系统的各种功能并不一定都与互联有关。在开放系统互联参考模型中的系统，只是在开放式系统中与互联有关的各部分。为方便起见，我们就将这部分称为开放系统。所以，开放系统和开放系统互联参考模型一样，都是抽象的概念。

在OSI标准的制定过程中，所采用的方法是将整个庞大而复杂的问题划分为若干较容易处理的范围较小的问题，即前面提到的分层的体系结构方法。在OSI标准中，问题的处理采用了自上而下的逐步求精。先从最高一级的抽象开始，这一级的约束很少。然后逐渐更加精细地进行描述，同时加上越来越多的约束。

3. 开放系统互联参考模型的七层体系结构

OSI 7 层模型从低层到高层分别为物理层、数据链路层、网络层、运输层、会话层、表示层和应用层，其体系结构及协议如图 1.15 所示。通常将运输层及以上称为高层，其以下称为低层。该模型中每一层的功能是独立的，它利用其下一层提供的服务并为其上一层提供服务。服务是指下一层向上一层提供的通信功能和层间的会话规定，一般用通话原语实现，并通过层间接口由下层向上层提供，而与其他层的具体实现无关。

OSI 7 层模型中每个层次接收到上层传递来的数据后都要进行封装，即将本层次的控制信息加入数据单元的头部，部分层次还要将校验和信息附加到数据单元的尾部。模型中对等层之间传送的数据单位称为该层的协议数据单元。当数据到达接收端时，每一层读取相应的控制信息，根据控制信息中的内容向上层传递数据单元并解封封装，即在向上层传递之前去掉本层的控制头部信息和尾部信息（如果有）。逐层执行这个过程，直至将对端应用层产生的数据发送给本端相应的应用进程（process，即正在运行的程序）。

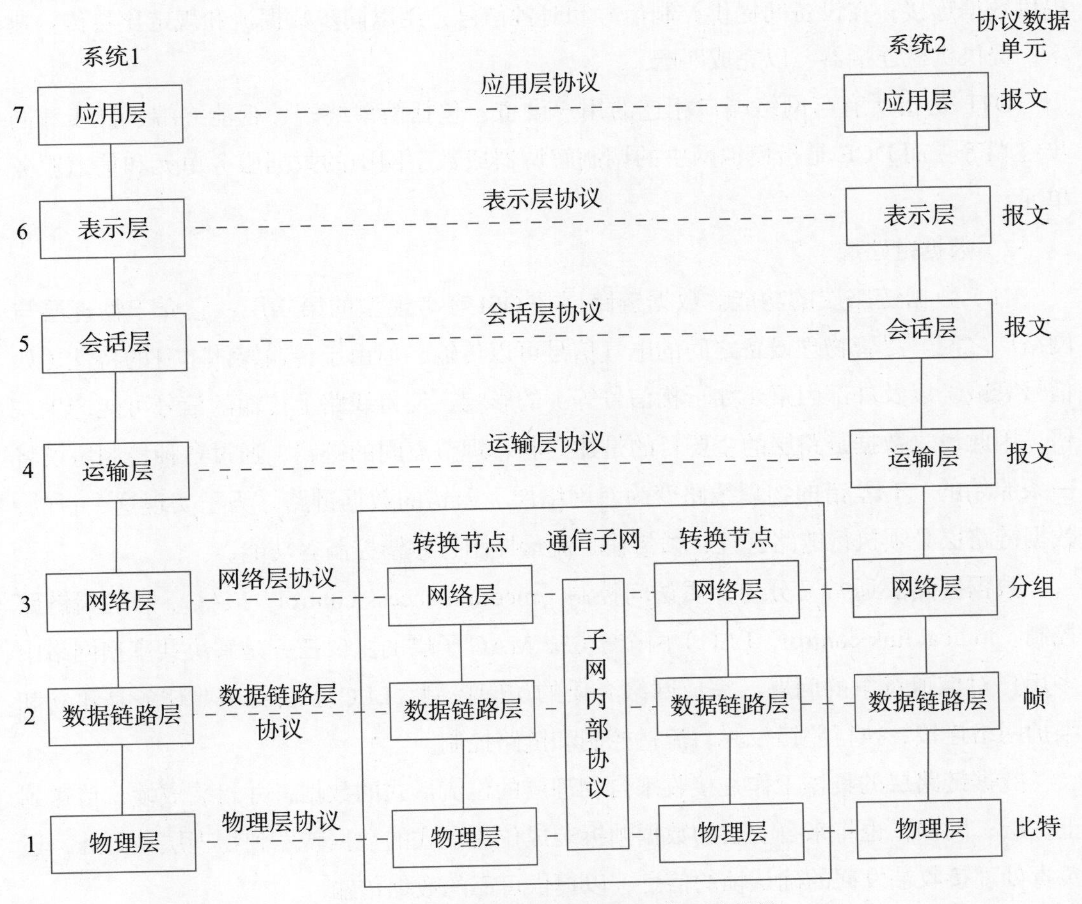

图 1.15　OSI 网络系统结构参考模型及协议

1）物理层

物理层是OSI参考模型中的第一层，也是最底层。它包括物理连接的媒介，如线缆连接器等。

物理层的功能就是为数据链路层提供一个物理连接，规定物理接口的机械、电气功能和规程特性，以便透明地传送比特流，尽可能屏蔽具体传输介质和物理设备的差异。在物理层传输数据的单位是比特。

在此，“透明”表示某一个实际存在的事物看起来却好像不存在一样。而“透明地传送比特流”表示经实际电路传送后的比特流没有发生变化，即发送方发送“1”，接收方所接收到的是“1”；发送方发送“0”，接收方所接收到的是“0”。因此，对于对传送比特流来说，这个电路似未对其产生影响，像是不存在的。也就是说，这个电路对该比特流来说是透明的。

为了达到以上目标，物理层需要完成以下功能：在数据终端设备（data terminal equipment，DTE）和数据电路端设备（data circuit-terminal equipment，DCE）的接口处提供数据连接；在设备间提供控制信号和时钟信号，用以同步数据流和规定比特传输速率；提供机械连接器，以完成匹配。

DTE是指所有与网络端口相连的用户设备，包括简单终端、智能终端、异步和同步终端等。而DCE是指模拟网中的调制解调器或数字网中的数据服务单元和信道服务单元。

2）数据链路层

（1）数据链路层的功能。数据链路层是OSI参考模型的第二层，它介于物理层与网络层之间。尽管物理设备之间的电气信号可以传输，但由于传输媒体本身的特性（如信号衰减）以及外部因素（如干扰信号等）的影响，使得线路上传输的信号可能产生差错，因此设立数据链路层的主要目的是建立和管理节点间的链路，通过各种控制协议将一条原始的、有差错的物理线路变为对网络层无差错的数据链路。为了实现这个目的，数据链路层必须执行链路管理、帧传输、流量控制、差错控制等功能。

数据链路层通常又分为介质访问控制（medium access control，MAC）和逻辑链路控制（logical link control，LLC）两个子层。MAC子层的主要任务是解决共享型网络中多用户对信道竞争的问题，完成网络介质的访问控制。LLC子层的主要任务是建立和维护网络连接，执行差错校验、流量控制和链路控制。

数据链路层的具体工作是接收来自物理层的位流形式的数据，并封装成帧，传送到上一层；同样，也将来自上层的数据帧拆装成位流形式的数据转发到物理层；另外，还负责处理接收端发回的确认帧的信息，以提供可靠的数据传输。

在此需要提到“帧”这个重要的概念。在数据链路层，数据传输的单位为帧

（frame）。帧是数据的逻辑单位，被称为数据链路协议数据单元，每一帧包括一定数量的数据和一些必要的控制信息。为了进一步说明帧的概念，首先要明白何谓报文（message）。简单地说，一个报文就是由若干字符组成的完整信息。在传输过程中，先把报文分块，每个块上加一定的信息，这样的代码块称为包或分组（packet）。在传输这些包时，为了实现差错控制，还要加上一层“封皮”。这层“封皮”分为首尾两部分，而包就在中间，形象地说，加了“封皮”的包称为帧。在这里可以打个比方，帧就是一本书，书的封面（分前后两页）就是“封皮”。这本书除封面以外的东西称为“包”。当帧进行传输时，包的内容不变，而“封皮”用过后就被取消。也就是说，在进行另外一个包的传输时，又要重新组合成一个新的帧来进行传输。

在传送数据时，若接收节点检测到所传数据中有差错，就要通知发送方重发这一帧，直到这一帧正确无误地到达接收节点。由于数据链路层中的帧包括控制信息，即同步信息、地址信息、差错控制以及流量控制信息等，因此，数据链路层就把一条有可能出差错的数据链路，转换成让网络层向下看起来好像是一条不出差错的链路。

（2）几种常用的数据链路层协议。数据链路层协议分为面向字符型和面向比特型两类。随着计算机通信的发展，面向字符型的协议逐渐暴露出通信线路利用率低，数据传输不透明，系统通信效率低，只适合停等协议与半双工方式等弱点。因此，1974 年 IBM 公司推出了面向比特型的同步数据链路控制（synchronous data link control，SDLC）协议，ANSI 将 SDLC 修改为高级数据通信控制协议（advanced data communications control protocol，ADCCP）作为国家标准。而 ISO 将修改后的 SDLC 称为高级数据链路控制（high-level data link control，HDLC），并将它作为国际标准 ISO 3309。在此，有必要对 HDLC、串行线路国际协议（serial line IP，SLIP）和 PPP 进行简要介绍，它们是互联网中使用的数据链路层协议。

在 OSI 参考模型中，数据链路层采用的是 HDLC 协议，HDLC 帧结构如图 1.16 所示。

标志字段	地址字段	控制字段	信息字段	帧校验序列字段	标志字段
F 01111110	A	C	I N位	FCS 16位	F 01111110

图 1.16　HDLC 帧结构

从图 1.16 中可以看出，HDLC 帧是由标志字段等 6 个字段构成，其简要说明如下。

标志字段 F：帧首尾均有一个由固定比特序列 01111110 组成的帧标志字段 F，其作用主要有两个：帧起始终止定界符和帧比特同步。

地址字段 A：在非平衡结构中，帧地址字段总是写入从站地址；在平衡结构中，帧地址字段填入应答站地址，全 1 地址为广播地址。按照协议规定，地址字段可以按 8 比特的整数倍扩展。

控制字段C：是HDLC帧的关键字段，HDLC中的许多重要功能均靠控制字段来实现。控制字段表示帧类型、帧编号、命令和控制信息，其可将HDLC划分为信息帧（I）、监控帧（S）和无编号帧（U）。

信息字段I：信息字段可以是任意的比特序列组合，其长度通常不大于256字节。

帧校验字段：FCS字段为帧校验序列，HDLC采用CRC循环冗余码进行校验。

HDLC的控制过程包括3个阶段。

第一阶段：建立数据链路连接阶段。当网络层向数据链路层发出连接请求后，链路层的发送端向接收端发出置正常响应模式的无编号帧，若接收端准备就绪，则发出无编号确认响应帧予以确认，这也就是表示同意建立数据链路连接，此时，数据链路就建好了。

第二阶段：传送数据阶段。链路连接建立好后，发送端开始按照某种流量控制策略发送信息帧。例如，采用滑动窗口进行流量控制，则发送端可连续发送多个信息帧。接收端收到信息帧后，通过校验序列来检验接收的数据是否正确。若数据正确，则由接收端向发送端发出确认监控帧，否则发出否认帧，而接收端将对出错的帧进行重传，如此循环直到数据发送完毕。

第三阶段：拆除数据链路连接。全部数据发送完毕，网络层发出断链请求，链路层的发送端收到请求后，向接收端发出拆除连接无编号帧。接收端收到连接无编号帧后，发出无编号帧作为响应。此后，从接收端开始向发送端方向，沿数据链路依次拆除各数据链路连接。

另外两种常使用的数据链路层协议是SLIP和PPP，它们是用户接入互联网时所采用的数据链路层协议。SLIP是一个在串行线路上对IP分组进行封装的简单的面向字符的协议，用以使用户通过电话线和调制解调器接入互联网。SLIP主要用于低速串行线路中的交互性业务，它不能进行差错检测，仅支持IP，并且数据传输效率较低。为了改进SLIP，人们制定了PPP。它所起的作用与OSI/RM中的数据链路层一致，可以完成链路的操作、维护和管理功能，并且在设计时考虑了与常用的硬件兼容，支持任何种类的DTE-DCE接口。运行PPP只需要提供全双工的电路以实现双向的数据传输，它对数据传输速率没有太严格的限制，故能适用多种远程接入的情形。PPP灵活的选项配置、多协议的封装机制、良好的选项协商机制以及丰富的认证协议，使得它在远程接入技术中得到了广泛的应用。

3）网络层

（1）网络层简介。数据链路层虽然提供了理论上的可靠传输服务，但这种服务仅发生在相邻的两个节点之间，如交换机对交换机之间以及用户终端与交换机之间的通信服务等。但是用户的数据传输主要发生在端到端之间，也即用户之间的通信可能需要经过多条链路，并由多个中继节点，如交换机、路由器等，负责数据传输和转发。因此，网络层就是通过路由选择算法，为数据传输选择最合适的路径，从而实现通信双方在整个网络系统内的连接。

在 OSI 7 层模型中，网络层是第 3 层，同时也是通信子网的最高层。网络层的任务就是选择合适的路由，使发送端的运输层所传下来的分组信息能够正确无误地按照地址找到目的地，并交付给相应接收端的运输层，即完成网络的寻址功能。在这一层，数据的单位称为数据包或数据分组。

（2）网络层的功能及服务。网络层的主要功能可以归纳为以下 5 点。

① 提供路由选择。网络层利用各种路由算法，使得中继节点能够根据数据分组中的地址信息和依据某种策略做出决策，尽快地转发收到的数据分组，使得用户的数据能尽快地穿越网络，送往目的地。路由选择是网络层的一大特征，也是网络层的内在能力。

② 提供有效的分组传输，包括顺序编号和分组的确认。网络层利用分组技术，可以根据不同的网络情况将用户数据组装成适合网络传输的数据分组，使得用户数据能够在不同的网络中传输。

③ 流量控制。网络层的流量控制对进入分组交换网的通信量加以一定的控制，以防因通信量过大而造成通信子网性能的下降。

④ 将若干逻辑信道复用到一个单一的数据链路上。网络层提供了复用 / 解复用功能，利用复用 / 解复用技术，可以使得多对用户的数据交织在同一条数据链路上进行传输。

⑤ 提供交换虚电路和永久虚电路的连接。为了完成上述功能，网络层提供面向连接和面向无连接的两种服务。

所谓面向连接服务是指数据传输过程可以被分成连接的建立、数据传输与拆除连接 3 个阶段。在这种传输过程中，首先需要建立连接通路，然后数据沿着所建立好的链路按照顺序依次传送到接收端，接收端无须对所接收的信息进行排序。该方式可靠性比较高，常用于数据传输量比较大的场合。但是，由于存在着建立和拆除连接的过程，因此，传输效率不高。

面向无连接服务的最大特点是无须在传输数据前建立一条链路，当然也就不存在拆除链路的过程。要传送的分组将携带对方的目的地址而自找路由，因此到达接收端，信息分组可能是无序的，必须由接收端进行排序。这种方式传输效率较高。

应指出的是，面向连接服务的具体实现即是 2.7 节中所述的虚线路传输分组交换；面向无连接服务的具体实现也即 2.7 节中所述的数据报分组交换。

4）运输层

运输层是高低层之间衔接的接口层。数据传输的单位是报文，当报文较长时将它分割成若干分组，然后交给网络层进行传输。运输层是计算机网络协议分层中的最关键一层，该层以上各层将不再管理信息传输问题。运输层也称为传输层、传送层等。

（1）运输层简介。网络层虽然实现了通信主机端与端之间的数据交换，然而实际上通信的是两个主机中的两个应用进程。另外，尽管第3层可实现数据在一定程度上的可靠传输，但仍存在着其自身所不能解决的传输错误。因此，运输层负责将数据可靠地传送到相应的端口，包括处理差错控制和流量控制等问题，保证报文的正确传输。

运输层位于OSI 7层参考模型中的会话层和网络层之间。从其所处的位置来看，运输层是OSI参考模型中比较特殊的一层，同时也是整个网络体系结构中十分关键的一层。从通信和信息处理的角度看，运输层是承上启下的一层，其属于面向通信部分的最高层和信息处理部分的最低层。运输层在使用通信网络提供的数据传输服务的基础上，为高层提供了应用程序到应用程序的可靠通信服务，其对高层屏蔽了通信网络的差异性，弥补了通信网络的不足，运输层在网络层的基础上为高层提供“面向连接”和“面向无连接”两种服务；低于运输层的各层不必再关心数据的产生和使用等问题，只注重数据的传输即可。由图1.15可以看出，运输层只存在于通信子网之外的端系统（即主机）之中，工作在网络层及以下各层的网络设备是没有运输层的。运输层的数据单元是报文。

（2）运输层的功能和服务。运输层的主要功能可以归纳为以下6点。

① 复用和分用。一个主机可能同时运行着多个进行通信的应用程序，例如，同时打开了多个网页和进行多个文件的下载，这时每个进行通信的应用进程通过不同的端口与运输层交换数据。每个进程都通过各自分配的端口将数据交给运输层，然后共用IP将数据发送到各自的目的主机，从而实现了多个进程对传输协议的复用。而在目的主机上，运输层将收到的IP分组重新组合成报文后，根据报文首部中的目的端口分别交付给各个目的进程，从而实现了传输协议对多个应用进程的分用。

② 数据分段。应用进程可能陆续产生很多数据，运输层对上层的数据进行分组，形成若干报文段，以报文段为传送单位分别通过网络传输给接收应用进程。

③ 提供端到端的面向连接的通信。运输层在网络层提供的不可靠的端到端传输功能的基础上，提供可靠的端到端的传输服务。这一点类似于数据链路层，只不过数据链路层是作用于相邻的节点之间的传输通路，而运输层是作用于通信主机端与端之间的传输通路。

④ 流量控制。任何接收端在接收数据、缓存数据和处理数据时都有一定的时间和能力限制，为了避免因接收端来不及处理接收的数据而产生数据丢失，运输层对发送主机端的数据速度进行了控制。这与数据链路层对数据进行流量控制不同，运输层实现流量控制是由主机实现的，而数据链路层对数据进行流量控制则是由通信子网中的网络设备实现的。

⑤ 差错控制。运输层的差错控制也是在端到端的主机上进行的。

⑥ 拥塞控制。运输层提供了拥塞控制手段，使通信进程以网络能够允许的速度发送数据，从而避免了网络拥塞的发生。

另外，有必要对端口稍加解释，端口是用来唯一标识某主机中的各个进程的，通过共同使用端口和地址可以实现不同主机的应用进程之间的互相通信。

5）会话层

运输层提供的服务可以保证用户数据按照用户的要求从网络的一端传输到另一端，剩下的问题是用户如何控制信息的交互过程，例如，数据交换的时序以及如何保证数据交换的完整性等。另外，网络应当提供什么样的功能来协助用户管理和控制用户之间的信息交换，从而进一步满足用户应用的要求也是需要考虑的。

会话层又称会晤层，其位于运输层之上，由于利用了运输层提供的服务，使得两个会话实体之间不需要考虑它们之间相隔多远、使用了什么样的通信子网等网络通信细节，而可以进行透明的、可靠的数据传输。当两个应用进程进行相互通信时，希望有一个作为第三者的进程能组织它们之间的通话，协调它们之间的数据流，以便于应用进程专注于信息交互，而设立会话层就是为了达到以上目的。从 OSI 参考模型来看，会话层之上的各层面向应用，会话层之下的各层面向网络通信，会话层则是应用程序和网络之间的接口，向两个实体的表示层提供建立和使用连接的方法。

会话层协议定义了会话层内部对等会话实体间进行通信所必须遵守的规则，而这些规则说明了一个系统中的会话实体怎样与另一个系统中的对等实体交换信息，以提供会话服务。会话层的主要功能是向会话的应用进程之间提供会话组织和同步服务，对数据的传输提供控制和管理，协调会话过程，为表示层实体提供更好的服务。

6）表示层

由于不同的计算机系统可能采用了不同的信息编码，例如，PC 通常采用 ASCII 码，而 IBM 主机通常采用广义二进制编码的十进制交换码（extended binary coded decimal interchange code，EBCDIC）编码，并且可能具有不同的信息描述和表示方法。例如，对于同样一个整数，有些计算机可能采用 2 字节表示，而另一些计算机可能采用 4 字节等。如果不加处理，不同的信息描述将导致通信的计算机系统之间无法正确地识别信息，正如汉语是一种描述事物的语言，但是未必所有的人都可以理解。

表示层主要解决异种计算机系统之间的信息表示问题，屏蔽不同系统在数据表示方面的差异。解决信息表示的方法是定义一种公共的语法表示方法，并在信息交换时进行本机语法和公共语法之间的转换，从而使通信的计算机之间能够正确地识别信息，真正达到信息交互的目的。这种方法类似于人类信息交流时惯于采用的方法，例如不同国别的交谈者在一起交谈时常常选择英语作为公共语言，并依靠翻译完成本地语言和英语的转换。

7）应用层

应用层是计算机网络可向最终用户提供应用服务的唯一窗口，其目的是支持用户联网的应用要求。由于用户的要求不同，应用层含有支持不同应用的多种应用实体，提供多种应用服务。在 OSI/RM 中，这些应用服务被称为应用服务元素，包括电子邮件、文件传输、虚拟终端等。应用层以下各层通过应用层向应用进程提供服务，因此，应用层向应用进程提供的服务是 OSI 所有层服务的总和。

为了对 OSI/RM 有更深刻的理解，表 1.1 给出了两个主机用户 A 和 B 对应各层之间的通信联系以及各层操作的简单含义。

表 1.1 主机间通信以及各层操作的简单含义

主机 H_A	控制类型	对等层协议规定的通信联系	简单含义	数据单位	主机 H_B
应用层	进程控制	用户进程之间的用户信息交换	做什么	用户数据	应用层
表示层	表示控制	用户数据可以编辑、交换、扩展、加密、压缩或重组为会话信息	对方看起来像什么	会话报文	表示层
会话层	会话控制	建立和终止会话，如会话失败应有秩序地恢复或关闭	轮到谁讲话和从何处讲	会话报文	会话层
运输层	运输控制	会话信息经过传输系统发送，保持会话信息的完整	对方在何处	会话报文	运输层
网络层	网络控制	通过逻辑链路发送报文组，会话信息可以分为几个分组发送	走哪条路可到达该处	分组	网络层
数据链路层	链路控制	在物理链路上发送帧及应答	每一步应该怎样走	帧	数据链路层
物理层	物理控制	建立物理线路，以便在线路上发送位	对上一层的每一步怎样利用物理媒体	位（比特）	物理层

OSI 参考模型设计是为了解决通信网络的标准化问题，只要都支持 OSI 模型，两个互不兼容的端系统就能互相通信。从逻辑上讲，发送端的某应用程序通过应用层提供的接口将数据交给应用层，再加上该层的控制信息后传给表示层；表示层如法炮制，给数据加上本层的控制信息后，再传给会话层；以此类推，每一层都将收到的数据加上本层的控制信息传给下一层；最后到达物理层时，数据通过实际的物理媒体传送到接收端。接收端则执行与发送端相反的操作，即接收端系统由下往上，根据每层的控制信息执行某一特定的操作后，然后将该控制信息去掉，并把余下的数据提交给上一层，这一过程一直继续到应用层最终得到数据，并送给接收端相应的应用程序。这两个通信的应用程序以及网络节点中的各个对等层，都好像是在直接进行通信；但事实上，所有的数据都被分解为比特流，并由物理层实现传输。

需要明确的是 OSI 参考模型只是一个理论模型，是一个用来制定标准的标准，到目前为止，在实际中并不存在一个通信网络系统完全与之符合。但是 OSI 参考模型在计算机网络的发展过程中起到了重要的指导作用，为理解网络的体系结构提供了重要的思考方式，也为今后计算机网络技术朝标准化、规范化方向发展提供了参考依据。

1.4.3　TCP/IP 模型

1. TCP/IP 简介

互联网是由成千上万个不同类型的工作站、服务器以及路由器、交换机、网关、通信线路连接而组成的超大型网络，因此解决不同网络、不同类型设备之间的信息交换和资源共享是成功构建互联网的关键，而 TCP/IP 正是打开这把“关键”锁的钥匙。

TCP/IP 是在美国国防部资助的项目 ARPANet 上所使用的协议。20 世纪 70 年代初，美国国防部为了实现异种网络间的互联，投入大量的资金进行不同网络之间互联的研发工作，并于 1974 年由鲍勃·凯恩与温登·泽夫合作提出了 TCP/IP 构想，到 20 世纪 70 年代末，TCI/IP 体系结构和协议规范基本成熟。TCP/IP 使用的范围很广，是目前异种网络通信中使用的唯一协议体系，成功地解决了不同网络硬件设备、不同厂商产品和不同操作系统之间的相互通信问题，从而成为互联网的核心协议，也因此成为目前事实上的国际标准和工业标准。

TCP/IP 并不是单纯的两个协议，而是一组通信协议的集合，包含了 100 多个协议。由于传输控制协议（transmission control protocol，TCP）和互联网协议（Internet protocol，IP）是 TCP/IP 中最重要的两项协议，因此通常就用 TCP/IP 来代表整个通信协议的集合。TCP/IP 体系结构是指根据 TCP/IP 中各协议在通信过程中所完成的功能而划分的一种层次结构，TCP/IP 体系结构也可以称为 TCP/IP 模型。

2. TCP/IP 模型的层次结构

TCP/IP 模型是一个 4 层结构，从下到上依次是网络接口层、网络互联层、传输层和应用层。

（1）网络接口层。TCP/IP 与各种网络的接口称为网络接口层，其是 TCP/IP 模型的最底层，然而它实际上在 TCP/IP 模型中并没有具体定义。该层的主要功能是传输经网络互联层处理过的信息，并提供主机与实际网络的接口，即负责从网络互联层接收 IP 分组并将 IP 分组封装成适合于不同网络传输要求的数据帧，然后通过物理网络发送出去，或者从低层物理网络上接收数据帧，抽出 IP 分组并交给网络互联层。

主机与实际网络具体的接口关系由实际网络的类型决定，例如可以是以太网、FDDI、X.25 和 ATM 等。因此，网络接口层与网络的物理特性无关这一特性充分体现了 TCP/IP 模型的灵活性以及 TCP/IP 网络的异构性。

（2）网络互联层。网络互联层是 TCP/IP 模型的第二层，它的主要功能是负责相邻节点之间的数据传送。具体可以分为 3 方面：①处理来自传输层的报文发送请求，首先将报文封装为 IP 分组，然后选择通往目的节点的路径，最后将 IP 分组交给适当的网络接口；②处理接收到的 IP 分组，首先对 IP 分组进行合法性检查，然后进行路由选择，若该 IP 分组已到达目的节点，则将 IP 分组的报头去掉，将余下的数据部分交给相应的传输层，若该 IP 分组仍未到达目的地节点，则转发该 IP 分组；③处理网络的路由选择、流量控制和拥塞控制等问题。

完成网络互联层以上功能的协议是互联网控制报文协议（Internet control message protocol，ICMP）、地址解析协议（address resolution protocol，ARP）和反向地址解析协议（reverse address resolution protocol，RARP）。

① IP。互联协议是网络互联层的重要协议，它的主要功能是实现无连接的 IP 分组和 IP 分组的路由选择。当 IP 分组传送到目的主机后，不予回送确认，也不保证分组正确进行，不进行流量控制和差错控制，这些功能将由传输层的 TCP 完成。由于 IP 所面对的是一个由多台路由器和物理网络所组成的复杂网络，而且每台路由器可能连接不止一个物理网络，每个物理网络可能连接多个主机。因此，IP 的任务是提供一个虚构的网络，找到下一台路由器和物理网络，把 IP 分组从源端无连接地、逐步地传送到目的主机，这就是 IP 分组的路由选择功能。另外，由于不同的物理网络对所传输的数据帧的长短要求不一样，所以 IP 需要对传输层所传来的报文进行适当分组。

② ICMP。IP 的路由选择主要由路由器负责，无须主机参与处理，而实际情况却有可能出现种种差错和故障，如线路不通、主机断链、超过生存时间、主机或路由器发生拥塞等。ICMP 则专门用来处理差错报告和控制，它能由出错设备向源设备发送出错报文和控制报文，源设备接到该报文后，由 ICMP 软件确定错误类型或重发数据报的策略。ICMP 报文不是一个独立的报文，而是封装在 IP 分组中。ICMP 提供的服务有测试目的地的可达性和状态、报文不可达的目的地、数据报的流量控制和路由器路由改变请求等，另外 ICMP 也用来报告拥塞。ICMP 将 IP 作为它的传输机制，这样看起来似乎 ICMP 成了 IP 的高层协议，其实 ICMP 只是 IP 实现的一个必要部分。

③ ARP。在局域网中所有站点共享通信信道，是通过使用每个站点唯一的物理地址 MAC 来确定报文的发往目的地，但仅通过 IP 地址并不能计算出 MAC 地址，ARP 的任务就是查找与给定 IP 地址相对应的主机的网络物理地址。ARP 通过采用广播消息的方法，从而获取网上 IP 地址所对应的 MAC 地址。

④ RARP。RARP 主要解决网络物理地址 MAC 到 IP 地址的转换。RARP 也采用广播消息的方法来获得特定硬件 MAC 地址相对应的网上 IP 地址。RARP 对于在系统引导

时无法知道自己互联网地址的站点来说就显得十分重要了。

（3）传输层。传输层位于 TCP/IP 模型的第三层，它的主要功能是为源节点和目的节点的两个应用进程之间提供可靠的端到端的数据传输。为保证数据传输的可靠性，传输层协议规定在接收端进行差错检验和流量控制。另外，传输层还要解决不同应用程序的标记问题，因为在一般的通用计算机中，常常是多个应用程序同时访问互联网。为了区别各个应用程序，传输层在每一个报文中增加了识别源端和目的端应用程序的标记。为了完成以上功能，传输层提供了两个端到端的协议：TCP 和用户数据报协议（user datagram protocol，UDP）。

① TCP。TCP 是一个面向连接的协议，为网络提供具有有序可靠传输能力的全双工虚电路服务。TCP 允许从一台主机发出的消息无差错地发往互联网上的其他主机，它把经应用层传送来的报文分成报文段并传给网络互联层。在接收端，TCP 接收进程把收到的报文段再组装成报文后，再将报文交给应用层。TCP 的功能包括为了取得可靠的传输而进行的分组丢失检测，对收不到确认或者出错的信息自动重传，以及处理延迟的重复数据报等。此外，TCP 还能进行流量控制和差错控制。

TCP 进行报文交换的过程如下：建立连接、发送数据、发送确认、通知窗口大小，最后在数据帧发送完毕后关闭连接。由于 TCP 在发送数据时，报头包含控制信息，所以发送下一帧数据时，可以同时对前一帧数据进行控制和确认信息。

② UDP。UDP 是一个不可靠的、无连接的传输层协议，它将可靠性问题交给应用程序解决。UDP 主要面向请求 / 应答式的交易型应用，这些交易往往只有一来一回两次报文交换，如果像 TCP 那样建立连接和撤销连接，那么开销是很大的。这种情况下使用 UDP 就非常有效。另外，UDP 也应用于那些可靠性要求不高，但要求网络延迟较小的场合，如语音和视频数据的传送。

（4）应用层。应用层是 TCP/IP 模型的最高层，它是 TCP/IP 系统的终端用户接口，是专门为用户应用服务的。TCP/IP 模型的应用层包括所有的高层协议。互联网上早期的应用层协议有远程登录协议（Telnet）、FTP 和简单邮件传送协议（simple mail transfer protocol, SMTP）等，其中 Telnet 协议允许用户登录到远程系统并访问远程系统的资源，并且像远程机器的本地用户一样访问远程系统，FTP 提供在两台机器之间进行有效的数据传送的手段，SMTP 用于电子邮件的传送。随着互联网上应用不断地涌现，许多新的应用层协议也应运而生，如域名服务（domain name service，DNS）、网络新闻传输协议（network news transfer protocol，NNTP）和超文本传送协议（hyper text transfer protocol，HTTP）等。

TCP/IP 模型中各层的主要协议如图 1.17 所示。

FTP	SMTP	DNS	HTTP	…	应用层
TCP		UDP			传输层
IP	ICMP		ARP	RAMP	网络互联层
以太网	FDDI	X.25	ATM	…	网络接口层

图 1.17 TCP/IP 模型各层主要协议

1.4.4 OSI 协议参考模型与 TCP/IP 模型的比较

OSI 参考模型与 TCP/IP 模型有很多相似之处，它们各层次功能之间存在着一定的对应关系。TCP/IP 模型的网络接口层大致对应于 OSI 参考模型的物理层和数据链路层，该层主要处理数据的格式化，以及将数据传输到通信线路上；TCP/IP 模型的网络互联层大致对应于 OSI 参考模型的网络层，该层主要处理信息的路由及主机地址解析；TCP/IP 模型的传输层大致对应于 OSI 参考模型的运输层，该层主要负责提供流量控制、差错控制和排序等服务；TCP/IP 模型的应用层大致对应于 OSI 参考模型的应用层、表示层和会话层，该层主要向用户提供各种应用服务。图 1.18 显示了这种对应关系。

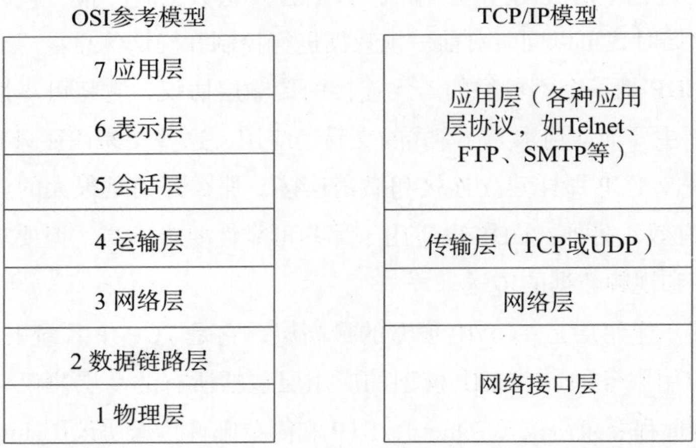

OSI参考模型	TCP/IP模型
7 应用层	应用层（各种应用层协议，如Telnet、FTP、SMTP等）
6 表示层	
5 会话层	
4 运输层	传输层（TCP或UDP）
3 网络层	网络层
2 数据链路层	网络接口层
1 物理层	

图 1.18 OSI 参考模型与 TCP/IP 模型各层的对应关系

除了这些基本的相似之处外，两个模型也存在很多的差别。

（1）OSI 参考模型明确区分了服务、接口和协议 3 个主要概念，但是 TCP/IP 模型最初并没有对其进行严格区分。因此，OSI 参考模型中的协议比 TCP/IP 模型中的协议具有更好的隐蔽性并且更容易被替换。

（2）OSI 参考模型并不是基于某个特定的协议集而设计的，因此它更具有通用性。而 TCP/IP 模型正好相反，先有协议，模型只是对已有的协议的描述，因而协议与模型配合得很好；但 TCP/IP 模型的问题在于其不适合于其他协议，因此，TCP/IP 模型不适合于描述其他非 TCP/IP 网络。

（3）OSI 参考模型在网络层提供面向连接和无连接的通信服务，但在传输层仅有面向连接的通信服务。而 TCP/IP 模型在网络层只有一种无连接的通信服务，而在传输层提供了面向连接和无连接的通信服务。

（4）OSI 参考模型有 7 层，而 TCP/IP 模型只有 4 层。

综上，OSI 参考模型可以很好地对计算机网络进行描述，但由于协议出现的时机不当以及协议本身难于实现等问题使得该参考模型并未流行起来。而 TCP/IP 模型是对现有协议的一个归纳和总结，由于其容易实现和被生产厂商广泛接受，故其已成为事实上的网络参考标准。

1.5　计算机网络的发展趋势

本节简要回顾计算机网络的发展历程，分析计算机网络未来发展的需求。基于需求探讨计算机网络面临的重大技术挑战及相应的研究问题，据此拟提出计算机网络的发展趋势和相关的技术制高点。

1.5.1　计算机网络发展的简要回顾

计算机网络诞生 50 多年来，国内外学者、研究机构、企业和各国政府对计算机网络的理论、技术及建立做了大量的工作。

1969 年底，美国国防部研制并建成 ARPANet，标志着计算机网络的诞生。20 世纪 80 年代初，ISO 制定了一系列国际标准，奠定了互联网的雏形。20 世纪 90 年代，许多国家将信息高速公路作为国家战略，从而极大地推动了计算机网络技术的发展，使其发展和应用进入了崭新的阶段。21 世纪以来，高速通信网络技术、无线网络、移动互联网、云计算、智能终端、网络和信息安全技术的大力发展，已将计算机与网络融为一体，体现了“网络就是计算机”。当下流行的云计算、物联网、智慧城市、大数据、人工智能以及区块链等新技术，都是建立在互联网之上，依托其支撑来实现。在应用上，“互联网 +”已辐射到经济社会发展的多个领域。

1.5.2　计算机网络发展的新需求

国家经济社会的发展对计算机网络提出了新的需求，驱动着计算机网络的飞速发展。计算机网络未来发展的新需求似可归纳为以下四类。

1. 全息通信

以全息通信为代表的全息远程会议、远程故障诊断和维修等新兴沉浸式网络应用，对网络体系结构和能力提出了重大挑战。全息应用带宽需求为每秒 Tbit 级；时延需求为亚毫秒级；全息数据流内并行流为上千条级。以面向2030年的全息全感业务为例，真人级全息通信是对现实视觉的完整重构。如果用全息记录真人大小或70英寸左右的电视屏幕大小，则单个数据流所需的动态传输数据量约为1.9Tbit/s，时延为1～5ms。

2. 时间约束

在工业互联网等大型应用场景中，快速反应与时间体验是重要因素。超低时延是上述应用的共性需求，有些工业应用的闭环控制往返时延是毫秒级的，有些是亚毫秒级的，有些是微秒级的。未来工业连接需要提供的传送服务不仅要求是确定的、及时的，更应是准时的。工业从自动化到数字化、网络化和智能化，逐渐向虚拟世界与现实世界融合的方向发展，形成数字孪生世界，需要从应用的视角同步不同来源的数据。为此，应十分重视时间约束（time-engineered application）。

3. 网络内部机制智能化

未来网络必将向复杂系统方向发展，面对不同的应用场景，对网络服务的需求也会不同。网络流量控制、调度和拥塞控制等机制以及路由算法等，均需根据场景的实际情况进行优化。通过将机器学习和知识图谱等人工智能技术引入网络，可以对用户需求、网络资源以及网络威胁等多维主客观要素进行表示、学习，并在提炼获取知识的基础上，实现决策推理，以及动态调整重构网络。

4. 多维度传感

未来的全方位感知服务将极大增强虚拟服务的便利性和体验性，除了声音、图片和视频等听觉、视觉外，可能还有嗅觉、味觉甚至触觉。新形态的体验将带来不少挑战。触觉、味觉及嗅觉如何实现远程感知？声音和光是波的传送，没有化学反应，而味觉和嗅觉更接近感觉和情感，有直接的“化学”反应。而触觉对网络要求较高，需要毫秒级延迟，并无传输丢包。

1.5.3 计算机网络研究的问题

上述发展需求使计算机网络面临重大的技术挑战，为此应研究如下科学问题以及相应的内容。

1. 高智能化

高智能化是首要的挑战和核心。随着物联网、大数据和人工智能技术的快速发展和加速融合，智能物联网的应用正逐步融入国家重大需求和民生的各个领域，如智慧城市、智能制造和社会治理等。通过各种传感器联网实时采集各类数据，如环境数据、运行数据、业务数据和监测数据等；然后在终端设备、边缘设备或云端通过数据挖掘和机器学习来进行智能化处理和理解，如智能感知、目标识别、预测预警以及智能决策等，为用户提供综合、智能、易用和个性化的服务。高智能化的科学问题是人机物融合完成感知任务的问题，相应的研究内容如临境自然交互、人机协同感知和人机智能演进等。

2. 高实时性

高实时性也是互联网面临的一个重要挑战，如远程手术要求网络时延必须小于 200ms，敏感车联网要求控制时延必须小于 10ms。特别是军事和工业控制等应用，缺乏实时性将导致严重的后果和损失。如 2009—2013 年，因为网络传输延时，美国路基导弹防御系统三次拦截试验均未成功。同时，网络延时的增加还可能使互联网内容提供商蒙受巨大的利润损失。高实时性的科学问题是如何实现竞争资源的实时传输控制，相应的研究内容是扩展安全的分级实时传输控制理论和协同机理。

3. 高安全性

网络安全影响到国家安全。高安全性是计算机网络应用的基础。新一代互联网应该在开放、简单和共享为宗旨的技术优势基础上，建立完备的安全保障体系。从网络体系结构设计出发，保证网络信息的真实性和可追溯性，进而提供安全可信的网络服务。高安全性的科学问题是如何解决互联网体系结构安全可信基础的缺失，实现开放网络环境中的跨域可信访问。相应的研究内容是地址身份结合的网络可信访问体系和行为感知。更重要的是，应建立一个安全可信的新型网络体系结构。

4. 高扩展性

高扩展性是计算机网络应对未来更高要求的保证。新一代互联网应该从以连接计算机系统为主，扩展到连接所有可以连接的电子设备，即接入的终端设备种类和数量将更多、网络规模更大和应用更广泛。扩展性既为网络空间编址和路由带来了新的挑战，也为发展带来了机遇，高扩展性的科学问题实际上是超大空间的高效路由寻址问题。相应的研究内容包括多维分级的大规模编址以及路由的理论与方法。

1.5.4　计算机网络的未来方向

结合计算机网络未来发展的需求和问题，讲解计算机网络未来发展的趋势。

1. 触觉互联网

触觉互联网由德国德累斯顿工业大学（Dresden University of Technology）教授 Gerhard Fettweis 提出。它可以实现远程的触觉感受，从而实现对各类对象的远程控制与服务。触觉互联网需要低延迟、高可靠性和高安全性等能力。它的提出依赖于 5G 技术、虚拟现实、增强现实、新型网络技术、人工智能和触觉感知等技术的不断发展。2018 年，IEEE 成立了触觉互联网工作组，该工作组提出了触觉互联网的基本特征，即“实时感知”和“同步控制”。

触觉互联网定义了一个具备低时延、高安全性和高可靠性的基础通信网络，它是未来网络发展的主要方向。它的提出为自动驾驶和远程医疗等应用提供了更好的支撑。

触觉互联网的实现还存在诸多技术难点。首先，在网络架构上，如何在当前海量数据场景下，通过网络架构技术的不断创新实现业务的低时延需求。其次，实现触觉的精密化与数字化。触觉精密化是指复制人体皮肤敏感性，如何实现对人体皮肤触感的复制并进行数字化，这是一项极具挑战性的工作。最后，实现安全与隐私。由于当前互联网的开放性，如何保障网络的高安全性与用户隐私一直是研究者们探索的方向。

2. 量子互联网

2018年，荷兰代尔夫特理工大学（Technische Universiteit Delft）教授Stephanie Wehner等在《科学》（*Science*）上发表综述文章，将量子互联网的发展划分为6个阶段。2019年，美国能源部组织了量子网络研讨会，根据有无使用量子中继，将量子通信网络划分为量子局域网、量子广域网和量子互联网三个发展阶段。2020年7月，美国能源部发布量子互联网国家战略蓝图，对照现有TCP/IP栈的5层结构，期望建立纠缠网络协议栈。物理层主要研究量子信息处理器或者量子计算机，数据链路层主要通过超导或者光量子实现节点的互联，网络层侧重于采用量子存储器实现量子纠缠的高效制备和分发，在传输层与经典网络协同工作，在应用层开展分布式量子信息应用。

量子纠缠网络的代表性成果是，2020年9月，英国布里斯托大学和利兹大学、奥地利科学院与我国国防科技大学等研究机构合作实现8节点无可信中继量子网络。不同于目前点对点可信中继的量子通信网络，该研究实现了城域范围内无可信中继的量子纠缠分发网络，具备拓展为更大规模量子通信网络的潜力，从而为用户提供服务。

代尔夫特理工大学QuTech研究组在域间量子纠缠网络研究方面的工作具有代表性。他们于2016年主导成立了欧洲量子互联网联盟，2019年在SIGCOMM会议上发布了量子网络链路层协议，2020年介绍了其软件定义量子网络架构，2021年完成了3节点量子网络实验。在2019年发布的量子网络链路层协议中，QuTech研究组基于他们设计实现的金刚石色心纠缠源，将金刚石中一个碳原子替换为氮原子，经过操作可以在原子自旋和激发的光子之间实现纠缠，节点间通过贝尔态测量等方法可以实现多节点间的量子纠缠关联。2021年QuTech研究组在*Science*上发表的实验文章，指出已完成了两个演示工作：一是在3节点间建立GHZ态（greenberger-horne-zeilinger），实现纠缠关联。二是采用Bob节点作为纠缠交换节点，实现Alice和Charlie之间的跨域纠缠互联。

在量子存储与量子中继方面，2021年4月中国科技大学将光存储时间由分钟级提升至1小时，并在同年6月基于吸收型量子存储器实现了多模式量子中继，为构建高宽带远距离量子网络奠定了基础，表明量子存储与量子中继逐步走向实用化。

量子互联网未来的发展主要是两方面：一是量子组网技术本身在域内开展确定性纠缠网络研究，同时提升量子存储性能，实现跨域量子互联。二是量子互联网已经可以支撑开展端到端量子安全通信、量子时间同步、分布式量子传感和分布式量子计算研究，旨在促进量子信息技术的全面升级。

3. 太赫兹互联网

太赫兹波是位于毫米波和红外光波之间的电磁波，其频率范围是 0.1 ～ 10THz。太赫兹波拥有无线通信低频段波无法超越的优势：

（1）载波频率高，可以支持数十到上百 Gbit/s 的数据传输速率。

（2）太赫兹波穿透性好，光子能量低、安全性好，可无损检测。

（3）太赫兹波覆盖多数物质的特征谱。

太赫兹通信方面，目前国际上的研究主要以高载波频率和高带宽作为牵引。日本在太赫兹技术的应用上走在了世界前列。如日本大阪大学和日本电报电话公司（NTT）曾在 2008 年北京奥运会上展示了 120GHz 载波频率的太赫兹无线通信技术。日本岐阜大学和软银、日本情报通信研究机构以及俄罗斯托木斯克理工大学等组成的世界级团队于 2021 年 2 月宣布，研究团队利用比手机镜头孔还小的微型天线，成功进行了 300GHz 频带太赫兹无线通信。

太赫兹波独有的优势使太赫兹通信成为星间大容量互联互通的候选核心技术之一，能够解决现有空间微波通信带宽不大、速率不高的问题。同时，由于太赫兹天线的高定向性，可以解决卫星间激光通信组网困难和远距离跟瞄问题。

太赫兹互联网络技术将太赫兹点对点通信技术扩展至多节点组网。由于太赫兹波独有的物理特性，以致实现太赫兹互联网技术面临一系列技术挑战：一是高频、大带宽，100GHz 以上的频率、Tbit/s 级别的超高速率，需要提升分组交换能力，设计面向大容量网络中的拥塞控制技术。二是传输高损耗，太赫兹波在大气中传输衰减严重、信道利用率低、重传概率高，为实现远距离组网，需要研制高效介质访问控制方法和协同中继技术进行转发传输。三是定向窄波束，区别于具有广播特性的传统无线网络，太赫兹组网需攻克定向窄波束的捕捉与跟踪技术、空间多址接入、节点快速发现和控制技术。

太赫兹互联网应用前景广阔。首先，太赫兹通信技术被公认为是 6G 的关键技术之一，有望在下一代通信网络中实现宽带太赫兹通信。其次，太赫兹互联网技术在特定领域的超宽带高速传输具有重要的应用价值。目前，国内外对太赫兹组网技术的研究仍处于起步阶段。

综上，量子互联网和太赫兹互联网等前沿技术的攻关，有望实现网络技术的颠覆性突破。而触觉互联网将使人和机器能够在移动中和特定空间通信范围内实时地与其环境进行交互，从而改变工业生产、学习和工作方式。这些前沿趋势，不仅是计算机网络未来发展的制高点，也是引领其高质量发展的可能突破点，抑或成为经济社会发展的创新极。

本章小结

本章概述了计算机网络的发展过程，对其发展的 5 个阶段做了简要回顾，并对各个阶段的特点做了分析。接着介绍了计算机网络的组成和功能，分析了计算机网络的构成要素，从宏观角度分析了计算机网络的组成，并重点讨论了计算机网络的类别，其中对按计算机网络的拓扑结构分类、网络控制方式分类、网络作用范围分类、通信传输方式分类、网络配置分类和使用范围分类做了详细论述，深入探讨了计算机网络的体系结构。最后对计算机网络的发展趋势做了简要介绍。

思考题

1.1 什么是计算机网络？计算机网络与分布式系统有什么区别和联系？

1.2 简述计算机网络的发展阶段。

1.3 计算机网络由哪几部分构成？各部分的构成要素是什么？

1.4 计算机网络有哪些功能？

1.5 按拓扑结构，计算机网络可分为哪几类？各有何特点？

1.6 按通信传输方式，计算机网络可分为哪几类？各有何特点？

1.7 计算机网络中为什么要引入分层的思想？

1.8 简述服务、接口、协议的概念。它们之间的联系与区别是什么？

1.9 什么是计算机网络的体系结构？

1.10 简述 OSI 七层参考模型结构，并说明各层的主要功能是什么？

1.11 在 ISO/OSI 中，“开放”是什么含义？

1.12 在 ISO/OSI 中，“透明”是什么含义？

1.13 说明 HDLC 帧的结构，各字段的功能是什么？

1.14 简述 TCP/IP 模型，各层的主要功能是什么？

1.15 简述 IP 的主要功能。

1.16 TCP 与 UDP 之间的差别是什么？

1.17 指出 ISO/OSI 七层参考模型与 TCP/IP 模型之间的异同之处？

1.18 结合自己的体会，论述计算机网络的发展趋势。

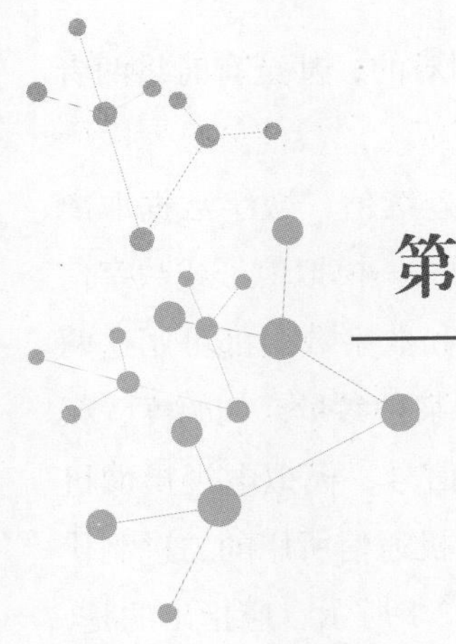

第2章　计算机网络的基本原理

计算机网络是计算机技术与通信技术密切结合的产物。计算机网络的原理主要包括模拟传输、数字传输、量子通信、多路复用技术、数据交换方式、流量控制技术、差错控制技术、路由选择技术、无线通信技术、卫星通信技术等，它们是全书的基础，所以学习和掌握这些内容十分重要。

通过本章学习，可以了解（或掌握）：

- 数据通信的基本概念；
- 数字信号的频谱与数字信道的特性；
- 模拟传输；
- 数字传输；
- 量子通信；
- 多路复用技术；
- 数据交换方式；
- 流量控制技术；
- 差错控制技术；
- 路由选择技术；
- 无线通信技术；
- 卫星通信技术。

2.1　数据通信的基本概念

2.1.1　数据、信息和信号

通信是为了交换信息（information）。信息的载体可以是数字、文字、语音、图形、图像和视频，常称它们为数据（data）。数据是对客观事实进行描述与记载的物理符号。信息是数据的集合、含义与解释。如对一个企业当前生产各类经营指标的分析，可以得出企业生产经营状况的若干信息。显然，数据和信息的概念是相对的，甚至有时将两者等同起来，此处不多论述。

数据按其连续性可分为模拟数据和数字数据。模拟数据取连续值，数字数据取离散值。通常，在数据被传送之前，要变成适合于传输的电磁信号——模拟信号或数字信号。可见，信号（signal）是数据的电磁波表示形式。模拟数据和数字数据都可用这两种信号来表示。模拟信号是随时间连续变化的信号，这种信号的某种参量，如幅度、频率或相位等可以表示要传送的信息。电话机送话器输出的语音信号，模拟电视摄像机产生的图像信号等都是模拟信号。数字信号是离散信号，如计算机通信所用的二进制代码“0”和“1”组成的信号。模拟信号和数字信号的波形图如图 2.1 所示。应指出的是，图 2.1（a）所示为正弦信号，显然它是一种模拟信号，但模拟信号绝不是只有正弦信号。如前所述，各种随时间连续变化的信号都是模拟信号。

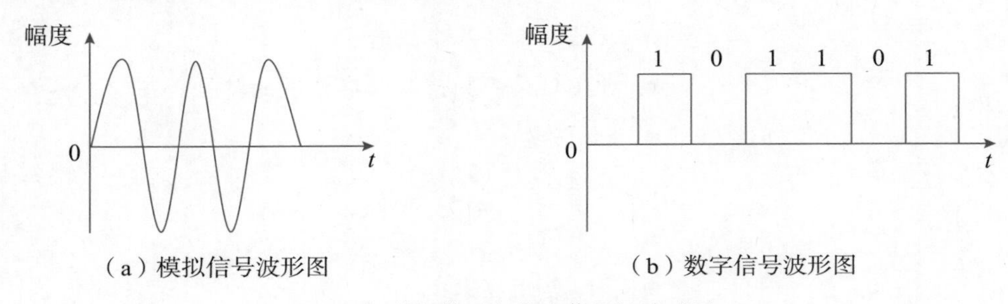

图 2.1　模拟信号与数字信号的波形图

同信号的分类相似，信道也可以分成传送模拟信号的模拟信道和传送数字信号的数字信道两大类。但是应注意，数字信号在经过数 / 模变换后就可以在模拟信道上传送，而模拟信号在经过模 / 数变换后也可以在数字信道上传送。

2.1.2　通信系统模型

通信系统的模型如图 2.2 所示，一般点到点的通信系统均可用此图表示。图 2.2 中，信源是产生和发送信息的一端，信宿是接收信息的一端。变换器和反变换器均是进行信号变换的设备，在实际的通信系统中有各种具体的设备名称。如信源发出的信号为数字信号，当要采用模拟信号传输时，则要将数字信号变换为模拟信号，通过调制器来实现，而接收端要将模拟信号反变换为数字信号，则用解调器来实现。在通信中通常进行两个方向的通信，故将调制器与解调器做成一个设备，称为调制解调器，具有将数字信号变换为模拟信号以及将模拟信号恢复为数字信号的两种功能。当信源发出的信号为模拟信号，而要以数字信号的形式传输时，通过编码器将模拟信号变换为数字信号，到达接收端后再经过解码器将数字信号恢复为原来的模拟信号。实际上，也是考虑到一般为双向通信，故将编码器与解码器做成一个设备，称为编码解码器。

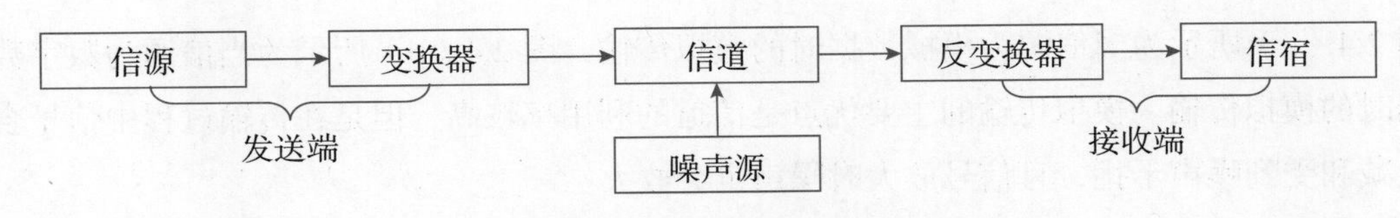

图 2.2　通信系统的模型

信道即信号的通道，它是任何通信系统中最基本的组成部分。信道的定义通常有两种，即狭义信道和广义信道。所谓狭义信道是指传输信号的物理传输介质，如双绞线信道、光纤信道，是一种物理上的概念。对信道的这种定义虽然直观，但从研究信号传输的观点看，其范围显得很狭窄，因而引入新的、范围扩大了的信道定义，即广义信道。所谓广义信道是指通信信号经过的整个途径，它包括各种类型的传输介质和中间相关的通信设备等，是一种逻辑上的概念，如图 2.3 所示。对通信系统进行分析时常用的一种广义信道是调制信道。调制信道是从研究调制与解调角度定义的，其范围从调制器的输出端至解调器的输入端，由于在该信道中传输的是已被调制的信号，故称其为调制信道。另一种常用到的广义信道是编码信道。编码信道通常指由编码器的输出端到解码器的输入端之间的部分。实际的通信系统中并非要包括其所有环节，如下节所要讲的基带传输系统就不包括调制与解调环节。至于采用哪些环节，取决于具体的设计条件和要求。

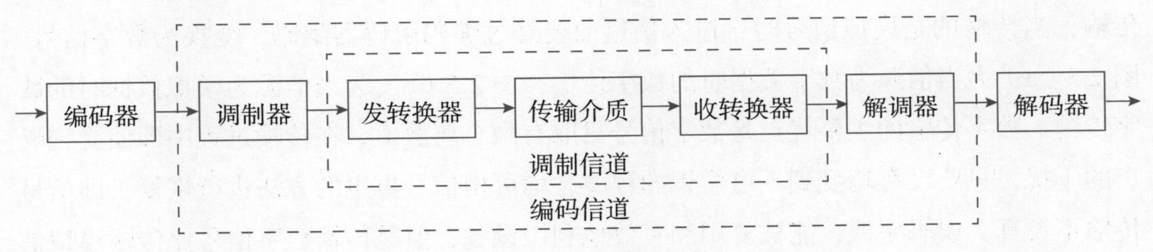

图 2.3　广义信道的划分

此外，信号在信道中传输时，可能会受到外界的干扰，称之为噪声。如信号在无屏蔽双绞线中传输会受到电磁场的干扰。

由上可见，无论信源产生的是模拟数据还是数字数据，在传输过程中都要变成适合信道传输的信号形式。在模拟信道中传输的是模拟信号，在数字信道中传输的是数字信号。

2.1.3　数据传输方式

数据有模拟传输、数字传输和量子通信 3 种传输方式。

1. 模拟传输

模拟传输指信道中传输的是模拟信号。当传输的是模拟信号时，可以直接进行传输；当传输的是数字信号时，进入信道前要经过调制解调器调制，变换为模拟信号。

图2.4（a）所示为当信源为模拟数据时的模拟传输，图2.4（b）所示为当信源为数字数据时的模拟传输。模拟传输的主要优点是信道的利用率较高，但是在传输过程中信号会衰减和受到噪声干扰，且信号放大时噪声也会放大。

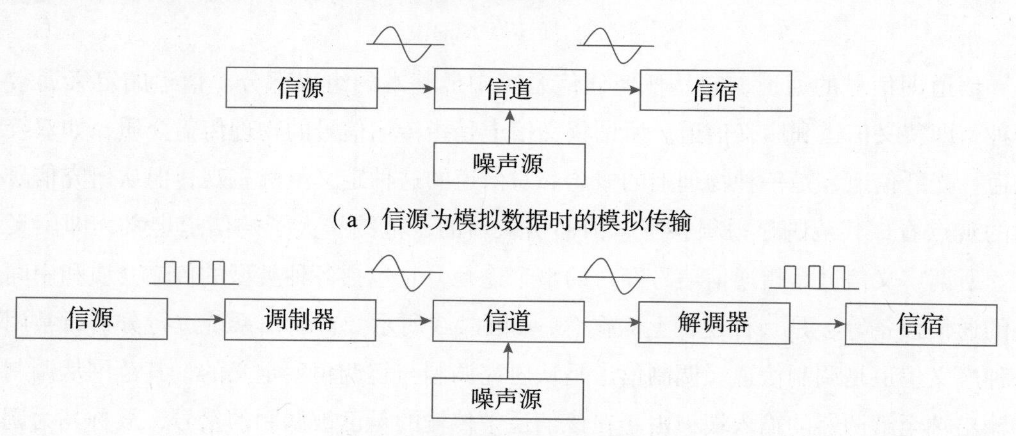

（a）信源为模拟数据时的模拟传输

（b）信源为数字数据时的模拟传输

图2.4 模拟传输

2. 数字传输

数字传输指信道中传输的是数字信号。当传输的信号是数字信号时，可以直接进行传输；当传输的是模拟信号时，进入信道前要经过编码解码器编码，变换为数字信号。图2.5（a）为当信源为数字数据时的数字传输，图2.5（b）为当信源为模拟数据时的数字传输。数字传输的主要优点是数字信号只取有限个离散值，在传输过程中即使受到噪声的干扰，只要没有畸变到不可辨识的程度，均可用信号再生的方法进行恢复，即信号传输不失真，误码率低，能被复用和有效地利用设备，但是传输数字信号比传输模拟信号所需要的频带要宽得多，因此数字传输的信道利用率较低。

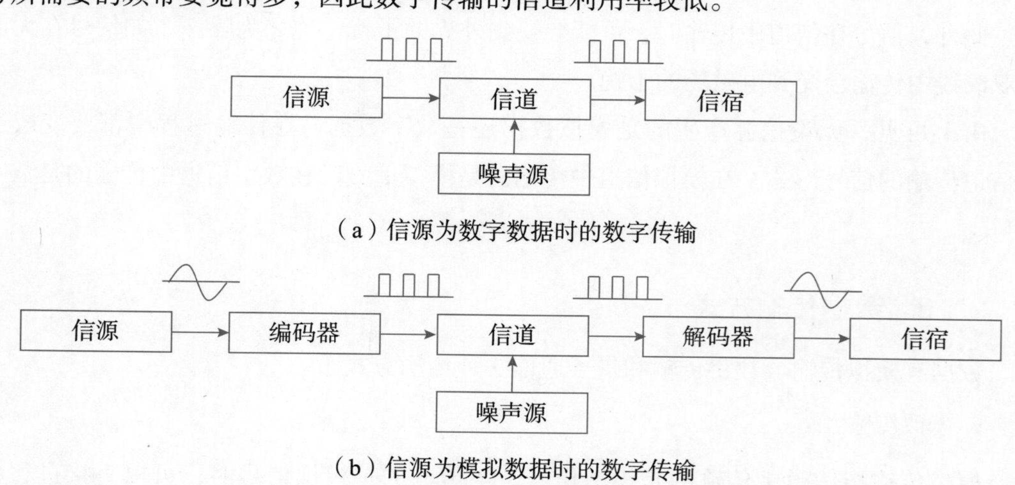

（a）信源为数字数据时的数字传输

（b）信源为模拟数据时的数字传输

图2.5 数字传输

3. 量子通信

量子通信是利用量子力学效应进行信息传递的一种新型通信方式，它利用光量子为信息载体，利用量子力学的基本原理对信息进行编码、操控和安全传输来完成信息交互。与经典通信安全性依赖于数学上的计算复杂性不同，量子通信具有物理原理上的绝对安全性。量子作为构成物质的最基本单元，是能量的最基本携带者，具有不可分割的基本特征，这意味着承载信息的光量子在传输过程中不会被分割窃听。因此量子通信在确保信息安全和增大信息传输容量等方面，可以突破经典信息技术的极限，成为未来通信的主要方向。但是目前高品质的单光子源还没有走出实验室，而且成本过高，所以尚无法达到理想的使用状态。

量子通信基本过程如图 2.6 所示，其中量子信源以尽可能少的量子比特来表示输入符号，从而将要传输的信息转换为量子比特流；量子编码器：对量子比特流进行编码，达到数据压缩或加入纠错码对抗噪声的目的；量子调制器：使量子信号的特性与信道特性匹配；量子解调器：通过量子操作得到调制前的量子信息；量子传输信道：传送量子信号的通道；辅助信道：经典信道及其他附加信道；量子信道噪声：环境对量子信号影响的等效描述；量子译码器：把量子比特转换为经典信息；量子信宿：量子信息的接收方。量子通信的信道包括量子传输信道和辅助信道两部分。量子传输信道就是传输量子信号的通道，不仅可以传输经典信息，还可以传输私密信息和量子信息。辅助信道是公开信道，除了传输信道外的其他附加信道，主要用于密钥协商等。量子测量装置：通过该装置对其中一个纠缠量子和某一个未知量子态进行本地测量，实现这个未知量子态在另一个纠缠量子上再现。量子态传送过程是隐形的，通信过程中传输的只是表达量子信息的“状态”，而并不传输作为信息载体的量子本身，通信没有经历空间与时间，不发送任何量子态，而是将未知量子态所包含的信息传送出去。2.5 节将进一步对量子通信进行介绍。

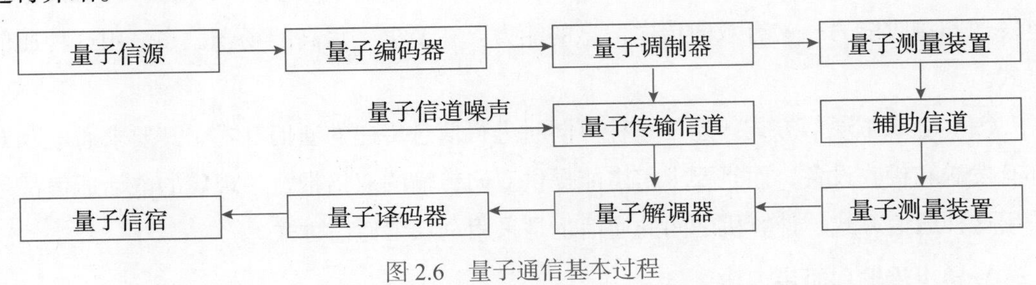

图 2.6　量子通信基本过程

2.1.4　串行通信与并行通信

串行通信是指数据流一位一位地传送，从发送端到接收端只要一个信道即可，易于实现。并行通信是指一次同时传送一个字节（字符），即 8 个码元。并行传送数据速率高，但传输信道要增加 7 倍，一般用于近距离范围要求快速传送的地方，如计算机与输出设备打印机的通信一般是采用并行传送。串行传送虽然速率低，但节省设备投入少，是目前主要采用的一种传输方式，特别是在远程通信中一般采用串行通信方式。

在串行通信中，收、发双方存在着如何保持比特（bit，记为 b）与字节（byte，记为 B）同步的问题，而在并行传输中，一次传送一个字符，因此收、发双方不存在字符同步问题。串行通信的发送端要将计算机中的字符进行并 / 串变换，在接收端再通过串 / 并变换，还原成计算机的字符结构。特别应指出的是，近年来使用的通用串行总线（universal serial bus，USB）是一种新型的接口技术，它是新协议下的串行通信，其标准插头简单，传输速度快，是一般串行通信接口的 100 倍，比并行通信接口也要快 10 多倍，因此在计算机与外围设备上普遍采用，广泛应用于计算机与输出设备的近距离传输。

2.1.5 数据通信方式

数据通信除了按信道上传输的信号分类之外，还可以按数据传输的方向及同步方式等进行分类。按传输方向，数据通信可分为单工通信、半双工通信及全双工通信；按同步方式，数据通信可分为异步传输和同步传输。

1. 单工通信、半双工通信与全双工通信

（1）单工通信方式。在单工信道上，信息只能向一个方向传送。发送方不能接收，接收方不能发送。信道的全部带宽都用于由发送方到接收方的数据传输。无线电广播和电视广播都采用单工通信方式。

（2）半双工通信方式。在半双工信道上，通信双方可以交替发送和接收信息，但不能同时发送和接收信息。在一段时间内，信道的全部带宽用于一个方向上的信息传递。航空和航海无线电台以及对讲机等都是以这种方式通信的。这种方式要求通信双方都有发送和接收能力，又有双向传送信息的能力。在要求不很高的场合，多采用这种通信方式。

（3）全双工通信方式。这是一种可同时进行信息传递的通信方式。其要求通信双方都有发送和接收设备，而且要求信道能提供双向传输的双倍带宽。现代的电话通信都是采用这种通信方式，计算机之间的通信也是采用全双工通信方式。

2. 异步传输和同步传输

在通信过程中，发送方和接收方必须在时间上保持步调一致（即同步），才能准确地传送信息。时间保持步调一致的方法是，要求接收端根据发送数据的起止时间和时钟频率，来校正自己的时间基准与时钟频率，这个过程叫作位同步或码元同步。在传送由多个码元组成的字符以及由多个字符组成的数据块时，也要求通信双方数据的起止时间一致，这种同步作用有两种不同的方式，因而对应了两种不同的传输方式。

（1）异步传输。异步传输是把各个字符分开传输，字符与字符之间插入同步信息。这种方式也叫起止式，即在组成一个字符的所有位前后分别插入起止位，如图 2.7 所示。起始位对接收方的时钟起置位作用。接收方时钟置位后只要在 8 ～ 11 位的传送时间内准确，就能正确地接收一个字符。最后的终止位（1 位）提示接收者该字符传送结束，然后接收方就能识别后续字符的起始位。当没有字符传送时，连续传送终止位。加入校验位的目的是检查传输中的错误，一般使用奇偶校验。

1位	7位	1 位	1 位
起始位	字符	校验位	终止位

图 2.7　异步传输

（2）同步传输。异步传输不适合于传送大的数据块，如磁盘文件。同步传输在传送连续的数据块时比异步传输更有效。采用同步传输时，发送方在发送数据之前先发送一串同步字符 SYN（编码为 0010110），接收方只要检测到两个或两个以上的 SYN 字符就确认已进入同步状态，准备接收数据，随后双方以同一频率工作（即数字数据信号编码的定时作用），直到传送完指示数据结束的控制字符，如图 2.8 所示。这种方式仅在数据块前加入同步序列编号（synchronize sequence numbers，SYN），所以效率更高，但实现起来较复杂。在短距离高速数据传输中，多采用同步传输方式。

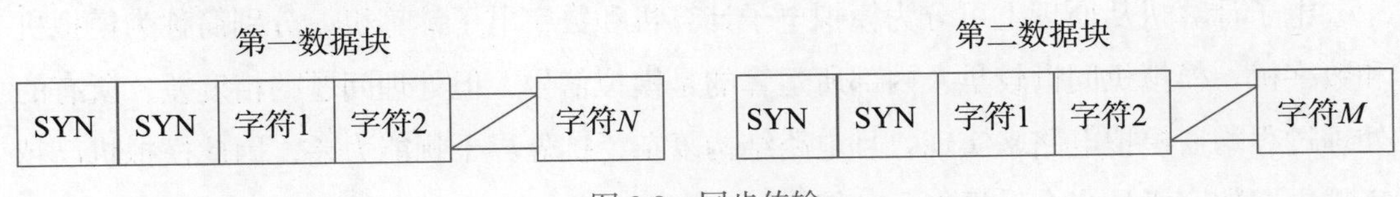

图 2.8　同步传输

2.1.6　数字化是信息社会发展的必然趋势

所谓数字化是指利用计算机信息处理技术把声、光、电、磁等信号转换为数字信号，或把语音、文字、图像和视频等数据转换为数字数据（0 和 1），用于传输与处理的过程。随着数字化技术的广泛应用和加速革新，当前已经迈入全新的数字化时代。数字化是信息社会发展的必然趋势，原因如下。

1. 数字通信比模拟通信更具优势

在模拟通信系统的传输过程中，噪声叠加在有用的模拟信号上，接收端难以分开信号和噪声，因而模拟通信系统的抗干扰能力比较差。相反，数字通信系统传输的是二进制信号，数据是介于数字脉冲波形的两种状态之中。在数字通信的接收端对每一个接收信号进行采样并与某个阈值电压进行比较，只要采样时刻的信号电平小于或等于阈值电压，接收端就不会形成错判，可以正确接收数据，而不受噪声的影响。因此，数字通信系统比模拟通信系统的抗干扰能力更强。

同样，模拟通信系统中的模拟放大器无法将有用的信号与噪声分开，因此只好将有用信号和噪声同时放大。随着传输距离的增加以及模拟放大器的增多，噪声也会越来越大。因此模拟通信系统中噪声的积累会影响远距离通信的质量。而数字通信系统采用再生中继器的方法，信号在传输过程中所受到的噪声干扰经过中继器时就已经被消除，然后中继器恢复出与原始信号相同的数字信号，因而克服了模拟通信系统噪声叠加的问题。因此数字通信系统比模拟通信系统可以更好地实现高质量的远距离通信，这也即数字电视比模拟电视的图像、声音更清晰的原因。

由于数字通信系统中传输的是数字信号，因而在传输过程中，可以对数字信号进行各种数字处理：如存储、转发、复制、压缩、计算、加密、检错、纠错等。但这些处理在模拟通信系统中是很难实现的。在数字通信系统中采用复杂的、非线性的以及长周期的密码序列对数字信号进行加密，从而使数字通信具有高度的保密性。对数字信号使用合适的压缩算法，使其在传输过程中获得更高的传输效率，在接收端再使用相应的解压缩算法，使数字信号恢复到压缩前同样的形式，这对解决网络通信中的拥塞控制也大有帮助。

2. 数字机比模拟机使用更广泛

电子计算机从原理上可分为模拟电子计算机和数字电子计算机，分别简称为模拟机和数字机。模拟机问世较早，内部所运算的是模拟信号，但处理问题的精度差，所有的处理过程均需模拟电路来实现，且电路结构复杂，抗外界干扰能力差，因此模拟机已越来越少。数字机是当今世界电子计算机行业中的主流，其内部处理的是数字信号，它的主要特点是“离散”，在相邻的两个符号之间不可能有第三种符号存在。由于这种处理信号的差异，使得它的组成结构和性能大大优于模拟机。

目前的计算机绝大部分都是数字机，而数字机只能对数字数据进行存储和处理。因此，文字、声音、视频、图像等数据，必须转换为数字数据后才能存入计算机，才能进行计算处理，而且数字传输的质量远高于模拟传输。

3. 数字设备的智能化

计算机等数字设备的主要器件是集成电路（芯片）。根据英特尔创始人之一戈登・摩尔提出的“摩尔定律”，集成电路上可容纳的晶体管数目在大约每经过 18 到 24 个月便会增加一倍。伴随着集成电路集成度越来越高，造价也越来越低，因而数字设备被广泛应用于人们的生产生活中。特别是，设备的智能化是信息社会发展的必然趋势，目前数字设备正在逐渐智能化，如智能手机和智能电视等的出现。这些智能设备应用于各个领域，形成新的生产和生活方式，将促进人类经济社会的进一步发展。

2.2　数字信号的频谱与数字信道的特性

本节重点对数字信号的频谱与数字信道的特性进行分析。

2.2.1　傅里叶分析

任何周期信号都是由一个基波信号和各种高次谐波信号合成的。根据傅里叶分析法，可以把一个周期为 T 的复杂函数 $g(t)$ 表示为无限个正弦和余弦函数之和，即

$$g(t)=\frac{a_0}{2}+\sum_{n=1}^{\infty}a_n\sin(2\pi nft)+\sum_{n=1}^{\infty}b_n\cos(2\pi nft) \tag{2-1}$$

式中，a_0 是常数，代表直流分量，且$a_0=\frac{2}{T}\int_0^T g(t)\mathrm{d}t$，$f=\frac{1}{T}$为基频；$a_n$、$b_n$ 分别是 n 次谐波振幅的正弦和余弦分量，即

$$a_n=\frac{2}{T}\int_0^T g(t)\sin(2\pi ft)\mathrm{d}t \tag{2-2}$$

$$b_n=\frac{2}{T}\int_0^T g(t)\cos(2\pi ft)\mathrm{d}t \tag{2-3}$$

2.2.2　周期矩形脉冲信号的频谱

频谱是指组成周期信号各次谐波的幅值、相位随频率变化的关系。这种频谱图以 f 为横坐标，相应的各次谐波分量的振幅为纵坐标，如图 2.9 所示。该图中，谐波的最高频率 f_h 与最低频率 f_l 之差（f_h-f_l）叫作信号的频带宽度，简称信号带宽或带宽。它是由信号的特性所决定的，表示传输信号的频率范围。而信道带宽是指某个信道能够不失真地传送信号的频率范围，由传输媒体和有关附加设备以及电路的频率特性综合决定，简言之，信道带宽是由信道的特性决定的。例如，一路电话话频线路的信道带宽为 4kHz。一个低通信道，当从 0 到某个截止频率 f_c 的信号通过时，振幅不会衰减得很小，而超过截止频率的信号通过时就会大大衰减，则此信道的带宽为 f_c。

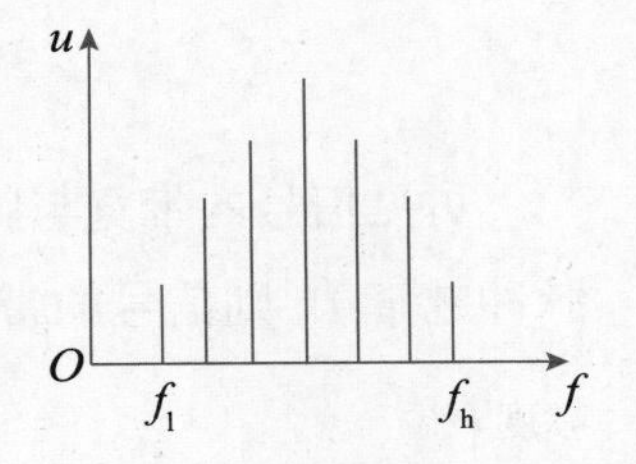

图 2.9　信号的频谱图

周期性矩形脉冲如图 2.10 所示，其幅值为 A，脉冲宽度为 τ，周期为 T，关于纵轴对称。这是一种最简单的周期函数，实际数据传输中的脉冲信号比这要复杂得多，但对这种简单周期函数的分析，可以得出信道带宽的一个重要结论。

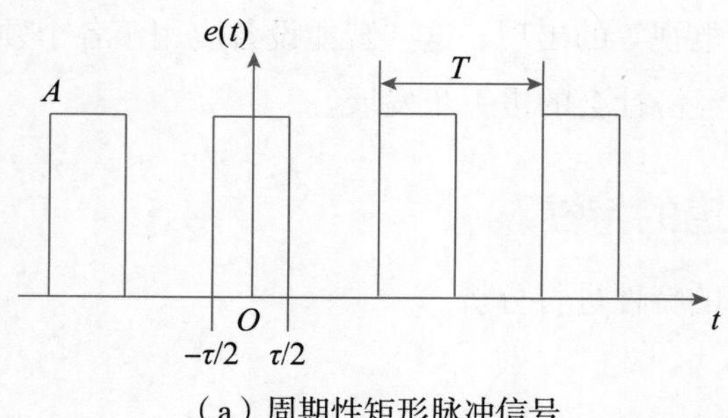

（a）周期性矩形脉冲信号

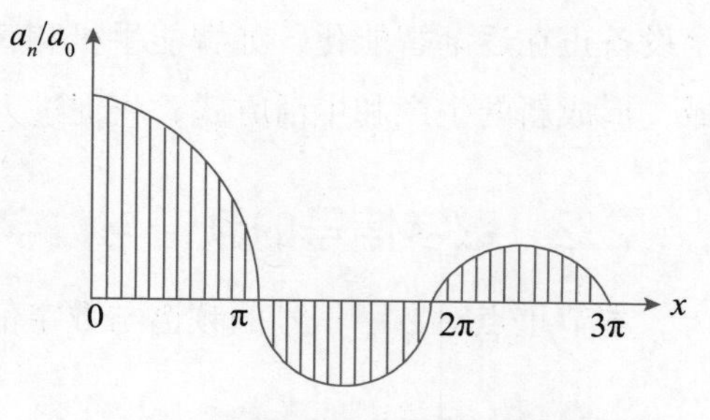

（b）周期性矩形脉冲信号的频谱

图 2.10　周期性矩形脉冲信号及其频谱

上述周期性矩形脉冲信号的傅里叶级数中只含有直流和余弦项，令 $\omega=\dfrac{2\pi}{T}$，有

$$g(t)=\frac{A\tau}{T}+\sum_{n=1}^{\infty}\frac{2A\tau}{T}\frac{\sin\left(\dfrac{n\tau\omega}{2}\right)}{\dfrac{n\tau\omega}{2}}\cos(\omega t) \tag{2-4}$$

令 $x=\dfrac{n\tau\omega}{2}$，则式（2-4）可写成

$$g(t)=\frac{A\tau}{T}+\sum_{n=1}^{\infty}\frac{2A\tau}{T}\frac{\sin(x)}{x}\cos(\omega t) \tag{2-5}$$

由式（2-5）可得周期性矩形脉冲信号的频谱如图 2.10（b）所示。图 2.10（b）中横轴用 x 表示，纵轴用归一化幅度 a_n/a_0 表示（$a_0=\dfrac{2A\tau}{T}$，$a_n=\dfrac{2A\tau}{T}\dfrac{\sin x}{T}$），谱线的包络为$\dfrac{\sin x}{x}$，当 $x\to\infty$ 时，其值趋于 0。由图 2.10（b）可知，谐波分量的频率越高，其幅值越小。可以认为信号的绝大部分能量集中在第一个零点的左侧，由于第一个零点在 $x=\pi$ 处，因而有 $\dfrac{n\tau\omega}{2}=\pi$，即 $n\tau=T$。若 $n=1$，则有 $\tau=T$。这里定义周期性矩形脉冲信号的带宽如下：

$$B=f=\frac{1}{T}=\frac{1}{\tau}$$

可见信号的带宽与脉冲的宽度成反比，与之相关的结论是传送的脉冲频率越高（即脉冲越窄），则信号的带宽也越大，因而要求信道的带宽也越大。通常，信道的带宽是指信道频率响应曲线上幅度取其频带中心处值的 $1/\sqrt{2}$ 倍的两个频率之间的区间宽度，如图 2.11 所示。为了使信号在传输中的失真小一些，则信道要有足够的带宽，即应使信道带宽大于信号带宽。

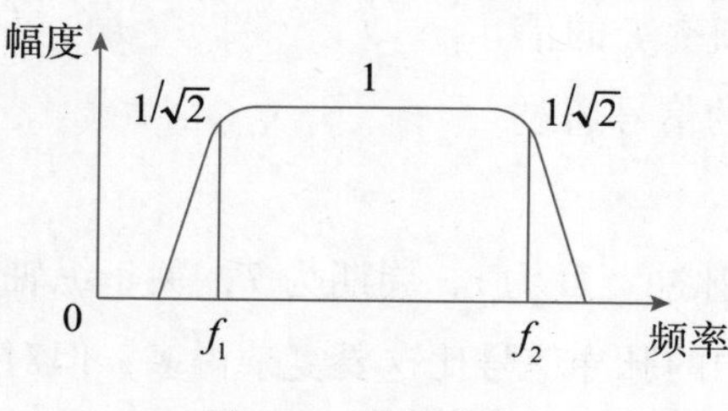

图 2.11　信道带宽

2.2.3　数字信道的特性

通常可用如下几个主要性能指标来描述数字信道的特性。

1. 数据速率

数据速率即数据的传送速率，也称数据率、通信速率或比特率，是指单位时间内信道上传送的信息量，即比特数，单位为 bit/s（比特每秒）。当数据速率较高时，还用 kbit/s（$k=10^3$= 千）、Mbit/s（$M=10^6$= 兆）、Gbit/s（$G=10^9$= 吉）、Tbit/s（$T=10^{12}$= 太）表示其大小。

2. 信道容量

信道容量是指信道中能不失真地传送脉冲序列的最高速率。它由数字信道的通频带，也即带宽所决定。显然，信道容量的单位与数据速率的单位相同。

3. 带宽

在 2.2.2 节已指出，带宽分为信号带宽与信道带宽。信道带宽又可分为模拟信道带宽与数字信道带宽。若从信号的频谱图来定义带宽，则谐波的最高频率 f_h 与最低频率 f_l 之差（f_h-f_l）叫信号的频带宽度，简称信号带宽或带宽。它由信号的特性所决定，表示传输信号的频率范围。信道带宽是指某个信道能够不失真地传送信号的频率范围。它由传输媒体和有关附加设备以及电路的频率特性综合决定。简言之，信道带宽由信道的特性所决定。通常，信道带宽是指频率响应曲线上幅度取其频带中$1/\sqrt{2}$倍的两个频率之间的区间宽度，见 2.2.2 节图 2.11。为了使信号在传输中失真小些，则信道要有足够的带宽。

信号分为模拟信号与数字信号，相应地亦有模拟信道与数字信道及其带宽。一条通信线路既可传输模拟信号，又可传输数字信号。当通信线路进行模拟传输时，此时即为模拟信道，带宽的单位为赫兹（Hz），前面亦可加 k、M、G 和 T，表示其大小。例如，人的话音频率范围为 300 ～ 3400Hz，即信号带宽为 3.1kHz（3400-300），也即传统载波电话一个标准话路的频率范围。由于话路之间应有一些频率间隔，因此国际标准取 4kHz 作为一个标准话路所占用的频率带宽，也即一个标准话路所要求的信道带宽。当通信线路进行数字传输时，此时它即为数字信道。数字信道的带宽表示通信线路传输数据的能力，即在单位时间内从线路的某一点到另一点所能通过的最高数据速率，单位为比特每秒，记为 bit/s，前面亦可加 k、M、G 和 T，表示带宽的大小。例如，目前主流的笔记本电脑网卡能够支持 10Mbit/s、100Mbit/s 和 1Gbit/s 三个速率的信道带宽。

实际上，模拟传输与数字传输带宽的两种表述之间有密切的关系。一条通信线路的频带宽度越宽，则其所传输的最高数据速率也越高。前面已指出，数字传输远优于模拟传输，因此目前地面上的远距离传输均采用单模光缆进行数字传输。

4. 吞吐量

吞吐量也称吞吐率，表示在单位时间内通过信道（或接口、网络）的数据量。它是对信道或网络的一种测度，以了解实际上有多少数据可以通过信道或网络。吞吐量受带宽或额定速率的限制。例如，对于一个 100Mbit/s 的以太网，其典型的吞吐量可能也只有 70Mbit/s。此外，吞吐量也可用每秒传送的字节数或帧数来表示。

5. 传播时延

传播时延是指信号在信道中从源端到达宿端所需要的时间，也称信道时延。它与信道的长度以及信号传播的速率有关，即由如下公式确定：

传播时延 = 信道长度（m）/ 电磁波在信道上的传播速率（m/s）

电磁波在自由空间的传播速率即光速，为 3×10^5km/s。它在通信媒体中的传播速率比在自由空间略低一些。例如，在铜缆中的速率一般为光速的77%，约为 2.3×10^5km/s，在光缆中的传播速率约为 2.0×10^5km/s。如在 1000km 长的光缆中产生的时延约为 5ms，在远离地面 36000km 的高轨道卫星，上行和下行的传播时延共约 270ms。

应该注意的是，对计算机网络而言，时延还包括发送时延、传播时延、处理时延和排队时延。发送时延是指主机或路由器将分组[①]发送到通信线路所需要的时间。传播时延是指电磁波在信道中传播一定的距离需要花费的时间，传播时延 = 信道长度（m）/电磁波在信道上的传播速率（m/s）。处理时延是指主机或路由器收到分组时要花费一定的时间进行处理，例如分析分组的首部，从分组中提取数据部分，进行差错检验或查找适当的路由器，这即产生了处理时延。排队时延是指分组在进行网络传输时，要经过许多路由器，分组在进入路由器后要先在输入队列中排队等待处理。在路由器确定了收发接口后，还要在输出队列中排队等待转发，这就产生了排队时延。当网络中的分组从一个节点转发到另一个节点所经历的总时延就是以上 4 种时延之和。

6. 误码率

误码率是指二进制数据位传输时出错的概率。计算机通信系统中，要求误码率低于 10^{-6}，即平均传送 1Mb 才允许错 1 位。当误码率高于一定数值时，可通过差错控制进行检查和纠正。

误码率的计算公式为：

$$P_e = N_e / N \tag{2-6}$$

式中，N_e 为出错位数；N 为传送的总位数。

① 分组详见 2.7 节。

2.2.4　基带传输、频带传输和宽带传输

计算机网络通信系统根据传输介质的频带宽度可分为基带系统和宽带系统两类，两者的差别是传输介质的带宽不同，允许的传输速率也不同。基带系统只传输一路信号，既可以是数字信号也可以是模拟信号，但通常是数字信号。宽带介质实际上可划分为多条子信道。由于数字信号的频带很宽，故不能在宽带系统中直接传输，必须将其调制可在宽带系统中传输。宽带系统通常传输的是模拟信号。

1. 基带传输

所谓基带是指由信源发出，没有经过调制，即没有进行频谱搬移和变换的原始电信号所固有的频带，也称为“基本频宽”，这种信号可称为基带信号。所谓基带传输就是对基带信号不加调制而直接在线路上进行传输，它将占用线路的全部带宽，也称数字基带传输。由于不调制，所以整个信道只传输一种信号，通信信道利用率低。如图 2.12 所示，数字基带传输系统主要由编码器、发送端低通滤波器、传输信道、接收端低通滤波器、抽样判决器和解码器组成，还配有位同步系统。为了未经调制的信号能在传输信道中有效地传输，需要在信源端对基带数字信号进行编码，然后在信宿端对编码的信号进行解码恢复，这分别由对应传输系统的编码器和解码器完成。2.4.2 节将介绍数据可编码成数字信号进行传输的几种编码，就是基带信号的编码。发送之前用低通滤波器过滤掉高频率的无用信号和干扰信号，使基带信号的频带特性与传输介质的频带特性相符，在到达接收端时需要再进行一次低通滤波器滤除基带以外的频带信号，并对信道特性进行均衡，使输出的基带波形无码间干扰，再利用位同步器和抽样判决器对信号进行离散抽样，使输出的信号具有数字基带信号的离散特性，最后对信号进行解码。

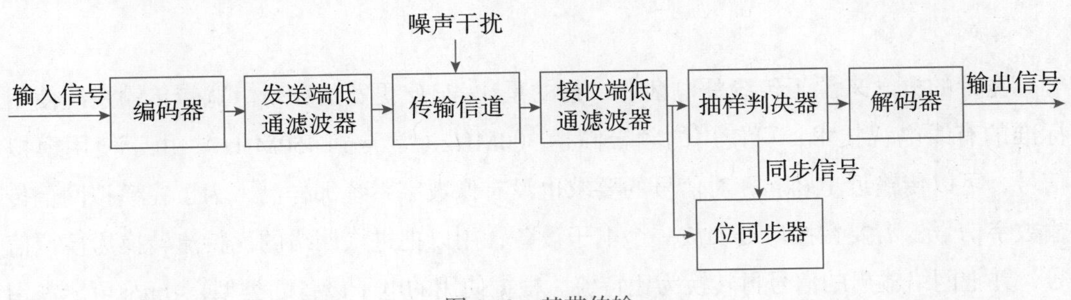

图 2.12　基带传输

2. 频带传输

频带是指对基带信号调制后所占用的频率带宽。20 世纪 90 年代以前，当进行远距离数据传输时，一般要借用已有的通信网（如电话网），而数据的原始形式是数字信号（基带信号），要求信道具有低通形式传输特性，而大多数实际信道具有带通，也就是只有频率在某个范围内的信号才能通过，其他的信号均将被滤除掉的传输特性。这样基带

信号不能在这种信道中传输，必须进行调制。调制就是一个高频匹配信号携带低频的基带信号，使在信道中传输的信号具有两种信号波的双重特性，然后通过调制信号的某种特性（如振幅、频率、相位）影响载波信号响应特性的一种技术。如图2.13所示，频带传输的过程和基带传输的过程很类似，只不过调制器和解调器替代了编码器和解码器，发送端和接收端的带通滤波器替代了低通滤波器。

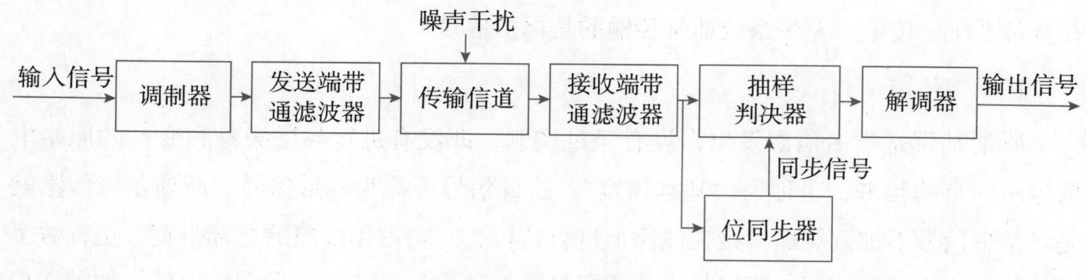

图2.13 频带传输

过去，大部分通信网都是为模拟传输而设计的，所以通常把频带传输和传统的模拟传输都称为模拟传输。频带传输与传统的模拟传输有一定的区别，传统的模拟传输使用的是模拟信号波形，波形中的频率、电压与时间的函数关系比较复杂，如声音波形。而频带传输的波形比较单一，即频率分量为很有限的一个或几个，电压幅度也为有限的几个，其作用是用不同幅度或不同频率表示0或1电平。所以传统的模拟传输对传输过程中保真度要求较高，而频带传输则要求较低，故适合于模拟传输的信道一般都适合于频带传输。频带传输有两个作用：第一是为了适应公用通信网的信道要求；第二是为了频分多路复用（frequency division multiplexing，FDM），即在同一条物理链路中同时传输多路数据信号。

3. 宽带传输

宽带的概念来源于传统的电话业，指的是比4kHz更宽的频带。宽带传输系统使用标准的有线电视技术，可使用的频带高达300MHz（常常到450MHz）。由于使用模拟信号，可以传输近100km，对信号的要求也没有像数字系统那样高。为了在模拟网上传输数字信号，需要在接口处安放一个电子设备，用以把进入网络的比特流转换为模拟信号，并把网络输出的信号再转换为比特流。根据使用的电子设备的类型，1bit/s可能占用1Hz带宽。在更高的频率上，可以使用先进的调制技术，达到多个bit/s只占用1Hz带宽。

2.3 模拟传输

尽管数字传输优于模拟传输，以及数字网是今后网络发展的方向，但事实上早在计算机网络出现之前，采用模拟传输技术的电话网已经工作了一个世纪左右。下面拟对传统的电话网进行简要介绍。

2.3.1　模拟传输系统

传统的电话通信系统是典型的模拟传输系统。曾经全世界的电话机超过 20 亿部。如此众多的电话要互联成网，唯一可行的办法就是分级交换。我国的电话网络过去分为 5 级，前 4 级是长途电话网，第 5 级是市话网。4 级长途交换中心从上到下分别是：

① 一级中心，又称大区中心或省间中心；

② 二级中心，又称省中心；

③ 三级中心，又称地区中心或县间中心；

④ 四级中心，又称县、区中心。

每一个上级交换局均按辐射状与若干下级交换局连成星状网。第 5 级市话交换局又称市话局或端局，直接与其管辖范围内的各电话用户相连。如中南大学就是一个端局，校内两个用户之间通话，只需经过中南大学端局的程控交换机转接即可。但在复杂的情况下，两个电话用户之间可能需要经过多个不同级别的交换局的多次转接。

一个市话局内的通信线路称为用户环或用户线。用户不使用二线制，它采用最便宜的双绞线电缆，通信距离为 1 ～ 10km。用户环的投资占整个电话网投资的分量很大。

长途干线最初采用 FDM 的传输方式，也就是所谓的载波电话。通常级别越高的交换局之间的长途干线就需要更多的话路容量才能满足通信业务的需求。人们平常所说的 60 路、300 路或 1800 路等，就是指长途干线 FDM 的话路数目。在传统的长途干线中，由于使用了只能单向传输的放大器，因此不能像市话线路那样使用二线制而是要使用四线制，即要用两对线来分别进行发送和接收，发送和接收各需要占用一条信道。

目前，传统的模拟传输系统已更新为数字传输系统，即 5 级中心以上的各干线之间均铺设单模光纤并采用数字传输方式，而少量的用户电话和用户环在今后一段时间内还将保持传统的模拟传输方式。

应特别指出的是，电信网、有线电视网和计算机网（互联网）三网融合，即三网合一，是当今网络的发展方向。在现阶段，三网融合并不意味着三大网络的物理合一，而主要是指高层业务应用的融合。其表现为技术上趋向一致，网络层上可以实现互联互通，形成无缝覆盖，业务上互相渗透和交叉，应用层上趋向使用统一的 IP，为提供多样化、多媒体化、个性化服务的同一目标逐渐交汇在一起，通过不同的安全协议，最终形成一套网络中兼容多种业务的运维模式。三网融合的实现，使人们可以用手机看电视、上网，可以用电视打电话、上网，也可以用计算机打电话、看电视。三者之间相互交叉，形成你中有我、我中有你的格局。三网融合实现技术涉及数字技术、宽带技术（光纤通信技术）、软件技术和 IP 技术等。

2.3.2 调制方式

模拟传输系统如果用来直接传输计算机数据，当失真或干扰严重时，就会出现差错，即产生误码。发送的码元速率越高，传统的电话线路产生的失真就越严重。为了解决数字信号在模拟信道中传输产生失真的问题，可采用两种方法：一种是在模拟信道两端各加上一个调制解调器；另一种是把模拟信道改造为数字信道。本节仅讨论前者，数字信道在后面介绍。

2.1 节曾指出，由于计算机之间的通信常为双向通信，因此一个调制解调器包括了发送信号用的调制器和接收信号用的解调器。调制解调器（modem）即由调制器（modulator）和解调器（demodulator）组合而成。如没有特别说明，调制解调器即为一条标准话路使用。为群路（即多条话路复用而成的）用的调制解调器称为宽带调制解调器。调制器是个波形变换器，即将计算机送出的基带数字信号变换为适合于模拟信道上传输的模拟信号。解调器是个波形识别器，它将经过调制器变换过的模拟信号恢复成原来的数字信号。

进行调制时，常把正弦信号作为基准信号或载波信号。正弦信号一般表示为：

$$f(t)=A\sin(\omega t+\varphi) \tag{2-7}$$

式中，A 为振幅；ω 为频率；φ 为相位。这 3 个参数的变化均影响信号波形。因此，通过改变这 3 个参数即可实现对模拟信号的编码，即调制就是利用载波信号的一个或几个参数的变化来表示数字信号（调制信号）的过程。基于载波信号的 3 个主要参数，可把调制方式分为振幅调制、频率调制和相位调制 3 种，可分别简称为调幅、调频和调相，如图 2.14 所示。

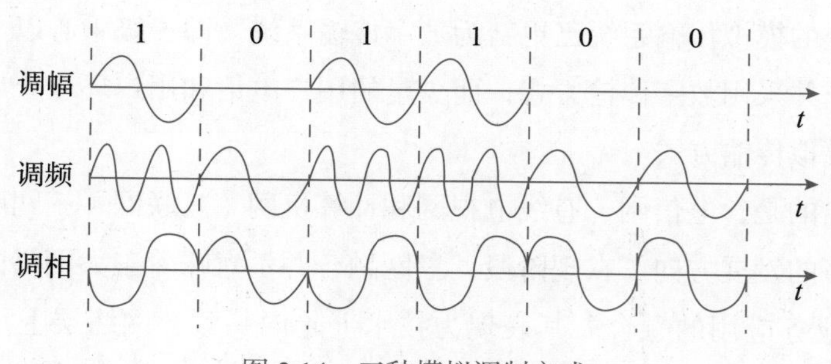

图 2.14 三种模拟调制方式

（1）调幅。调幅（amplitude modulation，AM）是指载波的振幅随计算机送出的基带数字信号变化而变化。例如，数字信号 0 对应于无载波输出，1 对应于有载波输出。调幅也可以表述为用两个不同的载波信号的幅值分别代表二进制数字 0 和 1。

（2）调频。调频（frequency modulation，FM）是指载波的频率随计算机送出的基带数字信号变化而变化。例如，数字信号 0 对应于频率 f_1，1 对应于频率 f_2。同样，调频也可表述为用两个不同的载波信号的频率分别代表二进制数字 0 和 1。

（3）调相。调相（phase modulation，PM）是指载波的初始相位随计算机送出的基带数字信号变化而变化。例如，数字信号0对应于0°，1对应于180°。调相也可以表述为用两个不同的载波信号的初相位来代表二进制数字0和1。这种只有两种相位（如0°或180°）的调制方式称为两相调制。为了提高信息的传输速率，还经常采用四相调制和八相调制方式，这两种调制方式的数字信息的相位分配情况如表2.1、表2.2所示。

表2.1 四相调制方式的相位分配

数字信息	00	01	10	11
相　　位	0°（或45°）	90°（或135°）	180°（或225°）	270°（或315°）

表2.2 八相调制方式的相位分配

数字信息	000	001	010	011	100	101	110	111
相　　位	0°	45°	90°	135°	180°	225°	270°	315°

由表2.1可以看出，在四相调制方式中，用4个不同的相位分别代表00，01，10，11，或者说每次调制可以传送2b的信息量；在表2.2所示的八相调制方式的相位分配中，每次调制可传送3b的信息量，显然两者都提高了信息的传输速率。为了达到更高的信息传输速率，必须采用技术上更为复杂的多元制的振幅相位混合调制方法。

2.4 数字传输

2.4.1 脉码调制

2.1节指出，数字传输在许多方面都优于模拟传输，即使是模拟信号也可以先转换为数字信号，然后在信道上进行传输。在发送端将模拟信号转换为数字信号的装置称为编码器（encoder），而在接收端将收到的数字信号恢复成原模拟信号的装置称为解码器（decoder）。通常是进行双向通信，需要既能编码又能解码的装置，集二者于一体，称编码解码器（coder）。用编码解码器将模拟信号转换为数字信号的过程叫模拟信号的数字化。可见编码解码器的作用正好和调制解调器的作用相反。

将模拟信号转换为数字信号常用的方法是PCM（pulse code modulation，脉冲编码调制）。PCM最初并不是为传送计算机数据用的，而是为了解决电话局之间中继线不够用的问题，希望使用一条中继线可以传送数十路电话。由于历史上的原因，PCM有两个互不兼容的国际标准，即北美的24路PCM（简称T1）和欧洲的30路PCM（简称E1）。中国采用的是E1标准。T1的数据速率是1.544Mbit/s。E1的数据速率是2.048Mbit/s。下面结合PCM的取样、量化和编码3个步骤，说明这些数据速率是如何得出的。

为了将模拟电话信号转换为数字信号，必须对电话信号进行取样。即每隔一定的时间间隔，取模拟信号的当前值作为样本。该样本代表了模拟信号在某一时刻的瞬时值。一系列连续的样本可用来代表模拟信号在某一区间随时间变化的值。取样的频率可根据奈氏取样定理确定。奈氏取样定理为，只要取样频率大于模拟信号最高频率的两倍，则可以用得到的样本空间恢复原来的模拟信号，即

$$f_1 = \frac{1}{T_1} \geqslant 2f_{2\max} \tag{2-8}$$

式中，f_1 为取样频率；T_1 为取样周期，即两次取样之间的间隔；$f_{2\max}$ 为信号的最高频率。标准电话信号的最高频率为 3.4kHz，为方便起见，取样频率就定为 8kHz，相当于取样周期为 125μs（1/8000s）。PCM 的基本原理如图 2.15 所示。

图 2.15（a）所示为一个模拟电话信号的一段。T 为取样周期。连续的电话信号经取样后成为图 2.15（b）所示的离散脉冲信号，其振幅对应于取样时刻电话信号的数值，下一步即进行编码。为简单起见，图 2.15（c）将不同振幅的脉冲编为 4 位二进制码元。在中国使用的 PCM 体制中，电话信号是采用 8 位编码，即将取样后的模拟电话信号量化为 256 个不同等级中的一个。模拟信号转换为数字信号后就进行传输（为提高传输质量，还可再进行编码，2.4.2 节将要介绍）。在接收端进行解码的过程与编码过程相反。只要数字信号在传输过程中不发生差错，解码后就可得出和发送端一样的脉冲信号，如图 2.15（d）所示。经滤波后最后得出恢复后的模拟电话信号，如图 2.15（e）所示。

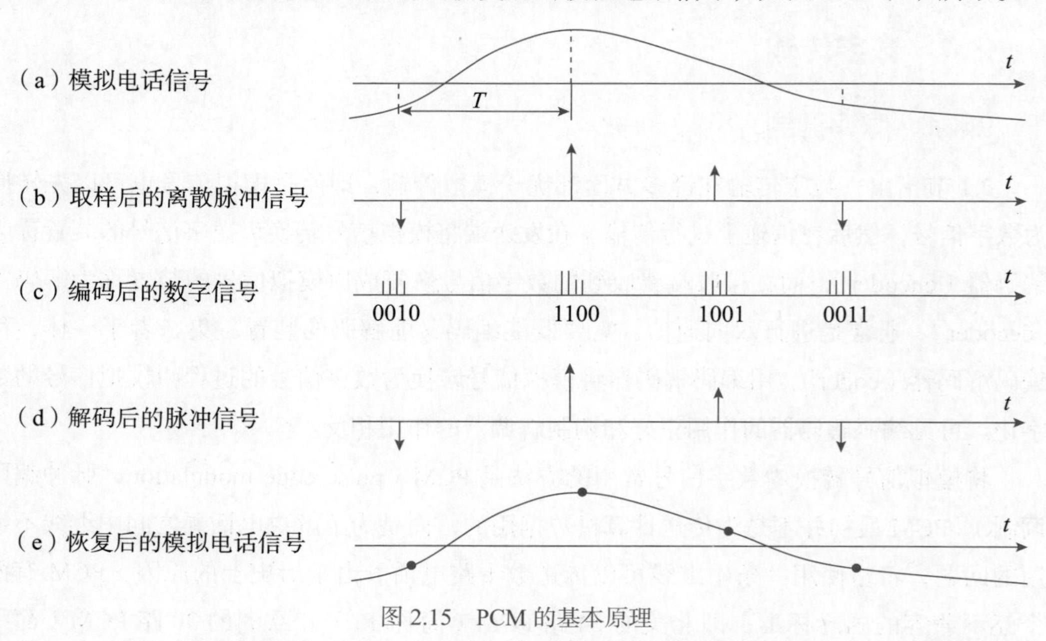

图 2.15　PCM 的基本原理

这样，一个话路的模拟电话信号，经模 / 数变换后，就变成每秒 8000 个脉冲信号，每个脉冲信号再编为 8 位二进制码元。因此一个话路的 PCM 信号速率为 64 kbit/s。

为有效利用传输线路，通常将多个话路的 PCM 信号用时分多路复用（time division

multiplexing，TDM）（见 2.6 节）的方法装成帧（即时分复用帧），再往线路上一帧接一帧地传输。图 2.16 说明了 E1 的时分复用帧的构成。

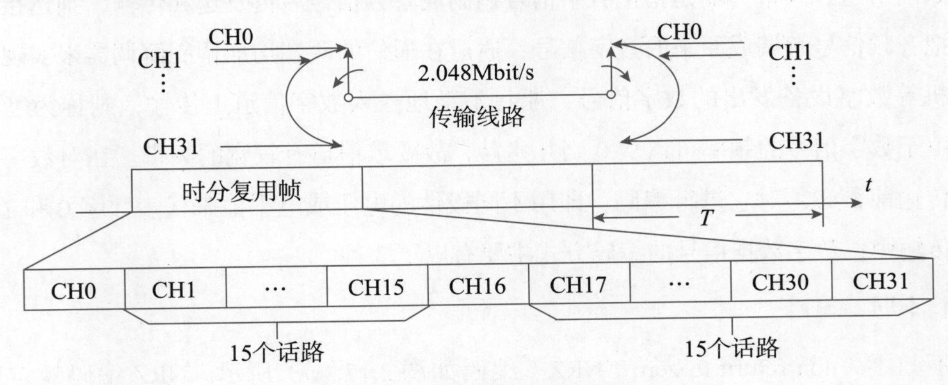

图 2.16　E1 的时分复用帧的构成

E1 的一个时分复用帧（其长度 T=125μs）共分为 32 个相等的时间间隙（简称时隙），时隙的编号为 CH0 ～ CH31。时隙 CH0 用作帧同步，时隙 CH16 用来传送信令（如用户的拨号信令）。可供用户使用的话路是时隙 CH1 ～ CH15 和 CH17 ～ CH31，共 30 个时隙用作 30 个话路。每个时隙传送 8b。因此，整个 32 个时隙共传送 256b，即一个帧的信息量。每秒传送 8000 个帧，故一次群 E1 的数据率即为 2.048Mbit/s。在图 2.16 中，2.048Mbit/s 传输线路两端的同步旋转开关，表示 32 个时隙中比特的发送与接收必须和时隙的编号相对应，不能弄乱。

北美使用的 T1 系统共 24 个话路。每个话路的取样脉冲用 7b 编码，然后加上 1b 信令码元，因此一个话路也是占用 8b。帧同步是在 24 路的编码之后加上 1b，这样每帧共 193b。因此一次群 T1 的数据率为 1.544Mbit/s。

当需要有更高的数据速率时，可以采用复用的方法。例如，4 个一次群就可以构成一个二次群。当然，一个二次群的数据速率要比 4 个一次群的数据速率总和还要多一些，因为复用后还需要一些同步的码元。表 2.3 给出了欧洲和北美数字传输系统高次群的话路数和数据速率。日本的一次群用 T1，但自己另有一套高次群的标准。

表 2.3　欧洲和北美数字传输系统高次群的话路数和数据速率

系统类型		一次群	二次群	三次群	四次群	五次群
欧洲体制	符号	E1	E2	E3	E4	E5
	话路数	30	120	480	1 920	7 680
	数据速率（Mbit/s）	2.048	8.488	33.368	139.264	565.148
北美体制	符号	T1	T2	T3	T4	
	话路数	24	96	672	4032	
	数据速率（Mbit/s）	1.544	6.312	43.736	273.176	

2.4.2 数字数据信号编码

如前所述，频带传输是指把数字信号调制成音频信号后再发送和传输，到达接收端后再把音频信号解调成原来的数字信号，通过在通信的两端均加调制解调器来实现。若计算机等数字设备发出的数字信号，原封不动地送入数字信道上传输，则称为基带传输。由于数字信号的频率可以从 0 到几兆赫，故要求信道有较宽的频带。在对数字信号进行传输前，必须对它进行编码，即用不同极性的电压或电平值来代表数字 0 和 1。在基带传输中，数字数据信号的编码方式主要有以下 3 种。

1. 不归零编码

不归零（non return to zero，NRZ）编码如图 2.17（a）所示。NRZ 编码规定用负电平表示 0，用正电平表示 1，也可有其他表示方法。如果接收端无法确定每个比特信号从何时开始、何时结束（或者说，每个比特信号持续的时间是多长），则还是不能从高低电平的矩形波中读出正确的比特串。如把发送比特持续时间缩短一半的话，表示 01001011 的矩形波就会读成 0011000011001111。为保证收发正确，必须在发送 NRZ 编码的同时，用另一个信道同时传送时钟同步信号。此外，若信号中的 1 与 0 个数不相等时，则存在直流分量，增大了损耗。

2. 曼彻斯特编码

曼彻斯特编码（Manchester coding）自带同步信号，如图 2.17（b）所示。在曼彻斯特编码中每个比特持续时间分为两半。在发送比特 0 时，前一半时间为高电平，后一半时间为低电平；在发送比特 1 时则相反。或者也可在发送比特 0 时，前一半时间低电平，后一半时间高电平；在发送比特 1 时则相反。这样，在每个比特持续时间的中间肯定有一次电平的跳变，接收方可通过跳变来保持与发送方的比特同步。因此，曼彻斯特编码信号又称“自含时钟编码”信号，无须另外发送同步信号。此外，曼彻斯特编码不含直流分量，但编码效率较低。

3. 差分曼彻斯特编码

差分曼彻斯特编码（differential Manchester coding）是对曼彻斯特编码的改进。它与曼彻斯特编码的不同之处主要是：每比特的中间跳变仅做同步用；每比特的值根据其开始边界是否发生跳变决定，每比特开始处出现电平跳变表示二进制“0”，不发生电平跳变表示二进制“1”，如图 2.17（c）所示。

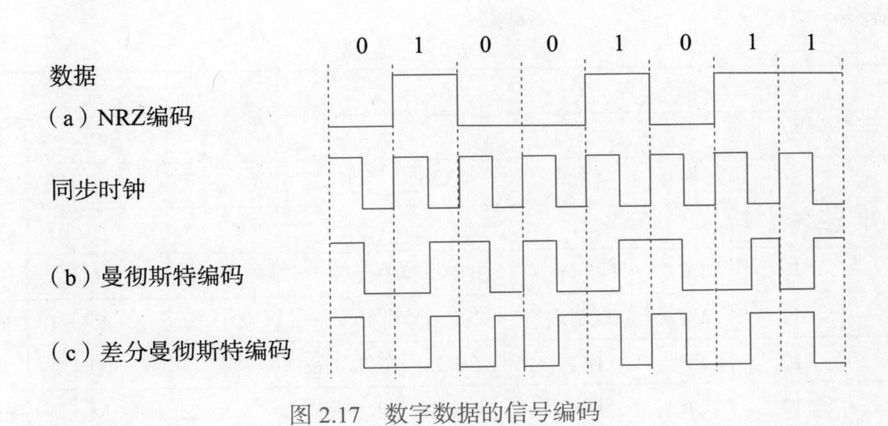

图 2.17　数字数据的信号编码

2.4.3　字符编码

数字传输时，在信道上传送的数据都是以二进制位的形式出现的，如何组合“0”与“1”这两种码元，使之代表不同的字符或信息（数据信息和控制信息），称作字符编码。国际标准化组织 1967 年推荐了一个 7 单位编码（每个字符由 7 位二进制码元组成，另外附加 1 位奇偶校验位），即国际标准 ISO 646，为世界各国广泛采用。中国 1981 年由国家标准总局公布了信息处理交换用 7 单位编码，与 ISO 646 的 7 单位编码一致，国标代号 GB/T 1988—1998，其字符集标准如表 2.4 所示，该字符集与美国 ASCII 字符集基本一致。

表 2.4　信息交换用 7 位编码字符集标准

	b7	0		0		0	0	1	1	1	1
	b6	0		0		1	1	0	0	1	1
	b5	0		1		0	1	0	1	0	1
b4b3b2b1	行 列	0		1		2	3	4	5	6	7
0000	0	NUL	空字符	DLE	数据链路转义	（space）	0	@	P	'	p
0001	1	SOH	标题开始	DC1	设备控制 1	!	1	A	Q	a	q
0010	2	STX	正文开始	DC2	设备控制 2	"	2	B	R	b	r
0011	3	ETX	正文结束	DC3	设备控制 3	#	3	C	S	c	s
0100	4	EOT	传输结束	DC4	设备控制 4	$	4	D	T	d	t
0101	5	ENQ	请求	NAK	拒绝接收	%	5	E	U	e	u
0110	6	ACK	响应	SYN	同步空闲	&	6	F	V	f	v
0111	7	BEL	响铃	ETB	传输块结束	'	7	G	W	g	w
1000	8	BS	退格	CAN	取消	(	8	H	X	h	x
1001	9	HT	水平制表符	EM	媒介结束	)	9	I	Y	i	y

续表

	b7		0		0	0	0	1	1	1	1
	b6		0		0	1	1	0	0	1	1
	b5		0		1	0	1	0	1	0	1
b4b3b2b1	行 列		0		1	2	3	4	5	6	7
1010	10	LF	换行	SUB	代替	*	:	J	Z	j	z
1011	11	VT	垂直制表符	ESC	转义	+	;	K	[	k	{
1100	12	FF	换页	FS	文件分隔	,	<	L	\	l	|
1101	13	CR	回车	GS	群分隔	-	=	M	]	m	}
1110	14	SO	不用切换	RS	记录分隔	.	>	N	^	n	~
1111	15	SI	启用切换	US	单元分隔	/	?	O	_	o	DEL

该字符集标准中除一般字符和常用控制字符外，还有 10 个为便于信息在传输系统中传输而提供的控制字符，此处从略。

2.5 量子通信

量子通信作为新兴的信息传输方式，具有极高的保密性和广阔的应用前景。经典通信中，信息数据编码为比特。量子通信中，信息数据编码为量子状态，或称量子比特。

2.5.1 量子密钥分发

量子密钥分发是利用量子力学特性来保证通信安全性。它使通信的双方能够产生并分享一个随机的、安全的密钥，加密和解密信息数据。

量子密钥分发一个最重要、最独特的性质是：如果有第三方试图窃听密码，则通信的双方便会察觉。这种性质基于量子力学的基本原理：任何对量子系统的测量都会对系统产生干扰。第三方试图窃听密码，必须用某种方式测量它，而这些测量就会带来可察觉的异常。通过量子叠加态或量子纠缠态传输信息，通信系统便可以检测是否存在窃听。当窃听低于一定标准，一个有安全保障的密钥就产生了。

量子密钥分发的安全性基于量子力学的基本原理，而传统密码学是基于某些数学算法的计算复杂度。传统密码学无法察觉窃听，也就无法保证密钥的安全性。

量子密钥分发只用于产生和分发密钥，并没有传输任何实质的信息。密钥可用于某些加密算法加密信息，加密过的信息可以在标准信道中传输。量子密钥分发最常见的相关算法就是一次性密码本，这种算法使用保密而随机的密钥，具有可证明的安全性。在实际的运用上，量子密钥分发常常被用来与对称密钥加密算法如高级加密标准（advanced encryption standard，AES）算法等一同使用。

Charles Bennett 与 Gilles Brassard 于 1984 年发表的论文中提到的量子密钥分发协议，后来被称为BB84协议。BB84 协议是最早描述如何利用光子的偏振态来传输信息的协议。发送者（通常称为 Alice）和接收者（通常称为 Bob）用量子信道传输量子态。如果用光子作为量子态载体，对应的量子信道可以是光纤。另外它们之间还需要一条公共经典信道，比如无线电或互联网。公共信道的安全性不需考虑，因为 BB84 协议在设计时已考虑到了两种信道都有被第三方（通常称为 Eve）窃听的可能。

BB84 协议需要一条经典信道用来传送经典信息，一条量子信道用来传输量子比特，工作原理如下。

（1）Alice 准备一个光子序列，并且每个光子都随机地处于 {|0>, |1>} 和 {|+>, |->} 中，Alice 记录下每个光子所处的量子态，并将整个序列发送给 Bob。

（2）Bob 随机地从 {|0>, |1>} 和 {|+>, |->} 中选择偏振基对接收到的光子进行测量，同时记录其量子态。

（3）Bob 利用经典信道告知 Alice 自身所选用的偏振基序列，为了避免信息被窃听，利用偏振基测量得到的偏振态不进行传输。

（4）Alice 接收到 Bob 发送来的偏振基序列，与自己记录的偏振基序列进行对比，告知 Bob 双方相同的偏振基，同时双方将那些偏振基不同的光子丢弃。

（5）双方将得到的光子偏振态按照约定转换为 0、1 比特，得到原始密钥。

（6）双方从原始密钥中随机抽取部分比特并公开比较，如果错误比特率小于一定的阈值，那么这个密钥就保留，协议继续，否则协议终止。

（7）数据筛选结束后，进行数据纠错以及保密增强，最终获得安全的密钥，协议结束。

通过上述执行协议的过程可知，量子密钥分发主要分为四个步骤：信息传输、窃听检测、纠错以及保密增强。测不准原理和量子不可克隆定理保证了量子通信的绝对安全性。以下对测不准原理和不可克隆定理简要介绍。

① 测不准原理。在 BB84 协议中，所采用的线偏振和圆偏振是共轭态，满足测不准原理。根据测不准原理，线偏振光子的测量结果越精确意味着对圆偏振光子的测量结果越不精确。因此，任何攻击者的测量必定会改变原来的量子状态，而合法通信双方可以根据测不准原理检测出该扰动，从而检测出是否存在窃听。

② 不可克隆定理。BB84 协议中，线偏振态和圆偏振态是非正交的，因此它们是不可区分的，攻击者不可能精确地测量所截获的每一个量子态，也就不可能制造出相同的光子来冒充。

2.5.2 量子隐形传态

量子隐形传态是一种传递量子状态的重要通信方式，是可扩展量子网络和分布式量子计算的基础。在量子隐形传态中，遥远两地的通信双方首先分享一对纠缠粒子，其中一方将待传输量子态的粒子（一般来说与纠缠粒子无关联）和自己手里的纠缠粒子进行贝尔态分辨，然后将分辨的结果告知对方，对方则根据得到的信息进行相应的幺正操作。纠缠态预先分发、独立量子源干涉和前置反馈是量子隐形传态的三个要素。

通俗来讲就是，将甲地的某一粒子的未知量子态，在乙地的另一粒子上还原出来。量子力学的测不准原理和量子不可克隆定理，限制我们将原量子态的所有信息精确地全部提取出来。因此必须将原量子态的所有信息分为经典信息和量子信息两部分，它们分别由经典通道和量子通道送到乙地。根据这些信息，在乙地构造出原量子态的全貌。

要实现量子隐形传态，首先要求接收方和发送方拥有一对共享的EPR对[①]（即BELL态，贝尔态），发送方对它所拥有的一半EPR对和所要发送的信息所在的粒子进行联合测量，这样接收方所有的另一半EPR对将在瞬间坍缩为另一状态（具体坍缩为哪一状态取决于发送方的不同测量结果）。发送方将测量结果通过经典信道传送给接收方，接收方根据这条信息对自己所拥有的另一半EPR对做相应幺正变换即可恢复源信息。

与广为传言的说法不同，量子隐形传态需要借助经典信道才能实现，因此并不能实现超光速通信。在这个过程中，原物始终留在发送者处，被传送的仅仅是原物的量子态，而且发送者对这个量子态始终一无所知；接受者是将别的物质单元（如粒子）制备成为与原物完全相同的量子态，它对这个量子态也始终一无所知；原物的量子态在测量时已被破坏掉——不违背“量子不可克隆定理”；未知量子态（量子比特）的这种传送，需要经典信道传送经典信息（即发送者的测量结果），传送速度不可能超过光速——不违背相对论的原理。

① EPR悖论（Einstein-Podolsky-Rosen paradox）是爱因斯坦（Einstein）、波多尔斯基（Podolsky）和罗森（Rosen）1935年为论证量子力学的不完备性而提出的一个悖论。EPR是这三位物理学家姓氏的首字母缩写。这一悖论涉及如何理解微观物理实在的问题。爱因斯坦等人认为，如果一个物理理论对物理实在的描述是完备的，那么物理实在的每个要素都必须在其中有它的对应量，即完备性判据。当我们不对体系进行任何干扰，却能确定地预言某个物理量的值时，必定存在着一个物理实在的要素对应于这个物理量，即实在性判据。他们认为，量子力学不满足这些判据，所以是不完备的。EPR实在性判据包含着“定域性假设”，即如果测量时两个体系不再相互作用，那么对第一个体系所能做的无论什么事，都不会使第二个体系发生任何实在的变化。人们通常把和这种定域要求相联系的物理实在观称为定域实在论。

2.5.3　量子安全直接通信

量子安全直接通信是对通信理论的发展，与量子密钥分发不同，该方式是一种无须事先生成密钥，直接在量子信道中传递信息的技术，可以将量子通信过程简化为一步通信过程。

量子信息载体不是单个量子进行传输，而是以一定数量量子构成的块为单位来进行传输，这种量子块传输的方式是量子安全直接通信的关键。该方式不仅可以感知窃听，而且可以抵抗窃听，使窃听者无法获得任何信息。量子安全直接通信分为基于纠缠的两步量子安全直接通信和基于单光子的量子安全直接通信。

（1）基于纠缠的两步量子安全直接通信。信息发送方制备 N 个相同的纠缠光子对，且每一个纠缠光子对的初始状态都相同，信息发送方将每个纠缠光子对中的 A 光子挑出，按顺序构成信息光子序列 S_A，用于确保量子信道安全后进行机密信息编码，剩下的光子按顺序构成检测光子序列 S_B。发送方先发送光子序列 S_B，接收方随机抽取一些光子样品进行非对易基矢测量并将结果告知发送方，发送方在 S_A 中找到与抽样光子对应的位置，并选择同样的基矢进行测量，最后比对双方的测量结果，若出错率高于某一阈值，则表明 S_B 序列的传输是不安全的，则放弃已有的传输结果。如果发送方确认量子信道是安全的，则利用量子幺正操作进行机密信息加载，接收方再进行读取，就可以得到机密信息。理论上每个光子都可以传输信息并且可以携带一个量子比特的信息，除出错率估计和安全检测等少量经典信息交换外，读取机密信息不需要经典信息交换，故可提高信道容量和通信效率。

（2）基于单光子的量子安全直接通信。信息的接收方首先制备 N 个单光子态构成光子序列 S 发送给发送方，这些光子随机地处于 4 个量子态，这 4 个量子态来自 2 个不同的基矢。发送方随机抽取一定数量的光子并随机地选择 2 个基矢测量，然后告知接收方结果，接收方根据制备的初始数据确定信道是否安全，如果出错率低于某个阈值，则确定信道是安全的。此时，信息发送方自己所需传送的机密信息进行幺正操作并传输，同时，为了二次检测信道是否安全，发送方会在编码信息中随机选取一些位置的光子加载用于安全性检测的随机编码并发送给接收方，再进行比对编码位置和操作信息，通过出错率确定信道的安全性。在该操作中，虽然窃听者可以在第二次传输中截获携带信息的量子态，但由于缺乏量子态初始状态的信息，窃听者即使测量也只能得到无意义的随机结果，这一特征保证了基于单光子的量子安全直接通信的安全性。虽然单光子通信的安全系数低于基于纠缠光子对通信的安全系数，但是单光子的量子安全直接通信避免了多光子测量和联合测量，操作上更容易实现。

2.6 多路复用技术

通信中采用多路复用技术是必然的，一是网络工程中用于通信线路架设的费用相当高，人们需要充分利用通信线路的容量；二是无论在广域网还是局域网中，传输介质的传输容量往往都超过单一信号传输的通信量。为了充分利用传输介质，可在一条物理线路上建立多条通信信道的技术，即多路复用（multiplexing）技术。多路复用技术主要有 3 种：频分多路复用、时分多路复用和光波分多路复用。

2.6.1 频分多路复用

当物理信道能提供比单个原始信号宽得多的带宽情况下，可以将该物理信道的总带宽分割成若干和单个信号带宽相同（或略宽一点）的子信道，每一个子信道传输一路信号。这即频分多路复用（frequency division multiplexing，FDM）。多路的原始信号在频分复用前，首先要通过频谱搬移技术，将各路信号的频谱搬移到物理信道频谱的不同段上，这可以通过频率调制时采用不同的载波来实现。图 2.18 给出了 3 路话频原始信号频分多路复用 FDM（带宽从 60kHz ～ 72kHz 共 12kHz）的物理信道的示意图。

国际上对频分多路复用提出了一系列标准。常用的标准是将 12 条 4kHz 语音信道复用在 60kHz ～ 108kHz 的频带上，也有将 12 条 4kHz 语音信道复用在 12kHz ～ 60kHz 的频带上，12 条信道组成一个基群，5 个基群组成一个超群，5 个超群或 10 个超群组成一个主群。

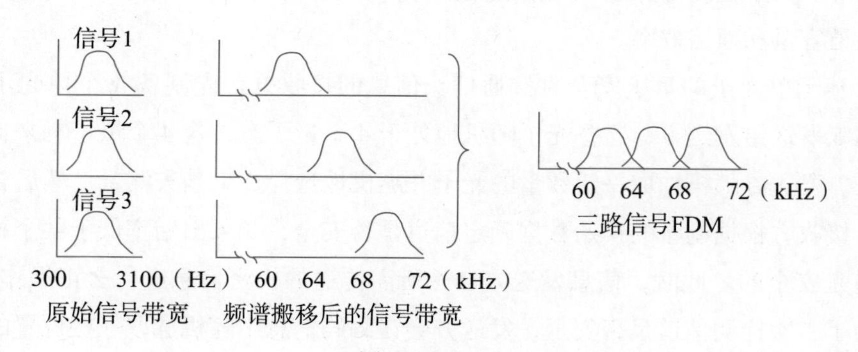

图 2.18 FDM

除电话系统中使用频分多路复用技术外，在无线电广播系统中早已使用了该技术，即不同的电台使用不同的频率，如中央台用 560kHz，东方台则用 792kHz 等。在有线电视系统（cable television，CATV）中也如此。一根 CATV 电缆的带宽大约是 500MHz，可传送 80 个频道的彩色电视节目，每个频道 6MHz 的带宽中又进一步划分为声音子通道、视频子通道和彩色子通道。每个频道两边都留有一定的警戒频带，防止相互干扰。宽带局域网中也使用频分多路复用技术，所使用的电缆带宽至少要划分为不同方向上的两个子频带，甚至还可分出一定带宽用于某些工作站之间的专用连接。

2.6.2　时分多路复用

1. 时分多路复用原理

时分多路复用（time division multiplexing，TDM）是将一条物理线路按时间分成一个个的时间片，每个时间片常称为一帧（frame），每帧长 125μs，再分为若干时隙，轮换地为多个信号所使用。每一个时隙由一个信号（一个用户）占用，即在占有的时隙内，该信号使用通信线路的全部带宽，而不像 FDM 那样，同一时间同时发送多路信号。时隙的大小可以按一次传送一位、一字节或一个固定大小的数据块所需的时间来确定。从本质上来说，时分多路复用特别适合于数字信号的场合。通过时分多路复用，多路低速数字信号可复用一条高速信道。例如，数据速率为 48kbit/s 的信道可为 5 条 9600bit/s 数据速率的信号时分多路复用，也可为 20 条速率为 2400bit/s 的信号 TDM。

2. 同步时分多路复用和异步时分多路复用

时分多路复用按照同步方式的不同又可分为同步时分多路复用（synchronous time division multiplexing，STDM）和异步时分多路复用（asynchronous time division multiplexing，ATDM）。

（1）STDM。STDM 指时分方案中的时隙是预先分配好的，时隙与数据源一一对应，不管某一个数据源有无数据要发送，对应的时间片都是属于它的。在接收端，根据时隙的序号来分辨是哪一路数据，以确定各时隙上的数据应当送往哪一台主机。如图 2.19 所示，数据源 A、B、C、D 按时间先后顺序分别占用被时分复用的信道。

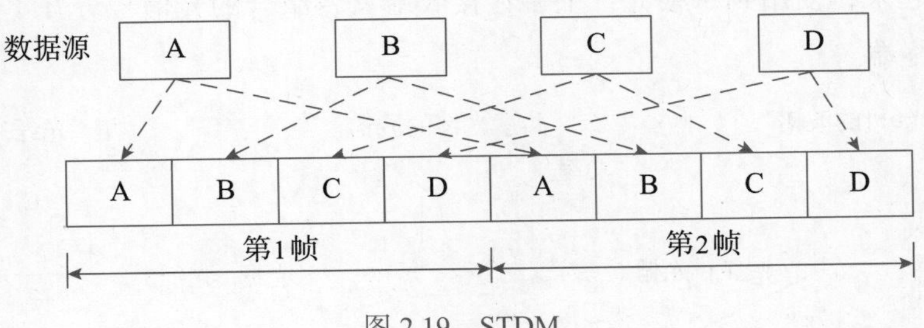

图 2.19　STDM

由于在 STDM 技术中，时隙预先分配且固定不变，无论时隙拥有者是否传输数据都占有一定时隙，因而形成了时隙浪费，其时隙的利用率较低，为了克服同步时分复用技术的缺点，人们引入了异步时分多路复用技术。

（2）ATDM。ATDM 指各时隙与数据源无对应关系，系统可以按照需要动态地为各路信号分配时隙，为使数据传输顺利进行，所传送的数据中需要携带供接收端辨认的地址信息，因此 ATDM 也称标记时分复用技术。如图 2.20 所示，数据源 A、B、D 被分别标记了相应的地址信息。高速交换中的异步传输模式（ATM）就是采用这种技术来提高信道利用率的。

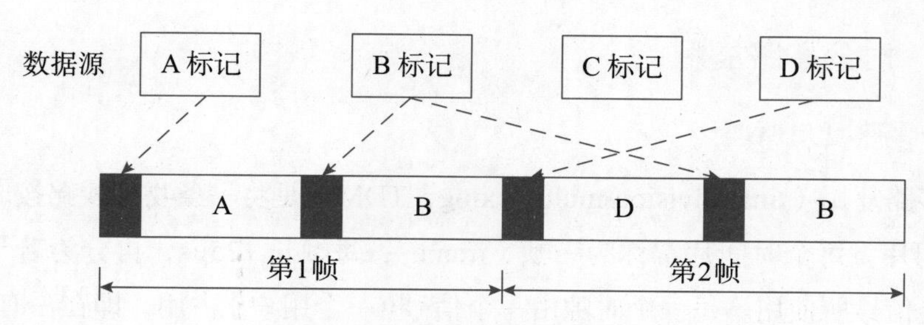

图 2.20 异步时分多路复用

采用 ATDM 技术时，当某一路用户有数据要发送时才把时隙分配给它，当用户暂停发送数据时则不给它分配时隙，这样空闲的时隙就可用于其他用户的数据传输，所以每个用户的传输速率可以高于平均速率，最高可达线路总的传输能力（占有所有的时隙）。如线路的传输速率为 28.8kbit/s，3 个用户公用此线路，在 STDM 方式中，每个用户的最高速率为 96000bit/s，而在 ATDM 方式中，每个用户的最高速率可达 28.8kbit/s。

2.6.3 光波分多路复用

1. 基本原理

光波分多路复用（wave division multiplexing，WDM）技术是在一根光纤（纤芯）中能同时传播多个光波信号的技术，其本质是在一条光纤上用不同波长的光波传输信号，而不同波长的光波彼此互不干扰。这样，一条光纤就变成了几条、几十条甚至上百条光纤的信道。光波分多路复用单纤传输原理如图 2.21 所示，在发送端将不同波长的光信号组合起来，复用到一根光纤上，在接收端又将组合的光信号分开（解复用），并送入不同的终端。

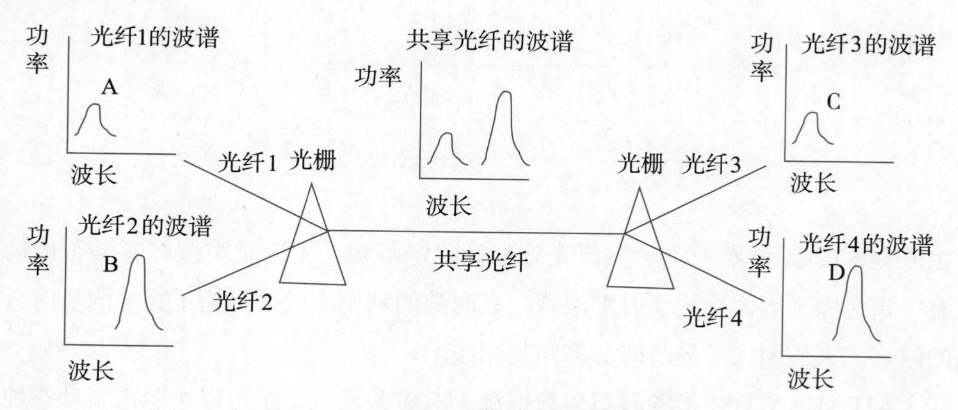

图 2.21 光波分多路复用单纤传输原理

按照波长之间间隔的不同，WDM 可以分为稀疏波分复用（coarse WDM，CWDM）和密集波分复用（dense WDM，DWDM）。CWDM 的信道间隔为 20nm，而 DWDM 的信道间隔为 0.2 ～ 1.2nm。CWDM 与 DWDM 的原理相同，但 DWDM 中波长间的间隔更小、更紧密，而且几乎所有DWDM系统都工作在1550nm低耗波长区，其传输损耗更小，传输距离更长，可以在没有中继器的情况下传输500～600km。DWDM系统一般用于传输距离远、波长数多的网络干线上，如陆地与海底干线、市内通信网，也可用于全光通信网。它是当前速率较高的传输网络，可以处理数据速率高达80Gbit/s的业务，并将传输速率提高到800Gbit/s，甚至更高。

2. DWDM系统的特点及应用

光纤的容量是巨大的，而传统的光纤通信系统都是在一根光纤中传输一路光信号，这实际上只使用了光纤丰富带宽的很少一部分。DWDM系统可以更充分地利用光纤的巨大带宽资源，增加光纤的传输容量。DWDM系统具有如下特点。

（1）超大容量。使用DWDM技术可以使一根光纤的传输容量比单波长传输容量增加几倍、几十倍甚至上百倍。

（2）对数据是“透明”的。由于DWDM系统按光波波长的不同进行复用和解复用，而与信号的速率和电信号调制方式无关，即对数据是“透明”的。因此可以传输特性完全不同的信号，完成各种电信号的合成和分离，包括数字信号和模拟信号。

（3）系统升级时能最大限度地保护已有投资。在网络扩充和发展中，无须对光缆线路进行改造，只需更换光发射机和光接收机即可实现，是理想的扩容手段，也是引入宽带业务的方便手段，而且增加一个附加波长即可引入任意新业务或新容量。

（4）高度的组网灵活性、经济性和可靠性。利用DWDM技术构成的新型通信网络比用传统的时分复用技术组成的网络结构要大大简化，而且网络层次分明，各种业务的调度只需调整相应光信号的波长即可实现。由于网络结构简化、层次分明以及业务调度方便，由此而带来的网络的灵活性、经济性和可靠性是显而易见的。

（5）可兼容全光交换。可以预见，在未来可望实现的全光网络中，各种电信业务的上/下、交叉连接等都是在光上通过对光信号波长的改变和调整来实现的。因此，DWDM技术将是实现全光网的关键技术之一，而且DWDM系统能与未来的全光网兼容，将来可能会在已经建成的DWDM系统的基础上实现透明的、具有高度生存性的全光网络。

3. DWDM系统结构

如前所述，光波分多路复用是将一条单纤转换为多条“虚纤”，每条虚纤工作在不同的波长上。DWDM系统有两种基本结构：单纤双向DWDM系统和双纤单向DWDM系统。

（1）单纤双向DWDM系统。单纤双向DWDM系统结构如图2.22所示。在这种系统中，用一条光纤实现两个方向信号同时传输，因而也称单纤全双工通信系统。实现这种系统的关键思想是两端都需要一组复用/解复用器(multiplexer/demultiplexer)。图2.22

中 T（transfer）为光发送器，R（receptor）为光接收器。

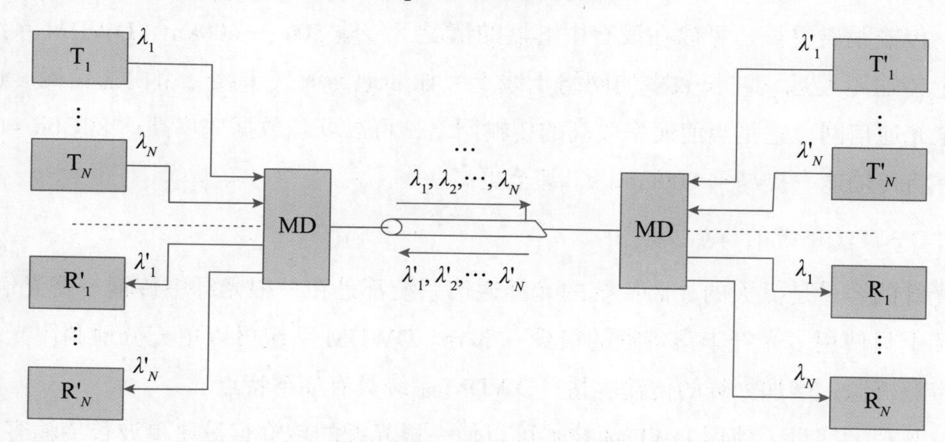

图 2.22　光波分多路复用单纤双向传输系统结构图

（2）双纤单向 DWDM 系统。双纤单向 DWDM 系统如图 2.23 所示，双纤单向传输就是一根光纤只传输一个方向的光信号，相反方向光信号的传输由另一根光纤完成。

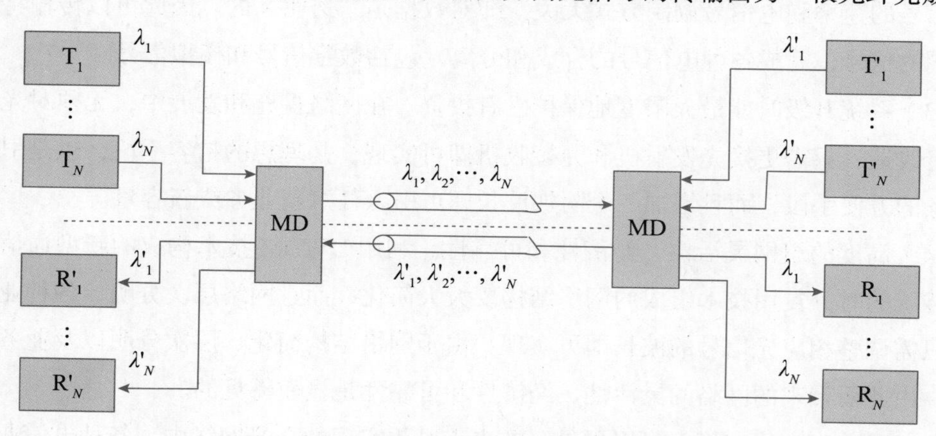

图 2.23　光波分多路复用双向单纤传输系统结构图

4. DWDM 系统的关键设备

在 DWDM 系统中使用的主要设备有 DWDM 光激光器、光波分复用器与解复用器、光放大器和光接收器等。

（1）DWDM 光激光器。DWDM 系统的无中继器传输距离从 50 ～ 60km 增加到 500 ～ 600km，在要求传输系统的波长受限、距离大大延长的同时，为了克服光纤非线性效应，要求光发射器使用技术更先进、性能更优良的激光器，而不再是简单的发光二极管（light emitting diode，LED）。

（2）光波分复用器与解复用器。光波分复用器与解复用器是 DWDM 系统中最关键的设备。光波分复用器一般用于传输系统发送端，将多个输入端的不同波长的光信号合成到一个输出端输出；光波分解复用器一般用于传输系统接收端，正好与光波分复用器相反，它将一个输入端的多个不同波长的光信号分离到多个输出端输出。在双向传输系统中，两端都需要一组光波分复用器与解复用器。

光波分复用器的种类繁多，主要有棱镜型、光栅型、干涉膜滤光片型、熔融光纤型、平面光波导型等。

（3）光放大器。光放大器用来提升光信号，补偿由于长距离传输而导致的光信号的消耗和衰减。它不需要像中继器一样经过光 / 电 / 光的变换，而是直接对光信号进行放大。目前使用的光放大器主要分为光纤放大器（optical fiber amplifier，OFA）和半导体光放大器（semiconductor optical amplifier，SOA）两大类。光纤放大器还可以分为掺铒（Er）光纤放大器、掺镨（Pr）光纤放大器以及拉曼放大器等几种。其中掺铒光纤放大器是在石英光纤中掺入了少量的稀土元素铒（Er）离子的光纤，工作波长为 1550nm，已经广泛应用于光纤通信工业领域，是光纤通信中最伟大的发明之一。

（4）光接收器。光接收器负责检测进入的光波信号，并将它转换为一种适当的电信号，以便设备处理。

DWDM 为光纤网络注入新的活力，并在电信公司铺设新的光纤主干网中提供惊人的带宽。目前，我国科研人员在国内成功进行了 1.06Pbit/s 超大容量波分复用及空分复用的光传输系统实验，实现了从“Tbit/s 级”到“Pbit/s 级”的突破。虽然其商用化还需要一定的时间，但是 DWDM 作为一个经济、大容量、高生存性和灵活性的传输基础设施，必将稳步发展。

2.6.4　频分多路复用、时分多路复用和光波分多路复用的比较

多路复用的实质是将一个区域的多个用户信息通过多路复用器进行汇集，然后将汇集后的信息群通过一条物理线路传输到接收设备。接收设备通过多路复用器将信息分离成各个独立的信息，再分配给多个用户。而它的三种实现方式的主要区别是分割的方式不同。

（1）频分多路复用。按频率分割，在同一时刻能同时存在并传输多路信号，每路信号的频带不同。

（2）时分多路复用。按时间分割，每一时隙内只有一路信号存在，多路信号分时轮换地在信道内传输。

（3）光波分多路复用。按波长分割，在同一时刻能同时存在并传输多路信号，每路信号的波长不同，其实质也是频分多路复用。

2.7　数据交换方式

计算机网络可视为由用户资源子网和通信子网构成。用户资源子网进行信息处理，

向网络提供可用的资源。通信子网由若干网络节点和链路按某种拓扑结构互联而成，用于完成网中的信息传递。图 2.24 所示为交换通信子网的示意图。该图中的节点 A ～ F 以及连接这些节点的链路 AB、AC 等组成了通信子网。H1 ～ H5 是一些独立的并可进行通信的计算机，属于用户资源子网。现在习惯上将通信子网以外的计算机 H1 ～ H5 称为主机（host），而将通信子网节点上的计算机称为节点路由器或交换机。

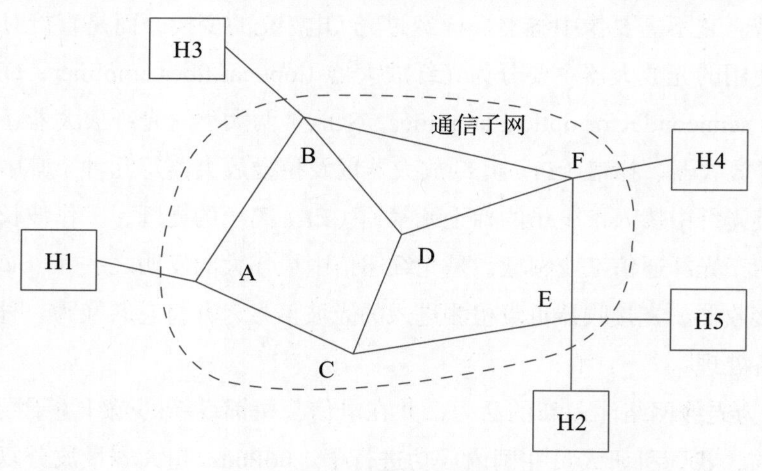

图 2.24　交换通信子网

通信子网又可分为广播通信网和交换通信网。在广播通信网中，通信是广播式的，无中间节点进行数据交换，所有网络节点共享传输媒体，如总线网、卫星通信网。图 2.24 所示的通信子网即为交换通信网，其由若干网络节点按任意拓扑结构互联而成，以交换和传输数据为目的。通常将一个进网的数据流到达的第一个节点称源节点，离开子网前到达的最后一个节点称宿节点。在图 2.24 中，若 H1 与 H5 通信，则 A 与 E 分别称源节点与宿节点。通信子网必须能为所有进网的数据流提供从源节点到宿节点的通路，而实现这种数据通路的技术就称为数据交换技术，或数据交换方式。

对于交换网，数据交换方式按照网络节点对途经的数据流所转接的不同方法来分类。目前广泛采用的交换方式有两大类。

（1）线路交换（circuit switching）：网络节点内部完成对通信线路源宿两端之间所有节点在空间上或时间上的连通，为数据流提供专用的传输通路。线路交换也称电路交换。

（2）存储转发交换（store and forward exchanging）：网络节点通过程序先将途经的数据流按传输单元接收并存储下来，然后选择一条合适的链路将它转发出去，在逻辑上为数据流提供了传输通路。

根据转发的数据单元不同，存储转发交换又分为报文交换（message switching）和分组交换（或包交换）。报文交换的数据单元是报文（message），报文的长度是随机的，可达数千或数万比特，甚至更长。分组交换的数据单元是分组，一个分组的最大长度可限制在 2000b 以内，典型长度为 128b。

除了上述两类传统的交换方式外，近年来出现了不少高速交换技术，如帧中继（frame relay）和 ATM。特别是 ATM，它建立在大容量光纤传输介质的基础上，具有比帧中继更高的传输速率，短距离传输时速率可高达 2.2Gbit/s，中、长距离传输时速率也可达几十兆比特每秒至几百兆比特每秒。以下对几种交换方式分别进行介绍。

2.7.1 线路交换

线路交换是将发送方和接收方之间的一系列链路直接连通，电话交换系统就是采用这种交换方式。当交换机收到一个呼叫后，就在网络中寻找一条临时通路供两端的用户通话，这条临时通路可能要经过若干交换局的转接，并且一旦建立就成为这对用户之间的临时专用通路，别的用户不能打断，直到电话结束才拆除连接。可见，经由线路交换而实现的通信包括以下 3 个阶段。

（1）线路建立阶段。通过呼叫完成逐个节点的接通，建立起一条端到端的直通线路。

（2）数据传输阶段。在端到端的直通线路上建立数据链路连接并传输数据。

（3）线路拆除阶段。数据传输完成后，拆除线路连接，释放节点和信道资源。

线路交换最重要的特点是在一对用户之间建立起一条专用的数据通路。为此，在数据传输之前需要花费一段时间来建立这条通路，这段时间称为呼叫建立时间，在传统的公用电话网中约为几秒至几十秒，而在现在的计算机程控交换网中，可减少到几十毫秒量级。

可以利用图 2.24 来说明线路交换方式下通信 3 个阶段的工作过程。假设用户 H1 要求连接到 H5 进行一次数据通信。为此，H1 向节点 A 发出一个“连接请求”信令，要求连到 H5。通常从 H1 到交换网节点的进网线路是专用的，不存在入网连接过程。节点 A 基于路由信息和线路可用性及费用等的衡量，选择出一条可通往节点 E 的空闲链路。如选择了连接到节点 C 的一条链路，节点 C 也根据同样的原则作出连到节点 E 的链路选择。节点 E 也有专线连到 H5，由节点 E 向 H5 发送“连接请求”信令。若 H5 已准备好，即通过这条通路向 H1 回送一个“连接确认”信令，H1 据此确认 H1 到 H5 之间的数据通路已经建立，即 H1—A—C—E—H5 的专用物理通路。

于是，H1 与 H5 随即在此数据通路上进行数据传输。在传输期间，交换网的各有关节点始终保持连接，不对数据流的速率和形式做任何解释、变换和存储等处理，完全是直通的透明传输。

数据传输完后，由任一用户向交换网发出“拆除请求”信令。该信令沿通路各节点传输，指示这些节点拆除各段链路，以释放信道资源。

线路交换本来是为电话网而设计的。一百多年来，电话交换机经过多次更新换代，从人工接续、步进制、纵横制直到现代的程控交换机，其本质始终未变，都是采用线路交换。但各个远程计算机或局域网间的通信也有采用公用电话交换网来实现的。计算机在实现数据通信时，发送端的计算机需经 modem 将二进制数字信号序列调制为适合电话线上传输的模拟信号，接收端 modem 再将模拟信号还原为数字信号后传入计算机。其线路的连接、数据传输和线路的拆除完全与普通电话的 3 个阶段类似。打电话时发话方人工拨通电话，对方拿起听筒后交换线路即连接成功。计算机通信则由计算机把存储的电话号码经 modem 自动拨号，双方的 modem 进行呼叫应答后建立线路连接。电话交换是双方对话，而计算机通信是在线路上传输被调制后的数据信息，一方挂断，整个线路即被拆除。

应指出的是，用线路交换进行计算机通信，线路利用率是很低的。电话通信中，一般为双工通信，由于双方总是一个在讲，另一个在听，故线路利用率约为 50%。如考虑讲话时的停顿，则利用率会更低。计算机通信中，由于人机交互，如键盘输入、阅读屏幕显示的时间较长，而数据只是突发性和间歇性地出现在传输线路上，故线路上真正用来传输数据的时间往往不到 10%，甚至只有 1%。在绝大部分时间里，通信线路实际上是空闲的。但对电信局来说，通信线路已被用户占用而要收费，故既增加了通信成本，又白白浪费了宝贵的线路资源。

线路交换的优点是：通信实时性强；通路一旦建立，便不会发生冲突，数据传输可靠、迅速，且保持传输的顺序；线路传输时延小，唯一的时延是电磁信号的传播时间。其主要缺点是：线路利用率低；通路建立之前有一段较长的呼叫建立时延；系统无数据存储及差错控制能力，不能平滑通信量。因此，线路交换适用于连接时间长和数据量大的实时数据传输，如数字话音、传真等业务。对于需要经常性长期连接的用户之间，可以使用永久性连接线路或租用线路进行固定连接，即不存在呼叫建立和拆除线路这两个阶段，避免了相应的时延。

2.7.2 报文交换

报文交换属于存储转发交换方式，不要求交换网为通信双方预先建立一条专用数据通路，也就不存在建立线路和拆除线路的步骤。在这种交换网中，通信用的主机把需要传输的数据组成一定大小的报文，并附有目的地址，以报文为单位经过公共交换网传输。交换网中的节点计算机接收和存储各个节点发来的报文，待该报文的目的地址线路有空闲时，再将报文转发出去。一个报文可能要通过多个中间节点存储转发后才能到达目的站。交换网络有路径选择功能。现仍用图 2.24 来说明。如 H1 欲发一份报文给 H5，即在报文上附上 H5 的地址，发给交换网的节点 A，节点 A 将报文完整地接收并存储下来，然后选择合适的链路转发到下一个节点，例如节点 C。每个节点都对报文进行类似的存储转发，最后到达目的站 H5。可见，报文在交换网中完全是按接力方式传输的。通信双方事先并不确知报文所要经过的传输通路，但每个报文确实经过了一条逻辑上存在的通路。如上述 H1 的一份报文经过了 H1—A—C—E—H5 的一条通路。

在线路交换中，每个节点交换机是一个电子交换装置或节点装置，数据的比特流在交换装置中不作任何处理地通过。而报文交换网的节点交换机通常是计算机，能将报文存储下来，然后分析报头信息，决定处理的方法和转发的方向。若一时不能提供空闲链路，报文就排队等待发送。因此，一个节点对于一份报文所造成的时延应包括存储处理时间、排队时间和转发报文时间。

在报文传输时，任何时刻一份报文只在一条节点到相邻节点间的点到点链路上传输，每条链路的传输过程都对报文的可靠性负责。与线路交换相比，报文交换有许多优点：不必要求每条链路上的数据速率相同，因而也就不必要求收、发两端工作于相同的速率；传输中的差错控制可在多条链路上进行，不必由收、发两端介入，简化了端设备；由于是接力式工作，任何时刻一份报文只占用一条链路的资源，不必占有通路上的所有链路资源，而且许多报文可以分时共享一条链路，这就提高了网络资源的共享性及线路的利用率；一个报文可以同时向多个目的站发送，而线路交换网络难于做到；在线路交换网络上，当通信量变得很大时，就不能接收某些呼叫，而在报文交换网中仍可以接收报文，但是传送延迟会增加。

报文交换的主要缺点是：每个节点对报文数据的存储转发时间较长，传输一份报文的总时间并不比采用线路交换方式短，或许会更长。因此，报文交换不适用于传输实时的或交互式业务，如语音、传真、终端与主机之间的会话业务等。事实上，报文交换仅用于非计算机数据业务（如民用电报业务）的通信网中，以及公共数据网发展的初期。只有出现了分组交换方式之后，公共数据网才真正进入成熟阶段。

2.7.3　分组交换

存储转发的概念最初是在 1964 年 8 月由 Baran 在美国兰德（Rand）公司《论分布式通信》研究报告中提出的。1962—1965 年，美国国防部远景规划局（defence advanced research project agency，DARPA）和英国国家物理实验室 NPL 都在对新型的计算机通信网进行研究。1966 年 6 月，NPL 的 Davies 首次提出“分组”这一名词。从 1969 年开始组建并于 1971 年投入运行的美国 ARPANet 第一次采用了分组交换技术，计算机网络的发展也由此进入了一个崭新的纪元。可以说，ARPANet 为公共数据网的建设树立了一个样板。1973 年开始运行的加拿大公共数据网也采用了分组交换技术。从 1975 年开始，这种交换技术就越来越普遍地应用于英国、法国、美国、日本、中国等国家邮电部门的公共数据网。从此，公共数据网进入了蓬勃发展的成熟阶段。前已指出，分组交换与报文交换同属于存储转发式交换，依据完全相同的机理，它们之间的外表差别仅在于参与交换的数据单元的长度不同。表面看来，分组交换与报文交换相比并没有优越之处。但是，通过仔细分析后发现，将交换的数据单元限制为一个相当短的长度（如2000b以内），对于提高系统的性能，特别是对减少时延有显著的效果。仍以图2.24为例，当主机H1要向主机H5发送数据时，首先要将数据划分为一个个等长的分组，如每个分组长1000b，每个分组都附上地址及其他信息，然后就将这些分组按顺序一个接一个地发往交换网的节点A。此时，除链路H1—A外，网内其他通信链路并不被目前通信的双方所占用。即使是链路H1—A，也只是当分组正在此链路上传送时才被占用。在各分组传输之间的空闲时间，链路H1—A仍可以为其他主机发送的分组使用。在节点A，交换网可以采用两种不同的传输方式来处理这些进网分组数据的传输与交换，即数据报传输分组交换和虚线路传输分组交换。

1. 数据报传输分组交换

假定在图2.24中，H1站将报文划分为3个分组（P1、P2、P3），每个分组都附上地址及其他信息，按序连串地发送给节点A。节点A每接收一个分组都先存储下来，由于每个分组都含有完整的目的站的地址信息，因而每个分组都可以独立地选择路由，分别对它们进行单独的路径选择和其他处理过程。例如，可能将P1送往节点C，将P2、P3送往节点B。这种选择主要取决于节点A在处理那一个分组时刻的各链路负荷情况，以及路径选择的原则和策略。这样可使各个节点都处于并行操作状态，可大大缩短报文的传输时间。由于每个分组都带有终点地址，所以它们不一定经过同一路径，但最终都能到达同一个目的节点E。这些分组到达目的节点的顺序也可能被打乱，这就要求目的节点E负责分组排序和重装成报文，也可由目的地H5站来完成这种排序和重装工作。由上可知，交换网把对进网的任一个分组都当作单独的“小报文”来处理，而不管它是属于哪个报文的分组，就像在报文交换方式中把一份报文进行单独处理一样。这种单独处理和传输单元的“小报文”或“分组”称为数据报（datagram）。这种分组交换方式称为数据报传输分组交换方式，或简称数据报交换。

2. 虚线路传输分组交换

类似前述的线路交换方式，报文的源发站在发送报文之前，通过类似于呼叫的过程使交换网建立一条通往目的站的逻辑通路。然后，一个报文的所有分组都沿着这条通路进行存储转发，不允许节点对任何一个分组进行单独的处理或另选路径。在图2.25中，假设H1站有3个分组（P1、P2、P3）要送往H5站。H1站首先发一个“呼叫请求”，即发送一个特定格式的分组给节点A，要求连到H5站进行通信，同时也寻找一条合适的路径。节点 A 根据路径选择原则将呼叫请求分组转发到节点 B，节点 B 又将该分组转发到节点 C，C 节点再将该分组转发到节点 E，最后节点 E 通知 H5 站，这样就初步建立起一条 H1—A—B—C—E—H5 的逻辑通路。若 H5 站准备好接收报文，可发一个“呼叫接收”分组给节点 E，沿着同一条通路传送到 H1 站，从而 H1 站确认这条通路已经建立，并分配一个“逻辑通道”标识号，记为 VCl。此后 P1、P2、P3 各分组都附上这一标识号，交换网的节点都将它们转发到同一条通路的各链路上传输，这就保证了这些分组一定能沿着同一条通路传输到目的地 H5 站。全部分组到达 H5 站并经装配确认无误后，任何一站都可以主动发送一个“消除请求”分组来终止这条逻辑通路，具体过程由交换网内部完成。

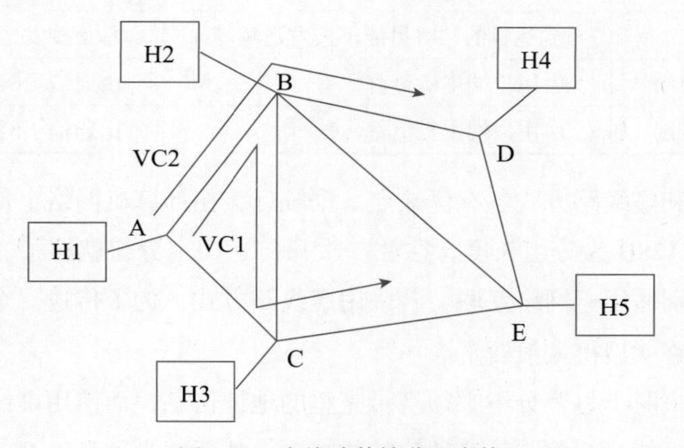

图 2.25　虚线路传输分组交换

上述这种分组交换方式称为虚线路传输分组交换方式，简称虚线路交换。为建立虚线路的呼叫过程称为虚呼叫（virtual calling），通过虚呼叫建立起来的逻辑通路称为虚拟线路，也称虚线路、虚通路或虚电路（virtual circuit）。

要注意的是，虚线路与存储转发这一概念有关。当人们在线路交换的电话网上打电话时，在通话期间的确是自始至终地占用一条端到端的物理信道。当人们占用一条虚线路进行计算机通信时，由于采用的是存储转发的分组交换，所以只是断续地占用一段又一段的链路，分组在每个节点仍然需要存储，并在线路上进行输出排队，但不需要为每个分组作路径判定。虽然人们感觉好像（而并没有真正地）占用了一条端到端的物理线路，但这与线路交换有本质的区别。虚线路的标识号只是对逻辑信道的一种编号，并不指某一条物理线路本身。一条物理线路可能被标识为许多逻辑信道编号，这点正体现了信道资源的共享性。假定主机 H1 还有另一个进程在运行，此进程还想和主机 H4 通信。这时，H1 可再进行一次虚呼叫，并建立一个虚线路，在图 2.25 中标记为 VC2，它经过 A—B—D 3 个节点。由该图可知，链路 A—B 既是 VC1 的链路，也是 VC2 的链路。数据报方式和虚线路方式的主要区别如表 2.5 所示。需要指出的是，数据报方式没有呼叫建立过程，每个分组（或称数据报）均带有完整的目的站的地址信息，独立地选择传输路径，到达目的站的顺序与发送时的顺序可能不一致。而虚线路方式必须通过虚呼叫建立一条虚线路，每个分组不需要携带完整的地址信息，只需带上虚线路的号码标志，不需要选择路径，均沿虚线路传输，这些分组到达目的站的顺序与发送时的顺序完全一致。

表 2.5 数据报方式与虚线路方式的主要区别

	数 据 报	虚 线 路
端到端的连接	不需要	必须有
目的站地址	每个分组均有目的站的全地址	仅在连接建立阶段使用
分组的顺序	到达目的站时可能不按发送顺序	总是按发送顺序到达目的站
端到端的差错控制	由用户端主机负责	由通信子网负责
端到端的流量控制	由用户端主机负责	由通信子网负责

数据报方式和虚线路方式各有优缺点。据统计，在计算机网络上传送的报文长度通常很短。若采用 128B 为分组长度，往往一次只传送一个分组就够了。这时，用数据报既快又经济，特别适用于网络互联。若采用虚线路方式，为了传送一个分组而要建立虚线路和释放虚线路就显得太浪费了。

在使用数据报时，每个分组必须携带完整的地址信息，而使用虚线路时仅需虚线路号码标志。这样可使分组控制信息的比特数减少，从而减少了额外开销。此外，使用数据报时，用户端的主机要求承担端到端的差错控制以及流量控制；使用虚线路时，网络有端到端的流量控制及差错控制功能，即网络应保证分组按顺序交付，而且不丢失、不重复。

数据报方式由于每个分组可独立选择路由，当某个节点发生故障时，后续节点就可另选路由，因而提高了可靠性，对军事通信有其特殊意义。而使用虚线路时，如果一个节点失效，则通过该节点的所有虚线路均丢失了，可靠性较低。不管是数据报方式还是虚线路方式，分组交换除了提高网络信道资源的共享性之外，在网络性能方面主要是分组传输使时延性能得到改善。这种实质上的改善得益于一个简单的措施，即将一份较长的报文划分为一个个较短的分组并作为传输单元。

根据上述分析，可以将线路交换、报文交换、分组交换 3 种方式的主要特点总结如下。

（1）线路交换。线路交换在数据传输开始之前必须先建立一条专用的通路，在线路释放以前，该通路将由一对用户完全占用。线路交换通信实时性强，适用于电话、传真等业务；但线路利用率低，特别对于突发性的计算机通信效率更低。

（2）报文交换。报文交换不需要通信双方预先建立一条数据通路，靠交换网各节点计算机存储转发，接力式地传送报文。在传送报文时，任一时刻一份报文只占用一条链路。在交换节点中需要缓冲存储，报文需要排队。因此，它不能满足实时通信的要求，主要应用于非计算机数据业务，如民用电报的通信网中。总的来说，现在报文交换应用较少。

（3）分组交换。分组交换与报文交换方式类似，同属于存储转发，但报文被分成较小的分组传送，并规定了最大的分组长度。分组交换又分为数据报与虚线路交换。在数据报方式中，每一分组带有完整的地址信息，均可独立地选择路径，目的地需要重新组装报文。在虚线路方式中，要先建立虚线路，各分组不需要自己选路径，目的地无须重新组装报文。分组交换相对于报文交换而言，传输时延大大减少，它是数据网络中最广泛使用的一种交换技术。目前普遍采用的 X.25 协议就是国际电话电报咨询委员会（consultative committee international telephone and telegraph，CCITT）制定的分组交换协议。

局域网也都采用分组交换。但在局域网中，从源到目的地只有一条单一的通路，故不需要像公用数据网那样具有路由选择和交换功能。局域网也采用线路交换，如计算机交换机就是使用线路交换技术的局域网。由于报文交换不能满足实时通信要求，故局域网中不采用报文交换技术。总之，目前通信网中广泛使用的交换方式主要是线路交换和分组交换，线路交换用于电话业务，分组交换用于数据业务。

2.7.4 高速交换

前述 3 类交换技术已远不能满足像信息高速公路那样建立先进通信网络的需要，例如，音频、视频、数字、图像等多媒体同时传输要求高速宽带通信网。近年来，有多种高速网络技术在同时发展，如帧中继、ATM、ISDN 及光纤通信等。相应的高速交换方式有帧中继交换、ATM 和光交换技术等。

1. 帧中继交换

长期以来，一般都认为 X.25 分组交换网是实现数据通信的最好方式，因为它具有比电话系统高得多的数据速率，而且有一套完整的差错控制机制。但到 20 世纪 80 年代后期，随着网络上信息流量和局域网通过分组交换网互联的急剧增加，X.25 分组交换网原有的数据速率已远远不能满足要求。特别是 20 世纪 80 年代后期以来，通信用的主干线已逐步采用光缆，不仅大幅度提高了数据速率，而且使传输误码率降低了几个数量级。此外，网络中所有通信设备的可靠性也显著提高，这些都使信息在传输过程中发生差错的概率减小。因此，既没有必要再像 X.25 分组交换网那样每经过一个交换机都对帧进行一次差错检测，也无须在每个交换机中设置功能较强的流量控制和路由选择机制，帧中继交换正是在这种背景下产生的。可以说，帧中继（frame relay）是在 X.25 分组交换网的基础上，简化了差错控制（包括检测、重发和确认）、流量控制和路由选择功能而形成的一种新型的交换技术。由于X.25分组交换网和帧中继很相似，因而很容易从X.25分组交换网升迁到帧中继。1992—1993年是帧中继技术从试用转向普及的关键性一年，其标志是AT&T公司的Intel Span帧中继业务投入使用，中国也于1994年开通了帧中继业务。

帧中继是一种减少节点处理时间的技术，是以帧为单位进行的交换，一般认为帧的传送基本上不会出错，因此只要一读出帧的目的地址就立即开始转发该帧。节点在收到一帧时，大约只需执行6个检错步骤，一个帧的处理时间可以减少一个数量级，因此帧中继网络的吞吐量比X.25分组交换网要提高一个数量级以上。当还在接收一个帧时就转发此帧，通常称其为快速分组交换。分布队列双总线、交换多兆位数据服务，以及ATM、宽带综合业务数字网（broadband ISDN，B-ISDN）等均属快速分组交换。

可以将帧中继交换与X.25分组交换网进行比较，如表2.6所示。

表2.6　帧中继交换与X.25分组交换网的比较

比较项目	帧中继交换	X.25分组交换网
通信子网形式	通信子网只有物理层和数据链路层	分组交换网为物理层、数据链路层、网络层三层
传输速率	2.048Mbit/s	64kbit/s
差错控制	只在通信子网的源和目的两端进行	在通信子网的源端和目的端以及途经的相邻节点间均进行
流量控制	无显式的流量控制机制	在数据链路层和网络层都设置了显式的流量控制机制
路由选择	在数据链路层实现	在网络层中实现
多路复用和转换	在数据链路层实现	在网络层中实现
虚电路	只支持永久虚电路	支持永久虚电路和呼叫虚电路

由于帧中继具有较高的传输速率，因而容易以中、低速率投入ATM骨干网。事实上，现已有不少厂家推出了连接帧中继接入网络与ATM骨干网的ATM路由器，所以帧中继网也已成为国内外广域网的形式之一。

2. 异步传输方式ATM

众所周知，20世纪80年代初，将语音与低速数据综合在一起的所谓窄带综合业务数字网（narrow ISDN，N-ISDN）出现了，但未能收获预期的效益。其原因是：N-ISDN只是业务综合而非技术综合，语音与数据业务分别在电路交换网与分组交换网上交换，给使用和建设带来不便；综合业务少，未能综合包括影视图像在内的宽带业务。于是人们开始探索将语音、数据、图像与影视诸多业务在一个网中传输与交换，这就是所谓B-ISDN。在众多计算机与通信专家的参与下，一种具有综合电路交换与分组交换优势的新的信息传输方式——ATM 应运而生。

CCITT 在 I.113 建议中给 ATM 下了这样的定义：ATM 是一种传输模式，在这一模式中信息被组织成信元（cell），包含一段信息的信元并不需要周期性地出现在信道上。从这个定义中可以清楚地看出，ATM 是以信元为基本传输单位，采用了信元交换和 ATDM 技术。

ATM 技术可兼顾各种数据类型，将数据分成一个个数据分组，每个分组称为一个信元。每个信元固定长 53B，其中 5B 为信头，48B 为净荷（payload），即有用信息。5B 的信头中包含了流量控制信息、虚信道标识符、虚信道标识符和信元丢失的优先级，以及信头的误码控制等有用信息。这种将包的大小进一步减小到 53B 的方式，能进一步减小时延，有利于提高通信效率。

这种短小且固定的信元传输灵活机动，不仅可以携带任何类型的信息（数字、语音、图像、视频），支持多媒体通信，还能进一步降低传输时延，按业务需要动态分配网络带宽，既可像电路交换那样传输语音业务，也可以像分组交换那样传输数字业务。同时，这种短小且固定长度的信元使得交换可以由硬件进行处理，提高了处理速度，加大了传输容量。

ATM 采用的 ATDM 技术已在 2.6 节中详细讨论过，这里回顾一下它的传输过程。首先看一下同步传输过程。如图 2.26 所示，在输入端第 3 个时隙的信息到来时，将其存入缓冲器中，输出时，它占用第 5 个时隙，以后每帧信息进来，第 3 个时隙的信息经过交换后都送到第 5 个时隙输出。在这种通信方式下，若某个时隙没有数据传输，依然会占用这个时隙，这就会带来很大的浪费，而 ATDM 技术可以克服这个缺点。

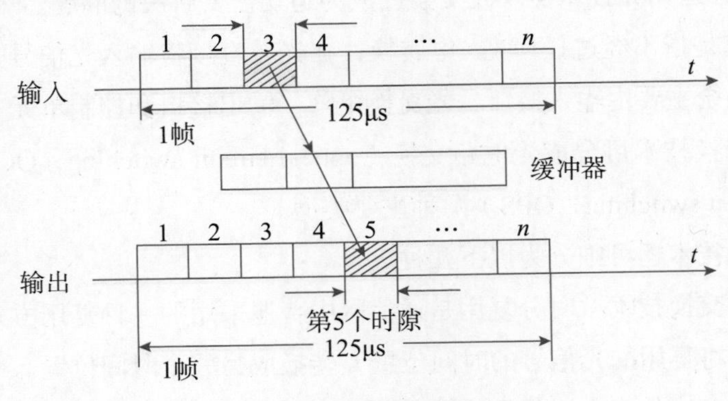

图 2.26　固定时隙交换

ATDM 技术不固定时隙传输，每个时隙的信息中都带有地址信息，将数据分成定长 53B 大小的信元，一个信元占用一个时隙，时隙分配不固定。如图 2.27 所示，图中表示某用户占用每帧中的两个时隙，时隙位置也不固定，在它的数据准备好后，即可占用空闲时隙。输入信元进入缓存器中等待，一旦输出端有空闲时隙，缓冲器中的信元就可以占用。由于 ATM 可以动态地分配带宽，因此非常适合于输出突发性数据。

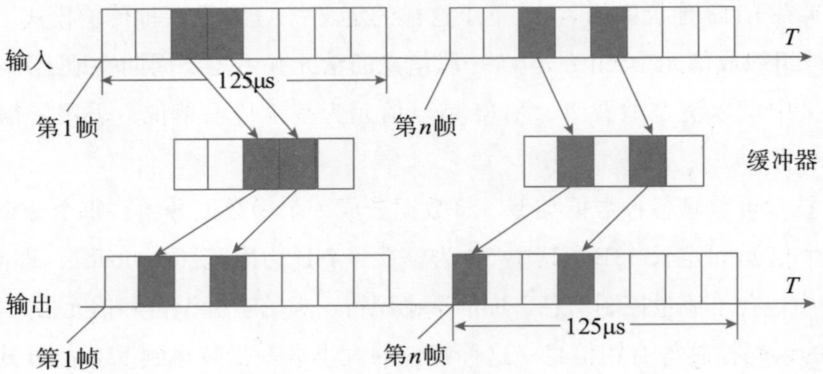

输入 T 125μs 第1帧 第n帧 缓冲器 输出 T 125μs 第1帧 第n帧

图 2.27 ATM 的传输与交换

ATM 克服了传统传输方式的缺点，能够适应任何类型的业务，不论其速率高低、有无突发性，以及实时性要求和质量要求，都能提供满意的服务。ATM 支持的 ISDN 不仅是业务上的综合，而且也是技术上的综合。关于 ATM 在局域网中的应用将在 3.3 节中详细讨论。

3. 光交换技术

随着通信网传输容量的增加，光纤通信技术也发展到了一个新的高度。发展迅速的各种新业务对通信网的带宽和容量提出了更高的要求。光纤的巨大频带资源和优异的传输性能，使它成为高速、大容量传输的理想媒体。随着 WDM 技术的成熟，单根光纤的传输甚至可以达到 Tbit/s 的速度。在全光网中，交换系统所需处理的信息量甚至可达几百至上千 Tbit/s，运用光技术实现光交换已成为迫切需要解决的问题。

光交换技术是指不经过任何光 / 电转换，在光域直接将输入光信号交换到不同的输出端。光交换系统主要由输入接口、光交换矩阵、输出接口和控制单元 4 部分组成。

目前，光交换技术可分成光电路交换（optical circuit switching，OCS）和光分组交换（optical packet switching，OPS）两种主要类型。

光电路交换技术还可细分为以下几种。

（1）光时分交换技术。时分复用是通信网中普遍采用的一种复用方式，光时分交换就是在时间轴上将复用的光信号的时间位置 t_1 转换成另一个时间位置 t_2。

（2）光波分交换技术。光波分交换是指光信号在网络节点中不经过光 / 电转换，直接将所携带的信息从一个波长转移到另一个波长上。

（3）光空分交换技术。光空分交换是根据需要在两个或多个节点之间建立物理通道，这个通道可以是光波导也可以是自由空间的波束，信息交换通过改变传输路径来完成。

（4）光码分交换技术。光码分复用是一种扩频通信技术，不同用户的信号用互成正交的不同码序列填充，接收时只要用与发送方相同的码序列进行接收，即可恢复原用户信息。光码分交换的原理就是将某个正交码上的光信号交换到另一个正交码上，实现不同正交码之间的交换。

光分组交换技术可细分为光突发交换技术和光标记分组交换技术等。

目前光电路交换技术已较为成熟，进入实用化阶段。光分组交换作为更加高速、高效、高度灵活的交换技术，能够支持各种业务数据格式，如计算机通信数据、语音、图表、视频数据和高保真音频数据的交换。自 20 世纪 70 年代以来，分组交换网经历了从 X.25 网、帧中继网、信元中继网、ISDN 到 ATM 网的不断演进，以至今天的光分组交换网。超大带宽的光分组交换技术易于实现 10Gbit/s 速率以上的操作，且对数据格式与速率完全透明，更能适应当今快速变化的网络环境，为运营商和用户带来更大的效益。

2.8　流量控制

2.8.1　流量控制概述

在公路上，当车流量超过一定限度，所有车的速度就不得不减慢；若车流量再增加，就会出现“谁也走不动”的现象。信息网络也是如此，无论是计算机装置还是通信装置，对数据的处理能力总是有限的。当网上传输的数据量增加到一定程度时，网络的吞吐量就会下降，这种现象称为“拥塞”或“拥挤”（congestion）。当传输的数据量急剧增加，则丢弃的数据帧随之不断增加，从而引发更多的重发；而重发数据所占用的缓冲区得不到释放，又会引起更多的数据帧丢失；这种连锁反应将很快波及全网，使通信无法进行，网络处于“死锁”（deadlock）状态，陷入瘫痪。为此，必须对网络流量认真进行控制。

1. 流量控制的含义

所谓流量控制就是调整发送信息的速率，使接收节点能够及时处理它们。

2. 流量控制的目的

（1）流量控制是为了防止网络出现拥挤及死锁而采取的一种措施。当发至某一接收节点的信息速率超出该节点的处理或转换报文的能力时，就会出现拥挤现象。因此，防止拥挤的问题就简化成为各节点提供一种能控制来自其他节点信息传输速率的方法的问题。

（2）流量控制的另一目的是使业务量均匀地分配给各个网络节点。因此，即使在网络正常工作情况下，流量控制也能减少信息的传输时延，并能防止网络的任何部分（相对于其余部分来说）处于过负荷状态。

2.8.2 流量控制技术

这里仅讨论流量控制的两种主要方法，即停止 - 等待控制方法和滑动窗口流量控制方法。

1. 停止 - 等待控制方法

停止 - 等待控制方法是最简单的一种流量控制技术，它采用单工或半双工通信方式。当发送方发送完一个数据帧后，便等待接收方发回的反馈信号。若收到的是 ACK 信息，则接着发送下一帧；若收到的是 NAK 信息或超时而没有收到反馈信号，则重发刚刚发过的数据帧。

下面以图 2.28 为例，讨论停止 - 等待控制方法的传输过程。

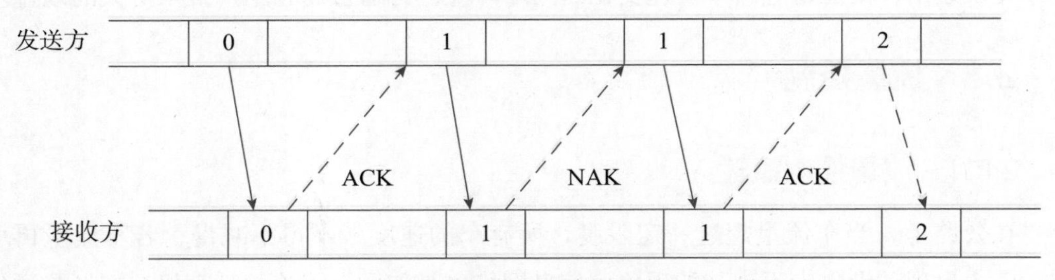

图 2.28 停止 - 等待方式

（1）初始时，发送方当前发送的帧序号 N（S）=1，接收方将要接收的帧序号 N（R）=1。

（2）当发送方开始发送时，从缓冲区取出 0 号帧发送出去。

（3）当接收方收到发送方送来的 0 号帧时，首先进行帧校验，如果校验正确且帧序号一致，则向发送方返回一个 ACK 信号，然后准备接收下一帧；如果帧校验有误或帧序号不一致，则向发送方返回一个 NAK 信号，要求发送方重新发送该数据帧。

（4）发送方收到 ACK 信号后，根据接收方返回的 ACK 或 NAK 信号，确定是发送下一数据帧还是重发原数据帧。

超时重发是指在发送原数据帧后的一段时间内，若没有收到 ACK 信号，则要重新发送该数据帧。因此超时时间的设置要适当，避免造成浪费。

停止 - 等待流量控制方法的优点是控制简单，但它也会导致传输过程中吞吐量的降低，从而使得传输线路的使用率不高。

2. 滑动窗口流量控制方法

为了提高传输效率，滑动窗口流量控制方法是一种更为有效的策略。它采用全双工通信方式，发送方在窗口尺寸允许的情况下，可连续不断地发送数据帧，这样就大大提高了信道使用率。

（1）发送窗口和接收窗口。

① 发送窗口。发送窗口是指发送方允许连续发送帧的序列表。发送窗口的大小（宽度）规定了发送方在未得到应答的情况下允许发送的数据单元数。也就是说，窗口中能容纳的逻辑数据单元数就是该窗口的大小。

② 接收窗口。接收窗口是指接收方允许接收帧的序列表。只有到达接收窗口内的帧才能被接收方所接收，在窗口外的其他帧将被丢弃。

③ 窗口滑动。发送方每发送一帧，窗口便向前滑动一格，直到发送帧数等于最大窗口数目时便停止发送。

（2）窗口的滑动过程。滑动窗口流量控制方法是从发送和接收两方面来限制用户资源需求，并通过接收方来控制发送方的数量。其基本思想是：某一时刻，发送方只能发送编号在规定范围内，即落在发送窗口的几个数据单元，接收方也只能接收编号在规定范围内，即落在接收窗口内的几个数据单元。

图 2.29 说明了发送窗口的工作原理，其窗口大小为 5。

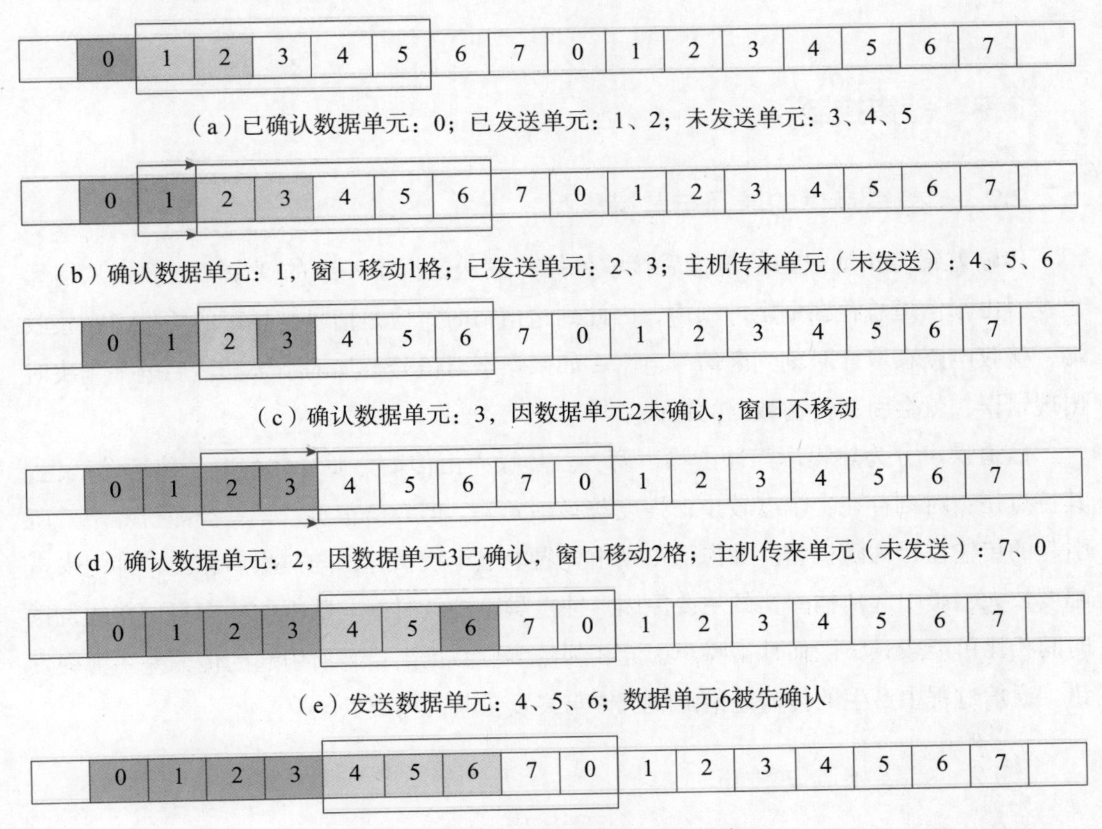

图 2.29　发送窗口的工作原理

图 2.30 说明了接收窗口的工作原理，其窗口大小为 4。

前面介绍了滑动窗口进行流量控制的基本原理，具体实现时还有以下一些问题要处理。

① 窗口宽度的控制是预先固定化还是可适当调整。

② 窗口位置的移动控制是整体移动还是顺序移动。

③ 接收方的窗口宽度与发送方的相同还是不同。

其实，网络中进行数据通信量控制的技术还有拥挤控制和防止死锁技术，这里就不再讨论，有兴趣的读者可以参阅数据通信的相关书籍。

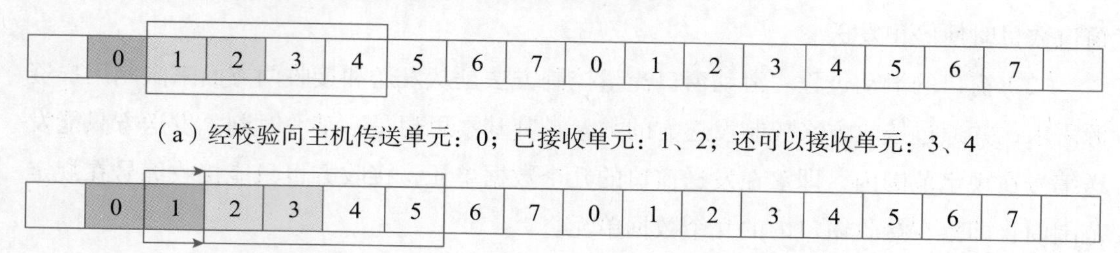

（a）经校验向主机传送单元：0；已接收单元：1、2；还可以接收单元：3、4

（b）经校验向主机传送单元：1，窗口移动1格；接收新单元：3；还可以接收单元：4、5

图 2.30 接收窗口的工作原理

2.9 差错控制

2.9.1 差错产生的原因与差错类型

传输差错是指通过通信信道后接收数据与发送数据不一致的现象。当数据从信元出发，由于信道总存在一定的噪声，因此到达信宿时，应是信号与噪声的叠加。在接收端，接收电路在取样时刻判断信号电平，如果噪声对信号叠加的结果在最后电平判决时出现错误，就会引起传输数据的错误。

信道噪声分为热噪声与冲击噪声两类。热噪声由传输介质导体的电子热运动产生，其特点是：时刻存在，幅度较小，强度与频率无关，但频谱很宽，是一类随机噪声，所引起的传输差错为随机错。冲击噪声则由外界电磁干扰引起，与热噪声相比，冲击噪声幅度较大，是引起传输差错的主要原因。冲击噪声持续时间与数据传输中每比特的发送时间相比可能较长，因而冲击噪声引起相邻的多位数据出错，所引起的传输差错为突发错。通信过程中产生的传输差错由随机错与突发错共同构成。

2.9.2 差错检验与校正

字符代码在传输和接收过程中难免发生错误，如何及时自动检测差错并进一步自动校正，正是数字通信系统研究的重要课题。一般来说，差错检验与校正可以采用抗干扰编码或纠错编码，如奇偶校验码、方块校验码、循环冗余校验码及汉明码等。

1. 奇偶校验

奇偶校验也称垂直冗余校验（vertical redundancy check，VRC），它是以字符为单位的校验方法。一个字符由 8 位组成，低 7 位是信息字符的 ASCII 码，最高位为奇偶校验位。该位中放 1 或 0 是按照这样的原则：整个编码中，若 1 的个数为奇数则称为“奇校验”；若 1 的个数为偶数则称为“偶校验”。

校验的原理是：如果采用奇校验，发送端发送一个字符编码（含校验位共 8 位），其中 1 的个数一定为奇数，在接收端对 8 个二进制数中的 1 的个数进行统计，若统计出 1 的个数为偶数，则意味着传输过程中有 1 位（或奇数位）发生差错。事实上，在传输中偶然 1 位出错的机会最多，故经常采用奇偶校验法，但这种方法只能检查出错误而不能纠正错误，而且只能查出 1 位差错，对两位或多位出错无效。

2. 方块校验

方块校验又称水平冗余校验（longitudinal redundancy check，LRC）。这种方法是在 VRC 的基础上，在一批字符传送之后，另外增加一个称为“方块校验字符”的检验字符。方块校验字符的编码方式是使所传输字符代码的每一纵向位代码中的 1 的个数成为奇数（或偶数）。例如，欲传送 6 个字符代码及其奇偶校验位和方块校验字符如下，两者均采用奇校验。

字符	二进制编码	奇偶校验位
字符 1	1001100	0
字符 2	1000010	1
字符 3	1010010	0
字符 4	1001000	1
字符 5	1010000	1
字符 6	1000001	1
方块校验字符（LRC）	1111010	0

采用方块校验方法，如果传输出错，不仅从一行中的 VRC 中可以反映出来，同时也在 LRC 中得到反映，因而有较强的检错能力。方块校验方法不但能发现所有 1 位、2 位或 3 位的错误，而且可以自动纠正差错，使误码率降低 2 ～ 4 个数量级，故广泛用于通信和某些计算机外围设备中。

3. 循环冗余校验

最有效的一种冗余校验技术就是循环冗余校验（cycle redundancy check，CRC）。其基本思想是：通过在数据单元末尾附加一串称作循环冗余码或 CRC 余数的冗余比特，使得整个传输数据单元可以被另一个预定的二进制数所整除。在数据传输终点，用该预定的二进制数去除输入的数据单元。如果此时不产生余数，就认为数据单元是完整正确的，从而接收该数据单元；如果有余数则意味着数据单元在传输中有差错，因此拒绝接收该数据单元。CRC 的工作原理如图 2.31 所示。

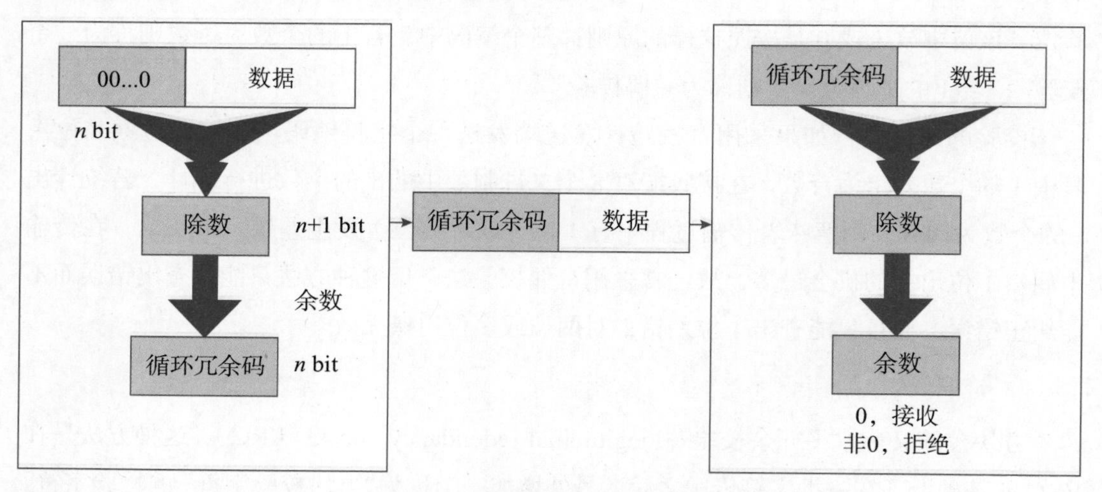

图 2.31　循环冗余校验的工作原理

在 CRC 中使用的冗余比特是将数据单元除以一个预定的除数后产生的，余数就是循环冗余（CRC）码。具有以下两个特征的 CRC 码才是合法的：一是必须比除数至少少一位；二是附加到数据串末尾后必须形成可以被除数整除的比特序列。

CRC 技术的理论和应用都是简单明了的，唯一复杂的就是 CRC 码的生成。CRC 码可以通过多项式除法来计算，该方法将每个比特串看作一个多项式。通常，它将比特串 $b_{n-1}b_{n-2}b_{n-3}\cdots b_2b_1b_0$ 解释成多项式 $b_{n-1}x^{n-1}+b_{n-2}x^{n-2}+b_{n-3}x^{n-3}+\cdots+b_2x^2+b_1x^1+b_0$。例如，比特串 10101110 被解释为 $x^7+x^5+x^3+x^2+x^1$。

下面给出计算 CRC 码的步骤，并假设所有的运算都是按模 2 进行的。

（1）选定生成多项式，记为 $G(x)$，假设其最高次幂为 n。

（2）在数据单元的末尾加上 n 个 0，n 的大小等于生成多项式的最高次幂。

（3）采用二进制除法将新的加长的数据单元除以生成多项式所对应的字符串。由此除法产生的余数就是 CRC 校验码。如果余数位数小于 n，最左的缺省位数为 0。如果除法过程未产生余数，也就是说，如果原始的数据单元本身就可以被除数整除，那么 n 个 0 即可作为 CRC 校验码。

需要指出的是，进行模 2 运算时，加法和减法遵循以下规则：0+0=0，1+0=1，0+1=1，1+1=0，0−0=0，1−0=1，0−1=1，1−1=0，即异或运算。

图 2.32 表示以 100100 作为数据单元，通过生成多项式 1101，得到 CRC 码的过程。

数学分析表明，$G(x)$ 应该有某些简单的特性，才能检测出各种错误。例如，若 $G(x)$ 包含的项数大于 1，则可以检测单个错；若 $G(x)$ 包含因子 $x+1$，则可以检测出所有奇数个错；最后，即最重要的结论是，具有 n 个校验位的多项式能检测出所有长度小于或等于 n 的突发性错误。

为了能对不同场合下各种错误模式进行校验，已经提出了几种 CRC 生成多项式的国际标准。

循环冗余码检验具有良好的数学结构，易于实现，发送端编码器和接收端检测译码器的实现较为简单，可以采用移位寄存器等硬件来实现；同时，其具有较强的检错能力，特别适合于检测突发性错误，故在计算机网络中得到了较为广泛的应用。

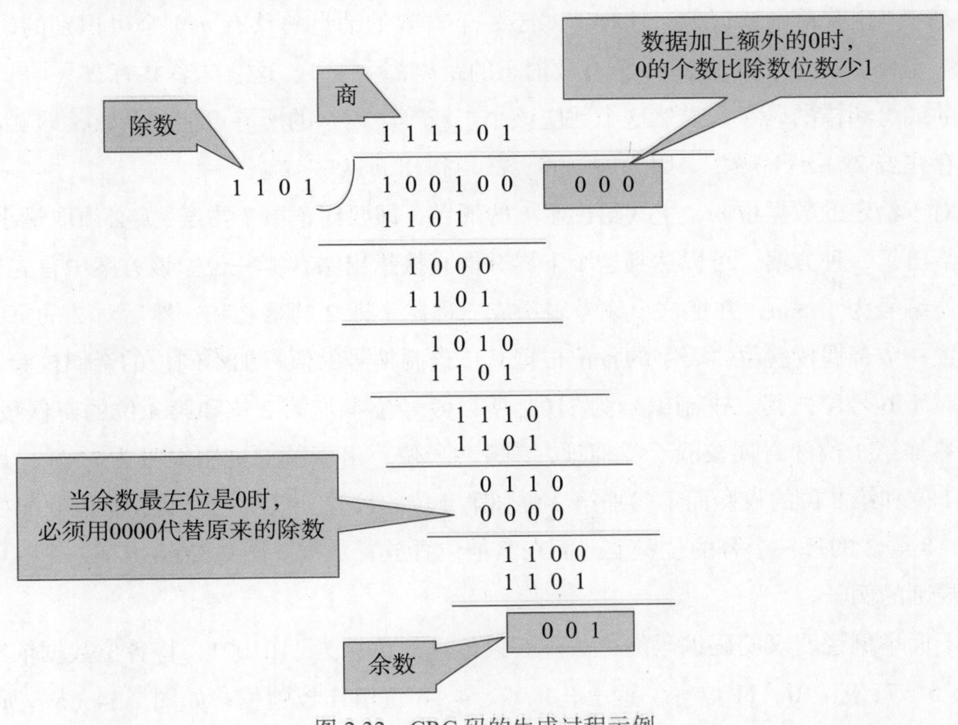

图 2.32　CRC 码的生成过程示例

4. 汉明码

汉明码（Hamming code）是一种可以纠正一位差错的编码。1950 年，汉明（Richard W. Hamming）研究了用冗余数据位来检测和纠正代码差错的理论和方法。汉明指出可以在数据上添加若干冗余位组成码字，并称一个码字变成另一个码字时必须改变的最小位数为码字之间的汉明距离。例如，7 位的 ASCII 码增加一位奇偶校验位变成 8 位码字，这 128 个 8 位码字之间的汉明距离是 2。

汉明用数学方法说明了汉明距离的几何意义，即 n 位的码字可以用 n 维空间的超立方体的一个顶点表示，两个码字之间的汉明距离就是超立方体两个对应顶点之间的最短距离。只要出错的位数小于这个汉明距离都可以被判断为就近的码字，这就是汉明码纠错的原理。它用码位的增加来换取可靠性的提高。

按照汉明的理论，纠错码的编码就是把所有合法的码字尽量安排在 n 维超立方体的顶点，使得任一对码字之间的距离尽可能大。如果任意两个码字之间的汉明距离是 d，则所有小于或等于 d-1 位的错误都可以被检测出来，所有小于或等于 d/2 位的错误都可以被纠正。一个自然的推论是，对于某种长度的错误串，要纠正它，就要用比它多一倍的冗余位来作为纠错码。

如果对于 m 位的数据，增加 k 位冗余位，则组成 $n=m+k$ 位的纠错码。对于 2^m 个有效码字中的每一个，都有 n 个无效但可以纠错的码字，这些可纠错的码字与有效码字的距离是 1，含有单个错误位。这样，对于一个有效的消息总共有 n+1 个可识别的码字，这 n+1 个码字相对于其他 2^m-1 个有效消息的距离都大于 1。这意味着共有 2^m（n+1）个有效的或可纠错的码字，显然这个数应该小于或等于码字的所有可能的个数，即 2^n。于是，存在着 2^m（n+1）$<2^n$，因为 $n=m+k$，故可得出 $m+k+1<2^k$。

对于给定的数据位 m，上式给出了 k 的下界，即要纠正单个错误，k 必须取最小值。汉明给出了一种方案，可以达到这个下界并能直接指出错在哪一位。该方案中首先把码字的位编号为 1 ～ n，并把这个编号表示成二进制，即 2 的幂之和；然后对 2 的每一个幂设置一个奇偶校验位，码字的各位根据其二进制编号的值参加不同位的奇偶校验。例如，对于 6 号位，其二进制编号为 110，所以 6 号位参加第 2 位和第 4 位的奇偶校验，而不参加第 1 位的奇偶校验。类似地，对于 9号位，由于其二进制编号为 1001，其参加第 1 位和第 8 位的校验而不参加第 2 位和第 4 位的校验。汉明把奇偶校验位分配在 1、2、4、8 等 2 的每一个幂的位置上，而在其他位置放置数据。图 2.33 给出了一个汉明码编号规则的例子。

下面举例说明汉明码编码的方法。假设传送的信息为 1101001，将各位数据依次放在 3、5、7、9、10、11 位等位置上，1、2、4、8 位留作校验位，如图 2.34（a）所示。根据图 2.33 中所示的编码规则，3、5、7、9、11 号数据位的二进制编码的第一位为 1，因此它们参加第 1 位的校验，如采用偶校验，1 号位应为 0；类似地，3、6、7、10、11 号位参加第 2 号位的校验；5、6、7 号位参加第 4 号位的校验；9、10、11 号位参加第 8 号位的校验，相应地 2、4 和 8 号位的校验码依次为 1、0 和 1，最终结果如图 2.34(b）所示。

如果这个码字在传输中出错，例如 5 号位出错，当接收方按照同样规则计算奇偶校验码时，发现第 2 号位和第 8 号位的奇偶性正确，而第 1 号位和第 4 号位的奇偶性错误，由于 1+4=5，立即可以判定错在 5 号位上，从而予以纠正。图 2.34（c）反映了以上的结果。在本例中 k=4，从前面的公式得到 $m<2^4-4-1=11$，即数据位可用到 11 位，共组成 15 位的码字，可检测并纠正单个位置的错误。

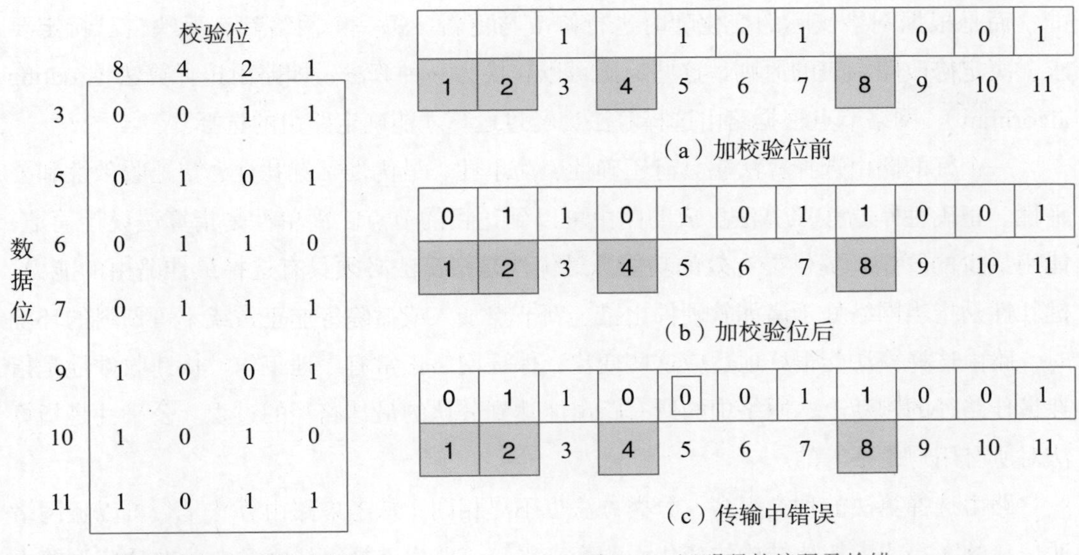

图 2.33　汉明码编号规则的例子

图 2.34　汉明码的编码及检错

2.10　路由选择技术

计算机网络的基本任务是完成通信双方之间的数据交换，而计算机网络通信子网的拓扑结构通常是网状的，它为两个通信终端之间提供了多条不同的路径，因此发送方在向接收方传送数据之前必须选择合适的路径，这就是路由选择。一条优化的路由可以使网络获得较好的运行性能和使用效率。

路由选择又称路径控制，是指网络中的节点根据通信网络的状况，按照传输时间最短或传输路径最短等策略，选择一条可用的传输路径，将信息传给目标节点。路由选择是通信网络的重要功能之一，它将严重影响网络传输性能。

本节主要介绍路由选择算法和路由选择协议。路由选择算法用于生成和更新路由选择表，路由选择协议是指路由器共享路由信息时所采用的协议。不同的路由选择协议基于不同的路由选择算法交换信息，而路由选择算法根据更新的信息和运算完成路由选择。

2.10.1　路由选择算法

计算机网络的路由选择过程与邮政系统对信件的分拣过程类似，被传送的报文分组要求写上报文号、分组号以及目的地地址。网络节点就好像信件分拣机，所以，必须设立一张路由选择表，在此表中列出目的地地址与输出链路之间的对应关系，节点中转机根据报文分组所标明的目的地地址来查询路由表，决定该报文分组应该通过哪条链路发送出去，也就是进行路由选择。但是，需要说明的是，计算机网络的路由选择远比邮政分拣过程复杂，因为在一般情况下，计算机网络节点上的路由选择表不是固定不变的，而是根据网络实际的变化随时进行修改与更新。每一个网络都有反映自己特定要求、决定修改路由表的原则，这些原则可以转换为一种算法，即路由选择算法（routing algorithm）。网络节点根据路由选择算法，经过运算才能确定路由的选择。

一个好的路由选择算法应具有正确性、简单性、最优性、健壮性、快速收敛性和公平性。正确性是指按照算法生成的路由可以到达目的节点。简单性是指算法设计简洁，能用最少的开销，提供最有效的功能。最优性是指算法必须具有选择最佳路由的能力。健壮性是指当网络处于诸如软硬件出错、新节点加入或撤除等非正常或不可预料的环境时，路由选择算法能很好地适应这些变化，保证网络正常有序地工作。快速收敛性是指在最佳路径的判断上，网络中的所有路由能达到公认的最佳路径的过程。公平性是指算法对所有用户是平等的。

路由选择算法的种类很多，分类方法也不尽相同，从考虑路由算法是否可以随网络通信量的大小或者拓扑结构的变化而改变来区分，路由选择算法大致分为非适应型路由选择算法和具有自适应路由选择算法两类。

1. 非适应型路由选择算法

非适应型路由选择算法又称静态路由选择算法，静态路由是指由网络管理人员手工配置的路由信息，该路由表信息在系统启动时被装入各个路由器，并且在网络的运行过程中一直保持不变，当网络的拓扑结构或链路的状态发生变化时，再由网络管理人员手工修改路由表中相关的信息。由于非适应型路由选择算法简便易行，开销小，在一个载荷稳定、拓扑变化不大的网络中运行效果较好，因此该算法被广泛地应用在高度安全性的军事系统和规模较小的商业网络中。随机式路由选择算法、扩散式路由选择算法以及固定式路由选择算法均属此类。

实际的网络往往是根据用户的分布情况和考虑经济性、可靠性的原则而连接起来，常呈现不规则的网状。对于这类网络，可选用与网络拓扑无关的随机式或扩散式路由选择算法；而对于一般拓扑结构不太复杂、路由选择要求不高且流量也较低的小型网络，则常采用固定式路由选择算法以力求算法简单。

（1）扩散式路由选择算法。扩散式路由选择算法又称泛滥式路由选择算法，这是一种多路发送的路由选择技术，也是最简单的路由选择技术。其工作原理是：当网络的节点收到报文时，将其复制后向除该节点报文的源链路外的所有其他链路发送，因此，报文必定可选择到最佳的路由。但这种路由选择技术存在的问题是：由于每一节点均向其所连接的链路发送，重复的报文多，并且报文会在网络中游荡。为此可以在每个节点路由器上建立一个记录表，记录通过的数据分组序号，如果已转发过该序号的分组，则路由器就不再转发。

扩散式路由选择算法的可靠性高，即使是在网络链路出现大量故障时，也基本能完成报文的传输。其缺点是增加了许多无效的传输量，以致网络利用率下降。因此，该算法常用在轻负载的小规模网络和对传输可靠性要求很高的军事网络中。

（2）随机式路由选择算法。随机式路由选择算法是按某个随机数的值来选择待发送报文分组的输出链路的方法。该算法除了要避免按原路返回之外，可向任意一条链路发送报文分组。这种方法简单，且到达目的地的可能性很大，路由选择与网络拓扑无关。缺点是分组的时延大，且网络效率低。例如，在大量连续发送报文分组时，会使得很多报文分组在网络中随意游荡，并随机地使用各条链路。当某一条链路不通时，这些报文分组就会随机地使用另一条链路，这将造成网络的传输效率降低，分组传输时延增大。

（3）固定式路由选择算法。固定式路由选择算法的基本原理是在每个节点上都保存一张路由表，该路由表是依据最短路由算法制定出来的到达各目的节点的相应输出链路的集合表。路由表由网络设计者事先根据网络的拓扑结构和通信流量编制，并在网络运行前把它装入各节点，在网络结构等因素不变时不再改变。

固定式路由选择算法简单且容易实现，通常用于网络拓扑结构不太复杂的小型网络中。其缺点是可变性差，不能随着网络状态的变化而动态地进行变化，只能由网络管理人员进行手工更新。

2. 自适应路由选择算法

这类算法又称动态路由选择算法，它根据网络当前流量和拓扑结构选择最佳路由。自适应路由选择算法实现起来比较复杂，但由于有较好的适应性，可以随着网络通信量的大小或者网络拓扑结构的变化而变化，因此大多数网络都采用该类算法。这种算法也包括 3 种形式，即集中的自适应路由选择算法、孤立的自适应路由选择算法以及分布的自适应路由选择算法。

自适应路由选择算法的基本思想是网络中的每个节点都要根据网络的当前运行状态“动态”地进行路由选择，这就要求节点上的路由表能够动态地反应网络运行的变化情况，以便不断地修改网络路由。选择路由的要求是使报文分组在网络中的传输时延最小或链路上的通信量最大。在网络中修改路由表采用的依据是最短路由算法，而最短路由算法的理论有很多，比较经典的是 Dijkstra 算法和 Ford-Fulkerson 算法，本小节将介绍 Dijkstra 算法的基本思想，关于其他最短路由算法，有兴趣的读者可参阅相关书籍。

（1）集中的自适应路由选择算法。集中的自适应路由选择算法与前面所述的静态选择算法不同，它可以动态地修改网络节点的路由表。实现时，在网络中选取一个节点作为路由控制中心（routing control center，RCC），并让网络中的其余节点每隔一定的周期就向RCC报告一次本节点的状态，如毗邻的能够正常工作的节点名称、排队长度以及自上一次报告以来每条链路所传输的通信量的大小等。RCC按照某种规则，如网络总平均时延最小等，结合所收集的报告和网络的性能，计算网络中各节点到其余节点的最佳路由。

集中的自适应路由选择算法的缺点是：一旦RCC失效，或者网络的一部分发生故障，都会导致路由表修改失败，从而降低了传输的可靠性；同时由于网络中各节点所处的位置不同，从而与RCC距离的远近不同，向RCC发送状态信息时所造成的时延就会不同，因此，所修改的路由表不一定能精确而又及时地反映当前各个节点的状况。此外，为了传输每个节点的状态信息，必然造成网络的额外开销，特别是靠近RCC节点的链路，将承受更大的通信量，容易造成网络的拥塞。为了解决以上问题，可设立多个RCC，这样一方面可以将一些RCC作为备用；另一方面可以将网络分区以实现分而治之，既可提高网络的可靠性，还可减少网络链路的通信量，降低网络的开销。

（2）孤立的自适应路由选择算法。孤立的自适应路由选择算法是指各节点孤立地根据本节点当前所搜集的有关运行状态的信息来决定路由，并不与其他节点交换路由信息。这种算法实现简单，因此应用比较广泛。

该算法的基本思想是让到达本节点的分组尽快离开本节点。当一个信息分组到达时，节点首先检查各输出链路的排队长度，把该分组输送到队列最短的那一条链路上去，而不会去关心该链路通向何方，故这种算法又称“热土豆”法。该方法可能使总的传递时间延长，虽然可以保证每一分组在本节点的时延最小，但这种不管目的节点位于何方的盲目传送必然会出现较长的路由。实际上，通常将这种方法和其他方法结合应用可以使其性能更优，例如，把“热土豆”法与固定式路由选择算法综合使用可获得较好的效果。

另外，逆向探知算法也属于孤立的自适应路由选择算法一类。逆向探知算法是利用流入的分组所携带的路由选择信息来修改本节点的当前路由表，以使路由表随网络状态的变化而变化。

（3）分布的自适应路由选择算法。这种路由选择的策略是：每个节点周期性地从相邻节点获得网络状态信息，同时也将本节点做出的决定周期性地通知周围各节点，由于所有节点都周期性地与其他每个相邻节点交换路由选择信息，从而使得这些节点能不断地根据网络当前的状态更新各自的路由选择，所以整个网络的路由选择经常处于一种动态变化的状态。各个路由表相互作用是这种策略的特点。当网络状态发生变化时，必然会影响到许多节点的路由表。例如，节点A的路由表要用到节点B的路由表中的信息，而节点B的路由表又要用到节点A的路由表中的信息。因此，经过一定的时间后，各路由表中的数据才能达到稳定。

在分布的自适应路由选择策略中，有距离矢量和链路状态两种基本路由算法。

① 距离矢量路由算法。在距离矢量路由算法中，每台路由器维护一张路由表，路由表以网络中每台路由器为索引，并且每台路由器对应一个表项。该表项包括两部分，即针对该目标路由器使用的首选输出线路，以及到达该路由器的距离估计值。其度量标准可为站点、估计的时延、该路由排队的分组估计总数或类似的值。

算法假设每个节点知道自己与相邻节点的距离，因为这是完全可以做到的。如果以跳数来计量距离，则相邻节点间的距离等于 1；如果以时延来计量距离，则每个节点可定期向相邻节点发送响应分组，接收者收到分组后在其上记下接收的时间，并以最快的速度发送回去，通过检查分组上的时间戳，发送者就可以推算出时延；如果以分组队列长度来计算距离，则只需要统计去往该节点的分组数即可。

每隔一段时间，每个节点就向它的所有相邻节点发送一个距离列表，通报从本节点到各个目的节点的估算距离，同时它将收到各相邻节点发送给它的距离列表。距离列表也就是各个节点的路由表。假如某个节点 X 从它的相邻节点 Y 收到一个距离列表，其中 Yi 表示 Y 到节点 i 的估算距离，同时 X 知道自己到 Y 的距离为 d，于是 X 可以推断：如果经 Y 到达节点 i，则距离为 $Yi+d$。用同样的方法可以估算 X 经各个相邻节点到节点 i 的距离，然后它可以从这些距离中找出最短距离。假设 X 经 Y 到节点 i 的距离是这些距离中最短的，则把 Y 作为从 X 到节点 i 的最佳传输路线，并将 $Yi+d$ 作为由 X 到达节点 i 的估算距离，记入新的路由选择表中。以此类推，X 可以估算到各个目的节点的最佳传输路线和估算距离，从而计算出新的路由表。

现举例说明距离矢量路由算法的计算过程。假定用时延作为距离的度量标准且每个节点通过定期发送响应分组可获知自己与各个相邻节点的距离。距离矢量路由算法示例如图 2.35 所示，图 2.35（a）所示为一个子网的拓扑结构图，图 2.35（b）的前 4 列表示路由器 J 从相邻节点收到的时延矢量。A 认为到达 B 的时延为 12ms，到达 C 的时延为 25ms，到达 D 的时延为 40ms，等等。假定 J 已测量或预计它到达相邻节点 A、I、H 和 K 的时延分别为 8ms、10ms、12ms 和 6ms。现以计算 J 到达 F 的新路由为例来说明路由的计算过程。已知 J 到达 A 的时延是 8ms，A 到 F 的时延为 23ms，于是 J 经过 A 到达 F 的时延为：（8+23）ms=31ms；类似地可以计算出 J 经过 I、H 和 K 到达 G 的时延分别为 30ms、31ms 和 46ms。其中最短的时延为 30ms，于是 I 就成为 J 到达 F 的最佳传输路线，30ms 就是 J 到达 F 的最新估算时延。对所有其他目的地做同样的计算，得到的路由选择表如图 2.35（b）最后一列所示。

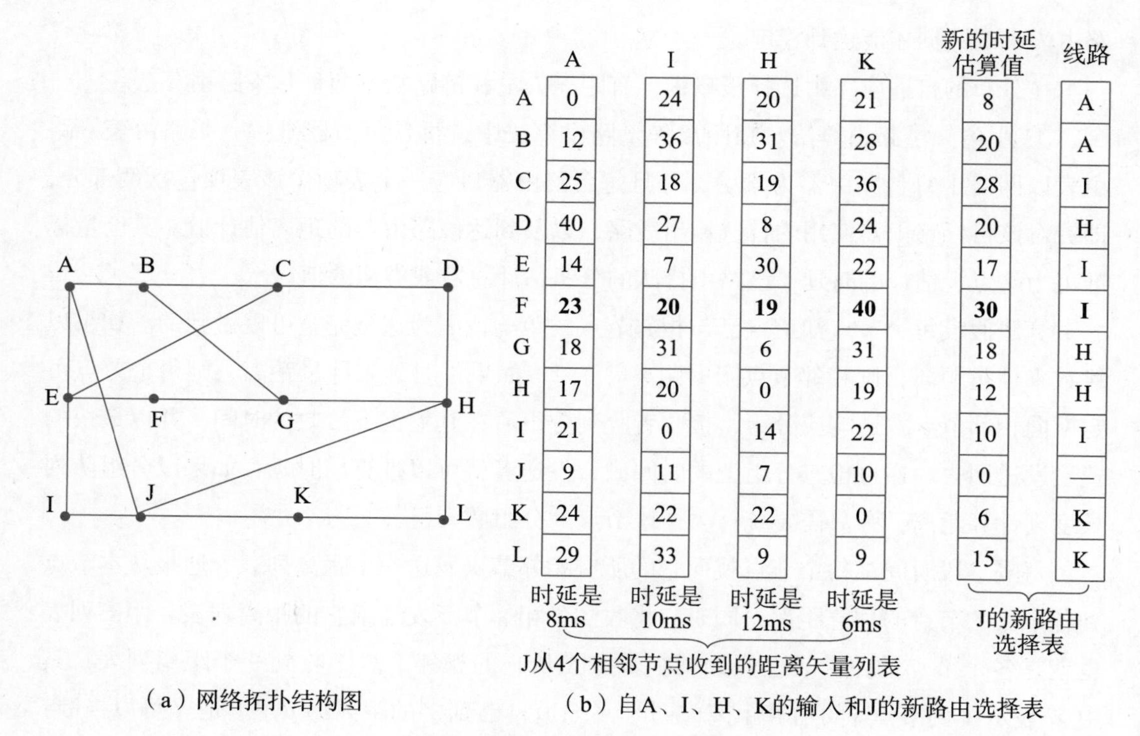

	A	I	H	K	新的时延估算值	线路
A	0	24	20	21	8	A
B	12	36	31	28	20	A
C	25	18	19	36	28	I
D	40	27	8	24	20	H
E	14	7	30	22	17	I
F	**23**	**20**	**19**	**40**	**30**	**I**
G	18	31	6	31	18	H
H	17	20	0	19	12	H
I	21	0	14	22	10	I
J	9	11	7	10	0	—
K	24	22	22	0	6	K
L	29	33	9	9	15	K

（a）网络拓扑结构图

（b）自A、I、H、K的输入和J的新路由选择表

图 2.35 距离矢量路由算法示例

距离矢量路由算法在理论上行得通，但在实际应用中却有缺陷。虽然能得出正确的结果，但它的收敛速度较慢。特别地，它对好消息能迅速地做出反应，但对坏消息的反馈则非常缓慢，因此，它被链路状态路由算法所替代。

② 链路状态路由算法。在距离矢量路由算法中，路由选择是根据网络的距离来进行的，并没有考虑网络的变化。在实际的网络中链路的带宽、时延也是计算最短路径的重要因素，而且距离矢量路由算法中还存在无穷计数等问题，因此，链路状态路由算法应运而生。

链路状态路由算法是通过路由器收集到达每个网络的时延信息或开销，利用 Dijkstra 算法计算通向每个网络的最短路径，然后生成路由表。其算法大致可以分成以下 4 个步骤。

a. 发现相邻节点。当一台路由器启动以后，首先必须知道谁是它的相邻节点，这可以通过向每条点到点链路发送特殊的查询分组来实现；在另一端的路由器收到查询分组后，发送回一个应答分组，在应答分组中说明它是谁。这个查询分组和应答分组必须是全局唯一的。

b. 确定链路代价。链路状态路由算法不仅需要每个路由知道它的相邻节点，还需要知道到达每个相邻节点的时延，至少应有一个可信的时延估计值。取得时延的最直接方式就是发送一个要求对方立即响应的分组，通过测量一个来回的时间并除以 2，发送方路由器即可得到一个可靠的时延估计值。如果要更精确，则可以多次发送分组，再取平均值。

c. 发布链路状态信息。以图 2.36 所示的网络为例，说明网络中链路状态信息的发布。每台路由器都知道自己和相邻节点之间的链路状态信息，这样就可以产生链路状态分组，各链路状态分组包含的内容如图 2.37 所示。每台路由器都将自己的链路状态分组以扩散的方式向其他路由器发送，从而每台路由器都能了解到整个网络中各节点路由器的状态信息。

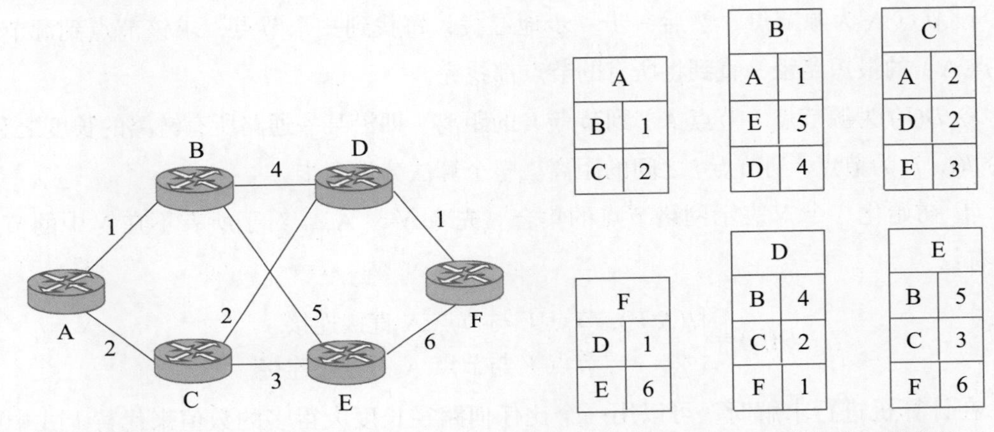

图 2.36　具有链路状态的网络示意图　　图 2.37　链路状态协议分组示意图

d. 计算最短路径。经过一个时间段，网络中的路由器都能收到包含网络状态信息的路由分组，这个时候每台路由器就可以用收到的网络状态信息，通过 Dijkstra 算法计算出通向每个网络的最短路径。最短路径选择算法将在下面介绍。

③ 分级路由选择算法。在距离矢量路由算法和链路状态路由算法中，每台路由器都需要保存其他路由器的部分信息。随着网络规模的扩大和网络中路由器的增加，路由表规模增大，致使路由器难以有效地处理网络流量，采用分级路由选择算法可以解决这个问题。

在分级路由选择算法中，路由器被分为很多区域。每台路由器都只有自己所在区域路由器的信息，而没有其他区域路由器的信息。所以在其路由表中，路由器只需要存储其他每个区域的一条记录。

（4）最短路径选择算法。在复杂的网络中，源节点和目的节点之间的路径可能有多条，这就需要在多条路径中选择一条最佳的路径。所谓“最佳”可以从路径最短的角度来衡量，也可按传输平均时延最短或费用最低来选择。不管是哪一种标准，都可称为最短路径选择算法，常用的最短路径选择算法是 Dijkstra 算法和 Ford-Fulkerson 算法。

Dijkstra 算法是由 Dijkstra 提出来的一种前向搜索算法。现以图 2.38 为例来说明该算法。该图为加权无向图，每条边上的权数代表了该链路的长度。

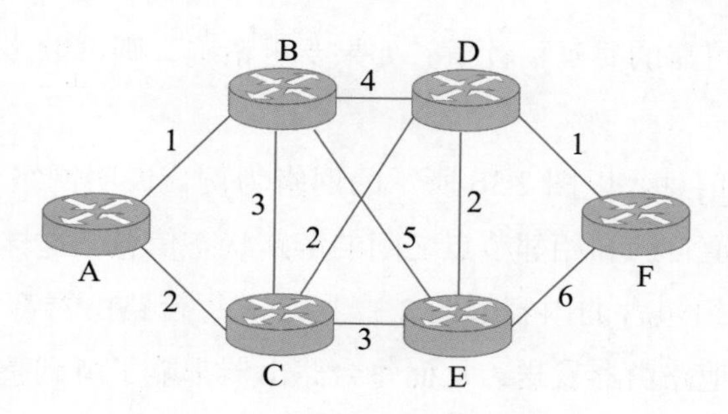

图 2.38 加权无向图

设节点 A 为源节点，然后一步一步地寻找，每找到一个节点，求该节点到源节点（节点 A）的最短路径，直到将所有的节点都找完。

令 $D(V)$ 为源节点（节点 A）到节点 V 的距离，即沿某一通路所有链路的长度之和，再令 $l(i, j)$ 为节点 i 到节点 j 之间的距离。整个算法分为两步。

① 初始化。令 N 表示网络节点的集合。先令 $N=\{A\}$。对于所有不在 N 中的节点 V，有：

$$D(V)=\begin{cases} l(\mathrm{A},V), & \text{节点 } V \text{ 与节点 A 直接连接} \\ \infty, & \text{节点 } V \text{ 与节点 A 不直接连接} \end{cases}$$

在计算机进行求解时，可以用一个比任何路径长度大得多的数值来代替上式中的 ∞。例如，在本例中用 50 来代替 ∞。

② 寻找一个不在 N 中的节点 W，其中 $D(W)$ 值最小。把 W 加入 N 中，然后对所有不在 N 中的节点，用 $[D(V), D(W)+l(W, V)]$ 中较小的值去更新原有的 $D(V)$ 值，即

$$D(V) \leftarrow \min[D(V), D(W)+l(W, V)]$$

重复第②步，直到所有网络节点都在 N 中。

对图 2.38 中的网络进行求解的详细步骤见表 2.7。从表中可以看出，上述步骤②共执行了 5 次。表中带圆圈的数字是在每次执行步骤②时所寻找的具有最小值的 $D(W)$ 值。当第 5 次执行步骤②并得出了结果后，所有网络节点都已含在 N 之中，整个算法结束。最后得出以节点 A 为根的最短路径树，在图 2.39 中给出了其最短路径树。所有其他各节点都需要分别以这些节点为源节点，按照上述算法各自计算，从而形成各节点的路由表。表 2.8 所示为节点 A 更新后的路由表。

表 2.7 Dijkstra 算法示例

步　骤	N	D（B）	D（C）	D（D）	D（E）	D（F）
初始化	[A]	1	2	50	50	50
1	[A，B]	①	2	5	6	50
2	[A，B，C]	1	②	4	5	50

续表

步　骤	N	D(B)	D(C)	D(D)	D(E)	D(F)
3	[A，B，C，D]	1	2	③	5	5
4	[A，B，C，D，E]	1	2	4	④	5
5	[A, B, C, D, E, F]	1	2	4	5	⑤

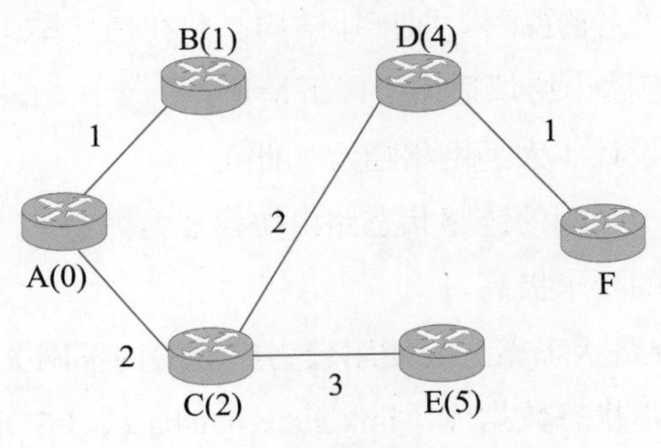

图 2.39　最短路径树

表 2.8　节点 A 的路由表

目的节点	B	C	D	E	F
下一跳	B	C	C	C	C

2.10.2　路由选择协议

路由选择协议是指在路由传送 IP 数据包过程中采用的事先约定好的标准。自治系统是由同一个管理机构管理、使用统一路由策略的路由器集合。根据在自治系统内部或外部使用路由协议，路由选择协议分为内部网关协议和外部网关协议。负责自治系统内部通信的路由协议称为内部网关协议，负责自治系统之间通信的路由协议称为外部网关协议。

1. 内部网关协议

内部网关协议是在一个自治网络内网关（主机和路由器）间交换路由信息的协议。路由信息能用于网间协议或者其他网络协议来说明路由传送是如何进行的。内部网关协议可以划分为距离矢量路由协议和链路状态路由协议两类。

（1）距离矢量路由协议。距离矢量是指以距离和方向构成的矢量通告路由信息。距离按跳数等度量定义，方向则是下一跳的路由器或送出接口。距离矢量路由协议通常使用贝尔曼 - 福特（Bellman-Ford）算法确定最佳路径。尽管贝尔曼 - 福特算法最终可以累积足够的信息维护可到达网络的数据库，但路由器无法通过该算法了解网际网络的确切拓扑结构。路由器仅了解从邻近路由器接收到的路由信息。距离矢量路由协议适用于以下情形：

① 网络结构简单、扁平，不需要特殊的分层设计；

② 管理员没有足够的知识配置链路状态协议和排查故障；

③ 特定类型的网络拓扑结构，如集中星形（hub-and-spoke）网络；

④ 无须关注网络最差情况下的收敛时间。

（2）链路状态路由协议。配置了链路状态路由协议的路由器可以获取所有其他路由器的信息，创建网络的“完整视图”即拓扑结构，并在拓扑结构中选择到达所有目的网络的最佳路径。链路状态路由协议适用于以下情形：

① 网络进行了分层设计（大型网络通常如此）。

② 管理员对于网络中采用的链路状态路由协议非常熟悉。

③ 网络对收敛速度的要求极高。

OSPF 协议是基于链路状态算法的使用较为广泛的内部网关协议。每个自治系统中的每台路由器有一个链路状态数据库（link state database，LSDB），用于保存区域内其他路由节点的链路状态广播数据包（link state advertisement，LSA），其中包括路由器的数量和状态等信息。OSPF 协议的路由器将 LSA 发送给区域内其他路由器。每台路由器都维护本地网络中链路状态的描述，并传送更新后的状态信息至其他路由器，从而实现整个网络中 LSDB 的动态同步。每台路由器根据保存在本地的 LSDB 并通过用户设置的代价度量方法，计算从本地出发至所有其他节点的最短路径，以实现信息传输。如发现同样短的多个路径，OSPF 协议记住最短路径集合，并在报文转发期间将流量分摊到这些路径上。

2. 外部网关协议

外部网关协议是 AS 之间使用的路由协议，最初于 1982 年由 BBN 技术公司的 Eric C. Rosen 及 David L. Mills 提出。其最早在 RFC827 中描述，并于 1984 年在 RFC904 中被正式列入规范。

目前应用较为广泛的外部网关协议是 BGP，指在自治系统之间使用的协议。要完成系统间的信息交换，需要先在各自的自治系统中选择一台路由器作为彼此的邻站，即共享同一网络的两台路由器。邻站关系建立后，两台路由器需要周期性地互发保活报文。当路由器维护的数据库更新时，该路由器需发送更新报文广播至所有与它有邻站关系的路由器。两个邻站建立 TCP 连接，在此连接上交换 BGP 报文以建立 BGP 会话，利用 BGP 会话交换路由信息。

BGP 的目标是寻求合适路由而非最佳路由。因为互联网规模太大，自治系统间的路由选择十分困难。同时，自治系统间的路由选择必须考虑有关策略，如政治、经济、战略和安全等因素。因此，BGP 目的是找到能达到目的网络的较好路由。BGP 路由器除了在运行之初与邻站交换整个路由表外，之后均在网络状态发生变化时更新变化部分，以节省网络带宽和路由器的处理开销。

2.11　无线通信

自 1897 年马克尼（Marconi）第一次在英吉利海峡展示了通过无线电使行驶船只保持连续不断的通信能力以来，移动通信能力已经取得举世瞩目的发展。特别是近年来，无线移动通信在数字和射频电路制造技术方面的进步以及在新的大规模集成电路技术的推动下有了巨大的发展。本节介绍无线通信中最常用的蜂窝无线通信技术。同时，为了紧跟无线通信技术的最新发展，还对 Ad-Hoc 无线网络通信和短距离无线通信技术进行简要介绍。

2.11.1　蜂窝无线通信概述

1. 无线寻呼和无绳电话

（1）无线寻呼。当要呼叫一个有寻呼机的人时，寻呼者可以打电话给寻呼服务公司并输入一个安全码、寻呼机号以及要回复的电话号码（或一条短消息）。计算机收到请求后，通过地面线路将其传到高架天线广播出去。当被寻呼者的寻呼机在接收到的无线电波中检测到其唯一的寻呼机号码时，就鸣响并显示呼叫方的电话号码。图 2.40 所示为一个寻呼系统的示意图，寻呼者通过 PSTN 与寻呼控制中心联系，寻呼控制中心再将要寻呼的信息通过寻呼终端发送给被寻呼者。大多数寻呼系统是单向系统，不会出现多个竞争用户争抢少量有限信道的情况。

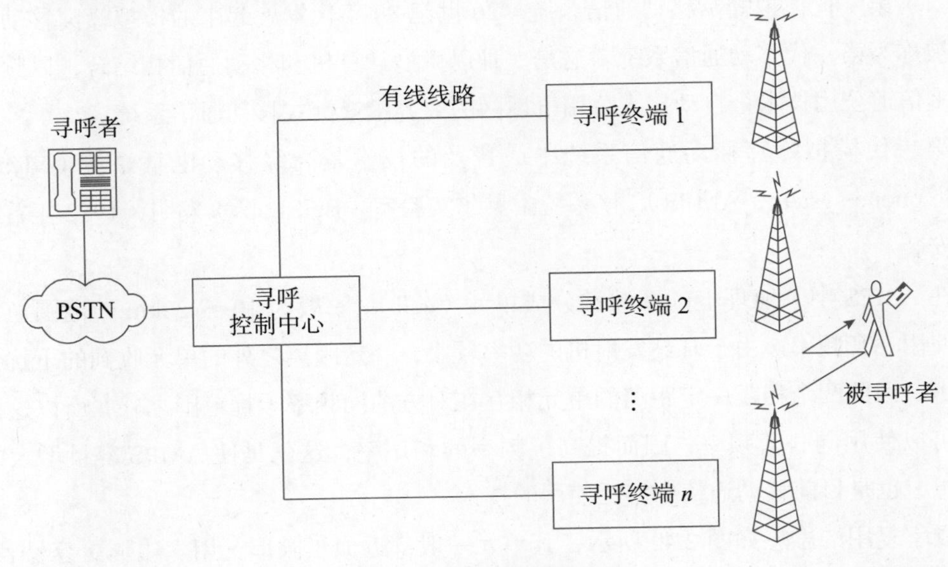

图 2.40　寻呼系统示意图

（2）无绳电话。无绳电话由基站和电话两部分组成，它们通常一起销售。基站的后面有一个标准的电话插座，可以通过电话线连接到电话系统上。电话和基站通过低功率无线电波通信，范围一般为 100 ～ 300m。图 2.41 所示为一个无绳电话系统的示意图，无绳手机通过无线链路和基站相连，基站再通过电话线连接到公用电话交换网上。

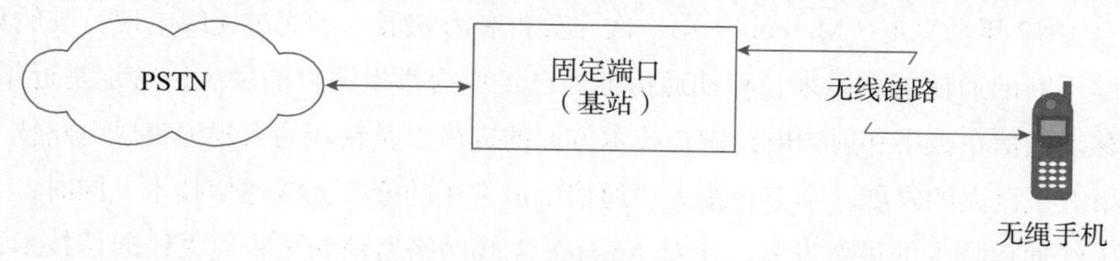

图 2.41　无绳电话系统示意图

早期的无绳电话仅用于和基站通信，因此不必对其进行标准化。一些便宜的产品使用固定的频率，频率由工厂选定。如果某人的无绳电话无意间和邻居的无绳电话有相同的频率，则相互可以听到对方的通话。为此，各国纷纷制定了一些标准。如 1992 年欧洲电信标准协会推出了新的数字无绳电话系统标准——欧洲数字无绳电话系统（digital european cordless telephone，DECT），1994 年，美国联邦通信委员会的联合技术委员会通过了个人接入通信系统（personal access communication system，PACS），日本也推出了个人手持电话系统（personal handy phone system，PHS），在我国称为小灵通。这些数字无绳电话系统具有容量大，覆盖面宽，能完成双向呼叫、微蜂窝越区切换和漫游，以及应用灵活等优点，但随着手机的广泛使用，无绳电话已逐渐被淘汰。

2. 蜂窝移动通信

（1）第一代模拟蜂窝移动通信系统。20 世纪 80 年代发展起来的模拟蜂窝移动通信系统被称为第一代移动通信系统。这是一种以微型计算机和移动通信相结合，以频率复用、多信道公用技术全自动接入公用电话网的大容量蜂窝式移动通信系统。

第一代模拟蜂窝移动通信系统中最普及的技术是高级移动电话系统（advanced mobile phone system，AMPS），该系统由贝尔实验室（Bell Labs）发明，1982 年首次在美国安装。

在 AMPS 中，地理上的区域被分成单元（cell），一般为 10 ～ 20km 的范围，每个单元使用一套频率。由于基站发射机的功率较小，一定距离之外的单元收到的干扰信号足够小，因此两个相距一定距离的单元相互在对方的同频率干扰范围之外，所以这两个单元可以使用同一套频率，因而提高了频率的利用率，这就是使 AMPS 容量增大的关键思想，也是目前移动通信中广泛使用的技术。

频率复用的思想如图 2.42 所示，其单元一般都近似于圆形，用六边形更容易表示。这些众多的六边形在空间上构成了通信系统蜂窝，关于蜂窝的概念将在 2.11.2 节中详细介绍。在图 2.42 中，单元的大小都一样，它们被分成 7 组，即 A、B、C、D、E、F、G，其上的每个字母代表一组频率。应注意的是，对于每个频率集都有一个大约 2 单元宽的缓冲区，图 2.42 中频率集 A 与 A 之间即有 2 单元的缓冲区。缓冲区处于同频率干扰范围之内，这里的频率不被复用，以获得较好的分割效果和较小的串扰。

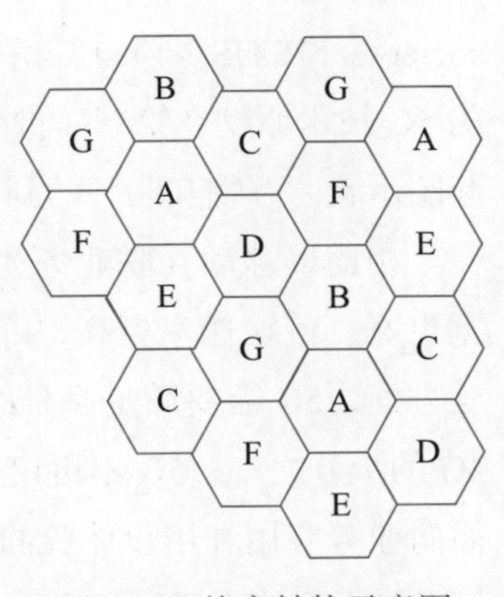

图 2.42　蜂窝结构示意图

模拟系统的主要缺点是：频谱利用率低，容量有限，系统扩容困难；不利于用户实现国际漫游，限制了用户覆盖面；提供的业务种类受限制，不能传输数据信息；保密性差，移动终端要进一步实现小型化、低功耗、低价格的难度较大。

（2）第二代数字蜂窝移动通信系统。为了克服第一代模拟蜂窝移动通信系统的不足，20 世纪 80 年代中期起，北美、欧洲和日本相继开发了第二代数字蜂窝移动通信系统，简称 2G（2nd generation），它是在 AMPS 基础上发展起来的。

（3）第三代数字蜂窝移动通信系统。第二代数字蜂窝移动通信系统只能提供语音和低速数据（≤ 9.6kbit/s）业务的服务，但在信息时代，视频、语音和数据相结合的多媒体业务和高速率数据业务将大大增加。为了满足更多更高速率的业务以及更高频谱效率的要求，同时减少各大网络之间存在的不兼容性，一个世界性的标准——未来公用陆地移动电话系统（future public land mobile telephone system，FPLMTS）应运而生。1995 年，FPLMTS 更名为国际移动电信（international mobile telecommunications-2000，IMT-2000）。IMT-2000 支持的网络被称为第三代移动通信系统，简称 3G（3rd generation）。3G 是多功能、多业务和多用途的数字移动通信系统，在全球范围内覆盖和使用。

3G 的目标为：

① 实现终端设备及其移动用户个人的任意移动性；

② 实现移动终端业务的多样性；

③ 实现移动网的宽带化和全球化。

（4）第四代数字蜂窝移动通信系统。第四代数字蜂窝移动通信（4G）系统是 3G 系统演化的结果。4G 是将移动通信系统与其他系统（如 WLAN）相结合的技术，适合所有的移动用户，实现了无线网络、WLAN、蓝牙、广播电视卫星通信的无缝衔接并相互兼容。4G 与 3G 相比，在网络结构、空中接口、传输机制、编码与调制、检测与评估等方面都具有全新面貌。

（5）第五代数字蜂窝移动通信系统。全球移动通信正在从第四代通信系统向第五代通信系统演进。2013 年年初，欧盟在第七框架计划启动了面向 5G 研发的无线移动通信领域关键技术（mobile and wireless communications enablers for the 2020 information society，METIS）项目，由包括我国华为公司在内的29个参与方共同承担。高通公司的5G技术原型在第三届世界互联网大会上入选世界互联网领先成果，其和众多技术一起昭示着“万物互联”的到来。

相比以移动互联业务为主的4G通信，速率方面，5G采用了毫米波频段，频谱带宽更宽，传输速率更高，峰值速率高达10Gbit/s；容量方面，5G是4G的1000倍；时延方面，5G需要满足毫秒级的端到端时延要求，这就意味着5G将端到端时延缩短为4G的十分之一。5G不再仅仅是更高速率、更大带宽和更强能力的空中接口技术，而是面向业务应用和用户体验的智能网络。目前，5G使用的技术主要有高频段传输、大规模多输入多输出天线技术、终端直通技术、超密集网络和全双工通信技术。

① 高频段传输。传统的移动通信频谱在3GHz以下，频谱资源十分稀缺。5G则运用高频段进行传输，频谱资源较为广泛（如毫米波、厘米波频段），可以缓解频谱资源缺乏的状态，实现极高速短距离通信，支持5G在容量和传输速率等方面的需求。高频段传输是具有广阔前景的移动通信方向，除了频谱资源的优势外，它的配套设备偏小，带宽也适量，但该技术传播距离有限、穿透力差且容易受天气影响。

② 大规模多输入多输出（massive multiple input multiple output，Massive MIMO）天线技术。从理论上讲，天线越多，频谱效率和传输可靠性就越高。4G基站只有十几根天线，由于引入了有源天线阵列，5G基站可支持的协作天线数量将达到128根。这些天线通过多输入多输出（multiple input multiple output，MIMO）技术形成大规模天线阵列。传统基站的多天线只在水平方向排列，形成水平方向的波束。当天线数目较多时，水平排列会使得天线总尺寸过大，从而导致安装困难。而Massive MIMO天线技术在垂直方向也放置天线，即在基站的天线数目远多于终端的天线数目。这样基站可通过大量天线同时发送和接收更多用户的信号，提高移动网络的容量。同时，其波束集中，可以大幅提升下行的增益，缓解高频链路损耗大的问题。该技术对满足5G系统的容量和速率需求起到了支撑作用。

③ 终端直通（device to device，D2D）技术。通过Wi-Fi、蓝牙等技术可以实现终端间的无线通信。传统的蜂窝通信系统的组网方式是以基站为中心实现小区覆盖，而基站和中继站是固定的，其网络结构灵活性不够。D2D技术是指无须借助基站就能实现通信终端之间的直接通信，各D2D用户组成了分散的网络，每个用户都拥有发送和接收信息的功能，用户之间直接通信和共享传统网络中的资源，规避了传统通信占用频带资源的问题，提高了资源的使用效率。

④ 超密集网络。超密集网络能改善网络覆盖率，大幅提升系统容量，并对业务进行分流，具有更灵活的网络部署和更高效的频率复用。5G的性能主要在高频段发挥作用，在5G网络热点场景中将使用宏、微两种密集网络进行部署，以实现5G网络的高

速和高效性能。宏基站主要负责移动性较高但送达率较低的业务，微基站主要负责高带宽类业务，也就是说，宏基站进行覆盖，微基站进行协作管理控制，以此满足用户的需求及数据传输的需要。

⑤ 全双工通信技术。全双工通信技术是指设备使用相同的时间、相同的频率资源同时发射和接收信号，即通信上、下行可以在相同时间使用相同的频率，在同一信道上同时接收和发送信号。由于在无线通信系统中，网络侧和终端侧存在固有的发射信号对接收信号的自干扰，现有的无线通信系统中由于技术条件的限制，不能实现同时同频的双向通信，只能通过时间或频率进行区分，对应于时分双工和频分双工。相比于这两种方式，全双工通信技术可从理论上提高 1 倍的通信效率。

2019 年为 5G 通信商用元年，随着 5G 系统的开启，研究人员开始对下一代即第六代移动通信系统（the 6th generation mobile communication system，6G）进行研究。国际电信联盟无线电通信部门 5D 工作组（ITU-R WP5D）于 2020 年 2 月正式启动了面向 2030 和未来技术趋势的研究工作，2021 年启动了第六代移动通信系统愿景研究。各国已经纷纷启动了后 5G（B5G）及 6G 相关技术的研究。芬兰奥卢大学的 6G 旗舰计划《6G 泛在无线智能的关键驱动因素及其研究挑战》白皮书提出：未来 6G 的愿景和目标是实现泛在无线智能——在任何地方，以无线连接方式，为人类和非人类用户提供情景感知智能服务和应用。不同于 5G 侧重面向人、车联网和物联网之间通信，6G 将更加侧重于以人类个性化需求为中心，回归到人们所关注的生活、环境和精神层面等各方面要求。

2.11.2　数字蜂窝移动通信系统及主要通信技术

1. 数字蜂窝移动通信系统

（1）数字蜂窝移动通信系统的组成。数字蜂窝移动通信系统是在模拟蜂窝移动通信系统的基础上发展起来的，在网络组成、设备配置、网络功能和工作方式上，二者都有相同之处。但在实现技术和管理控制等方面，数字蜂窝技术更先进、功能更完备且通信更可靠，并能实现与其他发展中的数字通信网（如 ISDN、PDN）的互联。数字蜂窝移动通信系统主要由移动台、无线基站子系统和交换网络子系统 3 大部分组成，如图 2.43 所示。

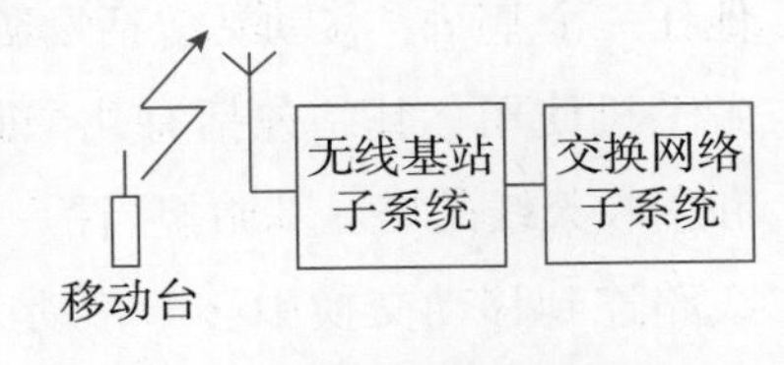

图 2.43　蜂窝移动通信系统的组成

① 移动台。移动台就是移动客户设备部分，它由两部分组成，即移动终端和客户识别卡。移动终端可实现语音编码、信道编码、数据加密、信号的调制和解调、信号发射和接收功能。客户识别卡就是“身份卡”，它类似于现在的智能卡，存有认证客户身份所需的所有信息，并能执行一些与安全保密有关的重

要操作，以防止非法客户进入网络。

② 无线基站子系统。无线基站子系统是在一定的无线覆盖区中由移动交换中心控制、与移动台进行通信的系统设备，它主要负责完成无线发送接收和无线资源管理等功能。功能实体可分为基站控制器和基站收发信台。

③ 交换网络子系统。交换网络子系统主要实现交换功能和客户数据与移动性管理、安全性管理所需的数据库功能，由移动服务交换中心、操作维护中心等组成。

（2）数字蜂窝移动通信系统的工作原理。数字蜂窝移动通信系统为在无线覆盖范围内的任何站点的用户提供公用电话交换网或综合业务数字网的无线接入功能。蜂窝移动通信系统能在有限的频带范围内以及在很大的地理范围内容纳大量用户，它提供了和有线电话系统相当的高通话质量。高容量的获得主要是因为将每一基站发射站的覆盖范围限制到称为小区的小块地理区域，这样相同的无线信道可以在相距不远的另一个基站内使用。

不管在什么位置，每部移动电话逻辑上都处在一个特定单元里，并且在该单元的基站控制下。当某移动电话离开一个单元时，它的基站注意到移动电话传过来的信号逐渐减弱，就会询问所有邻近的基站收到该电话的信号的强弱。该基站随后将控制权转交给最强信号的单元，即该电话当前所处单元。该电话随即被告知它有新的管理者，并且如果正在进行通话，它会被要求切换到新的信道（因为它原来使用的信道在新的单元里不能被使用）。此过程被称为越区切换（handoff），大约需要300ms，信道分配由移动交换中心完成，确保了当用户从一个小区移动到另一个小区时通话不中断。漫游的原理与切换类似，它是指移动台在某地登记后，可在异地进行通信。这里的异地不再仅仅是另一个蜂窝，可能是不同地区、不同省甚至不同国家，即在任何地方都能通过漫游进行通信。

图2.44说明了包括移动站、基站和移动交换中心的基本蜂窝通信原理。移动交换中心负责在蜂窝系统中将所有的移动用户连接到公用电话交换网上，有时被称作移动电话交换局。每个移动用户在通信过程中，通过无线电和某个基站通信，可能被切换到其他任一个基站。移动站包括发送器、天线和控制电路，可以安装在机动车辆上或作为携带手机使用。基站包括有几个同时处理全双工通信的发送器、接收器和支撑几个发送和接收天线的塔。基站担当桥一样的功能，将小区中所有用户的通信通过电话线或微波线路连到移动交换中心。移动交换中心协调所有基站的操作，并将整个蜂窝系统连到PSTN或ISDN上去。典型的移动交换中心可容纳10万个用户，并能同时处理5000个通信，同时还提供计费和系统维护功能。

基站和移动用户之间的通信接口被定义为标准公共空中接口，它指定了4个不同的信道。用来从基站向用户传送信息的信道称为前向语音信道（forward voice channel），用来从用户向基站传送语音的信道称为反向语音信道（reverse voice channel）。两个负责发起移动呼叫的信道称为前向控制信道（forward control channel）和反向控制信道（reverse control channel）。控制信道通常称为建立信道，因为它们只在建立呼叫和呼叫转移到未占用的信道时使用。控制信道发送和接收进行呼叫和请求服务的数据信息，并由未进行通信的移动台监听。前向控制信道还作为信道标志，用来建立系统中的用户广播通话请求。

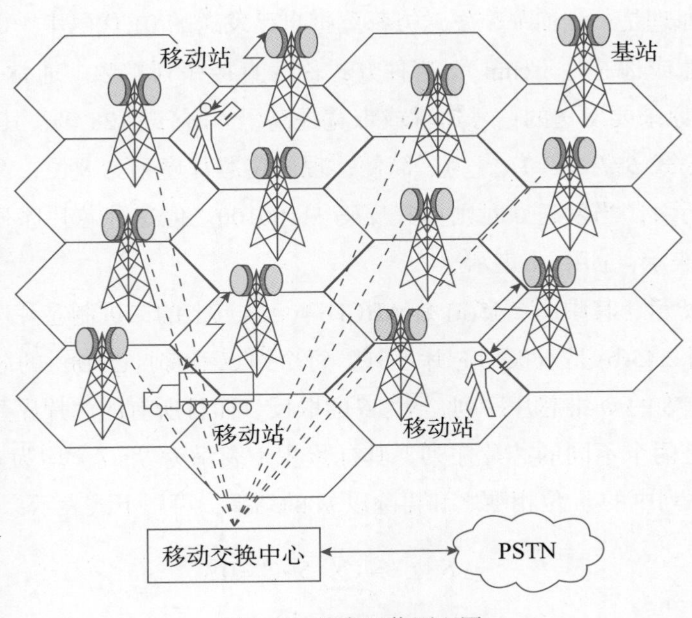

图 2.44　蜂窝通信原理图

2. 数字蜂窝移动通信系统的主要通信技术

（1）无线通信多址接入技术。

传输技术的一个关键就是要解决传输的有效问题，即信道的充分利用问题，进一步说就是要利用一个信道同时传输多路信号。在两点之间同时互不干扰地传送多个信号是信道的多路复用；在多点之间实现互不干扰的通信称为多址访问或多点接入，即用一个公共信道将多个用户连接起来，实现它们之间的互不干扰通信，其技术核心是如何识别自己的信号。为此，要赋予不同的用户信号以不同的信号特征，这些信号特征能区分不同的用户，就像不同的地址区分不同的用户一样。因此，这种技术称为多址技术。

① 频分多址。频分多址（frequency division multiple access，FDMA）是使用较早也是使用较多的一种多址接入方式，被广泛应用于卫星通信、移动通信、一点多址微波通信系统中。FDMA 的技术核心是把传输频带划分为较窄的且互不重叠的多个子频带，每个用户都被分配到一个独立的子频带中；各用户采用滤波器，分别按分配的子频带从信道上提取信号，实现多址通信。

② 时分多址。时分多址（time division multiple access，TDMA）是在给定频带的最高数据速率的条件下，把传递时间划分为若干时隙，各用户按照分配的时隙，以突发脉冲序列方式接收和发送信号。

③ 码分多址。码分多址（code division multiple access，CDMA）也称扩频多址（spread spectrum multiple access，SSMA），它是将原始数据信号的频带拓宽，再经调制发送出去；接收端接收到经扩频的宽带信号后，做相关处理，再将其解扩为原始数据信号。

CDMA 的原理是：任何一个发送方都要把自己发送的 01 代码串中的每一位，分成 m 个更短的时隙或称芯片（chip），这种方式称为直接序列扩频。通常 m 取值为 64 或 128，也就是将原来要发送的信号速率或带宽提高了 64 倍或 128 倍，其理由见 2.2.2 节中的信号带宽公式 $B=f=1/T=1/\tau$。为了简便，现假定芯片序列为 8 位，又假定用芯片序列 00011011 表示 1，当发送 0 时则用其反码 11100100。但这种芯片序列是双极型表示的，即 0 用 −1 表示，1 用 +1 表示。

如图 2.45 所示，其中图 2.45(a) 是 ABCD 4 个站点上的二进制芯片序列，表示 4 个站点均为 1。图 2.45(b) 是双极型芯片序列，每个站点都有自己唯一的芯片序列。用符号 S 来表示站点 S 的 m 维芯片序列，$\overline{S}$为 S 的取反，而且所有的芯片序列都是两两正交的。设 S 和 T 是两个不同的芯片序列，其标量积（表示为 $S \cdot T$）均为 0。标量积就是将双极型芯片序列中的 m 位相乘之和再除以 m 的结果，可用下式表示：

$$S \cdot T = \frac{1}{m}\sum_{i=1}^{m} S_i \cdot T_i = 0 \qquad (2\text{-}9)$$

其正交特性是极其关键的。只要 $S \cdot T=0$，那么 $S \cdot \overline{T}=0$。任何芯片序列与自己的标量积均为 1，即

$$S \cdot S = \frac{1}{m}\sum_{i=1}^{m} S_i \cdot S_i = \frac{1}{m}\sum_{i=1}^{m} S_i^{\,2} = \frac{1}{m}\sum_{i=1}^{m} (\pm 1)^2 = 1 \qquad (2\text{-}10)$$

式（2-10）成立是因为标量积中的每个 m 项为 1，因此和为 m。另外还要注意 $S \cdot \overline{S} = -1$。在每个比特时间内，发送 1 表示站点发送其芯片序列，发送 0 表示发送其序列的反码，也可以都不做。这里假定所有的站点在时间上都是同步的，因此所有芯片序列都是在同一时刻开始的。

若两个或两个以上的站点同时开始传输，则它们的双极型信号就线性相加。比如，在某一芯片内，3 个站点输出 +1，一个站点输出 −1，那么结果就为 +2。可把它想象为电压相加：3 个站点输出 +1V，另一个站点输出为 −1V，最终输出电压就为 +2V。

图 2.45(c) 中给出了站点同时发送的 6 个例子。第 1 个例子中，只有 C 发送了 1，所以结果只有 C 的芯片序列。第 2 个例子中，B 和 C 均发送 1，因此结果为它们序列之和，即（−1 −1 +1 −1 +1 +1 +1 −1）+（−1 +1 −1 +1 +1 +1 −1 −1）=（−2 0 0 0 +2 +2 0 −2）。

A：00011011	A：（−1 −1 −1 +1 +1 −1 +1 +1）
B：00101110	B：（−1 −1 +1 −1 +1 +1 +1 −1）
C：01011100	C：（−1 +1 −1 +1 +1 +1 −1 −1）
D：01000010	D：（−1 +1 −1 −1 −1 −1 +1 −1）
（a）4个站点上的二进制芯片序列	（b）双极型芯片序列

− − 1 −	C	S_1=（−1 +1 −1 +1 +1 +1 −1 −1）	$S_1\cdot C$=（1+1+1+1+1+1+1+1）/ 8=1
− 1 1 −	$B+C$	S_2=（−2 0 0 0 +2 +2 0 −2）	$S_2\cdot C$=（2+0+0+0+2+2+0+2）/ 8=1
1 0 − −	$A+\overline{B}$	S_3=（0 0 −2 +2 0 −2 0 +2）	$S_3\cdot C$=（0+0+2+2+0-2+0−2）/ 8=0
1 0 1 −	$A+\overline{B}+C$	S_4=（−1 +1 −3 +3 +1 −1 −1 +1）	$S_4\cdot C$=（1+1+3+3+1−1+1−1）/ 8=1
1 1 1 1	$A+B+C+D$	S_5=（−4 0 −2 0 +2 0 +2 −2）	$S_5\cdot C$=（4+0+2+0+2+0−2+2）/ 8=1
1 1 0 1	$A+B+\overline{C}+D$	S_6=（−2 −2 0 −2 0 −2 +4 0）	$S_6\cdot C$=（2−2+0−2+0−2−4+0）/ 8=−1
（c）站点同时发送的6个例子			（d）站点C的信号复原的6个例子

图 2.45　CDMA 示例

第 3 个例子中，站点 A 发送 1，站点 B 发送 0，其余什么都不做。注意图 2.45 中，除图 2.45(a) 之外，其余均是用双极型芯片序列表示，所以图 2.45（d）中，计算结果为 1，表示发送 1；计算结果为 −1，表示发送 0；计算结果为 0，表示什么也没发送，即什么都没做。第 4 个例子中，站点 A 和站点 C 发送 1，站点 B 发送 0。第 5 个例子中，4 个站点均发送 1。第 6 个例子中，站点 A、站点 B 和站点 D 发送 1，站点 C 发送 0。应该注意的是，图 2.45(c) 中给出的从序列 S_1 到序列 S_6 任一序列仅占用一个比特时间。

要从信号中还原出单个站点的比特流，接收方必须事先知道站点的芯片序列。通过计算收到的芯片序列（所有站点发送的线性和）和欲还原站点的芯片序列的标量积，就可以还原出原比特流。假设收到的芯片序列为 S，接收方想得到的站点芯片序列为 C，只需计算它们的标量积 $S\cdot C$，就可得出原比特流。

下面解释一下上述方法的原理。假设站点 A、站点 C 均发送 1，站点 B 发送 0。接收方收到的总和为$S=A+\overline{B}+C$，计算 $S\cdot C$ 为

$$S\bullet C=(A+\overline{B}+C)\bullet C=A\bullet C+\overline{B}\bullet C+C\bullet C=0+0+1=1$$

式中的前两项消失，因为所有的芯片序列都经过仔细的挑选，确保它们两两正交，就像式$S\bullet T=\dfrac{1}{m}\sum_{i=1}^{m}S_i\bullet T_i=0$所表示的那样。这里也说明了为什么要给芯片序列上强加上这个条件。

为了使解码过程更具体，可参见图 2.45（d）所示的 6 个例子。假设接收方想从 S_1 ～ S_6 这 6 个序列中还原出站点 C 发送的信号。它分别计算接收到的 S 与 C 向量两两相乘的积，再取结果的 1/8，即为站点 C 所发出的比特值。

④ 空分多址。空分多址（space division multiple access，SDMA）利用定向天线使无线波束覆盖不同区域。各种蜂窝系统都使用了 SDMA，以在不同的数据单元间实现频率的复用，卫星通信中也可使用 SDMA。SDMA 对天线的要求很高，这增加了设备的数量和切换的次数，加重了交换机的负担。

在自适应天线阵列智能单元中，利用阵列天线自适应形成跟踪移动台的波束，每个用户对应一个波束，各用户的波束之间没有干扰。如果相同的频率在单元中复用 n 次，则系统容量将提高 n 倍。

⑤ 波分多址。波分多址（wavelength division multiple access，WDMA）实际上也是频分多址，该技术采用了波分分割各信道。与 FDMA 不同的是，WDMA 是在光学系统中利用衍射光栅来实现不同频率光波信号的合成和分解。

⑥ FDMA、TDMA 和 CDMA 的对比。CDMA 与 TDMA 和 FDMA 的区别，就好像一个国际会议上，TDMA 是任何时间只有一个人讲话，其他人轮流发言；FDMA 则是把与会的人员分成几个小组，分别进行讨论；而 CDMA 就像大家在一起，每个人使用自己国家的语言进行讨论。

（2）蜂窝移动通信系统中的蜂窝。

2.11.1节已指出，频率复用是蜂窝移动通信容量增大的关键思想，同时它也是建立在将地理区域划分为“蜂窝”的基础之上的。因此，蜂窝是移动通信系统的关键技术之一。

① 宏蜂窝小区。传统的蜂窝式网络由宏蜂窝小区（macrocell）构成，每个小区的覆盖半径为 1km ～ 25km。由宏蜂窝组成的移动通信系统示意图如图 2.46 所示，每个小区分别设有一个基站，它与处于其服务区内的移动台建立无线通信链路。若干小区组成一个区群（蜂窝），区群内各个小区的基站可通过电缆、光缆或微波链路与移动交换中心相连，实现移动用户之间或移动用户与固定网络用户之间的通信连接。移动交换中心通过 PCM 电路与市话交换局相连接。

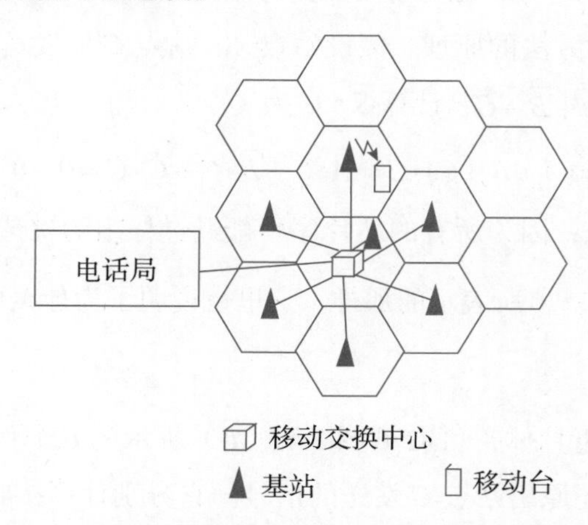

图 2.46　由宏蜂窝组成的移动通信系统示意图

② 微蜂窝小区。微蜂窝小区（microcell）是在宏蜂窝小区的基础上发展起来的一门技术。它的覆盖半径为 30m ～ 300m；发射功率较小，一般在 1W 以上；基站天线置于相对低的地方，如屋顶下方，高于地面 5m ～ 10m，传播主要沿着街道的视线进行，信号在楼顶泄露少。因此，微蜂窝最初被用来加大无线电的覆盖，以消除宏蜂窝中的“盲点”。

③ 微微蜂窝小区。微微蜂窝小区实质上就是微蜂窝的一种，只是它的覆盖半径更小，一般只有 10m ～ 30m；基站发射功率更小，约几十毫瓦；其天线一般装于建筑物内业务集中的地方。微蜂窝和微微蜂窝作为宏蜂窝的补充，一般用于宏蜂窝覆盖不到且话务量较大的地点，如地下会议室、地铁、地下室等。在目前的蜂窝式移动通信系统中，主要通过在宏蜂窝下引入微蜂窝和微微蜂窝以提供更多的“内含”蜂窝，形成分级蜂窝结构，以解决网络内的“盲点”和“热点”，提高网络容量。因此，一个多层次网络往往是由一个上层宏蜂窝网络和数个下层微蜂窝网络组成的多元蜂窝系统。图 2.47 所示为一个三层分级蜂窝结构示意图，它包括宏蜂窝、微蜂窝和微微蜂窝。

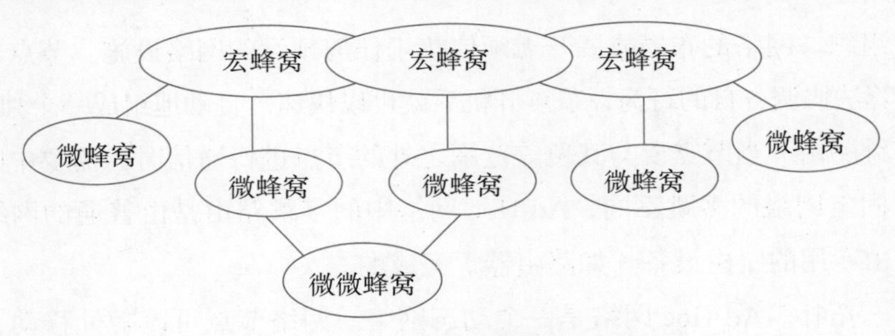

图 2.47　三层分级蜂窝结构示意图

④ 智能蜂窝。随着移动通信的不断发展，近年来又出现了一种新型的蜂窝形式——智能蜂窝。智能蜂窝是相对于智能天线而言的，是指基站采用具有高分辨阵列信号处理能力的自适应天线系统，智能地监测移动台所处的位置，并以一定的方式将确定的信号功率传输给移动台的蜂窝小区，充分高效地利用移动用户信号并删除或抑制干扰信号，极大地改善系统性能。智能蜂窝既可以是宏蜂窝，也可以是微蜂窝和微微蜂窝。

2.11.3　Ad-Hoc 无线网络通信

近年来，无线通信网络无论在技术上，还是在商业上都获得了飞速的发展，并且已经在世界范围内被广泛应用。由于能快速、灵活、方便地支持用户的移动性，无线通信网络成为个人通信和互联网发展的方向。

通常所提及的无线通信网络一般都是有中心的，需要预设的基础设施才能运行。例如，GSM、CDMA 等蜂窝移动通信系统均要有基站的支持。但对于某些特殊场合来说，有中心的移动网络并不能胜任，如地震或水灾后的营救等。这些场合的通信不能依赖于任何预设的基础设施，而需要一种能够临时、快速、自动组网的移动网络，Ad-Hoc无线网络可以满足这样的需求。

1. Ad-Hoc无线网络的特点

Ad-Hoc一词来源于拉丁语，是“特别或专门”的意思。这里所说的“Ad-Hoc网络”指的就是一种特定的无线网络结构，强调的是多跳、自组织、无中心的概念。比较正规的表述是：Ad-Hoc无线网络是指由一组无线移动节点组成的多跳的、临时性的无基础设施支持的无中心网络。在Ad-Hoc网络中，节点具有报文转发能力，节点间的通信可能要经过多个中间节点的转发，即经过多跳（multihop），这是Ad-Hoc网络与其他移动网络最根本的区别。节点通过分层的网络协议和分布式算法相互协调，实现网络的自动组织和运行。它具有以下特点。

（1）无中心。Ad-Hoc网络没有严格的控制中心，所有节点的地位平等，即一个对等网络。节点可以随时加入和离开网络。任何节点的故障不会影响整个网络的运行，具有很强的抗毁性。

（2）自组织。网络的布局或展开无须依赖于任何预设的网络设施。节点通过分层协议和分布式算法协调各自的行为，节点开机后就可以快速、自动地组成一个独立的网络。

（3）多跳路由。当节点要与其覆盖范围之外的节点进行通信时，需要中间节点的多跳转发。与固定网络的多跳不同，Ad-Hoc网络中的多跳路由是由普通的网络节点完成的，而不是由专用的路由设备（如路由器）完成的。

（4）动态拓扑。Ad-Hoc网络是一个动态网络。网络节点可以随处移动，也可以随时开机和关机，这些都会使网络的拓扑结构随时发生变化。

（5）移动终端的局限性。在Ad-Hoc网络中，用户终端通常以个人数字助理、掌上电脑或平板电脑为主要形式。终端所固有的特性，如依靠电池这样的可耗尽能源提供电源、内存较小、CPU性能较低等，给Ad-Hoc网络环境下的网络协议和应用程序设计开发带来一定的难度。

（6）有限的无线传输带宽。Ad-Hoc网络采用无线传输技术作为通信手段，无线信道本身的物理特性使得它所能提供的网络带宽相对于有线信道要低得多。

（7）安全性差。Ad-Hoc网络是一种特殊的无线网络，由于采用无线信道、有线电源、分布式控制等技术和方式，因此更容易受到被动窃听、主动入侵、拒绝服务、剥夺“睡眠”、伪造等各种网络攻击。

（8）网络的可扩展性不强。动态变化的拓扑结构使得具有不同子网址的移动终端可能同时处于一个Ad-Hoc网络中，因而子网技术所带来的可扩展性无法应用于Ad-Hoc网络环境中。

Ad-Hoc 无线网络的设计最初是为了满足军事通信系统的需求。近年来，Ad-Hoc 网络在民用和商业领域也得到了应用。例如，在发生洪水、地震后，有线通信设施很可能因遭受破坏而无法正常通信，通过 Ad-Hoc 网络可以快速地建立应急通信网络，保证救援工作的顺利进行，完成紧急通信需求任务。再如，在这些地区，由于造价、地理环境等原因往往无有线通信设施，Ad-Hoc 网络可以解决这些环境中的通信问题。Ad-Hoc 还可以助力实现移动云计算，因为在许多无线环境中没有部署功能强大的本地云设备，存在用户资源受限，因远程云中心距离过远而造成传输时延高、开销大等问题。学术界提出了 Ad-Hoc 云概念，作为无基础设施的无线环境下移动云计算的一种扩展，使移动用户通过互相合作来分享资源，协同处理任务。总之，Ad-Hoc 网络是一种新颖的移动计算机网络的类型，它既可以作为一种独立的网络运行，也可以作为当前具有固定设施网络的一种补充，其自身的独特性赋予了其巨大的发展前景。

2. Ad-Hoc 无线网络的体系结构

（1）节点结构。Ad-Hoc 网络中的节点不仅要具备普通移动终端的功能，还要具有报文转发能力，即具备路由器的功能。因此，就完成的功能而言可以将节点分为主机、路由器和电台 3 部分。其中主机部分完成普通移动终端的功能，包括人机接口、数据处理等应用软件；路由器部分主要负责维护网络的拓扑结构和路由信息，完成报文的转发功能；电台部分为信息传输提供无线信道支持。从物理结构上分，节点的结构被分为 3 类：单主机单电台、单主机多电台、多主机单电台和多主机多电台，如图 2.48 所示。手持机一般采用图 2.48（a）所示的单主机单电台的简单结构。作为复杂的车载台，一个节点可能包括通信车内的多个主机，使用图 2.48（c）所示的结构，以实现多个主机共享一个或多个电台。多电台不仅可以用来构建叠加的网络，还可用作网关节点来互联多个 Ad-Hoc 网络。

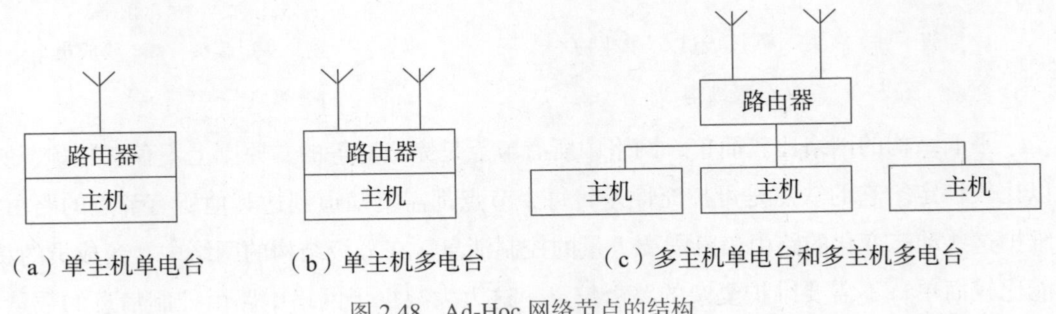

图 2.48　Ad-Hoc 网络节点的结构

（2）网络结构。Ad-Hoc 无线网络一般有两种结构：平面结构和分级结构。平面结构（图 2.49）中，所有节点的地位平等，所以又称对等结构。而分级结构中，网络被划分为簇（cluster），每个簇由一个簇头（cluster header）和多个簇成员（cluster member）

组成，这些簇头形成了高一级的网络，在高一级网络中，又可以分簇，再次形成更高一级的网络，直至最高级。在分级结构中，簇头节点负责簇间数据的转发。簇头可以预先指定，也可以由节点使用算法自动选举产生。

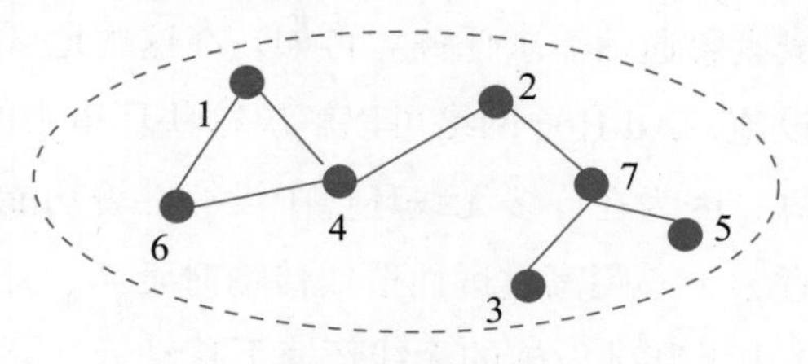

图 2.49 平面结构

根据不同的硬件配置，分级结构又可以分为单频分级结构（图 2.50）和多频分级结构（图 2.51）两种。单频分级网络只有一个通信频率，所有节点使用同一频率通信。而在多频分级结构中，不同级采用不同的通信频率。低级节点的通信范围较小，而高级的节点覆盖较大的通信范围。高级节点同时处于多个级中，有多个频率，用不同的频率实现不同级的通信。在图 2.51 所示的两级网络中，簇头节点有两个频率：频率 1 用于簇头与簇成员的通信，而频率 2 用于簇头之间的通信。

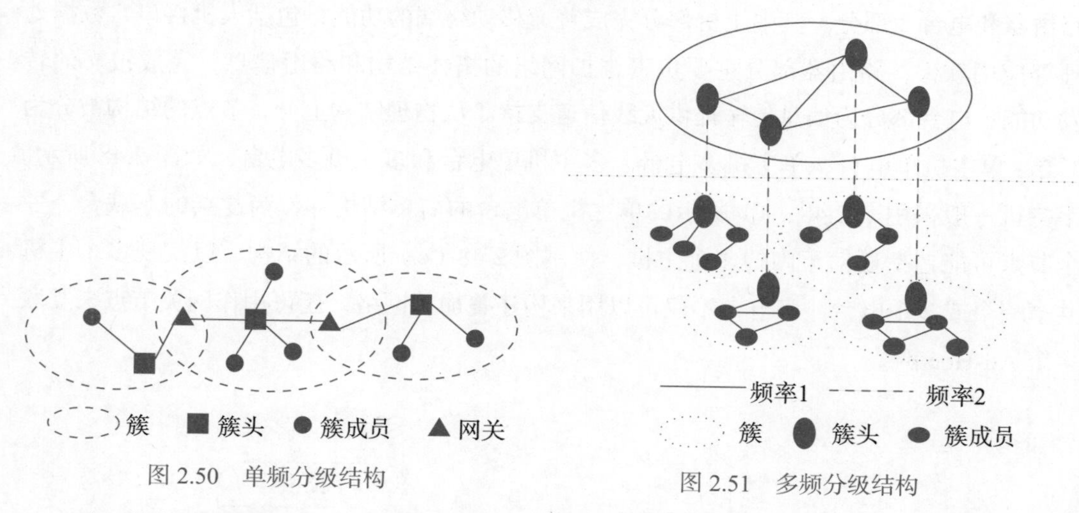

图 2.50 单频分级结构

图 2.51 多频分级结构

平面结构的网络比较简单，网络中所有节点是完全对等的，原则上不存在瓶颈，所以比较稳定。它的缺点是可扩充性差，每个节点都需要知道到达其他所有节点的路由。维护这些动态变化的路由信息需要大量的控制消息。在分级结构的网络中，簇成员的功能比较简单，不需要维护复杂的路由信息，这大大减少了网络中路由控制信息的数量，具有很好的可扩充性。由于簇头节点可以随时选举产生，因此分级结构也具有很强的抗毁性。分级结构的缺点是，维护分级结构需要节点执行簇头选举算法，簇头节点可能会成为网络的瓶颈。因此，当网络的规模较小时，可以采用简单的平面结构；而当网络的规模增大时，应采用分级结构。

2.11.4　短距离无线通信技术

近年来，短距离无线通信技术已引起广泛重视，常见的有蓝牙技术、紫蜂技术、超宽带技术、Wi-Fi 技术、射频识别技术、近场通信和红外线数据传输技术等。

1. 蓝牙技术

1.3.3 节已提及蓝牙，蓝牙（bluetooth）技术是由爱立信（Ericsson）移动通信公司在 1994 年提出的，如今蓝牙已发展成为一种短距离无线链路的网络。

蓝牙是一个开放的短距离无线通信技术标准，它可以用于在较小的范围内（目前为 10m 左右）通过无线连接的方式实现固定设备与移动设备之间的网络互联，可以在各种数字设备之间实现灵活、安全、低成本、低功耗的语音和数据通信。因为蓝牙技术可以方便地嵌入单一的互补金属氧化物半导体（complementary metal-oxide-semiconductor，CMOS）芯片中，因此它特别适用于小型的移动通信设备。

2. 紫蜂技术

紫蜂（ZigBee）技术是基于 IEEE 802.15.4 标准的低功耗局域网协议，是一种短距离、低速率、低成本且简单的双向无线通信协议，主要用于距离短、功耗低和传输速率低的各种电子设备之间的数据传输，以及典型的周期性数据、间歇性数据和低反应时间数据的传输。ZigBee 技术采用 AES，严密程度相当于银行卡加密技术的 12 倍，安全性较高。同时，ZigBee 采用蜂巢结构组网，每个设备能通过多个方向与网关通信，从而保障了网络的稳定性。ZigBee 数据传输模块类似于移动网络基站，通信距离从标准的 75 米到几百米或几千米，并且支持无限扩展。

3. 超宽带技术

超宽带（ultra-wideband，UWB）技术以前主要作为军事技术在雷达等通信设备中使用。随着无线通信的飞速发展，人们对高速无线通信提出了更高的要求，UWB 技术又被重新提出并备受关注。与常见的通信方式使用连续的载波不同，UWB 采用极短的脉冲信号来传送信息，通常每个脉冲持续的时间只有几十皮秒到几纳秒。这些脉冲所占用的带宽甚至高达数吉赫兹，最高数据速率可以达到每秒数百兆位。在高速通信的同时，UWB 设备的发射功率却很小，仅仅是现有设备的几百分之一，对于普通的非 UWB 接收机来说近似于噪声，因此从理论上讲，UWB 可以与现有无线电设备共享带宽。UWB 作为一种高速而又低功耗的数据通信方式，在许多领域都具有巨大的发展潜力。

4. Wi-Fi 技术

无线保真（wireless fidelity，Wi-Fi）技术是一种基于 IEEE 802.11 标准的短距离无线技术，多用于家庭和办公环境。该技术使用 2.4GHz 附近的频段，此频段是无须申请的 ISM 无线频段（industrial scientific medical band，工业的、科学的和医学的频段，是指各国将某一频段主要开放给工业、科学和医学机构使用)。Wi-Fi 技术是以太网的一种无线拓展。该技术的覆盖范围相较于其他短距离无线通信技术更广，理论上只要用户位于一个接入点周围（几十米到一百米），就能以较高的速率接入网络，可满足较快的信息传输需求。如今，Wi-Fi 技术已经应用于各种场所，各类电子设备也大多支持 Wi-Fi 接入。未来 Wi-Fi 技术会逐渐用于其他场景，而不仅仅是信息传输，如 Wi-Fi 充电、Wi-Fi 识人等。

5. 射频识别技术

射频识别（radio frequency identification，RFID）技术是一种利用无线射频方式进行非接触双向通信的技术。它具有快速、准确、可靠地进行多目标、运动目标识别的低速数据交换功能，被广泛应用于生产、物流、交通、运输、医疗、防伪、跟踪、设备和资产管理等需要收集与处理数据的应用领域。

RFID 按工作频率，可以分为低频、高频、超高频和微波 4 类。工作频率越高，电子标签的尺寸越小，读写速度越快，受周围环境影响也越大。低频和高频 RFID 系统技术基本已经成熟。近年来，超高频 RFID 凭借其远距高速读写的优势，在生产经营管理、零售业务和防伪溯源等领域有着极大的需求，逐渐成为 RFID 的新热点。尽管 RFID 技术还有未突破的瓶颈，存在成本高和应用推广难的问题，但是它依旧是具有广阔应用前景的短距离无线通信技术。

6. 近场通信

近场通信（near field communication，NFC）是一种短距离（在 10cm 内）的电子设备之间非接触式点对点数据传输的高频无线通信技术。NFC 是在非接触式 RFID 和互联网技术的基础上演变而来的，向下兼容 RFID。它的工作频率为 13.56MHz，在单一芯片上结合感应式读卡器、感应式卡片和点对点数据传输的功能，能在短距离内与兼容设备进行识别和数据交换。其主要应用于设备非直接接触的场景，如移动支付或者身份认证。NFC 采用面对面设备交互方式，能让信息传输双方简单直观地交换信息并为用户提供相应服务。NFC 由于其操作便捷，成本低廉，所以在便携设备如智能手机中逐渐普及。

7. 红外线数据传输技术

红外线数据传输技术是红外线数据协会（infrared data association，IrDA）制定的一种无线协议，是一种利用红外线进行点对点通信的技术。目前 IrDA 的最高速度标准为 4Mbit/s，通信距离为 1 米至几十米。红外线 LED（light emitting diode，发光二极管）及接收器等组件比其他 RF 组件更便宜，具有成本优势。红外信号要求视距传输，方向性强，对邻近区域的类似系统也不会产生干扰，并且窃听困难。但红外线 LED 不耐用，适用于传输速率高而使用次数相对少、移动范围小的设备，如扫描仪、打印机等。

2.12 卫星通信

根据国际电信联盟 1971 年在世界无线电行政会议（WARC-ST）上发布的规定，以地球大气层外空间飞行体为对象的无线电通信，称为空间无线电通信（space telecommunications），简称空间通信。空间无线电通信有 3 种形式：①地球站与空间站之间的通信；②空间站之间的通信；③通过空间站的转发或反射来进行的地球站之间的通信。其中，第三种通信形式即所谓的卫星通信。

1945 年，英国人 Arther C. Clarke 提出了利用卫星进行通信的设想。1957 年苏联发射了第一颗人造地球卫星 Sputnik，使人们看到了实现卫星通信的希望。1962 年美国成功发射了第一颗通信卫星 Telsar，实现了横跨大西洋的电话和电视传输。由于卫星通信具有通信距离远，费用与通信距离无关，覆盖面积大，不受地理条件的限制，信道带宽较宽等优点，因此近年来它获得了快速发展，已成为现代主要的通信手段之一。

2.12.1 卫星通信系统的原理及其组成

如 1.3.4 节所述，通信传输方式有点到点传播和广播型传播两种方式，卫星通信同样有点到点的通信方式和广播型通信方式。图 2.52（a）所示为通过卫星微波形成的点到点通信信道，它是由两个地面站（发送站、接收站）与一颗通信卫星组成的。卫星上可以有多个转发器，它的作用是接收、放大与发送信息。目前，一颗卫星一般有 12 个转发器，不同的转发器使用不同的频率。地面发送站使用上行链路（uplink）向通信卫星发射微波信号。卫星起到一个中继器的作用，它接收通过上行链路发送来的微波信号，经过放大后再使用下行链路（downlink）发送回地面接收站。由于上行链路与下行链路使用不同的频率，因此可以将发送信号与接收信号区分开来。图 2.52（b）所示为通过卫星微波形成的广播通信信道。

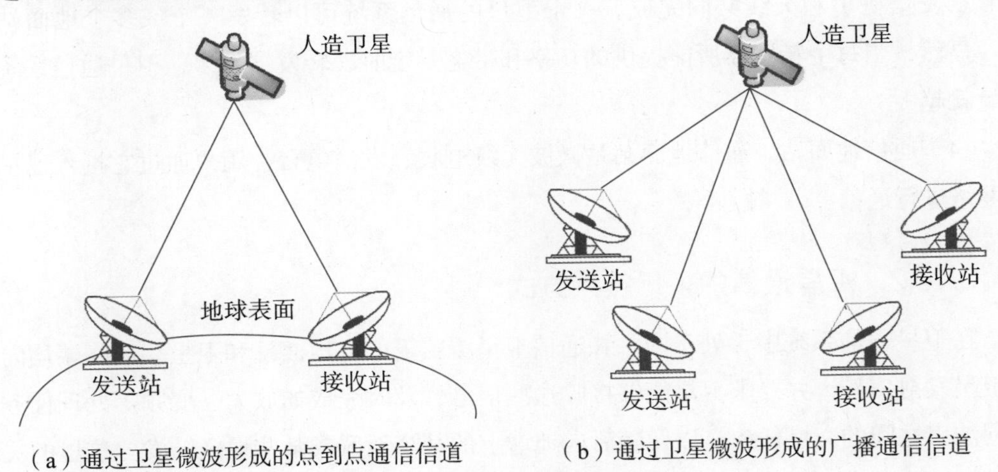

（a）通过卫星微波形成的点到点通信信道　　（b）通过卫星微波形成的广播通信信道

图 2.52　卫星通信原理示意图

为了完成上述通信功能，卫星通信系统的基本构成应包括通信和保障通信的全部设备，主要由跟踪遥测指令分系统、监控管理分系统、空间分系统和通信地面站 4 部分组成，如图 2.53 所示。

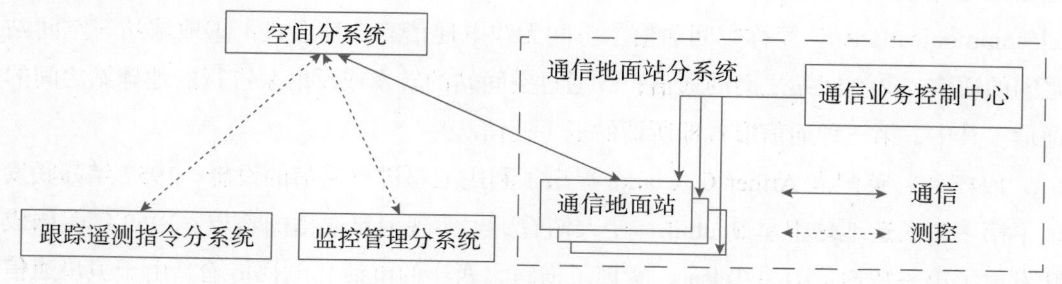

图 2.53　卫星通信系统的基本组成

其各部分的主要功能如下。

（1）跟踪遥测指令分系统。跟踪遥测指令分系统对卫星进行跟踪测量，控制其准确进入预定轨道并到达指定位置，待卫星正常运行后，定期对卫星进行轨道修正和位置保持，必要时控制通信卫星返回地面。

（2）监控管理分系统。监控管理分系统对轨道定点上的卫星进行业务开通前、开通后的监测和控制，如卫星转发器功率、卫星天线的增益以及各通信地面站发射的功率、射频和宽带等基本的通信参数，以保证网络的正常通信。

（3）空间分系统。空间分系统是由主体部分的通信系统、保障部分的遥测指令系统和控制系统以及电源系统（包括太阳能电池和蓄电池）等组成，如图 2.54 所示。通信卫星主要起无线电中继站的作用，主要靠卫星上通信系统的转发器(微波收、发信机）和天线共同完成。一个卫星的通信系统可以转发一个或多个地面站信号。显然，当每个转发器所能提供的功率和带宽一定时，转发器越多，卫星通信系统的容量就越大。

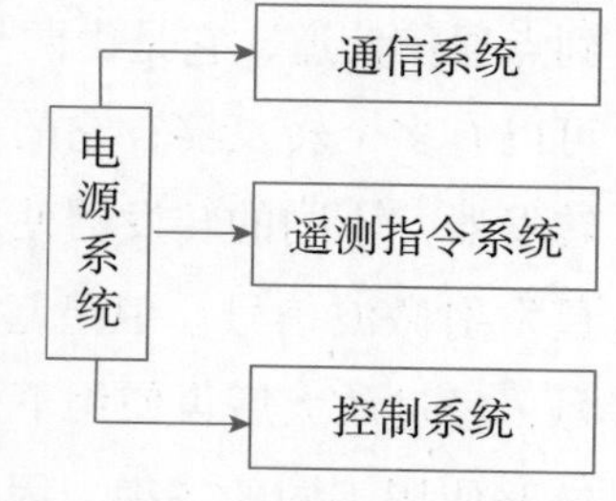

图 2.54　空间分系统的组成

（4）通信地面站。通信地面站是微波无线电收、发信电台，用户通过它接入卫星通信网络进行通信。

2.12.2　卫星通信的多址接入方式

在卫星通信系统中，处于同一颗通信卫星覆盖下的各地面站和卫星移动终端均向通信卫星发射信号，并要求卫星能够接收这些信号，及时完成如放大、变频等处理任务和不同波束之间的交换任务，以便随后向地球上的某个地区或某些地区转发。这里的关键是以何种信号方式才能便于卫星识别和区分各地面站的信号，同时，各地面站又能从卫星转发的信号中识别出应接收的信号，不至于出现信号冲突或混淆的现象。解决这一问题的技术就是多址技术，在 2.11.2 节中已论及，这里仅结合卫星通信来稍加介绍。多个地面站通过共同的通信卫星实现覆盖区域内的相互连接，同时建立各自的信道，而无须中间转接的通信方式称为多址连接方式。

1. 频分多址方式

频分多址是卫星通信多址技术中比较简单的一种多址访问方式。这种方式是以频率来进行分割的，不同的信道占用不同的频段，互不重叠。频分多址方式是国际卫星通信和一些国家的国内卫星通信较多采用的一种多址方式，这主要是因为频分多址方式可以直接利用地面微波中继通信的成熟技术和设备，也便于与地面微波系统接口直接连接。

2. 时分多址方式

在时分多址中，分配给各地面站的已不再是一个特定的载波频率，而是一个特定的时隙，通过卫星转发器的信号在时间上分成“帧”来进行多址划分，在一帧内划分成若干时隙；将这些时隙分配给地面站，只允许各地面站在所规定的时隙内发射信号。

3. 空分多址方式

空分多址是指在卫星上安装多个天线，这些天线的波束分别指向地球表面上的不同区域，因而不同的信道占据不同的空间。不同区域的地面站所发射的电波在空间不会相互重叠，即使几十个在同一时间、不同区域的地面站均使用相同的频率工作，它们之间也不会形成干扰。

4. 码分多址方式

以上 3 种多址方式是目前在国际卫星通信中广泛采用或准备采用的主要方式，这 3 种方式适合在大中容量的通信系统中应用。但在某些特定场合，如在高度机动灵活的军事应用中，采用上述方式就会显得线路分配不灵活，往返呼叫时间太长，而码分多址就能适应这些特殊的要求。

在码分多址中，各地面站所发射的信号往往占用转发器的全部频带，而发射时间是任意的，即各站发射的频率和时间可以相互重叠，这时信号的区分是通过各站的码型不同来实现的。某一地面站发送的信号，只能用与它匹配的接收机才能检测出来。

码分多址方式区分不同地址信号的方法是：利用自相关性非常强而互相关性比较弱的周期性码序列作为地址信息（称为地址码），对被用户信息调制过的已调波进行再次调制，使其频谱扩宽（称为扩频调制）；经卫星信道传输后，在接收端以本地产生的已知的地址码为参考，根据相关性的差异对收到的所有信号进行鉴定，从中将地址码与本地码完全一致的带宽信号还原为窄带而选出，其他与本地地址码无关的信号则仍保持或扩展为宽带信号而滤去（称为相关检测或扩频解调）。

2.12.3 卫星通信技术的特性

卫星通信技术的特性如下。

（1）范围广。卫星通信服务区内的信息可以送至每个角落。

（2）系统开发推广迅速，而且能实现全球无缝隙的连接，每个终端用户的进入皆能在短短几分钟内迅速完成，且不需要长期规划建设。

（3）通信成本不受地面通信距离的影响。

（4）不易受自然灾害的影响，如地震、台风等。通信即使因事故中断也能很快恢复。

（5）高通信容量。目前美国卫迅公司正在运营的 ViaSat-2 卫星通信速率为 260Gbit/s，而计划发射的 ViaSat-3 卫星单颗通信速率为 1Tbit/s。

（6）多点通信。目前地面通信系统的数据流向多为单点对单点通信，而通过卫星可以很轻易地实现多点通信。

（7）终端用户预安装成本不高，且不需要因增加用户数而再架设新的线路。

基于以上特性，卫星通信的应用日益广泛，如电视广播或多个海岛间的通信。其次，在大范围移动通信安装时间等方面，卫星通信比有线通信系统更为便利。此外，对于地形复杂或偏远地区，以及用户少而通信量大的地区，使用卫星通信系统将产生更高的经济效益。

2.12.4 卫星移动通信系统

1. 高轨道卫星移动通信系统

高轨道卫星移动通信系统是由轨道高度在 20000km 以上的卫星或卫星群（星座）构成的移动通信系统。

当轨道高度为 36000km，卫星的运行与地球的自转同步时，则称其为地球同步卫星；由于卫星相对于星下点的地球表面是静止的，也称静止轨道卫星。由这样的卫星或星座构成的移动通信系统，称作静止轨道卫星移动通信系统。

地球同步卫星的好处是人们可以让地面站上的天线对准卫星，以后不需调整角度，这样可以降低天线成本；否则，需要一个自动装置来自动跟踪卫星的运动来调整天线的仰角，从而导致设备更为复杂和昂贵。另外，为了避免卫星之间的相互干扰，其间隔最好不要小于 2°，故最多只能有 180 颗同步卫星环绕在地球上空。而国际上也就同步卫星的轨道和频段问题达成了协议，目前常用的频段是 4/6GHz，也就是上行（从地面站发往卫星）频率为 5.925GHz ～ 6.425GHz，下行（从卫星发到地面站）频率为 3.2GHz ～ 3.7GHz，频段的宽度均为 500MHz。由于这个频段已经非常拥挤，因此现在也使用频率更高的 12/14GHz 的频段。

随着微电子设备的价格、体积和能耗需求大幅度下降，每个卫星可安装多个天线和多个收发机，并同时有多个上行或下行的数据流，同步卫星的通信容量得到较大提高。

2. 中轨道卫星移动通信系统

中轨道卫星移动通信系统是由轨道高度在 5000km ～ 13000km 的卫星群（星座）构成的移动通信系统。由于轨道高度降低，故可部分避免高轨道卫星通信的缺点，并能为用户提供体积、重量、功率较小的移动终端设备。只要用较少数目的中轨道卫星即可构成覆盖全球的移动通信系统。中轨道卫星系统为非同步卫星系统，由于卫星相对地面用户在运动，故用户与一颗卫星能够保持通信的时间约为 100min。采用的多址方式为 TDMA 和 CDMA。

典型的中轨道卫星移动通信系统有 Inmarsat-P、Odyssey、MAGSS-14 等。其中，国际海事卫星组织的 Inmarsat-P 系统采用 4 颗同步轨道卫星和 12 颗高度为 10000km 中轨道卫星相结合的方案。TRW 空间技术集团公司的 Odyssey 系统是由分布在高度为 10000km 的 3 个倾角为 55° 轨道上的 12 颗卫星组成。欧洲宇航局的 MAGSS-14 系统是由分布在高度为 10354km 的 7 个倾角为 56° 轨道上的 14 颗卫星组成。

3. 低轨道卫星移动通信系统

低轨道卫星移动通信系统是由轨道高度在 700km ～ 1500km 的卫星群（星座）构成的移动通信系统。低轨道带来的好处是：轨道高度低，传输衰耗小，通信时延短。采用低轨道或倾斜轨道的星座系统，可构成提供覆盖全球的移动通信服务系统或覆盖除南、北极地区以外的全球卫星移动通信系统。由于卫星轨道距地面较近，相对运动速度较快，移动用户与一颗卫星能够保持通信的时间约为 10min，所以需要不断地切换卫星链路。主要采用的多址方式有 TDMA 和 CDMA。

由多址接入技术、星上链路技术提供用户手机之间的移动通信服务，也可通过关口站与地面通信网连接，提供移动用户与固定用户之间的通信服务。例如，全球星系统用由 48 颗倾斜（52°）轨道卫星构成的星座覆盖全球（除南、北极地区），采用 CDMA 接入技术，使移动用户手机经卫星链路与地面关口站相连，并通过关口站与地面通信网连接，提供移动用户与固定用户之间的通信服务。

铱系统是由美国 Motorola 公司提出的世界第一个低轨道全球卫星移动通信系统，其目标是向携带手持式移动电话的铱系统用户提供全球个人通信能力。铱系统卫星星座由 66 颗低轨道卫星组成，轨道高度为 780km。铱系统卫星采用星上处理和交换、多波束天线、星际链路等新技术，提供语音、数据、传真和寻呼等业务。

铱系统主要由卫星星座及其地面控制设施、关口站以及移动终端4个部分组成。每颗卫星可以提供48个点波束，每个波束平均包含80个信道。星际链路使用频率范围是22.55GHz～23.55GHz；地球发往卫星的上行频率的范围为27.5GHz～30.0GHz，卫星发往地球的下行频率的范围为18.8GHz～20.2GHz；卫星与移动终端的链路采用的频率范围是1610MHz～1626.5MHz，发射和接收以TDMA方式分别在单元之间进行。

铱系统的优势表现在以下两方面，一是其覆盖的区域很广阔，不像蜂窝系统对海洋、高山及极地等地区无能为力；二是其具备强大的漫游功能，不仅可以提供卫星和蜂窝网络之间的漫游，还可以进行跨协议漫游。

另一个低轨道卫星通信系统则是全球星（global star）系统，其采用先进的CDMA接入技术，具有容量大、抗衰减、抗干扰、频谱利用率高和软切换能力等特征，可以为世界各地的用户提供语音、数据、传真和定位业务。

在全球星系统中，48颗低轨道卫星平均分布在高度为1400km的8个轨道平面上，每个区域有3～4颗卫星覆盖，每个用户对每颗卫星的可视时间为10～12min，然后通过软切换转到另一颗卫星。其网络拓扑结构简单，卫星系统只是简单的中继器，不单独组网，而是与地面网联合组网，因而没有复杂的星上处理能力，也无须星间交叉链路。所有呼叫建立、处理和路径选择均由地面有线网或无线网完成，可以充分利用地面公用电话网的基础设施进行传输和交换，因而整个系统的成本很低，其使用成本远比铱系统低。

2.12.5 卫星定位系统

目前，全球有美国的全球定位系统（global positioning system，GPS）、欧洲的伽利略卫星导航系统（Galileo satellite navigation system，GALILEO）、俄罗斯的格洛纳斯卫星导航系统（global navigation satellite system，GLONASS）和中国的北斗卫星导航系统（beidou navigation satellite system，BDS）共4大卫星定位系统，它们各有自己的优势。

GPS是美国历经近20年（1978年10月6日发射第一颗卫星，1993年12月完成24颗卫星组网，1995年4月27日达到完全运行能力）、耗资超过300亿美元建立的卫星定位系统。该系统位于20000km的高空，共有分布在6个轨道上的24颗卫星，是一个全天候、实时性的导航定位系统，能够保证地球上任何地方的用户在任何时候都能看到至少4颗卫星。GPS的每颗卫星能连续发射一定频率的无线电信号，任何持有便携式信号接收仪的用户，无论身处陆地、海上还是空中，都能收到其卫星发出的特定信号。接收仪只要选取4颗或4颗以上卫星发出的信号进行分析，就能确定接收仪持有者的位置。GPS除了导航外，还有其他多种用途，例如科学家可以用它来监测地壳的微小移动，从而帮助预报地震；汽车司机在迷路时通过它能找到方向；军队依靠它来保证正确的前进方向。

欧洲的 GALILEO 是世界上第一个民用的全球卫星定位系统，于 2008 年底投入使用。目前在轨卫星有 25 颗，包括 3 颗 GALILEO- 在轨验证卫星和 22 颗 GALILEO- 全运行能力卫星，其中 1 颗处于不可用状态，2 颗处于测试状态，22 颗提供导航服务。卫星高度为 24126km，位于 3 个倾角为 56° 的轨道平面内。与 GPS 相比，GALILEO 更多用于民用，最高精度比 GPS 高 10 倍，不少专家形象地比喻，如果 GPS 只能找到街道，GALILEO 则可找到车库门。

俄罗斯的 GLONASS 由航天器子系统（空间段）、运控子系统（控制段）和用户导航设备子系统（用户段）3 个子系统组成。目前在轨 GLONASS 卫星有 27 颗，其中 23 颗处于运行状态，1 颗处于维修状态，1 颗处于备用状态，2 颗处于飞行测试阶段。该系统的主要服务包括确定陆地、海上以及空中目标的坐标和运动速度等信息。GLONASS 与美国的 GPS 类似，但 GPS 从卫星反馈到地面的信号很弱，如果对方采取多种干扰，就会使地面 GPS 接收机无法正常工作，而 GLONASS 的卫星具有更强的抗干扰能力。

北斗卫星导航系统（简称北斗系统）是中国自行研制的世界上第一个区域性卫星定位系统。北斗系统的基本组成包括空间段（卫星星座）、地面控制段（地面监控）和用户段（接收机）。它可在任何时间、任何地点为用户确定其所在的地理经纬度和海拔高度。北斗系统的空间段由 5 颗静止轨道卫星、27 颗中圆地球轨道卫星和 3 颗倾斜地球同步轨道卫星组成。地面控制段负责系统导航任务的运行控制，包括主控站、时间同步 / 注入站和监测站等若干地面站以及星间链路运行管理设施的控制。用户段包括北斗系统及兼容其他卫星系统的终端。

北斗系统包括卫星无线电测定业务（radio determination satellite service，RDSS）和无线电导航卫星系统（radio navigation satellite system，RNSS）两种服务。2003 年 12 月 15 日，我国第一代北斗卫星导航定位系统——“北斗一号”建成并正式开通运行。“北斗一号”提供的 RDSS 是有源服务，由地面中心通过两颗静止轨道卫星向用户广播询问信号，然后由用户向卫星发送响应信号再通过卫星转发回地面中心，地面中心可测定卫星与用户之间的距离和用户到地面中心的距离。根据这三个位置，通过三球交会原理确定用户位置，最后通过出站信号将定位结果告知用户。

2004 年，“北斗二号”卫星导航系统正式立项，历时 8 年完成研制建设，于 2012 年 12 月正式向我国及亚太地区提供定位、导航与授时以及短报文通信服务，达到当时国际先进水平。“北斗二号”提供的 RNSS 是无源服务，采用伪距定位法原理。伪距是由卫星发射的测距码信号到达北斗接收机的传播时间乘以光速所得出的测量距离，伪距定位法即根据卫星接收机在某个时刻得到的4颗或4颗以上北斗卫星的伪距及已知的卫星位置，采用空间距离交会的方法测定用户的位置。

2020年7月，“北斗三号”全球卫星导航系统全面建成并开通服务，标志着工程“三步走”发展战略圆满完成，我国成为世界上第三个独立拥有全球卫星导航系统的国家。“北斗三号”全球卫星导航系统采用有源和无源服务两种体制，空间段采用三类轨道卫星组成的混合星座。与其他卫星导航系统相比，北斗系统高轨卫星多，抗遮挡能力强，尤其在低纬度地区性能特点更为明显。同时，北斗系统提供多个频点的导航信号，能够通过多频信号组合使用等方式提高服务精度，还创新性地融合了导航和通信能力，在全球范围内提供定位导航授时、全球短报文通信和国际搜救服务，并在中国及周边地区提供星基增强、精密单点定位和区域短报文服务。北斗卫星导航系统提供两种服务方式，即开放服务和授权服务。开放服务是在服务区免费提供定位、测速和授时服务，定位精度为10m。授权服务是向授权用户提供更安全的定位、测速、授时和通信服务以及系统完好性信息。美国的GPS是一个接收型的定位系统，只转播信号，用户接收就可以进行定位了，不受容量的限制。北斗卫星导航系统是既有定位又有通信的系统，但是有容量限制。

北斗卫星导航系统应用十分广泛，我国已建成2300余个北斗地基增强系统基准站，用于监控救援、信息采集、精确授时和导航通信，目前主要应用于公路交通、铁路运输、海上作业、渔业生产、水文测报、森林防火、环境监测和电子商务等行业。中国计划于2035年前建成更加泛在、更加融合和更加智能的国家综合定位导航授时体系，持续推进系统升级换代，构建覆盖天空地海、基准统一、高精度、高智能、高安全、高效益的时空信息服务基础设施。

2.12.6 甚小孔径终端技术

甚小孔径地面站（very small aperture terminal，VSAT）通常是指卫星天线孔径小于3m（一般为1.2～2.8m）且具有高度软件控制功能的地面站。它是1984—1985年开发的一种同步卫星通信设备，随后得到了迅速发展。VSAT已广泛应用于新闻、气象、民航、人防、银行、石油、地震和军事等部门以及边远地区的通信。

VSAT系统的操作方式主要是：在卫星通信中，只要地面发送方或接收方中任一方有大的天线和大功率的放大器，另一方就用只有1m天线的微型终端即可，即VSAT。在该系统中，通常两个VSAT终端之间无法通过卫星直接通信，还必须经过一个带有大天线和大功率放大器的中心站来转接，如图2.55所示。图中VSAT-A发送的信号要经过4步才能到达VSAT-B。这种系统中，端到端的传播时间延迟不再是270ms，而是540ms。所以，实质上是使用较长的时间延迟来换取较便宜的终端用户站。

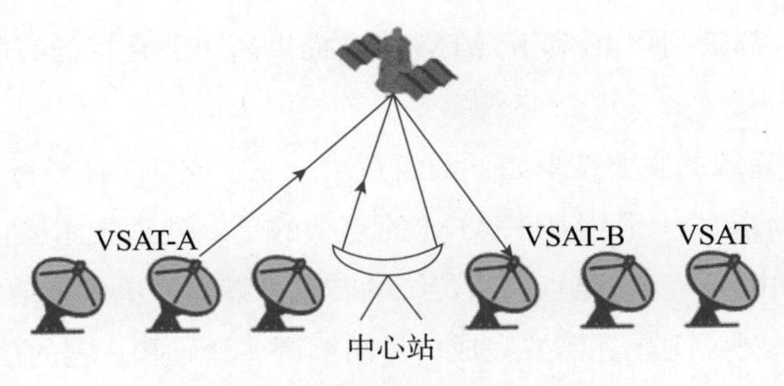

图 2.55　使用中心站的 VAST

VSAT 是目前卫星通信使用的一种重要技术，主要有以下两个特点。

（1）地面站通信设备结构紧凑牢固，全固态化，尺寸小，功耗低，安装方便。VSAT 通常只有户外单元和户内单元两个机箱，占地面积小，对安装环境要求低，可以直接安装在用户处（如安装在楼顶，甚至居家阳台上）。由于设备轻巧、机动性好，故适用于移动卫星通信。按照国际惯例，卫星通信系统分为空间段（无线电波传输通信及通信卫星）和地面段两部分。地面段包括地面收发系统及地面延伸电路。由于 VSAT 能够安装在用户终端处，不必汇接中转，可直接与通信终端相连，并由用户自行控制，不再需要地面延伸电路，因此大大方便了用户，并且价格便宜，具有较好的应用价值。

（2）组网方式灵活、多样。在 VSAT 系统中，网络结构形式通常分为星状网、网状网和混合网 3 类。

VSAT 系统综合了诸如分组信息传输与交换、多址协议和频谱扩展等多种先进技术，可以进行数据、语音、视频图像和图文传真等多种信息的传输。通常情况下，星状网以数据通信为主，兼容语音业务；网状网和混合网以语音通信为主，兼容数据传输业务。与一般卫星通信一样，VSAT 系统的一个优点是可利用共同的卫星实现多个地面站之间的同时通信，这称作“多址连接”。实现多址连接的关键是各地面站所发信号经过卫星转发器混合与转发后，能被相应的接收方所识别，同时各站信号之间的干扰要尽量小。实现多址连接的技术基础是信号分割。只要各信号之间在某一参量上有差别，如信号频率不同、信号出现的时间不同，或所处的空间不同等，就可以将它们分割开来。为达到此目的，需要采用一定的多址连接方式。

2.12.7　宽带卫星通信技术

将卫星通信与互联网结合已成为通信业的一个热点。自 1994 年以来，陆续出现了很多空中互联网方案。宽带卫星通信是指利用通信卫星作为中继站进行语音、数据、图像和视频等多媒体的处理和传输。宽带卫星通信系统主要用于多信道广播、互联网和 Intranet 的远程传输以及作为地面多媒体通信系统的接入手段，成为实现全球无缝个人通信、互联网空中高速通道必不可少的手段。现代宽带卫星通信技术与第三代地面通信系统（3G）相同，都是利用IP和IP/ATM技术提供高速、直接的互联网接入和各种多媒体信息服务。

宽带卫星通信系统的主要技术如下。

（1）卫星ATM技术。采用基于ATM的复杂的星上处理技术，可以将信息从一条上行链路点直接路由到下行链路点，与传统的转发中继器卫星系统结构相比，可以将传输时间减少1/2。此外，卫星还需要完成信号的解调、译码和一定的信令处理等功能。

（2）卫星IP技术。由于卫星信道具有较大的并且可能是可变的分组往返时延、前/反向信道不对称、较高的信道误码率及信号衰落等，故把为地面网络设计的TCP/IP直接应用于卫星通信会导致其工作效率低下。解决的方法是：一是在协议上改进，克服长时延、大窗口、高误码率情况下的效率下降；二是在卫星链路起始端设置网关，将TCP/IP转换为较适合卫星信道的算法，这样可在卫星段采用与卫星链路特性匹配的传输协议，再通过TCP/IP网关与互联网和用户终端连接。

（3）波束成形技术。传统上，卫星采用焦点反馈式抛物面天线实现波束成形。这种天线在增益要求高时特别有用。但是抛物面反射器缺少灵活性，而且频率越高，抛物面加工精度的要求也越高。近年来，使用简单发射单元的平面阵列实现波束成形的技术受到人们的关注。该方法的主要优点是波束成形是全数字的，并采用自适应处理技术，增大了设计的自由度，同时平面天线的制造成本相对抛物面天线低，重量也轻。

宽带卫星通信系统已成为当前通信发展的热点之一，具有光明的应用前景。在不同的地区接入ATM网络用户时，卫星可以方便地提供多变的网络构成（指网间接口标准、协议层次等）并进行灵活的容量分配。网络扩展比较容易，可以按照用户的要求，方便地安装ATM卫星站，为新用户在需要时在任何地点接入网络。卫星可以作为地面ATM网的安全备份，在地面网出现故障或阻塞时，确保路由畅通。

此外，前面已指出，20世纪90年代初，随着小卫星技术的发展，出现了中、低轨道卫星移动通信的新方式。这种通信系统的主要优点是：卫星轨道高度低，传输延迟缩短，多个卫星组成的卫星系统可以真正覆盖全球。目前，全球已有多个利用小卫星组成的中、低轨道卫星移动通信系统。

2.12.8 卫星互联网

2013年至今，卫星互联网与地面网络深度融合发展，低轨卫星网络强势崛起，以星链计划（Starlink）为代表的低轨卫星星座正在引领卫星互联网的发展潮流。卫星互联网建设逐渐步入宽带互联网时期。

1. 卫星互联网的特点

（1）新一代卫星互联网以广覆盖、低时延、宽带化和大规模为基本特征。首先，与传统地面网络相比，卫星互联网具备广覆盖的特点。例如单个 4G/5G 基站能覆盖半径为 2 ～ 6km 的范围，而 500km 轨道上的单颗卫星则能覆盖 64 万 km^2，即大约 6 个江苏省。根据国际电信联盟报告，2022 年初全球仍有三分之一的人无法使用互联网服务，而卫星互联网能很好地解决这一问题，提供全球覆盖。

（2）低时延是低轨卫星互联网在部分应用领域的重要优势。CAIDA 数据源统计表明，截至 2021 年，互联网流量 50% 以上的延迟大于 225.98ms，小于 140ms 的只有 29.4%。随着网络应用的深化，部分网络应用对时延有了很高的要求，例如，交互式游戏的单向时延最好控制在 50ms 以内。传统的高轨卫星往返时延为 300 ～ 800ms。低轨卫星互联网普遍采用距地球 500km 左右的低轨道，低轨节点已经可以提供 30 ～ 50ms 的延迟，因此低轨卫星组成的卫星互联网可以更好地满足语音和游戏等应用的实时性需求。

（3）宽带化也是新一代卫星互联网的典型特点。以前的频段大多采用 L/S 频段，即与手机上网相似的频段，按 kbit/s 分配。频带窄导致带宽窄。而目前采用 Ku/Ka，频带是以百兆 Hz 甚至 GHz 分配，加上调制方式的进步，高频带为高速率上网提供了可能。用户单节点的接入速率从以前的 kbit/s 量级或 1 ～ 2Mbit/s 量级，演进到了 Gbit/s。例如，20 年前的铱星基本数据传输速率只有 2.4kbit/s，而现在 Starlink 将可提供传输速率为 1Gbit/s 的上网服务。整星容量从 Mbit/s 发展到了数十 Gbit/s，通过巨量卫星节点提供全球宽带接入能力，达到 Tbit/s 量级。

（4）大规模是新一代卫星互联网的又一典型特点。二十多年前的铱星由 66 颗卫星组成，二十多年后的今天，Starlink 甚至计划发射数万颗卫星来满足其需求。卫星数量的大幅增加，使得卫星生产模式发生革命性变化。以前卫星的生产都是按照“艺术品”方式打造，卫星的生产、研发成本很高。制作一颗低轨通信卫星需要耗费近亿元人民币，高轨通信卫星的制作成本在 10 亿元人民币以上，还不包括运载和发射等费用。随着卫星互联网时代的到来，卫星数量急剧增加，卫星生产转向流水线和批量生产模式，单颗卫星的生产成本被“摊薄”到 200 万美元，再加上可回收火箭等技术的进步，卫星互联网的总体成本大幅降低。

2. 卫星网络技术类别

根据是否具备星间链路，可将卫星网络技术分为卫星互联网和卫星接入网两类。

（1）卫星互联网。卫星互联网具备星间链路，星上具备处理能力，整个网络不需要全球建站，网络由星座所有方进行监管。在卫星配置上，至少需要 4 条星间链路和 2种星地链路，即用户链路和馈电链路。卫星互联网还具备星上路由和星间 / 星地的激光 / 微波跨模态跨波束交换能力，技术难度相对较大。从卫星构成上来看，卫星载荷至少需要包括空间路由、星间链路等。典型星座包括 StarLink、Telesat、铱星二代等。

StarLink是目前规划的全球规模最大和发展最快的星座。整个星座规模高达4.2万颗，其中第一期1.2万颗，第二期3万颗。从2018年开始发射，截至2023年2月，共发射72批共3930颗卫星。星地链路采用Ku/Ka频段，星间链路采用激光，预计发射1500～2000颗。其地面终端采用相控阵天线技术。目前，用户上行带宽为5Mbit/s～18Mbit/s，下行带宽为11Mbit/s～60Mbit/s，时延为31～94ms，后期带宽在逐步扩展中。

卫星互联网的另一个代表是铱星二代，即铱星的下一代产品。铱星是全球第一个低轨卫星星座，由摩托罗拉公司在1987年提出，由66颗卫星组成。铱星二代于2007年提出，其目标是更新和升级原来的铱星一代，单颗卫星质量为860kg，工作在780km轨道，拥有48个波束相控阵天线，用户链路工作在L频段，星间和馈电链路工作在Ka频段。与铱星一代相比，其星间链路速率扩大3倍至17Mbit/s，馈电链路速率扩大10倍至30Mbit/s。在历经10年的规划和设计后，从2017年开始，铱星二代卫星由SpaceX公司的“猎鹰九号”发射，前后共分4次发射约80颗卫星，卫星和火箭运载共花费30亿美元。

（2）卫星接入网。卫星接入网络采用透明转发型星座，卫星不具备星上处理功能，网络运行通过地面管控，必须全球建站，网络由落地国家进行监管。在卫星功能配置上，链路上仅需要星地链路，包括用户链路和馈电链路，卫星构成简单，成本较低。其缺点是网络运行完全依赖于地面，一旦地面站出故障，则对应服务区域全面断网。典型星座包括OneWeb等星座规划。

OneWeb是弯管转发型星座的代表，属于卫星接入网，通过卫星实现联网，或通过其他网络接入。OneWeb星座一期规划了648颗卫星，工作在1200km轨道高度和87°的极轨道，星间/星地链路频率为Ku/Ka频段。2020年发射104颗卫星，工作于8500km的中轨，采用V频段。OneWeb星座二期一度规划4.78万颗卫星，覆盖倾斜轨道。截至2023年1月，该星座实际已发射542颗卫星。每颗卫星质量为150kg，星上有两个指向信关站的馈电波束和16个用户波束，单星吞吐量为7.5Gbit/s。整星容量约为3.84Tbit/s，用户站的口径为30～70cm，规划速率为50Mbit/s，时延为50ms，实测最高峰值速率为400Mbit/s，时延为32ms。地面一共规划了50个信关站，其信关站的口径为2.4m。

3. 我国卫星互联网发展概况

我国高度重视卫星互联网的发展。早在“十三五”初期，我国就提出了天地一体化信息网络等国家重大专项，将其列为我国《国家创新驱动发展战略纲要》和《国家民用空间基础设施中长期发展规划（2015—2025年）》中的重要内容。

中国航天科技集团、中国航天科工集团曾分别提出了“鸿雁”星座和“虹云”工程计划，并于2018年年底发射了“鸿雁”和“虹云”技术验证卫星，由单颗卫星构成，采用弯管转发模式。2019年，国防科技大学和中国电子科技集团有限公司等分别研制和发射了由两颗卫星和地面站构成的低轨试验卫星，在轨验证了具备星间链路的双星组网能力。银河航天公司也发射了一颗具备Q/V/Ka等频段的低轨宽带卫星，开展了低轨毫米波10 Gbit/s宽带通信验证。在产业方面，国家加大了卫星互联网的支持和整合力度。2020年4月，卫星互联网被国家发展和改革委员会划定为“新基建”信息基础设施之一，北京和重庆等地也纷纷出台了鼓励卫星互联网新兴产业发展的政策。2021年4月，中国卫星网络集团有限公司组建成立，为我国推动卫星互联网高质量发展奠定了坚实基础。

由于国际竞争激烈，我国卫星互联网迫切需要进行创新和整合发展，技术创新能力亟待加强，特别是海外建站困难的问题，需要采取星上路由交换和星间链路等措施来解决。虽然我国已成功研制了以空间路由器等为代表的星上载荷，并开展了有星间链路的网络试验，但在大规模星座上，如何部署星上处理机制、开展空间路由交换等还需要进一步深化研究。此外，卫星制造和发射成本高昂，研制周期长，缺乏大批量生产的经验，以及如何通过更充分的市场竞争解决这些问题，也是我国卫星互联网发展面临的挑战。

本章小结

计算机网络是计算机技术与通信技术相互渗透、密切结合的产物，一方面，计算机网络技术建立在通信技术之上，没有通信技术的支持就没有计算机网络；另一方面，计算机网络技术的发展对通信技术提出了更高的要求。本章先后介绍了数据通信的基本概念，数字信号的频谱与数字信道的特性，模拟传输与数字传输系统，量子通信，数据通信的多路复用技术、数据交换技术、流量控制技术、差错控制技术和路由选择技术，并介绍了目前广泛使用的无线通信技术。

思考题

2.1　什么是数据、信息和信号？试举例说明。

2.2　图2.2所示的通信系统模型表示信息从左向右传递，若两个方向均可通信，应如何表示？

2.3　什么是模拟通信？什么是数字通信？

2.4　模拟传输和数字传输各有哪些优点和缺点？

2.5　什么是量子通信？简述其基本通信过程。

2.6　什么是单工、半双工、全双工通信？它们分别在哪些场景下使用？现代电话采用全双工通信，是否需要4根导线？

2.7 什么是异步传输？什么是同步传输？它们的主要差别是什么？

2.8 什么是信号带宽与信道带宽？两者有何关系？

2.9 什么是波特率、数据速率与信道容量？

2.10 什么是误码率？如何减小误码率？

2.11 什么是调制解调器？它可分为哪几类？

2.12 什么是调制？简述常用的三种调制方式。

2.13 什么是脉码调制 PCM？可分为几步完成？

2.14 简要说明为什么 T1 的速率为 1.544Mbit/s，E1 的速率为 2.048Mbit/s。

2.15 什么是数字数据信号编码？简述常用的三种编码，并比较它们各自的特点。

2.16 为什么通信中采用多路复用技术？

2.17 简述频分复用、时分复用和波分复用的原理。

2.18 什么是数据交换方式？传统的数据交换方式有哪几类？

2.19 报文交换与分组交换的主要差别是什么？

2.20 数据报分组交换与虚线路分组交换有什么差别？

2.21 什么是帧中继交换？试将它与 X.25 进行比较。

2.22 试比较 STDM 与 ATDM 的差别，为什么 ATDM 能实现非常高的数据速率？

2.23 什么是流量控制？流量控制的目的是什么？

2.24 流量控制的主要技术有哪些？其主要原理是什么？

2.25 什么是奇偶校验？它能解决什么问题？

2.26 简述 CRC 的工作原理。

2.27 路由选择算法可分为哪几类？

2.28 简述链路状态路由算法的四个步骤。

2.29 什么是蜂窝移动通信？简述其发展过程。

2.30 短距离无线通信技术有哪些？

2.31 什么是卫星通信？卫星通信系统由哪几部分组成？

2.32 北斗卫星导航系统由哪几部分组成？简述生活中的使用体验。

2.33 什么是 VSAT 技术？简述其主要特点。

2.34 Ad-Hoc 网络的主要特点是什么？

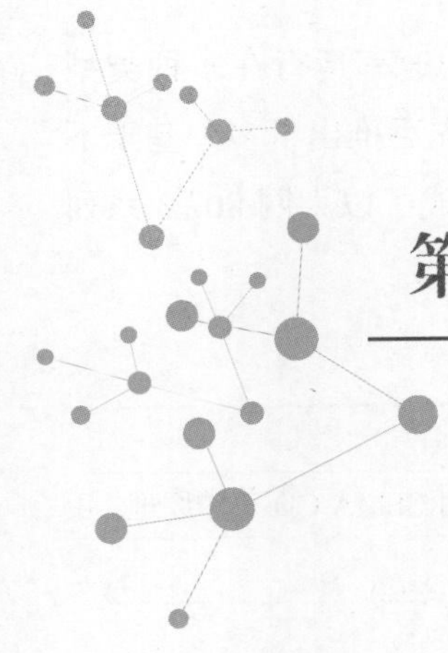

第 3 章　计算机网络的组网技术

第 2 章已经介绍了计算机网络的基本原理，本章在此基础上阐述典型的局域网技术和广域网技术，主要包括以太网技术、帧中继技术、ATM 技术和 WLAN 技术，具体的局域网组网见 8.2 节。值得指出的是，随着以太网技术的快速发展，目前已较少使用帧中继技术和 ATM 技术进行组网。

通过本章的学习，可以了解（或掌握）：

- 交换式局域网的工作原理和特点；
- 虚拟局域网；
- 100G 以太网；
- 帧中继；
- ATM；
- WLAN。

3.1　以太网技术

以太网是目前使用最广泛的局域网，20 世纪 70 年代末就有正式的网络产品。在 20 世纪 80 年代以太网与 PC 同步发展，其传输速率从 20 世纪 80 年代初的 10Mbit/s 发展到 20 世纪 90 年代的 100Mbit/s，目前已出现 100Gbit/s 的以太网产品。以太网支持的传输介质也从最初的同轴电缆发展到双绞线和光缆。交换以太网和全双工以太网技术的出现使整个以太网系统的带宽呈十倍、百倍地增长，并保持足够的系统覆盖范围。

3.1.1　以太网概述

1. 以太网标准发展简述

以太网（Ethernet）是一种由美国 Xerox 公司、DEC 公司和 Intel 公司共同开发的基带局域数据通信网，目的是建立分布式处理和办公室自动化应用方面的工业标准，目前已经成为使用最广的一种局域网模型。最初以太网以 10Mbit/s 的速率运行在多种类型的电缆上，到了 20 世纪 90 年代，交换以太网得到了迅速发展，先后推出了多种基于不同传输介质和不同传输速率的以太网，如吉比特以太网，从而形成了以太网 802.3 系列标准，如表 3.1 所示。

表 3.1　IEEE 802.3 系列标准

标　准	时　间	细　节
802.3	1998 年	以同轴电缆为传输介质的 10Mbit/s 标准以太网，采用 CSMA/CD 工作原理
802.3i	1990 年	以双绞线为传输介质的 10Mbit/s 以太网
802.3j	1993 年	以光纤为传输介质的 10Mbit/s 以太网
802.3u	1997 年	以双绞线或光纤为传输介质的 100Mbit/s 快速以太网，具有自动协商功能
802.3z	1998 年	以光纤为传输介质的 1Gbit/s 千兆以太网
802.3.ab	1998 年	以双绞线为传输介质的 1Gbit/s 千兆以太网
802.3ad	2000 年	提出链路聚合控制协议，可自动将匹配的链路聚合在一起收发数据
802.3ae	2002 年	以光纤为传输介质的 10Gbit/s 万兆以太网
802.3ah	2004 年	宽带以太网接入技术，可实现点对多点的数据传输
802.3ak	2004 年	以双轴电缆为传输介质的 10Gbit/s 万兆以太网
802.3aq	2006 年	以多模光纤为传输介质的 10Gbit/s 万兆以太网
802.3az	2010 年	高效节能以太网，硬件设备处于空闲状态时降低网络两端的能耗，传输数据时则恢复供电
802.3ba	2010 年	以电缆为传输介质的 40Gbit/s 和 100Gbit/s 以太网
802.3bd	2011 年	提出基于优先级的流量控制方法
802.3bm	2015 年	以光纤为传输介质的 40Gbit/s 和 100Gbit/s 以太网
802.3bp	2016 年	汽车和工业环境的千兆以太网，以双绞线为传输介质
802.3bs	2017 年	以单模光纤为传输介质的 200Gbit/s 以太网、以光学物理介质为传输介质的 400Gbit/s 以太网
802.3bv	2017 年	以塑料光纤为传输介质的千兆以太网
802.3cc	2017 年	以单模光纤为传输介质的 25Gbit/s 以太网

2. 以太网介质访问控制方式

以太网最初是采用总线型的拓扑结构，或是基于集线器的星形拓扑结构。两种拓扑结构在介质访问上都存在争用的问题。因此 IEEE 802.3 标准规定了载波侦听多路访问 / 冲突检测（carrier sense multiple access/collision detect，CSMA/CD）算法，对共享介质访问进行控制。CSMA/CD 的访问规则包括 3 部分。

（1）载波侦听。它是指网段中每个站点都不间断地探测介质上的信号，从而判断网络是否空闲。

（2）多路访问。它是指任何一个站点在检测到网络处于空闲的条件下，都可以在任何时刻发送需要传送的数据帧。

（3）冲突检测。它是指如果局域网中两个或两个以上的站点几乎同时开始发送帧，则发送站之间的物理信号会相互干扰，其结果是这些帧信息都被扰乱。发送站必须在完成帧传送前尽快发现冲突并终止发送，然后等待一个随机的时间后再重新发送未成功传送的数据帧。

CSMA/CD 的具体操作步骤分为无冲突和有冲突两种不同的处理方式。

（1）无冲突。

① 发送站准备数据帧，探测介质。

② 若传输介质空闲，则转向步骤④，否则转向步骤③。

③ 传输介质被占用时，保持等待直至正在发送的帧结束，然后继续探测介质，转向步骤②。

④ 发送站向传输介质发送数据帧直至完成，且其间要监视有无冲突发生。

（2）有冲突。

① 两个或两个以上的站点同时或接近同时检测到传输介质处于空闲。

② 一个以上的数据帧在共享物理介质中进行传送时产生相互干扰，参与发送和接收的站点都可以快速地检测到冲突发生，并且均放弃发送和接收。

③ 处于发送状态的站点为了避免更多的站点争用已发生冲突的传输介质，因此接着要向传输介质发送干扰信号。

④ 发生冲突后的所有发送站均计算等待时间，并重新尝试发送过程。

随着以太网技术的发展和交换以太网的出现，介质由共享变成独占，已不存在介质争用的问题，CSMA/CD 的介质访问控制方式也不再是必需的了。

3. MAC 帧格式

目前以太网技术有多种类型，但是所有以太网都有相同的帧结构，如表 3.2 所示，其中 B 表示字节（byte）。

表 3.2　以太网帧格式

8B	6B	6B	2B	46 ～ 1500B	4B
前导	目的地址	源地址	类型	数据	帧校验序列

（1）前导字段（8B）。以太网帧的开始是一个 8B 的前导字段，由 0、1 间隔代码组成。前导字段的前 7B 值均为 10101010，最后 1B 的值是 10101011。前导字段的前 7B 用来“通知”目标站，并使它们的时钟与发送方的时钟同步。发送器可以根据以太网类型的不同，以 10Mbit/s、100Mbit/s、1Gbit/s 和 10Gbit/s 的速度传送该帧。以太网帧把帧首定

界符（start of frame，SOF）包含在前导字段当中，因此，前导字段的长度扩大为 8B。

（2）目的地址字段（6B）。这个字段用于识别需要接收帧的工作站的局域网地址，目的地址可以是单址，也可以是多点传送或广播地址。当目标站接收到一个以太网帧，且该帧的目的地址如果不同于局域网广播地址，则抛弃该帧，否则把数据字段的内容传送给网络层。

（3）源地址字段（6B）。这个字段用于识别发送帧工作站的局域网地址。

（4）类型字段（2B）。类型字段允许使用以太网“多路复用”网络层协议。一个给定的主机可以支持多个网络层协议，并针对不同的应用使用不同的协议。因此，当以太网帧到达目标站时，目标站需要知道应该把数据字段的内容传递给哪一种网络层协议。

（5）数据字段（46 ～ 1500B）。在经过物理层和逻辑链路层的处理之后，包含在帧中的数据将被传递给在类型段中指定的高层协议。这个字段携带 IP 数据报，长度在 46 ～ 1500B 之间。这意味着如果这个 IP 数据报超过了 1500B，那么该主机必须分割这个数据报。数据字段的最小长度为 46B；如果这个 IP 数据报小于 46B，则必须填充数据字段以使其达到 46B。

（6）帧校验序列（4B）。该序列包含长度为 4B 的 CRC 字段值，由发送设备计算产生，在接收方被重新计算，以确定帧在传送过程中是否被损坏。CRC 字段的目的是使接收方能检测帧中是否出现了错误。差错检测过程为：当主机 A 构建以太网帧时，它计算 CRC 字段的值，从帧中其他比特的映射中得到 CRC 字段的内容；当主机 B 接收到该帧时，它对该帧进行同样的映射，校验映射的结果是否与 CRC 字段的内容一样，如果 CRC 校验失败，则表明数据出错。

3.1.2　交换以太网

1. 以太网从共享型到交换型的变迁

20 世纪 80 年代初的 10Base-5、10Base-2 和 10Base-T 网络系统是一种共享型以太网系统。受到 CSMA/CD 介质访问控制方式的制约，整个系统由工作站（通常为 PC）、集线器 / 中继器、介质三部分组成，如图 3.1 所示。整个系统的带宽只有 10Mbit/s，且处在一个碰撞域范围内。在此范围内，连接的工作站都可能往介质上发送帧，那么每个工作站占用介质的概率就是 $1/n$（n 为工作站数），即在 10Mbit/s 共享型以太网系统中，每个工作站得到的带宽只能是 10Mbit/s/n，在一个碰撞域中工作站数量越大，则每个工作站得到的带宽就越少。

随着以太网规模的扩大，网络中节点数不断增加，网络通信负荷加重，网络效率急剧下降。为了克服网络规模与网络性能之间的矛盾，人们提出将共享介质方式改为交换方式，从而促进了交换以太网的发展。交换以太网的优点如下。

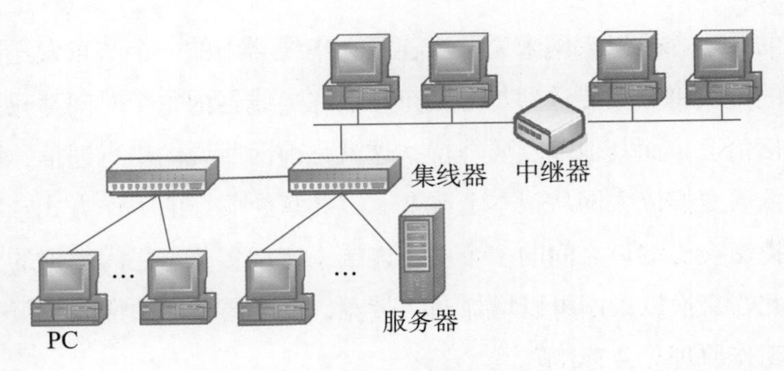

图 3.1　共享型以太网

（1）采用交换技术。交换以太网使原来的“共享”带宽变成了“独占”带宽，“串行”传送变成了“并行”传送，大大提高了网络性能。

（2）增强了网络的可延伸性。采用交换以太网，当网络的规模增大时，用户实际可用带宽不会减少。随着业务需求增长或新技术出现，可用最小的代价换取最高的性能。而在传统的共享以太网中，网络规模的增大通过网桥、路由器等设备来实现，用户数增加将导致可用带宽减少。

（3）有助于防止广播风暴。网桥最大的弱点是无法阻止“广播风暴”。当来自某一端口的数据帧的目标地址未知时，网桥则将它转发至所有其他端口。当采用广播方式进行信息传递时，如果网间互联缺少智能连接，则大量的广播信息会形成“广播风暴”。而基于交换技术的虚拟局域网（virtual local area network，VLAN）在阻止网段之间的广播数据包时，可充当防火墙的角色。

2. 交换以太网的基本结构

交换以太网的核心部件是以太网交换机。以太网交换机有多个端口，每个端口可以单独与一个节点连接，也可以与一个共享介质的以太网集线器连接。如果一个端口只连接一个节点，那么这个节点就可以独占整个带宽，这类端口通常称作“专用端口”；如果一个端口连接一个与其带宽相同的以太网，那么这个端口将被以太网中的所有节点所共享，这类端口称为“共享端口”。典型的交换以太网结构如图 3.2 所示。

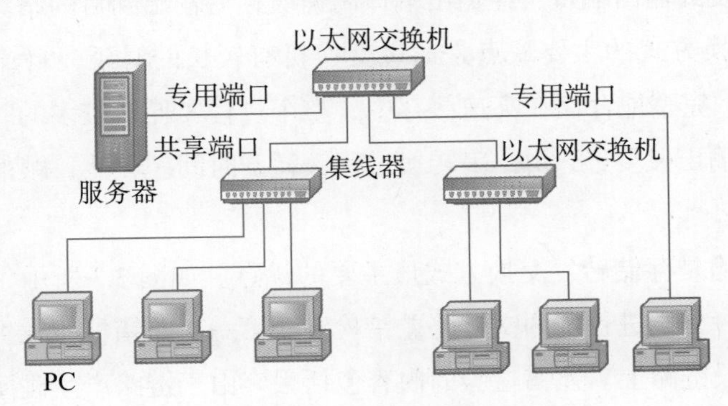

图 3.2　典型的交换以太网的结构

对于传统的共享介质以太网来说，当连接在集线器中的一个节点发送数据时，集线器会使用广播的方式将数据传送到每个端口，但在集线器内每个时间片只允许有一个节点占用公用通信信道，而其他节点要等待，这就是前面所说的串行通信，因而平均带宽窄，通信速率低。交换以太网从根本上改变了“共享介质”的工作方式，它可以通过以太网交换机支持交换机端口之间的多个并发连接，实现多节点之间数据的并发传输而非广播传输。因此，交换以太网可以增加网络带宽，提高局域网的性能与服务质量。

交换机的工作原理见 4.3.6 节。

3. 以太网交换机的帧转发方式

以太网交换机上，端口间基于帧的交换方式可分为静态交换方式和动态交换方式两类。

（1）静态交换。静态交换方式用于早期的以太网交换机中，端口间的连接是人工预先在交换机中设定的。因此在交换机中端口间连接的通道是固定的，若要改变端口间的连接通道则必须由人工重新配置，这种静态交换的交换机并未实现端口间网段的隔离，而是一个类似于硬件的连接。一旦配置完成，端口间就一直按照固定的连接方式进行帧交换。

（2）动态交换。动态交换方式完全不同于静态交换方式，它基于网桥的工作原理而发展成交换机的交换方式。动态交换虽然最终也是实现两个端口之间的连接，形成一个帧交换通道，但通道实现的原理不同于用人工来进行配置的静态交换方式。根据透明网桥工作原理，动态交换端口间通道的形成是基于 MAC 地址的操作，交换机根据输入端口上帧的目的地址来查找其中自学习生成的端口地址表后，就能决定端口间的连接，形成帧传送通道，而在连接过程中只传送一个帧，之后通道自动断开。

目前动态交换方式在各类厂家的交换机产品中被广泛应用，虽然有各式各样的特点，但从本质上来说，可以分成存储转发、穿通及碎片丢弃 3 种方式。

① 存储转发交换方式。存储转发交换方式是动态交换方式中最常用的一种。当帧从端口进入交换机时，首先把接收到的整个帧暂存在该端口的高速缓存中。此后，交换机根据缓冲器中帧的目的地址查找交换机通过自学习生成的端口地址表，获得输出端口号，然后把帧转发到输出端口，经输出端口高速缓存后输出到目的站。

存储转发交换方式的主要缺点是通过交换机有较长的时延，自输入端接收的帧经串 - 并行转换后，完整地存储在高速缓存中，整个过程要耗费较多的时间。当找到输出端口号后，帧的输出又要经过并 - 串转换过程，耗费时间。显然，帧的长度越长，耗费的时间越多。

帧的可靠传输是存储转发交换方式最主要的优点。如图 3.3 所示，从源站到目的站传输帧的过程中，分别进行了两次链路差错检验。第一次差错检验发生在从源站到交换机输入端口的这段链路上。差错检验的内容包括丢弃由于链路产生碰撞而形成的帧碎片及 CRC 检验。若 CRC 检验出错，则要求源站重发帧直至 CRC 检验正确为止，否则指出链路有故障而要求排除故障。第二次差错检验发生在输出端口至目的站的链路上。差错检验同样包括丢弃帧碎片及 CRC 检错和纠错过程，因此在可靠性较差的链路环境中选用存储转发交换方式是合适的。

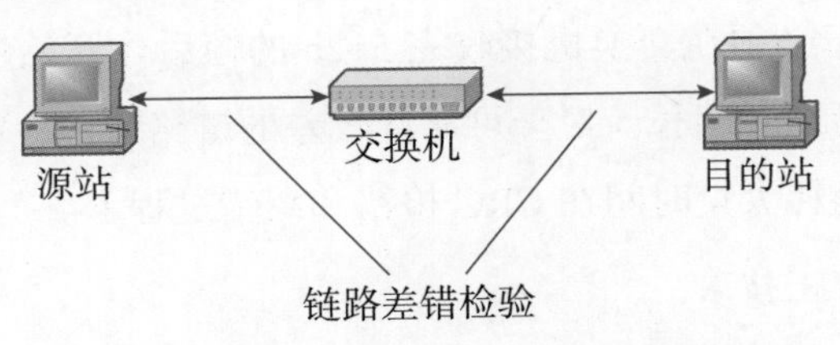

图 3.3　存储转发交换方式的两次链路差错检验

② 穿通交换方式。针对存储转发交换方式时延过长的缺点，有的交换机产品对其进行了改进。穿通交换方式是借助于帧的目的地址，当输入端接收到帧开始的 6 字节后，交换机根据目的地址查端口地址表，获得输出端口号后，就把整个帧导向输出端口，从而避免了存储转发交换方式中帧的串 - 并、并 - 串转换和缓存所耗费的时间。

端口间交换时间短是穿通交换方式最主要的优点，但这种优点是牺牲了帧传输的可靠性而得来的。在帧传输过程中，穿通交换方式无法进行链路分段的差错检验，直到目的站接收到帧后，才做一次差错检验，丢弃帧碎片及 CRC 检错和纠错。此时的帧碎片有可能发生在源站到交换机的链路上，也有可能发生在交换机到目的站的链路上，而这些帧碎片直到传到目的站才被发现。此后，目的站要求源站重发帧，如此跨越两段链路及交换机的检错和纠错过程消耗了大量时间，特别当链路的可靠性较差时，穿通交换方式会在差错检验过程中消耗较多的时间。因此，穿通交换方式适用于链路可靠性较高的环境中，在此类环境中可以充分发挥穿通交换方式交换时间短的特点。

有的交换机产品把穿通交换方式作为默认的交换方式。在交换机上电后，交换机按穿通交换方式工作。当帧碎片通过交换机的数量或者由于 CRC 错误要求源站重发帧的次数达到规定值后，交换机会把默认的穿通交换方式自动切换到存储转发交换方式，以提高交换机的工作效率。

③ 碎片丢弃交换方式。碎片丢弃交换方式是存储转发和穿通两种交换方式的折中方案。当交换机的输入端口的帧输入 512b 时，交换机就可以根据前 6 字节的目的地址查找交换机中端口地址表，获得输出端口号后，就把帧导向输出端口，完成端口间帧的交换。

碎片丢弃交换方式在源站和交换机输入端口的链路上仍不进行 CRC 差错检验和纠错，若链路上出现碎片，必定是长度小于 512b 的残帧，则被链路的终端自动丢弃。只有传输长度超过 512b 的帧时，才可能导向输出端口，进入输出端口至目的站的链路。当然在此段链路上仍会出现碰撞而使目的站丢弃帧碎片。

从源站至目的站经过两段链路和一个交换机，帧传输的 CRC 检验工作与穿通交换方式一样，只在目的站上进行。若 CRC 检验有错，则目的站要求源站重发该帧，直至目的站接收正确为止；否则按链路故障处理，要求排除链路故障。

碎片丢弃交换方式只是穿通交换方式的一种改进，优点是前段链路上产生的帧碎片不会传至目的站。由于必须在交换机接收完 512b 的帧后才开始帧的交换，因此与穿通交换方式比较，交换延迟时间长。对于可靠性较差的链路环境，碎片丢弃交换方式与穿通交换方式一样，会消耗大量时间在 CRC 检错和纠错过程上。

4. 交换以太网全双工技术

全双工以太网技术是以太网设备端口的传输技术。它与传统半双工以太网技术的区别在于，端口间两对双绞线或两根光纤上可以同时接收和发送帧，不再受到 CSMA/CD 的约束，在端口发送帧时不再发生帧的碰撞，也不存在碰撞域。这样一来，端口之间介质的长度仅仅受到数字信号在介质上传输衰减的影响，而不像传统以太网半双工传输时还要受到碰撞域的约束。

图 3.4 所示为两个端口间全双工传输，它的特点是：端口上设有端口控制功能模块和收发器功能模块，端口上的全双工或传统的半双工操作一般可以自适应，也可以人工设置。当全双工操作时，帧的发送和接收可以同时进行，这样与传统半双工操作方式比较，传输链路的带宽提高了一倍。在全双工传输帧时，端口既无侦听的机制，链路上又无多路访问，也不需要碰撞检测，因此传统半双工方式下的介质访问控制 CSMA/CD 机制已不存在。

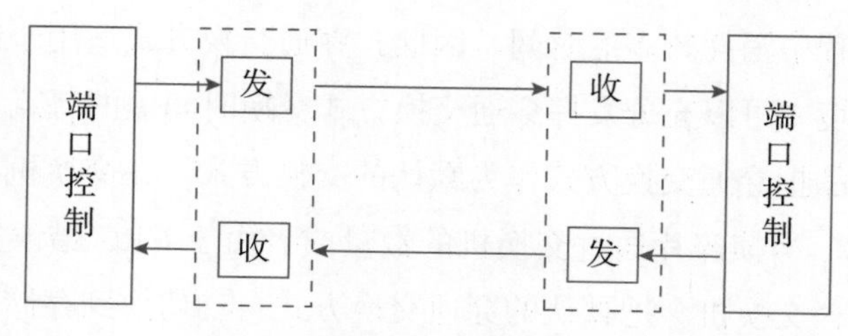

图 3.4 两个端口间的全双工传输

3.1.3 虚拟局域网

交换局域网是虚拟局域网的基础。随着网络技术的飞速发展，交换局域网逐渐取代了传统的共享介质局域网。交换技术的发展为虚拟局域网的实现提供了技术基础。

1. 虚拟局域网的概念

虚拟局域网（VLAN）是指将网络上的节点按工作性质与需要划分成若干逻辑工作组，一个逻辑工作组就是一个虚拟局域网。

在传统的局域网中，通常一个工作组是在同一个网段上，每个网段可以是一个逻辑工作组或子网。多个逻辑工作组之间通过互联不同网段的网桥或路由器来交换数据。如果一个逻辑工作组的节点要转移到另一个逻辑工作组，就需要将节点计算机从一个网段撤出，连接到另一个网段，甚至需要重新布线，因此逻辑工作组的组成要受到节点所在网段物理位置的限制。

虚拟局域网是建立在局域网交换机或 ATM 交换机之上的，它以软件方式来实现逻辑工作组的划分和管理，逻辑工作组的节点组成不受物理位置的限制。同一逻辑工作组的成员不一定要连接在同一个物理网段上，它们可以连接在同一个局域网交换机上，也可以连接在不同局域网的交换机上，只要这些交换机是互联的。当一个节点从一个逻辑工作组转移到另一个逻辑工作组时，只需要通过软件设定，而不需要改变它在网络中的物理位置。同一个逻辑工作组的节点可以分布在不同的物理网段上，但它们之间的通信就像在同一个物理网段上一样。

2. 虚拟局域网的实现技术

虚拟局域网在功能和操作上与传统局域网基本相同，它与传统局域网的主要区别在于“虚拟”二字上，即虚拟局域网的组网方法和传统局域网不同。虚拟局域网的一组节点可以位于不同的物理网段上，但是并不受物理位置的束缚，相互间的通信就好像它们在同一个局域网中一样。虚拟局域网可以跟踪节点位置的变化，当节点物理位置改变时，无须人工重新配置。因此，虚拟局域网的组网方法十分灵活。

交换技术本身涉及网络的多个层次，因此虚拟网络也可在网络的不同层次上实现。不同虚拟局域网组网方法的区别主要表现在对虚拟局域网成员的定义方法上，通常有以下 4 种。

（1）用交换机端口号定义虚拟局域网。许多早期的虚拟局域网都是根据局域网交换机的端口来定义虚拟局域网成员的。虚拟局域网从逻辑上把局域网交换机的端口划分为不同的虚拟子网，各虚拟子网相对独立，其结构如图 3.5（a）所示。图中局域网交换机端口 1、2、3、7 和 8 组成 VLAN1，端口 4、5、6 组成了 VLAN2。虚拟局域网也可以跨越多个交换机，如图 3.5（b）所示。局域网交换机 1 的 1、2 端口和局域网交换机 2 的 4、5、6、7 端口组成 VLAN1，局域网交换机 1 的 4、5、6、7、8 端口和局域网交换机 2 的 1、2、3、8 端口组成 VLAN2。

用局域网交换机端口划分虚拟局域网成员的方法是最常用的方法。但是纯粹用端口定义虚拟局域网时，不允许不同的虚拟局域网包含相同的物理网段或交换端口。例如，交换机 1 的端口 1 属于 VLAN1 时，就不能再属于 VLAN2。同时，当用户从一个端口移动到另一个端口时，网络管理员必须对虚拟局域网成员进行重新配置。

（2）用 MAC 地址定义虚拟局域网。用节点的 MAC 地址也可以定义虚拟局域网。MAC 地址是与硬件相关的地址，即 PC 上的网卡号码（出厂编号），所以用 MAC 地址定义的虚拟局域网允许节点移动到网络的其他物理网段。由于它的 MAC 地址不变，所以该节点将自动保持原来的虚拟局域网成员的地位。从这个角度来说，基于 MAC 地址定义的虚拟局域网可以看作是基于用户的虚拟局域网。

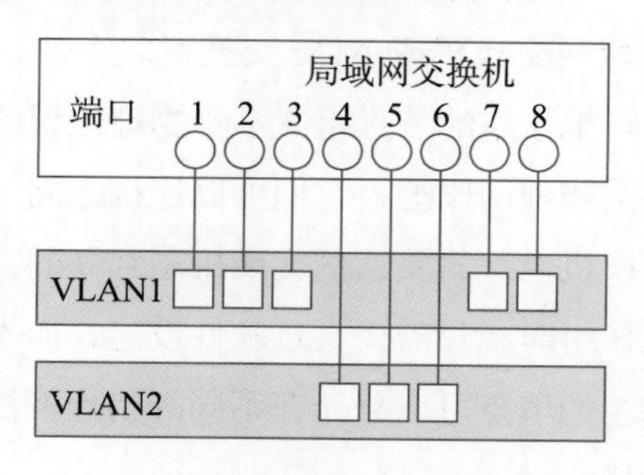

（a）单个交换机划分虚拟子网

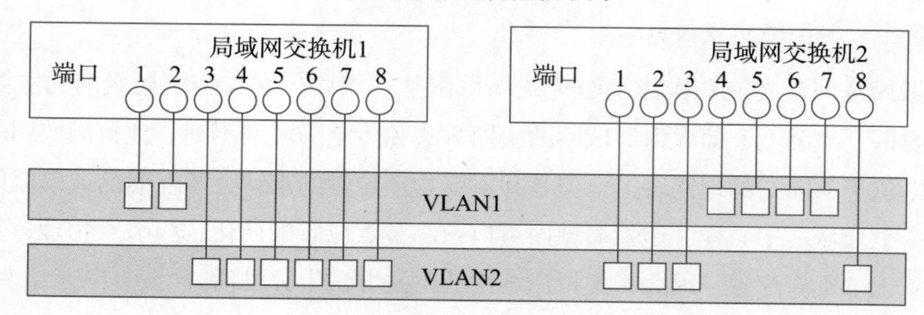

（b）两个交换机划分虚拟子网

图 3.5　用局域网交换机端口号定义虚拟局域网

用 MAC 地址定义虚拟局域网时，要求所有的用户在初始阶段必须配置在至少一个局域网中，初始配置由人工完成，随后就可以自动跟踪用户。但在大规模网络中，初始化时把上千个用户配置到虚拟局域网显然是很麻烦的。

（3）用网络层地址定义虚拟局域网。可使用节点的网络层地址定义虚拟局域网，例如用 IP 地址定义虚拟局域网。这种方法允许按照协议类型来组成虚拟局域网，有利于组成基于服务或应用的虚拟局域网。同时，用户可以随意移动工作站而无须重新配置网络地址，这对于使用 TCP/IP 用户是特别有利的。

与用 MAC地址定义虚拟局域网或用端口地址定义虚拟局域网的方法相比，用网络层地址定义虚拟局域网方法的缺点是性能较差。检查网络层地址比检查 MAC 地址要花费更多的时间，因此用网络层地址定义虚拟局域网的速度比较慢。

（4）用 IP 广播组定义虚拟局域网。这种虚拟局域网的建立是动态的，它代表一组 IP 地址。虚拟局域网中由叫作代理的设备对虚拟局域网中的成员进行管理。当 IP 广播包要送达多个目的地址时，就动态建立虚拟局域网代理，这个代理和多个IP节点组成IP广播组虚拟局域网。网络用广播信息通知各IP节点，表明网络中存在IP广播组，节点如果响应信息，就可以加入IP广播组，成为虚拟局域网中的一员，与虚拟局域网中的其他成员通信。IP广播组中的所有节点属于同一个虚拟局域网，但它们只是特定时间段内特定IP广播组的成员。IP广播组虚拟局域网的动态特性提供了很高的灵活性，而且它可以跨越路由器，形成与广域网的互联。

3. 虚拟局域网的优点

（1）广播控制。交换机可以隔离碰撞，把连接到交换机上的主机的流量转发到对应的端口，VLAN进一步提供在不同的VLAN间的完全隔离，广播和多址流量只能在VLAN内部传递。

（2）安全性。VLAN提供的安全性为：对于保密要求高的用户，可以分在一个VLAN中，尽管其他用户在同一个物理网段内，也不能透过虚拟局域网的保护访问保密信息。因为VLAN是一个逻辑分组，与物理位置无关，所以VLAN间的通信需要经过路由器或网桥，当经过路由器通信时，可以利用传统路由器提供的保密、过滤等OSI 3层的功能对通信进行控制管理；当经过网桥通信时，可以利用传统网桥提供的OSI 2层过滤功能进行包过滤。

（3）性能。VLAN可以提高网络中各个逻辑组中用户的传输流量，例如在一个组中的用户使用流量很大的CAD/CAM工作站，或使用广播信息量很大的应用软件。它只影响本VLAN内的用户，其他逻辑工作组中的用户则不会受它的影响，仍然可以以很高的数据速率传输，所以提高了使用性能。

（4）网络管理。因为VLAN是一个逻辑工作组，与地理位置无关，所以易于网络管理，如果一个用户移动到一个新的地点，不必像以前一样重新布线，只要在网管计算机上操作时把它拖到另一个虚拟网络中即可。这样既节省了时间，又便于网络结构的修改与扩展，非常灵活。

4. 虚拟局域网的应用

由于虚拟局域网具有比较明显的优势，因此在企业中得到了广泛的应用。

（1）企业内部的局域网。很多企业已经有一个相当规模的局域网，但是现在企业内部因为保密或者其他原因要求各业务部门或者课题组独立成为一个局域网。同时，各业务部门或者课题组的人员不一定是在同一个办公地点，且各网络之间不允许互相访问。为了完成上述任务，首先要收集各部门或者课题组的人员组成、所在位置、与交换机连接的端口等信息；然后根据部门数量对交换机进行配置，创建虚拟局域网；最后，在一个企业的局域网内部划分出若干虚拟局域网。

（2）共享访问——访问共同的接入点和服务器。在一些大型写字楼或商业建筑中，经常存在这样的现象：写字楼租用给各个单位，并且写字楼内部已经构建好了局域网，提供给入驻企业或客户网络平台，并通过共同的出口访问互联网或者写字楼内部的综合信息服务器。写字楼的网络平台是统一的，但使用的客户有物业管理人员，还有其他不同单位的客户。不同企业或单位对网络的需求是不同的，且各企业间要求信息相互独立。针对这种情况，虚拟局域网提供了很好的解决方案。写字楼的系统管理员可以为入驻企业创建一个个独立的虚拟局域网，保证企业内部的互相访问和企业间信息的独立。然后利用中继技术，将提供接入服务的代理服务器或者路由器所对应的局域网接口配置为中继模式，实现共享接入。这种配置方式还有一个好处，可以根据需要设置中继器的访问许可，灵活地允许或者拒绝某个虚拟局域网的访问。

（3）交叠虚拟局域网。交叠虚拟局域网是在基于端口组建虚拟局域网的基础上提出的。最早的交换机每一个端口只能属于一个虚拟局域网，交叠虚拟局域网允许一个交换机端口同时属于多个虚拟局域网。这种技术可以解决一些突发性的、临时性的虚拟局域网划分。如一个科研机构已经划分了若干虚拟局域网。但是因为某项科研任务，需从各个虚拟局域网内抽调出技术人员临时组成课题组，并要求课题组内通信自如，而各科研人员还要保持和原来的虚拟局域网的信息交流。如果采用路由和访问列表控制技术，成本较大，同时会降低网络性能。交叠技术的出现为这一问题提供了解决方法。只需要将要加入课题组的人员所对应的交换机端口设置为支持多个虚拟局域网，然后创建一个新虚拟局域网，将所需人员划分到新虚拟局域网，并保持他们原来所属的虚拟局域网不变即可。

3.1.4 100G 以太网

目前，网络带宽的升级扩容需求十分迫切，对高带宽交换机的需求日益增长，构建 100G 以太网很有必要。

2010 年 6 月，IEEE 通过了传输速率为 100Gbit/s 的 802.3ba 标准。该标准的主要特征是：依然采用 CSMA/CD 的共享访问方案；保留传统的 Ethernet 帧格式、最小 / 最大帧长度；采用全双工模式通信；支持更低的误码率，一般不大于 10^{-12}；支持光传输网络；MAC 数据传输速率可达 100Gbit/s；可通过物理层的设置来实现等。

1. 100G 以太网的体系结构

图 3.6 所示为 IEEE 802.3ba 规定的 100G 以太网标准物理层体系结构。该体系结构中保留了以前各种速率的以太网物理编码子层（physical code sublayer，PCS）、物理介质附属（physical media attachment，PMA）子层、物理介质相关（physical media dependent，PMD）子层、调和子层、LLC、MAC 和介质相关接口（media dependent interface，MDI）。为了满足下一代以太网的需求，该体系结构在物理层设备中增加了可选的前向纠错（forward error correction，FEC）子层和自动协商子层。

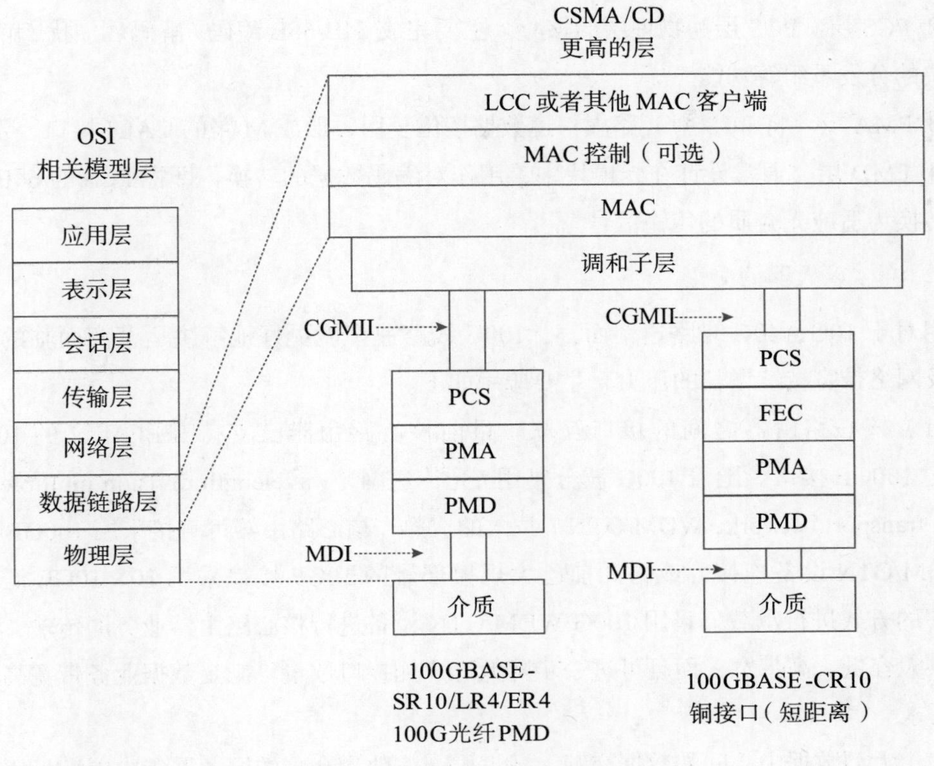

图 3.6　100Gbit/s 以太网体系结构

下面对 3 类物理层接口及其子层的功能进行简要介绍。

（1）3 类物理层接口。

① 10×10GE 短距离互联的 LAN 接口技术：采用并行的 10 根光纤，每根光纤的速率为 10Gbit/s，以达到 100Gbit/s 的传输速率。其可沿用现有的 10GE 器件，技术比较成熟。

② 4×25GE 中短距离互联的 LAN 接口技术：采用波分复用的方法，在一根光纤上复用 4 路 25Gbit/s，以达到 100Gbit/s 的传输速率。

③ 10m 的铜缆接口和 1m 的系统背板互联技术：主要针对电接口的短距离和内部互连，采用 10 对速率为 10Gbit/s 的铜缆并行互联的方式。

（2）物理层各子层的功能。

① 调和子层和 CGMII 接口[①]（100G 以太网介质无关接口）。调和子层能适配 MAC

① MII 即介质无关接口（media independent interface），又称媒体独立接口，它是 IEEE 802.3 定义的以太网行业标准。在以太网标准中，MAC 层与物理层之间的 10Gbit/s/40Gbit/s/100Gbit/s 速率等级所对应的接口分别为 XGMII/XLGMII/CGMII。

层的比特串协议，将串行的比特流转换为适合 100GE 物理层传输的以及能够用于并行分发的串行 64B 码块。CGMII 接口是针对 100Gbit/s 的介质无关接口，用来连接 MAC 与物理层，接口的发送与接收相互独立，标准中对接口的位宽定义为 64bit。

② PCS 层。PCS 层为物理层的核心，主要完成 64B/66B 编码 / 解码、加扰 / 解扰以及码块的分发重组等功能。

③ PMA 层。将 PCS 中 L 路虚信道数据按位复用，形成 M 路的 CAUI 接口[①]数据。

④ PMD 层。通常设计在光模块中，用作对编码数据的转换，即把 PCS 的 64B/66B 数据转换为适应光介质的传输信号。

2. 100G 以太网的应用

相对于 10G、40G 线路速率而言，100G 线路速率能更好地解决运营商面临的业务流量及网络带宽持续增长的压力，主要应用如下。

（1）核心路由器之间的接口互联。目前核心路由器已支持 IEEE 定义的 10GE、40GE、100GE 接口。随着 100G 波分复用 / 光传送网（wavelength division multiplexing/optical transport network，WDM/OTN）技术的成熟，核心路由器可直接采用 100GE 接口与 WDM/OTN 设备连接，或将此前已大规模部署的 10GE 接口采用 10 × 10GE 汇聚到 100GE 的方式进行承载。采用 100G WDM/OTN 设备进行核心路由器业务的传输，不仅可提供大容量、高带宽，而且可进一步降低客户侧接口数量，满足数据业务带宽高速增长的需求。

（2）大型数据中心间的数据交互。数据中心将数量众多的服务器集中以满足用户需求，而采用 100G 传输可满足数据中心互联的带宽需求，并可减少接口数量，减小机房占地面积。由于 100G WDM/OTN 设备采用相干接收技术，无须配置色散补偿模块，故可有效降低传输时延，利于为金融、政府和医疗等单位提供低时延解决方案。

（3）城域网络业务流量汇聚及长距离传输。城域网的接入、汇聚层节点数量以及带宽的攀升，促使在城域核心层部署 100G WDM/OTN 设备以进行高带宽业务的流量汇聚并与长途传输设备接口互联。

（4）海缆通信系统的大容量长距离传输。由于海缆传输的投资成本较高，用户希望采用单波提速方式提升系统传输容量。目前全球已建设的海缆系统有 10G WDM 系统和部分 40G WDM 系统。100G WDM 系统不仅可在 C 波段提供 80 × 100G 的传输容量，而且由于采用偏振复用正交相移键控编码、相干接收和软判决纠错编码等先进技术，

① PMA 与 PMA 间的接口，可以是芯片到芯片（chip to chip），也可以是芯片到模块（chip to module），共有两种接口，即 XLAUI（40 Gigabit Attachment Unit Interface，4 条通道，每条速率为 10.3125Gbit/s）以及 CAUI（100 Gigabit Attachment Unit Interface，10 条通道，每条速率为 10.31250Gbit/s）。

所以在传输距离、色度色散（chormatic dispersion）和偏振模色散（polarization mode dispersion）等关键项目上均具有较好的性能。采用 100G WDM 系统既提高了海缆传输系统的容量，又可降低系统运营的维护成本。

3.1.5　以太网发展趋势

数据业务的以太网化已经成为全球的主流趋势。第三代以太网即灵活以太网，从 2015 年开始起步，面向云服务、5G 网络分片、VR/AR（virtual reality，虚拟现实；augmented reality，增强现实）及超高清视频等时延敏感业务需求，通过接口技术创新实现向高速大容量端口（400GE、ITE 端口等）演进。灵活以太网利用通道化实现子速率承载、硬管道及隔离，以及低时延、低抖动的算法技术等，可以进一步构建智能端到端低时延链路，在拥塞情况下可以确保高优先级业务的低时延并实现零丢包，实现可保障的低时延、高服务质量（quality of service，Qos）的 IP 网络。灵活以太网将成为未来全 IP 网络的基础。

未来，不只是数据中心，包括智慧城市、大数据、云计算和智能制造等，都是网络的应用领域。目前，已有企业着手研发更快速的以太网传输技术。2017 年 3 月，中兴通讯股份有限公司宣布其在先进的补偿算法的支持下，将 84-Gbaud PDM-8QAM 波分信号在标准单模光纤链路上成功传输了 2125km，创造了单载波 400G 的最长传输距离纪录。除了传输技术的研发，还需要将硅晶片、芯片、光模块以及测试等连接在一起，实现标准化，以搭建一个全景的体系和生态系统。

3.2　帧中继技术

帧中继（frame relay）技术是由 X.25 分组交换技术演变而来的。由于 X.25 只能提供低速的分组服务，无法满足高速交换的需要，因此迫切需要一种支持高速交换的网络体系结构。帧中继就是在这一背景下推出的，它在许多方面类似于 X.25。

3.2.1　帧中继概述

在 X.25 网络发展初期，网络传输设施基本是借用模拟电话线路，这种线路非常容易受到噪声的干扰而产生误码。为了确保传输无差错，X.25 在每个节点都需要进行大量的处理，保证数据帧在节点间无差错传输。这样，数据帧在经过多个节点处理后，需要较长的时延才能到达目的站。自 20 世纪 80 年代后期以来，通信系统的主干线已逐步采用光纤，数字光纤网比早期电话网的误码率降低了几个数量级。因此，完全可以省去 X.25 中的差错控制和流量控制，减少节点对每个分组的处理时间，这样各分组通过网络的时延就可以大大减小，节点对分组的处理能力也就增强了。

实质上，帧中继就是一种减少节点处理时间的技术。它的基本策略是认为帧的传送基本上不会出错，只要知道帧的目的地址就立即转发该帧，节点基本不做处理，某些工作留给用户端去完成，这显然减小了帧在节点的时延。实验结果表明，采用帧中继时，一个帧的处理时间可以减小一个数量级。这种传输数据的帧中继方式也称 X.25 的流水线方式，但帧中继网络的吞吐量要比 X.25 网络提高至少一个数量级。通常使用帧中继有一个前提条件，那就是仅当帧中继网络本身的误码率非常低时，帧中继技术才是可行的。

下面从协议层次比较帧中继和一般分组交换网。如图 3.7 所示，帧中继网络中的各节点没有网络层，其数据链路层只具有有限的差错控制功能，只有在通信两端的主机中的数据链路层才具有完全的差错控制功能。而在一般分组交换网络中每个节点的数据链路层具有完全的差错控制功能。

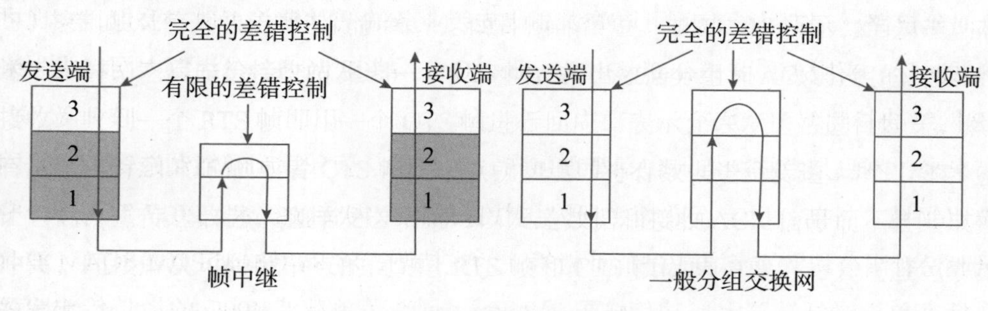

图 3.7　帧中继与一般分组交换网在层次上的差别

由于帧中继和一般分组交换网在协议层次上的不同，所以二者在传输数据帧时所要传输的信息过程也不相同，如图 3.8 所示。图 3.8（a）说明帧中继的情况，它的中间站点只转发帧而不发送确认帧，即中间站点没有逐段的链路控制能力。只有最后目的站点收到一帧后才向源站发回端到端的确认。图 3.8（b）说明一般分组交换网的情况，每个节点在收到一帧后都要发回确认帧。最后目的站点在收到一个帧后还要向源站发回确认帧，同样也要逐站进行确认。

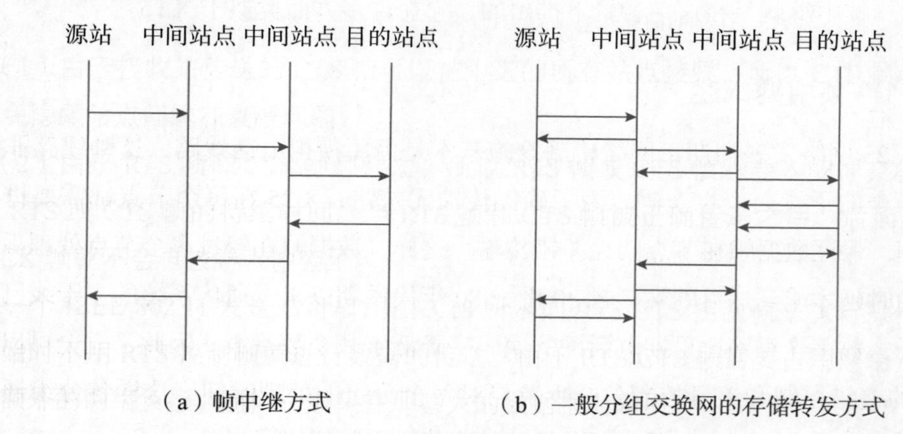

图 3.8　帧中继与一般分组交换网的存储转发方式对比

3.2.2　帧格式和呼叫控制

1. 帧中继的帧格式

帧中继的帧格式如图 3.9 所示。

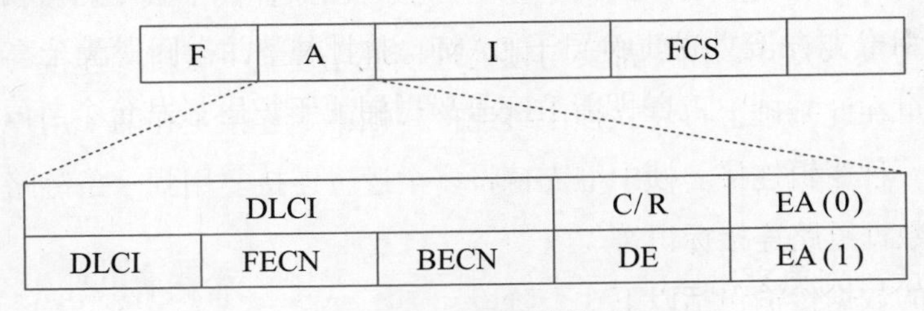

图 3.9　帧中继的帧格式

帧格式中各个字段含义如下所示。

F：帧头和帧尾标志。

A：地址字段。

I：信息字段。

FCS：帧校验序列。

DLCI：数据链路标识符。

C/R：命令 / 响应位。

EA：地址扩展标志。

FECN：前向传输阻塞通知。

BECN：后向传输阻塞通知。

DE：帧丢弃许可指示。

地址字段 A 的长度由 EA 标识，当 EA=1 时说明该字节是地址字段中的最后 1 字节。地址字段一般为 2 字节，必要时可扩展到 4 字节。2 字节的地址字段可容纳 10b 的 DLCI，即可标识 1024 个虚电路号。FECN、BECN 和 DE 位为阻塞管理所使用的指示位，C/R 位保留给上层使用，帧中继本身不使用。

信息字段 I 长度是可变的，一般为 1600 ～ 2048 字节。I 字段用来装载用户数据，包括接入设备使用的各种协议。I 字段中的协议信息对帧中继网络而言是完全透明的，即网络对它们不做任何处理。

2. 帧中继的呼叫控制

帧中继用户在进行呼叫时不是和被呼叫用户直接连接，而是先连接到一个帧处理模块。其具体接入方式主要有交换接入和综合接入两种。

（1）交换接入是指用户所连接的交换网络，如 ISDN，其本地的交换机并没有处理帧中继的能力。在这种情况下，交换接入必须使用户能够连接到在网络中某处的帧处理模块，这可以是一种按需的连接，也可以是半永久的连接。

（2）综合接入是指用户所连接的网络是一个帧中继网络，或者一个交换网络，其本地交换机具有处理帧中继的功能。在这种情况下，用户可以与帧处理模块直接建立逻辑连接。

无论是何种接入方式，用户都要与帧处理模块先建立一条接入连接。而一旦建立了接入连接，就可在此基础上再建立帧中继连接。帧中继连接是在两个用户交换数据帧之前必须建立的一种逻辑连接。帧中继支持将多个逻辑连接复用到一条链路上，并为每个连接赋唯一的数据链路连接标识符。

用户之间的数据传输包括以下3个阶段。

（1）在两个端用户之间建立一条逻辑连接，并为这个连接赋一个唯一的DLCI。

（2）以数据帧为单位交换数据，每一帧包括一个DLCI字段以标识这个连接。

（3）数据交换完毕后，释放逻辑连接。

建立和释放逻辑连接时必须在为呼叫控制使用的逻辑连接上传送DLCI等于0的报文。

3.2.3 帧中继的应用

帧中继的应用十分广泛，它适用于大流量、短延迟、高分辨率的可视图文件及长文件的传输。下面主要介绍几个基于帧中继的永久虚电路业务在实际中的应用。

1. 局域网互联

利用帧中继网络实现局域网互联是帧中继最典型的一种应用。在已建成的帧中继网络中，进行局域网互联的用户数量占90%以上，因为帧中继很适合为局域网用户传送大量的突发性数据，传输速率为2Mbit/s ~ 45Mbit/s。

许多大型企业、银行、政府部门中，其总部需要和各地分支机构所建立的局域网互联，而局域网中往往会产生大量的突发数据争用网络的带宽资源。如果采用帧中继技术进行互联，既可以节省费用，又可充分利用网络资源。

帧中继网络在业务量少时通过带宽的动态分配技术，允许某些用户利用其他用户的空闲带宽来传送突发数据，实现带宽资源共享，从而降低通信费用。帧中继网络在业务量大甚至发生拥塞时，由于每个用户都已分配网络可承诺信息速率，因此网络将按照用户信息的优先级及公平性原则，把某些超过网络可承诺信息速率的帧丢弃，并尽量保证未超过网络可承诺信息速率的帧可靠地传输，不会因拥塞而造成不合理的数据丢弃。由此可见，帧中继网络非常适合为局域网用户提供互联服务。

图3.10表示利用帧中继实现远程局域网之间的互联。异地局域网用户之间可传送大量突发性数据，实现远程高速互访及资源共享。

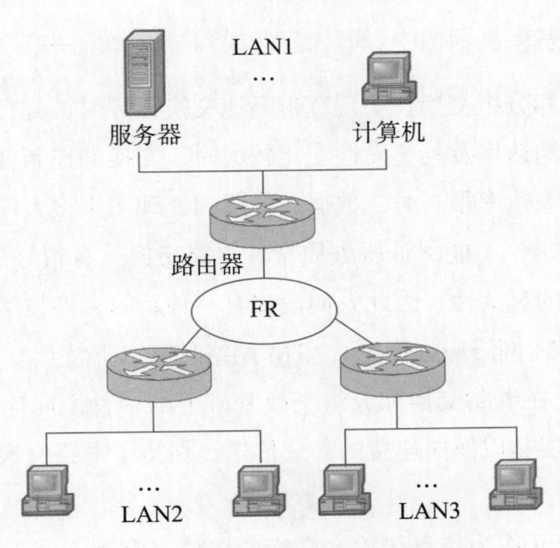

图 3.10　利用帧中继实现局域网互联

2. 图像传送

帧中继网络可提供图像、图表的传送业务，这些信息的传送往往占用较大的网络带宽。例如，医疗机构要传送一张 X 光胸透照片往往要占用 8Mbit/s 的带宽。如果用分组交换网传送则端到端的延迟过长；如果采用电路交换网传送，则费用太高。帧中继网络由于具有高速率、低延迟、动态分配带宽、低成本等特点，很适合传输这类图像信息。因而，诸如远程医疗诊断等方面的应用也可以采用帧中继网络来实现。

3. 虚拟专用网（VPN）

帧中继网络可以将网络中的若干节点划分为一个分区，并设置相对独立的管理机构，对分区内的数据流量及各种资源进行管理。分区内各个节点共享分区内的网络资源，分区之间相对独立，这种分区结构就是 VPN。采用 VPN 比建立一个实际的专用网要经济合算，尤其适合于大型企业的用户。

综上所述，帧中继是简化的分组交换技术，其设计目标是传送面向连接的用户数据。该类交换技术在保留传统分组交换技术的优点的同时，大幅度提高了网络的吞吐量，降低了传输设备与设施费用，可提供更高的性能与可靠性，缩短响应时间。

3.3　ATM 技术

随着网络应用技术的发展，人们对语音、图像和数据为一体的多媒体通信的需求日益增加。1990 年，CCITT 正式提议将异步传输模式（asynchronous transfer mode，ATM）作为实现宽带综合业务数字网（broad integrated services digital network，B-ISDN）的一项技术基础，这样以 ATM 为机制的信息传输和交换模式也就成为了电信和计算机网络运行的基础和 21 世纪通信的技术之一。

3.3.1 ATM概述

传统的电路交换和分组交换在实现宽带高速交换任务时，都存在一些问题。对于电路交换，当数据的传输速率及其突发性变化较大时，交换的控制就变得非常复杂；对于分组交换，当数据传输速率很高时，数据在各层的处理产生很大的开销，无法满足实时性较强的业务时延要求，不能保证服务质量。电路交换具有很好的实时性和服务质量，而分组交换具有很好的灵活性，因此人们设想有一种新的交换技术，能融合电路交换和分组交换的优点，ATM网络应运而生。ATM网络具有以下特点。

（1）ATM是建立在电路交换和分组交换基础上的一种面向连接的快速分组交换技术。所有信息在最底层是以面向连接的方式传送，保持了电路交换在保证实时性和服务质量方面的优点。

（2）ATM使用信元作为信息传输和交换的单位，有利于宽带高速交换。长度固定的首部可使ATM交换机的功能尽量简化，使用硬件电路就可实现对信元的处理，因而缩短了每个信元的处理时间。在传输实时语音或视频业务时，短的信元有利于减少时延，也节约了节点交换机存储信元所需的存储空间。

（3）ATM采用2.6.2节所述的异步时分多路复用的传输方式。这种方式能够充分利用带宽资源，并且能够很好地满足突发性数据的传输要求。

（4）ATM使用光纤信道传输。由于光纤信道的误码率极低，且容量很大，因此ATM网不必在数据链路层进行差错控制和流量控制，信元在网络中的传输速率得到了明显的提高。

（5）ATM兼容性好。ATM通过设置ATM适配层（ATM adaptation layer，AAL），对业务类型进行划分，通过AAL的适配把不同电信业务转换成统一的ATM标准，实现使用同一个网络来承载各种应用业务的目的，再辅以必要的网络管理功能、信令处理与连接控制功能，可以设置多级优先级管理，使ATM能够广泛适应各类业务的要求。

一个ATM网络由ATM端点设备、ATM中间点设备和物理传输介质组成。ATM端点设备又称ATM端系统，它是在ATM网络中能够产生或接收信元的源站或目的站，如工作站、服务器或其他设备。ATM端点设备通过点到点链路与ATM中间点设备相连。ATM网络中不同的物理传输介质支持不同的传输速率。ATM中间点设备即ATM交换机，是一种快速分组交换机，其主要构件包括交换结构、若干高速输入端口和输出端口及必要的缓存。最简单的ATM网络可以只有一台ATM交换机，并通过一些点到点链路与ATM端系统相连接。较小的ATM网络只拥有少量的ATM交换机，一般都连接成网状网络以获得较好的连通性。大型ATM网络则拥有较多的ATM交换机，并按照分级结构连成网络。

3.3.2　ATM 信元格式

ATM 使用固定大小的信元，共 53 字节，其中包括 5 字节的首部和 48 字节的信息字段，信元首部包含在 ATM 网络中传递信息所需的控制字段。ATM 信元的格式如图 3.11 所示。从图中可以看出，ATM 信元有两种不同的首部，它们分别对应用户 - 网络接口（user-network interface，UNI）和网络 - 网络接口（network-network interface，NNI）。这两种接口上的 ATM 信元首部仅仅在前两个字段有所差别，后面的字段完全一样。

8　7　6　5	4　3　2　1		
GFC	VPI		第1字节
VPI	VCI		第2字节
VCI			第3字节
VCI	PTI	CLP	第4字节
HEC			第5字节
数据			第6~53字节

（a）UNI

8　7　6　5	4　3　2　1		
VPI			第1字节
VPI	VCI		第2字节
VCI			第3字节
VCI	PTI	CLP	第4字节
HEC			第5字节
数据			第6~53字节

（b）NNI

图 3.11　ATM 的信元格式

ATM 信元首部中各字段的含义如下。

（1）通用流量控制（generic flow control，GFC）。字段占 4b，通常置为 0。该字段仅仅出现在 UNI 的信元首部，网络内部信元没有这个字段。GFC 字段用来在共享介质上进行接入流量控制，现在的点到点配置不需要这一字段的接入控制功能。

（2）虚通路 / 虚信道标识符（virtual path identifier/virtual channel identifier，VPI/VCI）。路由字段，该字段与帧中继中的 DLCI 字段的作用类似。在 UNI 信元中 VPI 占 8b，而在 NNI 信元中 VPI 占 12b，这样在网络内部就可以支持更多数量的 VP。VCI 占 16b。

（3）有效载荷类型指示（payload type identifier，PTI）。字段占 3b，用来指示信息字段中所装信息的类型。第一位为 0 表示用户信息，在这种情况下，第二位表示是否已经发生拥塞，第三位用来区分服务数据单元的类型。PTI 字段第一位为 1 表示这个信元承载网络管理或维护信息。

（4）信元丢失优先级（cell loss priority，CLP）。字段占 1b，用来在网络发生拥塞的情况下为网络提供指导。当网络负荷很重时，首先丢弃 CLP 为 1 的信元，以缓解可能出现的网络拥塞。

（5）报头差错控制（header error control，HEC）。字段占 8b，该字段对报头的前 4 字节进行 CRC 校验。

3.3.3 ATM 协议参考模型

ATM 的协议参考模型如图 3.12 所示。

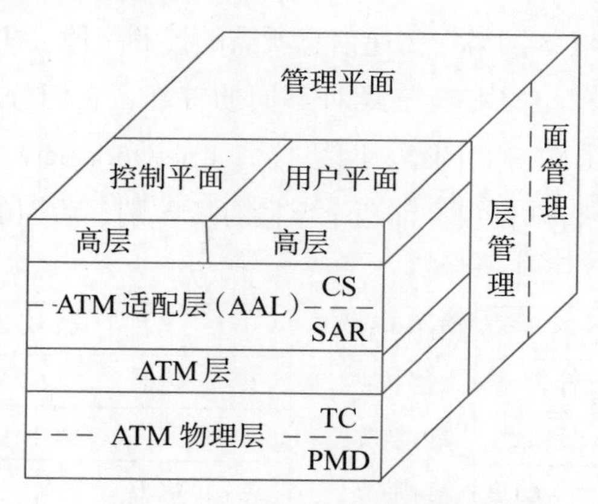

图 3.12 ATM 的协议参考模型

ATM 协议参考模型中最上面包括控制平面、用户平面和管理平面。3 个平面相对独立，分别完成不同的功能。用户平面提供用户信息流的传送，同时也具有一定的控制功能，如流量控制、差错控制等。控制平面完成呼叫控制和连接控制功能，利用信令进行呼叫和连接的建立、监视和释放。管理平面包括层管理和面管理。其中层管理完成与各协议层实体的资源和参数相关的管理功能，同时层管理还处理与各层相关的信息流；面管理完成与整个系统相关的管理功能，并对所有平面起协调作用。

ATM 的分层结构采用 OSI 的分层方法，各层相对独立，分为 ATM 物理层、ATM 层、ATM 适配层和高层。

（1）ATM 物理层。ATM 物理层进一步可划分为两个子层：物理介质相关子层和传输汇聚（transfer convergence，TC）子层。

① 物理介质相关子层。即前文提及的 PMD 子层，它是 ATM 物理层的下子层，主要定义物理介质与物理设备之间的接口，以及线路上的传输编码，最终支持位流在介质上的传输。

② 传输汇聚子层。TC 子层是 ATM 物理层的上子层，作用是为其上层的 ATM 层提供一个统一的接口。在发送方，它从 ATM 层接收信元，组装成特定的形式，以使其在 PMD 子层上传输；在接收方，它从来自 PMD 子层的位或字节流中提取信元，验证信元头，并将有效信元传递给 ATM 层。

（2）ATM 层。ATM 层是 ATM 网络的核心，它的功能对应 OSI 模型中的网络层。它为 ATM 网络中的用户和用户应用提供一套公共的传输服务。ATM 层提供的基本服务是完成 ATM 网络上用户和设备之间的信息传输。其功能可以通过 ATM 信元头中的字段来体现，主要包括信元头生成和去除、一般流量控制、连接的分配和取消、信元复用和交换、网络阻塞控制、汇集信元到物理接口以及从物理接口分拣信元等。

ATM 层向高层提供 ATM 承载业务服务，是对信元进行多路复用和交换的层。它在端点之间提供虚连接，并且维持协定的服务质量，在连接建立时执行连接许可控制进程，在连接进行过程中监察达成协定的履行情况。

ATM 层接收到 AAL 提供的信元载体后，必须为其加上信元头以生成信元，使信元能成功地在 ATM 网络上传输。当 ATM 层将信元载体向高层 AAL 传输时，必须去除信元头。信元载体提交给 AAL 后，ATM 层也将信元头信息提交给 AAL。所提交的信息包括用户信元类型、接收优先级及阻塞指示。

（3）ATM 适配层。ATM 适配层（AAL）负责处理从高层应用来的信息，为高层应用提供信元分割和汇聚功能，将业务信息适配成 ATM 信元流。在发送方，负责将从用户应用传来的数据包分割成固定长度的 ATM 有效负载；在接收方，将 ATM 信元的有效负载重组成用户数据包，传递给高层。

从功能上，AAL 分为两个子层：汇聚子层和拆装子层。

① 汇聚子层（convergence sublayer，CS）是与业务相关的。它负责为来自用户平面的信息做分割准备，以使 CS 子层能将这些信息再拼成原样。CS 子层将一些控制信息子网头或尾附加到从上层传来的用户信息上，一起放在信元的有效负载中。

② 拆装（segmentation and reassembly，SAR）子层的主要功能是将来自 CS 子层的数据包分割成 44 ～ 48 字节的信元有效负载，并将 SAR 子层的少量控制信息作为头、尾附加其上。此外，在某些服务类型中，SAR 子层还可以具有其他一些功能，如误码检测、连接复用等。

（4）高层。CCITT 将各种服务分为 A、B、C、D 和 X。ATM 高层 A、B、C 和 D 四种服务类型的特点如表 3.3 所示。

表 3.3　ATM 高层 A、B、C 和 D 四种服务类型的特点

<table>
<tr><th>服务类型</th><th>AAL 类型</th><th>端到端定时</th><th>速　　率</th><th>连接模式</th><th>应用举例</th></tr>
<tr><td>A 类</td><td>AAL1，AAL5</td><td rowspan="2">要求</td><td>恒定</td><td rowspan="3">面向连接</td><td>64kbit/s 语音</td></tr>
<tr><td>B 类</td><td>AAL2，AAL5</td><td>可变</td><td>可变位率图像</td></tr>
<tr><td>C 类</td><td>AAL3/4，AAL5</td><td rowspan="2">不要求</td><td rowspan="2"></td><td>面向连接数据</td></tr>
<tr><td>D 类</td><td>AAL3/4，AAL5</td><td>无连接</td><td>无连接数据</td></tr>
</table>

A 类服务为面向连接的恒定速率（constants bit rate，CBR）服务，主要提供恒定速率的语音图像业务及电路仿真业务。

B 类服务为可变比特率（variable bit rate，VBR）服务，主要用来传输可变位率的语音、视频服务，同时还用来传输优先级较高的数据。

C类服务定义为ATM上的帧中继，主要提供面向连接的数据服务。

D类服务表示ATM上无连接的数据服务。

X类服务允许用户或厂家自定义服务类型。

3.3.4 ATM的工作原理

1. 虚通路和虚信道

物理链路（physical link）是连接ATM交换机到ATM交换机、ATM交换机到ATM主机的物理线路。每条物理链路可以包括一条或多条虚通路（virtual path，VP），每条虚通路又可以包括一条或多条虚信道（virtual channel，VC）。这里，物理链路好比是连接两个城市之间的高速公路，虚通路好比是高速公路上两个方向的道路，而虚信道好比是每条道路上的一条条车道，那么信元就好比是高速公路上行驶的车辆。物理链路、虚通路和虚信道的关系如图3.13所示。

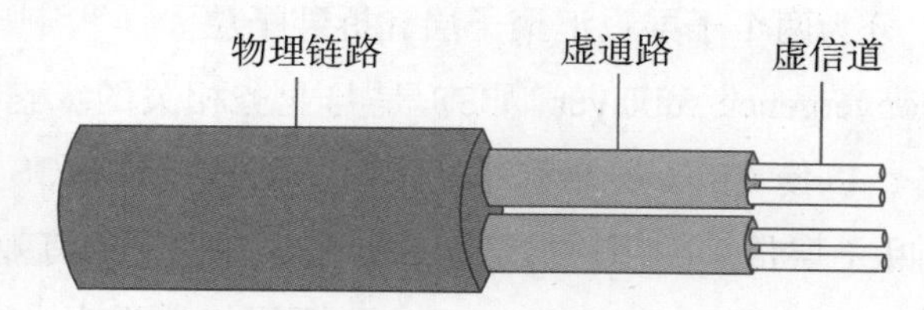

图3.13 物理链路、虚通路与虚信道的关系

ATM网的虚连接可以分为两级：虚通路连接（virtual path connection，VPC）与虚信道连接（virtual channel connection，VCC）。

在虚通路一级，两个ATM端用户间建立的连接被称为虚通路连接，而两个ATM设备间的链路被称为虚通路链路（virtual path link，VPL）。那么，一条虚通路连接是由多条虚通路链路组成的。在虚信道一级，两个ATM端用户间建立的连接被称为虚信道连接，而两个ATM设备间的链路被称为虚信道链路（virtual channel link，VCL）。虚信道连接（VCC）是由多条虚信道链路（VCL）组成的。虚通路连接与虚信道连接如图3.14所示。

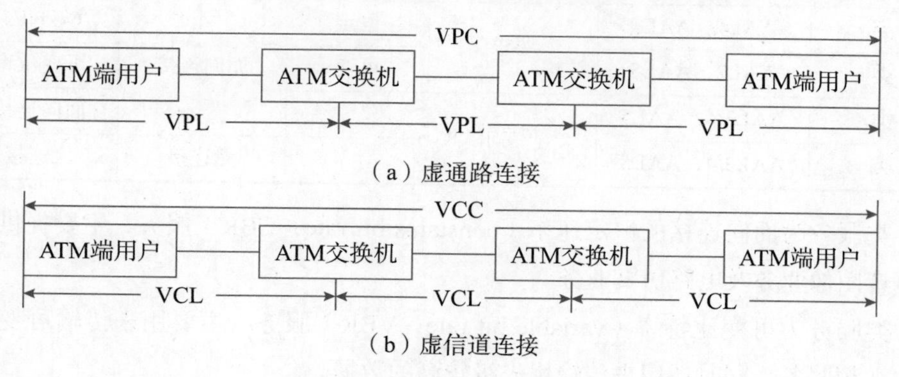

图3.14 虚通路连接与虚信道连接

图3.14（a）给出了虚通路连接的工作原理。每段虚通路链路（VPL）都是由虚通路标识符（virtual path identifier，VPI）标识的，每条物理链路中的VPI值是唯一的。虚通路可以是永久的，也可以是交换式的。每条虚通路中可以有单向或双向的数据流。ATM支持不对称的数据速率，即两个方向的数据速率可以是不同的。图3.14（b）给出了虚信道连接的工作原理，每条虚信道链路（VCL）都是由虚信道标识符（virtual channel identifier，VCI）标识的。

虚通路链路和虚信道链路都是用来描述ATM信元传输路由的。每个虚通路链路可以复用多达65535条虚信道链路。属于同一虚通道链路的信元，具有相同的虚信道标识符值，它是信元头的一部分。当源ATM端主机要和目的ATM端主机通信时，源ATM端主机发出连接建立请求。目的ATM端主机接收到连接建立请求并同意建立连接时，一条通过ATM网络的虚拟连接就可以建立起来了。这条虚拟连接可以用虚通路标识（VPI）与虚信道标识（VCI）表示出来。

2. 虚连接的建立和拆除

ATM网络中的连接可以是点到点的连接，也可以是点到多点的连接。根据建立的方式可分为永久虚连接（permanent virtual connection，PVC）和交换虚连接（switched virtual connection，SVC）。永久虚连接是通过网络管理等外部机制建立的。在这种连接方式中，处于ATM源站点和目的站点之间的一系列交换机都被赋予适当的VPI/VCI值。PVC存在的时间较长，主要用于经常要进行数据传输的两站点间。SVC是一种由信令协议自动建立的连接。下面介绍SVC的建立和拆除过程。

如图3.15（a）所示，建立虚连接的过程如下。

（1）源站点通过默认虚连接向目的站点发出连接建立（Setup）请求。该请求中包含源站点ATM地址、目的站点ATM地址、传输特性及QoS参数等。

（2）网络向要求建立连接的源站点回送呼叫确认（Call Proceeding），表明呼叫建立已启动，并不再接收呼叫建立信息。

（3）Setup沿网络向目的站点传播。在传播的每个目的站点都会返回确认（Call Proceeding）。

（4）目的站点接收到连接建立请求后，若满足连接条件，则返回连接（Connect），表明接受呼叫。然后，网络用连接（Connect）响应源站点，源站点被接受。

（5）在Connect返回源站点的过程中，每一步均会产生连接确认（Connect Ack），最后源站点用连接确认（Connect Ack）响应网络。

当数据传输完成后，虚连接要被拆除。如图3.15（b）所示，虚连接拆除的过程如下。

（1）要求拆除虚连接的源站点向网络发出拆除虚连接（Release）请求，相邻的交换机接到该消息后，向源站点返回拆除完成（Release Complete）。

（2）Release沿ATM网络向目的站点传播。在网络中传播的每一步，都会得到Release Complete确认。

（3）Release到达目的站点后，虚连接将被拆除。

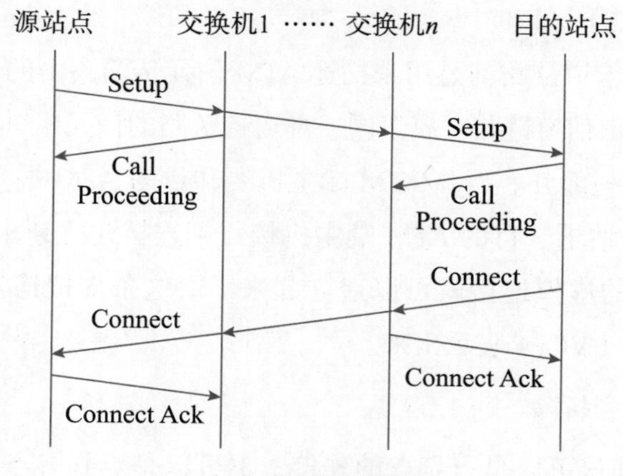

（a）虚连接的建立

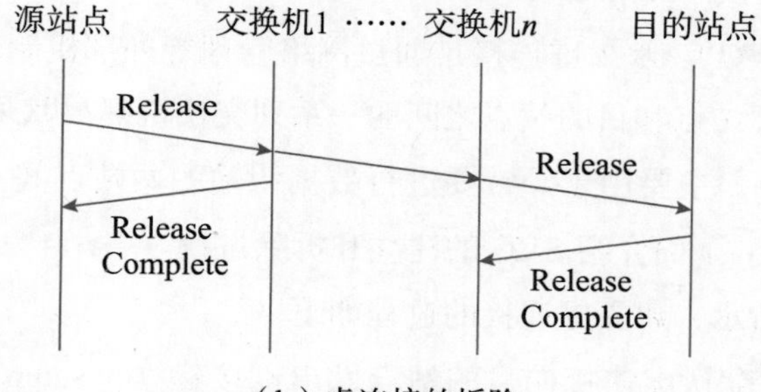

（b）虚连接的拆除

图3.15　虚连接的建立和拆除过程

ATM采用了虚连接技术将逻辑子网和物理子网分离。ATM先通过建立连接过程进行路由选择，两个通信实体之间的虚连接建立起来后，再进行数据传输。ATM通过将路由选择和数据传输分离，简化了数据传输过程中的控制，提高了数据传输的速率。

3.3.5　ATM应用

1. ATM局域网

ATM局域网是指以ATM结构为基本框架的局域网络。它以ATM交换机作为网络交换节点，通过ATM接入设备将各种业务接入ATM网络中，实现互联互通。

局域网发展已经历经了三代。第一代以CSMA/CD和令牌环为代表，提供终端到主机的连接，支持客户机/服务器结构。第二代以FDDI为代表，满足对局域网主干网的要求，支持高性能工作站。第三代以千兆位以太网与ATM局域网为代表，提供多媒体应用所需的吞吐量和实时传输的质量保证。

对于第三代局域网，有如下要求。

（1）支持多种服务级别。例如，对于视频应用，为了确保性能，需要2Mbit/s的连接，而对于文件传输，则可以使用后台服务器。

（2）提供不断增长的吞吐量，包括每个主机容量的增长以及高性能主机数量的不断增长。

（3）能实现LAN与WAN互联。

ATM可满足上述要求，利用虚通路和虚信道，通过永久连接或交换连接，很容易提供多种服务级别。ATM也容易实现吞吐量的不断提升，例如，增加ATM交换机节点数量和使用更高的数据速率与相连接的设备通信。

虽然ATM网络具有带宽高、速度快、服务质量高等优点，其性能大大优于传统共享介质的局域网，但是ATM局域网也面临巨大的挑战，具体表现在以下几方面。

（1）价格。目前以太网得到广泛应用的主要原因之一是价格低廉，而ATM要想成为局域网的主流技术，必须大幅度降低成本。

（2）与现有局域网的连接。由于以太网等局域网技术非常成熟，应用广泛，因此，ATM局域网必须解决与现有局域网络的互联，确保用户不需要安装任何新的软硬件设备，就能通过ATM局域网进行通信。

（3）扩展性。ATM要想在应用广泛的局域网领域站稳脚跟，必须提高ATM局域网的扩展性，主要是功能扩展性和带宽扩展性。

（4）网络管理。现有局域网大多使用简单网络管理协议（simple network management protocol，SNMP），网络管理简单统一。当ATM局域网与现有局域网互联时，就会产生如何管理异构网络的问题。

2. ATM广域网

1）在B-ISDN中的应用

业务的综合化和网络的宽带化是通信网的发展方向。尽管窄带综合业务数字网的性能远优于公用电话网，具有很大的经济价值，但是存在以下局限。

（1）传输带宽有限。最高能处理2Mbit/s的业务，难以支持高清晰度图像通信和高速数据通信。

（2）业务综合能力有限。由于窄带综合业务数字网同时使用电路交换和分组交换两种交换方式，很难适应从低速到高速业务的有效综合。

（3）用户接入速率种类少，不能提供速率低于64kbit/s的数字交换服务，网络资源浪费严重。

（4）不能适应未来的新业务。

20世纪90年代以来，由于光纤传输技术、宽带交换技术和图像编码技术等取得了突破性的进展，同时人们对多媒体通信和高清电视等业务的需求与日俱增，宽带综合业务数字网（B-ISDN）受到了广泛的关注和研究。作为B-ISDN的交换技术，ATM克服了传统的电路交换模式和分组交换模式的局限性。ATM网络的用户线速率可达622Mbit/s，高速的数据业务能在给定的带宽内有效地满足用户的需求。

2）在企业主干网中的应用

ATM已开始广泛应用于企业主干网，可为企业主干网提供155Mbit/s以上的传输速率。当然，由于传输速率为1Gbit/s及10Gbit/s的以太网的出现和发展，ATM也面临着激烈的竞争。

现在几乎所有的ATM厂商和大多数网络厂商都提供使用光纤的155Mbit/s ATM主干网交换机，有的还提供25Mbit/s的ATM桌面产品。ATM的传输速率正在向数Gbit/s至数十Gbit/s发展，ATM作为企业主干网技术能否得到普及应用，主要取决于其价格和标准的完善程度。

3.4 无线局域网

3.4.1 无线局域网概述

无线局域网（wireless lan，WLAN）是计算机网络与无线通信技术相结合的产物。从专业角度讲，无线局域网利用了无线多址信道这种有效方法来支持计算机之间的通信，并为通信提供移动化、个性化和多媒体应用。无线局域网就是在不采用传统线缆的同时，提供有线以太网或者令牌网的功能。

与有线网络相比，无线局域网主要具有以下优点。

（1）安装便捷。在网络建设中，周期最长、对周边环境影响最大的就是网络布线施工。在施工过程中，往往需要破墙掘地、穿线架管或平面铺设。而无线局域网最大的优势就是免去或减少了网络布线的工作量，一般只要安装一个或多个接入点设备，就可以建立覆盖整个建筑或地区的网络。

（2）使用灵活。在有线网络中，网络设备的安放位置受网络信息点位置的限制。而无线局域网一旦建成后，在无线网的信号覆盖区域内任何位置都可以接入网络。

（3）经济节约。有线网络缺少灵活性，这就要求网络规划者尽可能地考虑未来发展的需要，往往导致预设了大量利用率较低的信息点，且一旦网络的发展超出了设计规划，又要花费较多费用进行网络改造，而无线局域网可以避免或减少以上情况的发生。

（4）易于扩展。无线局域网有多种配置方式，能够根据需要灵活选择。因此，无线局域网就能胜任从只有几个用户的小型局域网扩展到上千用户的大型网络，并且能够提供“漫游”等有线网络无法提供的特性。

无线局域网在给网络用户带来便捷性和实用性的同时，也存在以下缺陷。

（1）性能受环境影响。无线局域网是依靠无线电波进行传输的。这些电波通过无线发射装置进行发射，而建筑物、车辆、树木和其他障碍物都可能阻碍电磁波的传输，所以无线局域网的网络性能易受到环境的影响。

（2）速率相对不高。无线信道的传输速率低于有线信道。目前，常见的无线局域网 Wi-Fi 5 的传输速率可达 3.5Gbit/s，而最新一代的 Wi-Fi 6 的传输速率可达 9.6Gbit/s，理论速度提升了近三倍。目前，光纤传输率可达 100Gbit/s，而且据报道，2022 年，一个国际工程团队使用单个激光器和单个光学芯片，实现了超过 1Pbit/s 的传输速率。

（3）安全性不高。本质上无线电波不要求建立物理的连接通道，无线信号是发散的，因此很容易监听到无线电波广播范围内的任何信号，造成通信信息泄露。

3.4.2　无线局域网标准 IEEE 802.11

1. IEEE 802. 11 系列标准

1997 年，IEEE 发布了第一个无线局域网标准（802.11 标准）。802.11 标准中物理层较为复杂，根据物理层的差异（如工作频段、数据传输率和调制方式等），又可细分为多种类型。目前最新的是 802.11ax，又称 Wi-Fi 6。最常用的标准如下。

（1）IEEE 802.11a。它采用正交频分复用（orthogonal frequency division multiplexing，OFDM）技术调制数据，使用 5GHz 的频段。OFDM 技术可提供 25Mbit/s 的无线 ATM 接口和 10Mbit/s 的以太网无线帧结构接口等。IEEE 802.11a 可在很大程度上提高传输速度，改进信号质量，克服干扰。物理层速率可达 54Mbit/s，传输层速率可达 25Mbit/s，能满足室内及室外的应用。

（2）IEEE 802.11b。它采用补码键控（complementary code keying，CCK）或直接序列扩频（direct sequence spread spectrum，DSSS）调制方式，使用 2.4GHz 的频段。其对无线局域网通信的最大贡献是可以支持两种速率——5.5Mbit/s 和 11Mbit/s。多速率机制的介质访问控制可确保当工作站之间距离过长或干扰太大、信噪比低于某个门限值时，传输速率能够从 11Mbit/s 自动降到 5.5Mbit/s，或根据 DSSS 技术调整到 2Mbit/s 或 1Mbit/s。

（3）IEEE 802.11g。它采用分组二进制卷积码（packet binary convolutional coding，PBCC）或 CCK/OFDM 调制方式，使用 2.4GHz 的频段，对现有的 IEEE 802.11b 系统向下兼容。它既能适应传统的 IEEE 802.11b 标准，也符合 IEEE 802.11a 标准，从而解决了对已有的 IEEE 802.11b 设备的兼容。用户还可以配置与 IEEE 802.11a、IEEE 802.11b 以及 IEEE 802.11g 均兼容的多方式无线局域网，有利于促进无线网络市场的发展。

（4）IEEE 802.11n。它采用多输入多输出（mutiple-input multiple-output，MIMO）

或 OFDM 调制方式，使用 2.4/5GHz 的频段，允许 40MHz 的无线频宽，最大传输速率理论值为 600Mbit/s。IEEE 802.11n 引入了服务质量管理功能，支持语音和视频应用，使无线局域网的传送速率更快、传输质量更稳定、覆盖范围更广和兼容性更强，可向下兼容 IEEE 802.11a、IEEE 802.11b 及 IEEE 802.11g 等标准。

（5）IEEE 802.11ax。它是目前最新的无线局域网技术，使用了正交频分多址（orthogonal frequency division multiple access，OFDMA）、多用户多输入多输出（multi-user multiple-input multiple-output，MU-MIMO）等技术，使用 2.4/5GHz 的频段。IEEE 802.11ax 允许路由器同时与多达 8 个设备通信，最高速率可达 9.6Gbit/s。

2. IEEE 802.11 介质访问控制规范

IEEE 802.11 的数据链路层由逻辑链路控制（LLC）层和介质访问控制（MAC）层两个子层构成。IEEE 802.11 使用与 IEEE 802.3 完全相同的 LLC 子层和 IEEE 802 协议中的 48 位 MAC 地址，这使得无线网和有线网之间的连接非常方便。

在 IEEE 802.3 协议中，介质访问控制由 CSMA/CD 协议来完成。这个协议解决了传统以太网各个工作站要避免因多台设备需要同时传输数据而产生冲突的问题。但是无线局域网却不能简单地搬用 CSMA/CD 协议，其原因如下。

（1）检测冲突的能力需要有同时发送和接收的能力，这样才能实现冲突检测。而在无线局域网的设备中，要实现这个功能的代价是很高的。

（2）即使无线局域网有冲突检测能力，并且在发送的时候没有侦听到冲突，在接收方也还是会发生冲突的，这表明冲突检测对无线局域网没有意义。

当站点 A 和 C 同时需要向站点 B 发送数据时，若 A 与 C 之间存在物理障碍无法相互收到对方信号，则 A 和 C 传输的信息在 B 处产生干扰，如图 3.16（a）所示。信号强度在无线介质中传输时会衰减，若 A 和 C 之间相隔较远，很有可能收不到对方信号，则此时 A 和 C 传输的信息在 B 处也会产生干扰，如图 3.16（b）所示。

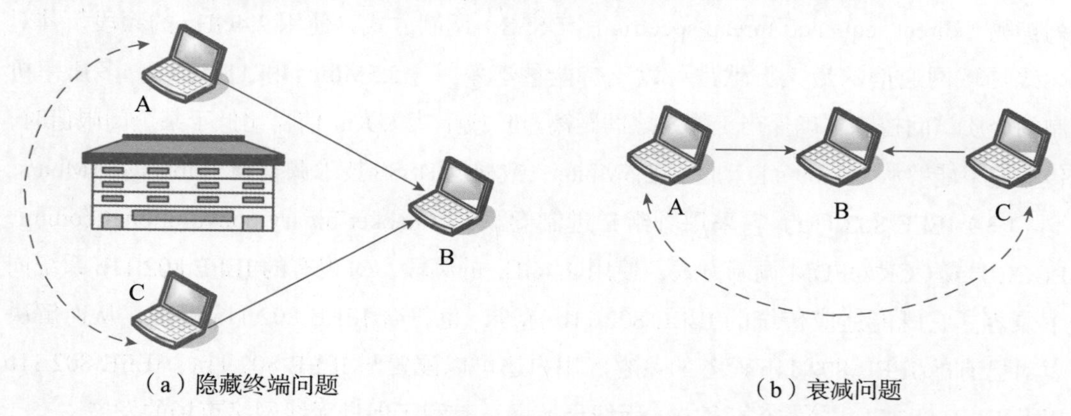

图 3.16　无线局域网问题

因此，无线局域网不能使用 CSMA/CD 协议，而只能使用改进的 CSMA/CD 协议。改进的办法是将 CSMA 增加一个碰撞避免（collision avoidance）功能，于是 IEEE 802.11 就可以使用 CSMA/CA 协议，并在使用 CSMA/CA 的同时还使用数据链路层确认机制以保证数据被正确接收。

为了尽量避免冲突，IEEE 802.11 规定，所有站点在完成发送后必须等待一段很短的时间才能发送下一帧，这段时间称为帧间间隔（inter frame space，IFS）。帧间间隔的长短取决于该站欲发送帧的类型。高优先级帧需要等待的时间短，因此可优先获得发送权，但低优先级帧就必须等待较长时间。若低优先级帧还未发送而其他站的高优先级帧已经发送，则信道变为忙态，低优先级帧就只能继续推迟发送，这样就减少了冲突。

在 IEEE 802.11 规范中，物理层对无线电频率的能量级进行侦听来确定是否有其他站点正在发送，并将这个载波侦听信息提供给 MAC 协议。如图 3.17 所示，如果在等于或大于分布协调功能帧间间隔（distribution inter frame space，DIFS）中，信道都一直被侦听到为空闲，那么就允许一个站点发送数据。在使用了某种随机访问协议的情况下，如果没有其他站点对该帧的传送造成干扰的话，该帧就会被目的站点成功接收。当一个接收站点作为被标明的接收方正确和完全地接收了一个帧时，它会进行短时间的等待，这个短时间间隔称为短帧间间隔（short inter frame space，SIFS），然后接收站向发送站发送 ACK 帧。这个数据链路层确认可以让发送站知道接收站已经正确地收到了发送站的数据帧，这个确认是需要的，因为无线的发送站与有线的以太网不同，它无法确定所传送的帧是否被成功地接收了。如果发送站侦听到信道处于忙的状态时，站点执行一个类似于以太网中的后退过程。更确切地说，一个侦听到信道忙的站点将把访问向后推迟，直到它侦听到信道为空闲时。因此 CSMA/CA 协议中，IEEE 802.11 的帧中包含了一个持续时间字段，在这个字段中发送站显式地指出了该帧在信道上传送的时间长度。这个值告诉了其他站点它们需要将自己的访问进行延迟的最小时间长度，这就是所谓的网络分配向量（network allocation vector，NAV）。

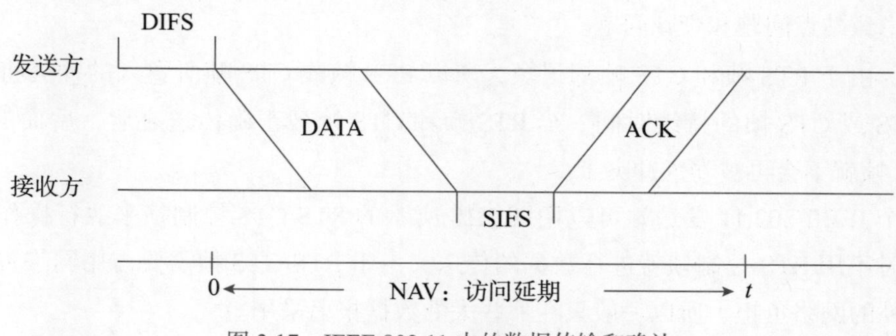

图 3.17　IEEE 802.11 中的数据传输和确认

一旦信道在等于 DIFS 的一段时间内被侦听到为空闲，站点就会计算一个额外的随机后退时间，并且在信道处于空闲的状态时对这个时间进行倒计数。当这个随机后退计时器到达 0 值时，站点开始传送它的帧。也可能当随机后退计时器的时间还未减小到 0 时信道又转为忙态，这时就冻结随机后退计时器的数值，重新等待信道变为空闲，再经过 DIFS 时间后，继续启动随机后退计时器。这种规定有利于继续启动随机后退计时器的站点更早地接入信道中。在 WLAN 中，随机后退计时器是用来避免多个站点在一个 DIFS 的空闲期之后立即同时开始传送。每当一个传送的帧遇到了冲突时，这个随机后退计时器所选取的间隔时间就会加倍。

为了更好地解决隐藏站带来的冲突问题，IEEE 802.11 在 MAC 子层上引入了一个新的 RTS/CTS 控制帧，即请求发送（request to send，RTS）和允许发送（clear to send，CTS）控制帧对信道的访问进行预约，这两种帧都很短。如图 3.18 所示，当发送站想要发送一帧时，它首先给接收站发送一个 RTS 帧，指出数据分组和 ACK 分组的持续时间。当接收站收到一个 RTS 帧即用一个 CTS 帧进行回应，表示允许发送站进行发送。然后，所有其他收听到 RTS 帧或者 CTS 帧的站点就知道即将有数据进行传送，所以 CTS 帧能够让它们停止传送数据，这样发送站就可以发送数据和接收 ACK 信号而不会造成数据的冲突，间接解决了隐藏节点的问题。RTS 帧和 CTS 帧以两种重要的方式避免数据冲突的发生。

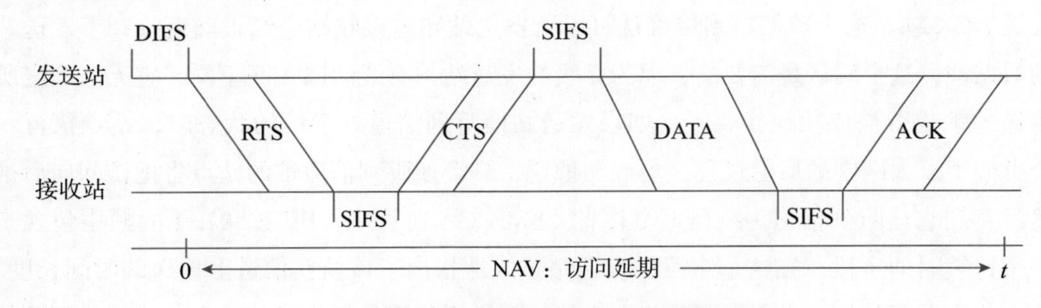

图 3.18　用 RTS 帧和 CTS 帧来避免数据冲突

（1）由于接收站传送的 CTS 帧可以被附近的所有站点接收，所以 CTS 帧就可以帮助避免隐藏站点问题和衰减问题。

（2）由于 RTS 帧和 CTS 帧都很短，所以 RTS 帧或 CTS 帧所卷入的冲突将仅仅为一个 RTS 或 CTS 帧的持续时间。当 RTS 帧和 CTS 帧被正确传送之后，后面的 DATA 和 ACK 帧就不会再被卷入冲突了。

一个 IEEE 802.11 发送站可以用图 3.18 所示的 RTS/CTS 控制帧来执行操作，也可以开始时不用 RTS 控制帧就进行数据的传送。由于 RTS/CTS 帧需要占用网络资源而增加了额外的网络负担，所以一般只在那些大的数据报上采用。

IEEE 802.11 的 MAC 子层在介质访问控制上提供了另外两个功能：CRC 校验和包

分片。在 IEEE 802.11 中，每个在无线网络中传输的数据报都被附加上了校验位，以保证它在传送时不出现错误，这和以太网中通过上层 TCP/IP 来对数据进行校验有所不同。包分片的功能允许大的数据报在传送时被分成较小的部分分批传送，这在网络十分拥挤或者存在干扰的情况下是十分有效的。这项技术可大大减少许多情况下数据报被重传的概率，从而提高了无线网络的整体性能。MAC 子层负责将收到的被分片的大数据报进行重新组装，而这个分片过程对于上层协议是完全透明的。

3.4.3　无线局域网组网模式

将 WLAN 中的几种设备结合在一起使用，就可以组建出多层次、无线和有线并存的计算机网络。WLAN 的组网模式可以分为两种：点对点无线网络（Ad-Hoc 模式）和集中控制式网络（infrastructure 模式）。

1. 点对点无线网络

点对点无线网络是一种对等网络，所有节点地位平等，无须设置中心控制节点，如图 3.19 所示。网络中的节点不仅具有普通移动终端的功能，而且具有报文转发能力。相比于普通移动网络和固定网络，它具有以下特点。

（1）无中心。点对点无线网络不存在中心控制节点，节点可以随时加入和离开网络，任何节点出现故障，对网络以及其他节点无任何影响，具有较强的抗毁性。

（2）自组织。网络搭建和扩展无须依赖任何预设的网络设施。节点通过分层协议和分布式算法协调各自的行为，节点开机后可快速、自动地组成一个独立网络。

图 3.19　Ad-Hoc 网络

（3）多跳路由。当节点要与其覆盖范围外的节点进行通信时，需要中间节点的多跳转发。与固定网络的多跳不同，点对点无线网络中的多跳路由是由普通的网络节点完成，而不是由专门的路由设备完成。

（4）动态拓扑。点对点无线网络是一个动态网络，网络节点可随处移动，也可随时开机与关机，这些都会使网络的拓扑结构随时发生变化。

上述特点使点对点无线网络的体系结构、网络组织和协议设计等与蜂窝移动通信网络和固定通信网络有着显著的区别。由于该类网络架设无须连接无线接入点（access point，AP），可在短时间内搭建网络，成本低廉。但该类网络传输距离有限，适合临时的无线通信需求。如在战争时，战场上往往没有预先搭建好的固定接入点，军人可临时建立点对点无线网络进行通信。

2. 集中控制式网络

集中控制式网络模式是一种整合了有线和 WLAN 架构的应用模式，其使用无线网卡与无线 AP 进行无线连接，再通过无线 AP 与有线网络建立连接。常用的 Wi-Fi 便是该模式。集中控制式网络模式定义了基本服务集（basic service set，BSS），它由一些运行相同 MAC 协议和争用同一共享介质的站点组成。一个 BSS 通常包含一个或者多个无线站点和一个 AP，如图 3.20 所示。无线站点和接入点之间用 IEEE 802.11 无线 MAC 协议互相通信，可以将多个接入点连接起来形成一个分布式系统（distribution system，DS）。从较高层协议看，分布式系统和用网桥连接的有线以太网一样，都像是一个单独的网络。通过 DS 把两个或更多个 BSS 互联起来，就构成了一个扩展服务集（extended service set，ESS）。ESS 相对于逻辑链路控制层来说，只是一个简单的逻辑 LAN。

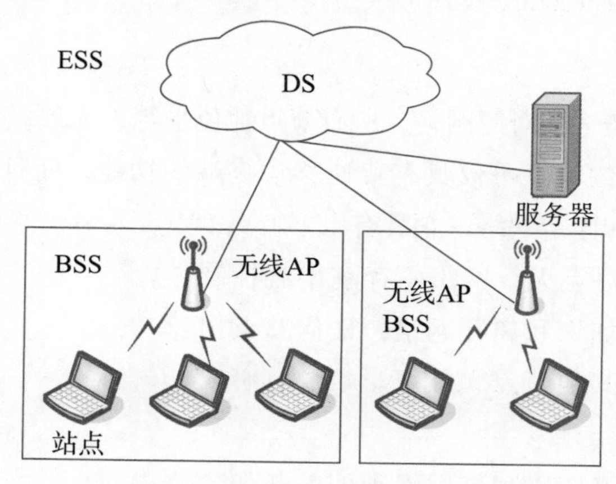

图 3.20　IEEE 802.11 体系结构

3.4.4　无线局域网的主要类型

无线局域网按所采用的传输技术可分为 3 类：红外线局域网、扩频无线局域网和窄带微波无线局域网。

1. 红外线局域网

红外线相对于微波传输来说有明显的优点。首先，红外线频谱非常宽，所以能提供极高的数据传输速率。其次，红外线与可见光的一部分特性相似，即它可以被浅色物体漫反射，因此可通过天花板反射来覆盖整个房间。红外线无线局域网具有以下优点。

（1）红外线通信与微波通信相比更不易被入侵，有较高的安全性。

（2）一座大楼中每个房间里的红外线网络可以互不干扰，因此可以建立一个较大的红外线网络。

（3）红外线局域网设备相对简单、便宜。红外线数据传输基本上采用强度调制，所以红外线接收器只要测量光信号的强度，而大多数微波接收器则要测量信号的频谱或相位。

红外线局域网也存在一些缺陷。例如，室内环境中的阳光或室内照明的强光都会成为红外线接收器的噪声部分，因此限制了红外线局域网的应用范围。

红外线局域网有 3 种数据传输技术。

（1）定向光束红外传输技术。定向光束红外线可以用于点到点链路。在这种方式中，传输的范围取决于发射的强度和接收装置的性能。红外线可以用于连接几座大楼内的网络，但是每座大楼的路由器或网桥都必须在视线范围内。

（2）全方位红外传输技术。一个全方位配置要有一个基站，基站能看到红外线无线局域网中的所有节点。典型的全方位配置结构是将基站安装在天花板上，基站的发射器向各个方向发送信号，每个红外线接收器都能接收到信号，所有节点的接收器都用定位光束瞄准天花板上的基站。

（3）漫反射红外传输技术。全方位配置需要在天花板上安装一个基站，而漫反射配置则不需要。在漫反射红外线配置中，所有节点的发射器都瞄准天花板上的漫反射区。如果红外线射到天花板上，则被漫反射到房间内的所有接收器上。

2. 扩频无线局域网

目前，扩频技术是使用最广泛的无线局域网技术。扩频技术起初是为满足军事和情报部门的需求开发的，其主要想法是将信号散布到更宽的带宽上，以使发生拥塞和干扰的概率减小。目前扩频有两种方法：跳频和直接序列扩频。

（1）跳频。在跳频方案中，发送信号的频率按固定的时间间隔从一个频谱跳到另一个频谱，接收器与发送器同步跳动，从而可正确地接收信息。而那些可能的入侵者只能得到一些无法理解的标记。发送器以固定的时间间隔变换发送频率。IEEE 802.11 标准规定每经过 300ms 的时间间隔变换一次发送频率。发送频率变换的顺序由一个伪随机码决定，发送器和接收器使用相同的变换序列。

（2）直接序列扩频。直接序列扩频曾在 2.11.2 节提到，即将原始数据“1”或“0”用多个（通常 10 个以上）芯片（chip）来代表，使得原来较高功率、较窄频的信号变成具有较宽频的低功率信号。每个信息位使用的芯片数量称作扩展配给数（spreading ration），高扩展配给数可以增强抗噪声干扰能力，低扩展配给数则可以增加用户的使用人数。通常，直接序列扩频的扩展配给数较少，例如几乎所有 2.4GHz 的无线局域网产品所使用的扩展配给数皆少于 20，但 IEEE 802.11 的标准规定该值约为 100。

3. 窄带微波无线局域网

窄带微波是指使用微波无线电频带进行数据传输，其带宽刚好能容纳信号。窄带微波无线局域网分为免申请执照的窄带微波无线局域网与申请执照的窄带微波无线局域网。

（1）免申请执照的窄带微波无线局域网。1995 年，Radio LAN 成为第一个使用免申请执照的窄带无线局域网产品。Radio LAN 的数据传输速率为 10Mbit/s，使用 5.8GHz

的频率，在半开放的办公室有效范围是 50m，在开放的办公室有效范围是 100m。Radio LAN 采用了对等网结构。传统局域网组网一般需要集线器，而 Radio LAN 组网不需要集线器，它可以根据位置、干扰和信号强度等参数自动选择一个节点作为动态主管。当节点位置发生变化时，动态主管也会自动变化。这个网络还提供动态中继功能，它允许每个站点像转发器一样工作，以使不在传输范围内的站点彼此也能进行数据传输。

（2）申请执照的窄带微波无线局域网。用于声音、数据和视频传输的微波无线电频率需要申请执照和进行协调，以确保在一个地理环境中的各个系统之间不会相互干扰。在美国，由美国联邦通信委员会管理执照。每个地理区域的半径为 28km，并可以容纳 5 个执照，每个执照覆盖两个频率。在整个频带中，每对相邻的单元都避免使用互相重叠的频率。为了提高传输的安全性，所有的传输都经过加密。申请执照的窄带微波无线局域网可保证无干扰通信，与免申请执照的频带相比，法律将保护申请执照的频带执照拥有者数据通信不受干扰的权利。

3.4.5 无线局域网的应用

WLAN 具有安装简便、价格低廉及灵活性强等特点，已广泛应用于日常生活中。随着 802.11ax 技术的成熟与推广，WLAN 将在更大范围内应用。常见的应用如下。

（1）工作与生活领域。目前，WLAN 已深度融入日常生活、工作和生产中，无论是企事业单位、校园、医院、商业楼群，还是家庭，随处可见 WLAN，如 Wi-Fi 网络。人们使用有线或无线路由器作为接入点，通过设置添加认证功能，创建可移动、便捷和安全的局域网。使用者可随时打开或关闭个人设备与网络的连接，充分体现了用户的自主性。随着无线新技术的推广，人们在多个无线局域网中移动时，可实现自由切换网络。

（2）军事领域。由于作战或训练需要，军队常常进入无网络覆盖的环境中执行军事任务，例如在海上或森林中执行任务。此时可使用 Ad-Hoc 网络。军人可借助移动站临时搭建 Ad-Hoc 网络进行通信。一旦任务完成，关闭移动站电源即可切断网络。地震或洪水等灾害发生时，亦可使用 Ad-Hoc 网络。

（3）智能制造领域。随着物联网和无线通信技术的发展，生产制造领域正发生着巨大变化。企业开始在生产车间中使用移动终端设备采集数据，然后通过 WLAN 完成数据传输工作。后台接收数据后，利用大数据技术分析与决策，再通过 WLAN 将最终结果传递给生产环境中的智能机器人，最后由机器人执行决策，并反馈决策的结果。对于以往需要大量员工在特定工位执行的重复工作，目前智能机器人正逐渐代替人工完成这些不需要脑力的工作。通过将物联网技术与 WLAN 融合，形成了智联网，不仅提高了生产效率，还释放了大量劳动力，有利于企业转型升级。

本章小结

本章主要介绍了典型的局域网技术和广域网技术。目前有线局域网的主流是交换局域网，或称交换以太网，即通过以太交换机来组网。随着交换机速度的不断提高，先后推出了 100Mbit/s、1Gbit/s、10Gbit/s 以至 100Gbit/s 的交换机及相应的交换局域网。在交换局域网的基础上，可按需将局域网划分成多个逻辑工作组，一个逻辑工作组即为一个虚拟局域网，可大大提高其性能，因而获得了广泛的应用。

帧中继技术是广域网技术，由于其主干线路采用光纤传输，故可省去 X.25 分组交换技术中的差错控制和流量控制，因此通信速率大大提高。

ATM 技术是宽带综合业务数字网的技术基础，即该网中广泛采用 ATM 交换机作为节点交换机，目前用户速率可达到 622Mbit/s。ATM 交换机相对于 10Gbit/s、100Gbit/s 以太网交换机而言，传输速率还是太低，故较少用于局域网中。

无线局域网技术是近年来发展最快的技术之一，目前获得了广泛的应用。

思考题

3.1 解释 CSMA/CD 的工作原理。

3.2 试说明共享式以太网存在的问题。

3.3 交换以太网有哪些特点？

3.4 简述交换以太网的全双工通信。

3.5 虚拟局域网的实现有哪几种方式？各种方式的工作原理是什么？

3.6 简述以太网的发展趋势。

3.7 简述帧中继的差错控制方式。

3.8 简述帧中继的连接建立过程。

3.9 说明 ATM 网络作为宽带综合业务数字网的技术基础的原因。

3.10 说明 ATM 网络最终淡出市场的原因。

3.11 简述 ATM 网络的优点及它的层次结构。

3.12 试说明无线局域网的特点和无线局域网的主要类型。

3.13 试比较无线局域网的各种标准。

3.14 简述 WLAN 的组网技术。

3.15 请到智能制造企业调研 WLAN 的应用。

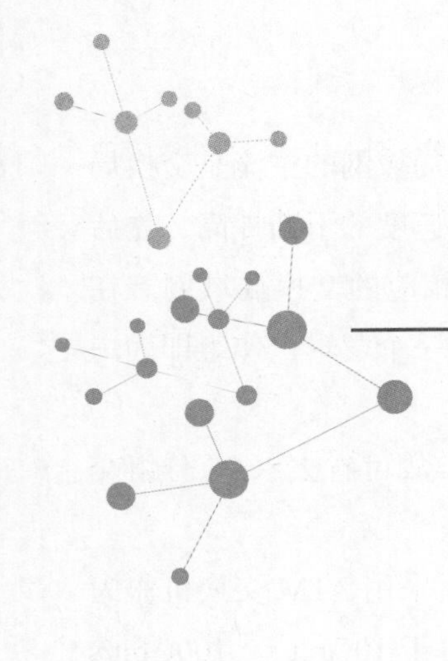

第 4 章　计算机网络硬件系统

计算机网络软件和硬件是计算机网络赖以存在的基础。在计算机网络系统中，网络硬件对计算机网络的性能起着决定性的作用，而网络软件则是支持网络运行、提高效率和开发网络资源的工具。网络软件主要是网络操作系统，将在第 5 章进行介绍。本章仅对网络硬件系统进行介绍。网络硬件系统主要包括网络服务器、网络工作站、网卡、网络设备、传输介质等。

通过本章学习，可以了解（或掌握）：

- 网络传输介质；
- 工作站和网络服务器；
- 网络设备。

4.1　传输介质

传输介质或数据通信媒体（media）是通信中实际传输信息的载体，是通信网络中发送方和接收方之间的物理通路。计算机网络中常用的传输介质可分为有线和无线两大类。有线传输介质是指利用电缆或光缆等充当的传输介质，例如双绞线、同轴电缆和光缆等；无线传输介质是指利用电波或光波充当的传输介质，例如无线电波、微波、红外线和卫星通信等。

4.1.1　双绞线

1. 双绞线的结构与特性

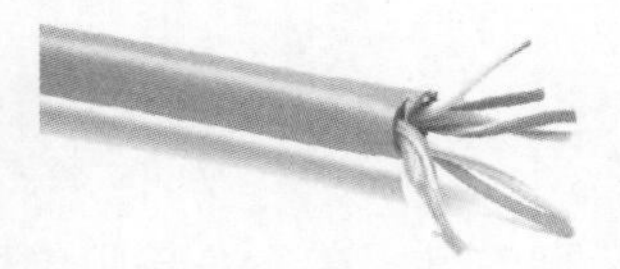

图 4.1　双绞线

双绞线（twisted pair）是综合布线工程中最常用的一种传输介质。双绞线是由两根相互绝缘的铜导线用规则的方法扭绞起来的，铜导线的典型直径为 1mm，如图 4.1 所示。将两根绝缘的铜导线按一定规则互相绞在一起，可降低信号干扰的程度，每一根导线在传输中辐射的电波会被另一根线上发出的电波抵消。电话系统中使用双绞线较多，几乎所有的电话都是使用双绞线连接到电话交换机。通常将一对或多对双绞线捆在一起，并将其放在一个绝缘套管中便成了双绞线电缆。

双绞线用于模拟传输或数字传输，特别适用于较短距离的信息传输。双绞线理论传输距离上限是 100m。当用双绞线进行数字传输，且传输距离太长时，可加中继器，以将失真的数字信号进行整形和放大。最多可安装 4 个中继器，最大传输距离可达 500 m。在短距离传输中，数据传输速率可达 40Gbit/s。当用双绞线进行模拟传输，且距离太长时，可加放大器，以将衰减的信号放大到合适的数值。导线越粗，其通信距离就越远，但造价也越高。

双绞线主要用于点到点的连接，如星状拓扑结构的局域网中，计算机与交换机或集线器之间的连接，但其长度不超过 100m。双绞线也可用于多点连接，双绞线的抗干扰性取决于一束线中相邻线对的扭曲长度及适当的屏蔽。在低频传输时，双绞线抗干扰能力相当于同轴电缆。在 10 ～ 100kHz 时，双绞线抗干扰能力低于同轴电缆。作为一种多点传输介质，双绞线比同轴电缆的价格低，但性能要差一些。

2. 双绞线的分类

双绞线按其是否有屏蔽，可分为屏蔽双绞线（shielded twisted pair）和非屏蔽双绞线（unshielded twisted pair），也称无屏蔽双绞线。屏蔽双绞线是在一对双绞线外层包一层金属箔，以提高其抗干扰性，有的还在几对双绞线的外层用铜编织网包上，最外层再包上一层具有保护性的聚乙烯塑料。与非屏蔽双绞线相比，其误码率明显下降，为 10^{-6} ～ 10^{-8}，但价格较贵。非屏蔽双绞线除少了屏蔽层外，其余均与屏蔽双绞线相同，抗干扰能力较差，误码率较高，为 10^{-5} ～ 10^{-6}，但因其价格便宜而且安装方便，故广泛用于传统电话系统和局域网中。

双绞线还可以按其电气特性进行分级和分类。电子工业协会和电信工业协会（Electronics Industries Association and Telecommunications Industries Association，EIA/TIA）将其定义为 9 种型号。局域网中常用第 5 类和第 6 类双绞线。

（1）第 1 类非屏蔽双绞线，其主要用于 20 世纪 80 年代初之前电话线缆的语音传输，而不用于数据传输。

（2）第 2 类非屏蔽双绞线，传输频率为 1MHz，用于语音传输和最高传输速率为 4Mbit/s 的数据传输。

（3）第 3 类非屏蔽双绞线，是指目前在 ANSI 和 EIA/TIA 568 标准中指定的电缆，该电缆的传输频率为 16MHz，用于语音传输及最高传输速率为 10Mbit/s 的数据传输，主要用于 10Base-T。

（4）第 4 类非屏蔽双绞线，此类电缆的传输频率为 20MHz，用于语音传输和最高传输速率为 16Mbit/s 的数据传输，主要用于基于令牌的局域网和 10Base-T/100Base-T。

（5）第 5 类非屏蔽双绞线，5 类非屏蔽双绞线增加了绕线密度，外套一种高质量的绝缘材料，数据速率为 100Mbit/s，主要用于 100Base-T 和 10Base-T 的数据传输或语音传输等。

（6）超 5 类非屏蔽双绞线，超 5 类非屏蔽双绞线与 5 类非屏蔽双绞线相比，具有衰减小、串扰少的特点，并且具有更高的衰减与串扰的比值（ACR）和信噪比、更小的时延误差，性能得到很大提高。超 5 类线主要用于千兆以太网。

（7）第 6 类非屏蔽双绞线，传输频率为 1MHz ～ 250MHz，带宽是超 5 类非屏蔽双绞线的 2 倍。6 类布线的传输性能远远高于超 5 类标准，最适用于传输速率高于 1Gbit/s 的应用，也可用于 100Base-T、1000Base-T 等局域网中。第 6 类与超 5 类的一个重要的不同点是：改善了在串扰以及回波损耗方面的性能。对于新一代全双工的高速网络应用而言，优良的回波损耗性能是极重要的。

（8）第 7 类屏蔽双绞线，此类电缆是有屏蔽的双绞线，最高带宽是 600MHz，有效带宽则是 450MHz，可用于 1000Base-T、千兆以太网中。

（9）第 8 类屏蔽双绞线，分为 8.1（提供 1000MHz 的带宽）和 8.2（提供 1200MHz 的带宽），支持 2GHz 的速率，传输速率可达 40Gbit/s。该类双绞线由 2 个连接器通道组成，但它最大传输距离仅有 30 m，因此一般用于短距离数据中心的服务器、交换机、配线架以及其他设备的连接。

3. 双绞线连接器

非屏蔽双绞线连接器，即水晶头，主要用于双绞线与网络设备的连接，为模块式插孔结构。RJ-45 接口前端有 8 个凹槽，如图 4.2（a）所示，简称 8P（position），凹槽内有 8 个金属接点，如图 4.2（b）所示，简称 8C（contact），因此也称之为 8P8C。

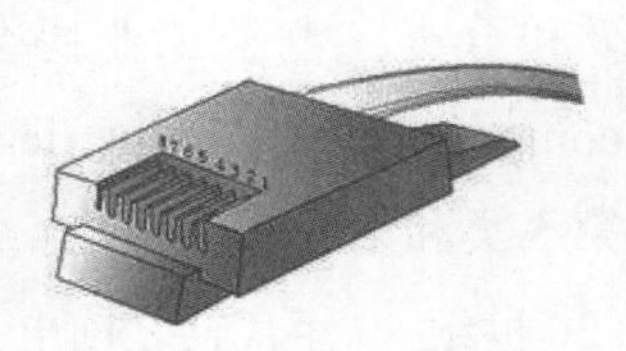

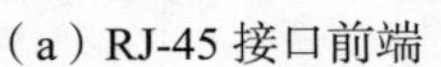

（a）RJ-45 接口前端

（b）RJ-45 接口金属接点

图 4.2　RJ-45 接口实物图

EIA/TIA 的布线标准中规定了两种双绞线的线序 EIA/TIA 568A 和 EIA/TIA 568B，对双绞线的色标和排列方式做了严格的规定。

EIA/TIA 568A 描述的线序从左至右依次为：绿白、绿色、橙白、蓝色、蓝白、橙色、棕白、棕色。

EIA/TIA 568B 描述的线序从左至右依次为：橙白、橙色、绿白、蓝色、蓝白、绿色、棕白、棕色。

虽然 EIA/TIA 标准对 RJ-45 非屏蔽双绞线 8 根连针的连接顺序有明确的规定，但在实际的制作过程中，也可以只使用其中的 4 根针和 4 根线，其中 1 针和 3 针用于传输数据，2 针和 6 针用于接收数据。

4. 双绞线的接法

双绞线与网络设备连接时，根据不同的需要可分为直通线、交叉线和全反线 3 种连接方式。

（1）直通线的接法。直通线又叫正线或标准线，一般用来连接两个不同性质的接口，如主机和交换机 / 集线器，路由器和交换机 / 集线器。直通线两端的水晶头都应遵循 EIA/TIA 568A 或 EIA/TIA 568B 标准，双绞线的每组线在两端是一一对应的，即两端水晶头的线序保持一致。以连接主机和交换机 / 集线器为例，如直通线两端均采用 EIA/TIA 568A 标准，则其线序如表 4.1 所示。

表 4.1 直通线两端的线序

主　机		交换机 / 集线器	
针编号	线颜色	针编号	线颜色
1	绿白	1	绿白
2	绿色	2	绿色
3	橙白	3	橙白
6	橙色	6	橙色

（2）交叉线的接法。交叉线也叫反线，一般用来连接两个性质相同的端口，如交换机和交换机，交换机和集线器，集线器和集线器，主机和主机，主机和路由器。交叉线两端的水晶头一端遵循 EIA/TIA 568A 标准，而另一端采用 EIA/TIA 568B 标准，即 A 端水晶头的 1、2 与 B 端水晶头的 3、6 相对应，而 A 端水晶头的 3、6 与 B 端水晶头的 1、2 相对应。以连接交换机和交换机为例，交叉线两端的线序如表 4.2 所示。

表 4.2 交叉线两端的线序

交　换　机		交　换　机	
针编号	线颜色	针编号	线颜色
1	绿白	1	橙白
2	绿色	2	橙色
3	橙白	3	绿白
6	橙色	6	绿色

（3）全反线的接法。全反线不用于以太网的连接，主要用于主机的串口和路由器（或交换机）的控制端口之间的连接。全反线两端的水晶头一端的线序是针编号从 1 到 8，另一端则是从 8 到 1 的顺序。以连接主机和交换机为例，如全反线的主机端采用 EIA/TIA 568A 标准，则其两端线序如表 4.3 所示。

表 4.3　全反线两端的线序

主　机		交换机	
针编号	线颜色	针编号	线颜色
1	绿白	8	棕色
2	绿色	7	棕白
3	橙白	6	橙色
4	蓝色	5	蓝白
5	蓝白	4	蓝色
6	橙色	3	橙白
7	棕白	2	绿色
8	棕色	1	绿白

虽然直通线和交叉线都有各自不同的应用场合，但现在许多路由器、交换机或非对称数字用户线（asymmetric digital subscriber line，ADSL）调制解调器都采用了线序自动识别技术，即支持（Auto-MDI/MDI-X）或 MDI-X（media dependent interface crossover）。因此，凡是具备了线序自动识别技术的设备，在相互连接时可以随意使用交叉线或者直通线。

4.1.2　同轴电缆

20 世纪 80 年代初，同轴电缆在局域网中使用最为广泛，因为那时集线器的价格很高，在一般中小型网络中几乎看不到。所以，同轴电缆作为一种廉价的解决方案，得到了广泛应用。然而，进入 21 世纪后，随着以双绞线和光纤为基础的标准化布线的推广，同轴电缆已逐渐退出布线市场。不过，目前一些对数据通信速率要求不高、连接设备不多的一些家庭和小型办公室用户还在使用同轴电缆。

1. 同轴电缆的结构

同轴电缆（coaxial cable）也是局域网中常用的一种传输介质，电缆由内导体铜质芯线、绝缘层、网状编织的外导体屏蔽层以及保护塑料外层组成，如图 4.3 所示。这种

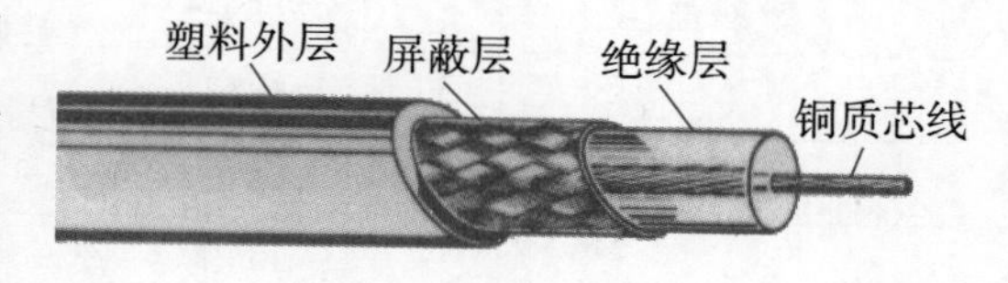

图 4.3　同轴电缆

结构中的金属屏蔽网可防止中心导体向外辐射电磁场，也可用来防止外界电磁场干扰中心导体的信号，因而具有很好的抗干扰特性，被广泛用于较高速率的数据传输。

2. 同轴电缆的类型

按特性阻抗数值的不同，可将同轴电缆分为基带同轴电缆（50Ω 同轴电缆）和宽带同轴电缆（75Ω 同轴电缆）。

（1）基带同轴电缆。2.2.4 节已指出，通常将数字方波信号所固有的频带称为基带（base band），所以把网络中用于传输数字信号、阻抗为 50Ω，并使用曼彻斯特编码和基带传输方式的同轴电缆称为基带同轴电缆（baseband coaxial cable）。基带同轴电缆系统的优点是安装简单而且价格便宜，但基带数字方波信号在传输过程中容易发生畸变和衰减，所以传输距离不能太长，一般在 1 ～ 1.2km，数据传输速率可达 20Mbit/s。基带同轴电缆又有粗缆和细缆之分。粗缆抗干扰性能好，传输距离较远。细缆便宜，传输距离较近。在局域网中，一般选用 RG-8 和 RG-11 型号的粗缆或 RG-58 型号的细缆。

（2）宽带同轴电缆。宽带同轴电缆（broadband coaxial cable）的特性阻抗为 75Ω，带宽可达 300MHz ～ 500MHz，用于传输模拟信号，也可用于数字信号的传输。它是公用天线电视系统 CATV 中的标准传输电缆。宽带在电话行业中，是指带宽比一个标准话路即 4kHz 更宽的频带。然而在计算机网络中，宽带电缆泛指采用了模拟传输技术和频分多路复用技术的同轴电缆网络。

宽带同轴电缆传输模拟信号时，其频率高达 300MHz ～ 500MHz，传输距离达 100km。但在传输数字信号时，必须将其调制转换为模拟信号，在接收端则将收到的模拟信号解调再转换为数字信号。通常，每传送 1b 的信号需要 1 ～ 4Hz 的带宽。一条宽为 300MHz 的电缆可以支持 150Mbit/s 的数据传输速率。

宽带同轴电缆由于其频带较宽，故常将它划分为若干子频带，分别对应于若干独立的信道。如每 6MHz 的带宽可传输一路模拟彩色电视信号，则一条 500MHz 带宽的同轴电缆可同时传输 80 路彩色电视信号。当利用一个电视信道来传输音频信号时，可采用 FDM 技术在一条宽带同轴电缆上传输多路音频信号。如利用宽带同轴电缆构成宽带局域网，则采用 FDM 技术可以实现数字信号、语音信号、视频图像等综合信息的同时传输，其传输速率高于基带同轴电缆，地理覆盖距离可达几十千米，但成本高于基带同轴电缆。

宽带同轴电缆系统与基带同轴电缆系统的主要不同点是模拟信号经过放大器后只能单向传输。因此，在宽带同轴电缆的双工传输中，一定要有数据发送和数据接收两条分开的数据通路，采用单电缆系统和双电缆系统均可实现。单电缆系统是把一条电缆的频带分为高低两个频段，分别在两个方向上传输信号。双电缆系统是用两根电缆，分别供计算机发送和接收信号。虽然两根电缆比单根电缆价格要贵一些，但信道容量却提高了一倍。单电缆或双电缆系统都要使用一个叫头端的设备，它安装在网络的一端，从一个频率（或电缆）接收所有站发出的信号，然后用另一个频率（或电缆）发送出去。

宽带同轴电缆常选用 RG-59 来实现电视信号传输，也可用于宽带数据网络的传输介质。

4.1.3 光缆

光导纤维电缆简称光缆，是网络传输介质中性能最好、应用最广泛的一种。光缆由多根光纤单体制成，光缆传输具有抗干扰性好、保密性好、使用安全、重量轻以及便于铺设等特点。以金属导体为核心的传输介质，其所能传输的数字信号或模拟信号都是电信号，而光纤则只能用光脉冲形成的数字信号进行通信。有光脉冲相当于 1，没有光脉冲相当于 0。由于可见光和激光的频率极高，可见光的频率达 380 ～ 750THz，激光频率达 380 ～ 790THz，因此光纤传输系统的传输带宽远大于其他各种传输介质的带宽。同时光纤纤芯是绝缘体，它传输的信号是光束信号而不是电气信号，因此传输时信号损耗小且不受外界电磁波的干扰，可进行长距离传输。

1. 光纤的结构

光纤通常由极透明的石英玻璃拉成细丝作为纤芯，外面分别有外包层和保护层等构成，图 4.4 所示为光纤结构示意图（只画了一根纤芯）。纤芯较外包层有较高的折射率，当光线从高折射率的媒体射向低折射率的媒体时，其折射角将大于入射角，如图 4.5（a）所示。因此，如果入射角足够大，就会出现全反射，即光线碰到外包层时就会折射回纤芯。这个过程不断重复，光也就沿着光纤向前传输。图 4.5（b）画出了光波在纤芯中传输的示意图，该图中只画了一条光线。实际上，只要射到光纤表面光线的入射角大于某一临界角度，就可以产生全反射。所以，可以存在许多条不同角度入射的光线在一条光纤中传输，这种光纤称多膜光纤。然而，若光纤的直径减小到只有一个光的波长时，则光纤就像一根波导那样，它可使光线一直向前传播，而不会像图 4.5（b）画的那样多次反射，这种光纤称单膜光纤。单膜光纤的光源要使用半导体激光器，而不能使用较便宜的 LED。它的衰耗较小，在 2.5Gbit/s 的高速率下可传输数十千米而不必加光放大器。

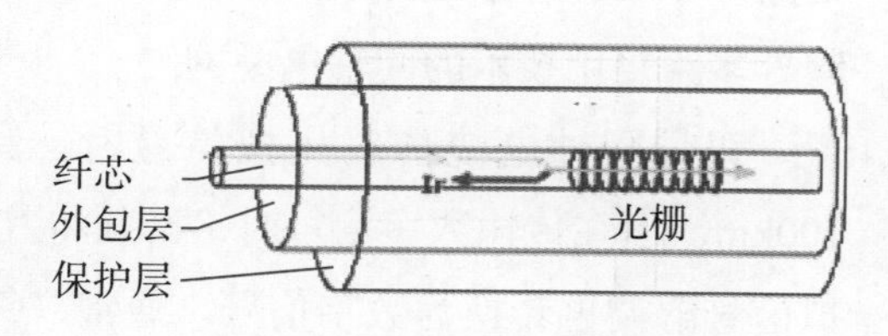

图 4.4 光纤结构示意图

由于光纤非常细，连外包层一起，其直径也不到 0.2mm。故常将一至数百根纤芯，再加上加强芯和填充物等构成一条光缆，就可大大提高其机械强度，必要时还可放入远供电源线，最后加上包带层和外护套，即可满足工程施工的强度要求。

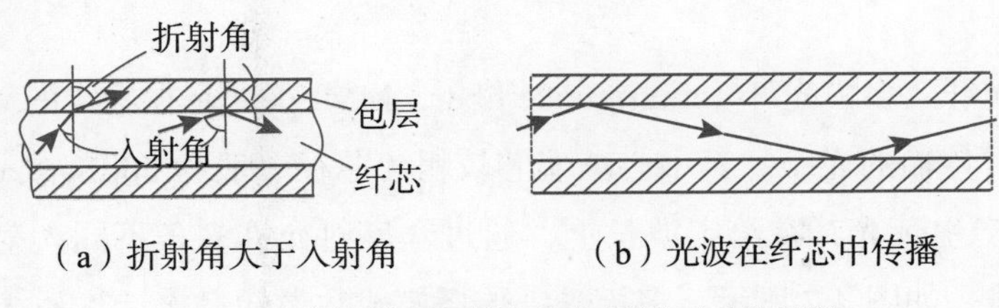

（a）折射角大于入射角　　（b）光波在纤芯中传播

图 4.5　光线射入光纤和外包层界面时的情况

2. 光纤通信系统

光纤通信系统是以光纤为传输媒介，光波为载波的通信系统。典型的光纤传输系统结构如图 4.6 所示。光纤发送端采用 LED 或注入型激光二极管（injection laser diode，ILD）两种光源。在接收端将光信号转换成电信号时使用 PIN 二极管（positive intrinsic negative diode）检波器或 APD（avalanche photon diode，雪崩光电二极管）检波器，这样即构成了一个单向传输系统。光载波调制方法采用振幅键控 ASK 调制方法，即亮度调制（intensity modulation）。光纤数据速率可达几千兆比特，目前投入使用的光纤在几千米范围内速率可达 1000Mbit/s 或更高，大功率的激光器可以驱动 100km 长的光纤而不带光放大器。

光纤最普遍的连接方法是点到点方式，在某些实验系统中也采用多点连接方式。

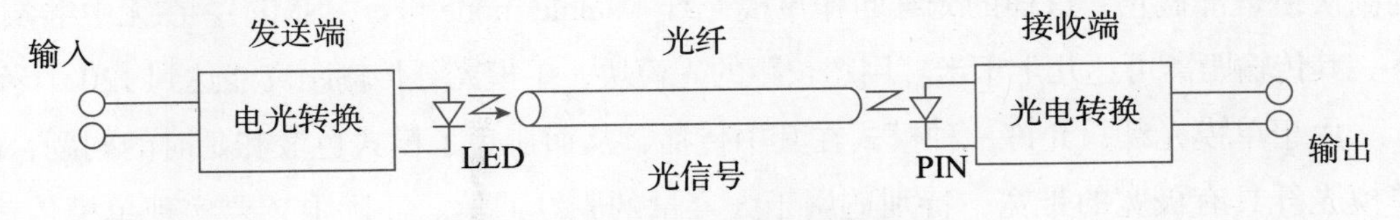

图 4.6　典型的光纤传输系统结构

3. 光纤的分类

目前光纤的种类繁多，但就其分类方法而言大致有 4 种，即按传播模式分类、按光纤剖面折射率分布分类、按工作波长分类以及按套塑类型分类。此外，还可以按光纤的组成成分分类，除目前最常应用的石英光纤之外，还有含氟光纤与塑料光纤等。为简化起见，现仅对按传播模式分类进行简要介绍。

光是一种频率极高的电磁波，当它在光纤中传播时，根据波动光学理论和电磁场理论，需要用麦克斯韦式方程组来解决其传播方面的问题。而通过烦琐地求解麦克斯韦式方程组之后就会发现，当光纤纤芯的几何尺寸远大于光波波长时，光在光纤中会以几十种乃至几百种传播模式进行传播，如 TM*mn* 模、TE*mn* 模、HE*mn* 模等（其中 *m*，*n*=0，1，2，3，…）。其中 HE11 模被称为基模，其余的都称为高次模。不同的传播模式会具有不同的传播速度与相位，因此经过长距离的传输之后会产生时延，导致光脉冲变宽，这种现象叫作光纤的模式色散（又叫模间色散）。光纤按传播模式，一般可分为多模光纤和单模光纤。

（1）多模光纤。多模光纤（multi mode fiber，MMF）即是在给定的工作波长上，能以多种模式同时传输的光纤。其中心玻璃芯较粗（芯径一般为 50μm 或 62.5μm），采用 LED 作为光源产生荧光，在给定波长上，通过全反射允许多条不同入射角度的光线在一条光纤中传输，如图 4.7 所示。多模光纤传播模式数量的经典计算公式为 $N=V^2/4$，其中 V 为归一化频率。例如，当 $V=38$ 时，多模光纤中会存在 300 多种传播模式。模式色散会使多模光纤的带宽变窄，降低了其传输容量，因此多模光纤仅适用于较小容量的光纤通信。在无中继条件下，其传输距离可达几千米。多模光纤的折射率分布大多为抛物线分布，即渐变折射率分布，其纤芯直径大约为 50μm。

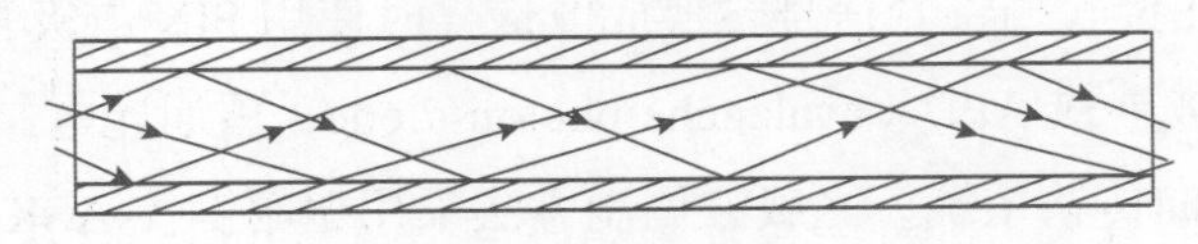

图 4.7　多模光纤

（2）单模光纤。根据电磁场理论与求解麦克斯韦式方程组发现，当光纤的芯径可以与光波长相比拟时，如芯径在 5 ～ 10μm 范围时，采用注入型激光二极管作为光源产生激光，在给定的波长上，光纤直径减小到只以一种模式（基模 HE11）在其中传播，其余的高次模全部截止，这样的光纤叫作单模光纤（single mode fiber，SMF）。在无中继条件下，其传输距离可达几十千米。用超长距的光模块，单模光纤传输距离能达到 120 千米。

由于单模光纤只允许一种模式在其中传播，从而避免了模式色散和延时的问题，故单模光纤具有极宽的带宽，特别适用于大容量的光纤通信。实际上，要实现单模传输，必须使光纤的各参数满足一定的条件，即其归一化频率 $V \leqslant 2.4084$。因为

$$V=\frac{2\pi a_1}{\lambda}NA$$

所以可以解得光纤的纤芯半径应满足下式才能实现单模传输

$$a_1 \leqslant \frac{1.2024\lambda}{\pi NA}$$

其中，a_1 为纤芯半径；λ 为光波波长；NA 为光纤的数值孔径。

例如，对于 $NA=0.12$ 的光纤要在 $\lambda=1.3\mu m$ 以上实现单模传输时，应使光纤纤芯的直径 $d_1 \leqslant 8.2\mu m$ 方可。

由于单模光纤在制作时要求纤芯较细且密度较低，因此对其制造工艺提出了更高的要求。单模光纤在短距离数据传输中不常用，主要应用于长距离的数据传输。

4. 光纤的优缺点

光纤有许多优点，由于光纤的直径较小，为 10μm ～ 100μm，故其体积小，质量轻，1km 长的一根光纤（纤芯）也只有几克；光纤的传输频带非常宽，在 1km 内的频带可达 1GHz 以上，在 30km 内的频带仍大于 25MHz，故通信容量大；光纤传输损耗小，通常在 6 ～ 8km 的距离内不使用光放大器而可实现高速率数据传输，基本上没有什么衰耗，这一点也正是光纤通信得到飞速发展的关键原因；不受雷电和电磁干扰，这在有大电流脉冲干扰的环境下尤为重要；无串音干扰，保密性好，也不容易被窃听或截取数据；误码率很低，可低于 10^{-10}。而双绞线的误码率为 10^{-5} ～ 10^{-6}，基带同轴电缆的误码率为 10^{-7}，宽带同轴电缆的误码率为 10^{-9}。

由于光纤具有一系列优点，因此是一种最有前途的传输介质，已被广泛用于各种广域网和局域网中。

光纤的主要缺点是在数字信号转换为光信号传输时，会有数据丢失或无序的数据添加。同样，当光信号转换为数字信号时也会有数据丢失或无序的数据添加。此外，光纤信号线与接收器之间理论上应该是百分之百的平行对接，这样才可保证光信号无散射，然而实际上是不可能做到的。

4.1.4　自由空间

无线传输介质是指利用大气和外层空间作为传播电磁波的通路，但由于信号频谱和传输介质技术的不同，因而其主要包括无线电、微波、卫星通信、红外线以及射频等。各种通信介质对应的电磁波谱范围如图 4.8 所示。

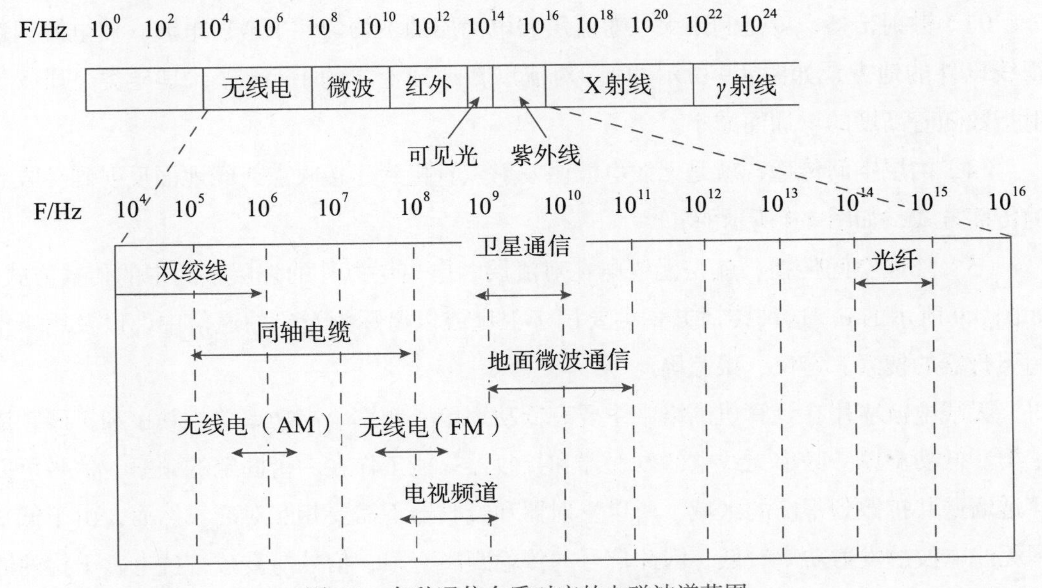

图 4.8　各种通信介质对应的电磁波谱范围

电磁波的传播有两种方式：一种是在自由空间中传播，即通过无线方式传播；另一种是在有限制的空间区域内传播，即通过有线方式传播。有线传播方式在本节的前面已进行了详细介绍，这里仅对无线传播进行介绍。

1. 无线电传输

无线电波是指在自由空间（包括空气和真空）传播的射频频段的电磁波，它在电磁波谱中的频率低于微波，其频率范围在 10^4 ～ 10^8Hz。无线电技术是通过无线电波传播声音或其他信号的技术。无线电技术的原理为，导体中电流强弱的改变会产生无线电波。利用这一现象，通过调制可将信息加载于无线电波之上。当电波通过空间传播到达收信端，电波引起的电磁场变化又会在导体中产生电流。通过解调将信息从电流变化中提取出来，就达到了信息传递的目的。无线电波传输的距离较远，很适于移动工作站或野外工作站之间的联网，但是保密性差，信号很容易被窃听。无线电波的传输需要使用不同种类的发送天线和接收天线。

无线电波可以通过多种传输方式从发射天线到接收天线，主要有地波、天波和空间波三种形式。无线电波的传播特性如图 4.9 所示。

（1）地波传播，就是电波沿着地球表面到达接收点的传播方式，如图 4.9 所示的 a。电波在地球表面上传播，以绕射方式可以到达视线范围以外。地面对地波有吸收作用，吸收的强弱与带电波的频率、地面的性质等因素有关。

（2）天波传播，就是自发射天线发出的电磁波，在高空被电离层反射回来到达接收点的传播方式，如图 4.9 所示的 b。电离层对电磁波除了具有反射作用以外，还有吸收能量与引起信号畸变等作用，其作用强弱与电磁波的频率和电离层的变化有关。

（3）散射传播，就是利用大气对流层和电离层的不均匀性来散射电波，使电波到达视线以外的地方，如图 4.9 所示的 c。对流层在地球上方约 16km 处，是异类介质，反射指数随着高度的增加而减小。

（4）内层空间传播，就是无线电波由发射点直接到达接收点或经地面反射到接收点的传播方式，如图 4.9 所示的 d。

（5）外层空间传播，就是无线电在对流层、电离层以外的外层空间中的传播方式，如图 4.9 所示的 e。这种传播方式主要用于卫星或以星际为对象的通信中，以及用于空间飞行器的搜索、定位、跟踪等。

无线电波应用在计算机网络中主要有低功率单一频率、高功率单一频率和扩展频谱三类。低功率单一频率无线电的发射器和接收器只能工作在一个固定的频率，信号可以穿透墙壁并扩散到很广的区域，所以发射器和接收器不需要相互对准。然而，由于低功率无线电波的发射功率较低，因此信号的传输距离有限，信号易衰减，抗电磁干扰的能力较差。高功率单一频率无线电波的传输与低功率单一频率的传输非常相似。由于它的发射功率较大，因此信号可以传输到更远的距离，信号的覆盖范围也更大。高功率单一频率的信号衰减率较低，但是与低功率单一频率的无线电波一样，它的抗电磁干扰能力较差。扩展频谱的传输可以同时使用几个无线电频率传输，而不是只使用一个频率。扩展通信技术在发射端以扩展编码进行扩频调制，在接收端以相关解扩技术获取信息。这种工作方式增强了信号的抗干扰能力，信号传输的隐蔽性和保密性都大大提高，从而有较好的安全性。扩频通信主要有直接序列扩频和跳频扩频两种方式，前者已在 2.12.2 节论及。

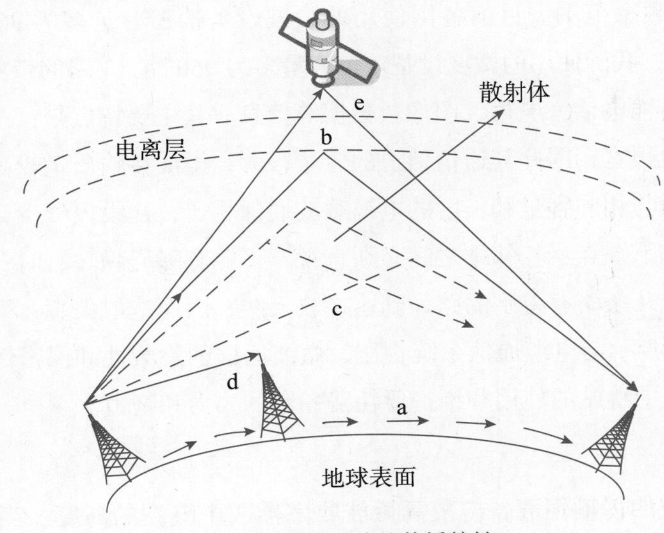

图 4.9　无线电波的传播特性

无线电波能够穿过墙壁和其他建筑物，因此不需要在发射端和接收端之间清除障碍。无线电发射器和接收器的价格较低，安装简便，在任何方向都可以接收到无线电波的信号。传输距离可以根据发射器功率的大小进行调节，信号接收方的移动性较强。无线电波很容易被截获，受电磁干扰的影响大，而且其传输距离受发射器发射功率的限制。

2. 微波通信

微波通信是指使用微波进行通信，微波是指波长在 0.1mm ～ 1m 的电磁波。当两点间直线距离内无障碍时就可以使用微波传送，所用微波的频率范围为 1GHz ～ 20GHz，既可传输模拟信号又可传输数字信号。但在实际的微波通信系统中，由于传输信号是以空间辐射的方式传输的，因此必须考虑发送 / 接收传输信号的天线接收能力。根据天线理论可知，只有当辐射天线的尺寸大于信号波长的 1/10 时，信号才能有效地辐射。也就是说，假设用 1m 的天线，辐射频率至少需要 30MHz，即若天线长 1m，信号波长 λ=10m，则信号频率 $f=c/\lambda$=300 000km/10m=30MHz。但通常要传输的模拟信号或数字信号的频率很低，这就需要很长的天线，因此传输信号在以模拟通信或数字通信方式进行传输前，必须首先经过调制，将其频谱搬移到合适的频谱范围内，再以微波的形式辐射出去。

由于微波的频率很高，故可同时传输大量信息。又由于微波能穿透电离层而不反射到地面，故只能使微波沿地球表面由源向目标直接发射。微波在空间是直线传播，而地球表面是个曲面，因此其传播距离受到限制，一般只有50km左右。但若采用100m高的天线塔，则距离可增大到100km。此外，由于微波被地表吸收而使其传输损耗很大，因此为实现远距离传输，则每隔几十千米便需要建立中继站。中继站把前一站送来的信号经过放大后再发送到下一站，故称为微波接力通信。大多数长途电话业务使用4GHz～6GHz的频率范围。目前各国使用的微波设备信道容量多为960路、1200路、1800路和2700路。我国使用的微波设备信道容量多为960路，1路的带宽通常为4kHz。

微波通信可传输电话、电报、图像、数据等信息。其主要特点是：微波波段频率很高，其频段范围也很宽，因此其通信信道的容量很大；微波传输质量较高，可靠性也较高；微波接力通信与相同容量和长度的电缆载波通信相比，建设投资少，见效快。微波接力通信也存在如下缺点：相邻站之间必须直视，不能有障碍物。有时一个天线发射出去的信号也会分成几条略有差别的路径到达接收天线，因而造成失真；微波的传播也会受到恶劣气候的影响；与电缆通信系统相比，微波通信的隐蔽性和保密性较差，易被窃听和干扰；对大量中继站的使用和维护要耗费一定的人力和物力。

3. 卫星通信

为了增加微波的传输距离，应提高微波收发器或中继站的高度。当将微波中继站放在人造卫星上时，便形成了卫星通信系统，例如可利用位于36 000km高的人造同步地球卫星作为中继器进行微波通信，如图4.10所示。通信卫星则是在太空的无人值守的微波通信的中继站。卫星上的中继站接收从地面发来的信号后，加以放大整形再发回地面。一个位于36 000km高的同步卫星可以覆盖地球1/3以上的地表。这样利用3个相距120°的同步卫星便可覆盖全球的全部通信区域，通过卫星地面站可以实现地球上任意两点间的通信。卫星通信属于广播式通信，通信距离远，且通信费用与通信距离无关。这是卫星通信的最大特点。

与其他通信手段相比，卫星通信具有许多优点：①电波覆盖面积大，通信距离远，可实现多址通信。覆盖区内的用户都可通过通信卫星实现多址连接，进行即时通信。②卫星通信的频带很宽，通信容量很大，信号所受到的干扰也较小，通信比较稳定。目前常用的频段为6/4GHz，也就是上行（从地面站发往卫星）频率为5.925GHz～6.425GHz，而下行（从卫星转发到地面站）频率为3.7GHz～3.2GHz。频段的宽度都是500MHz，由于这个频段已经非常拥挤，因此现在也使用频率更高的14/12GHz的频段。现在一个典型的卫星通常有12个转发器，每个转发器的频带宽度为36MHz，可以50Mbit/s传输

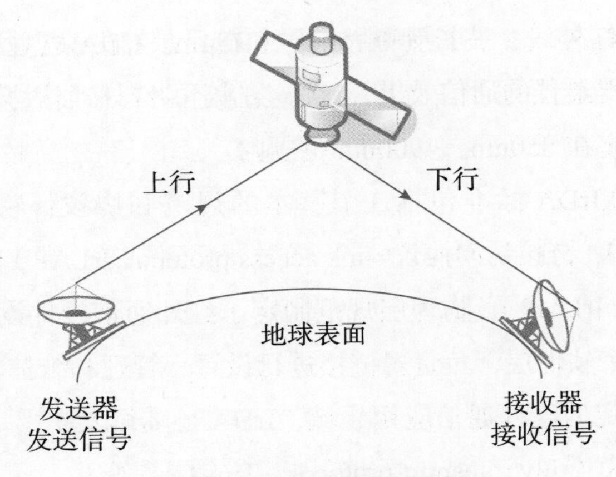

图 4.10　卫星微波中继通信

数据。每一路卫星通信的容量（即一个转发器所转发信息的最大能力）相当于 10 万条音频线路，当通信距离很远时，租用一条卫星音频信道远比租用一条地面音频信道便宜。③通信稳定性好、质量高。卫星链路大部分是在大气层以上的宇宙空间，属恒参信道，传输损耗小，电波传播稳定，不受通信两点间的各种自然环境和人为因素的影响，即便是在发生磁爆或核爆的情况下，也能维持正常通信。

卫星通信的主要缺点是传输时延大。由于各地面站的天线仰角并不相同，因此，不管两个地面站之间的地面距离是多少（相隔一条街或上万千米），当卫星离地面 36 000km 高时，则从一个地面站经卫星到另一个地面站的传播时延在 250 ～ 300ms，一般取 270ms。这一点和其他的通信有较大的差别。例如，地面微波接力通信链路，其传播时延约为 3μs/km，电缆传播时延一般为 6μs/km。故对于近距离的站点，要相差几个数量级。但要指出的是，卫星信道的传播时延较大，并不等于说用卫星信道传送数据的时延较大。第 1 章曾指出，这是两个不同的概念，因为传送数据的总时延由传播时延、发送时延、重发时延三者组成。卫星信道的发送时延、重发时延均很小，总体来说，利用卫星信道传送数据往往比利用其他信道的时延还要小些。

卫星通信的主要发展趋势是：充分利用卫星轨道和频率资源，开辟新的工作频段，各种数字业务综合传输，并发展移动卫星通信系统。卫星星体向多功能、大容量发展，卫星通信地球站将日益小型化，卫星通信系统的保密性能和抗毁能力将进一步提高。

当然，通信卫星本身和发射卫星的火箭造价都较高。受电源和元器件寿命的限制，同步卫星的寿命一般只有 7 ～ 8 年。卫星地面站的技术复杂，价格也较贵，这些都是选择传输介质时应全面考虑的。

4. 红外传输

红外传输就是利用红外线作为传输介质进行通信。红外线是波长在 750nm ～ 1mm 的电磁波，它的频率高于微波而低于可见光，是一种人眼看不到的光线。红外传输一般采用红外波段内的近红外线，波长为 0.75μm ～ 25μm。IrDA 成立后，为了保证不同厂商的红外产品能够获得最佳的通信效果，该协会制定的红外通信协议就将红外数据通信所采用的光波波长限定在 850nm ～ 900nm 范围内。

红外通信采用的 IrDA 标准包括 3 个基本的规范和协议：物理层规范（physical layer link specification）、链接访问协议（link access protocol，IrLAP）和链接管理协议（link management protocol，IrLMP）。物理层规范制定了红外通信硬件设计上的目标和要求，IrLAP 和 IrLMP 为两个软件层，负责对链接进行设置、管理和维护。在 IrLAP 和 IrLMP 基础上，针对一些特定的红外通信应用领域，IrDA 还陆续发布了一些更高级别的红外协议，如微型传输协议（tiny transport protocol，TinyTP）等。

红外传输主要有点对点和广播式两种方式。最常用的是点对点方式，如我们日常生活中经常使用的遥控器，它是使用高度聚焦的红外线光束通过红外线发射器和接收器来实现一点到另一点的传输。红外点对点传输方式要求发射方和接收方彼此处在视线以内，这种限制不利于红外传输在现代网络环境中的广泛应用。目前，点对点的红外传输方式主要用于在同一房间中设备间的通信，如计算机与无线打印机之间的连接，或者笔记本电脑之间的通信连接。红外广播系统传输的信号不像点对点的传输方式那样高度聚焦，它是向一个区域传送信号，多个红外接收器可以同时接收到信号。与点对点传输方式相比，红外广播传输方式接收器的移动性较强。信号主要通过墙壁、天花板或任何其他物体的反射来传输数据。红外传输的防窃听能力较强，但红外线容易受到强光的干扰，导致信号被破坏。

红外传输数据的速度可以与光缆的吞吐量相匹敌。目前，红外传输的吞吐量可达到 100Mbit/s。它的传输距离可达 1000m，与多模光缆接近。

5. 激光

在空间传播的激光束可以调制成光脉冲以传输数据，和地面微波或红外线一样，可以在视野范围内安装两个彼此相对的激光发射器和接收器进行通信，如图 4.11 所示。激光通信与红外线通信一样是全数字的，不能传输模拟信号；激光也具有高度的方向

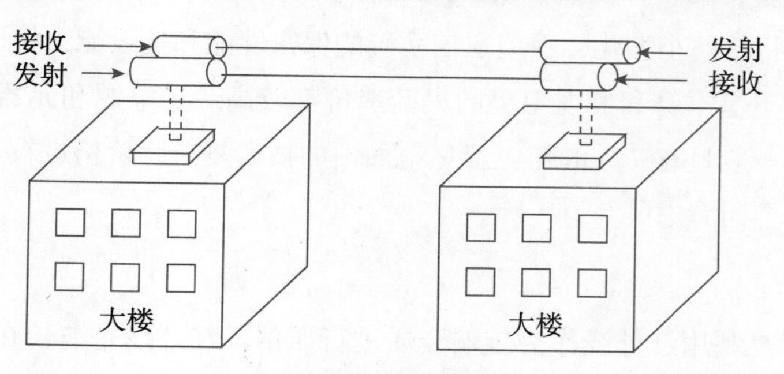

图 4.11　激光通信

性，从而难于窃听、插入数据及干扰；激光同样受环境的影响，特别当空气污染、下雨下雾、能见度很差时，可能使通信中断。通常激光束的传播距离不会很远，故只在短距离通信中使用。它与红外线通信不同之处为，激光硬件会因发出少量射线而污染环境，故只有经过特许后方可安装，而红外线系统的安装则不必经过特许。

6. 射频传输

射频就是射频电流，它是一种高频交变电磁波的简称。一般每秒变化小于 1000 次的交流电称为低频电流，大于 1000 次而小于 10 000 次的交流电称为中频电流，大于 10 000 次的交流电称为高频电流，而射频就是一种高频电流。电视广播即采用射频传输方式。

射频传输是指信号通过特定的频率点传输，传输方式与广播电台或电视台类似。某些射频点的信号能穿透墙壁或绕过墙壁、天花板和其他障碍物传输数据，这使得大部分类型的射频传输容易被窃听。因此，射频不适用于数据保密性要求高的环境。

由于射频之间存在相互干扰，因此所使用的频率点必须获得许可，所确定的频率以及使用的地理场所经注册后不能擅自变更。通过许可机制可以保证相邻系统不会工作在相同的频率点，从而避免它们之间产生信号干扰。

4.2　工作站与网络服务器

4.2.1　工作站

工作站一般是指通用微型计算机，配有高分辨率的显示器以及容量很大的内部存储器和外部存储器，并且具有较强的信息处理能力和高性能的图形、图像处理能力以及联网功能。在计算机网络中，工作站是向服务器提出请求而不为其他计算机提供服务的计算机。工作站通过网卡连接到网络上，它保持原有计算机的功能，作为独立的 PC 为用户服务，同时又可以按照被授予的权限访问服务器。工作站之间可以进行通信，也可以共享网络资源。在 C/S 模式中，客户机即为工作站，即一般的 PC。

4.2.2　网络服务器

1. 服务器的功能

计算机网络有两种基本的工作模式，即对等模式和客户机 / 服务器模式。对等模式是一种通信模式，其中每一方都具有相同的功能，任何一方都可以启动通信会话。C/S 模式是一种网络架构，它把客户机与服务器区分开来，如图 4.12 所示。其中，客户机请求服务，服务器处理和提供服务。每一个客户端软件的实例（instance）都可以向一个服务器或应用程序服务器发出请求。

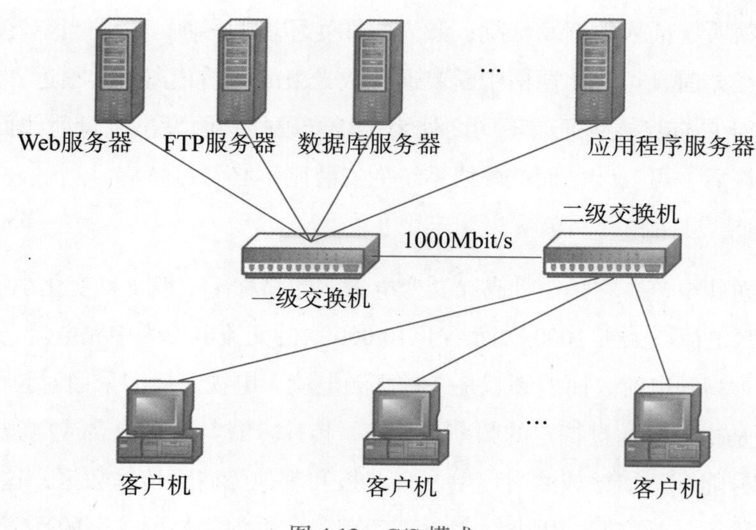

图 4.12　C/S 模式

网络服务器是计算机网络中最重要的设备之一，是整个网络系统的核心，承担传输和处理大量数据的任务。服务器的主要功能是为网络用户提供信息发布、数据交换以及网络管理。互联网上的服务器持续与互联网相连，以提供全球每天 24 小时的不间断服务。目前流行的各种计算机局域网，其被访问的对象就是网络服务器，一般是专用服务器，可以是基于 PC 的服务器或小型机或中型机等。计算机局域网操作系统也都运行在网络服务器上，通常网络中至少应有一台服务器，其运行效率直接影响着整个局域网的效率。

网络服务器的功能主要体现在以下几方面。

（1）运行网络操作系统是服务器最主要的功能。通过网络操作系统控制和协调网络各工作站的运行，处理和响应各工作站同时发来的各种网络操作要求。

（2）存储和管理网络中的共享资源。网络中共享的数据库、文件、应用程序等软件资源，大容量硬盘、打印机、绘图仪以及其他贵重设备等硬件资源，都存放或挂靠在网络服务器上，由网络操作系统对这些资源进行分配和管理，使各工作站得以共享这些资源。

（3）网络管理员在网络服务器上对各工作站的活动进行监视控制及调整。

（4）在 C/S 模式中，网络服务器不仅充当文件服务器，还应具有为各网络工作站提供应用程序服务的功能。

2. 服务器的分类

目前适应各种不同功能、不同环境的服务器不断出现，分类标准也多种多样。比如，可按服务器的应用层次、服务器处理架构以及服务器设计思想进行分类等。几种服务器实物图如图 4.13 所示。

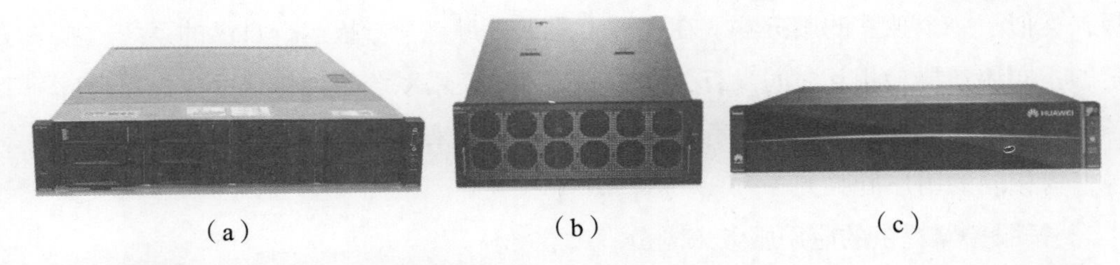

（a）浪潮英信 NF5280M5 2U 机架式服务器主机

（b）戴尔（DELL）DSS8440 定制 10 颗 Tesla A100 模型训练深度学习人工智能 GPU 服务器

（c）华为（HUAWEI）5310V5/5300V5 磁盘阵列企业数据智能混合闪存系统存储服务器主机

图 4.13　几种服务器实物图

1）按服务器应用层次的不同来划分

按服务器的应用层次可将服务器划分为入门级服务器、工作组级服务器、部门级服务器以及企业级服务器等。

2）按服务器的处理架构来划分

（1）CISC 架构服务器。复杂指令集计算机（complex instruction set computer，CISC）从计算机诞生以来，人们一直沿用 CISC 指令集方式。早期的桌面软件是按 CISC 设计的，并一直延续到现在。

（2）RISC 架构服务器。精简指令集（reduced instruction set computing，RISC）的指令系统相对简单，它只要求硬件执行很有限且最常用的那部分指令，大部分复杂的操作则使用成熟的编译技术，由简单指令合成。

（3）VLIW 架构服务器。超长指令字（very long instruction word，VLIW）架构采用了先进的显式并行指令计算（explicitly parallel instruction computing，EPIC）来进行设计，我们也把这种构架叫作 IA-64 架构，即英特尔架构（Intel architecture，IA）。

3）按设计思想的不同来划分

（1）专用型服务器。专用型服务器是专门为某一种或某几种功能专门设计的服务器。

（2）通用型服务器。通用型服务器是指不为某种特殊服务专门设计，而是可以提供各种服务功能的服务器，当前大多数服务器是通用型服务器。这类服务器因为不是专为某一功能设计，所以在设计时就要兼顾多方面的应用需要，服务器的结构相对复杂，性能要求高，当然在价格上也就更贵些。

4）按服务器的机箱结构来划分

按服务器的机箱结构可将服务器划分为台式服务器、机架式服务器、机柜式服务器以及刀片式服务器。其中刀片式服务器是一种高可用、高密度的低成本服务器平台，是专门为特殊应用行业和高密度计算机环境设计的，其中每一块刀片实际上就是一块系统母板，类似于一个独立的服务器。在这种模式下，每一个母板运行自己的系统，服务于指定的不同用户群，相互之间没有关联。不过可以使用系统软件将这些母板集合成一个服务器集群。在集群模式下，所有的母板可以连接起来提供高速的网络环境，可以共享资源，为相同的用户群服务。

5）按服务器提供的应用服务来划分

（1）文件服务器。文件服务器是为网络上各工作站提供完整数据、文件、目录等信息共享，对全网络文件实行统一管理的服务器。它能进行文件的建立、删除、打开、关闭、读写等操作。文件服务器是建立在磁盘服务器基础之上的，但它们提供的服务是有区别的。磁盘服务器只能将整个块的数据读出，文件服务器则可根据文件的大小确定从磁盘读出的信息量。

（2）打印服务器。在网络打印中，网络打印服务器是不可或缺的。它能在打印机与网络间建立高速稳定的连接和高速的数据传输，并对打印环境进行有效的整理和优化。打印服务器可分为内置打印服务器、外置打印服务器和无线打印服务器 3 类。

（3）数据库服务器。数据库服务器是指运行在局域网中的一台或多台服务器上的数据库管理系统软件。数据库服务器为客户应用提供服务，这些服务包括查询、更新、事务管理、索引、高速缓存、查询优化、安全及多用户存取控制等。

（4）电子邮件服务器。电子邮件服务器是处理邮件交换的软硬件设施的总称，硬件由一台或多台服务器组成，软件包括电子邮件程序、电子邮箱等。它是为用户提供 E-mail 服务的电子邮件系统，人们通过访问服务器实现邮件的交换。服务器程序通常不能由用户启动，而是一直在系统中运行，它一方面负责发送本机器上需要发出的 E-mail；另一方面负责接收其他主机发过来的 E-mail，并把各种电子邮件分发给每个用户。

（5）Web 服务器。Web 服务器也称 WWW（world wide web）服务器，主要功能是提供网上信息浏览服务。

（6）应用程序服务器。应用程序服务器是采用具有分布式计算能力的集成结构、支持瘦客户机软件的服务器产品。应用程序服务器的基本用途主要体现在管理客户会话、管理业务逻辑以及管理与后端计算资源（包括数据、事务和内容）的连接等。

3. 服务器的主流技术

（1）集群技术。集群技术是指一组相互独立的服务器在网络中表现为单一的系统，并以单一系统的模式加以管理。它可为客户工作站提供高可靠性的服务。

一个集群包含两台或两台以上拥有共享数据存储空间的服务器。任何一台服务器运行一个应用时，应用数据被存储在共享的数据空间内。每台服务器的操作系统和应用程序文件存储在其各自的本地存储空间上。

集群内各节点服务器通过同一内部局域网相互通信。当一台节点服务器发生故障时，这台服务器上所运行的应用程序将在另一节点服务器上被自动接管。当一个应用服务发生故障时，应用服务将被重新启动或被另一台服务器接管。当以上任一故障发生时，用户将能很快连接到新的应用服务上。

集群技术随着服务器硬件系统与网络操作系统的发展将会在可用性、高可靠性、系统冗余等方面逐步提高。未来的集群可以依靠集群文件系统实现对系统中的所有文件、设备和网络资源的全局访问，并且生成一个完整的系统映像。这样，无论应用程序在集群中的哪台服务器上，集群文件系统允许任何用户（远程或本地）都可以对这个软件进行访问，任何应用程序都可以访问这个集群的任何文件。在应用程序从一个节点转移到另一个节点的情况下，无须任何改动，应用程序就可以访问系统上的文件。

（2）小型计算机系统接口技术。小型计算机系统接口（small computer system interface，SCSI）是专门用于服务器和高档工作站的数据传输接口技术。SCSI 作为一种智能接口，能连接磁盘、光盘等多种网络设备。它的最大优势是该标准享有十分强劲的业界支持，几乎所有硬件厂商都在开发与 SCSI 连接的相关设备。SCSI 作为输入 / 输出接口，主要用于光盘机、磁带机、扫描仪、打印机等设备。

（3）对称多处理技术。对称多处理（symmetric multi-processing，SMP）技术是指在一个计算机上汇集了一组处理器，各处理器之间共享内存子系统以及总线结构。随着用户应用水平的提高，单个处理器很难满足实际应用的需求，因而各服务器厂商纷纷通过采用对称多处理系统来解决这一矛盾。PC 服务器中最常见的对称多处理系统通常采用 2 路、4 路、6 路或 8 路处理器。目前，UNIX 服务器可支持 64 个 CPU 系统。在 SMP 技术系统中最关键的技术是如何更好地解决多处理器相互通信和协调的问题。

（4）非一致性共享内存技术。非一致性共享内存（non-uniform memory access，NUMA）技术是在集群技术和 SMP 技术的基础上发展起来的，结合了两种技术的优势，它将多个 SMP 技术结构的服务器通过专用高速网络连接起来，组成多 CPU 的高性能主机。NUMA 技术克服了 SMP 技术结构服务器在多 CPU 共享内存总线带宽时产生的系统性能瓶颈问题，可以支持 64 个以上的 CPU。如果采用 NUMA 技术，每一个 SMP 技术节点机都拥有局部内存，并能够形成与其他节点中的内存静态或动态的连接。从 NUMA 体系结构的服务器内部来看，整体上是分布内存式，但是由于它的传输通道带宽较宽，不存在集群结构下的通信带宽瓶颈问题，因而从用户使用的角度来看和共享内存式的机器一样。NUMA 技术实现了多个处理器间接共享内存，是一种具有发展前途的大型服务器技术，是大型服务器发展的重要方向。

（5）应急管理端口。应急管理端口（emergency management port，EMP）是服务器

主板上所带的一个用于远程管理服务器的接口。远程控制机可以通过调制解调器与服务器相连，控制软件安装于控制机上。远程控制机通过应急管理端口控制台的控制界面可以对服务器进行一些操作，比如打开或关闭服务器的电源；重新设置服务器，包括主板基本输入输出系统（basic input output system，BIOS）和CMOS的参数；监测服务器内部情况，如温度、电压、风扇情况等。

（6）独立冗余磁盘阵列技术。独立冗余磁盘阵列（redundant array of independent disks，RAID）技术是一种工业标准，各厂商对RAID级别的定义也不尽相同。目前对RAID级别的定义可以获得业界广泛认同的有4种，RAID 0、RAID 1、RAID 0+1和RAID 5。

RAID 0是无数据冗余的存储空间条带化，具有成本低、读写性能高、存储空间利用率高等特点，适用于Video/Audio信号存储、临时文件的转储等对速度要求极其严格的特殊应用。但由于没有数据冗余，其安全性大大降低，构成阵列的任何一块硬盘的损坏都将带来灾难性的数据损失。因此，若在RAID 0中配置4块以上的硬盘，对于一般应用来说是不明智的。

RAID 1是两块硬盘数据完全镜像，具有安全性好、技术简单、管理方便、读写性能良好等优点。但它无法扩展（单块硬盘）容量，数据空间浪费大，严格意义上说，不应称之为“阵列”。

RAID 0+1综合了RAID 0和RAID 1的特点，独立磁盘配置成RAID 0，两套完整的RAID 0互相镜像。它的读写性能出色，安全性高，但构建阵列的成本投入大，数据空间利用率低，不能称为经济高效的方案。

RAID 5的读取效率很高，写入效率一般，块式的集体访问效率高。因为奇偶校验码在不同的磁盘上，所以提高了可靠性，允许单个磁盘出错。RAID 5也是以数据的校验位来保证数据的安全，但它不是以单独硬盘来存放数据的校验位，而是将数据段的校验位交互存放于各个硬盘上。这样，任何一个硬盘损坏，都可以根据其他硬盘上的校验位来重建损坏的数据。RAID 3与RAID 5相比，区别为RAID 3每进行一次数据传输，需涉及所有的阵列盘；对于RAID 5来说，大部分数据传输只对一块磁盘操作，可进行并行操作。在RAID 5中有“写损失”，即每一次写操作，将产生4个实际的读/写操作，其中两次读取旧的数据及奇偶信息，两次写入新的数据及奇偶信息。

（7）容错技术。容错技术是指硬件或软件出现故障时，仍能完成处理和运算，不降低系统性能，并通过硬件和软件方法利用冗余的资源使计算机具有容忍故障的能力。容错是计算机应用系统稳定、可靠、有效、持续运行的重要保证。目前主流应用的服务器容错技术有服务器集群技术、双机热备份技术和单机容错技术三类。

（8）热插拔技术。热插拔技术是指在不关闭系统和不停止服务的前提下更换系统中出现故障的部件，达到提高服务器系统可用性的目的。目前的热插拔技术已经可以支持硬盘、电源、扩展板卡的热插拔。而系统中更为关键的 CPU 和内存的热插拔技术也已日渐成熟。未来热插拔技术的发展将会促使服务器系统的结构朝着模块化的方向发展，大量的部件都可以通过热插拔的方式进行在线更换。

（9）虚拟化技术。服务器虚拟化技术是指运用虚拟化的技术充分发挥服务器的硬件性能，允许一个物理服务器创建多个虚拟服务器，这些虚拟服务器可以执行与普通服务器相同的任务，而不需要每个虚拟服务器拥有自己的物理资源。每个虚拟服务器都执行指定的功能，不影响在相同硬件上运行的其他虚拟服务器。服务器虚拟化技术能够帮助企业提高运营效率，节约能源，降低经济成本和减少空间浪费，对于发展迅速、成长规模大的用户来说，可以利用服务器虚拟化技术获取更多的经济效益。

（10）云存储技术。云存储技术就是利用数千数万台甚至更多服务器组成庞大的集群，通过软件集合起来协同工作，共同对外提供数据存储服务，即将存储资源放到云上供存取的一种新方案。使用者可以在任何时间、任何地方，通过任何可联网的设备连接到云上并方便地存取数据。与传统的存储设备相比，云存储不仅仅是一个硬件，更是一个网络设备、存储设备、服务器、应用软件、公用访问接口、接入网和客户端程序等多个部分组成的复杂系统。各部分以存储设备为核心，通过应用软件对外提供数据存储和业务访问服务。

4.3　网络设备

4.3.1　网络接口卡

网络接口卡（network interface card）也称以太网络适配器，简称网卡，是局域网中最基本的部件之一，是用于连接计算机与网络的硬件设备，如图 4.14 所示。无论是双绞线连接、同轴电缆连接还是光纤连接，都必须借助于网卡才能实现数据通信。

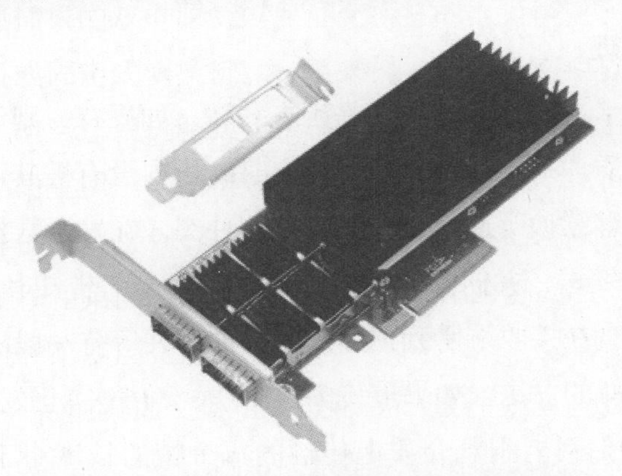

图 4.14　EB-LINK x710 40G 双光口服务器网卡

1. 网卡上的MAC地址

网卡虽有许多类型，但每块网卡都有一个全世界唯一的 ID（IDentifier）号，也就是 MAC 地址。MAC 地址被固化于网卡的只读存储器（read only memory，ROM）中，即使在全世界范围内也决不会重复。MAC 地址用 6 组十六进制数来表示，每组由两个十六进制数组成，各组之间用“-”分隔，它的地址长度是 48 位，前 6 个十六进制数代表网卡生产厂商的标识符信息，后 6 个十六进制数代表生产厂商分配的网卡序号。如 00-d0-f8-a5-eb-c7 即为某个网卡的 ID 号，即 MAC 地址。

MAC 地址的主要作用是以太网传输数据时，在所传输的数据包中包含源节点和目的节点的 MAC 地址，网络中每台节点设备的网卡会检查所传输的数据中 MAC 地址是否与自己的 MAC 地址相匹配，如果 MAC 地址不匹配，则网卡将丢弃该数据包。

要查看本地计算机上网卡的 MAC 地址，在命令提示符下输入 ipconfig/all 或 arp -a，即可得到本机所使用网卡的 MAC 地址。

在校园网中，常常发生盗用他人 IP 地址的情况，被盗用了 IP 地址的计算机就会经常出现不能接入互联网的现象。当他人在使用盗用的 IP 地址接入互联网时，本地计算机就会出现“IP 地址被占用”的提示信息。

要避免 IP 地址被盗用，可以在本地计算机上将 IP 地址和 MAC 地址进行捆绑，捆绑的方法如下：

```
arp -s IP地址 MAC地址
```

再次输入命令 arp -a，就会发现 IP 地址和 MAC 地址的类型都变成了 static（静态）的。这说明本地计算机上的 IP 地址和 MAC 地址已被捆绑在一起。

要解除捆绑在一起的 IP 地址和 MAC 地址，可以在命令提示符下输入命令：

```
arp -d IP地址 MAC地址
```

2. 网卡的工作原理

发送数据时，网卡首先侦听介质上是否有载波。如果有，则认为其他站点正在传送信息，并继续侦听介质。一旦通信介质在一定时间段内没有被其他站点占用，则开始进行帧数据发送，同时继续侦听通信介质，以检测冲突。在发送数据期间，如果检测到冲突，则立即停止该次发送，并向介质发送一个阻塞信号，告知其他站点已经发生冲突，从而丢弃那些可能一直在接收端受到损坏的帧数据，并等待一段随机时间。在等待一段随机时间后，再进行新的发送。如果重传多次后（大于 16 次）仍发生冲突，则放弃发送。

接收数据时，如果网卡浏览介质上传输的每个帧的长度小于 64B，则认为是冲突碎片。如果接收到的帧不是冲突碎片且目的地址是本地地址，则对帧进行完整性校验。

如果帧长度大于 1518B 或未能通过循环冗余校验（cyclic redundancy checksum，CRC），则认为该帧发生了畸变。通过校验的帧被认为是有效的，网卡将它接收后进行本地处理。

3. 网卡的功能

网卡是一种外设卡，安装非常简单，一端插入计算机相应的插槽中，另一端与网络线缆相连。网卡作为局域网中最基本和最重要的连接设备，可以直接连接局域网中的每一台网络资源设备，如服务器、PC 和打印机等，它们在其扩展槽中安装网卡并通过传输介质与网络相连。网卡配合网络操作系统控制网络信息的交流，具有双重作用，一方面负责接收网络上传输的数据；另一方面将本机要发送的数据按一定的协议打包后通过网络进行发送。

网卡工作在 OSI 参考模型的物理层和数据链路层之间，一端连接局域网中的计算机，另一端连接局域网的传输设备。

网卡有如下功能。

（1）将计算机要发送的数据封装为帧，并通过网线或以电磁波的方式将数据发送到网络上。当计算机发送数据时，网卡等待合适的时间将分组插入数据流中。接收系统通知计算机数据是否完整到达，如果出现错误，则要求对方重新发送。

（2）接收网络上其他网络设备传送来的帧，并将帧重新组合成数据，发送到所在的计算机中。虽然网卡接收所有在网络上传输的信号，但只接受发送到该计算机的帧和广播帧，而将其余的帧丢弃。

4. 网卡的分类

局域网有多种类型，不同的网络类型要求有不同的网卡相适应。网卡可按不同的分类方法分类。

（1）按总线分类。按网卡的总线接口类型，可将网卡分为 ISA（industry standard architecture）总线网卡、PCI（peripheral component interconnect）总线网卡、PCI-X 总线网卡、PCMCIA[①] 总线网卡以及 USB 接口网卡。目前，ISA 总线类型的网卡极少使用，PCI 总线网卡多用于家庭中，PCI-X 总线网卡在服务器上应用广泛，PCMCIA 总线网卡一般用在笔记本电脑上。

（2）按网络接口分类。不同的网络接口适用于不同的网络类型，目前常见的接口主要有以太网的 RJ-45 接口、细同轴电缆的尼尔 - 康塞曼（bayonet Neill-Concelman，BNC）接口和粗同轴电缆的附加单元（attachment unit interface，AUI）接口、FDDI 接

① PCMCIA 是 Personal Computer Memory Card International Association（PC 存储卡国际协会）的缩写，该组织负责为 PCMCIA 设备制定标准，其制定的标准也称 PCMCIA 规范。按照该技术标准设计的总线网卡被称为 PCMCIA 总线网卡。

口、ATM 接口等。有的网卡为了适用更广泛的应用环境，提供了两种或多种类型的接口，如有的网卡同时提供 RJ-45、BNC 接口或 AUI 接口。因此，按网络接口分类可将网卡分为 RJ-45 接口网卡、BNC 接口网卡、AUI 接口网卡、FDDI 接口网卡以及 ATM 接口网卡 5 种。

（3）按带宽分类。目前主流的网卡主要有 10Mbit/s 网卡、100Mbit/s 以太网卡、10Mbit/s/100Mbit/s 自适应网卡、1000Mbit/s 以太网卡和 10Gbit/s 光纤网卡等。

（4）按应用领域分类。按网卡所应用的计算机类型来分，可以将网卡分为应用于工作站的网卡和应用于服务器的网卡。上面所介绍的基本上都是工作站网卡，其实通常也用于普通的服务器上。但是在大型网络中，服务器通常采用专门的网卡。它相对于工作站所用的普通网卡来说，在带宽、接口数量、稳定性、纠错等方面都有显著提高，特别是有的服务器网卡还支持冗余备份、热插拔等服务器专用功能。

4.3.2 调制解调器

2.3.2 已指出，调制解调器由调制器和解调器组合而成，它是计算机通过电话拨号接入互联网的必要硬件设备之一，如图 4.15 所示。由于电话线中传输的是模拟信号，而计算机中使用的是数字信号，所以电话线与计算机不能直接相连。通过调制解调器可将计算机输出的数字信号转换为模拟信号，以便在电话线路或微波线路上进行数据传输，传到目的端再进行相反的转换。将计算机输出的数字信号转换为适应模拟信道传输的信号，这个过程叫作调制，完成这一功能的设备就叫调制器。将模拟信号恢复成相应数字信号的过程叫作解调，完成这一功能的设备就叫解调器。通常是将两者合二为一，并在通信的两端均安装调制解调器，以满足双向通信的要求。

图 4.15 调制解调器示例：森润达 T-336Cx

1. 调制解调器的工作原理

计算机内的信息是由“0”和“1”组成的数字信号，而在传统的电话线上传输的只能是模拟电信号。于是，当两台计算机要通过电话线进行数据传输时，就需要一个设备负责数模转换，这个数模转换器就是调制解调器。计算机在发送数据时，先由调制解调器把数字信号转换为相应的模拟信号，即为调制过程。经过调制的信号通过电话载波传送到另一台计算机之前，由接收方的调制解调器负责把模拟信号还原为计算机能识别的数字信号，即为解调过程。正是通过这样一个调制与解调的数模转换过程，从而实现了两台计算机之间传统的远程通信。

2. 调制解调器的功能

调制解调器的基本功能是使计算机之间能够进行数据通信，而市场上的 modem 除了完成这一基本的功能以外，大部分还具有以下功能。

（1）语音功能。具备语音功能的 modem 可以在同一电话线上传输数据和声音，从而实现个人语音信箱与电话答录等功能。

（2）传真功能。目前市场上的高速 modem 一般都具备内部传真功能，但是用户需要安装专门的传真软件。带传真功能的 modem 有两个速度：一个是传真的传输速度；另一个是数据的发送速度。需要指出的是，传真功能必须能够以与 modem 一样的速度发送传真。

（3）纠错与压缩。纠错是指侦测出数据错误时通知对方重新发送数据。压缩是指传输时先将数据进行压缩，这样可增加传输量，提高传输速度。

（4）语音数据同传（simultaneous voice and data，SVD）功能。该功能允许用户在发送数据的同时，使用该线路进行自由通话，当然在通话时数据的传输速率会受到一些影响。

（5）全双工免提电话（full duplex service phone，FDSP）功能。使用带有 FDSP 功能的 modem，可以在对方打电话的同时做其他事情。与普通电话机免提功能不同的是 FDSP 功能允许通话双方同时通话，相互之间不受影响，而普通电话机的免提却做不到这点。

3. 调制解调器的分类

调制解调器可以根据应用环境、传输速率、功能先进性和调制方式等进行分类。

（1）按应用环境分类。按应用环境可分为音频 modem、基带 modem 和无线 modem 三类。

① 音频 modem。它将数字信号调制成频率为 0.3kHz ～ 3.4kHz 的音频模拟信号。当这种模拟信号经过电话系统传到接收方后，再由解调器将它还原为数字信号。因此，用电话信道传输数字信号时应采用音频调制解调器。

② 基带 modem。一般音频调制解调器的功能较齐全，大多在进行远距离传输时使用。当距离较近，比如只需使用市话线传输数据时，可使用基带调制解调器，其数据传

输速率较高，可达到 64kbit/s ～ 2Mbit/s，它主要用于网络用户接入高速线路中。

③ 无线 modem。在短波及卫星通信中，应使用与信道特点相适应的无线调制解调器。这类调制解调器对差错的检测和纠错能力较强，可以克服无线信道差错率较高的缺点。

（2）按调制方式分类。按调制方式调制解调器可分为频移键控 modem、相移键控 modem 和相位幅度调制 modem。相位幅度调制 modem 是为了尽量提高传输速率又不提高调制速率，于是采用相位调制与幅度调制相结合的方法，使一次调制能产生更多不同的相位和幅度，从而提高传输速率。

（3）按使用线路分类。按使用线路调制解调器可分为拨号线 modem、专线 modem 和 cable modem。拨号线 modem 使用电话线拨号上网，传输速率一般为 56kbit/s；专线 modem，如 ADSL modem，也使用电话线。和拨号上网不同的是，它使用传统电话没有使用的频率区域作为传送和接收数据的信道，传输速率较快，下载速率可达到 9Mbit/s；而 cable modem 使用同轴电缆执行数据下载，传输速率较 ADSL 更快，可达 36Mbit/s。

4.3.3 中继器

中继器（repeater）又称重发器，是连接网络线路的一种数字装置。中继器可以延长网络的距离，在网络数据传输中起到放大信号、整形和传输的作用。例如，在用同轴电缆组建总线型局域网时，虽然 MAC 协议允许粗缆长达 2.5km，但由于传输线路噪声的影响，而且收发器提供的驱动能力有限，因此单段电缆的最大长度受到限制。一般单段粗缆的最长为 500m，细缆最长为 185m。这样，在粗缆中每隔 500m 的网段之间就要使用中继器连接。如果在线路中间只是简单地插入放大器，则伴随着信号的噪声也同时被放大了，所以这种方法不可取。而用中继器连接两个网段则可在延长传输距离的同时避免噪声的影响。

中继器是最简单的网络互联设备，主要完成物理层的功能，互联两个相同类型的网段，例如两个以太网段。它接收从一个网段传送的所有信号，进行放大整形后发送到下一个网段。目前，中继器已与 5G 技术相结合，即利用户外中继器放大蜂窝基站和用户之间的信号，以覆盖以前服务不到的地方，扩大了毫米波 5G 的范围。

要强调的是，中继器对信号的处理只是一种简单的物理再生与放大。它从接收信号中分离出数字数据，存储起来，然后重新构造并转发出去。它既不解释也不改变信息，因此不具备查错和纠错的功能，错误的数据经中继器后仍被复制到另一网段中。

在使用中继器时应注意两点：①不能形成环路；②考虑到网络的传输延迟和负载情况，不能无限制地使用中继器。例如，在 10Base-5 中最多使用 4 个中继器，即最多由 5 个网段组成。

中继器只能起到扩展传输距离的作用，对高层协议是透明的。实际上，通过中继器连接起来的网络相当于同一条电缆组成的更大网络。此外，中继器也能用于不同传输介质的网络之间的互联。这种设备安装简单、使用方便，并能保持原来的传输速度。常见的共享式集线器实际上就是一种多端口的中继器。

应指出的是，当前远距离传输常采用单模光纤作为介质，采用光中继器作为中继。光中继器是在长距离的光纤通信系统中补偿光缆线路光信号的损耗和消除信号畸变及噪声影响的设备，其实物如图 4.16 所示。

图 4.16　中继器示例：10M OEO 光中继器

4.3.4　集线器

集线器英文为 hub。hub 是中心的意思，像树的主干一样，它是各分支的汇集点。在计算机网络中，集线器是基于星状拓扑结构的网络传输介质间的中央节点，是计算机网络中连接多个计算机或其他设备的连接设备，是对网络进行集中管理的最小单元，实物如图 4.17 所示。

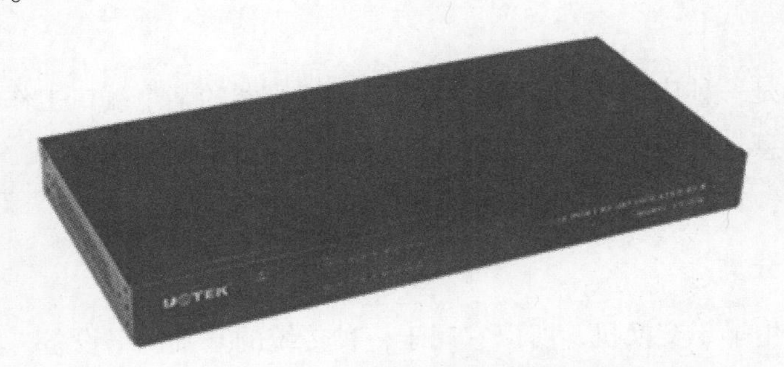

图 4.17　集线器示例：16 口 RS-485 集线器

在各种类型的局域网中，集线器广泛应用于以太网中。集线器在以太网中是多路双绞线的集汇点，处于网络布线中心。每个工作站都是通过无屏蔽双绞线连接到集线器上，由集线器对工作站进行集中管理。

1. 集线器的工作原理

以太网是非常典型的广播式共享局域网，所以以太网集线器的基本工作原理是广播

（broadcast）技术，也就是说集线器从任何一个端口收到一个以太网数据包时，都将此数据包广播到集线器中的所有其他端口。由于集线器不具有寻址功能，因此它并不记忆哪一个 MAC 地址挂在哪一个端口。

当集线器将数据包以广播方式分发后，接在集线器端口上的网卡判断这个数据包是不是发给自己，如果是，则根据以太网数据包所要求的功能执行相应的动作；如果不是则丢掉。集线器对这些内容并不进行处理，它只是把从一个端口收到的以太网数据包广播到其他端口。

需要指出的是，通常把集线器当作一种共享设备使用，以上介绍的也是共享集线器最基本的工作原理。随着网络用户需求的不断提高，集线器技术得到迅速发展，集线器上还增加了交换技术和网络分段技术等功能，增加了这种功能的集线器称作交换集线器。交换集线器一般被划入入门级的交换机中，交换集线器的内部单片程序能记住每个端口的 MAC 地址，通过分析数据包中的目的 MAC 地址，将信号传送给符合该地址的端口，不像共享式集线器将信号广播给网络上的所有端口。

2. 集线器的特点

（1）集线器在 OSI 模型中属于第一层物理层设备，从 OSI 模型可以看出它只是对数据的传输起到同步、放大和整形的作用，对数据传输中的短帧、碎片等无法进行有效处理，不能保证数据传输的完整性和正确性。

（2）所有端口都是共享一条带宽，在同一时刻只能有两个端口传送数据，其他端口只能等待，所以只能工作在半双工模式下，传输效率低。如果是个 8 口的 hub，那么每个端口得到的带宽就只有 1/8 的总带宽了。现在市场上的 hub 多为 10/100Mbit/s 带宽自适应型。

（3）集线器是一种广播工作模式，也就是说集线器的某个端口工作时，其他所有端口都能够收到信息，容易产生广播风暴。另外，集线器的安全性较差，所有的网卡都能接收到所发数据，只是网卡自动丢弃了这个不是发给它的信息包。

3. 集线器的分类

集线器的产生早于交换机，所以它属于一种传统的基础网络设备。集线器技术发展至今，出现了许多不同类型的集线器产品。集线器一般可进行如下分类。

（1）按端口分类。这是最基本的分类标准之一。按照集线器能提供的端口数，主流集线器可分为 8 口、16 口和 24 口，但也有少数品牌提供非标准端口数，如 4 口和 12 口的集线器，还有 5 口、9 口、18 口的集线器。

（2）按带宽分类。按照集线器所支持的带宽不同，集线器通常可分为 10Mbit/s、100Mbit/s、10/100Mbit/s 自适应三种。

10/100Mbit/s 自适应集线器是目前应用较为广泛的一种，它克服了以单纯 10Mbit/s 或者 100Mbit/s 带宽集线器兼容性不良的缺点。它既能照顾到老设备的应用，又能与目前主流新技术设备保持高性能连接。在切换方式上，这种双速集线器目前有手动切换和自动切换 10/100Mbit/s 带宽的两种方式。

（3）按配置形式分类。按照配置形式的不同，集线器可分为独立型集线器、模块化集线器和堆叠式集线器 3 种。

① 独立型集线器。独立型集线器是指那些带有许多端口的单个盒子式的产品。独立型集线器之间可以用一段粗同轴电缆连接，以实现扩展级联。独立型集线器具有低价格、容易查找故障、网络管理方便等优点，在小型的局域网中被广泛使用。但这类集线器的工作性能较差，尤其是在速度上缺乏优势。

② 模块化集线器。模块化集线器一般都配有机架，带有多个卡槽，每个卡槽可放一块通信卡。每块卡的作用就相当于一个独立型集线器，多块卡可通过安装在机架上的通信底板进行互联并进行相互间的通信。现在常使用的模块化集线器一般有 4 ～ 14 个卡槽。模块化集线器各个端口都有专用的带宽，但只在各个网段内共享带宽，网段之间采用交换技术，从而减少冲突，提高通信效率。因此，模块化集线器又称端口交换机模块化集线器。事实上，这类集线器已经采用交换机的部分技术，不再是单纯意义上的集线器，它在较大的网络中便于实施对用户的集中管理，因而得到了广泛应用。

③ 堆叠式集线器。堆叠式集线器可以将多个集线器堆叠使用，当它们连接在一起时，作用就像一个模块化集线器，堆叠在一起的集线器可以当作一个单元设备来进行管理。一般情况下，当有多个集线器堆叠时，其中存在一个可管理集线器，利用可管理集线器可对此堆叠中的其他独立型集线器进行管理。

（4）按工作方式分类。按照工作方式的不同，集线器可划分为被动式集线器、主动式集线器、智能集线器和交换集线器 4 种。

① 被动式集线器。被动式集线器只把多段网络介质连接在一起，允许信号通过，不对信号做任何处理，它不能提高网络性能，也不能帮助检测硬件错误或性能瓶颈，只是简单地从一个端口接收数据并向所有端口转发。

② 主动式集线器。主动式集线器拥有被动式集线器的所有性能，此外还具有监视数据的功能。在以太网实现存储转发功能中，主动式集线器在转发之前检查数据，纠正损坏的分组并调整时序，但不区分优先次序。如果信号比较弱但仍然可读，主动式集线器在转发前将其恢复到较强的状态，这使得一些性能不是特别理想的设备也可正常使用。如果某设备发出的信号不够强，那么主动式集线器的信号放大器可以使该设备继续正常使用。此外，主动式集线器还可以报告哪些设备失效，从而提供了一定的诊断能力。

③ 智能集线器。智能集线器能比被动式和主动式集线器提供更多的功能，可以使用户更有效地共享资源。除了具备主动式集线器的特性外，智能集线器还提供了集中管理功能。如果连接到智能集线器上的设备出了故障，它可以很容易地识别、诊断和修补。智能集线器另一个出色的特性是可以为不同设备提供灵活的传输速率。除了连到高速主干的端口外，智能集线器还支持到桌面的 10Mbit/s、16Mbit/s、100Mbit/s 的传输速率，即支持以太网、令牌环和 FDDI。

④ 交换集线器。交换集线器是在一般智能集线器的基础上提供了线路交换能力和网络分段能力的一种智能集线器。交换集线器具有信号过滤的功能，它可以重新生成每一个信号并在发送前过滤每一个包，而且只将信号发送给某一已知地址的端口而不像被动式集线器那样将信号发送给网络上的所有端口。除此之外，交换集线器上的每一个端口都拥有专用带宽，内部包含一个能够很快在端口之间传送信号的电路，可以让多个端口之间同时进行通信，不会相互影响。交换集线器还可以以直通传送、存储转发和改进型直通传送来传送数据，其工作效率大大高于被动式集线器。

（5）按局域网的类型分类。从局域网角度来区分，集线器可分为 5 种不同类型。

① 单中继网段集线器。在硬件平台中，此类集线器是一类用于最简单的中继式 LAN 网段的集线器，与堆叠式以太网集线器或令牌环网多站访问部件（multistation access unit，MAU）等类似。

② 多网段集线器。这种集线器采用集线器背板，它带有多个中继网段，通常是有多个接口卡槽位的机箱系统，是从单中继网段集线器直接派生而来。其主要特点是可以将用户分布于多个中继网段上，以减少每个网段的信息流量负载，一般要求用独立的网桥或路由器控制网段之间的信息流量。

③ 端口交换集线器。这种集线器是在多网段集线器的基础上，将用户端口和多个背板网段之间的连接过程自动化，并通过增加端口交换矩阵（programmable switch matrix，PSM）来实现的集线器。PSM 可提供一种自动工具，用于将任何外来用户端口连接到集线器背板上的任何中继网段上。端口交换集线器的主要优点是可实现移动、增加和修改的自动化。

④ 网络互联集线器。端口交换集线器注重端口交换，而网络互联集线器在背板的多个网段之间可提供集成连接，该功能通过一台综合网桥、路由器或 LAN 交换机来完成。目前，这类集线器通常都采用机箱形式。

⑤ 交换集线器。随着网络技术的发展，集线器和交换机之间已经开始相互渗透。交换集线器有一个核心交换背板，采用一个纯粹的交换系统代替传统的共享介质中继网段。应该指出，这类集线器和交换机几乎没有什么区别。

4.3.5　网桥

网桥用于连接两个或两个以上具有相同通信协议、传输介质及寻址结构的局域网。它能实现网段间或局域网与局域网之间的互联，互联后成为一个逻辑网络。它也支持局域网与广域网之间的互联。

1. 网桥的工作原理

网桥的工作原理如图 4.18 所示。如果 LAN2 中地址为 201 的计算机与同一局域网的 202 计算机通信，网桥接收到发送帧，在检查帧的源地址和目标地址后，就不转发帧并将它丢弃；如果一台计算机要与不同局域网的计算机，例如 LAN2 中地址为 201 的计算机要与同 LAN1 中地址为 105 的计算机通信，网桥在进行帧过滤时，发现目的地址和源地址不在同一个网段上，就把帧转发到另一个网段上，这样计算机 105 就能接收到信息。网桥对数据帧的转发或过滤是根据其内部的一个转发表（过滤数据库）来实现的。当节点通过网桥传输数据帧时，网桥就会分析其 MAC 地址，并和它们所接的网桥端口号建立映射关系，即转发表。网桥的帧过滤特性十分有用，当一个网络由于负载很重而性能下降时，网桥可以最大限度地缓解网络通信繁忙的程度，提高通信效率。同时由于网桥的隔离作用，一个网段上的故障不会影响到另一个网段，从而提高了网络的可靠性。

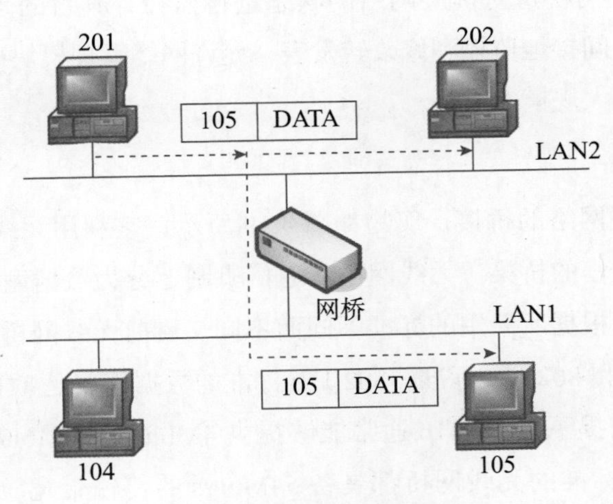

图 4.18　网桥的工作原理

2. 网桥的功能

上面介绍了网桥的帧转发和过滤功能。除此之外，网桥还具有以下功能。

（1）源地址跟踪。网桥收到一个帧后，将帧中的源地址记录到它的转发表中。转发表包括了网桥所能见到的所有连接站点的地址，它指出了被接收帧的方向。

（2）生成树的演绎。以太局域网的逻辑拓扑结构必须是无回路的，所有连接站点之间都只能有唯一的通路。网桥可使用生成树（spanning tree）算法屏蔽网络中的回路。

（3）透明性。网桥工作于MAC子层，只要两个网络MAC子层以上的协议相同，都可以用网桥互联。因此，网桥所连接的网络可以具有不同类型的网卡、介质和拓扑结构。

（4）存储转发。网桥的存储转发功能可用来解决穿越网桥的信息量临时超载问题，即网桥可以解决数据传输不匹配的子网之间的互联问题。

由于网桥是个存储转发设备，使用它一方面可以扩充网络的带宽，另一方面可以扩大网络的地理覆盖范围。

对传输介质而言，传统的局域网都是共享型的网络，在任何时刻，介质上只允许一个数据包在传递。如果用一个网桥连接两个以太网段，把各工作站均匀合理地分布在两个网段上，其网络总带宽可得到近乎两倍的扩展。这个方法通常称为“微化网段”，是一种早期提升网络带宽的方法，但仍有相当程度的局限性。交换局域网技术正是针对这种局限性而提出的一种新型的提升局域网带宽的方法。

另外，由于网桥能存储MAC帧，所以不再受以太网冲突检测机制或定时的限制，可以在更大的地理范围内实现多个网段的互联。如果采用光纤网桥，可以经过光纤将更远距离的两个局域网互联。网桥还可以通过公共广域网把两个远程局域网连接起来。

（5）管理监控。网桥可对扩展网络的状态进行监控，其目的是更好地调整逻辑结构。同时，它还可以间接地监控和修改转发表，允许网络管理模块确定网络用户站点的位置，以此来管理更大规模的网络。

3. 无线网桥

无线网桥即无线网络的桥接，实物如图4.19所示，它利用无线传输方式在两个或多个网络之间搭起通信的桥梁。无线网桥从通信机制上分为数据型网桥和电路型网桥。数据型网桥传输速率根据所采用的标准不同而不同。目前无线网桥传输常采用802.11b或802.11g、802.11a和802.11n标准。802.11b标准的数据速率是11Mbit/s，在保持足够的数据传输带宽的前提下，802.11b通常能够提供4Mbit/s到6Mbit/s的实际数据速率，而802.11g、802.11a标准的无线网桥都具备54Mbit/s的传输带宽，其实际数据速率可达802.11b的5倍左右，目前通过Turbo和Super模式最高可达108Mbit/s的传输带宽；802.11n标准通常可以提供150Mbit/s到600Mbit/s的传输速率。

电路型网桥传输速率由调制方式和带宽决定，PTP C400的传输速率可达64Mbit/s，PTP C500的传输速率可达90Mbit/s，PTP C600的传输速率可达150Mbit/s；可以配置电信级的E1、E3、STM-1接口。

图 4.19　网桥示例：中兴（ZTE）无线网桥 230（XGW+）

4. 网桥存在的问题

根据网桥的工作原理，网桥最主要的功能是在转发前必须保存一张“端口 - 节点地址表”。在实际应用中，随着网络规模的扩大和用户节点数的增加，实际“端口 - 节点地址表”的存储能力有限，会不断出现该表中没有的节点地址信息。当带有这一类目的地址的数据帧出现时，网桥就按扩散法转发，即该数据帧会盲目地从其他所有端口广播出去，这会导致网络中重复、无目的的数据帧传输数量急剧增加，造成广播风暴，甚至导致整个网络瘫痪。当两个局域网通过网桥连接到一起时，任意一个局域网中的广播风暴都会使得两个局域网同时瘫痪。

除了广播风暴以外，网桥对接收的帧在转发前要先存储和查找转发表，而且不同的局域网有不同的帧格式。因此，网桥在互联不同的局域网时，需要对接收的帧进行重新格式化，还要重新对新的帧进行差错校验计算，这些会增加时延。另外，当网络上的负荷很重时，网桥还会因为缓存的存储空间不够而发生溢出，产生帧丢失的现象。

4.3.6　交换机

交换和交换机最早起源于公共电话交换网络（public switched telephone network, PSTN）。自 1876 年美国贝尔发明电话以来，随着社会需求的日益增长和科技水平的不断提高，电话交换技术处于迅速变革和发展之中。其历程可分为 3 个阶段：人工交换、机电交换和电子交换。随着网络技术的不断发展，现在早已普及了程控交换机，交换的过程都是自动完成的。

交换作为交换机的主要工作过程，是指按照通信两端传输信息的需要，采用人工或设备自动完成的方法，把要传输的信息送到符合要求的相应路由上的技术统称。广义的交换机就是一种在通信系统中完成信息交换功能的设备。几种交换机实物如图 4.20 所示。

华为（HUAWEI）24 口万兆光高性能交换机

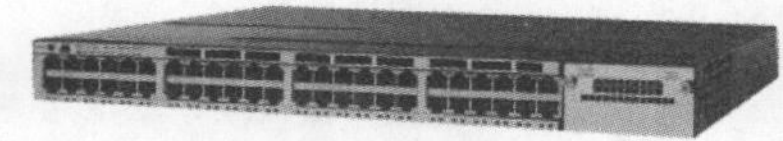

思科（CISCO）48 口千兆交换机

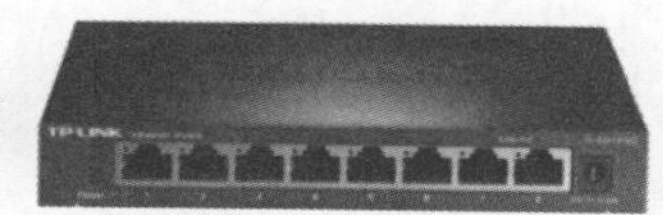

普联（TP-LINK）8 口千兆交换机

图 4.20　几种交换机实物图

交换机拥有一条带宽很宽的背部总线和内部交换矩阵，交换机的所有的端口都挂接在这条背部总线上。控制电路收到数据包以后，处理端口会查找内存中的 MAC 地址对照表以确定目的节点 MAC 地址的网卡挂接在哪个端口上，通过内部交换矩阵直接将数据迅速传送到目的节点，而不是所有节点，目的 MAC 地址若不存在则广播到所有的端口。可以看出，这种方式一方面效率高，不会浪费网络资源，只是对目的地址发送数据，一般来说不易产生网络堵塞；另一方面数据传输安全，因为它不是对所有节点都同时发送，发送数据时其他节点很难侦听到所发送的信息。

交换机还有一个重要特点是，它不像集线器那样每个端口都共享带宽，它的每一端口都是独享交换机的一部分总带宽，这样从根本上保障了每个端口的速率。例如，当节点 A 向节点 D 发送数据时，节点 B 可同时向节点 C 发送数据，而且这两个传输都享有带宽，都有自己的虚拟连接。如果现在使用的是 10Mbit/s 8 端口以太网交换机，因每个端口都可以同时工作，所以在数据流量较大时，那它的总流量可达到 8×10Mbit/s = 80Mbit/s。如果使用的是 10Mbit/s 的共享式集线器，那数据流量再大，集线器的总流通量也不会超出 10Mbit/s。因为它是属于共享带宽式的，同一时刻只能允许一个端口进行通信。

交换机是一种基于 MAC 地址识别，能完成封装并转发数据包功能的网络设备。交换机可以学习 MAC 地址，并把其存放在内部地址表中，通过在数据帧的始发者和目标接收者之间建立临时的交换路径，使数据帧直接由源地址到达目的地址。

1. 交换机的工作原理

下面介绍第二层交换机、第三层交换机和第四层交换机的工作原理。

（1）第二层交换机的工作原理。第二层交换机属数据链路层设备，可以识别数据包中的 MAC 地址信息，并进行转发，将这些 MAC 地址与对应的端口记录在自己内部的一个地址表中。第二层交换机的结构与工作过程如图 4.21 所示。

图 4.21 中的交换机有 6 个端口，其中端口 1、4、5、6 分别连接了节点 A、节点 B、节点 C 与节点 D。那么就可以根据以上端口号与节点 MAC 地址的对应关系建立交换机的“端口号 /MAC 地址映射表”。如果节点 A 与节点 D 同时发送数据，那么它们可以分别在以太帧的目的地址字段（destination address，DA）中添上该帧的目的地址。

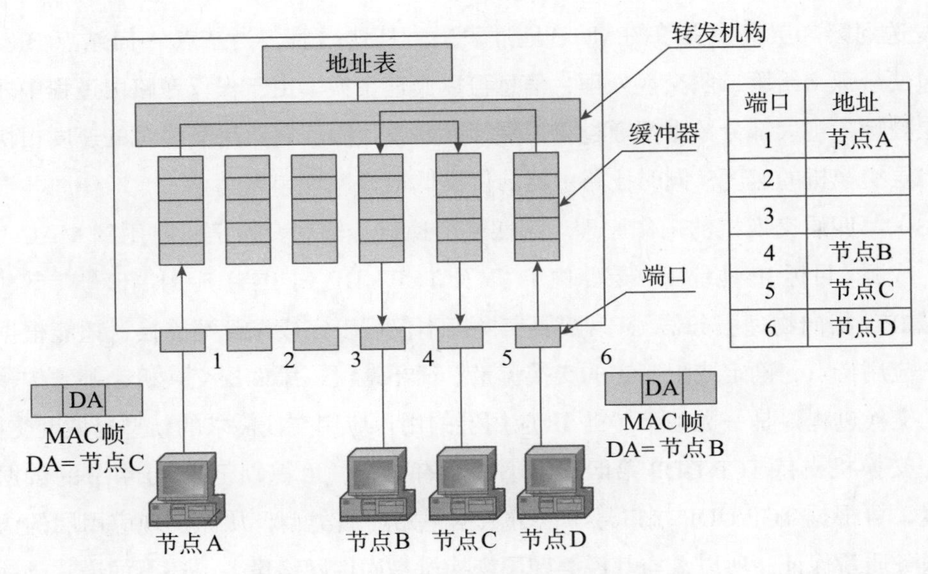

图 4.21　第二层交换机结构与工作过程

例如，节点 A 要向节点 C 发送帧，那么该帧的目的地址 DA= 节点 C；节点 D 要向节点 B 发送帧，那么该帧的目的地址 DA= 节点 B。当节点 A、节点 D 同时通过交换机传送帧时，交换机的交换控制中心根据“端口号 /MAC 地址映射表”的对应关系找出帧的目的地址的输出端口号，那么它就可以为节点 A 到节点 C 建立端口 1 到端口 5 的连接，同时为节点 D 到节点 B 建立端口 6 到端口 4 的连接。这种端口之间的连接可以根据需要同时建立多条，也就是说可以在多个端口之间建立多个并发连接。

（2）第三层交换机的工作原理。简单地说，第三层交换技术就是第二层交换技术 + 第三层转发技术，这是一种利用第三层协议中的信息来加强第二层交换功能的机制，即一个具有第三层交换功能的设备，是一个带有第三层路由功能的第二层交换机，它不是简单地把路由器设备的硬件及软件叠加在第二层交换机上，而是两者的有机结合。第三层交换机的工作原理如下：假设两个使用 IP 的站点 A、B 通过第三层交换机进行通信，发送站点 A 在开始发送时，把自己的 IP 地址与 B 站的 IP 地址进行比较，判断 B 站是否与自己在同一子网内，若目的站点 B 与发送站点 A 在同一子网内，则进行第二层的转发。若两个站点不在同一子网内，如发送站点 A 要与目的站点 B 通信，发送站点 A 要向“默认网关”发出地址解析协议（address resolution protocol，ARP）封包，而“默认网关”的 IP 地址其实是第三层交换机的第三层交换模块。当发送站点 A 对“默认网关”的 IP 地址广播出一个 ARP 请求时，如果第三层交换模块在以前的通信过程中已经知道 B 站的 MAC 地址，则向发送站点 A 回复 B 的 MAC 地址。否则第三层交换模块根据路由信息向 B 站广播一个 ARP 请求，B 站得到此 ARP 请求后向第三层交换模块回复其 MAC 地址，第三层交换模块保存此地址并回复给发送站点 A，同时将 B 站的 MAC

地址发送到第二层交换引擎的 MAC 地址表中。从这以后，当站点 A 向站点 B 发送的数据包便全部交给第二层交换处理，信息得以高速交换。由于仅仅在路由过程中才需要第三层处理，绝大部分数据都通过第二层交换转发，因此第三层交换机的速度很快，接近第二层交换机的速度，同时比路由器的价格低很多。

（3）第四层交换机的工作原理。第四层交换机传输和交换信息时用到 MAC（二层网桥）或源 / 目标 IP 地址（三层路由），以及 TCP/UDP（四层）应用端口号（其功能类似虚拟 IP，指向物理服务器）。第四层交换机不仅可以完成端到端交换，还能根据端口主机的应用特点，确定或限制它的交换流量。简单地说，第四层交换机是基于传输层数据包的交换过程，是一类基于 TCP/IP 应用层的用户应用交换需求的新型局域网交换机。第四层交换机支持 TCP/UDP 第四层以下的所有协议，可识别至少 80 字节的数据包包头长度，可根据 TCP/UDP 端口号来区分数据包的应用类型，从而实现应用层的访问控制和服务质量保证。所以，与其说第四层交换机是硬件网络设备，还不如说它是软件网络管理系统。也就是说，第四层交换机是一类以软件技术为主，以硬件技术为辅的网络管理交换设备。

2. 交换机的功能

交换机是网络中最重要的设备，它在网络产品系统集成和方案设计中起着核心作用。交换机主要完成 OSI 参考模型中物理层和数据链路层的功能，工作在 OSI/RM 参考模型的第二层，即数据链路层。交换机主要功能如下。

（1）物理编址。交换机定义了设备在数据链路层的编址方式。

（2）网络拓扑结构。交换机包括数据链路层的说明，定义了设备的物理连接方式，如星状拓扑结构等。

（3）错误校验。交换机向发生传输错误的上层协议提出警告。

（4）数据帧序列。交换机重新整理并传输除序列以外的帧。

（5）流量控制。交换机可以延缓数据的传输能力，以使接收设备不会因为在某一时刻收到了超过其处理能力的信息流而崩溃。

随着网络技术的不断发展，交换机也得到了大力发展。目前交换机除了具备以上一些功能外，还具备了一些新的功能，如支持 VLAN 和链路汇聚，甚至还具有防火墙的功能，也即第三层交换机所具有的功能。

第三层交换技术也称多层交换技术或 IP 交换技术，是相对于传统交换概念提出的。传统的交换技术在 OSI 模型中的第二层进行操作，而第三层交换技术在 OSI 模型中的第三层实现了分组的高速转发。简言之，第三层交换技术就是“第二层交换技术+第三层转发”。第三层交换技术的出现，解决了局域网中网段划分之后网段中的子网必须依赖路由器进行管理的局面，解决了传统路由器低速、复杂所造成的网络瓶颈问题。

3. 交换机的分类

交换机有如下多种分类方式。

（1）按网络覆盖范围划分。按网络覆盖范围，可将交换机分为广域网交换机和局域网交换机。

广域网交换机主要用于电信 MAN 互联、互联网接入等领域的广域网中，提供通信用的基础平台。

局域网交换机用于局域网，用于连接服务器、工作站、网络打印机、集线器、交换机和路由器等设备，提供高速独立信道。

（2）按传输介质和传输速度划分。按传输介质和传输速度可将交换机划分为以太网交换机、快速以太网交换机、千兆（G 位）以太网交换机、10 千兆（10G 位）以太网交换机、FDDI 交换机、ATM 交换机以及令牌环交换机。

（3）按应用层级划分。按应用层级可将交换机划分为企业级交换机、校园网交换机、部门级交换机、工作组交换机以及桌面交换机。

（4）按交换机的结构划分。按交换机的端口结构划分，可分为固定端口交换机和模块化交换机两种。其实还有一种交换机是固定端口与模块化兼顾，即在提供基本固定端口的基础上再配备一定的扩展插槽或模块。

① 固定端口交换机。固定端口是指交换机所带有的端口是固定的。如果是 8 端口的交换机，就只能有 8 个端口，再不能添加。16 个端口的交换机只能有 16 个端口，不能再扩展。目前固定端口的交换机比较常见，端口数量没有明确规定，一般是 8 端口、16 端口和 24 端口。

② 模块化交换机。模块化交换机虽然在价格上要贵很多，但拥有更大的灵活性和可扩充性，用户可任意选择不同数量、不同速率和不同接口类型的模块，以适应千变万化的网络需求。而且，机箱式交换机大多有很强的容错能力，支持交换模块的冗余备份，并且往往拥有可热插拔的双电源，以保证交换机的电力供应。按照需要和经费综合考虑选择机箱式交换机或固定式交换机。一般来说，企业级交换机应考虑其扩充性、兼容性和排错性，因此，应当选用机箱式交换机；而骨干交换机和工作组交换机则由于任务较为单一，故可采用简单明了的固定式交换机。

（5）按交换机工作的协议层划分。交换机原来工作在 OSI/RM 的第二层，随着交换技术的发展，现在有工作在第四层的交换机。根据工作的协议层，交换机可分为第二层交换机、第三层交换机和第四层交换机。

① 第二层交换机。目前桌面交换机一般都属于这种类型，因为桌面交换机一般来说所承担的工作不十分复杂，又处于网络的最基层，所以也就只需要提供最基本的数据链接功能即可。第二层交换机应用最为普遍，一般应用于小型企业或大中型企业网络的

桌面层次。

② 第三层交换机。第三层交换机比第二层交换机功能更强，由于它工作于 OSI/RM 模型的网络层，因此具有路由功能。它是将 IP 地址信息提供给网络路径供其选择，并实现不同网段间数据的快速交换。当网络规模较大时，可以根据特殊应用需求划分为小型独立的 VLAN 网段，以减小网络广播风暴所造成的影响。通常这类交换机采用模块化结构，以适应灵活配置的需要。

③ 第四层交换机。第四层交换机是采用第四层交换技术而开发出来的交换机产品，工作于 OSI/RM 模型的第四层，即传输层，直接面对具体应用。第四层交换机支持多种协议，如 HTTP，FTP、Telnet、SSL 等。

（6）按是否支持网管功能划分。按是否支持网管功能可将交换机划分为网络管理型和非网络管理型两大类。其中，网络管理型交换机的任务就是使所有的网络资源处于良好的状态。网络管理型交换机支持 SNMP，SNMP 由一整套简单的网络通信规范组成，可以完成所有基本的网络管理任务，对网络资源的需求量少，具备一些安全机制。网络管理型交换机采用嵌入式远程监视（remote monitoring，RMON）标准用于跟踪流量和会话，对决定网络中的瓶颈和阻塞点十分有效。非网络管理型交换机价格便宜，节省开支，端口数量密集，用户使用灵活，适合小型网络中。但它不支持 ARP 防护，ARP 攻击不是病毒因而几乎所有的杀毒软件对之都无可奈何；但它却胜似病毒—因为它轻可造成通信变慢、网络瘫痪，重会造成信息的泄密；数据传输的可靠性差，出现丢包现象严重；组装单一，不能应用在大中型网络中，对网络升级、扩展存在大的局限；管理不便，硬件故障率比较大。

4.3.7 路由器

路由器工作在网络层，用于连接多个逻辑上分开的网络。几种路由器实物图如图 4.22 所示。

华为（HUAWEI）千兆核心路由器

思科（CISCO）千兆多业务集成路由器

普联（TP-LINK）双频千兆无线路由器

图 4.22 几种路由器实物图

1. 路由器的工作原理

通常把网络层地址信息叫作网络逻辑地址，把数据链路层地址信息叫作网络物理地址。网络物理地址通常是由硬件制造商规定的，例如每块以太网卡都有一个 48 位的站地址，即 MAC 地址，这种地址由 IEEE 管理（给每个网卡制造商指定唯一的前 3 个字节值），任意两个网卡不会有相同的地址。网络逻辑地址是由网络管理员在组网设置时指定的，这种地址可以按照网络的组织结构以及每个工作站的用途灵活设置，而且可以根据需要变更。网络逻辑地址也称作软件地址，用于网络层寻址。如图 4.23 所示，以太网 C 中硬件地址为 105 的站的软件地址为 C・05，这种用“・”记号表示地址的方法既标识了工作站所在的网络段，也标识了网络中唯一的工作站。

路由器根据网络逻辑地址在互联的子网之间传递分组。一个子网可能对应于一个物理网段，也可能对应于几个物理网段。因此，网络逻辑地址实际上是由子网标识和工作站硬件地址两部分组成的。

图 4.23 说明了路由器的工作过程。LAN A 中的源节点 101 生成了多个分组，这些分组带有源地址与目的地址。如果 LAN A 中的 101 节点要向 LAN C 中的目的节点 105 发送数据，那么它只按正常工作方式将带有源地址与目的地址的分组装配成帧发送出去。连接在 LAN A 的路由器接收来自源节点 101 的帧后，由路由器的网络层检查分组头，根据分组的目的地址查询路由表，确定该分组的输出路径。如图 4.23 中路由器确定该分组的目的节点在 LAN C，它就将该分组发送到目的节点所在的局域网中。若目的地址不在路由表中，路由器则认为这是一个“错误分组”，将它丢弃，不再转发。

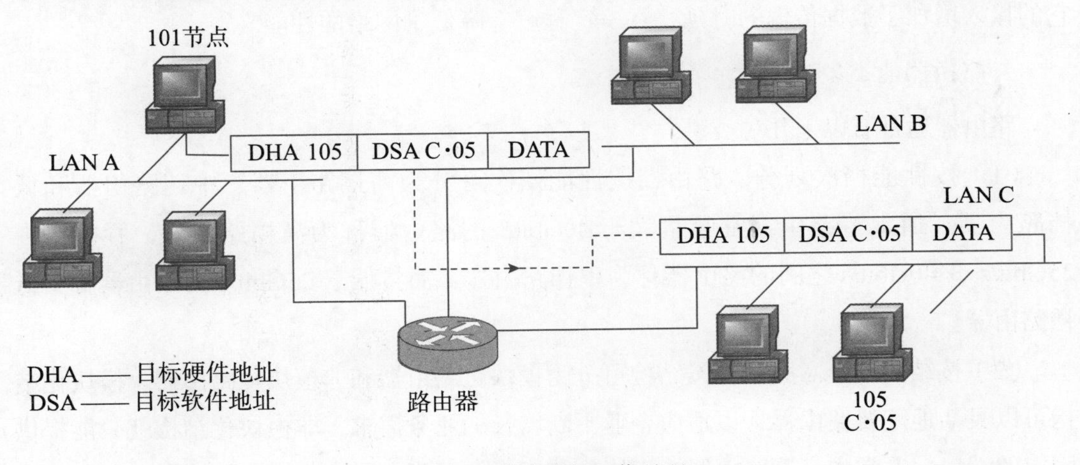

图 4.23　路由器的工作过程

2. 路由器的功能

（1）路由选择。路由器可为不同网络之间的用户提供最佳的通信路径。路由器中配有路由表，路由表中列出了整个互联网络中包含的各个节点，以及节点间的路径情况和与它们相关的传输开销。当连接的一个网络上的数据分组到达路由器后，路由器根据数据分组中的目的地址，使用最小时间算法或最优路径算法进行信息传输路径的调节，从最佳路径把分组转发出去。如果某一网络路径发生了故障或阻塞，路由器可以为其选择另一条冗余路径，以保证网络的畅通。路由器还具有路由表维护能力，可根据网络拓扑结构的变化，自动调节路由表。

（2）协议转换。路由器可对网络层及以下各层进行协议转换。

（3）实现网络层的一些功能。路由器可以进行数据包格式的转换，实现不同协议、不同系统结构网络的互联。因为不同网络的分组大小可能不同，所以路由器要对数据包进行分段、组装，重新调整分组大小，使之适合于下一个网络的要求。

（4）流量控制。路由器具有很强的流量控制能力，可以采用优化的路由算法来均衡网络负载，从而有效地控制拥塞，避免因拥塞而使网络性能下降。

（5）网络管理与安全。路由器是多个网络的交汇点，网间的信息流都要经过路由器，并在路由器上进行信息流的监控和管理。路由器还可以进行地址过滤，阻止错误的数据进入，起到防火墙的作用。路由器还能有效抑制广播风暴，起到安全壁垒的作用。如果局域网间是用路由器连接的，则广播风暴将限制在发生的那个局域网中，不会扩散。

（6）多协议路由选择。路由器是与协议有关的设备，不同的路由器支持不同的网络层协议。多协议路由器支持多种协议，能为不同类型的协议建立和维护不同的路由表，连接运行不同协议的网络。不过，路由器的配置和管理技术相对复杂，成本较高，而且它的接入增加了数据传输的时延，在一定程度上降低了网络的性能。

3. 路由器的类型

路由器通常有以下几种类型。

（1）按性能档次划分。路由器按性能档次可分为高档路由器、中档路由器和低档路由器。通常将路由器吞吐量大于 40Gbit/s 的路由器称为高档路由器，吞吐量在 25Gbit/s ～ 40Gbit/s 之间的路由器称为中档路由器，而将低于 25Gbit/s 的路由器称为低档路由器。

（2）按结构划分。路由器按结构可分为模块化路由器和非模块化路由器。模块化结构可以灵活地配置路由器，以适应企业不断增长的业务需求，非模块化结构就只能提供固定的端口。通常中高端路由器为模块化结构，低端路由器为非模块化结构。

（3）按功能划分。路由器按功能可分为骨干级路由器、企业级路由器和接入级路由器。

骨干级路由器是实现企业级网络互联的关键设备，它的数据吞吐量较大。对骨干级路由器的基本性能要求是高速度和高可靠性。为此，骨干级路由器普遍采用诸如热备份、双电源、双数据通路等传统冗余技术，从而使得骨干级路由器的可靠性得到大大提高。

企业级路由器连接许多终端系统，连接对象较多，但系统相对简单，因此对这类路由器的要求是，以尽量便宜的方法实现尽可能多的端点互联，同时还要求能够支持不同的服务质量。

接入级路由器主要用于连接家庭或小型企业客户群体。

（4）按所处网络位置划分。路由器按所处网络位置可分为边界路由器和中间节点路由器。边界路由器处于网络的边缘，用于不同网络路由器的连接；而中间节点路由器则处于网络的中间，通常用于连接不同网络，起到一个数据转发的桥梁作用。由于各自所处的网络位置不同，它们的主要性能也有相应的侧重。如中间节点路由器要识别各种各样网络中的节点，依靠的是中间节点路由器的 MAC 地址的记忆功能。因此，选择中间节点路由器时就需要更加注重 MAC 地址记忆功能，也就是要求选择缓存更大、MAC 地址记忆能力较强的路由器。边界路由器可能要同时接受来自许多不同网络路由器发来的数据，所以它的背板要有足够的带宽。

（5）按性能划分。路由器按性能可分为线速路由器和非线速路由器。所谓线速路由器就是完全可以按传输介质带宽进行通畅传输，基本上没有间断和延时。通常线速路由器都是高端路由器，具有较宽的端口带宽和数据转发能力，能以介质速率转发数据包，而非线速路由器多为中低端路由器，但目前一些新的宽带接入路由器也有线速转发能力。

（6）按连接形式划分。路由器按连接形式可分为有线路由器和无线路由器。有线路由器即传统路由器，而无线路由器则是无须线缆连接即可提供接入服务和网络的路由器，是一种将单纯性无线接入点和宽带路由器结合的扩展型设备。目前无线路由器已经升级到 Wi-Fi 6，速率和带宽均显著提升。

4. 路由器与第三层交换机的比较

随着网络范围的不断扩大和网络业务的不断丰富，使大型局域网被分成多个小局域网并产生大量互访。第二层交换机无法实现网间互访，路由器又因为端口数量有限和路由速度较慢，因而限制了网络的规模和访问速度。路由器主要通过 IP 转发（三层转发）来实现不同网络间的互联，而交换机的高速转发可应用到三层转发中。因此，第三层交换机是将局域网交换机的设计思想应用在路由器的设计中而产生的，其结合了交换技术和路由技术以实现大型局域网内部数据交换。第三层交换机又称路由交换机、交换式路由器，虽然这些名称不同，但它们所表达的内容基本相同。

传统的路由器通过软件实现路由选择功能，而第三层交换的路由器通过结合软件和硬件实现路由选择功能。硬件部分使用专用集成电路（application specific integrated circuit，ASIC）芯片，软件部分由CPU调用相关软件，在内存中存储软件路由表和ARP映射表。这样既利用了硬件的高速交换性能，又利用了软件模块的灵活性。第三层交换设备的数据包处理时间将由传统路由器的几千微秒量级减少到几十微秒量级，甚至可以更短，因此大大缩短了数据包在交换设备中的传输延迟时间。

虽然第三层交换机的转发性能比普通路由器高，但是接口类型单一，通常为以太网接口，支持的路由协议较少。为了互联不同类型的异构结构，为路由器设计了较多的接口。在实际应用中，通常将同一个局域网中各子网互联以及连接局域网VLAN间的路由，用第三层交换机来代替普通路由器，实现广播域隔离，而只在局域网与广域网或者广域网之间互联才用普通路由器。

第三层交换是基于硬件的路由选择。数据包的转发是由专业化的硬件来处理的。第三层交换机对数据包的处理程序与路由器相同，可实现如下功能：

（1）根据第三层信息决定转发路径；

（2）通过校验验证第三层包头的完整性；

（3）验证数据包的有效期并进行相应的更新；

（4）处理并响应任何选项信息；

（5）在管理信息库中更新转发统计数据；

（6）必要的话，实施安全控制。

可见，随着计算机网络的发展，第三层交换机既有交换机迅速转发报文的能力，又有路由器良好的控制功能，因此得到了广泛应用。

4.3.8 网关

网关（gateway）是一种充当转换重任的计算机系统或设备。在使用不同的通信协议、数据格式或语言，甚至体系结构完全不同的两种系统之间，网关是一个翻译器。与网桥只是简单地传达信息不同，网关对收到的信息要重新打包，以适应目的系统的需求。同时，网关也可以提供过滤和安全功能。

1. 网关的工作原理

网关又称协议转换器，工作在ISO 7层协议的传输层或更高层。它的作用是使处于通信网上、采用高层协议的主机相互合作，完成各种分布式应用。网关提供从运输层到应用层的全方位的转换服务，实现起来非常复杂，因此一般的网关只能提供一对一或少数几种特定应用协议的转换。网关实物图如图4.24所示。

锐捷（Ruijie）新一代多业务安全网关 RG-EG3250

图 4.24　网关实物图

图 4.25 说明了网关的工作原理。如果一个 NetWare 节点要与另一个局域网中的一台 TCP/IP 主机通信，由于两者的高层网络协议不同，所以局域网中的 NetWare 节点不能直接访问 TCP/IP 的主机，它们之间的通信必须由网关来完成。网关的作用是为 NetWare 产生的报文加上必要的控制信息，将它转换成 TCP/IP 主机支持的报文格式。当需要反方向通信时，网关同样要完成 TCP/IP 报文格式到 NetWare 报文格式的转换。

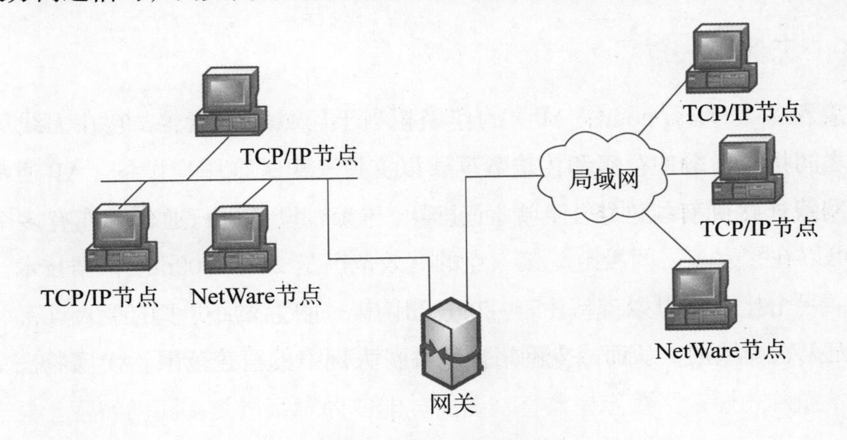

图 4.25　网关的工作原理

网关的主要转换项目包括信息格式变换、地址变换、协议变换等。格式变换是将数据包的最大长度、文字代码、数据的表现形式等变换成适用于对方网络的格式。地址变换是由于每个网络地址构造不同，因而在跨网络传输时，需要变换成对方网络所需要的地址格式。协议变换则是把各层使用的控制信息变换成对方网络所需的控制信息，因此要进行信息的分割 / 组合、数据流量控制、错误检测等。

2. 网关的分类

网关按其功能可以分为协议网关、应用网关和安全网关 3 种类型。

（1）协议网关。协议网关通常在使用不同协议的网络区域之间进行协议转换。这一转换过程可以发生在 OSI 参考模型的第二层、第三层或第二、第三层之间。协议网关是网关中最常见的一种，协议转换必须考虑两个协议之间特定的相似性和差异性，所以它的功能十分复杂。

（2）应用网关。应用网关是在应用层连接两部分应用程序的网关，是在不同数据格式间翻译数据的系统。它接收一种格式的分组，将之翻译，然后以新的格式发送出去。

这类网关一般只适合于某种特定的应用系统的协议转换。

（3）安全网关。安全网关就是防火墙。有关防火墙的内容将在 7.4 节详细介绍。

网关可以是本地的，也可以是远程的。网关还分为面向无连接的网关和面向连接的网关，面向无连接的网关用于数据报网络的互联，面向连接的网关用于虚电路网络的互联。另外，在实际应用中，当两个子网之间有一定距离时，可将一个网关分成两个半网关，这会给使用和管理带来很大的方便。选择两种不同的半网关组合，可以灵活地互联两种不同的网络。由于半网关分别属于各网络所有，可以分别进行维护与管理，因此避免了一个网关由两个单位共有而带来的非技术性的麻烦。目前，网关已成为网络上每个用户都能访问大型主机的通用工具。

4.3.9 无线接入点

无线接入点（access point，AP）的作用相当于局域网集线器。它在无线局域网和有线网络之间接收、缓冲存储和传输数据，以支持一组无线用户设备。AP 通常是通过标准以太网线连接到有线网络上，并通过天线与无线设备进行通信。在有多个接入点时，用户可以在接入点之间漫游。接入点的有效范围是 20 ～ 500m。根据技术、配置和使用情况，一个接入点可以支持 15 ～ 250 个用户，通过添加更多的接入点，可以比较轻松地扩充无线局域网，从而减少网络拥塞并扩大网络的覆盖范围。AP 实物图如图 4.26 所示。

图 4.26　AP 实物图：华为（HUAWEI）企业级室内型无线双频 AP AirEngine5760-10

AP 是一个包含很广的名称，是所有无线覆盖设备的统称。但随着无线路由的普及，当前的 AP 可分为单纯型 AP 和扩展型 AP 两类。单纯型 AP 的功能相对简单，缺少路由功能，仅相当于无线集线器。扩展型 AP 也即无线路由器，功能较全，大多数扩展型 AP 不但具有路由交换功能还有动态主机配置协议（dynamic host configuration protocol，DHCP）、网络防火墙等功能。

对于单纯型 AP 和无线路由器可以从两方面加以区分。

（1）功能上区分。单纯型 AP 主要提供无线工作站对有线局域网和有线局域网对无线工作站的访问，在访问接入点覆盖范围内的无线工作站可以通过它进行相互通信。通俗地讲，单纯型 AP 是无线网和有线网之间沟通的桥梁。由于单纯型 AP 的覆盖范围是一个向外扩散的圆形区域，因此应当尽量把单纯型 AP 放置在无线网络的中心位置，以避免因信号衰减而导致通信失败。

无线路由器是单纯型 AP 与宽带路由器的一种结合体，它借助于路由器，可实现家庭无线网络中的互联网连接共享，实现 ADSL 和小区宽带的无线共享接入。另外，无线路由器可以把通过它进行无线和有线连接的终端都分配到一个子网，这样子网内的各种设备交换数据就非常方便。

（2）从应用上区分。单纯型 AP 在需要大量 AP 联网的企业用得较多，所有 AP 通过以太网连接并连到独立的无线局域网防火墙。

无线路由器在小型办公室 / 家庭办公室的环境中使用得较多。无线路由器一般包括网络地址转换协议，以支持无线局域网用户的网络连接共享。大多数无线路由器包括一个 4 个端口的以太网转换器，可以连接几台有线 PC，这有利于管理路由器或者把一台打印机连入局域网。

4.3.10　网闸

网闸的全称为安全隔离与信息交换系统，也叫安全隔离网闸，实物如图 4.27 所示。网闸一般是指链路层的断开，即物理隔离。基于物理隔离技术的代表产品主要为物理隔离卡 / 隔离集线器等。网闸在安全性的实现上，也采用了物理隔离卡的思想，即实现了任一时刻链路层的断开，这与串口隔离、防火墙等软隔离是不同的。

图 4.27　网闸示例：数据信息网络安全防火墙视频网闸 C236

网闸与物理隔离卡 / 集线器最主要的区别是：它能够实现网络间安全适度的信息交换，而物理隔离卡不提供这样的功能。显然，网络间适度信息交换是实现一体化业务办公系统的重要基础，然而这必须在确保网络安全的前提下实现。

路由器、交换机分别工作在 OSI 7 层协议的网络层和数据链路层，作为网络设备首要考虑的是互通性和互操作性。虽然路由器、交换机也提供一系列安全手段，然而这种基于网络包的安全性是非常薄弱的。而网闸所提供的安全适度的信息交换是在网络之间不存在链路层连接的情况下进行的。网闸直接处理网络间的应用层数据，利用存取 / 发送的方法进行应用数据的交换，在交换的同时，对应用数据进行各种安全检查。防火墙一般在进行IP包转发的同时，通过对IP包的处理，实现对TCP会话的控制，但是对应用数据的内容不进行检查。这种工作方式无法防止泄密，也无法防止病毒和黑客程序的攻击。而网闸通过协议转换、病毒查杀、关键字过滤等多种安全技术，从多个层面上控制信息交换的整体安全性，最大程度上降低了内部网络遭受攻击和无意泄密等安全风险。

网闸是使用带有多种控制功能的固态开关读写介质连接两个独立主机系统的信息安全设备。由于物理隔离网闸所连接的两个独立主机系统之间，不存在通信的物理连接、逻辑连接、信息传输命令以及信息传输协议，也不存在依据协议的信息包转发，只有数据文件的无协议“摆渡”，且对固态存储介质只有“读”和“写”两个命令。所以，物理隔离网闸从物理上隔离、阻断了具有潜在攻击可能的一切连接，使黑客无法入侵、无法攻击和无法破坏，实现了真正的安全。

网闸作为高安全度的企业级信息安全防护设备，依托安全隔离技术，为信息网络提供了高层次的安全防护能力，不仅使得信息网络的抗攻击能力大大增强，而且有效地防范了信息外泄事件的发生。传统的网闸隔离的是用户的内网、外网、专网等，而随着云计算技术的发展和云环境的成熟，目前已有超万兆网闸用于隔离云里面的资源池。

1. 网闸的工作原理

网闸技术是一种通过专用硬件使两个或者两个以上的网络在不连通的情况下，实现安全数据传输和资源共享的技术。它采用独特的硬件设计并集成多种软件防护策略，能够抵御各种已知和未知的攻击，显著地提高内网的安全强度，为用户创造安全的网络应用环境。

网闸的工作原理是：切断网络之间的通用协议连接，将数据包进行分解或重组为静态数据，对静态数据进行安全审查，包括网络协议检查和代码扫描等，确认后的安全数据流入内网单元，内部用户通过严格的身份认证机制获取所需数据。

安全隔离与信息交换系统一般由三部分构成：内网处理单元、外网处理单元和专用隔离硬件交换单元。系统中的内网处理单元连接内网，外网处理单元连接外网，专用隔离硬件交换单元在任一时刻仅连接内网处理单元或外网处理单元，与两者间的连接受硬件电路控制高速切换。这种独特设计既满足了内网与外网网络物理隔离的要求，又能实现数据的动态交换。安全隔离与信息交换系统的嵌入式软件系统里内置了协议分析引擎、内容安全引擎和病毒查杀引擎等多种安全机制，可以根据用户需求实现复杂的安全策略。安全隔离与信息交换系统可以广泛应用于银行、政府等部门的内网访问外网，也可用于内网的不同信任域间的信息交互。

2. 网闸的功能

网闸不仅提供基于网络隔离的安全保障，支持 Web 浏览、安全邮件、数据库、批量数据传输和安全文件交换、满足特定应用环境中的信息交换要求，还提供高速度、高稳定性的数据交换能力，可以方便地集成到现有的网络和应用环境中。网闸的功能主要体现在以下几方面。

（1）网闸的应用支持。网闸通过增加应用交换模块支持常见的应用数据交换，通常包括文件数据交换、HTTP 访问、WWW 服务、收发电子邮件、数据库应用，支持 Oracle、Sybase、SQL Sever、MySQL、ODBC 及对数据库的访问、数据库的同步，常见的行业应用如 TCP/UDP 的定制等。

（2）网闸专用安全操作系统。网闸的专用安全操作系统是把操作系统裁剪为最小化的嵌入式内核：将操作系统安全级别设置为最高级，加固操作系统；提供具有最高强度的拒绝服务和分布式拒绝服务（denial of service and distributed denial of service，DoS/DDoS）攻击特性；支持防扫描的功能和嵌入式的入侵检测防御功能；支持强制访问控制、基于时间的访问控制、安全审计和认证等多种安全机制；具有比防火墙系统更高的安全性、可靠性和可用性。

（3）用户身份认证管理。用户身份认证管理用来实现访问控制，用于管理员和用户访问或使用网闸服务端口的鉴别、授权和审计。

（4）访问控制。基于时间的访问控制，支持定义网闸准许交换数据的时间；基于 IP 的访问控制，支持定义可以使用网闸的 IP 范围；基于端口的访问控制，支持定义开放端口范围，有些应用采用多端口，还必须提供基于应用的白名单访问控制；网闸管理的访问控制，支持定义管理员管理网闸的 IP。

（5）安全审计。安全审计包括审计的数据产生、分析、查阅、事件选择、事件存储和报告等。为了提高效率，一般采用 Windows 平台的安全审计软件独立作业。每个审计记录中至少包括日期、时间、事件类型、主体身份、事件的结果和事件的相关信息等。安全审计应该由安全审计员来完成。

（6）安全管理。网闸的管理员划分为系统管理员、配置管理员和审计管理员，实行三权分立，相互制约。系统管理员负责操作系统的配置和管理，可以进行系统维护，但不能对网闸的日志信息进行更改；配置管理员拥有对网闸的安全策略进行管理、配置和修改的权利；审计管理员负责对系统日志进行审计管理。

（7）其他可选功能。防病毒功能：将外网的文件和数据交换到内网时，对文件进行病毒检查，确保没有病毒，才允许这些文件转发到内网指定的主机或服务器。

防泄密功能：预防内网用户访问外网网站泄密。主要措施包括禁止使用 post 等命令，禁止 URL 的路径和文件名，禁止同时或连续交叉使用两个或两个以上的网站等。

3. 网闸的主流技术

目前网络隔离的断开技术有两类。一类是动态断开技术，如基于SCSI的开关技术和基于内存总线的开关技术。动态断开技术主要是通过开关技术实现的。一个小型计算机系统界面一般由两个开关和一个固态存储介质组成。另一类是固定断开技术，如单向传输技术。

（1）基于SCSI的网闸技术。基于SCSI的网闸技术是目前主流的网闸技术。SCSI是一个外设读写协议，而不是一个通信协议。外设协议是一个主从的单向协议，外围设备仅仅是一个介质目标，不具备任何逻辑执行能力，主机写入数据，但并不知道是否正确。需要读出写入的数据，通过比较确认写入的数据是否正确。因此，SCSI本身已经断开了OSI模型中的数据链路，没有通信协议。但SCSI本身有一套外设读写机制，这些读写机制保证读写数据的正确性和可靠性。该网闸技术的工作原理如图4.28所示。需要注意的是，在任何时候K1和K2都不能同时连通。

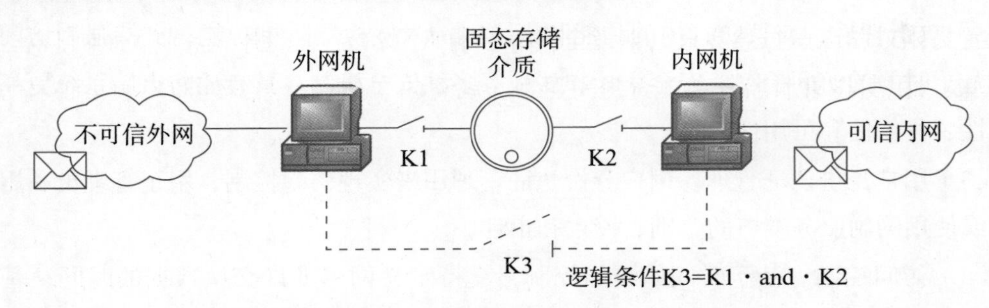

图4.28　基于SCSI的网闸技术的工作原理

SCSI的可靠性保证与通信协议的可靠性保证在机制上是不同的。通信协议的可靠性保证是通过对方的确认来完成的。SCSI写入数据的可靠性保证是靠验证来确认的。对通信协议的攻击，受害者是对方，对SCSI的读写机制进行破坏，不会伤害到对方。

（2）基于总线的网闸技术。基于总线的网闸技术也是目前成熟的技术之一。这种技术采用一种叫双端口的静态存储器，配合基于独立的复杂可编程逻辑器件（complex programming logic device，CPLD）控制电路，以实现在两个端口上的开关，双端口各自通过开关连接到独立的计算机主机上。CPLD作为独立的控制电路，确保双端口静态存储器的每一个端口上存在一个开关，两个开关不能同时闭合。当交换的内容是文件数据时，可以起到隔离断开的作用，即实现了网闸的功能。但当交换的内容是IP包时，则无法起到该作用。

双端口RAM可以进行IP包的存储和转发，这是一种结构缺陷。采用这种技术的产品，应该严格检查是否实现了TCP/IP的剥离，是否实现了应用协议的剥离，确保是应用输出或输入的文件数据被转发，而不是 IP 包。除此之外，还必须有机制来保证双端口 RAM 不会被黑客用来转发 IP 包。如果设计不当，TCP/IP 没有剥离，IP 包会直接被写入内存存储介质，并且被转发。在这种情况下，尽管 OSI 模型的物理层是断开的，链路层也是断开的，但 TCP/IP 的第 3 层和第 4 层没有断开，也不是网络隔离。

（3）基于单向传输的网闸技术。固定断开技术采用的是单向传输，不需要开关。单向传输必须保证单向。如果硬件上是双向的，仅从数据链路传输的方向上来控制，还可能被攻击，因此不是严格意义上的网络隔离。单向传输从本质上改变了通信的概念，不再是双方交互通信，而变成了单向广播。广播者有主控权，接收者完全是被动的。

单向传输最大的难点是如何保障可靠性。发送方并不知道接收方是否可靠地接收到数据，必须通过其他的机制提供可靠保障，这种类似的机制有很多，如 RAID 技术。

4. 网闸的应用范围

（1）局域网与互联网之间。有些局域网络，特别是政府办公网络，涉及政府敏感信息，有时需要与互联网在物理上断开，用物理隔离网闸是一个常用的办法。

（2）办公网与业务网之间。由于办公网络与业务网络的信息敏感程度不同，例如，银行的办公网络和银行业务网络就是很典型的信息敏感程度不同的两类网络。为了提高工作效率，办公网络有时需要与业务网络交换信息。为解决业务网络的安全，比较好的办法就是在办公网与业务网之间使用物理隔离网闸，实现两类网络的物理隔离。

（3）电子政务的内网与专网之间。在电子政务系统建设中要求政府内网与外网之间用逻辑隔离，在政府专网与内网之间用物理隔离，现在常用物理隔离网闸来实现。

（4）业务网与互联网之间。电子商务网络一边连接着业务网络服务器，一边通过互联网连接着广大用户。为了保障业务网络服务器的安全，在业务网络与互联网之间应实现物理隔离。

（5）涉密网与非涉密网之间。电子政务建设中一般都对网络按照安全级别进行安全域的划分，这在一定程度上保证了信息的安全，非涉密的系统及面向公众的信息采集和发布系统主要运行在非涉密网部分。涉密网、非涉密网之间物理隔离，依照涉密信息“最小化”原则，进行涉密网和非涉密网之间两个不同的信息安全域信息的适度“可靠交换”。

4.3.11　光纤收发器

目前，光纤已成为主流的传输介质，而在光纤的两端都应安装光纤收发器。光纤收发器集成了光发射机和光接收机的功能，既负责光的发射也负责光的接收。实物如图 4.29 所示。

图 4.29　光纤收发器示例：中科光电千兆单模光纤收发器

1. 光纤收发器的结构和原理

光纤收发器包括 3 个基本功能模块：光电介质转换芯片、光信号接口（光收发一体模块）和电信号接口（RJ-45）。它的作用是将要发送的电信号转换成光信号并发送出去，同时能将接收到的光信号转换成电信号输入接收端。其工作原理是：以太网数据经电信号接口模块输入至光电介质转换芯片，光电介质电路对数据进行翻译并对数据的格式进行重定，完成一个电平转换后，数据被传送到光收发一体模块，通过光收发电路将数据发送到光纤中。光信号经过光纤传送到接收端的光收发电路中，经过与上述逆向的过程，光信号被转换成电信号，由电信号接口模块传送至以太网中，最终完成光纤收发器两端数据的传输。

2. 光纤收发器的分类

（1）按速率划分。光纤收发器按速率可分为单独 10M、100M 的光纤收发器、10/100M 自适应的光纤收发器和 1000M 光纤收发器。单独 10M 和 100M 光纤收发器工作在物理层；10/100M 光纤收发器工作在数据链路层；1000M 光纤收发器可以按实际需要工作在物理层或者数据链路层。

（2）按性质划分。光纤收发器按性质可分为单模光纤收发器和多模光纤收发器。单模光纤收发器的传输距离为 20km ～ 120km，发射功率一般在 -5dB 到 0dB（增益）之间，接收灵敏度为 -38dB，使用 1550nm 的波长。多模光纤收发器的传输距离为 2km ～ 5km，发射功率一般在 -20dB 到 -14dB，接收灵敏度一般为 -30dB，使用 1310nm 的波长。

（3）按光纤数量划分。光纤收发器按光纤数量可分为单纤光纤收发器和双纤光纤收发器。单纤光纤收发器在一根光纤上进行收发，它采用了光波分复用的方法，适用于光纤资源较缺乏的地方，但也因此带来信号衰耗大的问题，而且该产品没有统一的国际标准，不同厂商产品在互联时通常存在不兼容的情况。双纤光纤收发器是在一对光纤上传输数据，一般采用这种模式。

（4）按工作方式划分。光纤收发器按工作方式可分为全双工和半双工方式。全双工方式是指数据由两根光纤发送和接收，这样就能控制数据同时在两个方向上传送，并且通信双方能在同一时刻进行发送和接收操作。因此，全双工方式无须进行方向的切换，不会产生时间的延迟。半双工方式是指数据通过同一根光纤接收和发送，虽然数据可以在两个方向传送，但通信双方不能同时收发数据，需要通过收 / 发开关转接到通信线路上进行方向的切换，故会产生时间延迟。

本章小结

本章介绍了网络传输介质、主机和网络设备。其中，主机包括用户工作站和服务器，网络设备包括网卡、调制解调器、中继器、网桥、交换机、路由器、网关、AP 和网闸。应指出的是，要熟悉各类网络设备，特别是使用较多的交换机和路由器的工作原理。就局域网而言，目前主要使用的有线局域网均是交换局域网，其采用的拓扑结构大部分为树形拓扑结构，除末线路站点外，各节点几乎均为以太网交换机，也有少量局域网的主干网采用环形拓扑结构，即为点到点的广域环网。

思考题

4.1　计算机网络使用哪些传输介质？试观察你周围的计算机网络，并找出连接计算机的传输介质。

4.2　简述各种传输介质的特点。

4.3　什么是工作站？

4.4　网络服务器有哪些功能？

4.5　服务器采用哪些主流技术？

4.6　简述网卡的工作原理。

4.7　调制解调器有哪些功能？

4.8　简述集线器的功能与工作原理。

4.9　简述网桥的工作原理。

4.10　简述交换机的工作原理与功能。

4.11　简述路由器的工作原理及其功能。

4.12　什么是第三层交换机？第三层交换机的路由功能与路由器的路由功能有何区别？

4.13　什么是无线接入点？

4.14　什么是光纤收发器？

4.15　简述网闸的工作原理与功能。

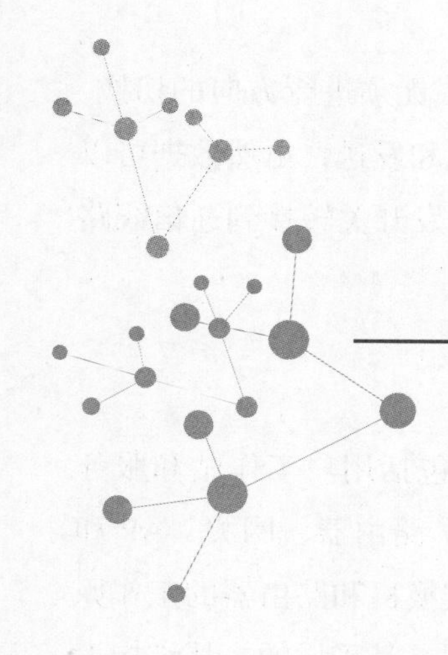

第 5 章　计算机网络操作系统

计算机网络操作系统简称网络操作系统，是计算机网络中用户与网络资源的接口，由一系列软件模块组成，负责控制和管理网络资源。网络操作系统的优劣，直接影响到计算机网络功能的有效发挥，可以说网络操作系统是计算机网络的中枢神经，处于网络的核心地位。早期的网络操作系统只是一种最基本的文件系统，只能提供简单的文件服务和某些安全性能。随着计算机网络的发展，网络操作系统的功能不断得到丰富、完善和提高。掌握网络操作系统是进行一切网络操作的前提和基础。

通过本章学习，可以了解（或掌握）：

- 操作系统及网络操作系统的基本概念、基本原理；
- 操作系统及网络操作系统的发展、分类、特点及基本功能；
- Windows 系列操作系统的发展演变；
- Windows NT 的体系结构、工作组模型及域模型等基本概念；
- Windows 10 的性能特点及其功能，Windows 10 Cloud；
- Windows Server 2019 的性能特点、功能及其新引进的安全技术；
- UNIX、Linux 等典型网络操作系统的基本情况及其特点；
- 鸿蒙等国产操作系统。

5.1　操作系统及网络操作系统概述

网络操作系统由操作系统发展而来，故在介绍网络操作系统之前有必要先对操作系统进行简要介绍。

5.1.1　操作系统概述

1. 操作系统的基本概念

计算机系统由硬件和软件两部分构成。软件又可分为系统软件和应用软件：系统软件是为解决用户使用计算机而编制的程序，如操作系统、编译程序、汇编程序等；应用软件是为解决某个特定应用问题而编制的程序。

计算机系统中，集成了资源管理和控制程序执行的一种复杂软件称为操作系统。操作系统是紧挨着硬件的第一层软件，其他软件必须建立在操作系统之上才能运行。因此，操作系统在计算机系统中占据着非常重要的地位，它不仅是用户和计算机之间、硬件与所有其他软件之间的接口，而且是整个计算机系统的控制和管理中心。操作系统是计算机系统中一个必不可少的关键组成部分。

就组成而言，操作系统是若干程序模块的集合。它们能有效地组织和管理计算机系统中的硬件及软件资源，合理地组织计算机工作流程，控制程序的执行，并向用户提供各种服务功能，使用户能够灵活、方便和有效地使用计算机，使整个计算机系统能够高效运行。

操作系统有两个重要作用。

一是管理系统中的各种资源。操作系统是资源的管理者和仲裁者，由它负责资源在各个程序之间的调度和分配，保证系统中的各种资源得以有效利用。

二是为用户提供良好的界面。

2. 操作系统的特征

（1）并发性。并发性是指在计算机系统中同时存在多个程序，宏观上看，这些程序是同时向前推进的。在单 CPU 环境下，这些并发执行的程序是交替在 CPU 上运行的。程序的并发性具体体现在如下两方面：用户程序与用户程序之间并发执行；用户程序与操作系统程序之间并发执行。

（2）共享性。共享性是指操作系统程序与多个用户程序共用系统中的各种资源。这种共享是在操作系统控制下实现的。

（3）随机性。操作系统是运行在一个随机的环境中。一个设备可能在任何时候向处理机发出中断请求，系统也无法知道运行的程序会在何时进行何种操作。

（4）异步性。异步性是指操作系统在多道程序环境下，允许多个程序并发执行。

但由于资源有限，进程的执行不是一贯到底，而是走走停停，以不可预知的速度向前推进。

（5）虚拟性。虚拟是一种管理技术，或者说，是抽象原理的应用，把物理上的一个实体变成逻辑上的多个对应物，或把物理上的多个实体变成逻辑上的一个对应物。操作系统采用虚拟技术的目的是为用户提供易于使用和方便高效的操作环境。

3. 操作系统的地位

没有任何软件支持的计算机称为裸机，而实际的计算机系统是经过若干层软件改造的计算机。操作系统位于各种软件的最底层，是与计算机硬件关系最为密切的系统软件。操作系统是硬件的第一层软件扩充，如图 5.1 所示。

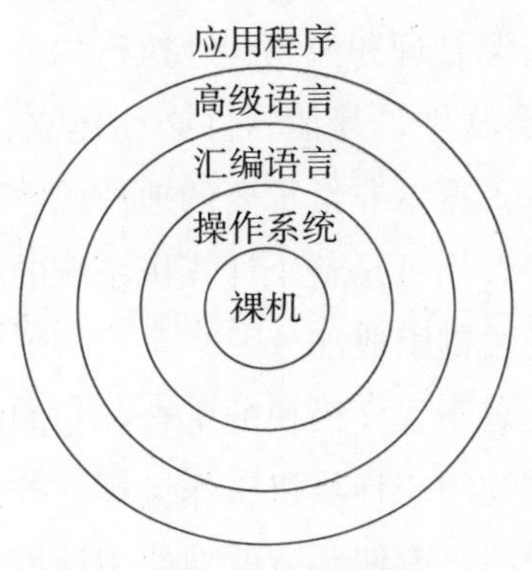

图 5.1　计算机系统的层次结构

4. 操作系统的功能

（1）进程管理。进程管理主要是对处理机进行管理。CPU 是计算机系统中的硬件资源，为了提高 CPU 的利用率，采用了多道程序技术。如果一个程序因等待某一条件而不能运行时，就把处理机占用权转交给另一个可运行程序。或者，当出现了一个比当前运行的程序更重要的可运行的程序时，后者会抢占 CPU。为了描述多道程序的并发执行，就要引入进程的概念。通过进程管理协调多道程序之间的关系，解决对处理机分配调度策略、分配实施和回收等问题，以使 CPU 资源得到最充分的利用。

因操作系统对处理机管理策略的不同，其提供的作业处理方式也不同，如批处理方式、分时方式和实时方式，从而呈现在用户面前的是具有不同性质的操作系统。

（2）存储管理。存储管理主要管理内存资源。内存价格相对昂贵，容量也相对有限。因此，当多个程序共享有限的内存资源时，如何为它们分配内存空间，以使存放在内存中的程序和数据能彼此隔离和互不侵扰；尤其是当内存不够用时，如何解决内存扩充问题，即将内存和外存结合起来管理，为用户提供一个容量比实际内存大得多的虚拟存储器，这是操作系统存储管理功能要承担的重要任务。操作系统的这一部分功能与硬件存储器的组织结构密切相关。

（3）文件管理。文件管理是指操作系统对信息资源的管理。系统中的信息资源是以文件形式存放在外存储器上，需要时再把它们装入内存。文件管理的任务是有效地支持文件的存储、检索和修改等操作，解决文件的共享、保密和保护等问题，以使用户方便和安全地访问文件。操作系统一般都提供很强的文件系统。

（4）设备管理。设备管理是指计算机系统中除了 CPU 和内存以外的所有输入和输出设备的管理。除了进行实际 I/O 操作的设备外，还包括诸如控制器和通道等支持设备。设备管理负责外围设备的分配、启动和故障处理，用户不必详细了解设备及接口的技术细节，就可以方便地对设备进行操作。为了提高设备的使用效率和整个系统的运行速度，可采用中断技术、通道技术、虚拟设备技术和缓冲技术，尽可能发挥设备和主机的并行工作能力。此外，设备管理应为用户提供一个良好的界面，以使用户不必涉及具体的设备物理特性即可方便灵活地使用这些设备。

（5）用户与操作系统的接口。除了上述 4 项功能之外，操作系统还应该向用户提供使用它的方法，即用户与计算机系统之间的接口。接口的任务是为用户提供一个使用系统的良好环境，使用户能有效地组织自己的工作流程，并使整个系统高效地运行。除此之外，操作系统还要具备中断处理和错误处理等功能。操作系统的各功能之间并非相互独立，而是相互依赖。

5. 操作系统的类型

操作系统经历了手工操作、早期成批处理、执行系统、多道程序系统、分时系统、实时系统和通用操作系统等阶段。随着硬件技术的飞速发展及微处理机的出现，PC 向计算机网络、分布式处理和智能化方向发展，操作系统也因此有了进一步发展。

操作系统可以按不同的方法分类。按硬件系统的大小，可以分为微型机操作系统和大型机操作系统。按适用范围，可以分为实时操作系统和作业处理系统。按操作系统提供给用户工作环境的不同，可以分为：批处理操作系统、分时系统、实时系统、PC 操作系统、网络操作系统、分布式操作系统。下面介绍这六种操作系统。

（1）批处理操作系统。在批处理操作系统中，用户一般不直接操纵计算机，而是将作业提交给系统操作员，由操作系统控制它们自动运行。根据在内存中允许存放的作业数，批处理系统又分为单道批处理系统和多道批处理系统。

单道批处理系统对作业的处理是成批进行的，但内存中始终只有一道作业，即内存中仅有一道程序运行。

在多道批处理系统中，操作员将作业成批地装入计算机，由操作系统将作业按规定的格式组织好存入磁盘的某个区域（通常称为输入井），然后按照某种调度策略选择一个或几个搭配得当的作业调入内存加以处理；内存中多个作业交替执行，处理的步骤事先由用户设定；作业输出的处理结果通常也由操作系统组织存入磁盘某个区域（称为输出井），由操作系统按作业统一加以输出；最后，由操作员将作业运行结果交给用户。

多道批处理系统有两个特点：一是“多道”，二是“成批”。“多道”是指系统内可同时容纳多个作业，这些作业存放在外存中，组成一个后备作业队列，系统按一定的调度原则从后备作业队列中选取一个或多个作业进入内存运行，作业运行结束后退出，后备作业进入系统运行均由系统自动实现，从而在系统中形成一个自动转接的连续的作业流。而“成批”是指在系统运行过程中不允许用户与其他作业发生交互作用，即作业一旦进入系统，用户就不能直接干预其作业的运行。

批处理操作系统追求的目标是：提高系统资源利用率，扩大作业吞吐量和增强作业流程的自动化。

（2）分时系统。分时系统允许多个用户同时联机使用计算机。一台分时计算机系统连接若干台终端，多个用户可以在各自的终端向系统发出服务请求，等待计算机的处理结果并决定下一个步骤。操作系统接收每个用户的命令，采用时间片轮转的方式处理用户的服务请求，即按照某个次序给每个用户分配一段 CPU 时间，进行各自的处理。对每个用户而言，仿佛“独占”了整个计算机系统。分时系统的特点如下。

① 多路性。多个用户同时使用一台计算机。微观上是各用户轮流使用计算机，宏观上是各用户在并行工作。

② 交互性。用户可根据系统对请求的响应结果，进一步向系统提出新的请求。这种能使用户与系统进行人机对话的工作方式，明显有别于批处理系统，因而分时系统又称交互式系统。

③ 独立性。用户之间可以相互独立操作，互不干涉。系统保证各用户程序运行的完整性，不会发生相互混淆或破坏现象。

④ 及时性。系统可对用户的输入及时作出响应。分时系统性能的主要指标之一是响应时间，是指从终端发出命令到系统予以应答所需的时间。

通常，计算机系统中往往同时采用批处理和分时处理方式来为用户服务，即时间要求不强的作业放入“后台”（批处理）处理，需频繁交互的作业在“前台”（分时）处理。

（3）实时系统。实时系统是随着计算机应用的日益广泛而出现的，具体含义是指系统能够及时响应随机发生的外部事件，并在严格的时间范围内完成对该事件的处理。实时系统在一个特定的应用中是作为一种控制设备来使用的。通过模数转换装置，将描述物理设备状态的某些物理量转换为数字信号传送给计算机，计算机分析接收的数据和记录结果，并通过数模转换装置向物理设备发送控制信号，来调整物理设备的状态。实时系统可分成两类。

① 实时控制系统。将计算机用于飞机飞行、导弹发射等自动控制时，要求计算机能尽快处理测量系统测量的数据，及时地对飞机或导弹进行控制，或将有关信息通过显示终端提供给决策人员。

② 实时信息处理系统。若将计算机用于预订飞机票，查询有关航班、航线和票价等事宜时，要求计算机对终端设备发来的服务请求及时予以正确的回答。

实时操作系统的一个主要特点是及时响应，即每一个信息接收、分析处理和发送的过程必须在严格的时间限制内完成；另一个主要特点是高可靠性。

（4）PC 操作系统。PC 操作系统是一种联机交互的单用户操作系统，它提供的联机交互功能与分时系统所提供的功能很相似。由于是个人专用，一些功能会简单得多。然而，由于 PC 应用广泛，对提供方便友好的用户接口和丰富功能的文件系统的要求越来越迫切。目前微软的 Windows 系统在 PC 操作系统中占有绝对优势。

（5）网络操作系统。计算机网络是通过通信设施将地理上分散的具有自治功能的多个计算机系统互联起来，实现信息交换、资源共享、互操作和协作处理的系统。网络操作系统就是在原来各自计算机操作系统上，按照网络体系结构的各个协议标准进行开发，使之包括网络管理、通信、资源共享、系统安全和多种网络应用服务的操作系统。

（6）分布式操作系统。分布式操作系统也是通过通信网络将物理上分布的具有自治功能的数据处理系统或计算机系统互联起来，实现信息交换和资源共享，协作完成任务。分布式操作系统管理分布式系统中的所有资源，负责整个系统的资源分配和调度、任务划分和信息传输控制协调工作，并为用户提供一个统一的界面。用户通过这一界面实现所需要的操作和使用系统资源，至于操作定在哪一台计算机上执行或使用哪台计算机的资源则由操作系统自动完成，用户不必知道。此外，由于分布式系统更强调分布式计算和处理，因此对于多机合作和系统重构、健壮性和容错能力有更高的要求，同时要求分布式操作系统有更短的响应时间、高吞吐量和高可靠性。

5.1.2　网络操作系统概述

1. 网络操作系统的基本概念

网络操作系统（network operating system）也是程序的组合，是在网络环境下用户与网络资源之间的接口，用以实现对网络资源的管理和控制。对网络系统来说，所有网络功能几乎都是通过其网络操作系统体现的，网络操作系统代表着整个网络的水平。随着计算机网络的不断发展，特别是计算机网络互联、异质网络互联技术及其应用的发展，网络操作系统朝着支持多种通信协议、多种网络传输协议和多种网络适配器的方向发展。

网络操作系统使联网计算机能够方便而有效地共享网络资源，为网络用户提供所需的各种服务软件与协议。因此，网络操作系统的基本任务是：屏蔽本地资源与网络资源的差异性，为用户提供各种基本网络服务功能，完成网络共享系统资源的管理，并提供网络系统的安全性服务。

网络操作系统是通过通信媒体将多个独立的计算机连接起来的系统，每个连接起来的计算机各自独立拥有相应的操作系统。网络操作系统是建立在这些独立的操作系统之上，为网络用户提供使用网络系统资源的桥梁。在多个用户争用系统资源时，网络操作系统进行资源调剂管理，它依靠各个独立的计算机操作系统对所属资源进行管理，并协调和管理网络用户进程或程序与联机操作系统进行交互。

2. 网络操作系统的类型

网络操作系统一般可以分为两类：面向任务型网络操作系统与通用型网络操作系统。面向任务型网络操作系统是为某一种特殊网络应用设计的；通用型网络操作系统能提供基本的网络服务功能，支持用户在各个领域应用的需求。

通用型网络操作系统也可以分为两类：变形系统与基础级系统。变形系统是在原有的单机操作系统基础上，通过增加网络服务功能构成的；基础级系统则是以计算机硬件为基础，根据网络服务的特殊要求，直接利用计算机硬件与少量软件资源专门设计的网络操作系统。

纵观近几十年网络操作系统的发展，网络操作系统经历了从对等结构向非对等结构演变的过程，其演变过程如图 5.2 所示。

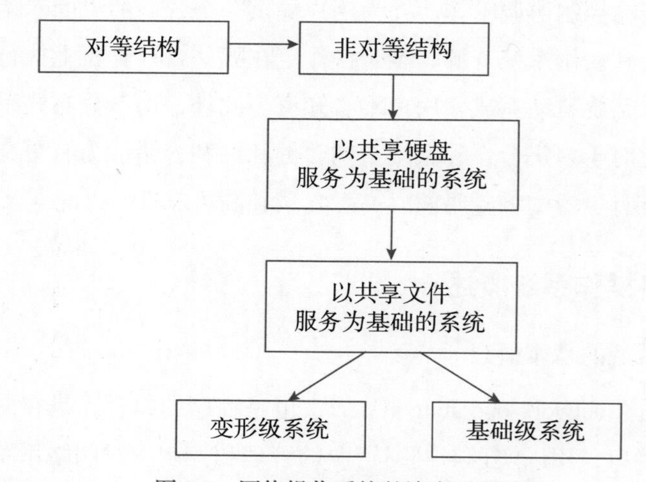

图 5.2　网络操作系统的演变过程

1）对等结构网络操作系统

在对等结构网络操作系统中，所有的联网节点地位平等，安装在每个联网节点的操作系统软件相同，联网计算机的资源在原则上都可以相互共享。每台联网计算机都以前后台方式工作，前台为本地用户提供服务，后台为其他节点的网络用户提供服务。

对等结构网络操作系统可以提供共享硬盘、共享打印机、电子邮件、共享屏幕与共享 CPU 服务。

对等结构网络操作系统的优点是：结构相对简单，网中任何节点之间均能直接通信。其缺点是：每台联网节点既要完成工作站的功能，又要完成服务器的功能，即除了要完成本地用户的信息处理任务外，还要承担较重的网络通信管理与共享资源管理任务。这都将加重联网计算机的负荷，因而信息处理能力明显降低。因此，传统的对等结构网络操作系统支持的网络系统规模一般比较小。

2）非对等结构网络操作系统

针对对等结构网络操作系统的缺点，人们进一步提出了非对等结构网络操作系统的设计思想，即将联网节点分为网络服务器（network server）和网络工作站（network workstation）两类。

非对称结构的局域网中，联网计算机有明确的分工。网络服务器采用高配置与高性能的计算机，以集中方式管理局域网的共享资源，并为网络工作站提供各类服务。网络工作站一般是配置较低的微型机系统，主要为本地用户访问本地资源与网络资源提供服务。

非对等结构网络操作系统软件分为两部分，一部分运行在服务器上；另一部分运行在工作站上。因为网络服务器集中管理网络资源与服务，所以它是局域网的逻辑中心。网络服务器上运行的网络操作系统的功能与性能，直接决定着网络服务功能的强弱以及系统的性能与安全性，它是网络操作系统的核心部分。

网络操作系统与局域网的工作模式有关。基于工作模式的不同，非对等结构网络操作系统大致分为共享硬盘服务系统，基于文件服务器模式的操作系统和基于 C/S 模式的操作系统三类。

（1）共享硬盘服务系统。在早期的非对称结构网络操作系统中，人们通常在局域网中安装一台或几台大容量的硬盘服务器，以便为网络工作站提供服务。硬盘服务器的大容量硬盘可以作为多个网络工作站用户使用的共享硬盘空间。硬盘服务器将共享的硬盘空间划分为多个虚拟盘体，虚拟盘体一般可以分为专用盘体、公用盘体和共享盘体三部分。

专用盘体可以被分配给不同的用户，用户可以通过网络命令将专用盘体链接到工作站，用户可以通过口令、盘体的读写属性与盘体属性，保护存放在专用盘体的用户数据。公用盘体为只读属性，它允许多用户同时进行读操作。共享盘体的属性为可读写，它允许多用户同时进行读写操作。

早期共享硬盘服务系统的缺点是：用户每次使用服务器硬盘时需要先进行链接；需要用户使用 DOS 命令来建立专用盘体上的 DOS 文件目录结构，并且要求用户自己进行维护。因此，它使用起来很不方便，系统效率低，安全性差。

（2）基于文件服务器模式的操作系统。为了克服上述缺点，人们提出了基于文件服务器模式的网络操作系统。这类网络操作系统分为文件服务器和工作站软件两部分。

文件服务器具有分时系统文件管理的全部功能，它支持文件的概念与标准的文件操作，提供网络用户访问文件、目录的并发控制和安全保密措施。因此，文件服务器具备完善的文件管理功能，能够对全网实行统一的文件管理，各工作站用户可以不参与文件管理工作。文件服务器能为网络用户提供完善的数据、文件和目录服务。

在这种基于文件服务器的操作系统中，用户之间不能对相同的数据做同步更新，文件共享只能依次进行。文件服务器的功能有限，它只是简单地将文件在网络中传来传去，给局域网增加了巨大的流量负载。

（3）基于客户端/服务器模式的操作系统。前已指出，C/S模式是一个逻辑概念，而不是指代计算机设备。在C/S模式中，请求一方为客户机，响应请求一方为服务器。每一个客户机软件的实例都可以向一个服务器或应用程序服务器发出请求。如果一个服务器在响应客户请求时不能单独完成任务，可向其他服务器发出请求，此时发出请求的服务器就成为另一个服务器的客户。

C/S模式采用分布式应用程序结构。在这种模式下，客户机和服务器可以驻留在同一个系统；一台服务器计算机可以运行一个或多个服务器程序，并与客户机分享资源；一个客户机不共享任何资源，但要求服务器的内容或服务功能；客户在请求服务器提供服务时，二者要进行多次交互。每次交互的过程大致为：客户发送请求包，服务器接收请求包；服务器完成处理后，回送响应包，客户接收响应包。

目前，网络操作系统主要是基于C/S模式的操作系统。代表性产品有Sun公司的网络文件系统（network file system，NFS）、Novel公司的Netware、Microsoft公司的Windows NT Server、IBM公司的LAN Server、SCO公司的UNIX Ware、自由软件Linux。

3. 网络操作系统的功能

网络操作系统除了应具有前述一般操作系统的进程管理、存储管理、文件管理和设备管理等功能之外，还应提供高效可靠的通信能力和多种网络服务功能。

（1）文件服务。文件服务是最重要与最基本的网络服务功能。文件服务器以集中方式管理共享文件，网络工作站可以根据所规定的权限对文件进行读写以及其他各种操作，文件服务器为网络用户的文件安全与保密提供了必需的控制方法。

（2）打印服务。打印服务可以通过设置专门的打印服务器完成，或者由工作站或文件服务器来担任。通过网络打印服务功能，局域网中可以安装一台或几台网络打印机，用户可以远程共享网络打印机。打印服务实现对用户打印请求的接收、打印格式的说明、打印机的配置和打印队列的管理等功能。网络打印服务在接收用户打印请求后，按照先到先服务的原则，将用户需要打印的文件排队，用排队队列管理用户打印任务。

（3）数据库服务。选择适当的网络数据库软件，依照 C/S 模式，开发出客户端与服务器端的数据库应用程序。客户端可以向数据库服务器发送查询请求，服务器进行查询后将结果传送到客户端。它优化了局域网系统的协同操作模式，从而有效地改善了局域网应用系统性能。

（4）通信服务。主要提供工作站与工作站之间以及工作站与网络服务器之间的通信服务功能。

（5）信息服务。通过存储转发方式或对等模式完成电子邮件、文件、图像、数字视频和语音数据等信息的传输服务。

（6）分布式服务。它将网络中分布在不同地理位置的资源，组织在一个全局性的和可复制的分布数据库中，网络中多个服务器都有该数据库的副本。用户在某个工作站上注册，便可与多个服务器连接。对于用户来说，网络系统中分布在不同位置的资源是透明的，这样就可以用简单方法去访问一个大型互联局域网系统。

（7）网络管理服务。它提供了丰富的网络管理服务工具，可以提供网络性能分析、网络状态监控和存储管理等多种管理服务。

（8）Internet/Intranet 服务。为了适应 Internet/Intranet 的应用，网络操作系统一般都支持 TCP/IP，提供各种互联网服务，支持 Java 应用开发工具，使局域网服务器容易成为 Web 服务器，全面支持 Internet/Intranet 访问。

4. 典型的网络操作系统

目前局域网主要有以下几类典型的网络操作系统。

（1）Windows 类。微软的 Windows 系统在个人操作系统中占有绝对优势，在网络操作系统中广泛应用。由于它对服务器的硬件要求较高，且稳定性能不是很好，所以一般用在中、低档服务器中；而高端服务器通常采用 UNIX、Linux 或 Solaris 等非 Windows 操作系统。在局域网中，微软的网络操作系统主要有 Windows Vista Enterprise、Windows Server 2008、Windows Server 2012、Windows Server 2016 以及最新的 Windows Server 2019 等。

（2）UNIX 系统。目前 UNIX 系统常用的版本有：UNIX SUR 4.0、HP UX 11.0，AIX 7.0、Sun 的 Solaris 11.0 等，均支持网络文件系统服务，功能强大。这种网络操作系统稳定性和安全性能非常好，但它多数是以命令方式来进行操作，不容易掌握。因此小型局域网基本不使用 UNIX 作为网络操作系统。UNIX 一般用于大型的网站或大型企业和事业局域网中。UNIX 网络操作系统历史悠久，其良好的网络管理功能已为广大网络用户所接受，拥有丰富的应用软件支持。UNIX 是针对小型机主机环境开发的操作系统，是一种集中式分时多用户体系结构。但因其体系结构不够合理，以致 UNIX 的市场占有率呈下降趋势。

（3）Linux。Linux 是一种新型的网络操作系统。其最大的特点是开放源代码，并可得到许多免费的应用程序。目前有中文版本的 Linux，如 Red Hat（红帽子）、红旗 Linux、deepin（深度）、Ubuntu 等。Linux 安全性和稳定性较好，在国内得到了用户的充分肯定。它与 UNIX 有许多类似之处，这类操作系统主要用于中、高档服务器中。

总体来说，对特定计算环境的支持使得每一种操作系统都有适合于自己的工作场合。例如，Windows 10 适用于桌面计算机，Linux 适用于小型网络，Windows Server 2019 适用于中小型网络，而 UNIX 则适用于大型网络。因此，对于不同的网络应用，需要用户有目的地选择合适的网络操作系统。

5.2 Windows 系列操作系统

5.2.1 Windows 系列操作系统的发展与演变

微软公司（以下简称微软）开发 Windows 3.1 操作系统的出发点，是在 DOS 环境中增加图形用户界面（graphic user interface，GUI）。Windows 3.1 操作系统的成功与用户对网络功能的强烈需求是分不开的。微软很快又推出了 Windows for Workgroup 操作系统，这是一种对等结构的操作系统。但是，这两种产品仍没有摆脱 DOS 的束缚，严格地说都不能算是一种网络操作系统。Windows NT 3.1 操作系统推出后，这种状况得到了改观。

Windows NT 3.1 操作系统摆脱了 DOS 的束缚，并具有很强的联网功能，是一种真正的 32 位操作系统。然而，Windows NT 3.1 操作系统对系统资源要求过高，并且网络功能明显不足，这就限制了它的广泛应用。

针对 Windows NT 3.1 操作系统的缺点，微软又推出了 Windows NT 3.5 操作系统，它不仅降低了对微型机配置的要求，而且在网络性能、网络安全性与网络管理等方面都有了很大的提高，并受到了网络用户的欢迎。至此，Windows NT 操作系统才成为微软具有代表性的网络操作系统。

后来，微软推出 Windows 2000 操作系统，它是在 Windows NT Server 4.0 基础上开发出来的。Windows NT Server 4.0 是整个 Windows 网络操作系统最为成功的一套系统。Windows 2000 操作系统是服务器端的多用途网络操作系统，可为部门级工作组和中小型企业用户提供文件和打印、应用软件、Web 服务及其他通信服务，具有功能强大、配置容易、集中管理和安全性能高等特点。

2003 年 4 月底，微软发布 Windows 2003 操作系统，它主要是工作于服务器端的操作系统。相比之前的任何一个版本，Windows 2003 功能更多、速度更快、更安全和稳定，其提供的各种内置服务以及重新设计的内核程序已经与 Windows 2000 版有了本质的区别。无论大中小型企业都能在 Windows 2003 中找到适合的组件，尤其是其在网络、管理和安全性能等方面更是有革命性的改进。

微软从 2006 年以来推出了一系列内核版本号为 NT 6.X 的桌面和服务器操作系统，包括 Windows Vista Enterprise、Windows Server 2008、Windows 7、Windows 8、Windows 8.1 和 Windows Server 2012 以及 Windows Server 2012 R2 等。而 Windows 10、Windows Server 2016 和 Windows Server 2019 操作系统均采用 Windows NT 10.0 内核。

2015 年 7 月 29 日发布的 Windows 10 是应用最多的桌面系统。Windows 10 的简化版——Windows 10 Cloud 于 2017 年 5 月 2 日发布，主要针对教育和政府机构等部门使用。

2018 年 10 月 2 日，Windows 10 对应的服务器版本——Windows Server 2019 正式发布，它是基于普及速度最快的服务器系统 Windows Server 2016 开发而来。它与 Windows 10 同宗同源，提供了 GUI，包含了大量与服务器相关的新特性，也是微软提供长达十年技术支持（简称 LTSC）的新一代产品，力求向企业和服务提供商提供最先进可靠的服务。

2021 年 6 月 24 日，微软推出了最新的个人操作系统 Windows 11，从首个预览版 10.0.22000.51 中可以看出，Windows 11 带来了比 Windows 10 更为优越的用户体验。

5.2.2　Windows NT 操作系统

1. Windows NT 的体系结构

1）用户模式和内核模式

Windows NT 有两种运行模式：用户模式和内核模式。

（1）用户模式。在用户模式下运行应用，不直接访问硬件，限制在一个被分配的地址空间中，可以使用硬盘作为虚拟内存，访问权限低于内核模式。用户模式进程对资源的访问须经过内核模式组件授权，这有利于限制无权限用户的访问。

（2）内核模式。该模式下运行的是操作系统所有主要功能的服务。内核模式与用户模式的应用进程是分开的，内核模式进程可访问计算机的所有内存，且只有内核模式组件可直接访问资源。

2）Windows NT 内存模式

Windows NT 内存模式为虚拟内存系统。它使用虚拟内存体系结构，使所有的应用可以获得充分的内存访问地址，Windows NT 分配给每个应用一个被称为虚拟内存的单独的内存空间，并将这个虚拟内存映射到物理内存。默认情况下，32 位的 Windows 操作系统只能使用 4GB 的物理内存，而每个进程能够拥有 2GB 的私有虚拟内存空间。当

Windows 操作系统在引导时，某个特殊开关被打开了，并且标记进程映像为可感知大地址的内存空间，系统中的进程即可拥有 3GB 的私有虚拟内存空间。而 64 位 Windows 操作系统中，IA-64 架构的系统可提供 7TB 的虚拟内存空间给进程使用。x64 架构下，Windows 8、Windows Server 2012 或更早版本的操作系统进程，可使用 8TB 的虚拟内存空间。Windows 8.1、Windows Server 2012 R2 及以后版本的操作系统可使用 128TB 的虚拟内存空间。

2. Windows NT 的网络模型

Windows NT 可以组成两种类型的网络模型：工作组模型和域模型。它们均支持所有的硬件平台以及所有的硬件拓扑结构，支持多种网络通信协议，并经安装 Windows NT 网络操作系统后，即成为 Windows NT 网。下面分别介绍工作组模型和域模型。

（1）工作组模型。工作组是一组由网络连接在一起的计算机，它们的资源、管理和安全性分散在网络各个计算机上。工作组中的每台计算机，既可作为工作站又可作为服务器，同时它们分别管理自己的用户账号和安全策略，只要经过适当的权限设置，每台计算机都可以访问其他计算机中的资源，也可提供资源给其他计算机使用，如图 5.3 所示。

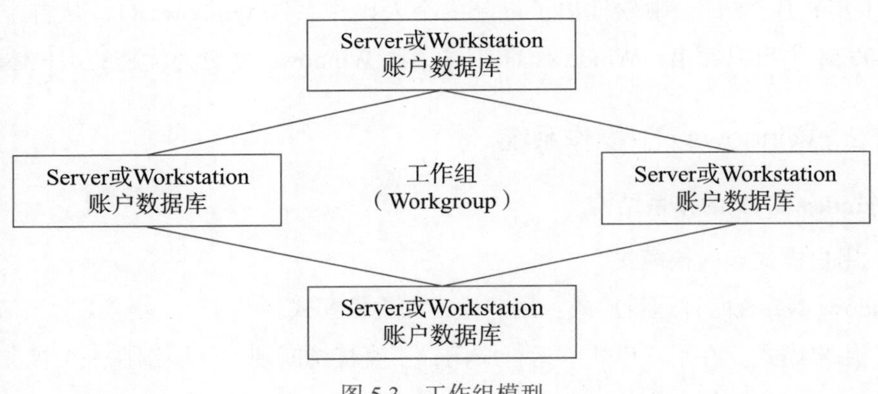

图 5.3　工作组模型

这种工作组模式的优点是：对少量较集中的工作站很方便，容易共享分布式资源，管理员维护工作少，实现简单。但也存在一些缺点：对工作站数量较多的网络不适合，无集中式账号管理、资源管理及安全性管理。

（2）域模型。域是安全性和集成化管理的基本单元，是一组服务器组成的一个逻辑单元，属于该域的任何用户都可以只通过一次登录而达到访问整个域中所有资源的目的。在一个 Windows NT 域中，只能有一个主域控制器（primary domain controller），它是一台运行 Windows NT Server 操作系统的计算机；同时，还可以有备份域控制器（backup domain controller）与普通服务器，它们都是运行 Windows NT Server 操作系统的计算机。

主域控制器负责为域用户与用户组提供信息。后备域控制器的主要功能是提供系统容错，它保存着域用户与用户组信息的备份。后备域控制器可以像主域控制器一样处理用户请求，在主域控制器失效的情况下，它将自动升级为主域控制器。图 5.4 给出了典型的 Windows NT 域的组成。由于 Windows NT Server 操作系统在文件、打印、备份、通信与安全性方面的诸多优点，以致其应用越来越广泛。

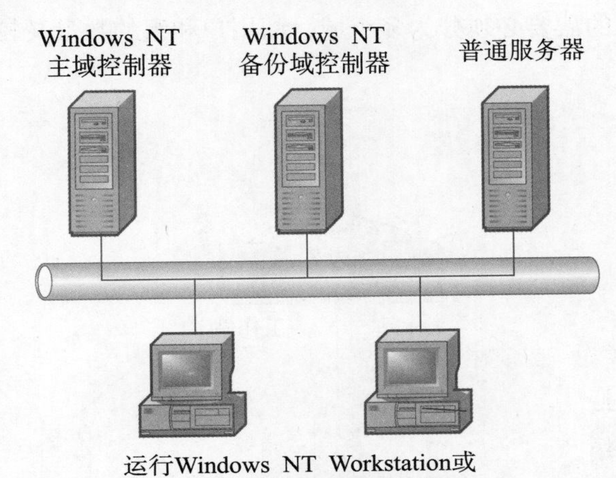

图 5.4　Windows NT 域的构成

Windows NT 网络提供了以下 4 种域模型。

① 单域模型。在单域模型下，整个网络只有一个域，域中的所有账号和安全信息都保存在主域控制器上，如图 5.5 所示。

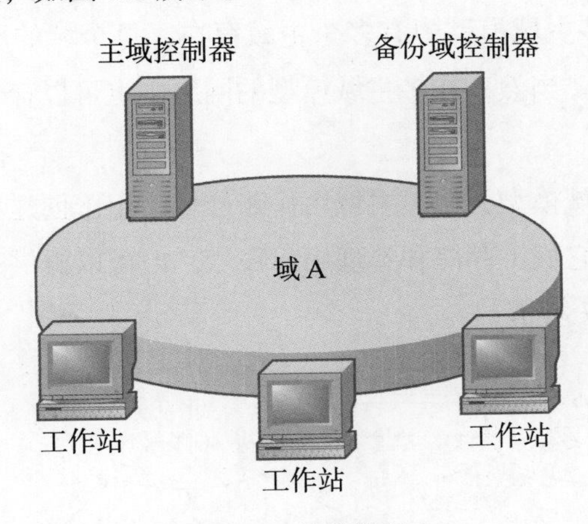

图 5.5　单域模型

单域模型是 4 种模型中最简单的一种，它具有设计简单、维护和使用方便的特点。在保持高效率工作的情况下，单域模型可以有多达 26000 个用户账号。

对于那些网络用户和组的数量较少，要求能对用户账号进行集中管理，并且管理工作简单的单位来说，最好选择单域模型。

② 单主域模型。单主域模型如图 5.6 所示。单主域模型一般由两个以上的域组成，每个域都有自己的域控制器。其中有一个域作为主域，其他的域作为资源域。所有的用户账号信息保存在主域控制器上，而资源域只负责维护文件、目录和打印机等资源。用户按主域上的账号登录，所有的资源都安装在资源域中。每个资源域都与主域（也称账号域）建立单向的委托关系，使得主域中所有账号的用户可以使用其他域中的资源。

当网络由于工作的需要必须分为多个域，而用户和组的数量又较少时，可采用单主域模型。

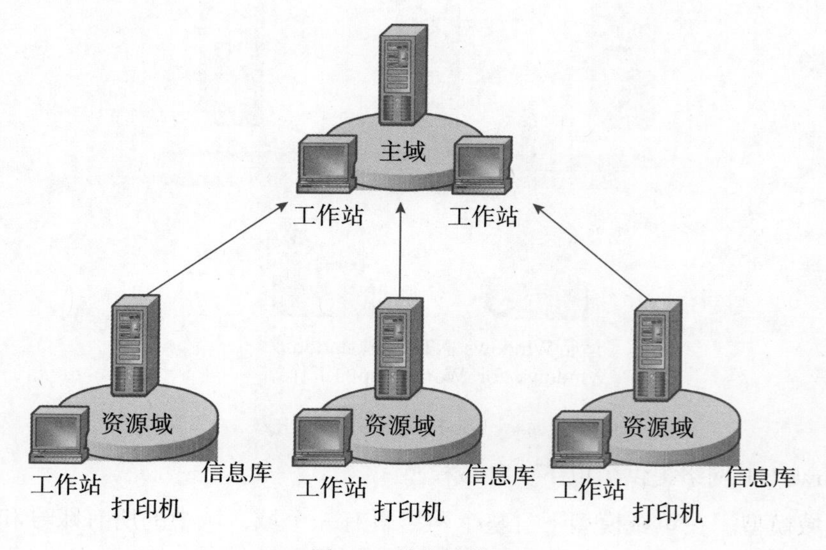

图 5.6　单主域模型

③ 多主域模型。多主域模型中有多个主域存在，每个域的所有账号和安全信息保存在自己的域控制器上。当然，在多主域模型的网络中也可以存在资源域，它的账号由其中的某个主域提供。

多主域模型与单主域模型类似，主域用作账号域，用于创建和维护用户账号。网络中其他的称为资源域，它们不存储和管理用户账号，但可以提供共享文件服务器和打印机等网络资源，如图 5.7 所示。

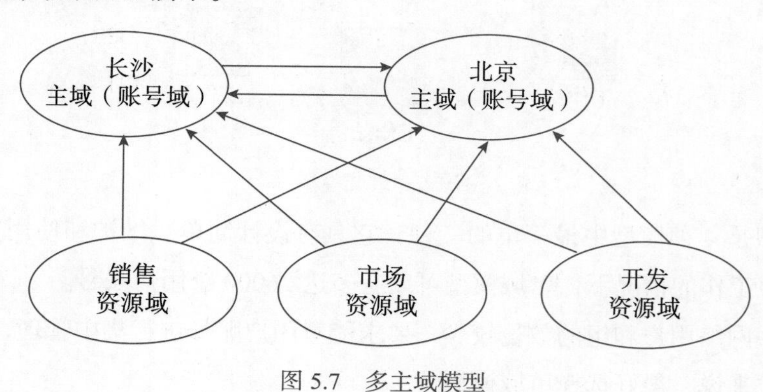

图 5.7　多主域模型

在该模型中，每个主域通过双向委托关系与其他主域相连。每个资源域与每个主域建立单向委托关系。因为每个用户账号总存在于某个主域中，且每个资源域又与每个主域建立单向委托关系，因此，在任意一个主域中都可以使用任何一个用户账号。

多主域模型包括单主域模型的全部特性，也适用于 40000 个用户以上的组织；远程用户可以从网络的任意位置或世界上的任意一个地方登录，并可进行集中和分散管理；可对域进行配置，使其对应于特定的部门或企业内部组织。

多主域模型适合用在一些大型的网络中，使网络具有良好的操作性和管理性，并可进行远程登录。

④ 完全信任模型。完全信任模型是多个单域之间的相互信任模型，即网络中每个域信任其他任何域，而每个域都不管理其他域。该模型把对用户账号和资源的管理权分散到不同的部门中，而不进行集中化管理，每个部门管理自己的域，定义自己的用户账号，这些用户账号可以在任意域内使用，如图 5.8 所示。

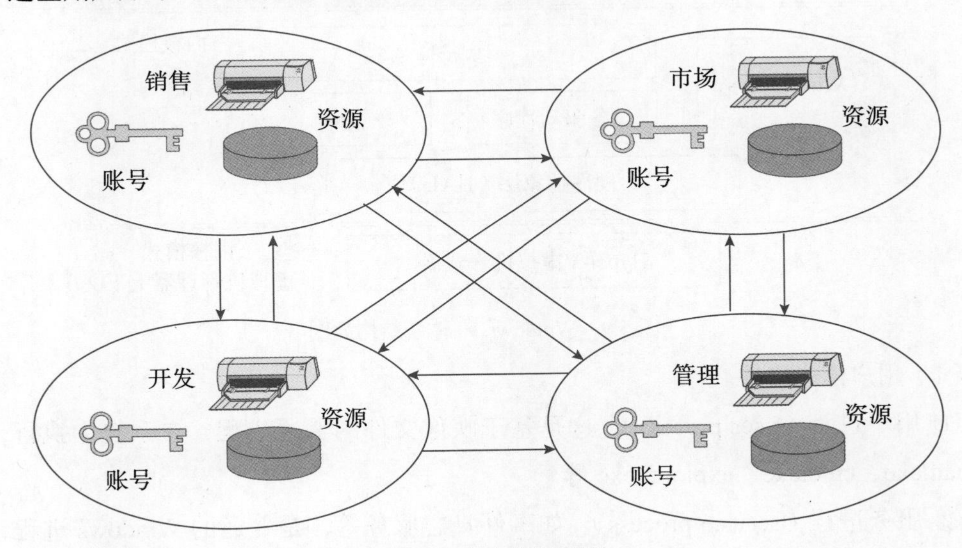

图 5.8　完全信任模型

完全信任模型的优点：对没有中央网络管理部门的企业非常合适，它可扩展到有任何用户数的大型网络，且每个部门对它自己的用户和资源拥有完全控制权，用户账号和资源可按部门单元进行分组。但当其他域中的用户访问本域资源时可能导致安全危机。

5.2.3　Windows 10 操作系统

2014 年 10 月 1 日，微软发布新一代操作系统，跳过了数字 9，将其命名为 Windows 10。Windows 10 共有 7 个发行版本：Windows 10 Home、Windows 10 Professional、Windows 10 Enterprise、Windows 10 Education、Windows 10 Mobile、Windows 10 Mobile Enterprise 以及 Windows 10 IoT Core，分别面向不同用户和设备。

1. Windows 10 的体系结构

Windows 10 不是单纯按照某一种体系结构开发而成的，而是融合了层次结构和 C/S 体系的特点。Windows 内核是从 Windows NT 发展起来的，因此也被称为 Windows NT 内核。Windows 10 的内核 Windows NT 10.0 与 Windows NT 6.X 系列相比，最大的改变是内存调度机制的重大变化。图 5.9 所示为 Windows 10 体系结构简图。以下对图中的用户模式和内核模式稍作介绍。

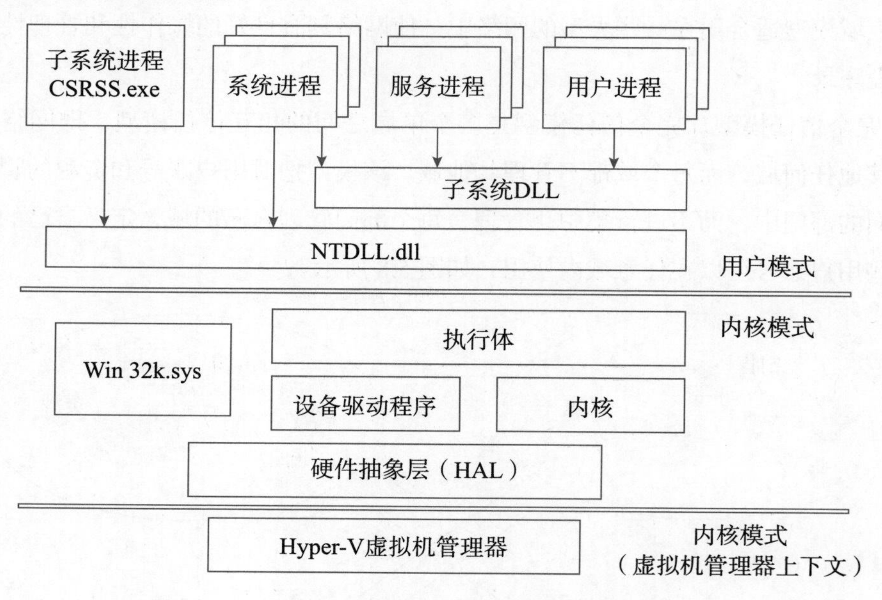

图 5.9　Windows 10 体系结构简图

（1）用户模式组件。

① 用户进程（user process）。这是基于映像文件的普通进程，在系统中执行，如 notepad.exe、cmd.exe、explorer.exe 等。

② 服务进程（service process）。如事件日志服务等，是普通的 Windows 进程，它与服务控制管理器（SCM，在 services.exe 中实现）进行通信，并允许对它的生命周期进行一些控制。

③ 系统进程（system process）。用来描述那些通常“就在那里”干自己活的进程，通常无须与这些进程直接打交道。

④ 子系统进程。它运行的映像文件是 CSRSS.exe，可以被视为一个助手进程，帮助内核对 Windows 系统中运行的进程进行管理。

⑤ 子系统动态链接库。子系统动态链接库（dynamic link library，DLL）是实现子系统的应用程序接口（application programming interface，API）的 DLL。

⑥ NTDLL.dll。这是一个系统范围的 DLL。它是用户模式代码的底层，为系统调用提供了到内核模式的转换，并实现了堆管理、映像加载以及部分用户模式线程池功能。

（2）内核模式组件。

① 内核。它包括线程调度（线程是操作系统中能够进行运算调度的最小单位，它被包含在进程之中，是进程中的实际运作单位）、中断和异常分发以及多处理器同步等。

② 执行体。它是实现高级结构的一组例程和基本对象，包含了基本的操作系统服务，如内存管理器、进程和线程管理、安全控制、I/O 以及进程间的通信等。

③ 设备驱动程序。它包括文件系统和硬件设备驱动程序等，是可装载的内核模块。

④ 硬件抽象层。硬件抽象层是接近 CPU 的硬件之上的一个抽象层，将内核、设备驱动程序以及执行体与硬件分隔开，使它们可以适应多种平台。

⑤ Win32k.sys。这是 Windows 子系统的内核模式组件。本质上它是一个内核模块（驱动程序），处理 Windows 的用户界面和经典的图形设备接口（graphics device interface，GDI）的 API。

⑥ Hyper-V 虚拟机管理器。它提供了一个额外的安全层，让实际的计算机变为由 Hyper-V 控制的虚拟机。

2. Windows 10 的特性和新增功能

（1）Windows 10 的特性。Windows 10 操作系统除具有 Windows 8 的特点之外，还做了大量改进，其特点如下。

① 具备开放性和更加灵活的升级方式；

② 硬件支持更加完善；

③ 增强了易用性和安全性以及隐私保护；

④ 是真正意义上的跨设备的统一平台；

⑤ 具有更高层次的人机交互性能。

（2）Windows 10 的新增功能。Windows 10 系列在 Windows 8 的基础上新增了一些功能，在易用性和安全性等方面进行了深入的优化。同时针对云服务、智能移动设备以及自然人机交互等新技术进行了融合，具体如下。

① 多平台整合。Windows 10 是一个全平台操作系统，支持手机、平板电脑、计算机、物联网（Internet of things，IoT）设备、Surface Hub、Xbox 游戏机以及 HoloLens 虚拟现实头戴设备等，实现统一内核、统一平台和统一应用商店。

② 人机交互。具有利用输入 / 输出设备实现人与计算机的对话以完成某项任务的技术。Windows 10 中新增了 Windows Hello、语音助手 Cortana 和 Windows Ink。

③ 安全功能。在继承旧版 Windows 操作系统的安全功能之外，还增加了 Microsoft Passport、Device Guard 和 Windows Defender SmartScreen 筛选器等安全功能。

④ 人性化和个性化的界面。引入了 Modern2.0 界面、通知中心、分屏功能、虚拟桌面、平板模式以及文件资源管理器的 Ribbon 界面等。

⑤ Microsoft Edge 浏览器。Microsoft Edge 是一款轻量级的浏览器，增加了一些拓展功能，包括 InPrivate 浏览、Web 笔记和阅读视图功能等。

⑥ 文件服务。文件服务包括新的虚拟硬盘文件格式 VHDX 以及加强的文件加密系统等。

⑦ 集成云服务。它将 OneDrive 和 Microsoft 账户等云服务无缝集成在操作系统中。

⑧ 互联网信息服务。它提供更方便的安装与管理，体现了扩展性、稳定性和可用性。

3. 语音助手 Cortana

Cortana 中文名为“小娜”，是微软发布的全球第一款个人智能助理。其强调情感连接，以此重新定义人和人以及人和机器间的关系。

Windows 10 的平台融合将 Windows Phone 的语音助手“小娜”带到了 PC 端，实现人机交互。用户可以通过小娜来打开应用程序、执行搜索和进行系统设置等。

在 Windows 10 中，与小娜集成有前台集成方式和后台集成方式。

前台集成方式是通过小娜调用应用程序，在应用程序中执行相应的操作。使用后台集成方式时小娜无须调用应用程序，直接将应用程序的信息呈现在小娜的界面中。一般来说，需要更多用户交互的设备宜使用前台集成方式，只需要基本语言命令的设备宜使用后台集成方式。

通过后台集成方式，用户通过统一的系统入口使小娜完成绝大多数任务，在大多数情况下，可提高用户体验，节省用户时间。

4. IIS 简介

IIS（Internet information server，互联网信息服务）建立在服务器端。服务器接收和处理从客户发来的请求，而客户机的任务是提出与服务器的对话。只有实现了服务器与客户机之间信息的交流与传递，Internet/Intranet 的目标才可能实现。

Windows 10 集成了 IIS 10.0 版，即成为一个功能强大的 Internet/Intranet Web 应用服务器。它增加了许多新功能。

（1）支持 HTTP/2 协议。该协议允许在 HTTP 1.1 上进行多次增强，并可有效重用连接并减少延迟。

（2）可在 Nano Server 上运行。Nano Server 是针对私有云和数据中心进行优化的远程管理的服务器操作系统。

（3）能够选择最佳的 Windows 容器环境。它允许用户为 Web 工作负载选择最佳的 Windows 容器环境。

（4）Microsoft IIS 管理。它是一个描述性状态迁移（representational state transfer,

REST）API，即一组构建 Web 应用程序 API 的架构规则、标准或指导，允许用户配置和监控 IIS 实例。

（5）新的简化电源壳模块。新模块支持用户直接访问 Server Manager 对象，从而能够更好地控制配置系统。

（6）支持通配符主机头。用户可以设置绑定，服务于在给定域内的任何子域内的请求。

（7）线程池理想的 CPU 优化。IIS 10.0 通过该功能可在非一致性共享内存（non uniform memory access，NUMA）时提供更好的性能。

5. Windows 10 Cloud

Windows 10 Cloud 是 Windows 10 的简化版，能够适用于价格更低廉的硬件，如高级精简指令集计算机（Advanced RISC Machine，ARM）处理器，适用于教育和政府机构等部门。

5.2.4 Windows Server 2019 操作系统

Windows Server 2019 是微软于 2018 年 10 月 2 日发布的服务器操作系统，于 2018 年 10 月 25 日正式商用。Windows Server 2019 包括 3 个版本：Windows Server 2019 Datacenter、Windows Server 2019 Standard 和 Windows Server 2019 Essentials，分别适用于高虚拟化数据中心和云环境、物理或最低限度虚拟化环境，以及最多 25 个用户或最多 50 台设备的小型企业。

1. Windows Server 2019 的体系结构

Windows Server 2019 与 Windows 10 一样，融合了分层操作系统和 C/S 操作系统的特点。Windows 10 的体系结构前已介绍，故对 Windows Server 2019 的体系结构不再赘述。

2. Windows Server 2019 的特性和新增功能

（1）Windows Server 2019 的特性。除了强化 Windows Server 2016 的功能外，它还具有混合管理性能、更便捷的云服务、多层安全性和优化的数据中心等特点。

（2）Windows Server 2019 新增功能。相比之前的 Windows Server 版本，它新增了如下功能。

① 混合云。Windows Server 2019 提供一致的混合服务，包括具有 Active Directory 的通用身份平台、基于 SQL Server 技术构建的通用数据平台以及混合管理和安全服务。

② 安全功能。Windows Server 2019 集成了 Windows Defender 高级威胁检测、高

级威胁防护和保护结构虚拟化功能。除 Windows Server 附带的工具外，其公有云平台 Azure 还提供一系列高级安全服务和技术、监视工具以及用于存储密码和连接字符串等安全机密的密钥库。

③ 应用程序平台改进。其体现在容器支持、工具支持、应用程序兼容以及性能改进方面。

④ 超融合。Windows Server 2019 增强了超融合基础架构（hyper converged infrastructure，HCI）的规模、性能和可靠性。

3. Windows Admin Center

Windows Server 2019 添加了内置的混合管理功能 Windows Admin Center。借助它可以远程管理在任何位置运行的 Windows Server。无论是在物理服务器、虚拟机、Hyper-V 或 VMware 上运行 Windows Server，还是在云平台 Azure 中使用 Windows Server，都可以将 Windows Admin Center 用作跨混合环境的管理中心。

Windows Admin Center 通过将数十种熟悉的管理工具整合到一个基于浏览器的 GUI 中，重塑了系统管理。可通过任何设备安全地管理服务器、虚拟机以及传统群集和超融合群集，并排除故障。它无须代理，只需安装并将其指向服务器或虚拟机即可。同时它也提供了单一视图。

用户需启动和运行多个工具，即可在 Windows Admin Center 中完成众多管理任务，主要包括以下几点。

（1）执行日常服务器管理任务，如查看和管理进程、服务、证书、设备、事件、文件、防火墙规则、已安装的应用程序、用户和组、网络、注册表、角色和功能、存储以及更新等。

（2）管理 Windows Server 角色和功能，如 Hyper-V 虚拟机和容器、Active Directory、DHCP、域名服务、存储迁移服务和存储副本等。

（3）使用 Windows Admin Center 中的 PowerShell 和远程桌面 Web 控制台，可编写脚本并执行其他任务。

（4）通过配置和管理磁盘、网络、角色和虚拟机，管理故障转移群集，并通过群集感知更新进行管理和更新。

（5）该工具的 GUI 构建在 PowerShell 上，甚至可通过一个按钮查看在 GUI 背后运行的 PowerShell 脚本，方便用户了解幕后情况，还能将脚本复制并粘贴到其他工具中。

Windows Admin Center 侧重于单个服务器和群集管理，并非要替换 System Center，而是使 System Center 趋于完善。它们的功能对比如表 5.1 所示。

表 5.1　Windows Admin Center 与 System Center 的功能对比

Windows Admin Center	System Center
针对单个服务器和单个群集进行全面的故障排除和系统管理	强大的数据中心管理和监控系统
基于浏览器的免费管理工具	大规模管理系统
呈现了 Windows Server 的全新平台功能	允许从裸机进行系统部署
可通过扩展访问 Azure 服务和第三方功能	提供可靠的监视警报和通知

4. HCI

随着大数据、虚拟化和云计算技术的飞速发展，IT 基础架构已成为推动现代经济快速发展的重要引擎。当前数据中心不断扩容，用户希望能以更少的成本获取更多的资源，并通过对设备解耦合以降低对设备的依赖性。因此，IT 基础架构逐渐由硬件定义发展到软件定义，由软件定义的数据中心发展到 HCI。

HCI 是指在同一套单元设备中不仅具备计算、网络、存储和服务器虚拟化等资源和技术，还包括备份软件、快照技术、重复数据删除和在线数据压缩等，而多套单元设备可以通过网络聚合起来，实现模块化的无缝横向扩展，形成统一的资源池。超融合在本地较易实现，将计算、网络和存储功能都集成在一个设备内，并且通过它由供应商预先配置好就能使用。HCI 是实现“软件定义数据中心”（SDDC）的终极技术途径。HCI 类似 Google、Facebook 后台的大规模基础架构模式，可为数据中心带来最优的效率、灵活性、规模、成本和数据保护。

数据中心从具有独立传统存储阵列、网络设备和虚拟机监控程序主机的传统服务器，迁移到具有软件定义的存储和网络的 HCI，以降低复杂性和成本，并提升性能。通过 HCI，Windows Server 2019 可以实现以下功能。

（1）更新老化硬件。替换较旧的服务器和存储基础结构，并使用现有的 IT 技能和工具在本地运行 Windows 和 Linux 虚拟机。

（2）整合虚拟工作负载。能整合旧版应用，并可运行虚拟机。

（3）连接到混合云服务。借助 Windows Admin Center，可以简化对云平台 Azure 中的管理和安全服务（如异地备份、站点恢复和基于云的监视）的访问。

（4）增加存储容量。每个群集的总原始存储容量上限从 Windows Server 2016 的 1PB 增加到 Windows Server 2019 的 4 PB。

（5）提升网络速度。将单个 SDN 网关的速度上限从 Windows Server 2016 的 4 Gbit/s 提高到 18 Gbit/s。

（6）了解性能历史纪录。可轻松获取历史数据，并显示 50 多个性能计数器，无须进行任何安装或配置。

（7）降低群集功能安全风险。消除了对问询 / 应答身份验证（NT LAN Manager，NTLM）的依赖，使故障转移，群集功能更为安全。

（8）提高群集复原能力。即使同时出现驱动程序和服务器故障，其嵌套复原也可确保正常使用，即使在双节点群集中也是如此。

一直以来，迁移中最困难的是将文件移动到新平台。无论是选择 Azure Stack HCI 预构建的解决方案还是构建自己的解决方案，都可以利用 Windows Server 2019 中新增的存储迁移服务，实现从 Windows Server 版本（支持的最早版本为 Windows Server 2003）迁移文件服务器，将数据迁移到数据中心或云平台 Azure 上运行的物理机或虚拟机。

目前，超融合技术作为一种新型的数据中心解决方案，已受到用户的广泛欢迎，而且用廉价的分布式存储替代了传统的集中式存储，降低了数据中心的建设费用和技术门槛。

5.3 UNIX 操作系统

5.3.1 UNIX 操作系统的发展

1969 年，贝尔实验室 Ken.Thompson 在小型计算机 PDP-7 上，由早期的 Mutics 型系统开发而形成 UNIX。经过不断补充修改，且与 Richie 一起用 C 语言重写了 UNIX 的大部分内核程序，于 1972 年正式推出。它是世界上使用最广泛和流行时间最长的操作系统之一。无论微型机、工作站、小型机、中型机、大型机乃至巨型机，都有许多用户在使用。目前，UNIX 已经成为注册商标，多用于中档和高档计算机产品。

UNIX 操作系统经过几十年的发展，产生了许多不同的版本流派。各个流派的内核很相像，但外围程序等其他程序有一定的区别。现有两大主要流派，分别是以 AT&T 公司为代表的 SYSTEM V，其代表产品为 Solaris 系统；另一个是以伯克利大学为代表的 BSD。

UNIX 操作系统的典型产品有应用于 PC 上的 Xenix 系统、SCO UNIX 和 Free BSD 系统；应用于工作站上的 Sun Solaris 系统、HP-UX 系统和 IBM AIX 系统。

一些大型主机和工作站的生产厂家专门为它们的机器开发了 UNIX 版本，其中包括 Sun 公司的 Solaris 系统、IBM 公司的 AIX、惠普公司的 HP-UX、苹果公司的 A/UX、SGI 公司的 IRIX 以及由 Microsoft 公司开发的 Xenix 系统。

5.3.2 UNIX 操作系统的组成和特点

1. UNIX 操作系统的组成

UNIX 操作系统由下列几部分组成。

（1）核心程序，负责调度任务和管理数据存储。

（2）外围程序，接受并解释用户命令。

（3）实用性程序，完成各种系统维护功能。

（4）应用程序，在 UNIX 操作系统上开发的实用工具程序。

UNIX 系统提供了命令语言、文本编辑程序、字处理程序、编译程序、文件打印服务、图形处理程序、记账服务和系统管理服务等设计工具，以及其他大量系统程序。UNIX 的内核和界面可以分开。其内核版本有一个约定，即版本号为偶数时，表示产品为已通过测试的正式发布产品；版本号为奇数时，表示正在进行测试的测试产品。

UNIX 操作系统是一个典型的多用户、多任务和交互式的分时操作系统。从结构上看，UNIX 是一个层次式可剪裁系统，它可以分为内核（核心级）和外壳两大层。但是，UNIX 核心内的层次结构不是很清晰，模块间的调用关系较为复杂，图 5.10 所示为经过简化和抽象的 UNIX 系统结构。

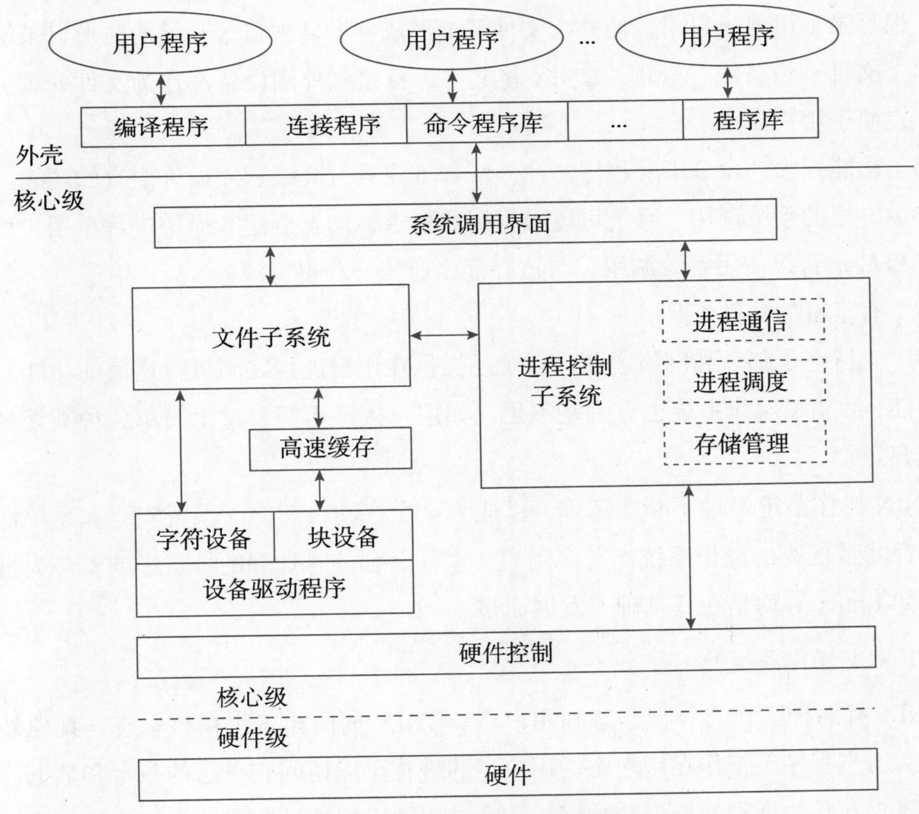

图 5.10　经过简化和抽象的 UNIX 系统结构

内核层是 UNIX 操作系统的核心。它具有存储管理、文件管理、设备管理、进程管理等功能，以及为外壳层提供服务的系统调用。

外壳由应用程序和系统程序组成。应用程序所指的范围非常广泛，可以是用户的任何程序（例如数据库应用程序），也可以是一些套装软件（如人事工资管理程序、会计系统、UNIX 命令等)。系统程序是为系统开发提供服务与支持的程序，如编译程序、文本编辑程序以及命令解释程序等。

在用户层与核心层之间，有一个“系统调用”的中间带，即系统调用界面，它是两层间的接口。系统调用界面是一些预先定义好的模块(大部分由汇编语言编写)，这些模块提供一条管道，让应用程序或一般用户能借此得到核心程序的服务，如外围设备使用、程序执行和文件传输等。

2. UNIX 操作系统的特点

UNIX 系统是一个支持多用户的交互式操作系统，具有以下特点。

(1)可移植性好。使用 C 语言编写，易于在不同计算机之间移植。

(2)多用户和多任务。UNIX 采用时间片技术，同时为多个用户提供并发服务。

(3)层次式的文件系统。文件按目录组织，构成一个层次结构。最上层的目录为根目录，根目录下可建子目录，使整个文件系统形成一个从根目录开始的树形目录结构。

(4)文件、设备统一管理。UNIX 将文件、目录和外围设备都作为文件处理，简化了系统，便于用户使用。

(5)功能强大的命令解释程序。命令解释程序具有高级程序设计语言的功能。

(6)方便的系统调用。系统可以根据用户要求，动态创建和撤销进程；用户可在汇编语言和 C 语言级使用系统调用，与核心程序通信，获得资源。

(7)有丰富的软件工具。

(8)支持电子邮件和网络通信，系统还提供在用户进程之间进行通信的功能。

当然，UNIX 操作系统也有一些不足，如用户接口不好，过于简单；种类繁多，且互不兼容。

UNIX 操作系统经过不断地锤炼，已成为一个在网络功能、系统安全和系统性能等各方面都非常优秀的操作系统。其多用户、多任务和分时处理的特点影响着一大批操作系统，如 Linux 等均是在其基础上发展而来。

3. UNIX 操作系统的工作态

UNIX 有两种工作态：核心态和用户态。UNIX 的内核工作在核心态，其他外围软件(包括用户程序)工作在用户态。用户态的进程可以访问它自己的指令和数据，但不能访问核心和其他进程的指令和数据。一个进程的虚拟地址空间分为用户地址空间和核心地址空间两部分，核心地址空间只能在核心态下访问，而用户地址空间在用户态和核心态下都可以访问。当用户态下的用户进程执行一个用户调用时，进程的执行态将从用户态切换为核心态，操作系统执行并根据用户请求提供服务；服务完成，由核心态返回用户态。

5.3.3　UNIX操作系统的网络操作

互联网之所以能成为流行的网络，在于TCP/IP与UNIX的联合。互联网的原形ARPANet的开发者DARPA（美国国防高级研究项目委员会）采纳TCP/IP作为ARPANet的通信协议之后，意识到UNIX将会流行，于是决定把UNIX加入TCP/IP中。也正是由于在UNIX中添加了电子自由通信和信息共享，才使ARPANet不断发展、扩充和演变为今天的互联网。目前UNIX已经具有丰富的网络操作功能，其中包括如下一些内容。

（1）显示局域网中各计算机的状态命令：ruptime。

（2）显示网络中的用户信息。

① 显示网络中所有用户信息命令：rwho。

② 显示网络中指定主机上的用户信息命令：finger。

（3）远程登录。

① UNIX系统的远程登录命令：r1ogin。

② 非UNIX系统的远程登录命令：telnet。

（4）文件传送。

① UNIX系统的文件传送命令：rcp。

② 非UNIX系统的远程传输命令：ftp。

（5）NFS文件共享。

① NFS安装命令：mount。

② NFS删除安装命令：umount。

（6）电子邮件命令：mail和mailx。

（7）系统配置与系统管理。

5.4　Linux操作系统

5.4.1　Linux操作系统的发展

Linux操作系统是一个免费的软件包，源代码开放，它可将普通PC变成装有UNIX系统的工作站。Linux操作系统支持多种软件，其中包括大量免费软件。

最初发明Linux操作系统的是一位芬兰年轻人Linux B.Torvalds，他对Minix系统十分熟悉。开始Torvalds并没有发行这套操作系统的二进制文件，只是对外发布源代码而已。如果用户想要编译源代码，还需要MINIX的编译程序才行。起初，Torvalds想将这套系统命名为freax，他的目标是使Linux成为一个基于Intel硬件并在微型机上运行的类似于UNIX的新操作系统。1991年他写出了属于自己的Linux操作系统，版本为Linux0.01，是Linux时代开始的标志。1994年推出了完整的核心Version1.0，至此，Linux逐渐成为功能完善和性能稳定的操作系统，并被广泛使用。1999年，Linux的简体中文版问世，在国内获得了广泛的关注。

Linux是一套免费使用和自由传播的类UNIX操作系统，主要用于基于x86系列CPU的计算机上。Linux操作系统虽然与UNIX操作系统类似，但它并不是UNIX操作系统的变种。Torvalds从开始编写内核代码时就仿效UNIX，几乎所有UNIX的工具与外壳都可以运行在Linux上。因此，熟悉UNIX操作系统的人就能很容易掌握Linux。Torvalds将源代码放在芬兰最大的FTP站点上。人们认为这套系统是Linux的Minix，因此就建成了一个Linux子目录来存放这些源代码，结果Linux这个名字就被使用起来了。在以后的时间里，世界各地很多Linux爱好者先后加入Linux系统的开发工作中。

随着互联网的发展，Linux得到了来自全世界软件爱好者、组织和公司的支持。它除了在服务器领域保持着强劲的发展势头以外，还在桌面领域、移动嵌入式系统以及云计算/大数据领域都有长足的进步。使用者不仅可以直观地获取该操作系统的实现机制，而且还可根据自身的需要来修改完善Linux，使其最大化地满足用户的需求。

Linux操作系统作为自由软件的代表，它的开源、免费和强大的功能，安全稳定的性能，以及众多优秀的维护团队，使其在操作系统中占有重要地位。当前，Linux操作系统仍主要应用于中高档服务器中。

5.4.2 Linux操作系统的组成和特点

1. Linux操作系统的组成

Linux由3个主要部分组成：内核、shell环境和文件结构。内核是运行程序和管理诸如磁盘和打印机之类的硬件设备的核心程序。shell环境提供了操作系统与用户之间的接口，它接收来自用户的命令并将命令送到内核去执行。文件结构决定了文件在磁盘等存储设备上的组织方式。文件被组织成目录的形式，每个目录可以包含任意数量的子目录和文件。内核、shell环境和文件结构共同构成了Linux的基础。在此基础上，用户可以运行程序、管理文件，并与系统交互。

Linux本身就是一个完整的多用户多任务操作系统，分为32位和64位，不需要先安装DOS或其他操作系统（如Windows，OS/2，MINIX）就可以直接进行安装。当然，Linux操作系统可以与其他操作系统共存。

2. Linux操作系统的特点

作为操作系统，Linux操作系统几乎满足当今UNIX操作系统的所有要求。因此，它具有UNIX操作系统的基本特征。Linux操作系统适合作互联网标准服务平台，它以低价格、源代码开放以及安装配置简单等特点，对广大用户有着较大的吸引力。目前，Linux 操作系统已应用于互联网，如 Web 服务器、域名服务器和 Web 代理服务器等应用服务器。

Linux 操作系统与 Windows NT、NetWare、UNIX 等传统网络操作系统最大的区别是，Linux 开放源代码。正是由于这点，才引起了人们的广泛注意。

与传统网络操作系统相比，Linux 操作系统主要有以下特点：

（1）不限制应用程序可用内存的大小；

（2）具有虚拟内存的能力，可以利用硬盘来扩展内存；

（3）允许在同一时间内运行多个应用程序；

（4）支持多用户，在同一时间内可以有多个用户使用主机；

（5）具有先进的网络能力，可以通过 TCP/IP 与其他计算机连接，通过网络进行分布式处理；

（6）符合 UNIX 标准，可以将 Linux 上执行的程序移植到 UNIX 主机上运行；

（7）是免费软件，可以通过匿名 FTP 服务器在 sunsite.ucn.edu 的 pub/Linux 目录下获得。

5.4.3　Linux 的网络功能配置

Linux 具有强大的网络功能，可以通过 TCP/IP 与网络连接，也可以通过调制解调器使用电话拨号以 PPP 连接上网。一旦 Linux 系统连上网络，就能充分使用网络资源。Linux 系统中提供了多种应用服务工具，可以方便地使用 Telnet、FTP、mail、news 和 WWW 等信息资源。不仅如此，Linux 网络操作系统为互联网丰富的应用程序提供了应有的平台，用户可以在 Linux 上搭建各种 Internet/Intranet 信息服务器。当然，要实现这些功能首先要完成 Linux 操作系统的网络功能设置。

Red Hat Linux 允许在安装时进行网络配置，也可以在安装后完成配置或者改变网络配置。Linux 系统上有许多配置文件，用来管理和配置 Linux 系统网络。这些文件可以通过 ipconfig、route 和 netcfg 等网络配置工具来管理。Linux 还提供了测试网络状态的工具，如使用 ping 命令可以检查网络接口（网卡）工作是否正常。

1. 设置网络功能

Linux 网络功能是在安装时一并安装的，在少数情况下，自行安装网络功能时就要进行重编核心或安装模组工作。这里仅介绍安装过程中的网络设置。

（1）安装程序检查系统网卡。在多数情况下，Linux 会自动识别网卡。如果不能自动识别的话，就必须选择网卡的驱动程序并指定一些必需的选项。

（2）配置 TCP/IP 网络。配置好网卡之后，先要选择网络配置方式。

① 静态 IP 地址：必须手工设置网络信息。

② BOOTP：网络信息通过引导程序协议（bootstrap protocol,BOOTP）请求自动提供。

③ DHCP：网络信息通过动态主机配置协议（dynamic host control protocol，DHCP）请求自动提供。

注意：选择 BOOTP 和 DHCP 要求局域网上有一台已经配置好的 BOOTP（或 DHCP）服务器正在运行。如果选择 BOOTP 或 DHCP，网络配置将自动设置。如果选了静态 IP 地址，必须自己设定网络的信息。表 5.2 所示为中南大学商学院一台微机配置所需的网络信息。

表 5.2　网络信息实例

Field	Example
value IP address	202.198.47.188
netmask	255.255.255.0
default gateway	202.198.147.2
primary nameserver	202.198.144.65
domain name	csu.edu.cn
hostname	Hardlab

2. 网络配置文件

在 /etc 目录下有一系列文件，如表 5.3 所示，可以使用这些文件配置和管理 Linux 的 TCP/IP 网络。除了表 5.3 中描述的文件外，在文件 /etc/services 里还列出了系统提供的所有服务。如 FTP 和 Telnet，在文件 /etc/protocols 里列出了系统支持的 TCP/IP。

表 5.3　TCP/IP 配置文件

文　件	描　述
/etc/hosts	将主机名和 IP 地址关联起来
/etc/networks	将域名和网络地址关联起来
/etc/host	conf 列出解析器选项
/etc/host.conf	配置域名服务客户端的控制文件
/etc/resolv.conf	配置 DNS 相关信息，用于域名解析 IP 地址
/etc/protocols	设定主机使用的协议以及各个协议的协议号
/etc/services	设定主机不同端口的网络服务
/etc/HOSTNAME	存放系统的名称
/etc/hostname	新设置的主机名称

（1）标识主机名：/etc/hosts。hosts 文件负责维护域名和 IP 地址之间的对应关系。当使用域名时，系统会在该文件中查寻对应的 IP 地址，将域名地址转换为 IP 地址。

hosts 文件中域名项的格式如下所示：

```
/etc/hosts
202.198.47.188          hardlab.csu.edu.cn     localhost
202.198.144.65          www.csu.edu.cn
202.114.96.28           freemail.263.net
202.198.58.200          bbs.tsinghua.edu.cn
```

第一列是 IP 地址，第二列是对应的域名，中间用空格分开，后面的列还可以为主机名加上别名。每一项记录末尾都可以加入注释内容，注释内容以 # 符号开头。在 hosts 文件中总可以找到 localhost 项，它是用于标识本地主机的特殊地址，它可以使本系统上的用户之间互相进行通信。

（2）网络名称：/etc/networks。networks 文件中包含的是域名和网络的 IP 地址，而不是某个特定主机的域名。不同类型的 IP 地址的网络地址也不同。此外，在该文件中还要定义 localhost 的网络地址 202.112.147.0，这个网络地址用于回放设备。

在 networks 文件中，网络域名后面接的是 IP 地址。networks 文件的内容项如下所示：

```
/etc/networks
loopback            202.198.47.0
myhome              202.198.47.0
```

（3）/etc/hostname。hostname 文件中包含了系统的主机名称。要改变主机名称，可以修改这个文件的内容。netcfg 工具允许更改主机名称，并将新的主机名称放入 hostname 文件中，可以使用 hostname 命令来显示系统的主机名称而不必直接显示该文件的内容。

```
$ hostname
hardlab.csu.edu.cn
```

3. 网络配置工具

Red Hat 提供了一个非常容易使用的网络配置工具：netcfg。Red Hat 控制面板上 Network Configuration 图标即是该配置工具。启动该工具，在打开的窗口中有 4 个面板，每个面板的顶部有一个按钮条，分别是名称（names）、主机（hosts）、接口（interfaces）和路由（routing）。所有的网络配置信息都可以在这些面板上完成。

（1）names。该面板中的 hostname 和 domain 分别用来配置系统域名的全称和本网络的域名。search for hostname in additional domains 用来指定搜索域，若搜索互联网地址，系统会先在指定搜索域中查找。nameservers 用来指定名称服务器地址，可以在其中输入网络名称服务器的 IP 地址，搜索域和名称服务器地址信息都存放在文件 /etc/resolv.conf 里。主机名称存放在 /etc/HostName 文件里。

（2）hosts。hosts 面板用来添加、删除和修改主机名称和相关的 IP 地址，也可以增加别名。该面板显示的是 /etc/hosts 文件的内容，在该处所做的任何改变都会存放到这个文件里。

（3）interfaces。在 interfaces 面板中列出了系统上网络接口的配置信息。使用 add、edit、alias 和 remove 可以管理网络接口的名称、IP 地址、优先权和启动时是否激活以及当前是否处于活动状态。

（4）routing。routing 面板是用来指定网关系统的，可以输入默认网关或使用的多个网关。如果不使用网关，可以不添加。

除了 netcfg 以外，Linux 还有其他网络配置工具，比如 Linuxconf。用户也可以使用 ifcong 和 route 来配置网络接口。有关这方面的细节，读者可参看有关书籍。

4. 检查网络状态

设置好网络功能后，应该检查主机是否与网络连接无误，使用命令 ping 和 netstat 来检查网络状态。

（1）ping 命令。用 ping 命令可以测试主机的网络功能是否启动，在命令行中输入：

$ ping 202.198.47.188

ping 后面接的是目标主机的名称，这里测试的是本地主机。ping 命令向目标主机发送请求，然后等待响应，目标主机接到请求后发回响应，信息会显示到发送方的屏幕上。在上述测试主机的过程中，如果没问题，会显示：

```
[root@hardlab root]# ping 202.198.47.188
PING 202.198.47.188(202.198.47.188): 56 data bytes
64 bytes from 202.198.47.188:icmp_seq=0 tt1=255 time=0.2 ms
64 bytes from 202.198.47.188:icmp_seq=1 tt1=255 time=0.1 ms
64 bytes from 202.198.47.188:icmp_seq=2 tt1=255 time=0.2 ms
64 bytes from 202.198.47.188:icmp_seq=3 tt1=255 time=0.1 ms
```

ping 命令会不断地发送请求，直到使用停止命令（按组合键 Ctrl + C）来停止它。如果 ping 命令失败，说明网络工作不正常，可能是由于某个网络接口、配置或者物理连接有问题。

（2）netstat 命令。netstat 命令提供了有关网络连接状态的实时信息，以及网络统计数据和路由信息。使用该命令不同的选项，可以得到网络上不同信息，如表 5.4 所示。

表 5.4　netstat 选项

选　项	描　述
-a	显示所有的互联网套接字信息，包括那些正在监听的套接字
-i	显示所有网络设备的统计信息
-c	在程序中断前，连接显示网络状况，间隔为 1 秒
-n	显示远程或本地地址，如 IP 地址
-o	显示定时器状态、截止时间和网络连接的以往状态
-r	显示内核路由表
-t	只显示 TCP 套接字信息，包括那些正在监听的 TCP 套接字
-u	只显示 UDP 套接字信息
-v	显示指令执行过程
-w	只显示 raw 套接字信息
-x	显示 UNIX 域套接字信息

不带选项的 netstat 命令会显示系统上的所有网络连接，首先是活动的 TCP 连接，然后是活动的域套接字。域套接字包含一些进程，用来在本系统和其他系统之间建立通信。

5.5　国产操作系统

国产操作系统大多是以 Linux 为基础进行二次开发的操作系统，可以分为国产通用操作系统和国产物联网操作系统两大类。

5.5.1　国产操作系统发展概况

信息化是社会不可逆转的发展趋势，而软件产业是信息产业的核心和灵魂。要使我国在信息化进程中占据优势地位，必须大力发展国产软件。20 世纪 80 年代初，我国基于大型计算机科研项目的需要，开始研制自主的计算机操作系统 COSIX 和国产系统软件平台 COSA，这标志着我国软件业的起步。到 20 世纪末，经过近二十年的发展，我国软件产业总体水平仍处于初级阶段，系统软件和大部分支撑软件被国外公司控制，拥有自主版权的软件只占很小的比例。国产软件存在种类单调、市场份额低、技术含量低和软件的通用性差等诸多问题。软件产品市场份额的 60% 以上被美国占领，尤其是在桌面计算机领域，操作系统和办公软件等基本上被美国垄断，中国的软件业在竞争中处于劣势。

国产操作系统的发展一波三折。我国于1979年开始对UNIX进行研究与引进。从1981年起，围绕UNIX开展了一系列的研发。自“七五”以来，国家调集人力物力开展了国产系统软件UNIX/POSIX标准的攻关。但这些工作只是取得了一些技术成果，并未对国家基础软件的建立起到举足轻重的作用。“八五”期间根据国际标准（POSIX标准）研制的，与国际主流的系统相兼容且具有自主版权的中文操作系统COSIX，由于投入不足以及缺少应用软件支持等原因在应用上并不成功。可以说，国产操作系统在这一时期发展十分缓慢。

20多年来，科技部和工信部等中央有关部委对操作系统国产化非常重视，国家大力扶植基础软件发展，基于自主平台的操作系统得到诸多关注。从1998年下半年开始，信息领域几乎所有的大公司都大力支持Linux，Linux的发展为中国系统软件产业提供了机遇。中国科学院软件研究所奉命研制基于自由软件Linux的自主操作系统，于1999年8月发布红旗Linux 1.0，标志着我国第一个国产化实用操作系统版本的正式推出和规模开发操作系统时代的开始，给中国广大用户提供了一个全新的选择，具有里程碑意义。2003年，由清华大学和科泰世纪科技有限公司研制的核心操作系统具有完全的自主知识产权，在嵌入式操作系统领域达到了国际先进水平。“十五”期间，国家在大力发展Linux操作系统及其应用的同时，也启动了自主服务器操作系统的研发。由国防科技大学和联想集团研制的Kylin操作系统是在这样的背景下产生的。2008年，我国推出“核高基”计划，将国产操作系统作为重点支持对象。但由于核心技术缺失以及产业生态薄弱等问题，国产操作系统市场认可度低，市场应用少。即使在国家政策大力扶植下，国产操作系统的市场占有率仍不足2%。2018年以来，我国加速实施“国家信创工程”，率先在党政机关和重要行业领域实现国产化全面替代，为国产操作系统提供了良好的发展机遇。在国家政策指引下，涌现出了一批以红旗Linux和银河麒麟操作系统等为代表的国产操作系统，在数字政府和企业数字化转型等领域得到广泛应用。

随着云计算技术的深入应用、物联网技术的不断发展，以及智能语音终端的推广，云操作系统、物联网端操作系统和智能语音端的操作系统等新型操作系统不断涌现。

总体来说，目前国内操作系统市场被AT&T和微软等跨国公司垄断，加快发展自主可控和安全可信的操作系统迫在眉睫。在国家政策的大力扶持和社会各界的努力下，国产操作系统的发展取得了一些成果。国产操作系统的市场需求快速增长、用户数量逐步积累、反馈信息不断增多，以及本土企业与国外同类产品的技术差距逐渐缩小，但产业规模小、应用支撑环境不足、兼容性差和用户满意度低等因素仍制约着国产操作系统的发展。

5.5.2　几种典型的国产操作系统

1. 国产通用操作系统

经过几十年的发展，已经涌现出一大批国产通用操作系统，如红旗 Linux、深度操作系统（Deepin）、优麒麟操作系统（Ubuntu Kylin）、中兴新支点操作系统、普华 Linux、威科乐恩 Linux、凝思磐石安全操作系统、思普操作系统、银河麒麟、中标麒麟以及由多家企业联合打造的统一操作系统等。这些操作系统在易用性方面已经基本具备替代 Windows XP 的能力，但在软件生态环境方面仍和 Windows 存在较大的差距。以下简要介绍两种主要的国产通用操作系统。

（1）银河麒麟操作系统。银河麒麟操作系统是由国防科技大学研制的具有自主知识产权的国产服务器操作系统，可支持多种 CPU 芯片和多种计算机体系结构，与 Linux 应用和设备驱动二进制兼容，是面向高性能网络服务的服务器操作系统，具有高可用、高安全、高可靠、中文化和跨平台等特点。银河麒麟操作系统采用层次式体系结构，由系统服务层、基本内核层和黏合层构成。其中，系统服务层提供文件服务和网络服务等面向用户的高层服务功能。基本内核层是一个结构精简且运行高效的内核，主要提供了包括基本存储和任务管理等功能在内的基础运行机制。黏合层通过队列等数据结构实现基本内核层与系统服务层间的数据通信和服务请求。银河麒麟操作系统采用构件化设计方法和标准化及兼容性技术，支持多种新型微处理器、多处理器体系结构以及分布式计算环境，实现了高可用系统架构。该系统中还设计了高可用集群软件、日志系统和在线补丁软件，以进一步提高可用性。在安全性方面，银河麒麟操作系统符合（GB/T 20272—2019）《信息安全技术 操作系统安全技术要求》对四级结构化保护级的要求，是目前我国通过认证的安全等级最高的操作系统，具有高度可靠性。在跨平台方面，银河麒麟操作系统通过了美国自由标准化组织的 LSB1.3 标准认证，能够兼容 Linux 平台上的应用，且它最新的 V10 版本能够支持安卓应用，进一步拓宽了应用范围。目前，银河麒麟操作系统已成功应用在政府、教育、金融和国防等国家信息化建设重点领域。

（2）统一操作系统。统一操作系统（unity operating system，UOS），是出于对信息安全的担忧和自主发展的需要，在“卡脖子”的大背景下，由多家国产操作系统企业联合打造的中文国产操作系统，于 2019 年首次推出。UOS 是一款基于 Linux 内核的操作系统，具有开源、安全、简洁纯净和易用的特点，有桌面版和服务器版。桌面版包含自主研发的桌面环境、多款原创应用以及丰富的互联网应用软件。服务器版提供标准化服务，具备虚拟化技术、云计算支撑，以及满足未来业务拓展和容灾需求的高可用和分布式支撑。UOS 已经初步建成良好的生态系统，拥有八万多个适配的软硬件。在硬件方面，它能够支持多种国产芯片平台的终端和服务器。在软件方面，它支持安卓应用，兼容流式、版式和电子签章厂商发布的办公应用，支持数据库、中间件、虚拟化、云桌面、安全等厂商发布的数百种应用和业务。在外部设备方面，它兼容主流的打印机、扫描仪、RAID 和主机总线适配器（host bus adapter，HBA）卡等外围设备。在安全性方面，UOS 桌面版采用开发者模式，对 sudo root 权限进行限制；UOS 服务器版全面采取安全保护措施，进行严格的接入认证。在交互性方面，UOS 桌面版采用系统预制的语音智能助手，支持语音和文字输入；UOS 为用户提供简单易用的系统维护工具，支持构建主流开源运维框架，有助于提高运维效率。但 UOS 的软件生态只是初步建立，还不丰富。

2. 国产物联网操作系统

随着万物互联的时代到来，物联网操作系统应运而生。物联网操作系统是指以网络操作系统内核（如 Linux）为基础，包括如文件系统和图形库等较为完整的中间件组件，具备低功耗、安全、通信协议支持和云端连接能力的软件平台。物联网操作系统以连接、协同和智能为主要特点，具备内核尺寸可伸缩性、架构可扩展性、内核的实时性、安全性和可靠性以及低功耗等性能。以下对两种国产物联网操作系统进行简要介绍。

（1）MICO。MICO 为 MCU based Internet connectivity operating system（基于微控制器的互联网接入系统）的简称，是庆科信息（MXCHIP）与阿里巴巴智能云联合发布的面向智能硬件设计并运行在微控制单元（microcontroller unit，MCU）上的物联网接入操作系统，具有灵活性、实时性、云服务、高能效和低功耗等特点。MICO 通过层次化和组件化的设计，使应用程序代码能够被设备理解并执行。应用层代码采用 C/C++ 语言编写，并且可以通过调用 MICO 提供的 API 函数操控硬件，实现系统调用。MICO 提供的 API 函数可以让代码以统一的方式运行在不同的 MCU 平台。这种统一的分层设计可以大幅地降低整合不同 MCU 及大量的中间软件带来的复杂性。而组件化的设计可以方便地实现各个软件功能的相互集成，快速地实现复杂物联网应用。为了高效管理系统核心数据，MICO 定义了一个系统核心数据结构体：mico_Context，用来存放系统核心数据，同时提供一系列核心数据管理 API 函数。MICO 操作系统内核功能包括多线程（指多个线程并发执行的技术）、信号量、互斥锁、定时器和消息队列。其中，MICO 为智能硬件提供的多线程实时操作方案保证了较高的 CPU 利用率。MICO RTOS 线程控制 API 可以在系统中定义、创建、控制和销毁线程。线程优先级分为 10 级，从 0—9，级数越低，优先级越高；高优先级的线程可以抢占低优先级线程，若高优先级线程不挂起，会导致低优先级的线程无法运行；相同优先级的各个线程通过时间片轮转的方式分时运行，使得这些线程似在同时运行。在实时性方面，MICO 提供精确的时间控制，可实现硬件端、移动端和云端的实时交互和状态更新。MICO 为用户提供串口 CLI（command-line interface）命令行调试功能，用来查看当前设备状态，以协助调试分析。在提供完整智能产品解决方案的基础上，MICO 充分利用了阿里物联平台稳定可靠的基础架构和服务平台，可快速实现智能产品的云端可靠接入和有效管理。其采用先进的动态功耗管理技术，能根据当前应用负载采用自适应的功耗控制策略。MICO 主要应用于智能家电、照明、医疗、安防和娱乐等行业。

（2）HarmonyOS（鸿蒙）。HarmonyOS 是华为于 2019 年推出的面向 5G 物联网分布式的操作系统，具有全场景、多终端、弹性部署、生态共享等优势。HarmonyOS 系统架构整体遵从分层设计，从下向上依次为：内核层、系统服务层、框架层和应用层。系统功能按照“系统→子系统→功能 / 模块”逐级展开，在多设备部署场景下，支持根据实际需求裁剪某些非必要的子系统或功能 / 模块。内核层包括内核子系统和驱动子系统。HarmonyOS 采用多内核设计，支持针对不同资源受限设备选用适合的 OS 内核。系统服务层是 HarmonyOS 的核心能力集合，通过框架层对应用程序提供服务，包含基础软件服务子系统集、增强软件服务子系统集、硬件服务子系统集。根据不同设备形态的部署环境按子系统粒度裁剪，每个子系统内又按功能粒度裁剪。框架层为 HarmonyOS 应用开发提供了 Java/C/C++/JS 等多语言用户程序框架和 Ability 框架、两种 UI（user interface，用户界面）框架，以及支持各种软硬件服务对外开放的多语言 API。根据系统的组件化裁剪程度，HarmonyOS 设备支持的 API 也会有所不同。应用层包括系统应用和第三方非系统应用。HarmonyOS 的应用由一个或多个 FA（feature ability）或 PA（particle ability）组成。其中，FA 有 UI 界面，提供与用户交互的能力；而 PA 无 UI 界面，提供后台运行任务的能力以及统一的数据访问抽象。HarmonyOS 采用分布式软总线、分布式设备虚拟化、分布式数据管理和分布式任务调度，充分显示了其分布式特点。基于分布式应用框架、多终端开发 IDE 和多语言统一编译，HarmonyOS 可实现一次开发多端部署。通过组件化和小型化等设计方法，HarmonyOS 还可支持多种终端设备按需弹性部署，适配不同类别的硬件资源和功能需求以实现跨设备的共享生态，构建全场景应用的完整平台工具链与生态。HarmonyOS 采用 HUAWEI DevEco Studio 开发环境，实现一站式开发和编译，减少资源占用。得益于全场景和分布式的特性，HarmonyOS 具有适用范围广、系统适配灵活以及跨设备通信能力强等特点，较适合多媒体交互。

本章小结

本章首先对操作系统和网络操作系统的基本概念和基本原理进行了简要介绍，力求在理解操作系统相关概念的基础上，了解网络操作系统的发展、分类及其基本功能，并进一步理解其工作原理和相关概念术语。然后分别对 Windows 系列网络操作系统、UNIX 及 Linux 操作系统进行了较详细的介绍，对国产操作也进行了简要介绍，以使读者对操作系统有较为完整的认识。

思考题

5.1 什么是操作系统？什么是网络操作系统？简述它们的区别和联系。

5.2 网络操作系统具有哪些特征和基本功能?

5.3 试比较对等网络和非对等网络的优缺点。

5.4 简述几种典型网络操作系统的特点及其适用环境。

5.5 域模型与工作组模型的主要优缺点是什么？在组建 Windows NT 网时应考虑哪些因素?

5.6 FAT 文件系统与 NTFS 文件系统有何区别？若要发挥 Windows NT 网的功能优势，则在安装 Windows NT Server 时应选用何种文件系统?

5.7 试述单域模型、单主域模型、多主域模型、完全信任模型网络的结构、功能及优缺点。

5.8 Windows 10 操作系统有哪些版本?

5.9 简述 Windows 10 全平台性。

5.10 简述 Windows Server 2019 的新增功能及其特点。

5.11 简述 Windows Admin Center 的功能。

5.12 简述 DHCP 的基本概念及工作原理。

5.13 简述 WINS 服务的基本概念。

5.14 Windows NT 操作系统与 UNIX 操作系统有何异同?

5.15 简述 UNIX 操作系统的组成及其层次结构。

5.16 简述 UNIX 操作系统的特点。

5.17 简述 UNIX 和 Linux 操作系统的联系和区别。

5.18 简述 Linux 操作系统的组成和特点。

5.19 简述国产操作系统的发展概况。

5.20 试比较银河麒麟和统一操作系统。

5.21 简述鸿蒙操作系统的优势。

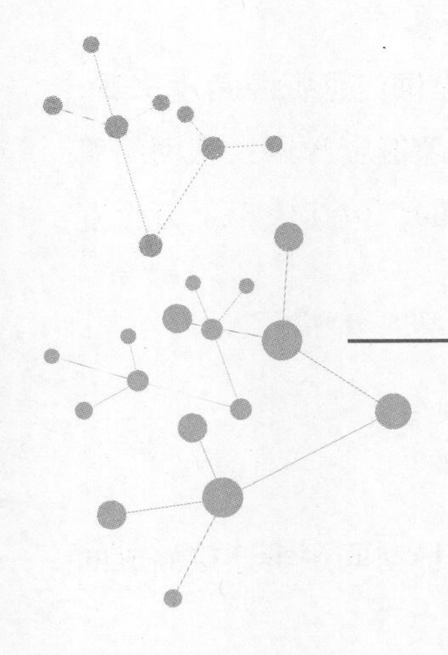

第6章 Internet

Internet是人类历史发展进程中的一个伟大里程碑，是全球信息高速公路的基础。互联网的发展和应用缩短了时空距离，减少了人们相互之间交流的障碍。Internet正潜移默化地改变着人们的生活方式、生产和工作方式以及传统观念，或者说Internet正在改变着全世界。

本章以Internet的基本原理和主要应用为主线，讨论了Internet的工作原理、IP地址与域名、Internet的主要接入技术以及互联网的服务和应用。

通过本章学习，可以了解（或掌握）：

- Internet的基本概念和发展历程；
- Internet的工作原理；
- IP地址和域名；
- Internet的主要接入技术；
- Internet的服务和应用；
- Extranet的概念和特点。

6.1 Internet概述

本节介绍Internet的基础知识，主要包括Internet的基本概念、Internet的发展历程、Internet的管理组织以及我国Internet的概貌。

6.1.1 Internet的基本概念

Internet中文正式译名为因特网，又称为国际互联网，是一个庞大的计算机互联系统。它将分散在世界各地的各种各样的计算机相互连接起来，使之成为一个统一的和全球性的网络。从网络技术的角度来看，Internet是一个通过TCP/IP将各个机构、各个地区和各个国家的内部网络互联起来的超级数据通信网；从提供信息资源角度来看，Internet 是一个集各个部门和各个领域内各种信息资源为一体的超级资源网；从网络管理的角度来看，Internet 是一个不受政府或某个组织管理和控制的，包括成千上万个互相协作的组织和网络的集合体。

1. Internet 的定义

1995 年，美国联邦网络理事会给出了如下定义：

（1）Internet 是一个全球性的信息系统；

（2）它是基于互联网协议及其补充部分的全球唯一一个由地址空间逻辑连接而成的系统；

（3）它通过使用 TCP/IP 组及其补充部分或其他 IP 兼容协议支持通信；

（4）它公开或非公开地提供使用或访问存在于通信和相关基础结构的高级别服务。

简言之，Internet 主要是通过 TCP/IP 将世界各地的网络连接起来，实现资源共享，提供各种应用服务的全球性计算机网络。

2. Internet 的特点

（1）灵活多样的入网方式。任何终端设备，只要采用 TCP/IP，并与互联网中的任何一台主机通信，就可以成为 Internet 的一部分。TCP/IP 协议簇成功地解决了不同硬件平台、不同网络产品和不同操作系统之间的兼容性问题。采用电话拨号、专线、以太网接入、有线电视网和无线接入等方式都可接入 Internet。

（2）三大技术融为一体。Internet 融合了网络技术、多媒体技术和超文本技术，提供了极为丰富的信息资源和友好的操作界面。

（3）公平性。接入 Internet 的大小网络都具有平等的地位，没有一个主控 Internet 的机构；所有接入的网络本着自愿的原则，由自身拥有者管理，采用“自治”的模式。

（4）收费低廉。Internet 的发展获益于政府对信息网络的大力支持，在美国 Internet 的收费标准完全能被普通用户接受，我国 Internet 的收费标准在不断降低。

（5）信息覆盖面广、容量大、时效长。Internet 几乎遍及全球所有的国家和地区，连通数以亿计的用户。一旦加入 Internet，即可与世界各地的人们交流信息，实现全球通信。而信息一旦进入发布平台，即可长期存储、长期有效。

尽管如此，我们也应该认识到 Internet 的另一面。Internet 的开放性、自治性使它在安全方面先天不足，尚待改进。互联网的安全问题，不仅是技术问题，也是一个社会问题和法律问题。另外，Internet 发展中也存在许多不足之处，例如资源的分散化管理，则为在 Internet 中查找信息带来较大的困难。

6.1.2 Internet 的发展历程

1. Internet 的发展阶段

Internet 的发展经历了研究实验、实用发展和商业化三个阶段。

（1）研究实验阶段（1968—1983 年）。Internet 起源于 1969 年建成的 ARPANet，并在此阶段以它为主干网。ARPANet 最初采用“主机”协议，后来改用“网络控制协议”。直到 1983 年，ARPANet 上的协议才完全过渡到 TCP/IP。美国加利福尼亚伯克利分校把该协议作为其 BSD① UNIX 的一部分，使得该协议流行起来，从而诞生了真正的 Internet。同年，ARPANet 分成两部分，公用 ARPANet 和军用 Milnet。这两个子网间使用严格的网关，但可以彼此交换信息。

（2）实用发展阶段（1984—1991 年）。此阶段是 Internet 在教育和科研领域广泛使用的阶段。1986 年，美国国家科学基金会（national science foundation，NSF）利用 TCP/IP，在 5 个科研教育服务超级计算机中心的基础上建立了 NSFNET 广域网。其目的是共享它拥有的超级计算机，推动科学研究发展。从 1986 年到 1991 年，连入 NSFNET 的计算机网络从 100 多个发展到 3000 多个，极大地推动了 Internet 的发展。与此同时，ARPANet 逐步被 NSFNET 替代。到 1990 年，ARPANet 退出了历史舞台，NSFNET 成为 Internet 的骨干网，作为 Internet 远程通信的提供者而发挥着巨大作用。

（3）商业化阶段（1991 年至今）。在 20 世纪 90 年代以前，Internet 的使用一直仅限于研究与学术领域，随着 Internet 规模的迅速扩大，Internet 中蕴藏的巨大商机逐渐显现出来。1991 年，美国的三家公司 Genelral Atomics，Performance Systems International，UUnet Telchnologies 开始分别经营自己的 CERFNET、PSINET 及 AlterNet 网络，在一定程度上向客户提供 Internet 联网服务和通信服务。这三家公司组成了“商用互联网协会”（commercial Internet exchange association，CIEA），该协会宣布用户可以把互联网子网用于任何的商业用途。由此，商业活动大面积展开。1995 年 4 月 30 日，NSFNET 正式宣布停止运作，转为研究网络，代替它维护和运营 Internet 骨干网的是经美国政府指定的三家私营企业：Pacific Bell、Ameritech Advanced Data services and Bellcore 以及 Sprint。至此，Internet 骨干网的商业化彻底完成。

现在的 Internet 在规模和结构上都有了很大发展，正逐步进入人们日常生活的各个领域，已经成为名副其实的全球网。

2. 中国 Internet 的发展

Internet 引入中国的时间不长，但由于起点比较高，所以发展很快。从总体来说，

① BSD（Berkeley Software Distribution，伯克利软件套件）是 Unix 的衍生系统，1970 年代由加州大学伯克利分校（University of California，Berkeley）开创。BSD 用来代表由此派生出的各种套件集合。

中国 Internet 的发展分为三个阶段。

（1）研究试验阶段（1986—1993 年）。这一阶段只为少数高等院校、研究机构提供 Internet 的电子邮件服务。1986 年，北京市计算机应用技术研究所实施的国际联网项目——中国学术网（Chinese academic network，CANET）启动。1987 年 9 月，CANET 在北京计算机应用技术研究所内正式建成中国第一个国际互联网电子邮件节点，并于 9 月 14 日由钱天白教授发出中国第一封电子邮件："Across the Great Wall，we can reach every corner in the word.（跨过长城，走向世界）"，揭开了中国人使用 Internet 的序幕。1989—1993 年，建成了中关村教育与科研示范网络（national computing and networking facility of China，NCFC）工程。1990 年 11 月 28 日，中国正式在 SRI-NIC（Stanford Research Institute's Network Information Center，斯坦福研究所网络信息中心）注册登记了中国的顶级域名 CN，并开通了使用中国顶级域名 CN 的国际电子邮件服务，从此中国网络有了自己的身份标识。

（2）起步阶段（1994—1996 年）。这一阶段主要为教育科研应用。1994 年 1 月，美国 NSF 同意了 NCFC 正式接入 Internet 的要求。同年 4 月 20 日，NCFC 工程通过美国 Sprint 公司连入 Internet 的 64kbit/s 国际专线开通，实现了与 Internet 的全功能连接，从此中国正式成为有 Internet 的国家。1994 年 5 月，我国开始在国内建立和运行中国的域名体系。同年 5 月 15 日，中科院高能物理研究所设立了国内第一个 Web 服务器，推出第一套网页。

随后几大公用数据通信网：中国公用分组交换数据网（China public packet switched data network，ChinaPAC）、中国公用数字数据网（China digital data network，ChinaDDN）、中国公用帧中继网（China frame relay network，ChinaFRN）建成，为中国互联网的发展创造了条件。同一时期，中国相继建成四大互联网——中国科学技术网（China science and technology network，CSTNET）、中国教育和科研计算机网（China education and research network，CERNET）、中国公用计算机互联网（China network，ChinaNET）、中国国家公用经济信息通信网（China golden bridge network，ChinaGBN）。

（3）商业化发展阶段（1997 年至今）。1997 年 6 月 3 日，中国科学院在中科院网络信息中心组建了中国互联网络信息中心（China Internet Network Information Center，CNNIC），同时成立中国互联网络信息中心工作委员会。从 1997 年至今，中国的 Internet 在商业网络方面迅速发展，相继建成中国联通互联网（China unicom network，UNINET）、中国网通公用互联网（China network communication NET，CNCNET）、中国移动互联网（China mobile network，CMNET）、中国国际经济贸易互联网（China international economy trade interNET，CIETNET）、中国长城互联网（China Great Wall interNET，CGWNET）和中国卫星集团互联网（China secondary planet NET，CSNET），

它们与 ChinaNET、CERNET、CSTNET 和 ChinaGBN 共同构成了我国的 Internet 主干网络。总体来看，这一阶段，中国 Internet 在上网计算机数、上网用户人数、CN 下注册的域名数、WWW 站点数、网络国际出口带宽和 IP 地址数等方面皆有不同程度的增长，呈现出快速增长态势。

据 CNNIC 公布的第 49 次《中国互联网络发展状况统计报告》，截至 2021 年 12 月，我国网民规模达 10.32 亿人，较 2020 年 12 月增长 4296 万人，Internet 普及率达 73.0%。其中，我国农村网民规模已达 2.84 亿人，农村地区 Internet 普及率为 57.6%。当前，除了即时通信、搜索引擎、网络新闻、网络音乐和网络视频等应用之外，更多的经济活动已步入了互联网时代，网络购物、网络支付和网上银行等的使用率正迅速提升。另外，我国正大力推进数字政府建设，并在量子科技、区块链和人工智能等前沿技术领域不断取得突破。

3. 下一代 Internet

Internet 的产生和发展已对世界经济产生了巨大影响，然而随着网络规模的持续扩大和移动互联网、物联网以及 5G 等新型网络应用需求的增长，现有的 Internet 面临着许多挑战。一方面是现有 Internet 面临严重的地址枯竭问题，IPv4 地址长 32 位，占 4 字节，空间只有 40 亿个地址可以使用。互联网编号分配机构（the Internet assigned numbers authority，IANA）早在 2011 年 2 月就已将其 IPv4 地址空间段的最后两个“/8”地址组分配完毕，宣告地区性注册机构可用 IPv4 地址空间中“空闲池”的终结。另一方面，随着网络规模的不断扩大，现有 Internet 的安全度差、服务质量低、移动性支持能力受限、可扩展性压力大以及运营管理水平亟须提升等问题也日益突出。

IPv6 地址长 128 位，是 IPv4 的 4 倍，不仅能够满足目前 Internet 发展的需求，而且还能提高 Internet 的稳定性和安全性。在此背景下，以 IPv6 为基础的下一代 Internet 的研发与建设，已成为各国政府密切关注的重要问题。

基于 IPv6 的下一代 Internet 主要有 NGI、Internet2 和 NGN 三种提法。

（1）NGI。1996 年 10 月，美国政府制定并启动了研究发展下一代互联网（next generation Internet，NGI）计划。其主要研究工作涉及协议、开放、部署高端实验网以及应用演示，其主干网 VBNS（very-high-speed backbone network service，超高速骨干网络服务）由美国国家科学基金会（National Science Foundation，NSF）与美国微波通信公司（Microwave Communications Inc，MCI）合作建立。这个庞大计划的最终目标之一是建立数据传输速率达到 10Tbit/s ～ 100Tbit/s 的网络，支持医疗保健、国家安全、远程教学、能源研究、生物医学、环境监测、制造工程以及紧急情况下的应急反应和危机管理等应用。

（2）Internet 2。1996 年，美国一些科研机构和 34 所大学的代表在芝加哥聚会时提出了新一代互联网——Internet 2。1997 年 9 月，成立了美国下一代互联网研究的大学联盟——大学高级互联网发展集团（University Corporation for Advanced Internet Development，UCAID）专门管理 Internet 2，并于 1999 年年底建成传输速率为 2.5Gbit/s 的 Internet 2 主干网 Abilene，向 220 个大学、企业和研究机构提供高性能服务，2004 年 2 月已升级到 10Gbit/s。2006 年开始，Internet 2 的主干网由 Level 3 公司提供，新的主干网被称为“Internet 2 Network”。2011 年，Internet 2 得到了美国国家电信和信息管理局 BTOP 计划的支持，启动了美国联合社区锚网计划（U.S.UCAN）。目前 Internet 2 有 330 多个正式会员，已和 50 多个国家的学术网互联，主干网带宽达到 100G。Internet 2 的最终目标不是商业化，它是作为高等学府和科研机构的专用网络，目标是实现远程医疗、数字图书馆和虚拟实验室等资源共享，为科学研究以及教育领域作出贡献。因此，Internet 2 不会取代 Internet。

（3）NGN。NGN（next generation network）的概念最早来自美国在 1997 年提出的“下一代互联网行动计划”。2004 年初，国际电联 NGN 会议给出了 NGN 的定义：NGN 是基于分组的网络；利用多种宽带能力和 QoS 保证的传送技术；其业务相关功能与其传送技术相独立；NGN 使用户可以自由接入不同的业务提供商；NGN 支持通用移动性。

NGN 几乎是一个无所不包的网络，将电话网、移动网、互联网等各种网络都涵盖进来，目的是克服现在网络的不足，满足人类对移动性和大数据量信息的需求。NGN 包括可软交换网络、下一代 Internet 以及下一代移动网的所有含义。从网络层次上来看，NGN 在垂直方向从上往下依次包括业务层、控制层、媒体传输层和接入层。与 NGI 相比，NGN 强调了控制面与传送面分离，加强控制面的功能，有利于引入面向连接的技术来支持无连接的包的传送以便得到 QoS 的保证，同时也符合传统电信网的设计理念，即重视并充分发挥网络集中管理能力。

下一代 Internet 的重大需求主要包括扩展性、安全性、移动性、可管理性、高性能和实时性等方面。基于共同的研究需求，发达国家从 20 世纪 90 年代中期就相继启动了下一代 Internet 研究计划。其中，最具有代表性的有美国的全球网络创新环境（global environment for network innovations，GENI）项目、未来互联网设计（FIND）项目、未来互联网体系结构（future Internet architecture，FIA）项目，欧盟的未来互联网研究和试验（future Internet research and experimentation，FIRE）项目、GEANT 项目，以及日本国家信息通信技术研究所资助的 AKARI 研究项目与“下一代实验床 JGN2+”项目等。我国从 20 世纪 90 年代后期开始下一代 Internet 的相关研究。1998 年，CERNET 建立了国内第一个 IPv6 试验床 CERNETv6；1999 年，国家自然科学基金联合项目“中国高速互联网研究试验网”（NSFCNE）启动；2003 年，国家发展和改革委员会、中国科学院等部门联合启动了中国下一代互联网示范工程（China next generation Internet，CNGI）建设项目，CERNET 承担建设其中的核心网之一 CNGI-CERNET2。2004 年 3 月 19 日，CNGI-CERNET2 正式宣布开通，并在北京、上海、广州进行了联网试运行，成为中国第一个 IPv6 国家主干网。2018 年，CNGI-CERNET2 二期建设开始实施扩容，核心节点由 25 个扩展为 40 个，骨干网带宽从 10GB 增加到 100GB。2020 年，CNGI-CERNET2 网络继续升级，大力扩展了主干带宽，越来越多的单位及高等院校选择接入教育网，截至 2020 年年底接入单位已达 2000 余个，是目前世界上规模最大的纯 IPv6 主干网。2021 年 4 月，我国拥有的 IPv6 地址块数量达到 59038 个 /32，跃居全球第一，成为中国下一代 Internet 发展的里程碑和新的起点。

总体而言，我们现在的计算机网络正处于往下一代发展的过渡期。未来，我国将以推进纯 IPv6 网络建设、重视 IPv6 安全为目标，加快推进 IPv6 基础网络设施规模部署和应用系统升级，促进下一代 Internet 健康有序发展。

6.1.3 Internet 的管理组织

Internet 的特点之一是管理上的开放性。在 Internet 中没有一个绝对权威的管理机构，任何接入者都是自愿的。Internet 是一个互相协作和共同遵守一种通信协议的集合体。

1. Internet 的网络组织结构

Internet 的网络组织结构是复杂且不断发展的。通常可分成 3 个级别，即组织性网络、地区性网络和主干级网络。各级网络之间由网关互联后构成互联网所特有的 3 级网络结构。其核心级为主干级网络，用户级为组织性网络，中间的过渡级为地区性网络。组织性网络可以看作用户级网络，是指那些接入 Internet 并由用户自行组织管理的内部网络，如校园网、企业网等。地区性网络往往覆盖较大的地区，如一个省甚至一个国家，它除向用户提供到 Internet 的连通外，还提供一系列相关服务，如用户网络管理、申请网络地址等。主干级网络为地区性网络提供互联和“中转”作用，使 Internet 实现在世界范围内连通用户的目的。

Internet 是一个开放性的网络系统，没有一个绝对权威的管理机构。Internet 服务提供商、互联网协会和互联网主干网组织分别负责不同层次的管理。Internet 服务提供商提供用户级、地区级和主干级网络服务，负责 Internet 服务提供商的日常维护和运行。例如，如果一个大的主干线路路由器出现故障，那么修理路由器并使信息流恢复正常是服务提供商的职责。Internet 服务提供商也为最终用户提供 Internet 服务。

2. Internet 的管理者

在 Internet 中，最权威的管理机构是互联网社会（Internet society，ISOC），由它制定 Internet 标准。它是一个完全由志愿者组成的指导 Internet 政策制定的非营利、非政府性组织，目的是推动 Internet 技术的发展与促进全球化的信息交流，主要任务是发展互联网的技术架构。

ISOC 下设三个最重要的机构，分别为互联网架构委员会（Internet architecture board，IAB），互联网编号管理局（Internet assigned numbers authority，IANA）和互联网工程任务组（Internet engineering task force，IETF）。此外，还有一个与 IETF 密切相关的机构，互联网研究任务组（Internet research task force，IRTF）。ISOC 的组织机构如图 6.1 所示，各机构的主要功能和职责如下。

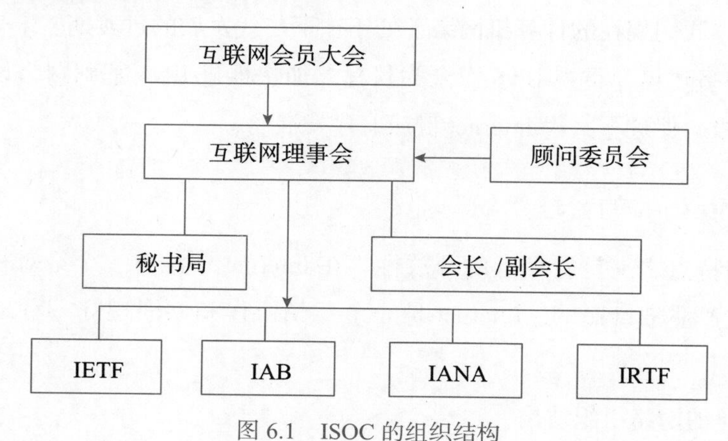

图 6.1 ISOC 的组织结构

（1）IAB 是 ISOC 的技术咨询机构，专门负责协调互联网技术管理与技术发展。IAB 负责监督互联网的协议体系结构和发展，提供创建互联网标准的步骤，管理互联网标准的草案，管理各种已分配的互联网端口号。

（2）IANA 是管理 IP 地址、分配 Internet RFC（request for comments，请求注释）序号以及决定与 Internet 运行和服务有关的序号与定义的机构。

（3）IRTF 负责技术发展方面的具体工作并致力于与 Internet 有关的长期项目研究，主要在 Internet 协议、体系结构、应用程序和相关的技术领域开展工作。

（4）IETF 为 Internet 工程和发展提供技术及其他支持，包括简化现有的标准和开发一些新的标准，以及向 Internet 工程指导小组推荐标准。

Internet 的日常管理工作由网络运行中心（network operation center，NOC）与网络信息中心（network information center，NIC）承担。其中，NOC 负责保证 Internet 的正常运行与监督互联网的活动；而 NIC 负责为 ISP 和广大用户提供信息方面的支持，包括地址分配、域名注册和管理等。

3. 我国 Internet 的管理者

我国的 Internet 由中国互联网信息中心进行管理，其主要职责如下：

（1）为我国的 Internet 用户提供域名注册、IP 地址分配等注册服务；

（2）提供网络技术资料、政策与法规、入网方法和用户培训资料等信息服务；

（3）提供网络通信目录、主页目录与各种信息库等目录服务。

中国互联网信息中心工作委员会由国内著名专家与主干网的代表组成，他们的具体任务是协助制定网络发展的方针与政策，协调中国的信息化建设工作。

6.2 Internet 工作原理

从本质上讲，Internet 是网络的网络，它的工作原理与局域网基本相同。只是由于规模不同，从而产生了从量变到质变的飞跃。具体地说，Internet 工作原理主要包括分组交换原理、TCP/IP（transfer control protocol/Internet protocol）和 Internet 工作模式。

6.2.1 分组交换原理

1. 共享线路与延迟

在计算机网络中，系统中的计算机往往是通过共享的方式来共同使用底层的硬件设备，如共享通信线路等。这种方式可以只用少量的线路和交换设备，共享传输线路，从而降低成本。然而共享也带来了弊端，当一台计算机长时间占用共享设备时，就会产生延迟。正如堵车一样，很多车辆挤在同一路口，只能允许几辆车先通过，而别的车必须排队等候。当网络流量较大时，排在前面的可以使用设备，而其他的只能等待。一个好的解决方法是将信息分解成数据包（分组），每台主机每次只能传送一定数量的数据包，这称为轮流共享。

2. 分组交换

2.7.3 节已介绍过分组交换。所谓分组交换即进行数据总量分割、轮流服务的方法，而计算机网络中用这种方式来保证各台计算机平等共享网络资源的技术就称为分组交换技术。Internet 上所有的数据都以分组的形式传送。每个分组是由分组头和其后的用户数据部分组成。分组头包含接收地址和控制信息，其长度为 3 ～ 10B；用户数据部分的长度是固定的，平均为 128B，最长不超过 256B。

分组交换有效地避开了延迟。当某台计算机发送较长信息时，可以分为若干分组；另一台计算机发送较短信息，可以不分组或少分组。长信息发送一个分组后，短信息有机会发送自己的分组，而无须等待长信息发送完毕，从而避开了延迟。在分组交换网络中，传输速度很快，常常达到每秒传输 1000 个以上的分组。当几个人同时将信息发送到一个共享网络时，千分之几秒的时间几乎感觉不到，所以可认为延迟不存在。

分组交换允许任何一台计算机在任何时候都能发送数据。当只有一台计算机需要使用网络时，那么它就可以连续发送分组。一旦另一台计算机准备发送数据时，共享开始了，两台计算机轮流发送，公平地分享资源。以此类推，*n* 台计算机都是按照轮流共享的原则，公平地使用网络。当网络中有计算机准备发送数据或有计算机停止发送数据时，分组交换技术能够立即进行自动调整，重新分配网络资源，使每台计算机在任何时候都能公平地分享网络资源。这种网络共享的自动调整全部由网络的接口硬件完成所有细节。

Internet 使用分组交换技术，有效地保证了公平地共享网络资源。实际上，Internet 上的信息传递，就是同一时刻来自各个方向的多台计算机的分组信息的流动过程。

6.2.2 TCP/IP

1. TCP/IP 简介

第 1 章已对 TCP/IP 进行了简要介绍，这里再进一步展开分析。TCP/IP 最早由斯坦福大学两名研究人员于 1973 年提出。随后从 1977 年到 1979 年间推出 TCP/IP 体系结构和协议规范。它的跨平台性使其逐步成为 Internet 的标准协议。通过采用 TCP/IP，不同操作系统、不同结构的多种物理网络之间均可以进行通信。

TCP/IP 套件实际上是一个协议簇，包括 TCP、IP 以及其他一些协议。每种协议采用不同的格式和方式传输数据，它们都是 Internet 的基础。一个协议套件是相互补充、相互配合的多个协议的集合。其中 TCP 用于在程序间传输数据，IP 则用于在主机之间传输数据。表 6.1 简单说明了 TCP/IP 套件中的成员。

表 6.1　TCP/IP 套件

所在层次	协议名称	英文全名	中文名称	作　用
应用层	SMTP	simple mail transfer protocol	简单邮件传输协议	主要用于传输电子邮件
	DNS	domain name system	域名系统协议	用于域名服务，提供了从名字到 IP 地址的转换
	NSP	name service protocol	名字服务协议	负责管理域名系统
	FTP	file transfer protocol	文件传输协议	用于控制两个主机之间文件的交换，远程文件传输
	TELNET	telecommunication network	远程通信网络	远程登录协议
	WWW	world wide web	万维网协议	指在 Internet 上以超文本为基础形成的信息网，其作用是信息浏览

续表

所在层次	协议名称	英文全名	中文名称	作　用
应用层	HTTP	hypertext transfer protocol	超文本传输协议	既是通信协议，又是实现协议的软件，它允许传送任意类型的数据对象，并通过数据类型和长度来标识所传送的数据内容和大小，允许对数据进行压缩传送
传输层	TCP	transport control protocol	传输控制协议	负责应用程序之间数据传输，是可靠的面向连接的
	UDP	user datagram protocol	用户数据报协议	负责应用程序之间的数据传输，但比 TCP 简单，是不可靠的无连接的
	NVP	network voice protocol	网络语音协议	用于传输数字化语音
互联层	IP	Internet protocol	互联网协议	计算机之间的数据传输
	ICMP	Internet control message protocol	互联网控制报文协议	用于传输差错及控制报文
	IGMP	Internet gateway message protocol	互联网网关报文协议	网络连接内外部网关的协议
网络接口层	ARP	address resolution protocol	地址解析协议	网络地址转换，即 IP 地址到物理地址的映射
	RARP	reverse ARP	反向地址解析协议	反向网络地址转换，即物理地址到 IP 地址的映射

2. TCP/IP 互联网概念结构

Internet 软件围绕三个层次的概念化网络服务而设计，如图 6.2 所示。底层的服务被定义为不可靠的、尽最大努力传送的和无连接的分组传送系统，这种机制称为互联网协议，即 IP，它为其他层的服务提供了基础。中间层是一个可靠的传送服务，对应 TCP，Internet 数据传输的可靠性就由该层来保证，同时它为应用层提供了一个有效平台。最高层是应用服务层。

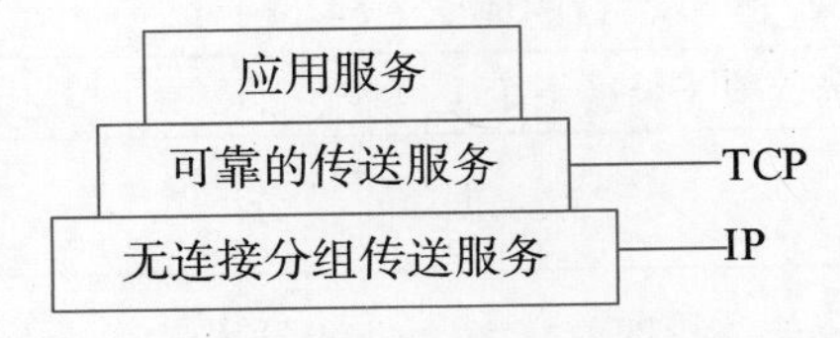

图 6.2　互联网服务的三个层次的概念化网络

对于 IP，所谓不可靠指的是不能保证数据正确传送，分组可能丢失、重复、延迟或不按序传送，而且服务不检测这些情况，也不通知发送方和接收方。所谓无连接指的是每个分组都是独立处理的，可能经过不同的路径，有的可能丢失，有的可能到达。所谓尽最大努力传输指的是 Internet 软件尽最大努力来传送每个分组，直到资源用尽或底层网络出现故障。而在中间这一层 TCP 给出了一种可靠的面向连接的传送机制。

3. IP 及工作原理

IP 详细规定了计算机在通信时应遵循的规则，它是最基本的软件，每台准备通信的计算机都必须有 IP 软件驻留在其内存中。计算机在通信时产生的分组（数据包）都使用 IP 定义的格式，这些分组中除信息外，还有源地址和目的地址。当发送方将准备好的分组发送到 Internet 上后，就可以处理其他事务，由 IP 软件来将数据发送给其他计算机。

IP 有 3 个重要作用。① IP 规定了 Internet 上数据传输的基本单元，以及 Internet 上传输的数据格式。这种向上层（TCP 层）提供的统一 IP 报文是实现异构网互联最关键的一步。② IP 软件完成路由选择功能，选择数据传输的路径。③ IP 包含了一组分组传输的规则，指明了分组处理、差错信息发送以及分组丢弃等规则。由于采用无连接的点到点传输机制，IP 不能保证报文传递的可靠性。

1）IP 数据报

IP 控制传输的协议单元称为 IP 数据报（IP 包或 IP 分组）。IP 屏蔽了下层各种物理子网的差异，它使得各种帧或报文格式的差异性对高层协议不复存在，能够向上层提供统一格式的 IP 数据报。IP 数据报采用数据报分组传输的方式，提供的服务是无连接的。理论上，每个数据报可以长达 64KB，但实际上它们往往只有 1500B 左右。每个数据报经 Internet 传输，在此期间有可能被分段为更小的单元。IP 数据报由报头（header）和数据两部分内容组成，其格式如图 6.3 所示。

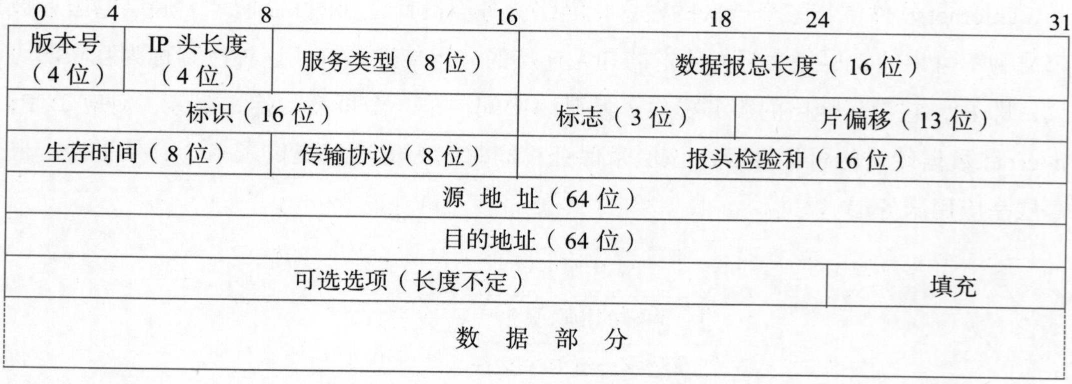

0　4	8	16	18	24　31
版本号（4 位）	IP 头长度（4 位）	服务类型（8 位）	数据报总长度（16 位）	
标识（16 位）			标志（3 位）	片偏移（13 位）
生存时间（8 位）		传输协议（8 位）	报头检验和（16 位）	
源 地 址（64 位）				
目的地址（64 位）				
可选选项（长度不定）				填充
数 据 部 分				

图 6.3　IP 数据报结构

报头包含一些必要的控制信息，用于在传输途中控制 IP 数据报的寻径、转发和处理，它由 20B 的固定部分和变长的可选项部分构成。IP 数据报格式的说明如表 6.2 所示。

表 6.2 IP 数据报格式说明

名　称	功　能
版本	IP 的版本，现在使用的为 IPv4，下一个版本为 IPv6
IP 头长度	以 32 位字为单位给出数据报报头长度，通常为 5 字长（20 字节），最大值为 15 字长
服务类型	规定优先级，时延、吞吐量、可靠性等
数据报总长度	以字节表示整个数据报的长度（报头和报文），其上限为 65 535 字节（64KB）
标识	用于控制分片重组，标识分组属于哪个数据报，目标主机根据标识号和源地址进行重组
标志	DF 为 1，表示数据报不分片；MF 为 1，表示还有属于同一数据报的数据报片
片偏移	共 13 位，表示本数据报片在原始数据报的数据区中的位置，片偏移的取值为 0 ～ 8192，仅最后一个数据报片没有偏移值。目标主机按标识和偏移值重组数据报
生存时间	用于确定数据报在网络中传输最多可用多少秒，其作用是避免互联网中出现环路而无限延迟，其取值最大为 255 秒
传输协议字段	给出传输层所用的协议，例如 TCP、UDP，保证一致性
报头检验和	用来验证数据报头，以保证数据报头的完整性
源地址和目的地址	给出发送端和接收端的网络地址和主机地址，即 IP 地址
任选项	主要用于网络控制测试或调试，长度可变。最后为填充位，使全长成为 4 字节的倍数
数据	用于封装 IP 用户数据

2）IP 数据报的分段和重装

网络层以下是数据链路层，由于在不同的物理网络中数据链路层协议对帧长度的要求有所不同，所以 IP 要根据数据链路层所允许的最大帧长度对数据报的长度进行检查，必要时将其分成若干较小的数据报进行发送。理想的情况是，每一个 IP 报文正好放在一个物理帧中发送，这样可以使得网络传输的效率更高。例如，以太网中的帧最多可以容纳 1500 字节的数据，FDDI 帧中可以容纳 4770 字节的数据。为了把一个 IP 报文放在不同的物理帧中，最大 IP 报文长度就只能等于所有物理网络的最大传输单元（maximum transfer unit，MTU）的最小值。这在很多情况下会导致较低的传输效率。

在发送 IP 报文时，一般选择一个合适的初始长度，如果这个报文要经历 MTU 比 IP 报文长度小的网络，则 IP 把这个报文的数据部分分成较小的数据片，组成较小的报文，然后放到物理帧中。分段或分片一般在路由器上进行。

数据报在分段时，每个分段都要加上相应的 IP 报头，形成新的 IP 数据报。此时 IP 报头的相关字段发生了变化。在网络中被分段的各个数据报独立传输，经过中间路由器时可以根据情况选择不同的路由，由此可能导致目的节点接收到的数据报顺序混乱，这时要根据数据报的标识、长度、偏移、标志等字段，将分段的各个 IP 数据报重新组装成完整的原始数据报。

两个以太网通过一个广域网互联起来。以太网的 MTU 都是 1500 字节，但其中的广域网络的 MTU 为 620 字节。如果主机 A 发送给主机 B 一个长度超过 620 字节的 IP 报文，路由器 R1 在收到后，就必须把该报文分成多个分段，如图 6.4 所示。

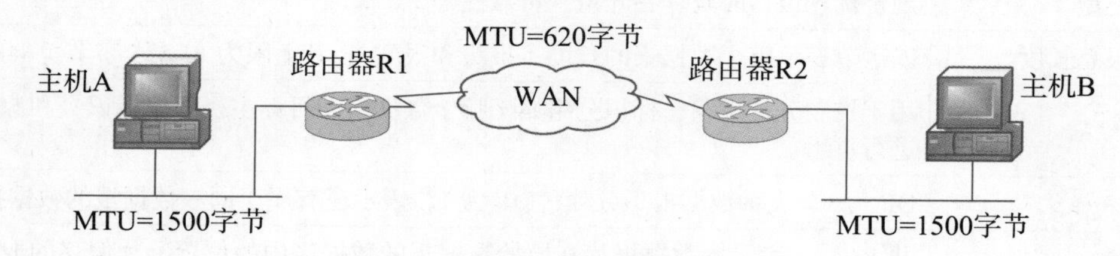

图 6.4　网络中的 IP 报文分段

在进行分段时，每个数据片的长度依照物理网络的 MTU 确定。由于 IP 报头中的偏移必须为 8 的整数倍，所以要求每个分段的长度必须为 8 的整数倍（最后一个分段除外，它可能比前面的几个分段的长度小，长度可以为任意值）。图 6.5 所示为一个包含有 1500 字节数据的 IP 报文经过图 6.4 所示的网络环境中路由器 R1 后报文的分段情况。

IP报文头	数据片1（600字节）	数据片2（600字节）	数据片3（300字节）

（a）原始IP报文

分段1头（偏移为0）	数据片1（600字节）	分段1
分段2头（偏移为600）	数据片2（600字节）	分段2
分段3头（偏移为1200）	数据片3（300字节）	分段3

（b）分段后得到的3个数据分段

图 6.5　IP 数据报的分段

3）IP 数据报的封装

IP 数据报的传输利用了物理网络的传输能力，网络接口模块负责将 IP 数据报封装到具体网络的帧（LAN）或分组（X.25 网络）中作为信息字段。将 IP 数据报封装到以太网的 MAC 数据帧如图 6.6 所示。

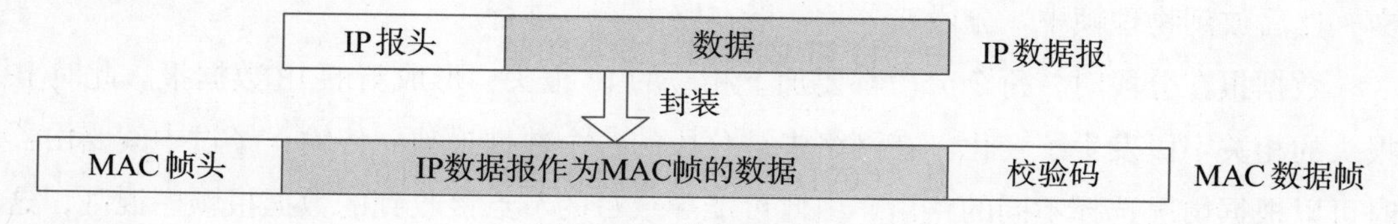

图 6.6　IP 数据报的封装

4）IP 数据报的路由

IP数据报在网络中传输的过程就是路由选择的过程。网络中每个主机和路由器都有一个路由表，路由表主要由目的主机所在的网络地址以及下一台路由器的地址构成，下一台路由器地址是指 IP 数据报应该发送到的下一台路由器的 IP 地址或接口。

（1）IP 数据报的发送。源节点（或路由器）在发送 IP 数据报前，首先将目的节点（或路由器）的 IP 地址取出，得出其所在的网络地址。其次，根据网络地址判断它是否与源节点属于同一网络，如属于同一网络则本网投递 IP 数据报，否则查找路由表中的路由执行跨网投递。路由表中路由有 3 种情况：①路由表中有为目的节点（或路由器）指明的特定路由；②路由表中有达到目的网络的路由；③路由表中有默认路由。由这 3 种情况可以得出数据报应发往的下一台路由器的 IP 地址，否则报告出错。最后进行 IP 数据报封装，对于本网投递，需要将 IP 数据报的 IP 地址通告给网络接口程序；对于跨网投递，需要将路由表中查找到的路由器的 IP 地址通告给网络接口程序。网络接口程序将 IP 地址映射成物理地址（调用 ARP 协议），并将 IP 数据报封装成相应的网络的帧结构（物理地址包含在帧头中），根据这个物理地址寻找到下一台路由器（或目的主机）。

（2）IP 数据报的接收。当接收节点的 IP 收到网络接口程序交接的数据报时，比较数据报中的目的地址与本节点的 IP 地址是否相同。若相同，则接收该数据报；否则作为待转发的数据报处理，按照 IP 数据报发送时的处理步骤寻找路由后进行转发。

5）物理地址与逻辑地址

每个物理网络中的网络设备都有其真实的物理地址。物理网络的技术和标准不同，其物理地址编码也不同。以太网物理地址用 48 位二进制编码，因此可以用 12 个十六进制数表示一个物理地址，如 00-11-D8-9C-03-55。物理地址也叫 MAC 地址，它是数据链路层地址，即第二层地址。

物理地址通常是由网络设备的生产厂家直接烧入设备网络接口卡（网卡）的可擦除可编程 ROM（erasable programmable ROM，EPROM）中的。EPROM 存储的是传输数据时真正用来标识发出数据的源端设备和接收数据的目的端设备的地址。也就是说，在网络底层的物理传输过程中，是通过物理地址标识网络设备的，这个物理地址一般是全球唯一的。

使用物理地址时，只能将数据传输到与发送数据的网络设备直接连接的接收设备上。对于跨越互联网的数据传输，物理地址不能提供逻辑的地址标识手段。

当数据需要跨越互联网时，可使用逻辑地址标识位于远程目的地的网络设备的逻辑位置。通过使用逻辑地址，可以定位远程的节点。逻辑地址即 IP 地址则是第 3 层地址，所以有时又称网络地址，该地址是随着设备所处网络位置不同而变化的，即设备从一个网络移到另一个网络时，IP 地址也会随之发生相应的改变。也就是说，IP 地址是一种结构化的地址，可以提供关于主机所处的网络位置信息。

总之，逻辑地址放在 IP 数据报的首部，而物理地址则放在 MAC 帧的首部。物理地址是数据链路层和物理层使用的地址，而逻辑地址则是网络层和以上各层使用的地址。

4. TCP 及工作原理

IP只负责将数据包传送到目的主机，无论传输正确与否，不做验证，不发确认，也不保证数据包的顺序，而这些问题可以由传输层 TCP 来解决。TCP 为 Internet 提供了可靠的、无差错的通信服务。当数据包到达目的地后，TCP 检查数据在传输中是否有损失，如果接收方发现有损坏的数据包，就要求发送端重新发送被损坏的数据包，确认无误后再将各个数据包重新组合成原文件。

1）TCP 的 3 个重要作用

（1）TCP 提供了计算机程序间的连接。从概念上说，TCP 就像人通过电话交谈一样提供计算机程序之间的连接，是一种端到端的服务。一台计算机上的程序选定一个远程计算机并向它发出呼叫，请求和它连接，被呼叫的远程计算机上的通信程序必须接受呼叫，连接才能建立，两个程序就能够相互发送数据。最后，当程序结束运行时，双方终止会话。由于计算机比人的速度快得多，因而，两个程序能在千分之几秒内建立连接，交换少量数据，然后终止连接。

（2）TCP 解决了分组交换系统中的 3 个问题。

① TCP 解决了如何处理数据报丢失的问题，实现了自动重传以恢复丢失的分组。

② TCP 自动检测分组到来的顺序，并调整重排为原来的顺序。

③ TCP 自动检测是否有重复的分组，并进行相应的处理。

检测和丢弃重复的分组相对来说比较容易。因为每一个分组中都有一个数据标识，接收方可以将已收到的数据报标识与到来的数据报的标识进行比较，若重复，则接收方不予理睬。而恢复丢失的数据报比较困难，TCP 采用时钟和确认机制来解决这一问题。

无论何时，当数据报到达最终目的地时，接收端的 TCP 软件向源计算机回送一个确认信号，通知发送方哪些数据报已经达到，从而保证所有数据报都能安全可靠地到达目的地。而当发送方准备发送数据报时，发送方计算机上的 TCP 软件启动计算机内部的一个计时器计时。若数据报在指定的时间内没有到达，也即发送方没有收到接收方在收到某个数据报时返回的确认信号，计时器则认为这个数据报可能已丢失，于是发出一个信息通知 TCP，要求重发这个数据报。如果数据报在指定的时间内到达目的地，即发送方在指定时间内收到接收方所返回的确认信号，TCP 即刻取消这一计时器。

（3）TCP 时钟具有自动调整机制。TCP 可以自动根据目标计算机离源计算机的远近、网络传输的繁忙情况自动调整时钟和确认机制中的重传超时值。例如，一个数据报从远方传来花 5 秒到达，可能是正常的；而从附近计算机传来花 1 秒，可能已经不正常，而是超时了。

如果网络中同时有许多计算机开始发送数据报，就会导致 Internet 的数据速率下降，TCP 则增加在重传之前的等待时间；如果网络中传输量减少，线路较空，则网速加快，TCP 将自动减少超时值。这样，在庞大的 Internet 中，TCP 能够自动修正超时值，从而使网上数据传输的效率更高。

2）TCP 数据报

Internet 中发送方和接收方的 TCP 软件都是以数据段（segment）形式来交换数据的。TCP 软件根据 IP 的载荷能力和物理网络（MTU）来决定数据段的大小，这些数据段称为 TCP 数据报报文。它由数据报头和数据两部分组成，数据报头携带了该数据报所需的标识及控制信息，包括 20 个字节的固定部分和一个不固定长度的可选项部分，其格式如图 6.7 所示。

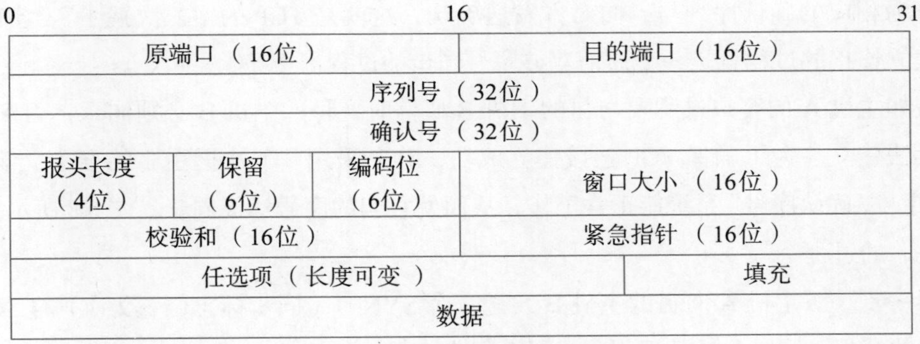

<table>
<tr><td colspan="2">0</td><td>16</td><td colspan="2">31</td></tr>
<tr><td colspan="3">原端口（16位）</td><td colspan="2">目的端口（16位）</td></tr>
<tr><td colspan="5">序列号（32位）</td></tr>
<tr><td colspan="5">确认号（32位）</td></tr>
<tr><td>报头长度（4位）</td><td>保留（6位）</td><td>编码位（6位）</td><td colspan="2">窗口大小（16位）</td></tr>
<tr><td colspan="3">校验和（16位）</td><td colspan="2">紧急指针（16位）</td></tr>
<tr><td colspan="4">任选项（长度可变）</td><td>填充</td></tr>
<tr><td colspan="5">数据</td></tr>
</table>

图 6.7　TCP 数据报报文的格式

TCP数据报格式说明如表 6.3 所示。

表 6.3　TCP 数据报格式说明

名　　称	功　　能
源端口 / 目的端口	各包含一个 TCP 端口编号，分别标识连接两端的两个应用程序。本地的端口编号与 IP 主机的 IP 地址形成一个唯一的套接字。双方的套接字唯一定义了一次连接
序列号	用于标识 TCP 段数据区的开始位置
确认号	用于标识接收方希望下一次接收的字节序号
TCP 报头长度	说明 TCP 头部长度，该字段指出用户数据的开始位置

续表

名　称	功　能
标志位	分为6个标志：紧急标志位URG、ACK标志位、急迫标志位PSH、复位标志位RST、同步标志位SYN、终止标志位FIN
窗口尺寸	在窗口中指明缓存器的大小，用于流量控制和拥塞控制
校验和	用于检验头部、数据和伪头部
紧急数据指针	表示从当前顺序号到紧急数据位置的偏移量。它与紧急标志位URG配合使用
任选项	提供常规头部不包含的额外特性。如所允许的最大数据段长度，默认为536字节。其他还有选择重发等选项
数据	用于封装上层数据

3）TCP连接

TCP连接包括建立连接、数据传输和拆除连接3个过程。TCP通过TCP端口提供连接服务，最后通过连接服务来接收和发送数据。TCP连接的申请、打开和关闭必须遵守TCP的规定。TCP采用“三次握手”的方法建立连接。TCP是面向连接的协议，连接的建立和释放是每一次通信必不可少的过程。TCP的每个连接都有一个发送序号和接收序号的过程，建立连接的每一方都发送自己的初始序列号，并且把收到对方的初始序列号作为相应的确认序列号，向对方发送确认，这就是TCP的“三次握手”。实际上，TCP建立连接的过程就是一个通信双方序号同步的过程。

假如主机A的客户进程要与目的主机B通信时，目的主机B必须同意，否则TCP连接无法建立。为了确保TCP连接建立成功，TCP采用“三次握手”的方法，该方法使得“序号/确认序号”系统能正常工作，从而使它们的序号达成同步。图6.8所示为“三次握手”的过程。

第一步，源主机A向目的主机B发送一个SYN=1（同步标志位置为1）的TCP连接请求数据报，同时为该数据报生成一个同步序号（sequence number, SEQ），SEQ=x（例如：SEQ=200），放在数据报报头中一起发送出去（表明在后面传送数据时的第一个数据字节的序号是x+1，即为201）。

第二步，目的主机B若接受本次连接请求，则返回一个确认加同步的数据报（SYN=1且ACK=1），这是“第二次握手”。其中，同步的序号由目的主机B生成，如SEQ=y，与x无关。同时用第一个数据报的序号值x加1（x+1）作为对它的确认。

第三步，源主机A再向目的主机B发送第二个数据报（SEQ=x+1），同时对从目的主机B发来的数据报进行确认，序号为y+1。

在数据传输结束后，TCP需释放连接。在TCP中规定，通信双方都可以主动发出释放连接的请求。TCP用FIN数据报（数据报报头中的FIN标志位置1）请求关闭一个连接。对方在收到一个带有 FIN 标志位的数据报后，则马上回应确认数据报（ACK=1），同时执行 CLOSE 操作关闭该方向上的连接，如图 6.9 所示。由于 TCP 连接是全双工的，通信双方可以依次地关闭一个单向连接，也可以同时提出关闭连接的请求，这两种情况处理都是一样的。最后，当两个方向上的连接都关闭以后，TCP 软件便将该连接的所有记录删除。

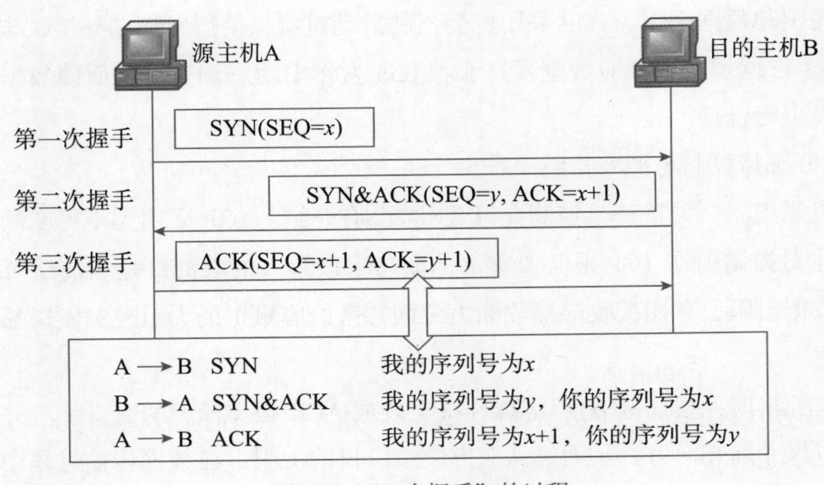

图 6.8　“三次握手”的过程

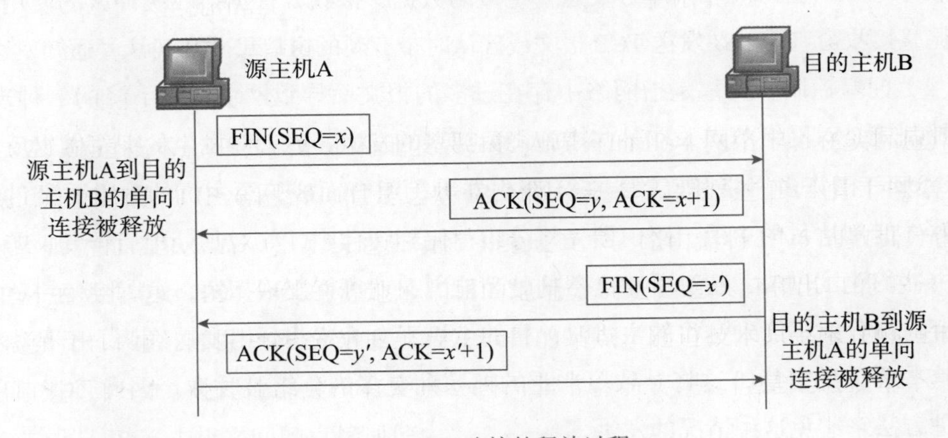

图 6.9　TCP 连接的释放过程

4）TCP 具有可靠的数据传输技术

TCP 采用序列号、确认、滑动窗口协议等来保证可靠的数据传输。TCP 的目的是实现端到端节点之间的可靠数据传输。

首先，TCP 要为所传送的每一个数据报报文加上序列号，保证每一个报文段能被接收方接收，并只被正确地接收一次。

其次，TCP 采用具有重传功能的积极确认技术作为可靠数据流传输服务的基础。“确认”是指接收端在正确收到报文段之后向发送端回送一个确认（ACK）信息。“积极”

是指发送方在每一个报文段发送完毕的同时启动一个定时器，假定定时器的定时期满而关于报文段的确认信息尚未到达，则发送方认为该报文已丢失而主动重发。为了避免由于网络延迟而引起的确认和重复的确认，TCP 规定在确认信息中捎带一个报文段的序号，使接收方能正确地将报文段与确认联系起来。

最后，采用可变长的滑动窗口协议进行流量控制，以防止由于发送端与接收端之间的不匹配而引起数据丢失。TCP 采用可变长的滑动窗口，使得发送端与接收端可根据自己的 CPU 和数据缓存资源对数据发送和接收能力作出动态调整，从而使数据传输的灵活性更强，也更合理。

5）TCP 流量控制与拥塞控制

（1）流量控制。关于流量控制在第 2.8 节已有介绍。TCP 采用大小可变的滑动窗口机制实现流量控制。在 TCP 报文段首部的窗口字段写入的数值，是当前给对方设置发送窗口的数据上限，并用接收端接收能力（缓冲区的容量）的大小控制发送端发送的数据量。

在建立连接时，通信双方使用 SYN 报文段或 ACK 报文段中的窗口字段并带有各自的接收窗口尺寸通知对方，从而确认对方发送窗口的上限。在数据传输过程中，发送方按接收方通知的窗口尺寸和序号发送一定量的数据，接收方根据接收缓冲区的使用情况动态调整接收窗口，并在发送 TCP 报文或确认时带有新的窗口尺寸和确认号通知发送方。

（2）拥塞控制。拥塞是指网络中存在过多的报文而导致网络性能下降的一种现象。拥塞控制就是对网络节点采取某些措施避免拥塞的发生，或者对发生的拥塞做出反应。

Internet 由许多网络和连接设备（路由器等）组合而成，源主机的分组要经过许多路由器才能到达目的主机。路由器先将分组存储到缓存中，并对其处理后转发。若分组到路由器的速度过快，超过了路由器的处理能力，就可能出现拥塞，这时会使一些分组被丢弃。当分组不能到达目的主机时，目的主机不会为这些分组发送确认。于是源主机重传这些丢失的分组，这将导致更严重的拥塞和更多的分组被丢弃。因此 TCP 需要采用一种方法来避免这种情况的发生。

在拥塞控制算法中，包含了拥塞控制和拥塞避免两种不同的机制。拥塞控制是“恢复”机制，它用于把网络从拥塞状态中恢复过来；而拥塞避免是“预防”机制，它的目标是避免网络进入拥塞状态，使网络运行在高吞吐量、低延时的状态下。常见的拥塞控制机制有慢启动、拥塞避免和快速恢复。

慢启动是指，当 TCP 连接刚建立时，它将拥塞窗口（实际允许传送的 TCP 报文的总长度）初始化成一个 TCP 报文。发送端 TCP 进程一开始只传送一个 TCP 报文，然后等待接收端的确认，当发送端 TCP 进程接收到接收端的确认后，便将拥塞窗口从 1 增加到 2，然后连续传输两个 TCP 报文，当发送端成功接收两个 TCP 报文的确认后，将拥塞窗口值从 2 增加到 4，……拥塞窗口呈指数增长，直到达到一个阈值（接收端公告的窗口大小）。

拥塞避免是指，当发送端 TCP 进程发现有报文被网络丢弃时，它就将当前拥塞窗口的一半作为慢启动阈值，并重新返回到慢启动过程。在这次启动过程中，拥塞窗口仍然呈指数增长，直到拥塞窗口等于慢启动阈值。当拥塞窗口等于慢启动阈值时，拥塞窗口开始线性增长（每经过一段时间，拥塞窗口增加 1），直到发送端 TCP 进程逐渐接近原先导致网络丢弃 TCP 报文的拥塞窗口大小。

快速恢复是指，当接收端接收到的 TCP 报文不是接收端需要的 TCP 报文时，发送端 TCP 进程并不需要通过返回到慢启动过程，而在连续收到 3 个重复的确认后，发送端重传被丢弃的 TCP 报文，然后进入快速恢复过程。快速恢复过程实际上就是发送端在重传被丢弃的 TCP 报文后，跳过慢启动模式，直接进入拥塞避免过程，即直接线性增长直到拥塞窗口大小达到用户配置的阈值，或者达到接收端公告的窗口大小。这样可以为 TCP 连接提供更高的总吞吐率。

6.2.3　Internet 的工作模式

1. C/S 模式

（1）C/S 模式基本概念。目前，Internet 的许多应用服务，如 E-mail、WWW 以及 FTP 等都是采用 C/S 模式。C/S 模式是由客户机和服务器构成的一种网络计算环境。它把应用程序分成两部分，一部分运行在客户机上，另一部分运行在服务器上，由两者各司其职，共同完成。客户机是一种单用户工作站，它从单机角度提供与业务应用有关的计算、联网、访问数据库和各类接口服务。服务器是一种存储共享型的多用户处理机，它从多机角度提供业务所需的计算、联网、访问数据库和各类接口服务。在 C/S 模式中，客户机向服务器发出请求后，只需集中处理自己的任务，如字处理、数据显示等；服务器则集中处理若干局域网用户共享的服务，如公共数据、处理复杂计算等。这种方式大大减少了网络数据的传输量，具有较高的效率，并能减少局域网上的信息阻塞，能够充分实现网络资源共享。

（2）C/S 模式运作过程。C/S 模式的典型运作过程包括 5 个主要步骤：

① 服务器监听相应窗口的输入；

② 客户机发出请求；

③ 服务器接收此请求；

④ 服务器处理此请求，并将结果返回给客户机；

⑤ 重复上述过程，直至完成一次会话过程。

C/S 模式的典型运作过程如图 6.10 所示。

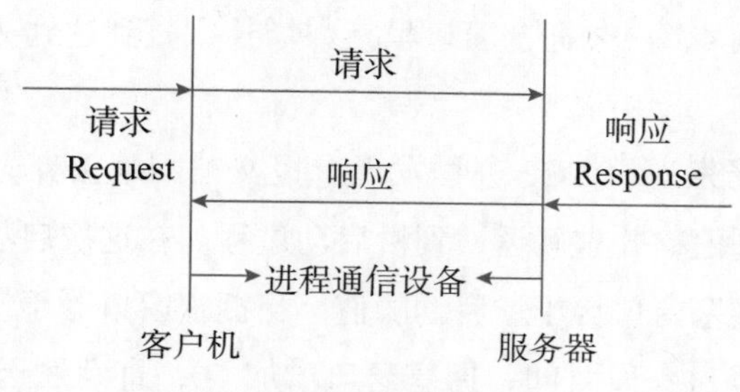

图 6.10 C/S 模式的典型运作过程

（3）C/S 的特点。C/S 模式大大提高了网络运行效率，主要表现在以下几方面：

① 减少了客户机与服务器之间的数据传输量，并使客户程序与服务程序之间的通信过程标准化；

② 将客户程序与服务程序分配在不同主机上运行，实现了数据的分散化存储和集中使用；

③ 一个客户程序可与多个服务程序链接，用户能够根据需要访问多台主机。

总之，C/S 能充分发挥客户端 PC 的处理能力，很多工作可以在客户端处理后再提交给服务器。但客户端需要安装专用的客户软件，安装工作量较大。

2. B/S 模式

（1）B/S 模式的基本概念。浏览器 / 服务器（B/S）模式是一种分布式的 C/S 模式，即把传统C/S模式中的服务器部分分解为一个数据服务器与一个或多个应用服务器（Web 服务器），呈三层结构的 C/S 体系，如图 6.11 所示。第一层客户机是用户与整个系统的接口。客户机的应用程序精简到一个通用的浏览器软件，如谷歌、IE 等。浏览器将超文本标记语言（hypertext markup language，HTML）代码转换成图文并茂的网页。网页还具备一定的交互功能，允许用户在网页提供的申请表上输入信息提交给后台，并提出处理请求。这个后台就是第二层的 Web 服务器。Web 服务器将启动相应的进程来响应这一请求，并动态生成 HTML 代码，其中嵌入处理的结果，返回给客户机的浏览器。第三层数据库服务器的任务类似于 C/S 模式，负责协调不同的 Web 服务器发出的请求，管理数据库。

B/S模式具有 C/S 模式所不及的很多优点：更加开放、与软硬件平台无关、应用开发速度快、生命周期长、应用扩充和系统维护升级方便等。B/S 模式简化了客户机的管理工作，客户机上只需安装、配置少量的客户端软件，而服务器将承担更多工作，对数据库的访问和应用系统的执行将在服务器上完成。

（2）B/S 模式运作过程。B/S 模式的运作过程如图 6.12 所示。从图 6.12 中可看出，B/S 模式的处理流程是：在客户端，用户通过浏览器向 Web 服务器中的控制模块和应用程序输入查询请求，Web 服务器将用户的数据请求提交给数据库服务器中的数据库管理系统 DBMS；在服务器端，数据库服务器将查询的结果返回给 Web 服务器，Web 服务器再以网页的形式将其发回给客户端。在此过程中，对数据库的访问要通过 Web 服务器来执行。用户端以浏览器作为用户界面，使用简单、操作方便。

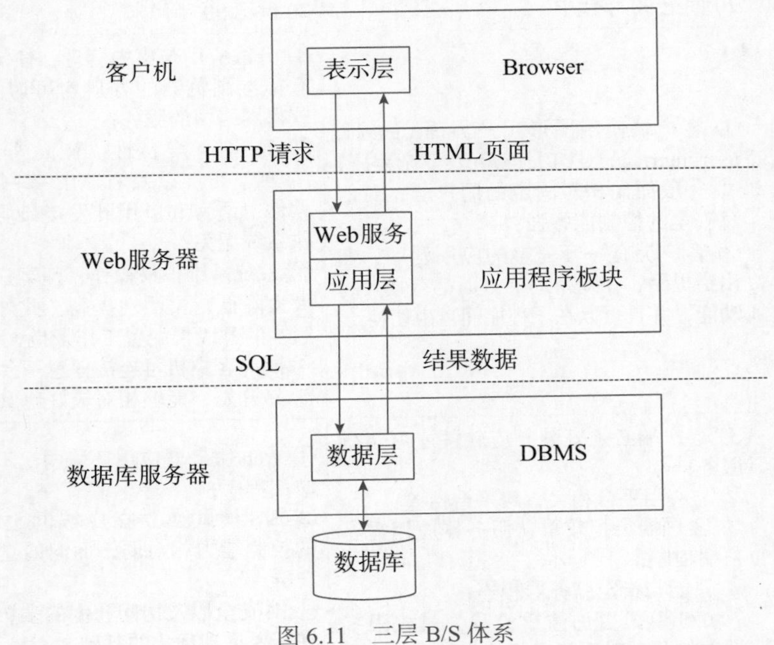

图 6.11　三层 B/S 体系

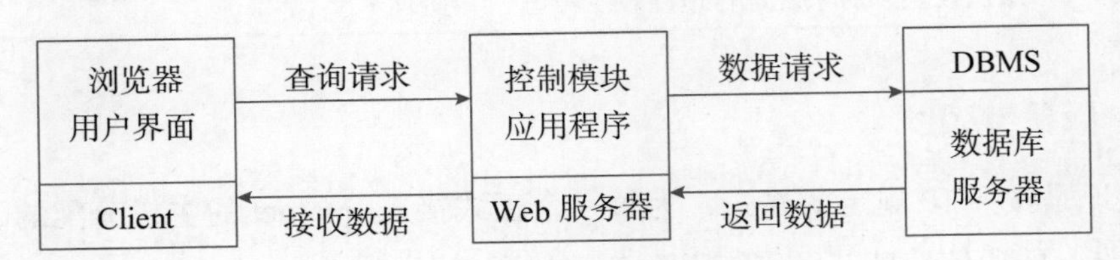

图 6.12　B/S 模式的运作过程

3. C/S 模式和 B/S 模式的比较

C/S 模式与 B/S 模式是不同的，但它们存在着共同点，也存在着差异，有各自的优劣，适用于不同的情况。通常称 C/S 模式为胖客户 / 瘦服务器模式，而 B/S 模式称为瘦客户 / 胖服务器模式。所谓胖瘦是指所应完成的工作量大小而言。两者的对比如表 6.4 所示。

表 6.4　C/S 模式与 B/S 模式的比较

项　　目	C/S 模式	B/S 模式
结构	分散、多层次结构	分布、网状结构
用户访问	客户端采用事件驱动方式一对多地访问服务器上的资源	客户端采用 NUI（network user interface，网络用户界面）多对多地访问服务器上资源，是动态交互、合作式的

续表

项　目	C/S 模式	B/S 模式
主流语言	第四代语言（4GL），专用工具	Java、HTML 类
成熟期	20 世纪 90 年代中	20 世纪 90 年代末
优点	① 客户端使用图形用户界面（graphic user interface，GUI），易开发复杂程序； ② 一般面向相对固定的用户群，对信息安全的控制能力强； ③ 客户端有一套完整的应用程序，在出错提示、在线帮助等方面都有强大的功能，并且可以在子程序间自由切换	① 分散应用与集中管理：任何经授权且具有标准浏览器的客户均可访问网上资源，获得网络中的服务； ② 跨平台兼容性：浏览器 Web Server、HTTP、Java 以及 HTML 等网络中使用的软件、语言和应用开发接口均与硬件和操作系统无关； ③ 系统易维护易操作：瘦客户端维护工作大大降低，灵活性提高。此外，系统软件版本的升级再配置工作量也大幅度下降； ④ 同一客户机可连接任意一台服务器； ⑤ 易开发，能够相对较好地重用
问题	① 客户端必须安装相应软件才可获得服务； ② 与应用平台相关，跨平台性差； ③ 客户端负担较重，服务器应用需客户端程序； ④ 只能与指定服务器相连； ⑤ C/S 模式更加注重流程，对权限多层次校验，对系统运行速度较少考虑	① Web 服务器应用环境弱、不能构造复杂应用程序； ② B/S 模式建立在广域网之上，对安全的控制能力相对弱，面向的是不可知的用户群； ③ 对安全以及访问速度的多重考虑，建立在需要更加优化的基础之上

6.3 IP 地址

IP 地址是按照 IP 规定的格式，为每一个正式接入 Internet 的主机分配的、供全世界标识的唯一的通信地址。目前使用两个版本的 IP 地址，IPv4 与 IPv6。

6.3.1 IPv4

1. IPv4 地址结构和编址方案

IP 地址和固定电话系统的地址标识方法很类似。比如，中南大学商学院某一个办公室的电话本机号是 88879784，中南大学所在地长沙的地区区号是 0731，我国的国际电话区号是 086，那么，该办公室的完整的电话号码为 086-0731-88879784。这个号码在全世界都是唯一的，这是一种很典型的分层结构的电话号码定义方法。与电话号码的地区号和本机号类似，IP 地址也可以分解成网络标识和主机标识两部分。

IP 地址用 32 位二进制编址，分为 4 个 8 位组。IP 地址采用分层结构，由网络号（net id）和主机号（host id）两部分构成。网络号确定了该台主机所在的物理网络，它的分配必须全球统一；主机号确定了在某一物理网络上的一台主机，它可由本地分配，不需全球一致。需要注意的是，作为路由器的主机，具有多个相应的 IP 地址，可同时连接到多个网络上，是一种多地址主机。

根据网络规模，IP 地址分为 A 到 E 5 类，其中 A、B、C 类称为基本类，用于主机地址，D 类用于网络协议组的广播，E 类保留不用，如图 6.13 所示。

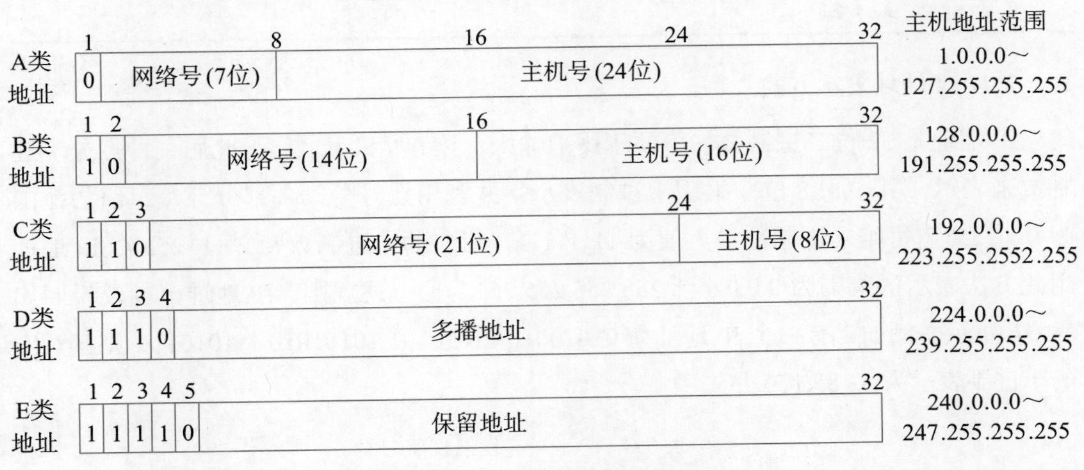

图 6.13　IP 地址编址方案

（1）A 类地址。在 IP 地址的四段号码中，第一段号码为网络号码，剩下的三段号码为本地计算机的号码。如果用二进制表示 IP 地址的话，A 类 IP 地址就由 1 字节的网络地址和 3 字节主机地址组成，网络地址的最高位必须是“0”。A 类 IP 地址中网络标识长度为 7 位，主机标识长度为 24 位，A 类网络地址数量较少，一般分配给少数规模达 1700 万台主机的大型网络。

（2）B 类地址。在 IP 地址的四段号码中，前两段号码为网络号码，如果用二进制表示 IP 地址的话，B 类 IP 地址就由 2 字节的网络地址和 2 字节主机地址组成，网络地址的最高位必须是“10”。B 类 IP 地址中网络标识长度为 14 位，主机标识长度为 16 位，B 类网络地址适用于中等规模的网络，每个网络所能容纳的计算机数为 6 万多台。

（3）C 类地址。在 IP 地址的四段号码中，前三段号码为网络号码，剩下的一段号码为本地计算机的号码。如果用二进制表示 IP 地址的话，C 类 IP 地址就由 3 字节的网络地址和 1 字节主机地址组成，网络地址的最高位必须是 110。C 类 IP 地址中网络标识长度为 21 位，主机标识长度为 8 位,C 类网络地址数量较多，适用于小规模的局域网络，每个网络能够有效使用的最多计算机数只有 254 台。例如，某大学现有 64 个 C 类地址，则可包含有效使用的计算机总数为 254 × 64=16256 台。

以上三类 IP 地址空间分布为：A 类网络共有 126 个，B 类网络共有 16000 个，C 类网络共有 200 万个。每类中所包含的最大网络数和最大主机数（包括特殊 IP 在内）总结如表 6.5 所示。

表 6.5　三种主要 IP 地址所包含的最大网络数和最大主机数

地 址 类	前缀二进制位数	后缀二进制位数	最大网络数	网络中最大主机数
A	7	24	128	16 777 216
B	14	16	16 384	65 536
C	21	8	2 097 152	256

2. IPv4 地址表示方式

IP 地址是 32 位二进制数，不便于用户输入、读 / 写和记忆，为此用一种点分十进制数来表示，其中每 8 位一组用十进制表示，并利用点号分割各部分，每组值的范围为 0 到 255（每组二进制数最大值为 11111111，对应的十进制数为 $2^8-1=255$），IP 地址用此方法表示的范围为 0.0.0.0 到 255.255.255.255。据上述规则，IP 地址范围及说明如表 6.6 所示。例如，有一个 IP 地址为 01010010 01010101 10101010 11101011，则其对应的十进制表示为 82.85.170.235。

表 6.6　IP 地址范围及说明

地 址 类	网络标识范围	特殊 IP 说明
A	0 ～ 127	0.0.0.0 保留，作为本机； 0.×.×.× 保留，指定本网络中的某个主机； 10.×.×.×，供私人使用的保留地址； 127.×.×.× 保留用于回送，在本地主机上进行测试和实现进程间通信，发送到 127 的分组永远不会出现在任何网络上
B	128 ～ 191	172.16.×.× ～ 172.31.×.×，供私人使用的保留地址
C	192 ～ 223	192.168.0.× ～ 192.168.255.×，供私人使用的保留地址，常用于局域网中
D	224 ～ 239	用于广播传送至多个目的地址
E	240 ～ 255	保留地址 255.255.255.255 用于对本地网络中的所有主机进行广播，地址类型为有限广播

注：1. 主机号全为 0 用于标识一个网络的地址，如 106.0.0.0 指明网络号为 106 的一个 A 类网络；
2. 主机号全为 1 用于在特定网络中广播，地址类型为直接广播，如 106.1.1.1 用于在 106 段的网络中向所有主机广播

6.3.2　子网划分

对于一些小规模的网络和企业以及机构内部网络即使使用一个 C 类网络号仍然是一种浪费，因而在实际应用中，需要对 IP 地址中的主机号部分进行再次划分，将其划分为子网号和主机号两部分，从而把一个包含大量主机的网络划分成许多小的网络，每个小网络就是一个子网。每个子网都是一个独立的逻辑网络，单独寻址和管理，而对外部，它们组成一个单一网络，共享某一 IP 地址，屏蔽内部子网的划分细节。

1. 子网和主机

图 6.14 显示了一个 B 类地址的子网地址表示方法。此例中，B 类地址的主机地址共 16 位，取主机地址的高 7 位作为子网地址，低 9 位作为每个子网的主机号。

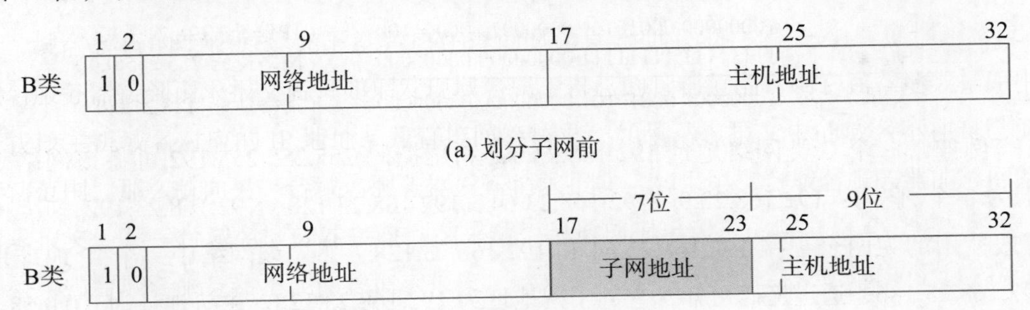

图 6.14　B 类地址子网划分

假定原来的网络地址为 128.10.0.0，划分子网后，128.10.2.0 表示第一个子网；128.10.4.0 表示第二个子网；128.10.6.0 表示第三个子网……

在这个例子中，实际最多可以有 $2^7-2=126$ 个子网（不含全 0 和全 1 的子网，因为路由协议不支持全 0 或全 1 的子网掩码，全 0 和全 1 的网段都不能使用），每个子网最多可以有 $2^9-2=510$ 台主机（不含全 0 和全 1 的主机）。

子网地址的位数没有限制（但显然不能是 1 位，其实 1 位的子网地址相当于并未划分子网，主机地址也不能只保留一位），可由网络管理人员根据所需子网个数和子网中主机数目确定。

2. 网络掩码

在数据的传输过程中，路由器必须从 IP 数据报的目的 IP 地址中分离出网络地址，才能知道下一站的位置。为了分离网络地址，就要使用网络掩码。

网络掩码为 32 位二进制数值，分别对应 IP 地址的 32 位二进制数值。对于 IP 地址中的网络号部分在网络掩码中用 1 表示，对于 IP 地址中的主机号部分在网络掩码中用 0 表示。由此，A、B、C 三类地址对应的网络掩码如下：

A 类地址的网络掩码为 255.0.0.0；

B 类地址的网络掩码为 255.255.0.0；

C 类地址的网络掩码为 255.255.255.0。

划分子网后，将 IP 地址的网络掩码中相对于子网地址的位设置为 1，就形成了子网掩码，又称子网屏蔽码，它可从 IP 地址中分离出子网地址，供路由器选择路由。换句话说，子网掩码用来确定如何划分子网。如图 6.14 所示的例子，B 类 IP 地址中主机地址的高 7 位设为子网地址，则其子网掩码为 255.255.254.0。

在选择路由时，用网络掩码与目的 IP 地址按二进制位做“与”运算，就可保留 IP 地址中的网络地址部分，而屏蔽主机地址部分。同理，将掩码的反码与 IP 地址做逻辑“与”运算，可得到其主机地址。例如，获取网络地址

	10000000 00010101 00000011 00001100	(IP地址 128.21.3.12)
“与”运算	11111111 11111111 00000000 00000000	(网络掩码 255.255.0.0)
结果	10000000 00010101 00000000 00000000	(网络地址 128.21.0.0)

例如，一个 C 类网络地址 192.168.23.0，利用掩码 255.255.255.192 可将该网络划分为 4 个子网：192.168.23.0、192.168.23.64、192.168.23.128、192.168.23.192，其中有效使用的为两个子网 192.168.23.64 和 192.168.23.128。如果该网络中一个 IP 地址是 192.168.23.186，通过掩码可知，它的子网地址为 192.168.23.128，主机地址为 0.0.0.58。

由此可见，网络掩码不仅可以将一个网段划分为多个子网段，便于网络管理，还有利于网络设备尽快地区分本网段地址和非本网段的地址。下面用一个例子说明网络掩码的这一作用和其应用过程。如图 6.15 所示，主机 A 与主机 B 交互信息。在 IP 中，主机或路由器的每个网络接口都分配有 IP 地址和对应的掩码。

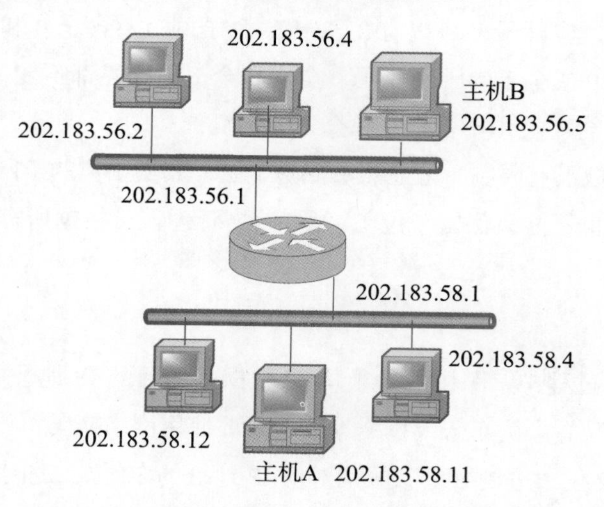

图 6.15 网络掩码应用实例

主机 A 的 IP 地址：202.183.58.11

网络掩码：255.255.255.0

路由地址：202.183.58.1

主机 B 的 IP 地址：202.183.56.5

网络掩码：255.255.255.0

路由地址：202.183.56.1

路由器从端口 202.183.58.1 接收到主机 A 发往主机 B 的 IP 数据报文后的过程如下。

（1）将端口地址 202.183.58.1 与子网掩码地址 255.255.255.0 进行逻辑“与”运算，

得到端口网段地址：202.183.58.0。

（2）将目的地址 202.183.56.5 与子网掩码地址 255.255.255.0 进行逻辑“与”运算，得目的网段地址 202.183.56.0。

（3）将结果 202.183.56.0 与端口网段地址 202.183.58.0 比较，如果相同，则认为是本网段的，不予转发。如果不相同，则将该 IP 报文转发到端口 202.183.56.1 所对应的网段。

3. 可变长度子网掩码

上面所介绍的是传统的 IP 地址分配方法，它限制在给定的网络地址下只支持一个子网掩码，一旦选定了子网掩码，就固定了子网的数量和大小，所有的子网都具有相同的节点容量，而不管它们是否需要，因而浪费了地址空间。为此，人们提出了可变长度子网掩码（variable length subnet masking，VLSM）划分方法。VLSM 是一种产生不同大小子网的网络分配机制，可以为一个网络配置不同的掩码。

VLSM 能有效地分配 IP 地址空间，在添加每个静态路由时都可指定一个子网掩码，不同类型的子网可以采用不同类型的子网掩码越过网络。这样，网络就可划分为不同规模的子网，也就是可变大小的子网，做到可根据网络应用的实际需要，确定子网大小，既节约了 IP 地址空间，又增加了网络地址分配的灵活性和实用性。

下面结合一个示例来说明 VLSM 的应用。假设某公司已申请到一个 C 类地址 192.168.10.0，其网络结构如图 6.16 所示。该网络包含 4 个子网：子网 LAN1 有 50 台主机；子网 LAN2 有 20 台主机；子网 LAN3 和 LAN4 各有 10 台主机。下面为各个子网划分 IP 地址空间。

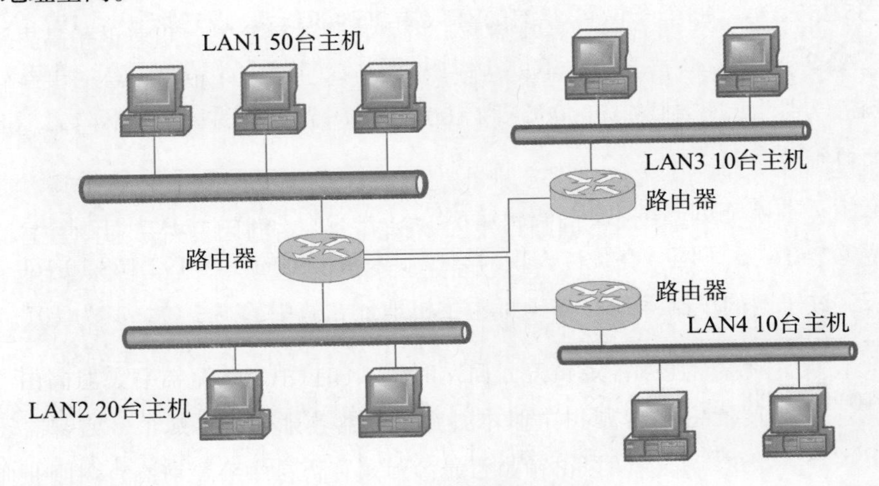

图 6.16　某公司网络结构图

若采用固定长度子网掩码划分，则不能满足该公司的要求。因为该公司 LAN1 有 50 台主机，故主机号需要 6 位（2^6=64），而子网号只有 2 位，可划分为 4 个子网（2^2=4），但路由器不支持全0和全1的子网，因此有效子网仅为2个，不满足该公司只有一个C类地址而要划分为4个子网的要求，采用VLSM则可解决此问题。

下面采用VLSM进行子网划分，并按子网主机数由大到小的顺序进行IP地址分配。应注意的是，每个IP地址均包括网络地址（网络号）与主机地址（主机号）两部分。

第一步：从主机数目最多的子网LAN1开始。上面已分析，LAN1有50台主机，主机号需要6位，而子网号只剩下2位。现取C类地址中主机地址（主机号）8位中的高2位做子网地址（子网号），低6位做每个子网的主机号，于是有效子网仅为2个，而且可得到该子网的子网掩码为255.255.255.192（其中192即二进制数11000000）。结合该公司C类地址192.168.10.0，可知两个有效子网的网络号分别为192.168.19.64（其中64即二进制数01000000）和192.168.10.128（其中128即二进制数10000000）。每个子网可容纳的有效主机数为62台，因为全0和全1的两个主机号不能使用。现选取网络号为192.168.10.64的子网分配给LAN1，因为它有50台主机，故LAN1的IP地址的范围为192.168.10.（65～114）。65即二进制数0100000001，114即二进制数01110010。余下的另一个子网192.168.10.128留待下面再细分。

第二步：考虑主机数目为20的子网。LAN2有20台主机，主机号需要5位（2^5=32），而子网号有3位。现对第一步未被使用的子网192.168.10.128进行细分。注意，前已分析，该子网的子网号是C类地址中主机地址8位中的前两位，其为10，故现应在此限制下，从8位中取1位作为细分的子网号，即只可能为100和101，可再细分两个子网，网络号分别为192.168.10.128和192.168.10.160。其中，128即二进制数10000000，160即二进制数10100000。由于子网号有3位，故这两个子网的子网掩码均为255.255.255.224。每个子网可容纳的有效主机为30台。现选取子网192.168.10.128分配给LAN2，它有20台主机，故其IP地址范围为192.168.10.（129～148）。其中，129和148分别为二进制数10000001和10010100。余下的另一个子网192.168.10.160留待后面再细分。

第三步：考虑主机数目为10的两个子网。LAN3和LAN4均有10台主机，主机号需要4位（2^4=16），子网号有4位。现对第二步未被使用的子网192.168.10.160再细分。前已分析，该子网的子网号是C类地址中主机地址8位中的高3位，其为101，故与第二步一样，应在此高3位的限制下，再取8位中的1位作为细分的子网号，即只能为1010和1011，即将子网192.168.10.160细分为两个子网，网络号分别为192.168.10.160和192.168.10.176。每个子网容纳的有效主机数为14台。由于子网号有4位，故这两个子网的子网掩码均为255.255.255.240。现将子网192.168.10.160分配给LAN3，它有10台主机，故其IP地址范围为192.168.10.（161～170）。其中，161和170分别为二进制数10100001和10101010。子网192.168.10.176分配给LAN4，它有10台主机，故其

IP 地址范围为 192.168.10.（177 ～ 186）。其中，177 和 186 分别为二进制数 10110001 和 10111010。

最后将各子网 IP 地址的分配情况列于表 6.7。

表 6.7　各子网 IP 地址的分配情况

子网编号	主机数目	子网掩码	子网地址	子网的 IP 地址范围
LAN1	50	255.255.255.192	192.168.10.64	192.168.10.（65 ～ 114）
LAN2	20	255.255.255.224	192.168.10.128	192.168.10.（129 ～ 148）
LAN 3	10	255.255.255.240	192.168.10.160	192.168.10.（161 ～ 170）
LAN 4	10	255.255.255.240	192.168.10.176	192.168.10.（177 ～ 186）

6.3.3　IPv6

1. IPv6 概述

IPv4 地址总量约为 43 亿个，但是随着网络的迅猛发展，全球数字化和信息化的加速，IP 地址已不能满足需求。

IETF的 IPng 工作组在 1994 年 9 月提出了一个正式的草案 *The Recommendation for the IP Next Generation Protocol*。1995 年年底确定了 IPng 的协议规范，并称为“IP 版本 6”（IPv6）。IPv6 是 IPv4 的替代品，是 IP 的 6.0 版本，也是下一代网络的核心协议。IPv6 在未来网络的演进中，将对基础设施、设备服务、媒体应用和电子商务等诸多方面产生巨大的产业推动力。IPv6 对我国也具有非常重要的意义，是我国实现跨越式发展的战略机遇，将对我国经济增长带来直接贡献。我国从 2005 年开始进入 IPv6，2014 年至 2015 年逐步停止了向新用户和应用分配 IPv4 地址，同时全面开始商用部署 IPv6，目前已经成为世界上最大的部署 IPv6 网络的国家之一。

IPv6 主要有以下 7 个特点。

（1）更大的地址空间。IPv6 地址为 128 位，代替了 IPv4 的 32 位，地址总量大于 3.4×10^{38} 个。如果整个地球表面（包括陆地和水面）都覆盖计算机，那么 IPv6 允许每平方米拥有 7×10^{23} 个 IP 地址。可见，IPv6 地址空间是巨大的。

（2）更小的路由表。IPv6 的地址分配一开始就遵循聚类的原则，这使得路由表中用一条记录表示一片子网，大大减小了路由器中路由表的长度，提高了路由器转发包的速度。

（3）自动配置。IPv6 区别于 IPv4 的一个重要特性是它支持无状态和有状态两种地址自动配置方式。这种自动配置是对 DHCP 的改进和扩展，使得网络（尤其是局域网）的管理更加方便和快捷，并为用户带来极大方便。无状态地址自动配置方式是获得地址的关键。在这种方式下，需要配置地址的节点使用一种邻居发现机制获得一个局部连接地址。一旦得到这个地址之后，它使用一种即插即用的机制，在没有任何人工干预的情况下，获得一个全球唯一的路由地址。而有状态地址配置模式，如 DHCP，需要一个额外的服务器，因此也需要很多额外的操作和维护。

（4）报头的简化。IPv6 简化了报头，减少了路由器处理报头的时间，降低了报文通过互联网的延迟。

（5）可扩展性。IPv6 改变了 IPv4 的报文头的操作设置方法，从而改变了操作位在长度方面的限制，使得用户可以根据新的功能要求设置不同的操作。

（6）服务质量。IPv4 是一个无连接协议，采用“尽力而为”的传输。而对于 IPv6，IETF 提出了许多模型和机制来满足对 QoS 的需求。

（7）内置的安全性。IPv6 提供了比 IPv4 更好的安全性保证。IPv6 协议内置标准化安全机制，支持对企业网的无缝远程访问，例如公司 VPN 的连接。

2. IPv6 数据报格式

IPv6的数据报由 IPv6 数据报报头、扩展头和高层数据 3 部分组成，如图 6.17 所示。IPv6 数据报的各组成部分定义和功能如下。

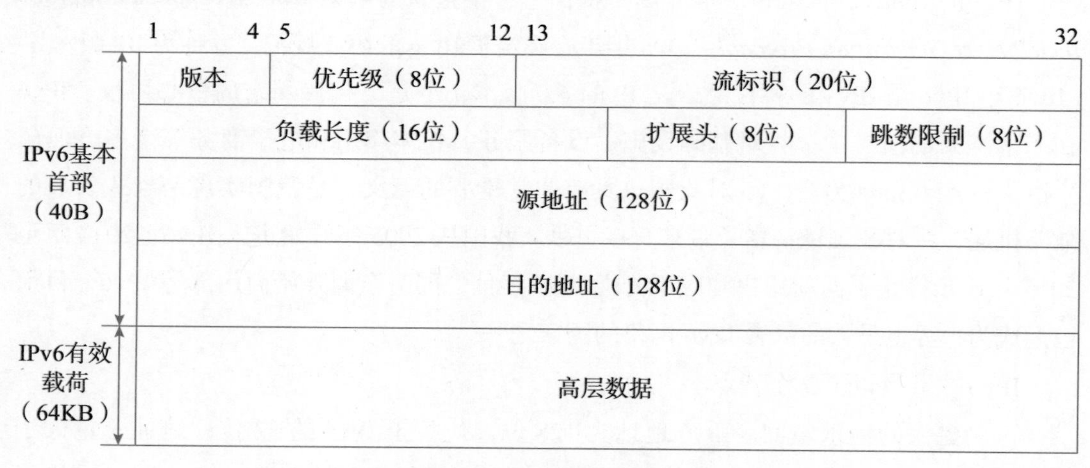

图 6.17　IPv6 数据报格式

（1）版本。占 4 位，是指 IP 的版本。IPv6 协议中规定该值为 6。

（2）优先级。该字段的值为 0 ～ 7 时，表示在阻塞发生时允许进行延时处理，值越大优先级越高；当值为 8 ～ 15 时，表示处理以固定速率传输的实时业务，值越大优先级越高。

（3）流标识。路由器根据该字段的值在连接前采取不同的策略。在 IPv6 中规定“流”是指从某个源点（单播或组播）信宿发送的分组群中，源点要求中间路由器进行特殊处理的那些分组。

（4）负载长度。该字段指明除首部自身的长度外 IPv6 数据报所载的字节数。

（5）扩展头。标示紧接着 IPv6 首部的扩展首部的类型。

（6）跳数限制。该字段能防止数据报在传输过程中无休止地循环。

（7）源地址和目的地址分别表示该数据报发送端和接收端的 IP 地址，各占 128 位。

3. IPv6 地址表示法

现有的 IP 地址（IPv4）是用 4 组十进制的数字并用“.”隔开来表示，每一组如用二进制表示则包含 8 位。128 位的 IPv6 地址如果沿用 IPv4 的点分十进制法，则要用 16 个十进制数才能表示出来，读写起来非常麻烦，因而 IPv6 采用了一种新的方式——冒分十六进制表示法，即将地址中每 16 位为一组，写成 4 位十六进制数，两组间用冒号分隔。例如，用二进制表示一个 128 位的 IPv6 地址如下：

0110100111011100 1000100001100100 1111111111111111 1111111111111111

0000000000000000 0001001010000000 1000110000001010 1111111111111111

可用点分十进制表示为

105.220.136.100.255.255.255.255.0.0.18.128.140.10.255.255

可用冒分十六进制表示为

69DC:8864:FFFF:FFFF:0000:1280:8C0A:FFFF

IPv6 的地址表示有以下 3 种特殊情形：

（1）IPv6 地址中每个 16 位分组中的前导零位可以去掉，但每个分组必须至少保留一位数字；

（2）某些地址中可能包含很长的零序列，可以用一种简化的表示方法——零压缩进行表示，即将冒号十六进制格式中相邻的连续零位合并，用双冒号“::”表示。“::”符号在一个地址中只能出现一次，该符号也能用来压缩地址中前部和尾部的相邻连续零位；

（3）在 IPv4 和 IPv6 混合环境中，有时更适合于采用另一种表示形式，X:X:X:X:X:X:d.d.d.d，其中 X 是地址中 6 个高阶 16 位分组的十六进制值，d 是地址中 4 个低阶 8 位分组的十进制值（标准 IPv4 表示）。

4. IPv6 地址类型

在 IPv6 中，地址是赋给节点上的具体接口。根据接口和传送方式的不同，IPv6 地址有单播地址、任意播地址和组播地址 3 种类型。

（1）单播地址。单播地址是一个单接口的标识符，数据报将被传送至该地址标识的接口上。对于有多个接口的节点，它的任何一个单播地址都可以用作该节点的标识符。单播地址有多种形式，包括可聚集全球单播地址、网络服务接入点（network service access point，NSAP）地址、网间分组交换（internetwork packet exchange，IPX）分级地址、链路本地地址、站点本地地址以及嵌入 IPv4 地址的 IPv6 地址。

（2）任意播地址。任意播地址是 IPv6 增加的一种类型。任意播的目的地是一组计算机，但分组只交付给其中的一个，通常是距离“最近”的一个。任意播地址不能作为 IPv6 信息包的发送地址；不能分配 IPv6 主机，一般只能分配给 IPv6 路由器。

与单播地址相同，任意播地址机制也是一种一对一的通信方式。二者的区别在于单播的通信双方都是指定的或明确的，例如，B 和 C。任意播通信则不同，它的通信接收方是不固定的，它是具有同一任意通信地址的多个接口界面集合中的一个元素，即接收方 $c_i \in C=(c_1, c_2, \cdots, c_n)$ 且 $c_1, c_2, \cdots, c_n$ 具有相同的 IPv6 地址。

任意播地址结构与单播地址结构完全相同。当给不同的接口界面分配了相同的单播地址后，这些接口界面的地址就变成了任意播地址。子网的任意播地址中，接口界面 ID 全部为 0（不指定接口界面），其他部分与单播通信时的定义相同。发送给子网路由器的报文将被转发给子网上的一台路由器。子网任意播路由地址格式如图 6.18 所示。

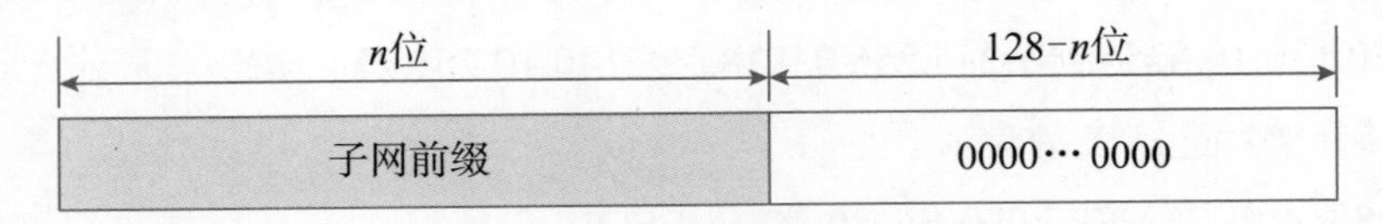

图 6.18　子网任意播路由地址格式

（3）组播地址。组播地址就是一对多的通信方式，分组交付到一组计算机中的每一个。每个组播通信对应 n（n>1）个接口界面。发送给具有组播地址的接口界面的报文将被所有具有该地址的接口界面接收。组播地址格式如图 6.19 所示。

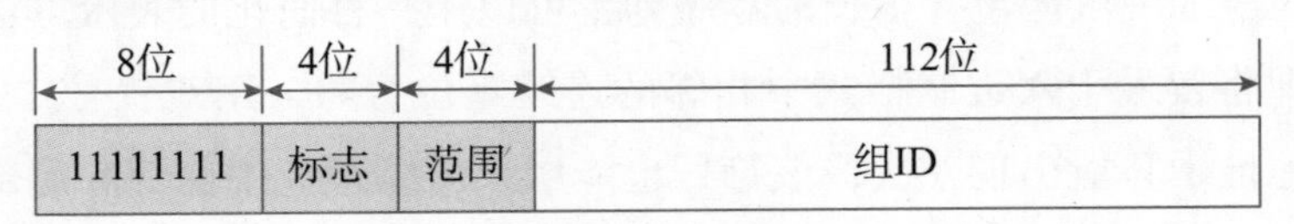

图 6.19　组播地址格式

其中高 8 位是 11111111，表示其后的 120 位地址为组播地址空间。“范围”则定义拥有该地址的接口界面组所在的范围。当“标志”字段值为 0000 时，表示全球性的网络地址分配机构分配的永久性的众所周知的组播地址；当“标志”字段值为 0001 时，表示临时性的组播地址。

5. 从 IPv4 向 IPv6 过渡

IPv6 虽然作为下一代 Internet 核心协议，但是要想在短时间内将 Internet 和各企业网络中所有系统全部从 IPv4 升级到 IPv6 是不可能的，向 IPv6 过渡只能采用逐步演进的办法。同时，新安装的 IPv6 系统必须能够向后兼容，也就是说，IPv6 系统必须能够接收和转发 IPv4 分组，并能够为 IPv4 分组选择路由。因此，需要使用 IPv4/IPv6 互通技术实现 IPv4 到 IPv6 的平稳过渡。IPv4/IPv6 互通技术主要有双 IP 层 / 双协议栈技术、隧道技术和网络地址转换 / 协议转换技术。

（1）双 IP 层 / 双协议栈技术。IPv6 和 IPv4 是同一个协议的两个版本，只是 IPv6 在功能上有所增强，它们都是在网络层发挥作用，两者都是基于相同的物理平台。由图 6.20（a）所示的协议层可以看出，如果一台主机同时支持 IPv4 和 IPv6 两种协议，那么该主机与 IPv4 主机通信时采用 IPv4 地址，该主机与 IPv6 主机通信时采用 IPv6 地址，这就是双 IP 层技术的工作原理。双 IP 层主机的 TCP 或 UDP 可以通过 IPv4 网络、IPv6 网络或者是 IPv6 穿越 IPv4 的隧道通信来实现。

Windows XP、Windows.NET Server 2003 系列中的 IPv6 不使用双协议层结构，而使用双协议栈结构。它的 IPv6 协议的驱动程序 Tcpip6.sys 中包含着 TCP 和 UDP 的不同实现方案，这种结构称作双协议栈结构，如图 6.20（b）所示。双协议栈技术是 IPv4 向 IPv6 过渡技术中应用最广泛的一种，同时也是所有其他过渡技术的基础。

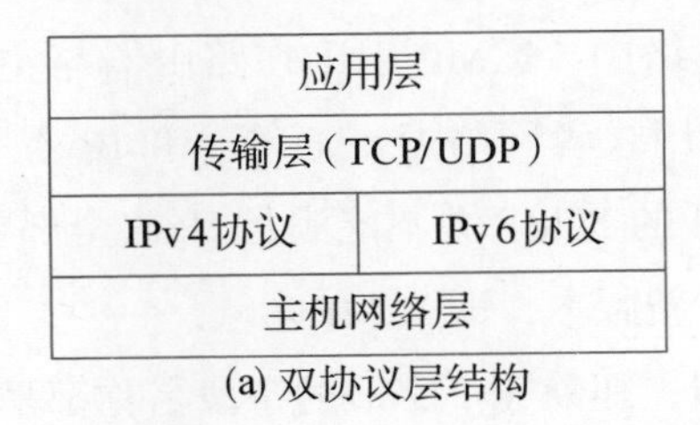

(a) 双协议层结构

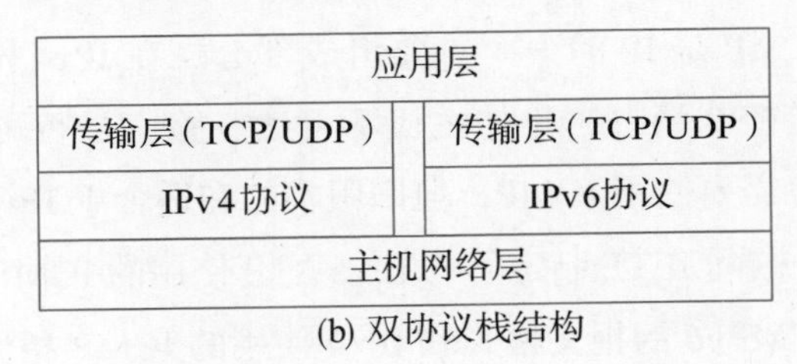

(b) 双协议栈结构

图 6.20 双协议栈结构示意图

（2）隧道技术。IPv6 技术不断地发展并接入现有的 IPv4 网络中，在实际应用领域出现了许多本地的 IPv6 网络，但是这些 IPv6 网络还是需要通过 IPv4 骨干网络相连。将这些孤立的“IPv6 岛”相互联通必须使用隧道技术。路由器将 IPv6 的数据分组封装入 IPv4 的数据包，IPv4 分组的源地址和目的地址分别是隧道入口和出口的 IPv4 地址。在隧道的出口处，再将 IPv6 分组取出转发给目的站点。隧道技术只要求在隧道的入口和出口进行修改，对其他部分没有要求，因而非常容易实现。但是隧道技术不能实现 IPv4 主机与 IPv6 主机之间的直接通信。

如图 6.21 所示，在 IPv6 的报文头部加上 IPv4 的报文头后再穿越 IPv4 网络（像穿过隧道一样），即可将 IPv6 报文传送给 IPv6 目的网络。当 IPv6 报文通过 IPv4 的互联网时，网络会自动识别和处理 IPv6 报文（由于 IPv6 报文兼容 IPv4，所以 IPv4 报文不会在 IPv6 协议的网络中产生混乱）。

（3）网络地址转换 / 协议转换技术。网络地址转换 / 协议转换（network address translation/protocol translation，NAT-PT）技术是一种实现纯 IPv6 节点和 IPv4 节点间互通的技术，它对 IPv6 和 IPv4 报头执行相互翻译，实现 IPv4/IPv6 协议和地址的转换。例如，内部的 IPv4 主机要和外部的 IPv6 主机通信时，在 NAT 服务器中将 IPv4 地址变换成 IPv6 地址，服务器维护一个 IPv4 与 IPv6 地址的映射表。反之，当内部的 IPv6 主机和外部的 IPv4 主机进行通信时，则将 IPv6 地址转换成 IPv4 地址。NAT-TP 技术最大的优点就是不需要进行 IPv4 和 IPv6 节点的升级改造，但该技术进行协议转换和地址转换的处理时间开销较大，一般在其他互通方式无法使用的情况下使用。

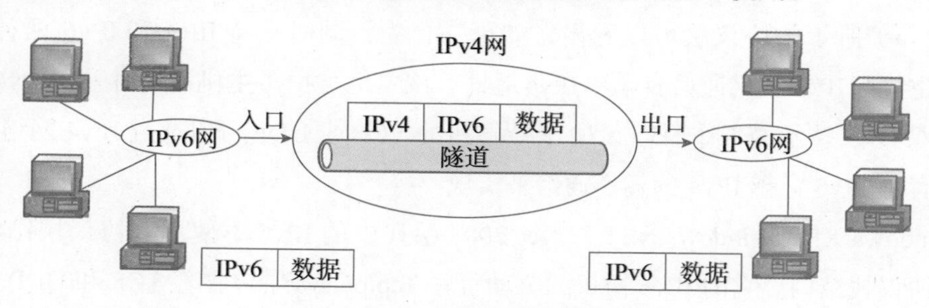

图 6.21 IPv6 通过隧道传输

6. ICMPv6

ICMP 是 IP 的一个重要组成部分。在 IPv4 网络中，ICMP 用于在路由器与主机之间传递控制消息，比如主机不可达、路由是否可用或者网络通不通等。和 IPv4 一样，IPv6 也需要使用 ICMP，但旧版本的和适合于 IPv4 的 ICMP 并不能满足 IPv6 全部要求。因此，国际 IETF 制定了与 IPv6 配套使用的 ICMP 新版本，即 ICMPv6。

ICMPv6 的报文格式和 IPv4 使用的 ICMP 相似，即前 4 个字节的字段名称都是一样的，但 ICMPv6 把第 5 个字节后面部分作为报文主体。ICMPv6 的报文格式如图 6.22 所示。

0 7 15 31

类型（1字节）	代码（1字节）	校验和（2字节）
ICMPv6报文体（可变长）		

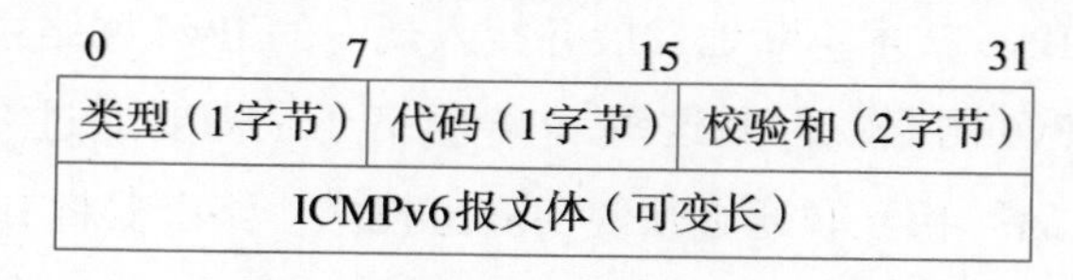

图 6.22 ICMPv6 报文的基本格式

（1）类型。标识 ICMPv6 报文类型，它的值根据报文的内容来确定，0 ～ 127 表示差错报文，128 ～ 255 表示消息报文。

（2）代码。对同一类型的报文进行更详细的分类。

（3）校验和。用于检测 ICMPv6 的报文是否正确传送。

（4）报文体。用于返回出错的参数和记录出错报文的片段，帮助源节点判断错误的原因或是其他参数。

ICMPv6 报文封装在 IPv6 中，ICMPv6 报文的前面是 IPv6 首部和零个或者更多的 IPv6 扩展首部，IPv6 包的结构如图 6.23 所示。

IPv6基本首部	扩展首部 …	ICMPv 6报文首部	ICMPv 6报文体

图 6.23 IPv6 包的结构

ICMPv6 除了具备 IPv4 ICMP 的基本功能，还包含多播接收方发现（multicast listener discovery，MLD）协议和邻居发现（neighbor discovery，ND）协议，二者分别完成子网内的组播成员管理和同一链路上节点间的通信管理。

6.4 地址解析与域名

6.4.1 地址解析

1. IP 地址与物理地址的映射

互联网是通过路由器、网关等网络设备将很多网络互联起来的。由于这些网络可能是 Ethernet、Token Ring、ATM 或其他各种广域网，因此一个分组从源主机到目的主机就可能要经过多种异型的网络。

对于 TCP/IP 来说，主机和路由器在网络层是用 IP 地址来标识的。在网络层，分组用 IP 地址来标识源地址与目的地址。在数据链路层，帧是以物理地址来标识的。图 6.24 展示了数据传输的基本过程。

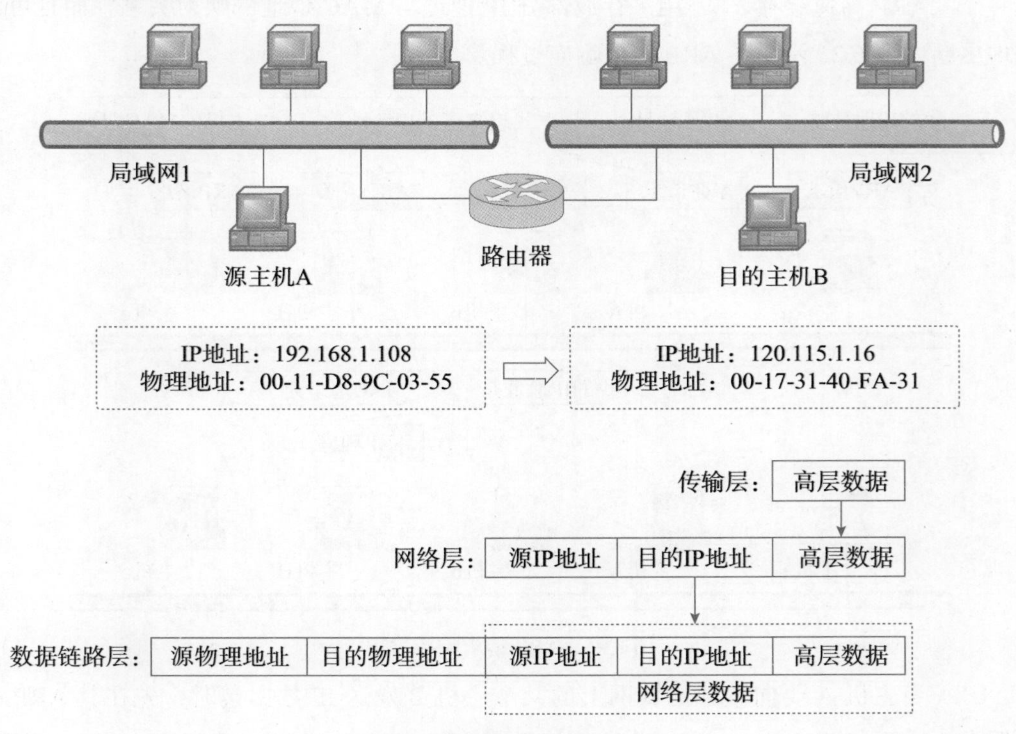

图 6.24 数据传输过程

源主机 A 打算向目的主机 B 发送数据。首先，源主机 A 通过传输层将高层数据送到网络层。网络层必须在分组头中加入源 IP 地址 192.168.1.108，以及目的 IP 地址 120.115.1.16。源主机 A 将网络层的分组作为数据链路层的数据，传送到它的数据链路层；此时数据链路层在发送帧的头部加入源物理地址 00-11-D8-9C-03-55 与目的物理地址 00-17-31-40-FA-31。然后，数据链路层将完整的帧传送给它的物理层，由物理层通过网络将比特流发送出去。

在上述过程中，假定在任何一台主机或路由器中都有一张“IP 地址 -MAC 地址对照表”，它包括了需要通信的任何一台主机或路由器的信息。但是如果互联网的每一台主机和路由器都建立并维护这样一张表，则不但会增加主机和路由器的负荷，而且也是不现实的。这样地址解析协议就应运而生了。

2. 地址解析协议

地址解析协议（address resolution protocol，ARP）位于 TCP/IP 模型中的网络接口层，用来获得主机或节点的 MAC 地址并创建一个数据库来保存 MAC 地址与 IP 地址的映射表。MAC 地址是指网卡或设备上的网卡接口的 48 位二进制码地址，ARP 是用来实现 IP 地址与本地网络地址之间映射的。通过设计地址解析协议可以解决获取目的节点 MAC 地址的问题。ARP 将静态映射和动态映射的方法结合起来。在本地主机内部建立一个“ARP 高速缓存表”，用来存放部分 IP 地址与 MAC 地址的映射关系，而且可动态地更新。图 6.25 说明了 ARP 请求响应过程。

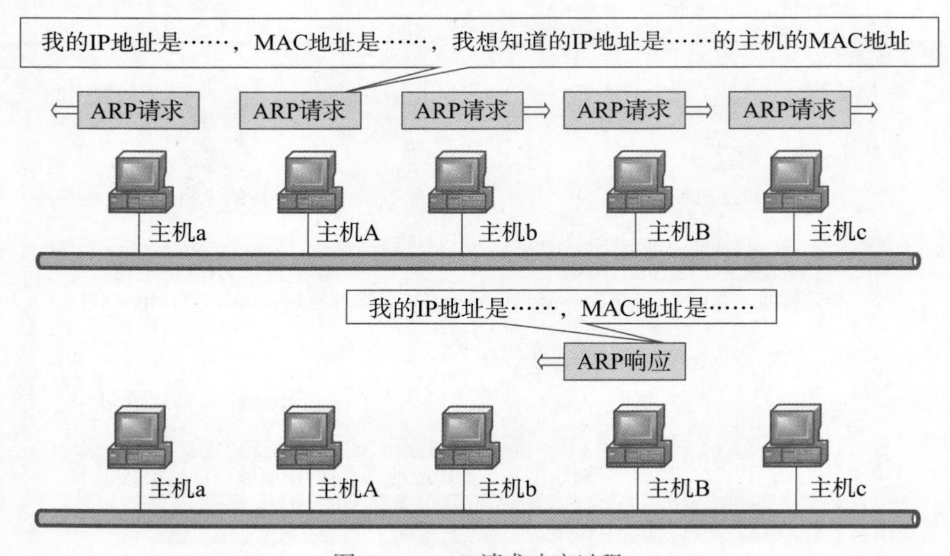

图 6.25 ARP 请求响应过程

（1）当主机 A 要向本地局域网上的某个主机 B 发送 IP 数据包时，先在其 ARP 高速缓存中查看有无主机 B 的 IP 地址。如果有主机 B 的 IP 地址，就可查出其对应的硬件地址，将硬件地址写入 MAC 帧，然后通过局域网将该 MAC 帧发往此硬件地址。如果查询不到主机 B 的 IP 地址，则需要进行地址解析。

（2）主机 A 的 ARP 进程在本局域网上发送一个 ARP 请求分组广播，ARP 请求分组的主要内容是："我的 IP 地址是多少，网卡的 MAC 地址是多少，我想知道的 IP 地址为多少的主机的 MAC 地址。"

（3）在本局域网上的所有主机都收到此 ARP 请求分组。

（4）主机 B 在 ARP 请求分组中看到自己的 IP 地址，于是向主机 A 发送一个 ARP 响应分组，ARP 响应分组的主要内容是："我的 IP 地址是多少，我的 MAC 地址是多少"。而其他的所有主机都不理睬这个 ARP 请求分组。

（5）主机 A 收到主机 B 的 ARP 响应分组后，就在其 ARP 高速缓存中写入主机 B 的 IP 地址到 MAC 地址的映射，然后就可以和主机 B 进行通信。

3. 反向地址解析协议

当一个主机只知道自己的 MAC 地址，而不知道自己的 IP 地址时，它就需要使用反向地址解析协议（reverse address resolution protocol，RARP），可以从路由器的 ARP 缓存中得到它的 IP 地址。RARP 允许局域网的客户机从服务器的 ARP 表或者缓存上请求 IP 地址。当为一台新的机器设置 IP 地址时，其 RARP 客户机程序需要向路由器上的 RARP 服务器请求响应的 IP 地址。如果在路由表中已经设置了这样一个地址绑定，RARP 服务器就将 IP 地址返回给请求的机器，该机器会将其存储起来以备日后使用。

RARP 可以用于以太网、光纤分布式数据接口网以及令牌环 LAN。在大多数情况下，使用 RARP 的主机是无盘工作站。

6.4.2　域名机制

网络上主机通信必须指定双方的 IP 地址。IP 地址虽然能够唯一标识网络上的计算机，但它是数字型的，对使用网络的人来说有不便记忆的缺点，因而提出了字符型的名字标识，引入域名的概念。域名（domain name）是指接入 Internet 的主机将二进制的 IP 地址转换成具有层次结构的字符型地址，它是全网唯一的地址。

网络中命名资源（如客户机、服务器、路由器等）的管理集合即构成域。从逻辑上讲，所有域自上而下形成一个森林状结构，每个域都可包含多个主机和多个子域，树叶域通常对应于一台主机。每个域或子域都有其固有的域名，Internet 所采用的这种基于域的层次结构名字管理机制叫作域名系统（domain name system，DNS）。一方面，它规定了域名语法以及域名管理特权的分派规则；另一方面，它描述了关于域名地址映射的具体实现。

1. 域名规则

域名系统将整个 Internet 视为一个由不同层次的域组成的集合体，即域名空间，并设定域名采用层次型命名法，从左到右，从小范围到大范围，表示主机所属的层次关系。但域名反映出的这种逻辑结构与其物理结构没有任何关系，也就是说，一台主机的完整域名和物理位置并没有直接的联系。

域名由字母、数字和连字符组成，开头和结尾必须是字母或数字，最长不超过63个字符，而且不区分大小写。完整的域名总长度不超过255个字符。所谓完整的域名是指主机域名，一般由几个域名构成，通常也将主机域名简称为域名。Internet的主机域名的排列原则是低层的子域名在前，而它们所属的高层域名在后面，通常格式如下：

……. 三级域名 . 二级域名 . 顶层域名

例如：主机域名 yjscxy.csu.edu.cn 表示中南大学一台计算机的域名地址。

顶层域名又称最高域名，分为两类：一类通常由3个字母构成，一般为机构名，是国际顶级域名；另一类由两个字母组成，一般为国家或地区的地理名称。

（1）机构名称。如edu为教育机构，com为商业机构等，如表6.8所示。

（2）地理名称。如cn代表中国，us代表美国，uk代表英国，ca代表加拿大，au代表澳大利亚，jp代表日本等。

表6.8　国际顶级域名——机构名称

域　名	含　义	域　名	含　义
com	商业机构	net	网络组织
edu	教育机构	int	国际组织
gov	政府部门	org	其他非营利组织
mil	军事机构		

在域名系统中，每个域是由不同的组织来管理的，而这些组织又可以将其子域分给下级组织来管理。这种层次结构的优点是：各个组织在它们的内部可以自由选择域名，只要保证该组织的唯一性，而不用担心与其他组织内的域名冲突。例如，惠普是一家世界级的IT公司，该公司内的主机域名都包括hp.com后缀。如果有一个名为hp的非营利组织也打算用hp来为它的主机命名，由于它是非营利组织，它的主机域名都带有hp.org的后缀。所以，hp.com和hp.org两个域名在Internet中是相互独立的。图6.26所示为Internet域名空间的树形层次结构图。

随着Internet用户的激增，域名资源十分紧张，为了缓解这种状况，加强域名管理，互联网国际特别委员会在原来基础上增加了以下国际通用顶级域名。

.firm：公司、企业；

.store：商店、销售公司和企业；

.web：突出WWW活动的单位；

.art：突出文化、娱乐活动的单位；

.rec：突出消遣、娱乐活动的单位；

.aero：用于航天工业；

.coop：用于企业组织；

.museum：用于博物馆；

.biz：用于企业；

.name：用于个人；

.info：提供信息服务的单位；　　　　　　.pro：用于专业人士；

.nom：个人。

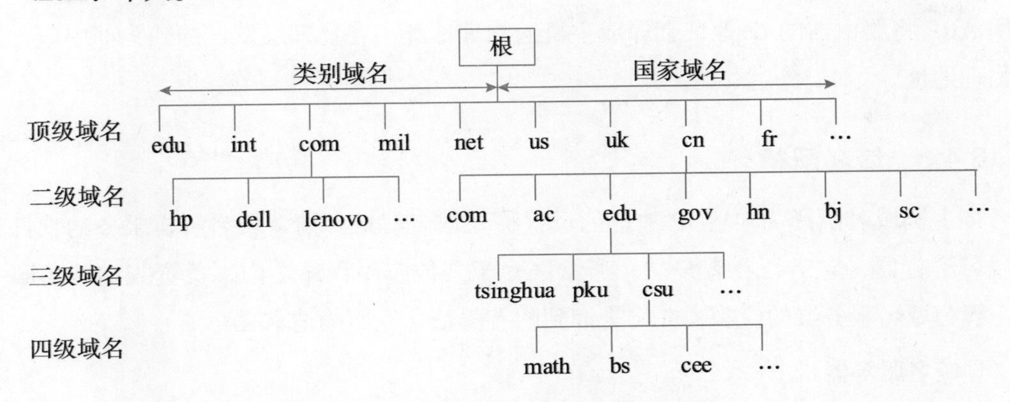

图 6.26　Internet 域名空间的树形层次结构图

2. 我国的域名结构

我国的最高域名为 cn。二级域名分为类型域名和行政区域名两类。

（1）类型域名。此类域名共有 6 个，即 ac 表示科研机构，com 表示于工、商、金融等企业，edu 表示教育机构，gov 表示政府机构，net 表示网络服务机构，org 表示非营利性组织。

（2）行政区域名。此类域名共有 34 个，适用于中国各省、自治区、直辖市、特别行政区组织。如 bj 代表北京市，sh 代表上海市，hn 代表湖南省，hk 代表香港等。

在我国，在二级域名 .edu 下申请注册三级域名由中国教育和科研计算机网网络中心负责。在二级域名 .edu 之外的其他二级域名下申请三级域名的，则向中国互联网网络中心 CNNIC 申请。

3. IP 地址、主机域名和物理地址

IP 地址和主机域名相对应，主机域名是 IP 地址的字符表示，它与 IP 地址等效。当用户使用 IP 地址时，负责管理的计算机可直接与对应的主机联系，而使用主机域名时，则先将主机域名送往域名服务器，通过域名服务器上的主机域名和 IP 地址对照表翻译成相应的 IP 地址，传回负责管理的计算机后，再通过该 IP 地址与主机联系。Internet 中一台计算机可以有多个用于不同目的的主机域名，但只能有一个 IP 地址（不含内网 IP 地址）。一台主机从一个地方移到另一个地方，当它属于不同的网络时，其 IP 地址必须更换，但是可以保留原来的主机域名。

主机域名、IP 地址和物理地址是主机标识符的三个不同层次，每一层标识符到另一层标识符的映射发生在网络体系结构的不同点上。首先，当用户与应用程序交互时给出主机域名。其次，应用程序使用 DNS 将主机域名翻译为一个 IP 地址，放在数据报中的是IP地址而不是主机域名。再次，IP在每台路由器上转发，常常意味着将一个IP地址映射为另一个IP地址；即将最终的目标地址映射为下一台路由器的地址。最后，IP使用ARP将路由器的IP地址翻译成主机的物理地址，在物理层发送的帧头部中包含这些物理地址。

6.4.3 域名解析

将主机域名翻译为对应IP地址的过程称为域名解析。请求域名解析服务的软件称为域名解析器，它运行在客户端，通常嵌套于其他应用程序之内，负责查询域名服务器，解释域名服务器的应答，并将查询到的有关信息返回给请求程序。

1. 域名服务器

运行主机域名和IP地址转换服务软件的计算机称作域名服务器。它负责管理和存放当前域的主机域名和IP地址的数据库文件，以及下级子域的域名服务器信息。所有域名服务器数据库文件中的主机和IP地址集合组成一个有效的、可靠的和分布式域名-地址映射系统。同域结构对应，域名服务器从逻辑上也呈树形分布，每个域都有自己的域名服务器，最高层为根域名服务器，它通常包含了顶级域名服务器的信息。

域名服务器系统也是按照域名的层次安排的，每一台域名服务器都只对域名体系中的一部分进行管辖。根据管辖的范围不同，域名服务器可以分为本地域名服务器、根域名服务器和授权域名服务器。

（1）本地域名服务器。每一个互联网服务提供商（Internet service provider，ISP），如一个大学或一个学院都可以拥有一台本地域名服务器，有时又称默认域名服务器。当一个主机发出DNS查询报文时，这个查询报文就先被送往该主机的本地域名服务器。本地域名服务器离用户较近，一般不超过几个路由器的距离。当所要查询的主机也属于同一个本地ISP时，该本地域名服务器立即就能将所查询的主机域名转换为IP地址，而不需要去询问其他的域名服务器。

（2）根域名服务器。目前在Internet上有十几台根域名服务器，大部分在北美。当一台本地域名服务器不能立即回答某台主机的查询时（因为没有保存被查询主机的信息），它就以DNS客户的身份向某一台根域名服务器查询。若根域名服务器中有被查询主机的信息，就发送DNS回答报文给本地域名服务器。若根域名服务器没有被查询主机的信息，但它一定知道某台保存有被查询主机名字映射的授权域名服务器的IP地址。根域名服务器通常用来管辖顶级域，它并不直接对顶级域下面的所有的域名进行转换，但它一定能够找到下面的所有二级域名服务器。

（3）授权域名服务器。每一台主机都必须在授权域名服务器处注册登记。通常，一台主机的授权域名服务器就是它的本地ISP的一台域名服务器。实际上，为了更加可靠地工作，一台主机最好至少有两台授权域名服务器。授权域名服务器总能够将其管辖的主机名转换为该主机的 IP 地址。

2. 域名解析方式和解析过程

域名解析的工作原理如下：客户在查询时，首先向 DNS 发出一个查询请求报文。域名服务器接到请求报文后，如果发现域名属于自己的管辖范围，则它在本地数据库中查找该主机域名对应的 IP 地址，并直接回答请求。如果请求报文中的域名不在自己的管辖范围，那么就向另一台域名服务器发送请求报文。如果第二台域名服务器能够回答请求报文，第一台域名服务器接收到结果后，最后向提出请求的客户发送查询的结果。如果第二台域名服务器不能回答请求报文，就再次向其他的服务器发送请求报文。由于每个服务器都知道根服务器的地址，因此无论经过几次查询，在域名服务器中最终会找出正确的解析结果，除非这个域名不存在。

域名解析方式有两种。一种是递归解析（recursive resolution），要求域名服务器系统一次性完成全部主机域名 - 地址变换，即一台域名服务器递归地请求下一台域名服务器，直到最后找到相匹配的地址，是目前较为常用的一种解析方式。另一种是迭代解析（iterative resolution），每次请求一台域名服务器，当本地域名服务器不能获得查询答案时，就将下一台域名服务器的名字给客户端，利用客户端上的软件实现下一台域名服务器的查找，以此类推，直至找到具有接收者域名的服务器。二者的区别在于前者将复杂性和负担交给服务器软件，适用于域名请求不多的情况。后者将复杂性和负担交给解析器软件，适用于域名请求较多的环境。图 6.27 所示为一个简单的域名解析流程图。

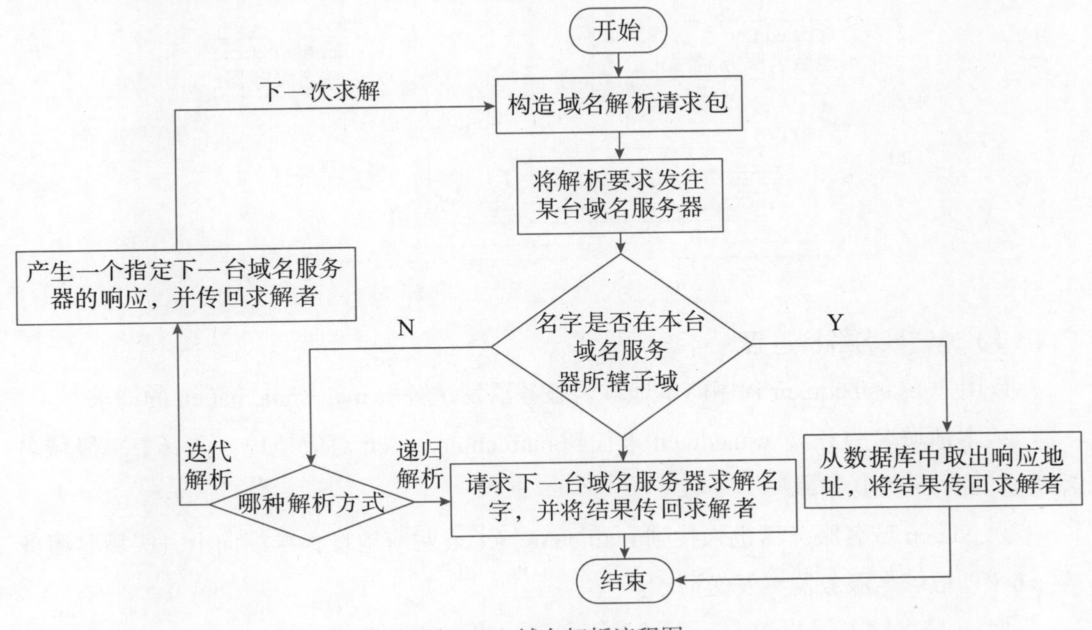

图 6.27　域名解析流程图

从图 6.27 中可以看出，每当一个用户应用程序需要转换对方的主机域名为 IP 地址时，它就成为域名系统的一个客户。客户首先向本地域名服务器发送请求，本地域名服务器如果找到相应的地址，就发送一个应答信息，并将 IP 地址交给客户，应用程序便可以开始正式的通信过程。如果本地域名服务器不能回答这个请求，就采取递归解析或迭代解析方式找到并解析出该地址。

例如，当主机 bs.csu.edu.cn 的应用程序请求和主机 mail.cnnic.net.cn 通信时，图 6.28 和图 6.29 分别显示了两种方式的解析过程。

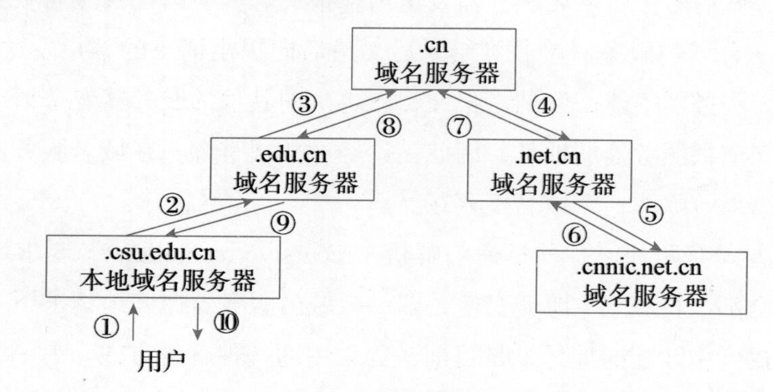

图 6.28 递归域名解析过程

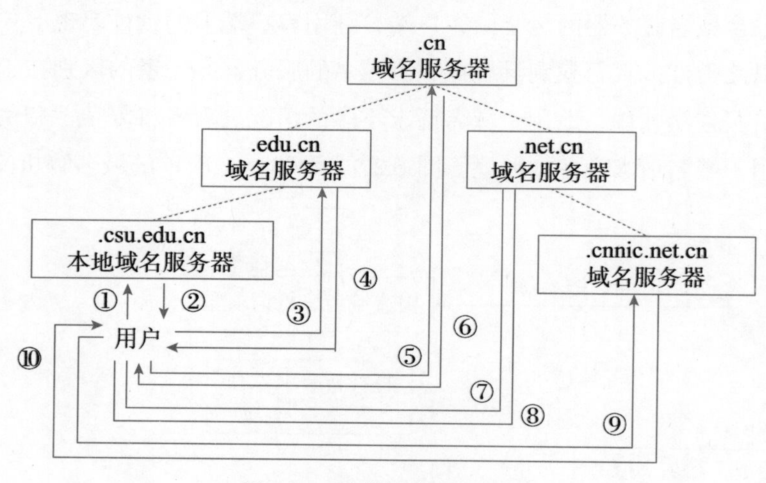

图 6.29 迭代域名解析过程

（1）递归域名解析过程。

① 用户 bs.csu.edu.cn 程序向本地域名服务器发送解析 mail.cnnic.net.cn 的请求。

② 本地域名服务器 .csu.edu.cn 未找到 mail.cnnic.net.cn 对应地址，向其上一级域名服务器 .edu.cn 发送请求。

③ .edu.cn 域名服务器也未找到 mail.cnnic.net.cn 对应地址，继续向上一级域名服务器 .cn（即根域名服务器）发送请求。

④ .cn 域名服务器找到 .net.cn 域名服务器并将请求发送其上。

⑤ .net.cn 域名服务器找到 .cnni.edu.cn 域名服务器并将请求发送其上。

⑥ .cnni.edu.cn 域名服务器找到 mail.cnnic.net.cn 对应地址，并返回上一级。

⑦~⑨ 按层次结构将结果一级级返回到本地域名服务器 .csu.edu.cn。

⑩ 本地域名服务器 .csu.edu.cn 将最终域名解析结果返回给用户 bs.csu.edu.cn 程序。

（2）迭代域名解析过程。

① 用户 bs.csu.edu.cn 程序向本地域名服务器发送解析 mail.cnnic.net.cn 的请求。

② 本地域名服务器 .csu.edu.cn 未找到 mail.cnnic.net.cn 对应地址，向客户返回其上一级域名服务器 .edu.cn 地址。

③ 用户程序向 .edu.cn 域名服务器发送解析 mail.cnnic.net.cn 的请求。

④ .edu.cn 域名服务器也未找到 mail.cnnic.net.cn 对应地址，向客户返回其上一级域名服务器 .cn（根域名服务器）地址。

⑤ 用户程序向 .cn 域名服务器发送解析 mail.cnnic.net.cn 的请求。

⑥ .cn 域名服务器找到 .net.cn 域名服务器相应地址，并返回给客户。

⑦ 用户程序继续向 .net.cn 域名服务器发送解析 mail.cnnic.net.cn 的请求。

⑧ .net.cn 域名服务器依然未找到 mail.cnnic.net.cn 对应地址，向客户返回其下一级域名服务器 .cnnic.net.cn 地址。

⑨ 用户程序向 .cnnic.net.cn 域名服务器发送解析 mail.cnnic.net.cn 的请求。

⑩ .cnnic.net.cn 域名服务器找到相应地址，并将最终域名解析结果返回用户应用程序。

3. 域名解析性能优化

为了提高解析速度，域名解析服务提供了复制和高速缓存两方面的优化。

复制是指在每个主机上保留一台本地域名服务器数据库的副本。由于不需要任何网络交互就能进行转换，复制使得本地主机上的域名转换非常快。同时，它也减轻了域名服务器的负担，使服务器能为更多的计算机提供域名服务。在实际应用中，地理上最近的服务器往往响应最快。因此，一个在长沙的主机倾向于使用一个位于长沙的服务器，一个在成都的站点倾向于使用一个位于成都的服务器。

高速缓存可使非本地域名解析的开销大大降低。每台域名服务器都维护一个高速缓存器，由高速缓存器来存放用过的域名和从何处获得域名映射信息的记录。当客户机请求服务器转换一个域名时，服务器首先查找本地主机域名与 IP 地址映射数据库，若无匹配地址则检查高速缓存中是否有该域名最近被解析过的记录，如果有就返回给客户机，如果没有则应用某种解析方式解析该域名。为保证解析的有效性和正确性，高速缓存中保存的域名信息记录设置有生存时间，这个时间由响应域名询问的服务器给出，超时的记录就将从缓存区中删除。

6.4.4 动态主机配置协议

TCP/IP 网络上的计算机都必须有唯一的 IP 地址，IP 地址标识了对应的子网和主机。但是在将计算机移动到不同的子网时，必须更改 IP 地址。在实际应用中，手工设置大中型网络中的计算机 IP 会使得网络管理员工作繁重并容易造成 IP 冲突，使得网络的灵活性、扩展性变差。所以，我们就需要一种高效、动态的 IP 分配方式。

动态主机配置协议（DHCP）允许通过本地网络上的 DHCP 服务器的 IP 地址数据库为客户端动态指派 IP 地址。DHCP 是一种用于简化主机 IP 配置管理的标准，其工作模式为 C/S。采用 DHCP 标准，通过在网络上安装和配置 DHCP 服务器，启用 DHCP 的客户端，可在每次启动时加入网络并动态地获得其 IP 地址和相关配置参数。DHCP 服务器以地址租约的形式将配置提供给发出请求的客户端。

1. DHCP 的工作过程

DHCP 的工作过程可以分成 4 个步骤，如图 6.30 所示。

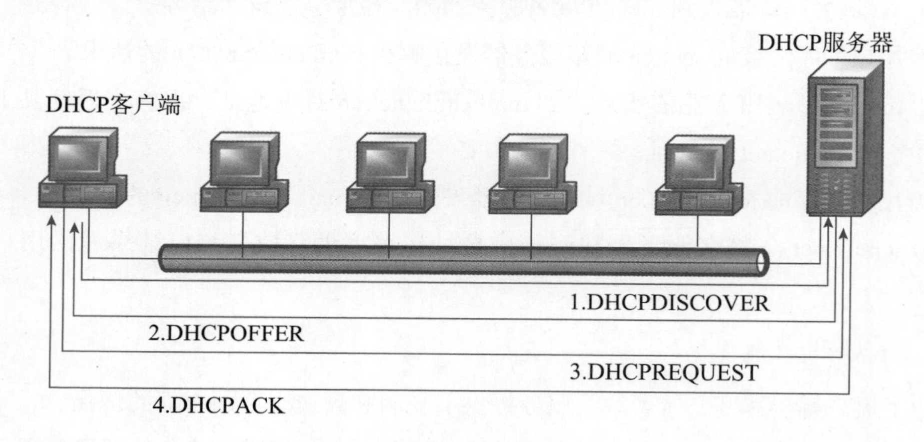

图 6.30 DHCP 工作过程

（1）发现阶段，即 DHCP 客户端寻找 DHCP 服务器的阶段。DHCP 客户端以广播的形式发送一个 DHCPDISCOVER 数据包，网络中只有 DHCP 服务器在收到信息后给予响应。

（2）提供阶段，即 DHCP 服务器提供 IP 地址的阶段。在网络中接收到消息的 DHCP 服务器都会做出响应，DHCP 服务器会从尚未出租的 IP 地址中挑选一个分配给 DHCP 客户端，向 DHCP 客户机发送一个包含出租的 IP 地址和其他设置的 DHCPOFFER 数据包。

（3）选择阶段，即 DHCP 客户端选择某台 DHCP 服务器提供的 IP 地址的阶段。在客户端收到服务器提供的信息后，会以广播的方式发出一个包含 DHCPREQUEST 广播包的信息，所有的 DHCP 服务器都会收到这个信息，信息中包括客户端所选择的 DHCP 服务器和服务器提供的 IP 地址。其他没有被选择的 DHCP 服务器则会收回发出的 IP 地址。

（4）确认阶段，即 DHCP 服务器确认所提供的 IP 地址的阶段。当 DHCP 服务器收到 DHCP 客户机回答的请求信息之后，它便向 DHCP 客户端发送一个 DHCPACK 回应，其中包含它所提供的 IP 地址和其他设置的确认信息，告诉 DHCP 客户端可以使用它所提供的 IP 地址。

至此，DHCP 客户端可以使用 DHCP 服务器所提供的 IP 地址了。但是 DHCP 服务器所提供的 IP 地址一般都是有期限的，这个期限称为租期，租期的长短通过 DHCP 服务器来设置。

2. DHCP 服务的优缺点

DHCP 服务的优点是网络管理员可以验证 IP 地址和其他配置参数，而不用去检查每台主机；DHCP 不会同时租借相同的 IP 地址给两台主机；DHCP 管理员可以约束特定的计算机使用特定的 IP 地址；客户机在不同子网间移动时不需要重新设置 IP 地址。

同时 DHCP 也存在不少缺点，比如，DHCP 不能发现网络上非 DHCP 客户机已经在使用的 IP 地址；当网络上存在多个 DHCP 服务器时，一个 DHCP 服务器不能查出已被其他服务器租出去的 IP 地址；DHCP 服务器不能跨路由器与客户机通信，除非路由器允许 BOOTP 转发。

6.5　Internet 接入技术

用户计算机和用户网络接入 Internet 所采用的技术和接入方式的结构，统称为互联网接入技术，其发生在连接网络与用户的最后一段路程，是网络中技术较复杂、实施较困难和影响面较广的一部分。它涉及 Internet 接入网和接入技术。本节主要介绍接入网的相关概念和 Internet 的主要接入技术。

6.5.1　接入方式概述

1. 接入网的概念和结构

接入网（access network，AN）也称用户环路，是指交换局到用户终端之间的所有机线设备，主要用来完成用户接入核心网（骨干网）的任务。接入网负责将用户的局域网或计算机连接到骨干网，它是用户与 Internet 连接的最后一步，因此又称“最后一千米技术”。国际电联电信标准化部门（ITU-T）G.902 标准中，定义接入网是由业务节点接口（service node interface，SNI）和用户网络接口（user to network interface，UNI）之间一系列传送实体（如线路设备）构成的，具有传输、复用和交叉连接等功能，可以被看作与业务和应用无关的传送网。它的范围和结构如图 6.31 所示。

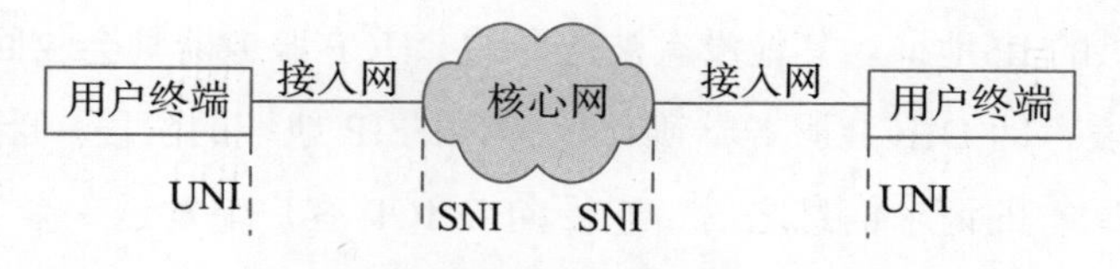

图 6.31 核心网与用户接入网示意图

2. 接入网分类

接入网的分类方法有很多种，可以按照传输介质、拓扑结构、使用方法、接口标准、业务带宽和业务种类分类。一般情况下，接入网根据使用的通信介质可以分为有线接入网和无线接入网两大类，其中有线接入网又可分为铜线接入网、光纤接入网和光纤同轴电缆混合接入网等，无线接入网又可分为固定接入网和移动接入网。

3. 主要接入技术

Internet 接入技术很多，按通信速率可划分为宽带网技术和窄带网技术。宽带是一个相对于窄带而言的电信术语，为动态指标，用于度量用户享用的业务带宽，目前国际上还没有统一的定义。一般而论，宽带是指用户接入速率达到 2Mbit/s 及以上、可以提供 24 小时在线的网络基础设备和服务。截至 2021 年年底，我国 100Mbit/s 及以上接入速率的用户为 4.98 亿户。宽带网技术主要有 ADSL 接入技术、以太网接入技术、光纤同轴电缆混合接入技术和卫星接入技术。窄带网技术的速率不大于 2Mbit/s，主要有电话交换机接入技术、ISDN 接入技术和帧中继接入技术等。表 6.9 列出了 Internet 主要接入技术的部分典型特征。

总之，各种接入方式都有其自身的优劣，不同需要的用户应该根据自己的实际情况做出合理选择。下面对几种常用的接入技术进行重点介绍。

6.5.2 xDSL 接入

1. xDSL 技术简介

数字用户线路（digital subscriber liner，DSL）是以铜线为传输介质的点对点传输技术。DSL 技术包含几种不同的类型，它们统称为 xDSL，其中 x 将用标识性字母代替。DSL 可以在一根铜线上分别传送数据和语音信号，其中数据信号并不通过电话交换设备，并且不需要拨号，不影响通话。其最大的优势在于利用现有的电话网络架构，不需要对现有接入系统进行改造，就可方便地开通宽带业务，曾被认为是解决“最后一千米”问题的最佳选择之一。

xDSL 同样是调制解调技术家族的成员，只是采用了不同于普通 modem 的标准，运用先进的调制解调技术，使得通信数据速率大幅度提高，最高能够提供比普通 modem 快 300 倍的兆级数据速率。此外，它与电话拨号方式不同的是，xDSL 只利用电话网的

表 6.9 Internet 主要接入技术的部分典型特征

Internet 接入技术	客户端所需主要设备	接入网主要传输媒介	传输速率 / (bit/s)	窄带 / 宽带	有线 / 无线	特点
电话拨号接入	普通 modem	电话线（PSTN）	33.6k ～ 56k	窄带	有线	简单，方便，但速度慢，应用单一；上网时不能打电话，只能接一个终端；会出现线路繁忙、中途断线等情况
专线接入（DDN、帧中继、数字电路等）	不同专线方式设备有所不同	电信专用线路	依线路而定	兼有	有线	专用线路独享，速度快，稳定可靠；但费用相对较高
ISDN 接入	NT1、NT2、ISDN 适配器等	电话线（ISDN 数字线路）	128k	窄带	有线	按需拨号，可以边上网边打电话；数字信号传输质量好，线路可靠性高；可同时使用多个终端，但应用有限
ADSL（xDSL）	ADSL modem、ADSL 路由器、网卡，集线器	电话线	上行 1.5M 下行 14.9M	宽带	有线	安装方便，操作简单，无须拨号；利用现有电话线路，上网打电话两不误；提供各种宽带服务，费用适中，速度快但受距离影响（3 ～ 5km），对线路质量要求高，抵抗天气能力差
以太网接入及高速以太网接入	以太网接口卡、交换机	五类以上双绞线	10M、100M、1G、10G、100G	宽带	有线	成本适当，速度快，技术成熟；结构简单，稳定性高，可扩充性好；但不能利用现有电信线路，要重新铺设线缆
HFC[1]接入	cable modem 机顶盒	光纤 + 同轴电缆	上行 30.7M 下行 42.8M	宽带	有线	利用现有有线电视网；速度快，是相对比较经济的方式；但信道带宽由整个社区用户共享，用户数增多，带宽传输速率就会急剧下降；安全上有缺陷，易被窃听；适用于用户密集型小区
光纤 FTTx 接入	光分配单元 ODU 交换机，网卡	光纤 铜线 （引入线）	155/622M、1G、2.488G	宽带	有线	带宽大，速度快，通信质量高；网络可升级性能好，用户接入简单；提供双向实时业务的优势明显；但投资成本较高，无源光节点损耗大
电力线接入	局端，电力调制解调器和电源插头	电力线	500M ～ 1000M	宽带	有线	电力网覆盖面广；目前电力线接入技术在国外发达国家应用较为普遍
无线接入：卫星通信	卫星天线和卫星接收 modem	卫星链路	依频段、卫星、技术而变	兼有	无线	方便，灵活；具有一定程度的终端移动性；投资少，建网周期短，提供业务快；可以提供多种多媒体宽带服务；但占用无线频谱，易受干扰和气候影响；传输质量不如光缆等有线方式；目前移动宽带业务接入技术在国内较为流行
无线接入：LMDS[2]	基站设备 BSE，室外单元、室内单元，无线网卡	高频微波	上行 1.544M 下行 51.84M ～ 155.52M	宽带		
无线接入：移动无线接入	移动终端	无线介质	理论可达 10G	兼有		

① hybrid fiber coaxial，光纤同轴电缆混合网。
② local multipoint distribution service，本地多点分配服务。

用户环路，并非整个网络。采用 xDSL 技术调制的数字信号实际上是在原有语音线路上叠加传输，在电信局和用户端分别进行合成和分解。为此，需要配置相应的局端设备，而普通 modem 的应用则几乎与电信网络无关。

xDSL 相比其他的宽带网络接入技术，其优势在于，能够提供足够的带宽以满足人们对多媒体网络应用的需求；与 cable modem、无线接入技术相比，其性能和可靠性更优越；能够充分利用现有的接入线路等。

按数据传输的上、下行速率是否相同，xDSL 技术可分为对称和非对称技术两种模式。

对称 DSL 技术中上、下行双向传输速率相同，方式有 HDSL、SDSL 和 IDSL 等，主要用于替代传统的 T1/E1（1.544Mbit/s/2.048Mbit/s）接入技术。这种技术具有对线路质量要求低，安装调试简单的特点。

非对称 DSL 技术的上行传输速率较低，下行传输速率较高，主要有 ADSL、VDSL 和 RADSL 等，适用于对双向带宽要求不一样的情况，如 Web 浏览、多媒体点播、信息发布和视频点播 VOD 等，因此成为互联网接入的重要方式之一。

常用的 xDSL 技术如表 6.10 所示。目前，主要应用的 xDSL 技术是 ADSL 和 VDSL。

表 6.10　常用 xDSL 技术列表

xDSL	名　称	下行传输速率 /（bit/s）	上行传输速率 /（bit/s）	双绞铜线对数
HDSL（high speed DSL）	高速率数字用户线	1.544M ～ 2M	1.544M ～ 2M	2 或 3
SDSL（single line DSL）	单线路数字用户线	1M	1M	1
IDSL（ISDN DSL）	基于 ISDN 数字用户线	128k	128k	1
ADSL（asymmetric DSL）	非对称数字用户线	14.9M	1.5M	1
VDSL（very high speed DSL）	甚高速数字用户线	13M ～ 52M	1.5M ～ 2.3M	2
RADSL（rate adaptive DSL）	速率自适应数字用户线	640k ～ 12M	1.5M	1
S-HDSL（single-pair high speed DSL）	单线路高速数字用户线	768k	768k	1

2. ADSL 技术

ADSL 是在无中继的用户环路上，使用由负载电话线提供高速数字接入的传输技术，是非对称 DSL 技术的一种，可在现有电话线上传输数据，误码率低。

（1）ADSL 基本原理。如果在电话线两端分别放置了 ADSL modem，在这段电话线上便产生了三个信息通道，如图 6.32 所示。这三个通道分别是：一个速率为

1.5Mbit/s～9Mbit/s 的高速下行通道，用于用户下载信息；一个速率为 16kbit/s～1Mbit/s 的中速双工通道；一个传统电话服务通道。这三个通道可以同时工作，这就意味着可以在下载文件的同时观赏网络中点播的影片，并且通过电话和朋友对影片进行一番评论，这一切都是在一根电话线上同时进行的。因为 ADSL 的内部采用了先进的数字信号处理技术和新的算法压缩数据，使大量的信息得以高速传输，所以 ADSL 才在长距离传输中减小了信号的衰减，并保持了低噪声干扰。

图 6.32　ADSL 信道

（2）ADSL 的接入模型。一个基本的 ADSL 系统由局端收发机和用户端收发机两部分组成，收发机实际上是一种高速调制解调器，由其产生上下行的不同数据传输速率。

ADSL 的接入模型主要由中央交换局端模块和远端用户模块组成，如图 6.33 所示。

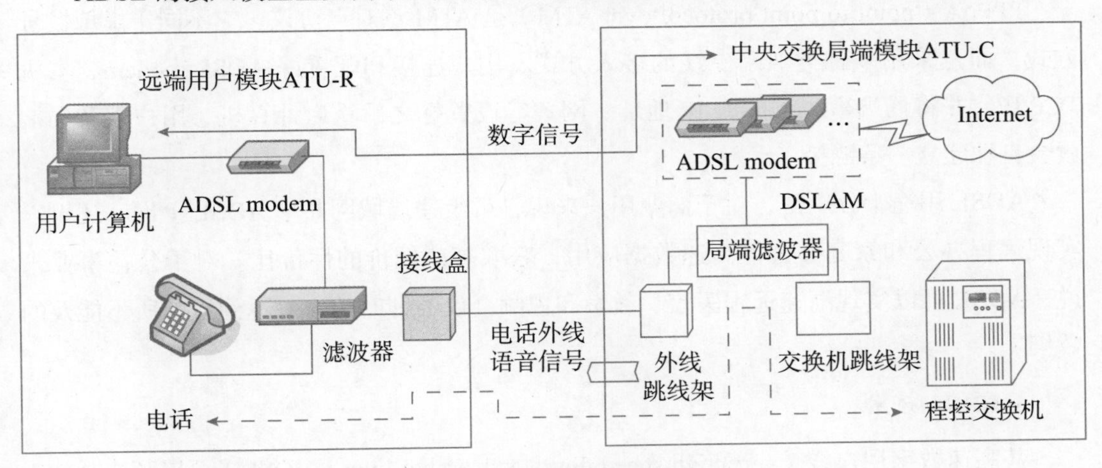

图 6.33　ADSL 的接入模型

中央交换局端模块包括在中心位置的 ADSL modem、局端滤波器和 ADSL 接入多路复用系统 DSLAM，其中处于中心位置的 ADSL modem 被称为 ADSL 中心传送单元（ADSL transmission unit-central office end，ATU-C），而接入多路复用系统中心的 modem 通常被组合成一个接入节点，也称 ADSL 数字用户线接入复用器（digital subscriber line access multiplexer，DSLAM），它为接入用户提供网络接入接口，把用户端 ADSL 传送的数据进行集中和分解，并提供网络服务供应商访问的接口，实现与互联网或其他网络的连接。

远端用户模块由用户端 ADSL modem 和滤波器组成。其中用户端 ADSL modem 通常被叫作 ADSL 远端传送单元（ADSL transmission unit-remote terminal End，ATU-R），用户计算机、电话等通过它们接入 PSTN。两个模块中的滤波器用于分离承载音频信号的 4kHz 以下的低频带和调制用的高频带。这样 ADSL 可以同时提供电话和高速数据传输的服务，两者互不干涉。

在用户端除安装好硬件外，用户还需为 ADSL modem 或 ADSL 路由器选择一种通信连接方式。目前主要有静态 IP、PPPoA、PPPoE 三种。一般普通用户多数选择 PPPoE 或 PPPoA 方式，对于企业用户更多选择静态 IP 地址（由电信部门分配）的专线方式。

PPPoE（point to point protocol over Ethernet）是以太网点对点协议，采用一种虚拟拨号方式，即通过用户名和密码接入互联网。这种方式类似于电话拨号和 ISDN，不过 ADSL 连接的并不是具体接入号码（如 163，169 等），而是 ADSL 接入地址，以此完成授权、认证、分配 IP 地址和计费的一系列点对点协议接入过程。在 ADSL modem 中采用 RFC 1483 桥接封装方式对终端发出的点对点数据包进行 LLC/SNAP 封装，在 ADSL modem 与网络内的宽带接入服务器之间建立连接，实现 PPP 的动态接入，以往校园宿舍内 ADSL 201 宽带上网即采用此方式。

PPPoA（point to point protocol over ATM）是 ATM 点对点协议，它不同于虚拟拨号方式，而是采用一种类似于专线的接入方式。用户连接和配置好 ADSL modem、本机 TCP/IP，并将局端事先分配的 IP 地址、网关等设置好之后重启计算机，用户端和局端就会自动建立一条链接。

ADSL 用途十分广泛，对于商业用户来说，可组建局域网共享 ADSL 上网，还可以实现远程办公和家庭办公等高速数据应用，获取高速低价的性价比。对于公益事业来说，ADSL 可以实现高速远程医疗、教学和视频会议的即时传送，达到以前所不能及的效果。

3. VDSL 技术

甚高速数字用户线（very high speed digital subscriber liner，VDSL）可以解决 ADSL 技术在提供图像业务方面的宽带十分有限以及其成本偏高的问题。VDSL 复用上传和下传管道以获取更高的传输速率，它使用了内置纠错功能以弥补噪声等干扰。VDSL 可以在对称或不对称速率下运行，每个方向上最高对称速率是 26Mbit/s。VDSL 其他典型速率是 13Mbit/s 的对称速率，52Mbit/s 的下行速率和 6.4Mbit/s 的上行速率，26Mbit/s 的下行速率和 3.2Mbit/s 的上行速率，以及 13Mbit/s 的下行速率和 1.6Mbit/s 的上行速率。VDSL 可以和 POTS（plain old telephone service）运行在同一对双绞线上。

VDSL 也属于非对称型铜线接入网技术的一种。它与 ADSL 有许多相似之处，也采用频分复用方式，将普通电话、ISDN 和 VDSL 上下行信号放在不同的频带内。接收时采用无源滤波器就可以将 VDSL 滤出。

6.5.3 HFC 接入

有线电视网具有覆盖范围广、带宽大等优点。如何利用有线电视网来解决终端用户接入互联网传输率低的问题，极大地推动了 HFC 的发展。HFC 充分利用有线电视网这一资源，改造原有线路，变单向信道为双向信道以实现高速接入互联网。

1. HFC 概念

HFC 接入技术是以有线电视网为基础，采用模拟频分复用技术，综合应用模拟和数字传输技术、射频技术和计算机技术所产生的一种宽带接入网技术。它利用现有的有线电视网络的宽带特性，将本来单向广播的网络改造成双向通信网络，最终为用户提供宽带接入业务的网络体系。HFC 具有传输距离远，传输图像质量高，可形成大规模网络等特点。

HFC 网络大部分采用传统的高速局域网技术，但是其最重要的部分——同轴电缆到用户终端使用了另外的一种独立技术 cable modem。cable modem 即电缆调制解调器，是一种将数据终端连接到有线电视网，以使用户能进行数据通信，访问互联网等信息资源的设备。

HFC 是一种新型的宽带网络，也可以说是有线电视网的延伸。从交换局到服务区，它采用光纤，而在进入用户的“最后一千米”采用有线电视网的同轴电缆。HFC 网络是目前世界上公认的较好的一种宽带接入方式。HFC 综合网可以提供电视广播（模拟及数字电视）、影视点播、数据通信、电信服务（电话、传真等）、电子商贸、远程教学与医疗以及增值服务（电子邮件、电子图书馆）等极为丰富的服务内容。

2. HFC 频谱分配方案

HFC 支持双向信息的传输，因而其可用频带划分为上行频带和下行频带。所谓上行频带是指信息由用户终端传输到局端设备所需占用的频带；下行频带是指信息由局端设备传输到用户端设备所需占用的频带。各国目前对 HFC 频谱配置还未取得统一。以我国为例，根据 GY/T 106—1999 标准的最新规定，HFC 系统的上行频段为 5 ～ 65MHz，通过 QPSK（quadrature phase shift keying，正交相移键控）和 TDMA 等技术提供非广播数据通信业务。65 ～ 87MHz 为过渡带。87 ～ 1000MHz 频段用于下行传输，其中 87 ～ 108MHz 频段为调频广播频段，提供普通广播电视业务；108 ～ 550MHz 频段用来传输现有的模拟电视信号，每条通路的带宽为 6 ～ 8MHz；500 ～ 750MHz 频段采用 QAM（quadrature amplitude modulation，正交振幅调制）和 TDMA 技术，允许用来传输附加的模拟电视信号或数字电视信号，但目前一般用于双向交互性通信业务，特别是电视点播业务；750 ～ 1000MHz 频段已明确用于各种双向通信业务，其中 2×50MHz 频带可用于个人通信业务，其他未分配的频段可以应付未来可能出现的其他新业务。

3. HFC 接入系统

HFC 网络中传输的信号是射频信号，即一种高频交流变化电磁波信号，类似于电视信号，在有线电视网上传送。整个 HFC 接入系统由 3 部分组成：前端系统，HFC 接入网和用户终端系统，如图 6.34 所示。

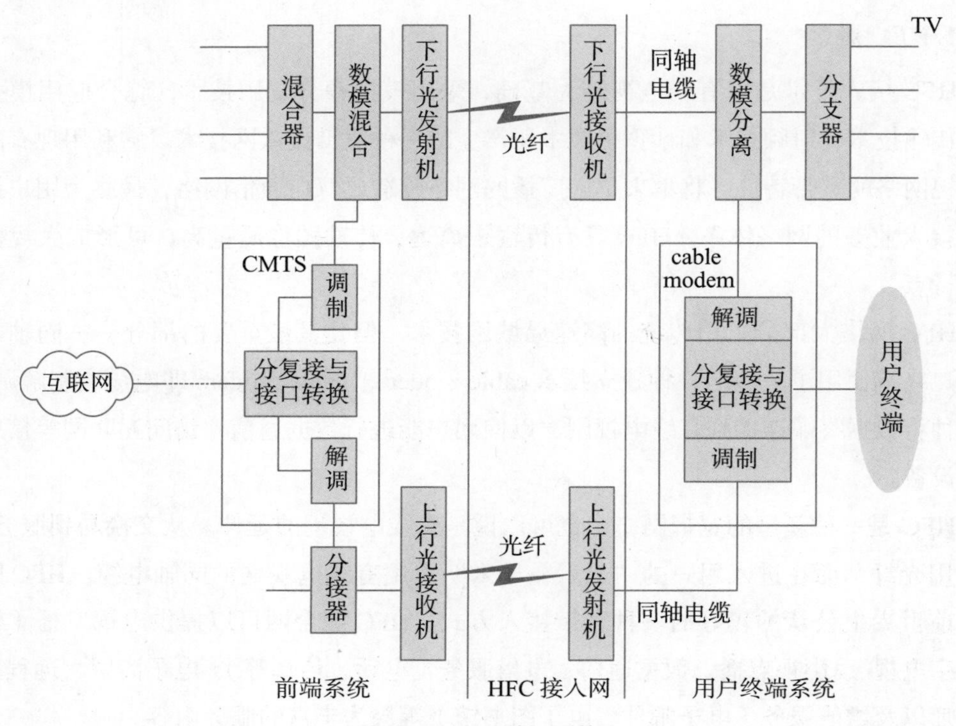

图 6.34 HFC 接入系统

（1）前端系统。有线电视有一个重要的组成部分——前端，如常见的有线电视基站，它用于接收、处理和控制信号，包括模拟信号和数字信号，完成信号调制与混合，并将混合信号传输到光纤。其中处理数字信号的主要设备之一就是同轴电缆调制解调器端接系统（cable modem termination system，CMTS），它包括分复接与接口转换、调制器和解调器。CMTS 的网络侧为一些与网络连接有关的设备，如远端服务器、骨干网适配器和本地服务器等。CMTS 的射频侧为数 / 模混合器、分接器、下行光发射机和上行光接收机等设备。

（2）HFC 接入网。HFC 接入网是前端系统和用户终端系统之间的连接部分，包括馈线网、配线和引入线 3 部分内容。如图 6.35 所示，馈线网（即干线）是前端到服务区光纤节点之间的部分，为星形拓扑结构。它与有线电视网不同的是采用一根单模光纤代替了传统的干线电缆和有源干线放大器，传输上下行信号更快、质量更高和带宽更宽。配线是服务区节到分支点之间的部分，采用同轴电缆，并配以干线 / 桥接放大器连接线路，为树形结构，覆盖范围可达 5 ～ 10km。这一部分非常重要，其好坏往往决定了整个 HFC 网的业务量和业务类型。最后一段为引入线，是分支点到用户之间的部分，其中一个重要的元器件为分支器，它作为配线网和引入线的分界点，是信号分路器和方向耦合器结合的无源器件，用于将配线的信号分配给每一个用户，一般每隔 40 ～ 50m 就有一个分支器。引入线负责将分支器的信号引到用户，它使用复合双绞线的连体电缆（软电缆）作为物理介质，与配线网的同轴电缆不同。

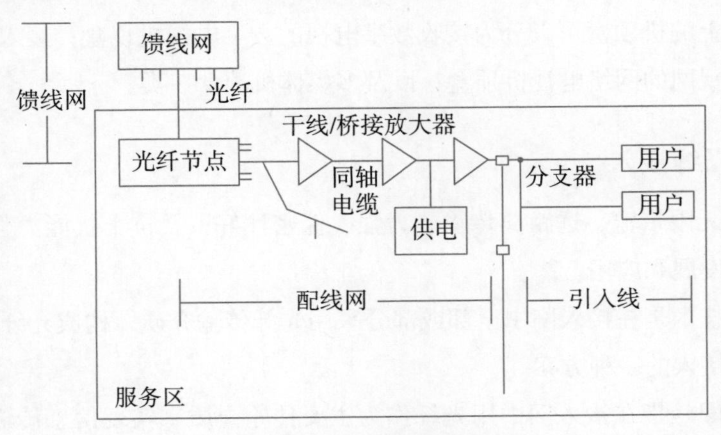

图 6.35　HFC 接入网结构

（3）用户终端系统。用户终端系统是指以电缆调制解调器（cable modem）为代表的用户室内终端设备连接系统。cable modem 是一种将数据终端设备连接到 HFC 网，以使用户能和 CMTS 进行数据通信，访问互联网等信息资源的连接设备。它主要用于有线电视网进行数据传输，数据传输速率高，彻底解决了由于声音图像的传输而引起的阻塞。

cable modem 工作在物理层和数据链路层，其主要功能是将数字信号调制到模拟射频信号以及将模拟射频信号中的数字信息解调出来供计算机处理。除此之外，cable modem 还提供标准的以太网接口，完成网桥、路由器、网卡和集线器的部分功能。CMTS 与 cable modem 之间的通信是点到多点、全双工的，这与普通 modem 的点到点通信和以太网的共享总线通信方式不同。

以下依据图 6.34 分别从下行和上行两条线路来看 HFC 系统中信号传送过程。

（1）下行方向。在前端系统，所有服务或信息经由相应调制转换成模拟射频信号，这些模拟射频信号和其他模拟音频和视频信号经数 / 模混合器由频分复用方式合成一个宽带射频信号，加到前端的下行光发射机上，并调制成光信号用光纤传输到光纤节点并经同轴电缆网络、数 / 模分离器和 cable modem 将信号分离解调并传输给用户。

（2）上行方向。用户的上行信号采用多址技术（如 TDMA、FDMA、CDMA 或它们的组合）通过 cable modem 复用到上行信道，由同轴电缆传送到光纤节点进行电光转换，然后经光纤传至前端系统，上行光接收机再将信号经分接器分离以及 CMTS 解调后传送到相应接收端。

4. 机顶盒

机顶盒（set top box，STB）是利用有线广播电视网向用户提供综合信息业务的终端设备。从广义上说，凡是与电视机连接的网络终端设备都可以称为机顶盒。目前的机顶盒多为网络机顶盒，其内部包含操作系统和互联网浏览软件，通过电话网或有线电视网接入互联网，使用电视机作为显示器，从而实现没有计算机的上网。

目前市场上的机顶盒可以分为接收数字电视的数字电视机顶盒；接入通信网、计算机网和广播电视网的网络电视机顶盒；以及多媒体机顶盒3类。

6.5.4 光纤接入

光纤具有无限带宽、远距离传输能力强、保密性好以及抗干扰能力强等诸多优点，正在得到迅速发展和应用。

光纤接入技术是在接入网中全部或部分采用光纤传输介质，构成光纤环路，实现用户高性能宽带接入的一种方案。

光纤接入网是指在接入网中用光纤作为主要传输介质来实现信息传输的网络形式，它不是传统意义上的光纤传输系统，而是针对接入网环境所专门设计的光纤传输网络。

1. 光纤接入网的结构

光纤接入网的基本结构包括用户、交换局、光纤、电/光交换模块（electrical/optical，E/O）和光/电交换模块（optical/electrical，O/E），如图6.36所示。由于交换局交换的和用户接收的均为电信号，而在主要传输介质光纤中传输的是光信号，因此两端必须进行电/光和光/电转换。

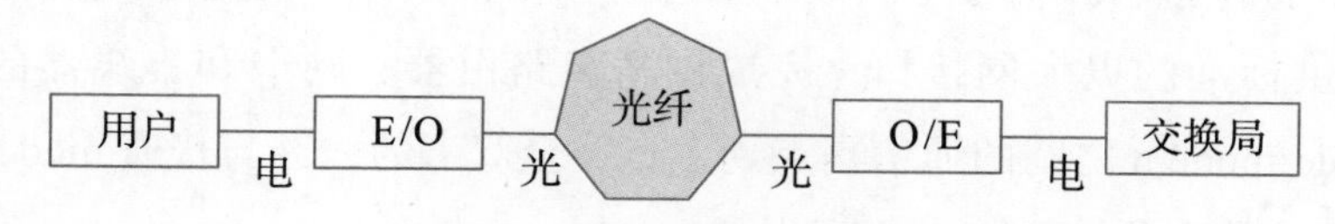

图6.36 光纤接入网基本结构示意图

光纤接入网的拓扑结构有总线型、环形、星形和树形结构，各种拓扑结构的性能比较如表6.11所示。

表6.11 各种拓扑结构性能比较

比较内容	总线型	环形	星形	树形
成本投资（光缆与电子器件）	低	低	最高	低
维护与运行	测试困难	较好	清除故障所需时间长	测试困难
安全性能	很安全	很安全	安全	很安全

续表

比较内容	总线型	环形	星形	树形
可靠性	比较好	很好	最差	比较好
用户规模	中等规模	有选择性用户	大规模	大规模
宽带能力	高速数据	基群接入	基群接入视频	基群接入和视频高速
新业务要求	容易提供	向每个用户提供较困难	容易提供	向每个用户提供较困难

2. 光纤接入网的分类

按光纤接入网的室外传输设施中是否含有源设备，光纤接入网可以划分为有源光网络（active optical network，AON）和无源光网络（passive optical network，PON），前者采用电复用器分路，后者采用光分路器分路，两者均在发展。

AON 是指从局端设备到用户分配单元之间均采用有源光纤传输设备，如光电转换设备、有源光电器件、光纤等连接成的光网络。采用有源光节点可降低对光器件的要求，可应用性能低、价格便宜的光器件，但是初期投资较大，有源设备存在电磁信号干扰、雷击以及固有的维护问题，因而有源光纤接入网不是接入网长远的发展方向。

PON 是指从局端设备到用户分配单元之间不含有任何电子器件及电子电源，全部由光分路器等无源器件连接而成的光网络。由于它初期投资少、维护简单、易于扩展以及结构灵活，大量的费用将在宽带业务开展后支出，因而目前光纤接入网几乎都采用这种结构，它也是光纤接入网的长远解决方案。目前市场上的 PON 产品按照其采用的技术，主要分为 APON/BPON（ATM PON/ 宽带 PON）、EPON（以太网 PON）和 GPON（千兆比特 PON），其中，GPON 是最新标准化和产品化的技术。

3. 光纤接入方式

根据光网络单元（optical network unit，ONU）所在位置，光纤接入网的接入方式分为光纤到路边（fiber to the curb，FTTC）、光纤到大楼（fiber to the building，FTTB）、光纤到办公室（fiber to office，FTTO）、光纤到楼层（fiber to the floor，FTTF）、光纤到小区（fiber to the zone，FTTZ）和光纤到户（fiber to the home，FTTH）等几种类型，如图 6.37 所示。其中 FTTH 是未来宽带接入网发展的最终形式。

下面介绍 3 种主要的光纤接入网。

（1）FTTC。FTTC 结构主要适用于点到点或点到多点的树形分支拓扑，多为居民住宅用户、小型企和事业用户使用，典型用户数在 128 户以下，经济用户数正逐渐降低为 8 ～ 32 户乃至 4 户左右。FTTC 结构是一种光缆 / 铜缆混合系统，其主要特点是易于维护、传输距离长和带宽大，初始投资和年维护运行费用低，并且可以在将来扩展成光纤到户，但铜缆和室外有源设备需要维护。

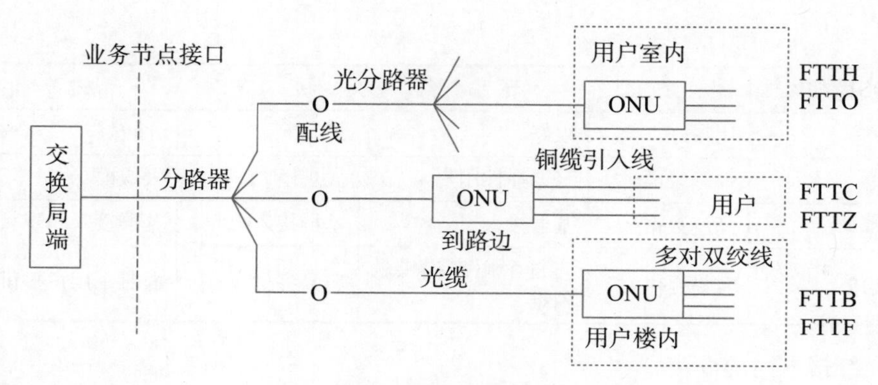

图 6.37　光纤接入方式

（2）FTTB。FTTB 可以看作 FTTC 的一种变形，最后一段接到用户终端的部分用多对双绞线。FTTB 是一种点到多点结构，通常不用于点到点结构。FTTB 的光纤化程度比 FTTC 更强，光纤已敷设到楼，因而更适用于高密度用户区，也更接近于长远发展目标，预计会获得越来越广泛的应用，特别是那些新建工业区或居民楼以及与宽带传输系统共处一地的场合。FTTF 与它类似。

（3）FTTH 和 FTTO。在 FTTB 的基础上 ONU 进一步向用户端延伸，进入用户家即为FTTH结构。如果ONU放在企业、事业单位用户（公司、大学、研究所、政府机关等）终端设备处并能提供一定范围的灵活业务，则构成光纤到办公室（FTTO）结构。FTTH 和 FTTO 都是全光纤连接网络，即从本地交换机一直到用户全部为光连接，中间没有任何铜缆，也没有有源电子设备，是真正全透明的网络，因而归于一类。FTTO 适用于点到点或环形结构，而 FTTH 通常采用点到多点方式。FTTH 的主要特点是，采用低成本元器件，ONU 可以本地供电，因而故障率大大减少，维护安装测试工作也得以简化。此外，由于它是全透明光网络，对传输制式、带宽、波长和传输技术没有任何限制，适用于引入新业务，是一种最理想的业务透明网络，也是用户接入网发展的长远目标。

4. FTTx+LAN 接入

近年发展起来的建立在 5 类及其以上双绞线基础上的以太网技术，已成为目前使用最为广泛的局域网技术，其最大特点是扩展性强、投资成本低，用户终端带宽可达 10Mbit/s ～ 10Gbit/s，入户成本相对较低，具有强大的性能价格比优势。另外，干线采用光纤已逐渐成为一种趋势，因而光纤接入技术结合以太网技术可以构成高速以太网接入，即 FTTx+LAN，通过这种方式可实现“万兆到大楼，千兆到层面，百兆到桌面”，为实现最终光纤到户提供了一种过渡。

FTTx+LAN 接入比较简单，在用户端通过一般的网络设备，如交换机、集线器等将同一幢楼内的用户连成一个局域网，用户室内只需要以太网 RJ-45 信息插座和配置以太网接口卡（即网卡），在另一端通过交换机与外界光纤干线相连即可。

以太网无法借用现成的有线电视网和电话网，必须单独铺设线路，安装设备，但它比 ADSL 和 cable modem 更具广泛性和通用性，而且它的网络设备和用户端设备都比 ADSL、HFC 的设备便宜很多。此外，它给用户提供标准的以太网接口，能够兼容所有带标准以太网接口的终端，除了网卡，用户不需要另配任何新的接口卡或协议软件，因而总的来说，FTTx+LAN 是一种比较廉价、高速和简便的数字宽带接入技术，特别适用于我国这种人口居住密集型的国家。

6.5.5 以太网接入技术

以太网接入技术和传统的用于局域网的以太网技术不一样，它仅仅借用了以太网的帧结构和接口，其网络结构和工作原理完全不一样。以太网接入技术具有高度的信息安全性、电信级的网络可靠性、强大的网络管理功能，并且能保证用户的接入带宽。

1. 以太网接入技术的基本结构

基于以太网技术的宽带接入网的网络结构如图 6.38 所示。它由局侧设备和用户侧设备组成，局侧设备在小区内，用户侧设备一般在居民楼内；或者局侧设备位于商业大楼楼顶，用户侧设备位于楼层。局侧设备提供 IP 骨干网的接口，用户侧设备提供用户终端计算机相连的以太端口。局侧设备具有汇聚用户侧设备网络管理信息的功能。

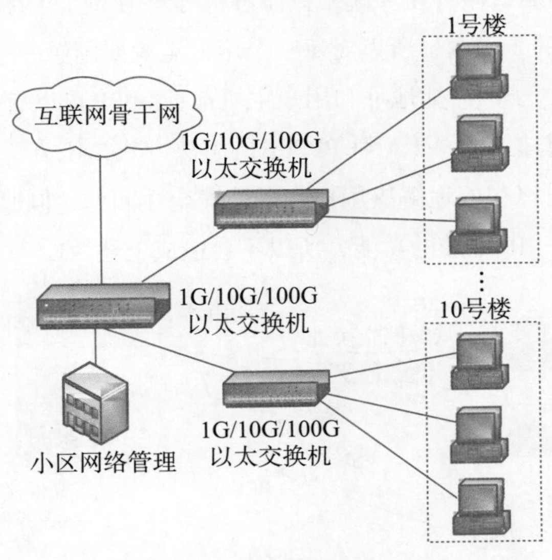

图 6.38 基于以太网技术的宽带接入网的网络结构

2. 以太网接入方式

以太网技术发展到今天，特别是交换以太网设备和全双工以太网技术的发展，使得人们开始思考将以太网技术应用到公用的网络环境。这种应用主要的解决方案有两种：VLAN 方式和 VLAN+PPPoE 方式。VLAN 方式的网络结构如图 6.39 所示，局域网交换机的每一个端口配置成独立的 VLAN，享有独立的 VID（VLAN ID），利用支持 VLAN 的局域网交换机进行信息的隔离，用户的 IP 地址被绑定在端口的 VLAN 号上，以保证正确的路由选择。

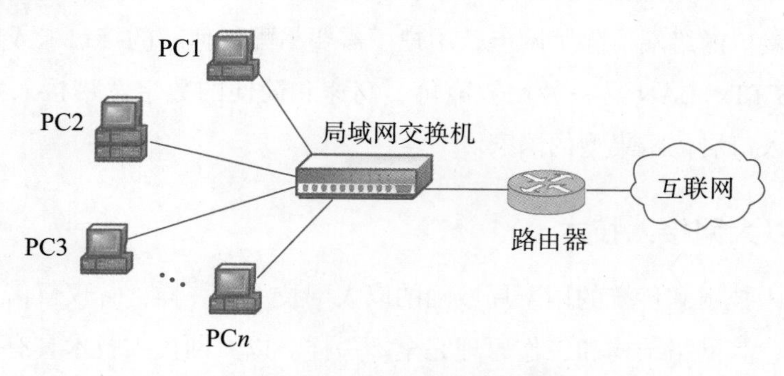

图 6.39　VLAN 方式的网络结构

在 VLAN 方式中，利用 VLAN 可以隔离 ARP、DHCP 等携带用户信息的广播消息，从而使用户数据的安全性得到了进一步的提高。在这种方式中，虽然解决了用户数据的安全性问题，但是缺少对用户进行管理的手段，即无法对用户进行认证、授权。为了识别用户的合法性，可以将用户的 IP 地址与该用户所连接的端口 VID 进行绑定，这样设备可以通过核实 IP 地址与 VID 识别用户是否合法。但是，这种解决方案带来的问题是用户 IP 地址与所在端口捆绑在一起，只能进行静态 IP 地址的配置。另外，因为每个用户处在逻辑上独立的子网内，所以对每一个用户至少要配置一个子网的 4 个 IP 地址：子网地址、网关地址、子网广播地址和用户主机地址。PPP 可以有效地处理用户的认证、授权等问题，于是人们提出了 VLAN+ PPPoE 的解决方式，该方式的网络结构见图 6.40。VLAN+ PPPoE 方式可以很好地解决用户数据的安全性问题，同时由于 PPP 提供用户认证、授权以及分配用户 IP 地址的功能，所以不会造成上述 VLAN 方式所出现的问题。

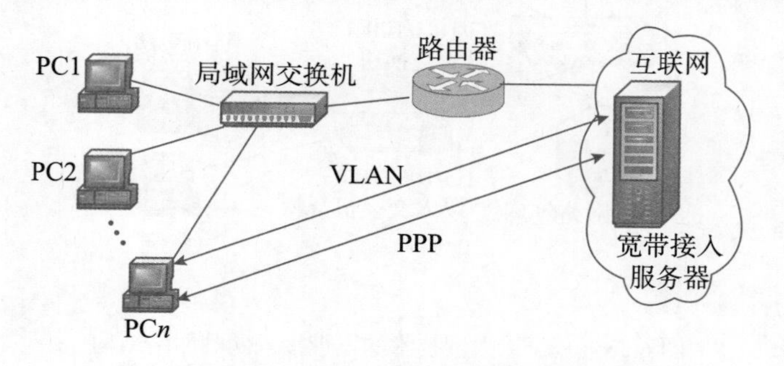

图 6.40　VLAN+PPPoE 方式的网络结构图

6.5.6　无线接入

随着无线通信的发展和移动用户的急剧增加，无线接入技术也正在迅速发展。无线接入技术是指从业务节点到用户终端之间的全部或部分传输设施采用无线手段，向用户提供固定和移动接入服务的技术。采用无线通信技术将各用户终端接入核心网的系统，或者是在市话局端或远端交换模块以下的用户网络部分采用无线通信技术的系统都统称为无线接入系统。由无线接入系统所构成的用户接入网称为无线接入网。

1. 无线接入系统的组成部分

无线接入系统的组成一般包括4个基本模块：用户台(subscriber sation)、基站(basic station)、基站控制器（basic station control）和网络管理系统（network management system），如图 6.41 所示。用户台是一个无线终端，可以识别用户的号码，并转发基站与用户终端之间的电信业务信号。基站由收发机组成，提供无线信道和空中接口，并对空中接口进行认证和加密解密，对无线资源进行管理等。基站控制器是控制整个无线接入运行的子系统，它决定各个用户的电路分配，监控系统的性能，提供并控制无线接入系统与外部网络间的接口，实现有线与无线信令的转换。网络管理系统负责所有信息的存储与管理，以及检测网内设备，诊断并排除故障。

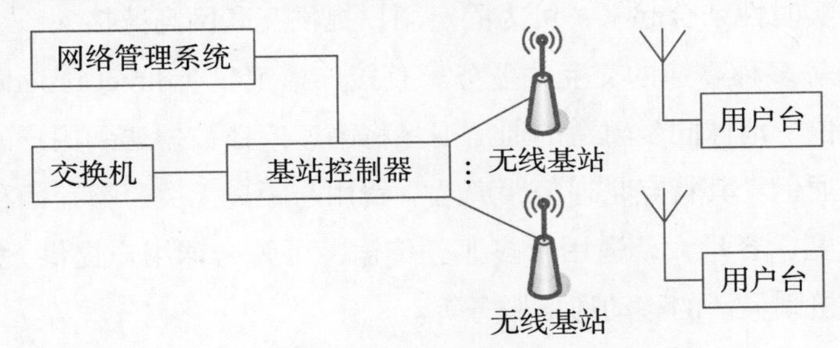

图 6.41　无线接入系统

2. 无线接入网的拓扑结构

无线接入网的拓扑结构通常分为无中心方式和有中心方式。采用无中心方式的无线接入网，一般所有节点都使用公共的无线广播信道，并采用相同的协议争用公共的无线信道。任意两个节点之间可以相互直接通信。当节点较多时，由于每个节点都要通过公共信道与其他节点直接通信，会导致网络服务质量降低而使网络布局受到限制；采用有中心方式的无线接入网，有一个无线站点（节点）是中心点，此站点控制接入网中所有其他站点对网络的访问。由于有中心节点控制，所以当网络中节点数目增多时，网络的吞吐量和延时性能可以得到一定的控制，不会像无中心网络一样性能急剧恶化。

3. 无线接入的分类

根据接入方式和终端特征，无线接入通常可分为固定无线接入和移动无线接入两类。

固定无线接入是指从业务节点到固定用户终端采用无线技术的接入方式，用户终端不含或仅含有限的移动性。固定无线接入主要包括卫星、微波、固定蜂窝、固定无绳和无线光传输，如 1.3.3 节中的无线个人区域网即为固定无线接入。

移动无线接入是指用户终端移动时的接入，包括移动蜂窝通信网［GSM、CDMA、TDMA、蜂窝数字式分组数据交换网络（cellular digital packet data，CDPD）］、无线寻呼网、无绳电话网、集群电话网、卫星全球移动通信网等。

无线接入是本地有线接入的延伸、补充或临时应急方式。由于篇幅有限，此部分仅重点介绍固定无线接入中的卫星通信接入和LMDS接入，以及移动无线接入中的WAP技术、移动蜂窝接入、Wi-Fi、WiMAX、Ad-Hoc、无线Mesh网络和ZigBee技术。

（1）卫星通信接入。卫星通信利用卫星的宽带IP多媒体广播可解决互联网带宽的瓶颈问题。由于卫星广播具有覆盖面大、传输距离远、不受地理条件限制等优点，因此，在复杂的地理条件下，利用卫星通信作为宽带接入网技术，是一种有效的方案并且有很大的发展前景。目前，应用卫星通信接入互联网主要有两种方式，全球宽带卫星通信系统和数字直播卫星接入技术。

全球宽带卫星通信系统将地球静止轨道卫星系统的多点广播功能和地球低轨道卫星系统的灵活性和实时性结合起来，可为固定用户提供互联网高速接入、会议电视、可视电话和远程应用等多种高速的交互式业务。直接广播卫星（direct broadcasting satellite，DBS）技术利用位于地球同步轨道的通信卫星将高速广播数据送到用户的接收天线，一般也称高轨卫星通信。其特点是通信距离远、费用与距离无关、覆盖面积大且不受地理条件限制、频带宽、容量大，适用于多业务传输，可为全球用户提供大跨度、大范围、远距离的漫游和机动灵活的移动通信服务等。

（2）LMDS接入技术。本地多点分配服务（local multipoint distribution service，LMDS）是工作于10GHz以上的频段、宽带无线点对多点的接入技术。在一些国家也称本地多点通信系统（local multipoint communication system，LMCS）。“本地”是指单个基站所能够覆盖的范围，LMDS因为受传播的限制，单个基站在城市环境中所覆盖的半径通常小于5km。“多点”是指信号由基站到用户端采用以点对多点的方式传送，而信号由用户端到基站则采用以点对点的方式传送。“分配”是指基站将发出的信号（可以同时包括语音、数据及互联网视频业务）分别分配至各个用户。“业务”是指系统运营者与用户之间的业务提供与使用关系，即用户从LMDS网络所能得到的业务完全取决于运营者对业务的选择。

LMDS工作于毫米波段，以高频微波为传输介质，以点对多点的固定无线通信方式，提供宽带双向语音、数据及视频等多媒体传输，其可用频带至少1GHz，上行数据速率为1.544Mbit/s ～ 2Mbit/s，下行数据速率可达51.84Mbit/s ～ 155.52Mbit/s。LMDS实现了无线光纤到楼，是“最后一千米”光纤的灵活替代技术。

LMDS网络由4部分组成：基础骨干网络、基站、用户端设备以及网管系统。基础骨干网络又称核心网络，该核心网络可以由光纤传输网、ATM交换或IP交换、

IP+ATM 架构而成的核心交换平台以及与互联网、PSTN 互连模块等组成。基站采用多扇区覆盖，使用在一定角度范围内聚焦的喇叭天线来覆盖用户端设备。用户端通过网络界面单元完成调制解调功能，支持各种应用或服务。用户端设备主要包括室外单元和室内单元。室外单元包括指向性天线、微波收发设备；室内单元包括调制解调模块和网络接口模块。网管系统负责完成告警与故障诊断、系统配置、计费、系统性能分析和安全管理等功能。

LMDS 传输容量可与光纤相比，同时又兼有无线通信经济和易于实施等优点。作为一种新兴的宽带无线接入技术，LMDS 可为交互式多媒体应用以及大量电信服务提供经济和简便的解决方案，并且可以提供高速互联网接入、远程教育、远程计算、远程医疗和用于局域网互联等。

（3）WAP 技术。无线应用协议（wireless application protocol，WAP）是一项全球性网络通信协议。它基于已有的互联网标准，如 IP、HTTP、URL 等，并将无线网络的特点进行了优化，使得互联网的内容和各种增值服务适用于手机用户和各种无线设备用户。WAP 独立于底层的承载网络，可以运行于多种不同的无线网络之上，如移动通信网（移动蜂窝通信网）、无绳电话网、寻呼网、集群网和移动数据网等。WAP 标准和终端设备也相对独立，适用于各种型号的手机、寻呼机和个人数字助理（personal digital assistant，PDA）等。

WAP 网络架构由 WAP 网关、WAP 手机和 WAP 内容服务器 3 部分组成。移动终端向 WAP 内容服务器发出 URL 地址请求，用户信号经过无线网络，通过 WAP 到达 WAP 网关，经过网关“翻译”，再以 HTTP 方式与 WAP 内容服务器进行交互，最后 WAP 网关将返回的互联网信息内容压缩并处理成二进制码流，返回到用户的 WAP 手机的屏幕上。

（4）移动蜂窝接入。移动蜂窝接入技术的发展主要有以下几个阶段：模拟蜂窝通信（1G），以全球移动通信系统（global system for mobile communications，GSM）为代表的 2G，以通用分组无线业务（general packet radio service，GPRS）为代表的 2.5G，以 CDMA 为核心的 3G，基于长期演进技术（Long Term Evolution，LTE）的 4G、5G 和未来的 6G。

1G 系统主要采用模拟技术和 FDMA 技术，用于语音通信。

初始的 2G 系统也是为语音通信而设计，其典型代表为 GSM。GSM 是一种数字移动通信，与模拟蜂窝通信相比，GSM 可以提供较高质量的信号、支持数字服务的更高数据速率，以及更大的容量。

2.5G 系统除了语音服务外还扩展了对数据（即互联网）的支持，其典型代表为 GPRS。与原来 GSM 拨号方式的电路交换数据传送方式相比，GPRS 采用分组交换技术，把 GSM 的最大数据通信速率从 9.6kbit/s 提高到了 171.2kbit/s，同时具有“实时在线”“按量计费”“快捷登录”和“自如切换”等优点。

3G 系统支持语音和数据服务，但更强调数据能力和更高速的无线接入链路。3G 技术将无线接入网连接到互联网，不触动现有核心 GSM 蜂窝语音网，增加与现有蜂窝语音网平行的附加蜂窝数据功能。它能保证相当高速的无线通信，在室内、室外和行车的环境中能够分别支持至少 2Mbit/s、384kbit/s 以及 144kbit/s 的传输速度。除了支持语音，还支持图像、音频流和视频流等多种媒体数据，并提供浏览网页、电话会议和电子商务等多种信息服务。

4G 系统在 3G 的基础上提高了移动通信网络的性能。4G 系统基于 LTE，其特征为全 IP 核心网络。4G 技术能够提供无缝和高速率的数据服务，最大的数据传输速率超过 100Mbit/s，可以实现图片和视频的原图和原视频高清传输，在软件、文件、图片和音视频下载时，其速度最高可达到每秒几十兆字节。另外，4G 技术能适应多个无线标准，支持跨异构网络的平稳切换，提供跨运营商的大范围服务。

5G 系统是目前最新一代的蜂窝移动通信技术。ITU 定义了 5G 八大关键性能指标，其中高速率、低时延、大连接成为 5G 最突出的特征，用户体验速率达 1Gbit/s，时延低至 1ms，支持每平方千米内至少 100 万台连接设备。2018 年 6 月，3GPP 发布了第一个 5G 标准（Release-15），支持 5G 独立组网，重点满足增强移动宽带业务。2020 年 6 月，Release-16 标准发布，重点支持低时延高可靠业务，实现对 5G 车联网、工业互联网等应用的支持。Release-17 标准将重点实现差异化物联网应用，实现中高速大连接，于 2022 年 6 月发布。5G 将渗透到经济社会的各行业各领域，成为支撑经济社会数字化、网络化、智能化转型的关键新型基础设施。

目前，6G 网络设想已提出，它将是一个地面无线与卫星通信集成的全连接世界，不再是简单的网络容量和传输速率的突破，更是为了缩小数字鸿沟，实现万物互联这个“终极目标”。6G 将使用太赫兹（THz）频段（100GHz ～ 10THz），数据传输速率可能达到 5G 的 50 倍，网络延迟也可能从毫秒降到微秒级，同时在流量密度、连接数密度、移动性、频谱效率和定位能力等方面也将远优于 5G。中国自 2018 年开始着手研究 6G，美国、欧盟、俄罗斯、日本等也正在紧锣密鼓地开展 6G 相关工作，将其视为事关未来竞争优势的关键领域。贝尔实验室、华为、三星、爱立信等均在积极布局 6G。预计 2030 年，6G 系统开始应用推广，满足彼时的信息社会需求。

（5）Wi-Fi。Wi-Fi 是指由 IEEE 802.11 委员会提出的短距离无线传输技术标准，在现有的无线互联网接入技术中处于支配地位，用于家庭、办公室和公共场合。

1997 年，IEEE 为 WLAN 制定了第一个版本标准—— IEEE 802.11，定义了介质访问控制层（MAC 层）和物理层。物理层定义了工作在 2.4GHz 的 ISM 频段上的两种无线调频方式和一种红外传输方式，总数据传输速率设计为 2Mbit/s。两个设备之间的通信可以自由直接地进行，也可以在基站或者访问点的协调下进行。由于互操作性问题、成本和缺乏足够的吞吐量，该协议未被广泛接受。

IEEE 每隔几年更新一次 802.11 Wi-Fi 标准，通常会带来更快的速率和更高的网络 / 频谱效率。表 6.12 为各代 IEEE 802.11 标准的比较。

表 6.12　各代 IEEE 802.11 标准的比较

IEEE 802.11 系列标准	802.11a	802.11b	802.11g	802.11n	802.11ac	802.11ax
发布时间	1999	1999	2003	2009	2014	2019
频段	5GHz	2.4GHz	2.4GHz	2.4GHz/5GHz	2.4GHz/5GHz	2.4GHz/5GHz
带宽	20	22	20	20/40	20/40/80/160	20/40/80/160
最大传输速率	54Mbit/s	11Mbit/s	54Mbit/s	600Mbit/s	6.93Gbit/s	10Gbit/s

802.11a 采用了与 802.11 原始标准相同的核心协议，工作频率为 5GHz，最大数据传输率为 54Mbit/s。由于 2.4GHz 频段日益拥挤，使用 5GHz 频段能减少干扰，吞吐量较好。但是，理论上 5GHz 频段信号也更容易被墙阻挡吸收，所以 802.11a 的传输距离不及 802.11b 和 802.11g。

802.11b 标准使用了更典型的 2.4GHz 频段，最大数据传输率可达到 11Mbit/s，在信号较弱或有干扰的情况下，带宽可调整为 5.5Mbit/s、2Mbit/s 和 1Mbit/s，带宽的自动调整有效地保障了网络的稳定性和可靠性。

802.11g 是 802.11b 的后继标准，在保留可靠的 2.4GHz 频段的同时，将最大数据传输速率提高到 54Mbit/s。

802.11n 标准在 2.4GHz 和 5 GHz 频段运行，向后兼容 802.11g、802.11b 和 802.11a。该标准增加了对多输入多输出（multiple-input multiple-output，MIMO）技术的支持，允许 40MHz 的无线频宽，最大传输速率理论值为 600Mbit/s。同时，通过使用 Alamouti 提出的空时分组码，该标准扩大了数据传输范围。

802.11ac 标准俗称 5G Wi-Fi，其核心技术主要基于 802.11a，继续工作在 5GHz 频段上以保证与 802.11a 和 802.11n 的后向兼容。不过在通道的设置上，802.11ac 沿用 802.11n 的 MIMO 技术，802.11ac 每个通道的工作频宽可由 802.11n 的 40MHz，提升到 80MHz 甚至是 160MHz，再加上大约 10% 的实际频率调制效率提升，最终理论传输速率可达 6.93Gbit/s。

802.11ax 又称 Wi-Fi 6，目标是支持室内 / 室外场景以及提高频谱效率和提高密集用户环境下的实际吞吐量。802.11ax 为 2.4GHz 和 5GHz 双频技术，可与 802.11a、802.11g、802.11n 和 802.11ac 客户端高效共存，其最大物理速率理论上能达到 10Gbit/s。

（6）WiMAX 技术。威迈（world interoperability for microwave access，WiMAX）是一种定位于宽带 IPMAN 的无线接入技术，其最大覆盖范围是 50 千米。WiMAX 主要用于固定无线宽带接入、地理位置分散的信息热点回程传输或大业务量用户的接入。WiMAX 作为一种 MAN 接入手段，采用了多种技术来应对建筑物阻挡情况下的非视距和阻挡视距的传播条件，因此可以实现非视距传输。

WiMAX 已成为 IEEE 802.16 系列标准的代名词。IEEE 802.16 初期标准工作在 10GHz ～ 63GHz 频段（不能穿透建筑物和树等障碍物），要求基站和终端是视距链路，对终端天线安装要求很高，且系统性能受雨水影响较大。此后各个标准陆续做了改进，到目前为止，IEEE 802.16 系列标准主要包括 802.16a、802.16c、802.16d、802.16e、802.16f、802.16g 和 802.16m 等。其中，802.16a、802.16d、802.16e 和 802.16m 是最具里程碑意义的几个标准，各标准的特点详见表 6.13。802.16a 于 2003 年推出，其设计初衷是为了解决工作频段在 2GHz ～ 11GHz 之间的非视距固定宽带接入问题。802.16d 是 802.16a 的增强版本，是为支持室内用户固定设备接入宽带而设计的。802.16e 是 802.16a 和 802.16d 的进一步扩展，于 2005 年 12 月被 IEEE 委员会正式批准通过，它在已有标准的基础上，添加了对数据传输的移动性支持，具有宽带接入、MAN 覆盖范围、高速移动和基于 IP 核心网的特点。802.16m 是继 IEEE802.16e 之后的新一代移动 WiMAX 标准，也称 WiMAX 2，于 2011 年由 IEEE 正式批准。相比 802.16e，802.16m 提出了更高技术要求，包括更高的数据传输速率和在传输过程中更高的移动性支持。

表 6.13　802.16 系列标准比较

	802.16a	802.16d	802.16e	802.16m
使用频段	2GHz ～ 11GHz	2 ～ 11/11GHz ～ 16GHz	6GHz 以下	3.5GHz 以下
视距条件	视距	视距 + 非视距	视距 + 非视距	视距 + 非视距
移动性	固定	固定	中低速移动	高速移动
业务定位	个人用户，游牧式数据接入	中小企业用户的数据接入	个人用户的宽带移动数据接入	个人用户的高速移动数据接入
QoS	支持	支持	支持	支持

WiMAX 的优势主要体现在这一技术集成了 Wi-Fi 无线接入技术的移动性与灵活性以及 xDSL 等基于线缆的传统宽带接入技术的高带宽特性。其技术优势是，传输距离远、接入速度高，系统容量大，互操作性好，能提供广泛的、高质量的多媒体通信服务和安全保证。

（7）其他无线接入技术。

① Ad-Hoc 接入技术。Ad-Hoc 网络也称自组织网络，是一种无序固定网络作为支撑的自创造、自组织和自管理的网络形式。相对于传统的蜂窝网，Ad-Hoc 网络具有组网快

速灵活、抗毁性强和成本低廉等优点，特别适用于军事、抢险救灾以及电子教室等领域。

与普通的移动网络和固定网络相比，Ad-Hoc 网络具有无中心、自组织、多跳路由、动态拓扑、能量有限、带宽有限以及安全性差等特点。考虑到 Ad-Hoc 网络的上述特性，需要为其设计专门的协议和技术，主要包括物理层自适应技术、信道接入技术、路由技术、广播与多播技术、安全技术、网络管理技术和 QoS 保证等。

② 无线 Mesh 网络接入技术。无线 Mesh 网络也称“多跳”网络，它是一种与传统无线网络完全不同的新型无线网络技术。在传统的 WLAN 中，用户间的通信必须先访问集中的 AP 才能进行连接。而在无线 Mesh 网络中，每个节点都可以与一个或者多个对等节点进行直接通信。这种结构的最大好处是，如果最近的接入点由于通信流量过大而导致拥塞的话，那么数据可以自动重新路由到一个通信流量较小的邻近节点进行传输，以此类推，数据包可以根据网络的情况，继续路由到与之最近的下一个节点进行传输，直到到达最终目的地。这样的访问方式就是多跳访问。

无线 Mesh 网络是一种高容量和高速率的分布式网络。在网络拓扑方面，它与移动 Ad-Hoc 网络相似，但网络大多数节点基本静止不动，不用电池作为动力，拓扑变化小。与传统的 WLAN 相比，无线 Mesh 网络具有快速部署和易于安装、非视距传输、网络健壮性强、结构灵活和高带宽的优势，主要作为互联网或宽带多媒体通信业务的接入，应用于市政、安全和救灾等众多领域。

③ ZigBee 技术。ZigBee 技术是一种面向自动控制的低速率、低功耗和低价格的无线网络方案，属于短距离无线通信技术。基于 IEEE 802.15.4 标准，可以采用星形、树形和网状三种组网方式，灵活地组成各种网络。ZigBee 工作频率为 2.4GHz、915MHz 或 868MHz，分别提供 250kbit/s（2.4GHz）、40kbit/s（915MHz）和 20kbit/s（868MHz）的原始数据吞吐率，只能满足低速率传输数据的应用要求。ZigBee 的传输距离比较近，相邻节点的传输距离一般介于 10 ～ 100m 之间，标准距离为 75m，在增加 RF 发射功率后，可增加到 1km ～ 3km。但 ZigBee 技术具有功耗低、成本低、时延短、网络容量大、安全性好以及工作频段灵活等优点，它与其他无线技术相结合，使网络无处不在。

随着物联网的发展，ZigBee 技术在包括智能家居、医疗护理、环境生态观测、公路交通、学校管理和远传抄表等方面得到广泛应用。由于各个方面的制约，ZigBee 技术的大规模商业化应用还有待时日，但其已显示出了应用价值。随着微电子和计算机等相关技术的发展和推进，ZigBee 技术的功能一定会越来越强大，并得到更广泛的应用。

6.6 互联网服务和应用

互联网提供了多种服务和应用，传统的基本服务有 WWW、E-mail 和 FTP 等，近年新兴的网络服务有 P2P 应用和音频 / 视频服务等。

6.6.1 WWW 服务

WWW（world wide web）又称万维网，简称 Web 或 3W，是由欧洲粒子物理实验室（the european laboratory for particle physics，CERN）于 1989 年提出并研制的基于超文本方式的大规模、分布式信息获取和查询系统，是互联网的应用和子集。

WWW 提供了一种简单和统一的方法来获取网络上丰富多彩的信息，它屏蔽了网络内部的复杂性，可以说 WWW 技术为互联网的全球普及扫除了技术障碍，促进了网络飞速发展，并已成为互联网最有价值的服务。

1. WWW 中的主要概念

WWW 中使用了一种重要信息处理技术——超文本，它是文本与检索项共存的一种文件表示和信息描述方法。超文本文档最重要的特色是文档之间的链接。互相链接的文档可以在同一个主机上，也可以分布在网络上的不同主机上，超文本就因为有这些链接才具有更好的表达能力。

在 WWW 系统中，信息是按照超文本方式组织的。用户在浏览文本信息时，可以方便地选择“热字”。“热字”就是一些核心词汇，往往就是上下文关联的单词。通过选择“热字”可以跳转到其他的文本信息，这就是超文本的工作原理。

检索项就是指针，每一个指针指向任何形式的计算机可处理的其他信息源。这种指针设定相关信息链接的方式就称为超链接，如果一个多媒体文档中含有这种超链接的指针，就称为超媒体，它是超文本的一种扩充，不仅包含文本信息，还包含诸如图形、声音、动画和视频等多种信息。由超链接相互关联起来的，分布在不同地域、不同计算机上的超文本和超媒体文档就构成了全球的信息网络，成为人类共享的信息资源宝库。

HTML 描述网络资源以及创建超文本和超媒体文档，是一种专门用于 WWW 的编程语言。HTML 具有统一的格式和功能定义，生成的文档以 .htm 或 .html 为文件扩展名，主要包含文头（head）和文体（body）两部分。文头用来说明文档的总体信息，文体是文档的详细内容，为主体部分，含有超链接。

信息资源以网页的形式存储在 WWW 服务器中，用户通过 WWW 客户程序（浏览器）向 WWW 服务器发出请求，WWW 服务器根据请求的内容将保存的某些页面发送给客户；浏览器接收后对其进行解释，最终将图、文和声音并茂的页面呈现在用户面前。对于一般的网站都有主页，主页通常是包含个人或机构基本信息的页面，用于对个人或机构进行综合的介绍，是访问网站的入口点。比如，只需输入 www.csu.edu.cn，服务器就会查到中南大学的主页并返回给用户。

2. WWW 工作原理

WWW 工作采用 C/S 模式。客户机最主要的应用软件是 Web 浏览器。浏览器软件种类繁多，目前常见的有 IE（Internet explorer）、Firefox 等，其中 IE 是全球使用最广泛的一种浏览器。运行 Web 服务器软件，且有超文本和超媒体驻留其上的计算机就称为 WWW 服务器或 Web 服务器，它是 WWW 的核心部件。

浏览器和服务器之间通过 HTTP 进行通信和对话，该协议建立在 TCP 连接之上，默认逻辑端口为 80。用户通过浏览器建立与 WWW 服务器的连接，交互浏览和查询信息，其请求 - 响应模式如图 6.42 所示。浏览器首先向 WWW 服务器发出 HTTP 请求，WWW 服务器作出 HTTP 应答并返回给浏览器，然后浏览器装载超文本页面，并解释 HTML，以及显示给用户。

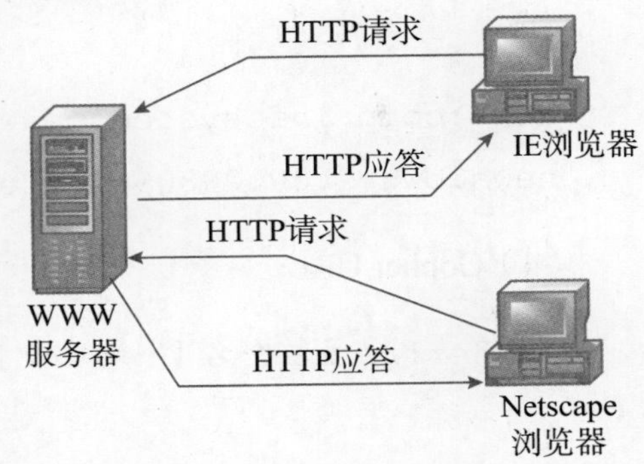

图 6.42 WWW/HTTP 请求 - 响应模式

3. 统一资源定位符

在互联网中有如此众多的 WWW 服务器，而每台服务器中又包含很多的页面，人们如何才能找到所需要的页面呢？WWW 采用统一资源定位符（uniform resource locator，URL）很好地解决了这个问题。URL 是一种用来唯一标识网络信息资源的位置和存取方式的机制，通过这种定位机制就可以对资源进行存取、更新、替换和查找等各种操作，并可在浏览器上实现 WWW、E-mail、FTP 和新闻组等多种服务。

URL 的通用形式为：

```
<URL 的访问方式 >: //< 主机域名 >: < 端口 >/< 路径 >
```

其中：<URL 的访问方式 > 指明资源类型，常见的有 WWW、HTTP、FTP 和 News；< 主机域名 > 以域名方式或 IP 地址方式给出被访问对象所在的 Web 服务器；< 端口 > 给出 Web 服务器侦听的端口号，针对不同的访问方式，Web 服务器都有对应的常用端口号；< 路径 > 给出访问对象在 Web 中的存放位置，如文件的访问路径。

下面是针对不同访问方式的 URL 实例。

（1）HTTP URL。

```
http:// 主机全名 [ : 端口号 ] / 文件路径和文件名
```

如 http://csu.edu.cn/。

（2）FTP URL。

```
ftp:// [ 用户名 [ : 口令 ] @] 主机全名 / 路径 / 文件名
```

如 ftp://csu_user@ftp.csu.edu.cn/software/ 默认用户名为 anonymous。

（3）News URL。

```
news：新闻组名
```

如：

```
news:comp.infosystems.www.providers
news:bwh.2.00100809c@access.digex.net
```

（4）Gopher URL。

```
gopher://主机全名[：端口号]/文件路径/文件名
```

如：

```
gopher://gopher.micro.umn.edu/11/
```

4. Web 搜索引擎

随着信息化和网络化进程的推进，互联网上的各种信息呈指数级膨胀。面对这些大量、无序和繁杂的信息资源，信息检索系统应运而生。其核心思想是用一种简单的方法，按照一定策略，在互联网中搜集和发现信息，并对信息进行理解、提取、组织和处理，帮助人们快速寻找到想要的内容，摒弃无用信息。这种为用户提供检索服务，起到信息导航作用的系统就称为搜索引擎。

根据搜索引擎所基于的技术原理，可以把搜索引擎分为以下三类。

（1）全文搜索引擎。全文搜索引擎通过从互联网上提取各个网站的信息（以网页文字为主）并存放于数据库中，检索与用户查询条件匹配的相关记录，然后按一定的排列顺序将结果返回给用户，因此它们是真正的搜索引擎。这种方式往往从已经建立的索引数据库里进行查询（并不是实时地在互联网上检索到的信息）。因此，为保证信息的及时性，建立这种索引数据库的网站必须定期对已建立的数据库进行更新维护。现在全球最大的并且最受欢迎的全文搜索引擎就是谷歌 Google，另外两个著名的网站是美国微软的必应和中国的百度。

（2）目录索引。目录索引是按目录分类的网站链接列表。用户完全可以不用进行关键词（keywords）查询，仅靠分类目录也可找到需要的信息。这种方式查询的准确性较好，但由于查询结果不是具体的页面，而是被收录网站主页的 URL 地址，因而相比于全文检索，得到的内容比较有限。目录索引中最具代表性的如 Yahoo。国内的搜狐、新浪、网易搜索也都属于这一类。

（3）元搜索引擎。元搜索引擎在接受用户查询请求时，同时在其他多个引擎上进行搜索，并将结果返回给用户。这种方式主要着眼于提高搜索速度、智能化处理搜索结果以及个性化搜索功能的设置和用户检索界面的友好性上，其查全率和查准率都比较高。较有名的元搜索引擎有 InfoSpace、Dogpile、Vivisimo 等，中文元搜索引擎中具代表性的是搜星搜索引擎。在搜索结果排列方面，有的直接按来源引擎排列搜索结果，如 Dogpile；有的则按自定的规则将结果重新排列组合，如 Vivisimo。

目前搜索引擎趋于注意提高信息查询结果的精度和有效性，采用基于智能代理的信息过滤和个性化服务以及分布式体系结构以提高系统规模和性能，并重视交叉语言检索的研究和开发。

5. 社交平台

社交平台是互联网时代最重要的产物之一，也是基于 Web 的服务，它允许个人在各种配置的系统内建立个人文件以及与他人建立联系。社交平台的功能非常丰富，如电子邮件、即时传信（在线聊天）、博客撰写、共享相册、上传视频、网页游戏、创建社团和刊登广告等。近年来，社交平台的种类逐渐呈现多元化。国外有代表性的社交网站有 Meta（原 Facebook）、Twitter 等，而国内则为微信、新浪微博等。

目前微信是我国最为流行的社交平台。微信起初是作为手机用户使用的聊天工具，功能是“收发信息、拍照分享、联系朋友”。现在微信不仅可以传送文字短信、图片、录音电话和视频短片，还可以提供实时音频或视频聊天，甚至可以进行网上购物、转账和打车，等等。

能够提供微博服务的社交平台也很流行。微博就是微型博客，不同于一般的博客，微博只记录片段、碎语，现场记录，供用户发发感慨以及晒晒心情。在国内，新浪微博是目前用户最多的微博网站。用户可以通过 PC 和手机等多种移动终端接入，以文字、图片和视频等多媒体形式发布实时内容，实现信息即时分享、传播互动。根据新浪微博的官方数据，截至 2021 年年底，微博月活跃用户达到 5.3 亿人，移动端占比 94%，日活跃用户达到 2.3 亿人。微博从消费、美食、运动等多个维度深度融入年轻人的生活，也成为年轻人生活方式和潮流文化的聚集地。

6.6.2 电子邮件服务

电子邮件（E-mail）已成为互联网上使用最多和最受用户欢迎的信息服务之一，它是一种通过计算机网络与其他用户进行快速、简便、高效和价廉的现代通信手段。只要接入互联网的计算机都能传送和接收邮件。目前，电子邮件系统越来越完善，功能也越来越强，并提供了多种复杂通信和交互式的服务。

1. E-mail 地址

发送 E-mail 和发送普通邮件一样，首先需要知道对方的地址。E-mail 地址的一般格式为：username@hostname.domainname。其中，username 是指用户在申请时的账户名，

@即at，意为“在”，hostname是指账户所在的主机，有时可省略，domainname是指主机的互联网域名。例如：bs@csu.edu.cn是中南大学商学院的E-mail地址。其中，bs是商学院的账户名，这一账户在域名为csu.edu.cn的主机上。

2. E-mail服务的工作原理

E-mail服务采用C/S结构。E-mail服务的工作原理如图6.43所示。首先，发送方将写好的E-mail发送给自己的邮件服务器。其次，发送方的邮件服务器接收到E-mail后，根据邮件收信人的地址将E-mail发往收信人的邮件服务器。再次，收信人邮件服务器根据收信人的姓名将E-mail存放到收信人的电子邮箱中。最后，收信人可以从其邮件服务器中读取相应的邮件。

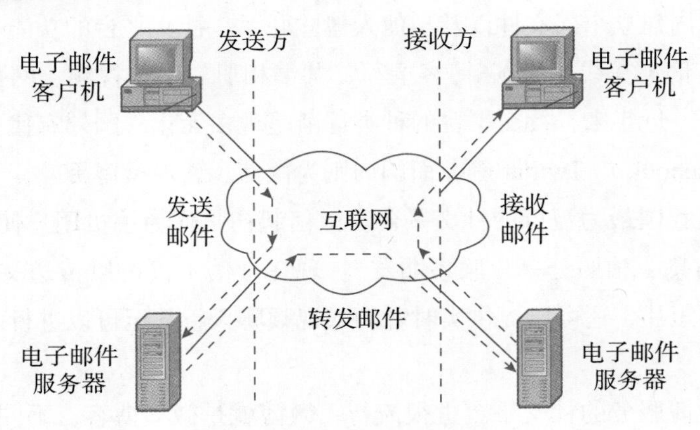

图6.43 E-mail服务的工作原理

3. E-mail协议

互联网上的电子邮件系统需要遵循统一的协议和标准，才能在整个互联网上实现电子邮件传输。

目前常用的邮件协议有如下两类。

1）传输方式的协议

（1）简单邮件传输协议（simple mail transfer protocol，SMTP）。主要用于主机与主机之间的电子邮件传输，包括用户计算机到邮件服务器以及邮件服务器到邮件服务器之间的邮件传输。SMTP功能比较简单，只定义了电子邮件如何通过TCP连接进行传输，而不规定用户界面、邮件存储和邮件接收等方面的标准。SMTP以文本形式传送电子邮件，有一定的缺陷。

（2）多用途互联网邮件扩展（multipurpose Internet mail extensions，MIME）协议是一种编码标准，突破了SMTP只能传送文本的限制，增强了SMTP功能。MIME协议定义了各种类型数据，如图像、音频、视频等多媒体数据的编码格式，使多媒体可作为附件传送。

2）邮件存储访问方法的协议

（1）邮局协议第 3 版（post office protocol version 3，POP3）。它用于电子邮箱的管理，用户通过该协议访问服务器上的电子邮箱。POP3 使用 C/S 的工作模式。接收邮件的用户主机运行 POP 客户程序，ISP 的邮件服务器则运行 POP 服务器程序。POP 服务器只有在用户输入用户名和口令后才能对邮箱进行读取，POP3 允许用户在不同地点访问服务器上的邮件。POP3 服务器是一个具有存储、转发功能的中间服务器，在邮件交付给用户之后，它就不再保存这些邮件了。

（2）互联网信息存取协议第 4 版（Internet message access protocol version 4，IMAP4）。它主要用于实现远程动态访问存储在邮件服务器中的邮件，并且扩展了 POP3 功能，它不仅可以进行简单读取，还可以进行更复杂的操作。不过，目前 POP3 的使用比 IMAP4 要广泛得多。

由上述协议的用途可知，主机上的邮件软件要同时使用两种协议，如图 6.44 所示。在发送邮件时，发送主机和 SMTP 服务器建立一个 SMTP 连接进行邮件发送。在接收邮件时，接收主机和 POP3 或 IMAP4 服务器建立 POP（或 IMAP）连接进行邮件读取。

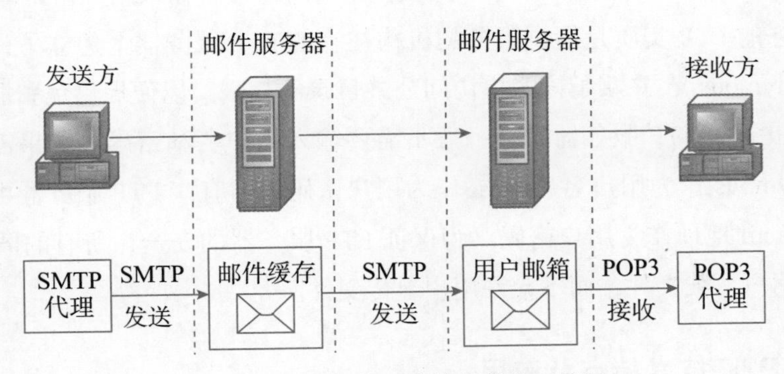

图 6.44　电子邮件系统协议的使用情况

电子邮件系统协议的工作过程如下。

① 发送电子邮件时，通常由发送者的用户代理通过 SMTP 发往目的地的邮件服务器。所谓用户代理又称邮件阅读器，是一个应用软件，可以让用户阅读、回复、转发、保存和创建邮件，还可从邮件服务器的信箱中获得邮件。

② 通过 SMTP 接收发给邮件服务器用户的邮件，并保存在用户的邮箱里。

③ 通过 POP3 将用户邮箱的内容传至用户个人电脑中，即用户收取电子邮件。

4. E-mail 的使用方式

E-mail 的使用方式主要有两种，一种是客户端软件方式，即在本地机上安装支持电子邮件基本协议的软件，例如 Outlook Express、FoxMail 等；另一种是网页方式，即在 ISP 的网页上申请免费邮箱。例如，雅虎、网易、搜狐、新浪、Gmail 等。

6.6.3 文件传输服务

文件传输协议（file transfer protocol，FTP）是将文件从一台主机传输到另一台主机的应用协议。FTP 就是建立在此协议上的两台计算机间进行文件传输的过程。FTP 由 TCP/IP 支持，因而任何两台互联网中的计算机，无论地理位置如何，只要都装有 FTP，就能在它们之间进行文件传输。FTP 提供交互式的访问，允许用户指明文件类型和格式并具有存取权限，它屏蔽了各计算机系统的细节。FTP 专门用于文件传输服务，主要提供文件上传、文件下载、Web 网站维护、文件交换与共享等服务。

FTP 采用 C/S 的模式。提供 FTP 服务的计算机称为 FTP 服务器，它相当于一个巨大的文件仓库。用户本地的计算机称为客户。FTP 服务是指客户从服务器上下载文件，或者上传文件给服务器。

FTP 可以实现上传和下载两种文件传输方式，而且可以传输几乎所有类型的文件。互联网上有成千上万个提供匿名文件传输服务的 FTP 服务器。登录方式很简单，只需在浏览器地址栏内输入 ftp://<ftp 地址 >，便可进入该 FTP 服务器。FTP 地址形式类似于 WWW 网址，如 ftp.csu.edu.cn 是中南大学 FTP 服务器地址。如果是非匿名的，则输入 ftp://< 用户名 >@<ftp 地址 > 命令，并在弹出的对话框中输入用户密码即可。

匿名服务的 FTP 实质是提供服务的机构在它的 FTP 服务器上建立了一个公开账户（一般为 anonymous），并赋予该账户访问公共目录的权限，以便提供免费服务。用户访问这些匿名服务的 FTP 服务器时，一般不需要输入用户名和密码。如果需要的话，可以使用 anonymous 作为用户名，guest 作为用户密码。而有些 FTP 服务器可能会使用用户自己的 E-mail 地址作为用户密码。为保证 FTP 服务器的安全，所有的匿名 FTP 服务器都只允许用户下载文件，而不允许用户上传文件。

6.6.4 P2P 技术特点及应用

1.3.5 节已提到 P2P，这里再进一步介绍其应用。P2P 是一种分布式网络，网络的参与者共享他们所拥有的一部分硬件资源（处理能力、存储能力、网络连接能力、打印机等），这些共享资源需要由网络提供服务和内容，能被其他对等（Peer）节点直接访问而无须经过中间实体。在此网络中的参与者既是资源（服务和内容）提供者，又是资源（服务和内容）获取者。可知，P2P 打破了传统的 C/S 模式，在网络中的每个节点的地位都是对等的。每个节点既充当服务器，为其他节点提供服务，同时也享用其他节点提供的服务。

P2P 技术特点及应用体现在如下几方面。

（1）非中心化。网络中的资源和服务分散在所有节点上，信息的传输和服务的实现都直接在节点之间进行，无须中间环节和服务器的介入，避免了可能的瓶颈。P2P 非中心化的基本特点，带来了它在可扩展性、健壮性等方面的优势。

（2）可扩展性。在 P2P 网络中，随着用户的加入，不仅服务的需求增加了，系统整体的资源和服务能力也在同步地扩充，始终能较容易地满足用户的需要。整个体系是全分布的，不存在瓶颈。理论上其可扩展性几乎可以认为是无限的。

（3）健壮性。P2P 架构天生具有耐攻击、高容错的优点。由于服务是分散在各个节点之间进行的，部分节点或网络遭到破坏对其他部分的影响很小。P2P 网络一般在部分节点失效时能够自动调整整体拓扑，保持其他节点的连通性。P2P 网络通常都是以自组织的方式建立起来的，并允许节点自由地加入和离开。P2P 网络还能够根据网络带宽、节点数和负载等变化不断地做自适应式的调整。

（4）高性能 / 价格比。性能优势是 P2P 被广泛关注的一个重要原因。随着硬件技术的发展，PC 的计算和存储能力以及网络带宽等性能依照摩尔定律高速增长。采用 P2P 架构可以有效地利用互联网中散布的大量普通节点，将计算任务或存储资料分布到所有节点上。利用其中闲置的计算能力或存储空间，达到高性能计算和海量存储的目的。通过利用网络中的大量空闲资源，可以用更低的成本提供更高的计算和存储能力。

（5）隐私保护。在 P2P 网络中，由于信息的传输分散在各节点之间进行而无须经过某个集中环节，用户的隐私信息被窃听和泄漏的可能性大大缩小。此外，目前解决互联网隐私问题主要采用中继转发的方法，从而将通信的参与者隐藏在众多的网络实体中。在传统的一些匿名通信系统中，实现这一机制依赖于某些中继服务器节点。而在 P2P 中，所有参与者都可以提供中继转发的功能，因而大大提高了匿名通信的灵活性和可靠性，能够为用户提供更好的隐私保护。

（6）负载均衡。P2P 网络环境下，由于每个节点既是服务器又是客户机，减少了对传统 C/S 结构服务器计算能力、存储能力的要求，同时因为资源分布在多个节点，因此可更好地实现了整个网络的负载均衡。

根据中央化程度，P2P 可分为纯 P2P、杂 P2P 和混合 P2P 三类。纯 P2P 中，节点同时作为客户端和服务器端，没有中心服务器和中心路由器，典型应用如 Gnutella。杂 P2P 中，有一个中心服务器保存节点的信息并对请求这些信息的要求做出响应，节点负责发布这些信息（因为中心服务器并不保存文件），让中心服务器知道它们需共享什么文件，让需要它的节点下载其可共享的资源。路由终端使用地址，通过索引获取绝对地址，典型应用如最原始的 Napster。混合 P2P，同时含有纯 P2P 和杂 P2P 的特点，典型应用如 Skype。

根据网络拓扑结构，可将 P2P 分为结构 P2P、无结构 P2P 和松散结构 P2P。结构 P2P 中，点对点之间互有连接，彼此形成特定规则拓扑结构，需要请求某资源时，依该拓扑结构规则寻找，若存在则一定找得到，典型的应用如 Chord。无结构 P2P 中，点对点之间互有连接，彼此形成无规则网状拓扑结构，需要请求某资源节点时，以广播方式寻找，通常会设置 TTL（Time To Live，生存时间值），即使存在也不一定找得到，典型应用如 Gnutella。松散结构 P2P 中，点对点之间互有连接，彼此形成无规则网状拓扑结构，需要请求某资源时，依现有资讯推测寻找，介于结构 P2P 和无结构 P2P 之间，典型应用如 Freenet。

1.3.5 节提及的比特币网络也是使用纯 P2P 技术的网络系统。比特币是目前比较成功的数字货币。比特币又称分布式账本，具有去中心化、匿名性、鲁棒性等优势，与其采用的 P2P 网络架构有分不开的关系。可以说，P2P 网络是比特币运行的基石，没有 P2P，比特币的账本设计则失去了价值。比特币网络是按照比特币 P2P 协议运行的一系列节点的集合。除了比特币 P2P 协议之外，比特币网络中也包含其他协议。例如，Stratum 协议就被应用于挖矿，以及轻量级或移动端比特币钱包之中。路由服务器提供这些协议，使用比特币 P2P 协议接入比特币网络，并把网络拓展到运行其他协议的各个节点。例如，Stratum 服务器通过 Stratum 协议将所有的 Stratum 挖矿节点连接至比特币主网络，并将 Stratum 协议桥接（bridge）至比特币 P2P 协议之上。我们使用扩展比特币网络是指代所有包含比特币 P2P 协议、矿池挖矿协议、Stratum 协议以及其他连接比特币系统组件相关协议的整体网络结构。

比特币的高耗能特性已经引起世界各国的注意。在计算的过程中，比特币全网会消耗大量的电力能源和算力。在没有任何政策干预的情况下，中国比特币区块链的年能耗将在 2024 年达到峰值 2965.9 亿度电，产生 1.305 亿吨碳排放。研究者和技术人员正在通过努力倡导利用清洁能源挖矿。2021 年 3 月，加拿大区块链公司开发出绿色比特币挖矿设施，由风能和太阳能提供电力。2021 年 10 月，为减轻比特币“开采”过程中的能耗和污染，萨尔瓦多开始利用火山地热能发电，为“挖矿”提供能源。

6.6.5 互联网上的音频 / 视频服务

互联网上的音频和视频服务主要包括流媒体和网络视频。

1. 流媒体

流媒体技术是使音频和视频形成稳定、连续的传输流和回放流的一系列技术、方法和协议的总称。流媒体系统是通过流媒体技术以实现包括视频、音频等信息的实时传送。流媒体技术的特点是：实现即点即播，客户不需要等待即可获得高质量的连续视 / 音服务，并且对客户端的存储空间要求很低。流媒体在播放时不需要下载整个文件，只需将开始部分存入内存中，其余的数据流可以边接收边播放。

流媒体的关键技术是流式传输。流式传输是声音、图像等由服务器向用户连续、实时地传输，用户只需要经过几秒或几十秒的启动延时即可进行观看。实现流式传输的方法有顺序流式传输和实时流式传输。顺序流式传输就是顺序下载，在下载文件的同时用户可观看在线媒体。在预定时刻，用户只能观看已下载的那部分，而不能跳到还未下载的部分。这种传输不适合长片段和有随机访问要求的视频，严格说来是一种点播技术。实时流式传输要求媒体信号带宽与网络连接匹配，使媒体可被实时观看，在传输期间可以根据用户连接速度进行调整。

由于 TCP 需要较多的开销，故不太适合传输实时数据。在流式传输的实现方案中，一般采用 HTTP/TCP 来传输控制信息，而使用 RTP（real-time transport protocol，实时传输协议）/UDP 来传输实时声音数据。RTCP（real-time transport control protocol，实时传输控制协议）和 RTP 一起提供流量控制和拥塞控制服务。

流式传输的一般过程为：用户选择某一流媒体服务后，Web 浏览器与 Web 服务器之间使用 HTTP/TCP 交换控制信息，以便把需要传输的实时数据从原始信息中检索出来；然后客户端的 Web 浏览器启动播放器，同时利用 HTTP/TCP 调出所需参数并对播放器进行初始化，这些参数包括目录信息、音频 / 视频（audio/video，A/V）数据的编码类型或与 A/V 检索相关的服务器地址。

目前流媒体提供的音频 / 视频服务大体上可分为三类。

（1）流式存储音频 / 视频。这类应用是先把已压缩的录制好的音频 / 视频文件（如音乐、电影等）存储在服务器上，客户端可以通过互联网边下载边播放这些文件。平时所说的音频 / 视频点播就属于这种类型。

（2）流式实况音频 / 视频。这类应用类似于传统的无线电台或电视台的实况广播，区别是流式实况音频 / 视频通过互联网传输。流式实况音频 / 视频的特点是：音频 / 视频节目不是事先录制好和存储在服务器中的，而是发送方边录制边发送。这类应用主要包括网络广播电台和网络电视。

（3）实时交互音频 / 视频。这类应用允许人们相互之间使用音频 / 视频进行实时交互通信。典型的实例是网络电话和网络视频会议。

随着流媒体技术的逐步成熟，它与 Web、数据库、网络和视频服务器等其他技术，形成了完整的流媒体服务系统，已在娱乐、教育、培训和企业通信等领域得到广泛应用。

2. 网络视频

网络视频是基于流媒体技术的文本、声音和图像的结合而形成的，它采用 P2P 模式。网络视频在播放前只将部分内容缓存，并不下载整个文件，在数据流传送的同时，用户可在计算机上利用相应的播放器或其他的硬件、软件对压缩的动画和视 / 音频等流式多媒体文件解压后进行播放。这样就节省了下载等待时间和存储空间，使延时大大减少，而多媒体文件的剩余部分将在后台的服务器内继续下载。在网络平台上，通过注册，人们即可以一个创建者的身份登录上线，凭此身份可以共享或者发布视频，浏览其他用户视频节目，发表对节目的意见以及添加好友，订阅感兴趣的频道和节目等。同样，用户也能把自己制作的视频传到网络平台上共享。如加入群（group）后，还能一起对某些视频进行讨论。

相较传统的视频而言，网络视频是互联网和视频的深度结合，既具有内容形式丰富、情感表达强烈以及风格创意新颖等传统视频的优点，又有跨越时空、深度互动、传播速度快且范围广和精准个性化定位等互联网的优势。

我国网络视频行业始于2005年，各大网络视频平台开始建立，出现了优酷网、土豆网以及56网等一批以用户生成内容（user generated content，UGC）为主的视频网站，网民通过自己数码摄像机（digital video，DV）拍摄上传或对已有视频进行剪辑上传至视频网站。经过多年的发展整合，目前中国的视频播放平台主要可分为两类：综合视频平台和短视频播放平台。综合视频平台以长视频为主，购买版权和网络原创两者兼有。国内主要的综合视频平台有优酷、土豆、爱奇艺、哔哩哔哩、芒果TV、腾讯视频和搜狐视频等。其中，优酷、腾讯和爱奇艺等以购买电视节目版权和专业生成内容（professional generated content，PGC）为主，交互性低。哔哩哔哩网站是中国年轻世代高度聚集的文化社区和视频网站，其最具特色的弹幕文化极大增强了用户的实时交互。短视频平台以网络原创的短视频为主。其内容融合了技能分享、幽默搞笑、时尚潮流、社会热点、街头采访、公益教育、广告创意和商业定制等主题。近年来，我国短视频行业发展迅速，包括抖音、快手、火山小视频和西瓜视频在内的各大网络短视频应用软件（application，App）层出不穷，受到广大群众的喜爱和追捧。随着5G、6G技术的发展，未来短视频将得到更大的发展。

6.7 Intranet和Extranet

6.7.1 Intranet

随着互联网的不断发展，一种称为Intranet的网，即企业内部网，获得飞速发展和广泛应用。

1. Intranet概述

Intranet是指采用互联网技术（软件、服务和工具），以TCP/IP为基础，并以Web为核心应用，服务于企业内部事务，将其作业计算机化，从而实现企业内部资源共享的网络。

Intranet既具有企业内部网络的安全性，又具备互联网的开放性和灵活性；提供对企业内部应用的同时又能够提供对外发布信息，并可访问互联网的信息资源；成本低，安装维护方便。

1）Intranet的特点

Intranet是以互联网技术为基础的网络体系，是互联网技术在企业LAN或WAN上的应用。其基本思想是在内部网络中采用 TCP/IP 作为通信协议，利用互联网的 Web 模式作为标准平台，同时建立防火墙把内部网和互联网隔开。Intranet 可以和互联网互联在一起，也可以自己成为一个独立的网络。它虽然是一种专用网络，但也是一个开放的系统。整体而言，Intranet 具有以下基本特点。

（1）信息资源共享。Intranet 使公司内部员工得以随时随地共享信息资源。此外，电子化的多媒体文件节省了印刷及运送成本，并使文件的内容更新方便、快捷。

（2）安全的网络环境。Intranet 属于企业内部网络，只有企业内部的计算机才可存取企业的内部资源。Intranet 对用户权限控制非常严格，如除了公共信息，其他信息只允许某个或某几个部门，有时甚至是某个或某几个人才有读 / 写权限。

（3）采用 B/S 模式。由于 Intranet 采用 B/S 模式，用户端使用标准的通用浏览器，所以不必开发专用的前端软件，从而降低了开发费用，节省了开发时间，同时也减少了系统出错的可能性。应用系统的全部软件和数据库集中在服务器端，因此维护和升级工作也相对容易。

（4）静态与动态的页面操作。Intranet 不再局限于静态的数据检索及传递，它更加注重动态页面。由于企业的大部分业务都与数据库有关，因此要求 Intranet 能够实时反映数据库的内容。通过授权，用户除了查询数据库，还可对数据库的内容进行增加、删除、修改操作。

（5）独立 IP 编址。Intranet 的 IP编址系统在企业内部中是独立的，不受互联网的限制和管辖，因此其 DNS 自成系统，各种信息服务对应的服务器也是企业内部专用的。

2）Intranet 的功能与服务

Intranet 有利于增进企业内部员工的沟通、合作及协商，提高企业的工作效率，营造良好的协同工作环境；有利于企业业务流程重组，提升企业的响应能力；有利于企业节省培训、软件购置、开发及维护成本；有利于企业节约办公费用，提高办公效率；有利于提高系统开发人员的生产力。

Intranet 主要提供以下应用服务：

（1）信息发布。现代企业规模不断扩大，企业员工可能分散于不同的地域。通过企业的 Intranet，可进行各种级别的公文等信息的发布。这样不仅可以节省大量的文本印刷费用，而且还能节约宝贵的时间，使分布在各地的企业员工能全面了解相关信息，实现无纸化办公。

（2）管理和操作业务系统。在建立企业内部管理和业务数据库服务器后，企业员工使用浏览器通过 Web 服务器访问数据库，并进行有关业务操作，可实现传统管理系统的全部功能，包括办公自动化、人事管理和财务管理等。

（3）用户组和安全性管理。可以建立用户组，在每个用户组下再建立用户。对于某些需要控制访问权限的信息，可以对不同的用户组或用户设置不同的读、写权限，对于需要在传输中保密的信息，可以采用加密、解密技术。

（4）远程操作。企业分支机构通过专线或电话线路远程登录访问总部信息，同时，总部信息也可传送到远程用户工作站进行处理。

（5）电子邮件。在企业 Intranet 系统中设置 mail server，为企业每个员工建一个账号，这样员工不仅可以相互通信，而且可以使用统一的 E-mail 账号对外收发 E-mail。

（6）网上讨论组和视频会议。在企业 Intranet 系统中设置 news server，可根据需要建立不同主题的讨论组。在讨论组中可以限制哪些人能够参加，哪些人不能参加，有相应权限的企业员工可以针对某一事件进行深入讨论。另外，企业还可通过 Intranet 召开视频会议。

2. Intranet 体系结构与网络组成

1）Intranet 体系结构

Intranet 的体系结构如图 6.45 所示，包括网络平台、服务平台和应用系统 3 个层次，系统管理和系统安全涵盖了整个结构。各部分说明如下。

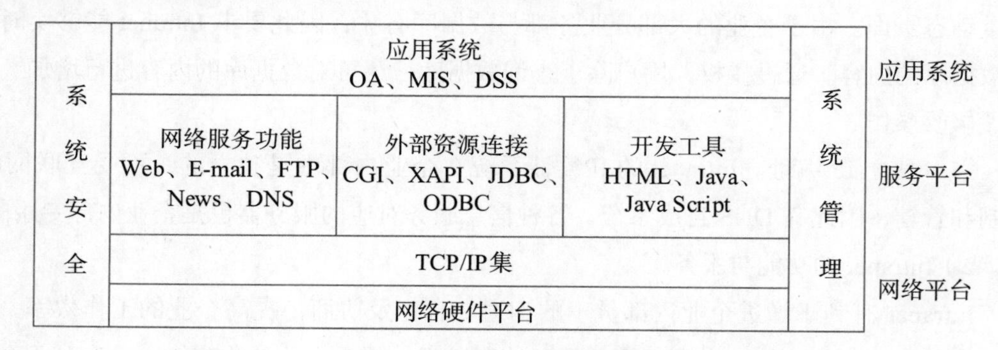

图 6.45 Intranet 的体系结构

网络平台包括网络硬件平台和网络系统软件平台两个层次。服务平台包括网络服务、外部资源连接与开发工具 3 部分。应用系统包括企业专用业务系统、企业管理信息系统、办公自动化系统和决策支持系统等。系统管理对于大中型企业内部网来说应该具备全面的功能，不仅要对网络平台中各种设备（主要包括网络设备、网间互联设备和各种服务器等）进行静态和动态的运行管理，如果需要的话，还可以对桌面客户机、接入设备（包括网卡、Modem 等）等进行管理，而后者往往占了整个系统设备的绝大部分，即所谓“管理到面”。系统管理另一个重要的功能是对应用系统（包括网络服务功能）的管理。系统安全功能涵盖了整个系统。加密、授权访问、认证和数字签名等保证了系统内部数据传输和访问的安全性。防火墙与入网认证等安全措施可以防止外部非法入侵者对系统数据的窃取和破坏。

2）Intranet 网络组成

Intranet 采用的 TCP/IP 安全性较差，安全性在一定程度上影响了 Intranet 的网络结构。所以，Intranet 必须采取一些措施来提高安全性。通常，把 Intranet 分成几个子网。不同子网扮演不同角色，实现不同的功能，子网之间用路由器或防火墙隔开。这样做，既有利于功能划分，也可以提高 Intranet 的安全性。

子网的划分除了考虑安全因素，还应考虑用户数量、服务种类和工作负载等多种因素。一般来说，可把 Intranet 划分为接入子网、服务子网和内部子网 3 个子网。图 6.46 所示为一个典型的 Intranet 组成结构示意图。

（1）接入子网。接入子网也叫作访问子网，接入子网的作用是使互联网用户和 Intranet 用户接入 Internet。接入子网的核心是路由器，来往于 Internet 的信息都要经过路由器。接入子网与服务子网之间用防火墙隔开，以保证所有进入 Intranet 的信息都要通过防火墙过滤。

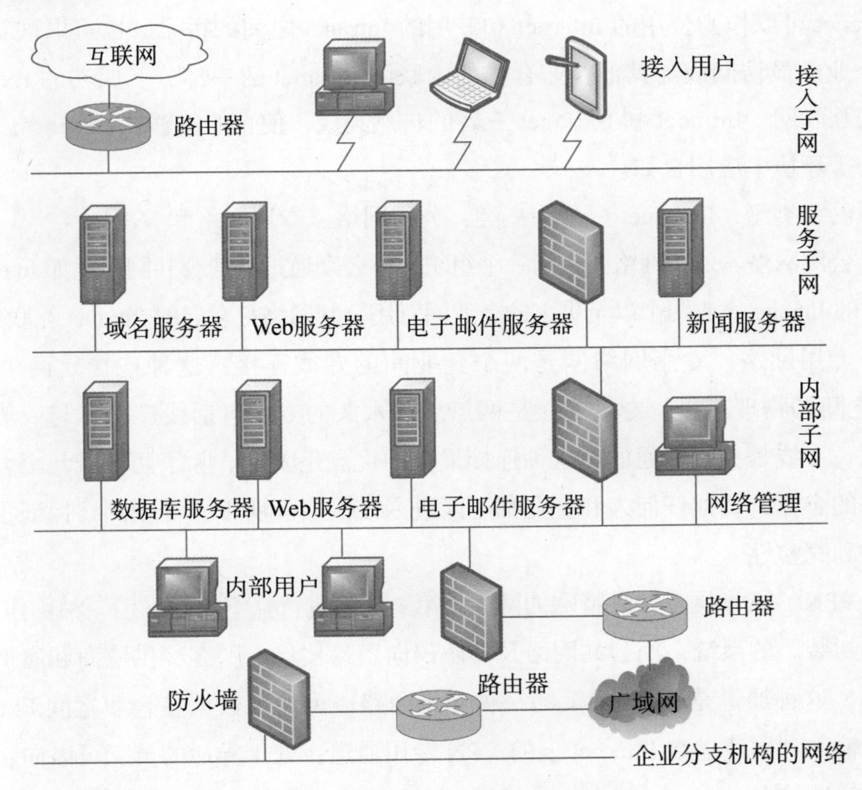

图 6.46　一个典型的 Intranet 组成结构示意图

（2）服务子网。服务子网的作用是提供信息服务，主要用于企业向外部发布信息。在服务子网上有 Web 服务器、域名服务器、电子邮件服务器以及新闻服务器等，服务子网通过防火墙与内部子网互联。外部用户可以访问服务子网以了解企业动态和产品信息。

（3）内部子网。内部子网是企业内部使用的网络，是 Intranet 的核心。内部子网包含支持各种服务的企业数据，主要用于企业内部的信息发布与交流、企业内部的管理。内部子网有企业的各种业务数据库，运行着各种应用程序，网络管理也在内部子网上，所以必须采取很强的安全措施。

在内部子网上，除了数据库服务器，还可以有用于内部信息发布和交流的电子邮件服务器、Web 服务器等。如果企业在其他地区有分支机构，则需要通过广域网互联，内部子网与广域网之间也要用防火墙隔离。

6.7.2 Extranet

Extranet 又称外联网，它被看作企业网的一部分，是现有 Intranet 向外的延伸。目前，大多数人认为：Extranet 是一个运用 Internet/Intranet 技术使企业与其客户、其他企业相连来完成其共同目标的合作网络。它通过存取权限的控制，允许合法使用者存取远程企业的内部网络资源，达到企业与企业间资源共享的目的。

Extranet 可以作为公用的 Internet 和专用的 Intranet 之间的桥梁，也可以被看作是一个能被企业成员访问或与其他企业合作的内联网 Intranet 的一部分。成功的 Extranet 技术应该是互联网、Intranet 和 Extranet 三者的自然集成，使企业能够在 Intranet、Extranet 和互联网等环境中应用自如。

按照网络类型，Extranet 可分为三类：公用网络、专用网络和 VPN。

（1）公用网络。公用网络网是指一个组织允许公众通过任何公共网络（如 Internet）访问该组织的 Intranet，或两个以至更多的企业同意用公共网络把它们的 Intranet 互联在一起。

（2）专用网络。专用网络网是两个企业间的专线连接，这种连接是两个企业的 Intranet 之间的物理连接。专线连接是两点之间永久的专用电话线连接。与一般的拨号连接不同，专线是一直连通的。这种连接最大的优点是安全。除了两个或几个合法连入专用网络的企业，其他任何人和企业都不能进入该网络。所以，专用网络保证了信息流的安全性和完整性。

（3）VPN。VPN 网是一种特殊的网络，第 7 章将进行介绍。它采用一种称作“通道”或“数据封装”的系统，用公共网络及其协议向贸易伙伴、顾客、供应商和雇员发送敏感的数据。这种通道是 Internet 上的一种专用通路，可保证数据在企业之间 Extranet 上的安全传输。利用建立在 Internet 上的 VPN 专用通道，处于异地的员工可以向企业的计算机发送敏感信息。

人们常常把 Extranet 与 VPN 混为一谈。虽然 VPN 是一种外部网，但并不是每个 Extranet 都是 VPN。设计 VPN 可以节省成本。与使用专线的专用网络不一样，VPN 适时建立了一种临时的逻辑连接，一旦通信会话结束，这种连接就断开了。VPN 中“虚拟”一词是指连接看上去像是永久的内部网络连接，但实际上是临时的。

6.7.3　Internet、Intranet 及 Extranet 的比较

Intranet 是利用 Internet 各项技术建立起来的企业内部信息网络。与 Internet 相同，Intranet 的核心是 Web 服务。通常 Extranet 是利用互联网将多个 Intranet 连接起来。Internet 与 Intranet 及 Extranet 的关系如图 6.47 所示。

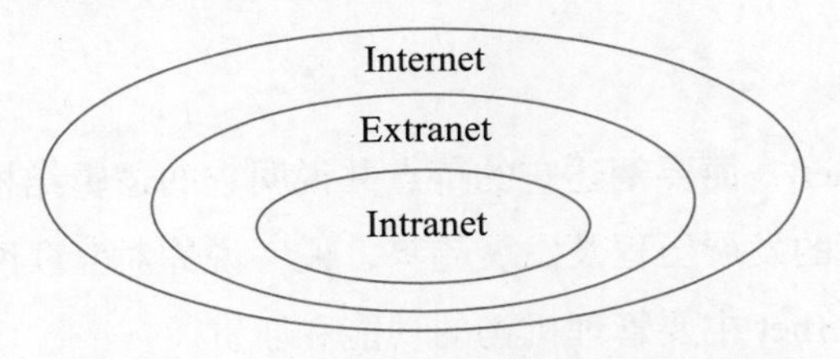

图 6.47　Internet、Intranet 和 Extranet 的关系

它们三者的区别如表 6.14 所示。

表 6.14　Internet 与 Intranet 及 Extranet 的比较

	Internet	Intranet	Extranet
参与人员	一般大众	公司内部员工	公司内部员工、顾客、战略联盟厂商
存取模式	自由	授权	授权
可用带宽	少	多	中等
隐私性	低	高	中等
安全性需求	较低	高	较高

具体地说，三者的区别与联系如下。

（1）Extranet 是在 Internet 和 Intranet 基础设施上的逻辑覆盖。它主要通过访问控制和路由表逻辑连接两个或多个已经存在的 Intranet，使它们之间可以安全通信。

（2）Extranet可以看作是利用 Internet 将多个 Intranet 连接起来的一个大的网络系统。互联网强调网络之间的互联，Intranet 是企业内部之间的互联，而 Extranet 则是把多个企业互联起来。若将互联网称为开放的网络，Intranet 称为专用封闭的网络，那么，Extranet 则是一种受控的外联网络。一方面，Extranet 通过 Internet 技术互联企业的供应商、合作伙伴、相关企业及客户，促进彼此之间的联系与交流；另一方面，Extranet 又像 Intranet 一样，位于防火墙之后，提供充分的访问控制，使得外部用户远离内部信息。形象地讲，各个企业的 Intranet 被各自的防火墙包围起来，彼此之间是隔绝的，建立 Extranet，就是在它们的防火墙上凿一个洞，使企业之间能够彼此沟通。当然，实际操作要复杂得多。

总之，三者既有区别又有联系，企业应该针对不同的网络，分别采取相应的开发、维护及安全策略。

本章小结

本章主要介绍了 Internet 的基本概念和发展历程、工作原理、IP 地址和域名、接入技术和主要服务应用。对 Internet 的工作原理、IP 地址与域名（特别是子网划分）、主要接入技术以及服务与应用进行了系统而深入地介绍。

思考题

6.1　什么是 Internet？简要阐述它的特点并说明它的逻辑结构。

6.2　简述 Internet 的发展历程及发展趋势，说一说你对互联网的认识和评价。

6.3　简要说明 Internet 主要管理机构的功能和职责。

6.4　简述 Internet 的工作原理。

6.5　TCP 和 IP 的工作原理各是什么？

6.6　简要阐述 TCP 流量控制和拥塞控制的方法。

6.7　详细说明 C/S 与 B/S 的工作原理。

6.8　简要说明 IP 地址的编址方案。

6.9　IPv6 有什么特点？说明它的格式。

6.10　将某一个 C 类网络（192.168.1.0）划分 4 个子网，每个子网至少可容纳 30 台主机。计算并给出子网掩码和各子网的 IP 地址范围。

6.11　名词解释：物理地址、逻辑地址、IP 地址、域名、网络地址、主机地址、网络掩码、子网掩码。

6.12　假设某企业已申请到一个 C 类网络地址 218.196.85.0，该企业的网络包含如下 5 个子网：子网 A 有 60 台主机，子网 B 有 20 台主机，子网 C 有 10 台主机，子网 D、E 各有两台主机。请利用 VLSM 为各个子网划分 IP 地址空间。

6.13　简述域名解析的过程。

6.14　什么是接入网？说明接入网的结构和作用。

6.15　Internet 接入技术有哪几种分类？如何划分？

6.16　简述 ADSL 的原理和特点。

6.17　光纤接入有哪些方式？

6.18　无线接入有哪些方式？简述主要方式的特点。

6.19　Internet 的基本服务有哪些？

6.20　简述搜索引擎的工作原理。目前主要的搜索引擎有哪些？

6.21　查阅相关的文献资料，试述博客、播客和维基的发展历程和特点。

6.22　什么是 Intranet？简述其特点。

6.23　简述 Internet、Intranet 和 Extranet 的区别和联系。

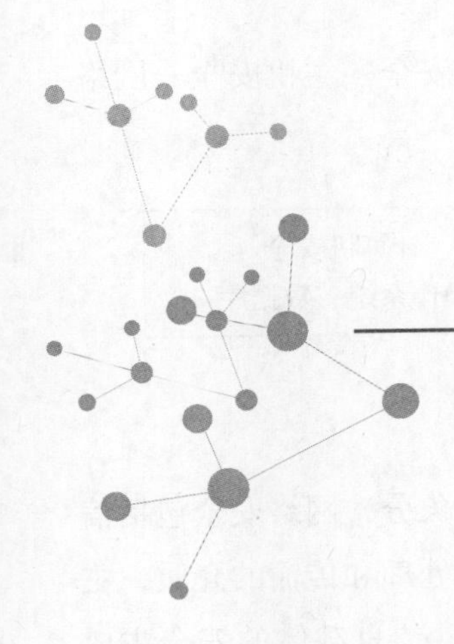

第7章 网络安全

网络安全是通过各种安全技术，保护在公用通信网络中传输、交换和存储信息的真实性、机密性和完整性，并对信息的传输及内容具有控制能力。网络安全是计算机网络正常运行必须重点考虑的问题，是一个关系到国家安全、社会稳定的重要问题。当今网络安全正越来越受到人们的重视。

通过本章的学习，可以了解（或掌握）：

- 网络安全的概念、对象、服务和特征；
- 密码体制的基本概念；
- 椭圆曲线密码和后量子密码；
- 防火墙的基本概念；
- 病毒的基本概念与防治方法；
- 入侵检测与漏洞扫描的基本概念与方法；
- 网络攻击的基本方法与分类；
- VPN的基本概念与隧道技术；
- 无线局域网安全技术；
- 企业网络安全策略；
- 云计算安全。

7.1 网络安全概述

7.1.1 网络安全的概念

网络安全是一个系统性概念，不仅包括计算机上信息存储的安全性，还要考虑信息传输过程的安全性。计算机系统受攻击的3个部分为硬件、软件与数据，这也是安全措施需要保护的3个部分。具体而言，网络节点的安全和通信链路上的安全共同构成了网络系统的安全，如图 7.1 所示。网络系统安全可以表示为：通信安全 + 主机安全→网络安全。

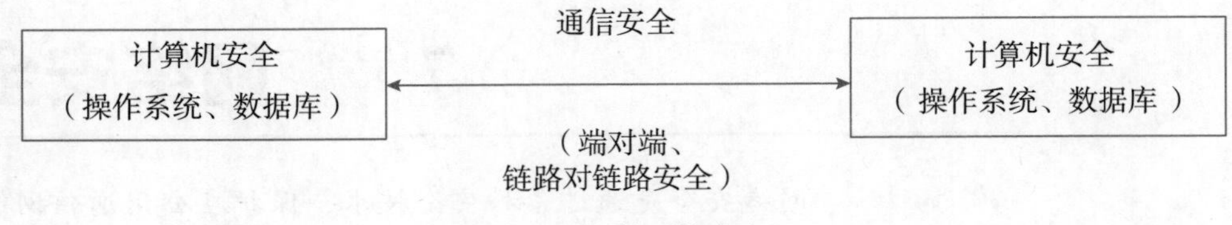

图 7.1　网络系统安全

网络安全从不同的角度出发可以有不同的划分。按照保护对象分，网络安全包括信息依存载体的安全和信息本身的安全。信息载体是指信息存储、处理和传输的介质，主要是物理概念，包括计算机系统、传输电缆、光纤及电磁波等。信息载体的安全主要是指防止介质破坏、电磁泄漏、干扰和窃听等。信息本身的安全主要是指防止信息在存储、处理和传输过程中受到破坏、泄露和丢失等，从而保证信息的保密性、完整性和可用性不受到侵害。

简言之，网络安全就是借助于一定的安全策略，使信息在网络环境中的保密性、完整性及可用性受到保护，其主要目标是确保经网络传输的信息到达目的计算机后没有任何改变或丢失，并且只有授权者才可以获取响应信息。因此必须确保所有组网部件均能根据需求提供必要的功能。

需要注意的是，安全策略的基础是安全机制，安全机制决定安全技术，安全技术决定安全策略，最终的安全策略是各种安全手段的系统集成，如防火墙、加密等技术配合使用。

1. 网络安全目标

网络安全的目标主要表现在以下六方面。

（1）保密性是网络信息不被泄露给非授权的用户和实体，以避免信息被非法利用的特性。保密性是在可靠性和可用性基础之上，保障网络信息安全的重要手段。常用保密技术包括防侦收、防辐射、信息加密和物理保密等。

（2）完整性是网络信息未经授权不能进行改变的特性，即网络信息在存储或传输过程中不被偶然或蓄意地删除、修改、伪造、乱序、重放、插入等破坏和丢失的特性。完整性是一种面向信息的安全性，它要求保持信息的原样，即信息的正确生成和正确存储及传输。影响网络信息完整性的主要因素有设备故障、误码、人为攻击和计算机病毒等。保障网络信息完整性的主要方法有协议、纠错编码、数字签名及数字证书等。

（3）可用性是网络信息可被授权实体访问并合法使用的特性。可用性还应该涉及身份识别与确认、访问控制、审计跟踪和业务流控制等功能。

（4）可靠性是网络信息系统能够在规定条件下和规定的时间内完成规定功能的特性。可靠性是系统安全的基本要求之一，是所有网络信息系统的建设和运行目标。网络信息系统的可靠性测度主要有抗毁性、生存性和有效性。

（5）不可抵赖性也称作不可否认性，是指在网络信息系统的信息交互过程中，确保所有参与者都不可能否认或抵赖曾经完成的操作和承诺。防抵赖分为发送防抵赖和接收防抵赖。利用信息源证据可以防止发送方否认已发送信息，利用递交接收证据可以防止接收方事后否认已经接收的信息。

（6）可控性是对网络信息的传播及内容具有控制能力的特性。

2. 网络安全体系结构与模型

网络安全体系是网络安全的抽象描述。在大规模的网络工程建设、管理及网络安全系统的设计与开发中，只有从全局的体系结构考虑安全问题，制订整体的解决方案，才能保证网络安全功能的完整性和一致性，从而降低网络安全的代价和管理开销。因此，认识、理解并掌握一般网络安全体系对于网络安全解决方案的设计、实现与管理都有极为重要的意义。这里主要介绍 OSI 安全体系结构和 P2DR［policy（安全策略）、protection（防护）、detection（检测）、response（响应）］网络安全模型。

在开放式互联参考模型（OSI/RM）的扩展部分，安全体系结构是指对网络系统安全功能的抽象描述，一般只从整体上定义网络系统所提供的安全服务和安全机制。安全体系结构主要包括安全服务、协议层次及实体单元等元素，如图 7.2 所示。

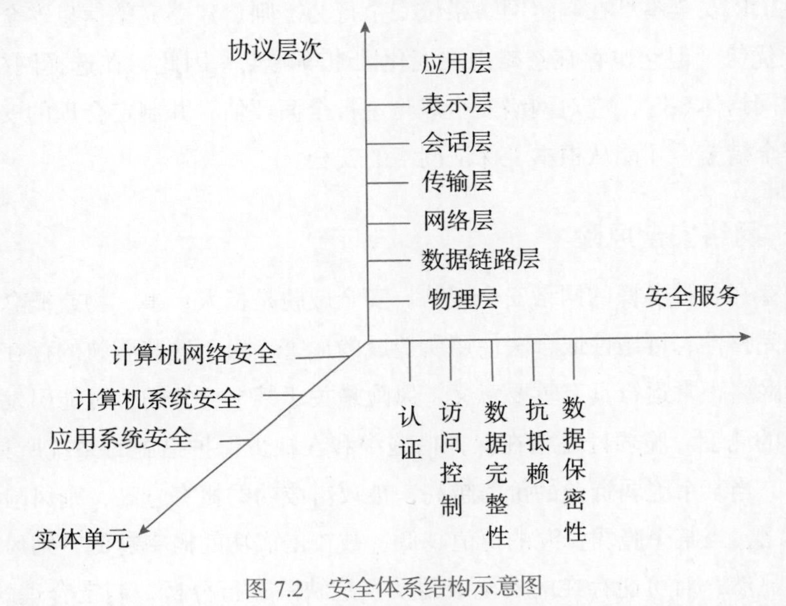

图 7.2　安全体系结构示意图

P2DR 网络安全模型中与信息安全相关的所有活动，包括攻击行为、防护行为、检测行为和响应行为都需要消耗时间。因此，可以用时间来衡量一个体系的安全性和安全能力。

P2DR 模型包括安全策略（policy）、防护（protection）、检测（detection）和响应（response）四部分。防护、检测和响应组成了一个完整、动态的安全循环，它要求在整体安全策略的控制和指导下，综合运用防护工具和检测工具，了解和评估系统的安全状态，并通过适当的反映将系统调整到最安全和风险最低的状态。

在 P2DR 模型中，安全策略是整个网络安全的依据和核心，所有防护、检测和响应都是根据安全策略来实施和进行的。网络安全策略一般包括总体安全策略和具体安全规则两部分。总体安全策略用于阐述本部门的网络安全的总体思想和指导方针，具体安全规则用于定义具体网络活动。

防护是指根据系统可能出现的安全问题采取的预防措施，通常包括数据加密、身份认证、访问控制、安全扫描和入侵检测等技术。通过它可以预防大多数入侵事件，使系统保持在相对安全的环境下。防护可分为系统安全防护、网络安全防护和信息安全防护等。

如果攻击者穿过防护系统，检测系统将产生作用。通过系统检测，入侵者身份、攻击源和系统损失等将被检测出来，作为系统动态响应的依据。

系统在检测出入侵后，P2DR 的响应系统将立刻开始工作，进行事件处理。响应工作可分为紧急响应和恢复处理。紧急响应是指事件发生之后采取的相应对策，恢复处理指将系统恢复到原来的状态或比原来更“安全”的状态。

虽然 P2DR 安全模型在制定网络系统安全行为准则、建立完整信息安全体系框架方面具有很大优势，但它也存在忽略内在变化因素等弱点。因此，在选择网络体系模型、构建健全的网络体系时，应对网络安全风险进行全面评估，并制定合理的安全策略，采取有效的安全措施，才能从根本上保证网络的安全。

7.1.2 网络安全风险

网络中存在各种各样的网络安全威胁。安全威胁是指人、事、物或概念对某一资源的机密性、完整性、可用性或合法使用所造成的危害。由于这些威胁的存在，进行网络安全评估对网络正常运行具有重要意义。风险是关于某个已知的、可能引发某种攻击的脆弱性代价的测度。脆弱性是指在保护措施中和在缺少保护措施时系统所具有的弱点。通常情况下，当某个脆弱资源的价值越高，被攻击成功的概率越高，则风险越高，安全性越低；反之，当某个脆弱资源的价值越低，被攻击成功的概率越低，则风险越低，安全性越高。显然，对可能存在的安全威胁及系统缺陷进行分析，制定合理的防范措施，可降低和消除安全风险。

1. 影响网络安全的因素

影响网络安全的因素很多，主要有以下两方面。

（1）外部因素。外部因素是难以预料的，无法知道什么人和什么事会对网络的安全造成影响，自然灾害、意外事故、病毒和黑客攻击以及信息在传输过程中被窃取都会影响网络安全。

（2）内部因素。有一定访问权限级别的用户，如果不受到认真地监视和控制，就可能成为主要威胁，如操作人员操作不当，安全意识差等。另外，软件故障和硬件故障也会对网络安全构成威胁。

2. 安全威胁分类

威胁计算机网络安全的因素一般可分为人为和非人为两类。人为因素主要包括黑客入侵、病毒破坏、逻辑炸弹、电子欺诈等，而非人为因素主要包括各种自然环境对网络造成的威胁，如温度、雷击、静电、电磁和设备故障等。目前对网络信息产生威胁的主要因素如下。

（1）自身失误。网络管理员或网络用户对网络都拥有不同的管理或使用权限，利用这些权限可对网络造成不同程度的破坏，如管理员密码泄露、临时文件被盗等行为都有可能使网络安全机制失效，从而使网络从内部被攻破。

（2）恶意访问。恶意访问是指未经同意和授权使用网络或访问计算机资源的行为，如有意避开系统访问控制机制，对网络设备和资源进行非正常使用，或擅自扩大权限，越权访问信息等。

（3）信息泄密。信息泄密是指重要信息在有意或无意中被泄露和丢失，如信息在传递、存储、使用过程中被窃取等。

（4）服务干扰。服务干扰是指通过非法手段窃取信息的使用权，并对信息进行恶意添加、修改、插入、删除或重复无关的信息，不断对网络信息服务系统进行干扰，使系统响应减慢甚至瘫痪，严重影响用户的正常使用。

（5）病毒传播。病毒传播是指电脑病毒通过电子邮件、FTP、文件服务器、防火墙等侵入网络内部，并对系统文件进行删除、修改和重写等操作，使程序运行错误、死机甚至对硬件造成损坏等。

（6）固有缺陷。固有缺陷是指互联网或其他局域网因缺乏足够的总体安全策略构想而在组网阶段就遗留下来的安全隐患和固有安全缺陷等。

（7）线路质量。传输信息的线路质量差可能直接影响到联网的效果，从而难以保证信息的完整性，严重时甚至会导致网络完全中断。

7.1.3 网络安全策略

面对众多的安全威胁，为了提高网络的安全性，除了加强网络安全意识，做好故障恢复和数据备份外，还应制定合理有效的安全策略，以保证网络和数据的安全。安全策略是指在某个安全区域内用于所有与安全相关活动的一套规则。这些规则由安全区域中所设立的安全权力机构建立，并由安全控制机构来描述、实施和实现。安全策略是一个文档，用来描述访问规则、决定策略如何执行以及设计安全环境的体系结构。它又决定了数据访问、Web 访问习惯、口令使用或加密方式、E-mail 附件、Java 和 ActiveX 使用等方面的内容，详细说明了组织中每个人或小组的使用规则。安全策略有 3 个不同的等级，即安全策略目标、机构安全策略和系统安全策略，它们分别从不同的层面对要保护的特定资源所要达到的目的、采用的操作方法和使用的信息技术进行定义。

由于安全威胁包括对网络中设备和信息的威胁，因此制定安全策略也应围绕这两方面进行，主要的安全策略如下。

（1）物理安全策略。计算机网络实体是网络系统的核心，它既是对数据进行加工处理的中心，也是信息传输控制的中心。它包括网络系统的硬件实体、软件实体和数据资源。因此，保护计算机网络实体的安全，就是保护网络的硬件和环境、存储介质、软件和数据安全。物理安全策略的目的是保护计算机网络实体免受破坏和攻击，验证用户的身份和使用权限，防止用户越权操作。物理安全策略主要包括环境安全、灾害防护、静电和电磁防护、存储介质保护、软件和数据文件保护及网络系统安全的日常管理等内容。

（2）协议安全策略。由于许多网络安全问题本质上源于网络协议设计的缺陷和漏洞，因此应以密码学为基础，从基本的网络协议角度增强网络安全，即设计网络安全协议。常见安全协议有安全套接层（secure socket layer，SSL）、IPSec 等。

（3）信息加密策略。信息加密的目的是保护网内的数据、文件和控制信息，保护网上传输的数据。网络加密是信息加密的一部分。网络加密常用的方法有链路加密、端点加密和节点加密 3 种。链路加密是保护网络节点之间的链路信息安全；端点加密是为源端用户到目的端用户的数据提供保护；节点加密是为源节点到目的节点之间的传输链路提供保护。多数情况下，信息加密是保证信息机密性的唯一方法。信息加密过程是由各种加密算法来具体实施的。如果按照收发双方密钥是否相同来分类，加密算法分为私钥密码算法和公钥密码算法。

（4）访问控制策略。访问控制策略属于系统安全策略，它是在计算机系统和网络中自动地执行授权。其主要任务是保证网络资源不被非法使用和访问。从授权角度分析，访问控制策略主要有基于规则的访问控制策略、基于身份的访问控制策略和两种策略的组合。通常，访问控制策略实现的形式分为7类：入网访问控制、网络的权限控制、目录级安全控制、属性安全控制、网络服务器安全控制、网络检测和锁定控制、网络端口和节点的安全控制。

（5）防火墙控制策略。防火墙是一种保护计算机网络安全的技术性措施，它是内部网与公用网之间的第一道屏障。防火墙是执行访问控制策略的系统，用来限制外部非法用户访问内部网络资源和内部非法向外部传递信息，但允许授权的数据信息通过。在网络边界上通过建立相应网络通信监控系统来隔离内部和外部网络，以阻挡外部网络的入侵，防止恶意攻击。

（6）防病毒策略。网络中的系统可能受到多种病毒的威胁，为了免遭病毒所造成的损失，可以将多种防病毒技术综合使用，建立多层次的病毒防护体系。同时，由于病毒在网络中存储、传播、感染的方式各异且途径多种多样，故在构建网络防病毒体系时，要考虑全方位使用企业防病毒产品，实施层层设防、集中控制、以防为主、防杀结合的防病毒策略，使网络没有病毒入侵的缺口。防病毒策略主要包括病毒的预防、检测和清除。

（7）入侵检测策略。入侵检测能够实时监视网络分组或系统运行状态，在发现可疑情况时发出警报并采取相应的防护手段，如记录证据用于跟踪和恢复，断开网络连接等。它能够对付来自内外网络的攻击，实时监控各种对主机的访问请求，并及时将信息反馈给控制台。一般网络入侵检测系统能够对计算机和网络资源的恶意使用行为进行精确识别，包括系统外部的入侵和内部用户的非授权行为，并对入侵事件立即进行反应，在平时则对网络进行全方位的监控与保护。

（8）虚拟专用网技术。虚拟专用网利用隧道和加密解密等技术将多个内部网络通过公用网络进行安全连接，是通过网络数据的封包和加密传输建立安全传输通道的技术。该技术采用了鉴别、访问控制、保密性和完整性等措施，以防止信息被泄露、篡改和复制。

7.1.4　网络安全措施

计算机网络最重要的功能是向用户提供信息服务及其拥有的信息资源。但为了有效地保证计算机网络的安全，需要相应的网络安全措施，实现以最小成本达到最大程度的安全保护。这里从安全层次、安全协议两方面加以分析。

1. 安全层次

网络的体系结构是一种层次结构。从安全角度来看，各层都能提供一定的安全手段，且各层次的安全措施不同。图7.3表示TCP/IP映射到ISO/OSI体系结构时安全机制的层次结构。

7	授权和访问控制、审计机制	7
6	DNS　Telnet　FTP　SMTP	6
5		5
4	面向服务的加密/解密和安全控制机制 TCP/UDP安全机制	4
3	IP解密/加密、防火墙安全机制 IP路由选择安全机制	3
2	链路通信安全机制	2
1	物理通信网安全机制	1

图 7.3　TCP/IP 安全机制的层次结构

在物理层，通信线路上采用加密技术使窃听不可实现，同时避免传输的信息被检测出来。

在数据链路层，通过点对点链路加密来保障数据传输的安全性。但网络中信息的传递要经过多台路由器连接形成的通信信道，每台路由器都要进行加密和解密。而这些路由器上可能有潜在的安全隐患，可通过节点加密方法保证其安全性。

在网络层，有 IP 路由选择安全机制和基于 IP 安全技术的控制机制。防火墙技术能处理信息在内外边界网络的流动，并确定可以进行哪些访问。

在传输层，IPv6 提供了基于 TCP/UDP 的安全机制，实现了基于面向连接和无连接服务的加密、解密和安全控制机制，如身份认证和访问控制等。

对 TCP/IP 而言，在传输层以上的各层都属于应用层，可以采用更加复杂的安全手段，如加密、用户级的身份认证和数字签名技术等。

2. 安全协议

安全协议的建立和完善是安全保密系统走上规范化、标准化道路的基本要素。一个较为完善的内部网和安全保密系统，至少要实现加密机制、验证机制和保护机制。

对应于 OSI 的 7 层模型，互联网协议组可分为应用层、传输层、网络层和接口层 4 层，而考虑到安全性能，主要的安全协议集中在应用层、传输层和网络层。应用层上的安全协议主要用于解决 Telnet、E-mail 和 Web 的安全问题。在传输层中，常用的安全协议主要包括安全外壳（secure shell，SSH）协议、安全套接层（secure socket layer，SSL）协议和套接字安全（socket security）协议。而在网络层通过 IPSec 服务实现安全通信，其协议有 IPv4 和 IPv6。

7.2　密码编码技术

密码编码学是实现信息安全的核心，它与密码分析学相反，目的是隐藏和保护需要保护的信息。密码技术有着悠久的历史，4000 年前至公元 14 世纪是以手工加密为主的古典密码技术的孕育、兴起和发展时期。16 世纪前后，采用了密表和密本作为密码的基本体制，并以机械手段加密。20 世纪 70 年代至今，数据加密标准（data encryption standard，DES）和公开密码体制这两大成果成为近代密码学发展史上的重要里程碑。近几十年，混沌理论、隐显密码学等正在探索之中，尤其是物理学的新成果也开始融入密码技术之中，出现了量子密码技术。

7.2.1　密码基础知识

密码是实现秘密通信的主要手段，是隐藏语言、文字、图像的特殊符号。凡是用特殊符号按照通信双方约定的方法把原文的原形隐藏起来、不为第三者所识别的通信方式称为密码通信。在计算机通信中，采用密码编码技术将信息隐藏起来，再将隐藏后的信息传输出去，即使信息在传输过程中被窃取或截获，窃取者也不能了解信息的内容，从而保证信息传输的安全。

1. 基本定义

一般的密码系统是由明文、密文、密钥和加密（解密）组成的可进行加密和解密的系统。明文（plaintext）是指被变换前的信息，它是一段有意义的文字或数据，可用 P 或 M 表示。密文（ciphertext）是明文变换后的形式，是一段杂乱无章的数据，字面上没有任何意义，可用 C 表示。加密的思想就是伪装明文以隐藏其真实内容，即把明文转换成密文。伪装明文的操作称为加密，加密时所使用的变换规则称为加密算法，一般用 E（encryption）表示。由密文恢复出明文的过程称为解密。解密时所使用的信息变换规则称为解密算法，一般用 D（decryption）表示。密钥是在明文转换为密文或密文转换为明文时所必须使用的参数数据，一般用 K（key）表示。加密时使用的密钥叫作加密密钥，解密时使用的密钥叫作解密密钥。一般来说，加密算法很难做到绝对保密。加密算法基本上是稳定不变的，改变的只是密钥。因此现代密码学的一个基本原则是：一切秘密寓于密钥之中。其实对于同一种加密算法，密钥的位数越长，安全性越高。这是因为密钥的位数越多，密钥空间就越大，也就是密钥的可能范围就越大，那么攻击者也就越不容易破译密文。

图 7.4 所示为一个加密与解密的示意图。如果用户 A 希望通过网络给用户 B 发送“My bank account# is 2007”的报文，但不希望第三者知道这个报文的内容，他可以采用

加密的办法，首先将该明文变成一个无人识别的密文。在网络上传输的是密文，网络上的窃听者即使得到了这个密文也很难理解。用户 B 收到密文后，采用双方商议的解密算法与密钥，就可以将密文还原成明文。

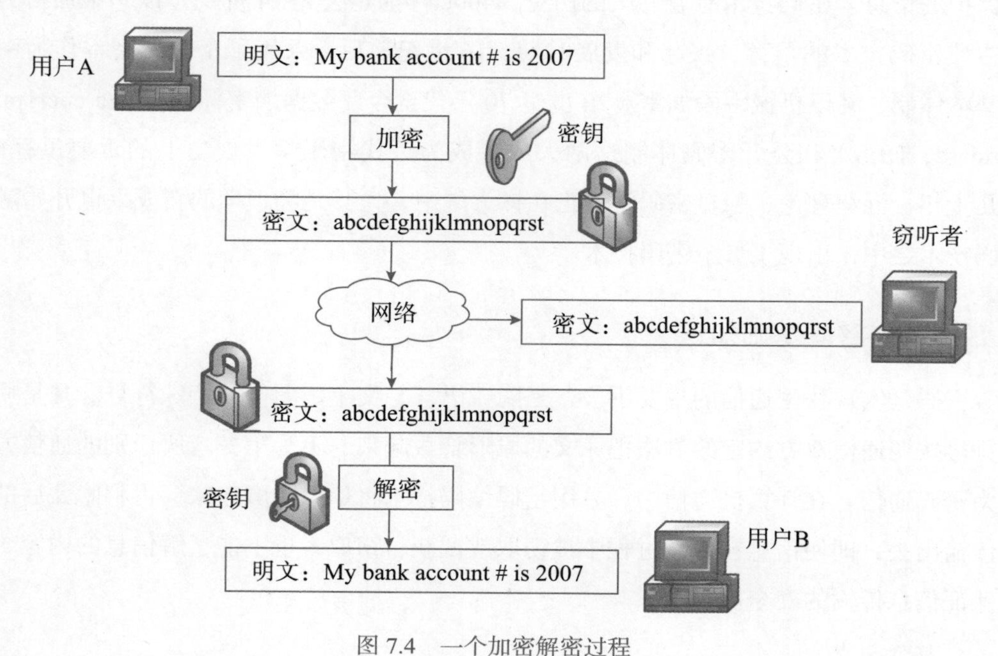

图 7.4　一个加密解密过程

2. 技术分类

依据不同标准，可将密码划分为许多类型。

按应用技术或历史发展阶段划分，密码可分为手工密码、机械密码、电子机内乱密码和计算机密码等。其中手工密码是指以手工完成的密码；机械密码是采用机械密码机或电动密码机来完成加密解密操作的；电子机内乱密码主要通过电子电路以严格的程序进行逻辑运算，并加入少量制乱元素而生成密码；计算机密码则是以计算机软件编程来进行运算加密。

按密码转换操作的原理划分，密码分为替代密码和置换密码。替代密码在加密时将明文中的每个或每组字符由另一个或一组字符所替换，并隐藏原字符，从而形成密文。置换密码也叫作换位密码，在加密时只对明文字母重新排序，改变每个字母的位置但并不将其隐藏。

按明文加密的处理过程划分，密码可分为分组密码和流密码。分组密码在加密时首先将明文序列以固定长度进行分组，每组明文用相同的密钥和算法进行变换，从而得到密文。流密码在加密时先把报文、语音、图像等原始信息转换为明文数据序列，再将其与密钥序列进行“异或”运算，最后生成密文序列发送给接收者。接收者用相同的密钥序列与密文序列进行逐位解密来恢复明文序列。

按保密的程度划分，密码可分为理论上保密的密码、实际上保密的密码和不保密的密码。理论上保密的密码是指任何努力都不可能破译原信息；实际上保密的密码是指理论上可破译，但在现有客观条件下将花费超过密文本身价值的代价才能破译的密码；不保密的密码是指在获取一定数量的密文、使用一些技术之后即可得到原信息的密码。

按明文形态划分，密码为模拟型密码与数字型密码。模拟型密码用以加密模拟信息，如对动态范围之内连续变化的语音信号加密的密码。数字型密码用于加密数字信息，是对两个离散电平构成的 0、1 数字序列加密的密码。

按密码的密钥方式划分，密码分为对称密码和非对称密码。对称密码的收发双方都使用相同或相近的密钥对数据进行加密和解密，而非对称密码的收发双方使用不同的密钥对数据进行加密和解密。

7.2.2　传统密码编码技术

数据的表现方法有很多种形式，如图像、声音、图形等，但最常使用的还是文字，所以传统加密技术加密的主要对象是文字信息。文字由字母表中的字母组成，由于字母是按顺序排列的，因此可赋予它们相应的数学序号，使它们具有数学属性，从而便于对字母进行算术运算，利用数学方法来进行加密变换。

1. 替代密码

使用替代密码加密，即将一个字母或一组字母的明文用另一个字母或另一组字母替代，如 D 替代 A，O 替代 B 等，从而得到相应的密文；解密时，则依照字母代换表进行逆替代，从而得到明文。在传统密码学中，替代密码有简单替代、多明码替代、多字母替代和多表替代 4 种。

简单替代也叫作单表替代，是指将明文的一个字母用相应的一个密文字母进行替代，从而根据密钥形成一个新的字母表，与原明文字母表有一一映射关系。历史上最早的密码“凯撒密码”就是一种单表替代密码，也是一种移位替代密码。凯撒密码就是把明文所有字母都用它之后的第 k 个字母替代，并认为 Z 后面又是 A。这种映射关系可表示为如下函数：$E(a)=(a+k) \bmod 26$。

从表 7.1 中可看出，26 个字母对应的序号为 0 ～ 25。令加密密钥 k=3，此时凯撒密码加密变换可表示为：$E(m)=(m+3) \bmod 26$。例如，明文是 ATTACK AT FIVE ，则 $E(A)=(0+3) \bmod 26=3=$D；$E(T)=(19+3) \bmod 26=22=$W；…；$E(E)=(4+3) \bmod 26=7=$H。所以密文就是 DWWDFNDWILYH。

表 7.1 替代密码映射表

字母	A	B	C	D	E	F	G	H	I	J	K	L	M
序号	0	1	2	3	4	5	6	7	8	9	10	11	12
字母	N	O	P	Q	R	S	T	U	V	W	X	Y	Z
序号	13	14	15	16	17	18	19	20	21	22	23	24	25

对于 k=3 的凯撒密码，其字母替代映射表如表 7.2 所示。

表 7.2 字母替代映射表

明文	A	B	C	D	E	F	G	H	I	J	K	L	M
密文	D	E	F	G	H	I	J	K	L	M	N	O	P
明文	N	O	P	Q	R	S	T	U	V	W	X	Y	Z
密文	Q	R	S	T	U	V	W	X	Y	Z	A	B	C

凯撒密码的优点是密钥简单易记，但由于密文与明文的对应关系过于简单，安全性差。

多明码替代是单个明文字母可以映射成几个密文字母，如 A 可能对应于 5、13、25 或 56 等。

多字母替代密码是每次对多于一个的字母进行替代的加密方法，优点是将字母的自然频率隐藏或均匀化，有利于抗统计分析。

多表替代密码是由多个替代表依次对明文消息的字母进行替代的加密方法。

2. 置换密码

置换密码在加密时明文和密文的字母保持相同，但顺序被打乱。在置换密码中，明文以固定的宽度水平地写在一张图标纸上，密文按垂直方向读出；解密就是将密文按相同的宽度写在图标纸上，然后水平地读出明文。置换密码分为列换位法和矩阵换位法。列换位法是将明文字符分割成固定长度的分组，将一组看作一行，形成 m 行 n 列的矩阵，但不足部分不补字母或者其他字符。矩阵换位法是将明文中的字母按给定的顺序安排在一个矩阵中，然后按另一种顺序选出矩阵中的字母来产生密文，不足部分用 AB 等字母填充。

7.2.3 对称密钥密码技术

1. 对称加密的基本概念

对称加密技术对信息的加密与解密都使用相同的密钥，如图 7.5 所示。由于通信双方加密与解密使用同一个密钥，因此只要第三方获取密钥就会造成失密。对称加密存在着通信双方之间确保密钥安全交换的问题。如果一个用户要与网络中 N 个其他用户进行加密通信，每个用户对应一把密钥，那么他就需要维护 N 把密钥。当网络中有 N 个用户互相进行加密通信，就会有 $N(N-1)/2$ 把密钥。因此，对称加密的保密性在于密钥的安全性，密钥需要在一个秘密的通道中传输。如何产生满足保密需求的密钥，如何安全、可靠地传送密钥是个复杂的问题。

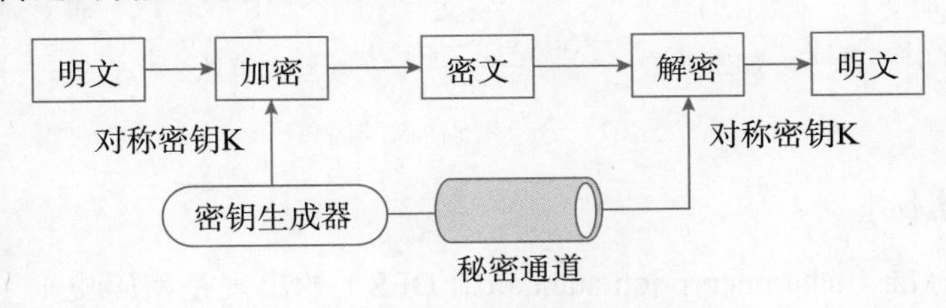

图 7.5　对称密钥密码体制加密解密

2. 流密码和分组密码

流密码是将明文划分成字符（如单个字母）或其编码的基本单元（如 0、1），然后将其与密钥流作用以加密，解密时以同步产生的相同密钥流解密。流密码强度完全依赖于密钥流产生器所产生序列的随机性和不可预测性，其核心是密钥流生成器的设计。而保持收发两端密钥流的精确同步是实现可靠解密的关键。如图 7.6 所示，明文流与密钥流进行“异或”运算即可得到密文，接收方收到密文后，用密文流与密钥流再进行“异或”运算就可得到明文。

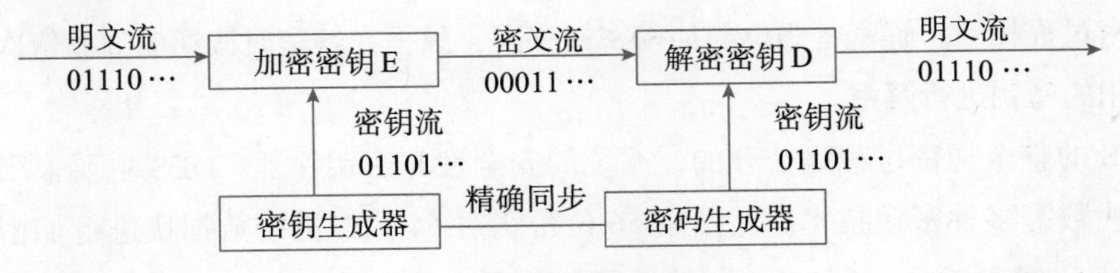

图 7.6　流密码加密与解密

分组密码的工作原理是将明文分成固定的块，用同一密钥算法对每一块加密，输出也是固定长度的密文，即由每个输入块生成一个输出块。分组密码是将明文消息编码表示后的数字序列 x_1，x_2，…，x_m，划分成长为 m 的组 $x=(x_0, x_1, \cdots, x_{m-1})$，各组分别在密钥 $k=(k_0, k_1, \cdots, k_{l-1})$ 的控制下变换成等长的输出数字序列 $y=(y_0, y_1, \cdots, y_{n-1})$，其加密函数 E：$V_n \times K \rightarrow V_n$，$V_n$ 是 n 维矢量空间，K 为密钥空间。它与流密码的不同之处是输出的每位数字不仅与相应时刻输入的明文数字有关，还与一组长为 m 的明文数字有关。这种密码实质上是字长为 m 的数字序列的代换密码，如图 7.7 所示。

通常取 $n=m$；若 $n>m$，则为有数据扩展的分组密码；若 $n<m$，则为有数据压缩的

分组密码。分组密码每次加密的明文数据量是固定的分组长度 n，而实际中待加密消息的数据量是不定的，因此需要采用适当的工作模式来隐蔽明文中的统计特性、数据的格式等，以提高整体的安全性，降低删除、重放、插入和伪造成功的机会。

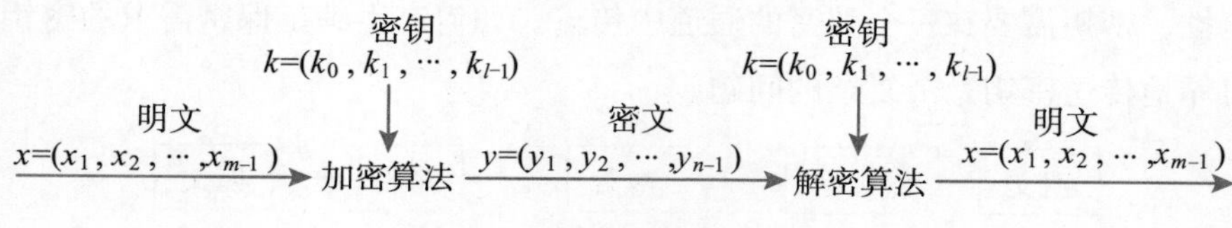

图 7.7　分组密码加密与解密

3. 数据加密标准

数据加密标准（data encryption standard，DES）的出现是密码史上一个重要事件，它是密码技术史上第一个应用于商用数据加密的、公开的密码算法，开创了公开密码算法的先例。它最先由 IBM 公司研制，经过长时间论证和筛选，由美国国家标准局于 1977 年颁布。DES 主要用于民用敏感信息的加密，1981 年被国际标准化组织接受作为国际标准。其算法流程如图 7.8 所示。

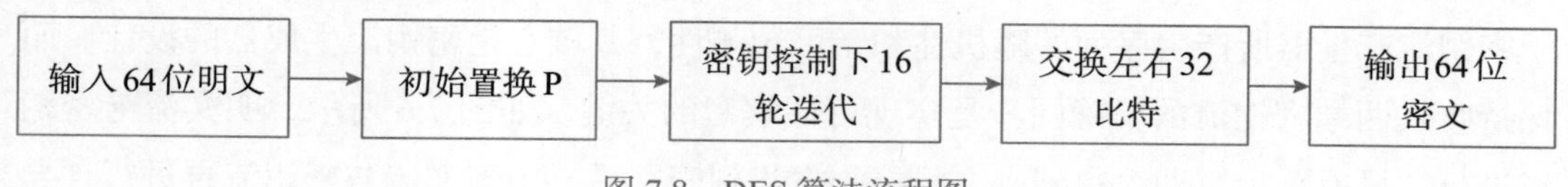

图 7.8　DES 算法流程图

DES的密钥长度为 64 位，有效密钥长度为 56 位，有 8 位用于奇偶校验。解密过程与加密过程相同，解密密钥也与加密密钥相同，只是在解密时按逆向顺序依次取用加密时使用的密钥进行解密。

DES 的整个加密过程是公开的，系统的安全性靠密钥保证。DES 主要采用替换和移位与代数等多种密钥技术。它使用 56 位密钥对 64 位二进制数据块进行加密，每次加密可对 64 位的输入数据进行 16 轮编码，在经过一系列替换和移位后，输入的 64 位原始数据就转换成完全不同的 64 位输出数据。DES 算法仅使用最大为 64 位的标准算法和逻辑运算，运算速度快，密钥产生容易，适合在当前大多数计算机上用软件方法实现，同时也适合在专用芯片上实现。

DES 是迄今为止使用最广泛的一种分组密码算法，被公认为世界上第一个密码标准算法。它具有算法容易实现、速度快、通用性强等优点。目前，DES 主要应用在计算机网络通信、电子现金传送系统、保护用户文件和用户识别等方面。DES 存在密码位数少、保密强度较差等缺点。此外，由于 DES 算法完全公开，其安全性完全依赖于对密钥的保护，必须有可靠的信道来分发密钥，因此密钥管理过程非常复杂，不适合在网络环境下单独使用，但可以与非对称密钥算法混合使用。

4. TDEA、IDEA 和 AES

针对 DES 算法密钥短的问题，在 DES 的基础上提出了三重和双密钥加密方法，这就是所谓的三重 DES 算法（triple data encryption algorithm，TDEA）。它使用两个 DES 密钥 K_1、K_2 进行三次 DES 加密，效果相当于将密钥长度增加一倍。其运行步骤如下：发送方先使用密钥 K_1 进行第一次 DES 加密，再使用密钥 K_2 对上一结果进行 DES 解密，最后用密钥 K_1 对以上结果进行第二次 DES 加密，如图 7.9 所示。其加密过程可表示为：$C=E_{K_1}(D_{K_2}(E_{K_1}(M)))$。在接收方则相反，对应使用 K_1 解密，K_2 加密，再使用 K_1 解密，则解密过程可表示为：$M=D_{K_1}(E_{K_2}(D_{K_1}(C)))$。

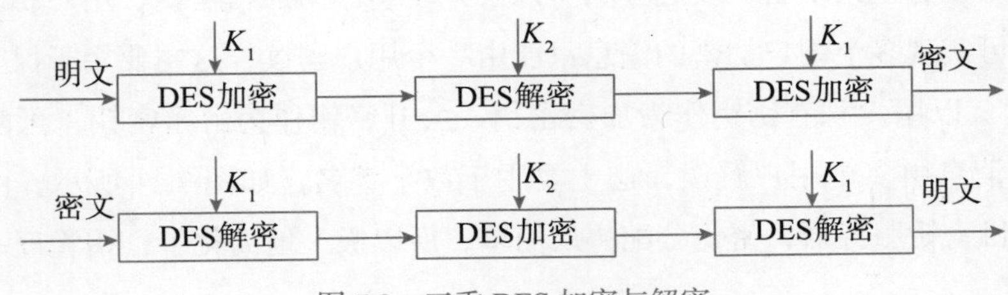

图 7.9　三重 DES 加密与解密

国际数据加密算法（international data encryption algorithm，IDEA）也是一种分组密码算法，64 位明文输入，对应 64 位密文输出，密钥长度为 128 位。IDEA 采用 8 次累加，而 DES 采用 16 次累加，但 IDEA 的每次累加相当于两次 DES 累加。与 DES 不同的是，IDEA 采用软件和硬件实现同样快速，并且它的密钥长度比 DES 多一倍，增加了破译难度，目前足以对付穷举攻击。

高级加密标准（advanced encryption standard，AES）是由美国国家标准技术研究所（national institute of standards and technology，NIST）于 1997 年发起征集的数据加密标准，目的是希望得到一个非保密、全球免费使用的分组加密算法。NIST 于 2000 年选择了比利时两位科学家提出的 Rijndael 算法作为 AES 算法。Rijndael 是一种分组长度与密钥长度都可变的密码算法，其分组长度和密钥长度都分别可为 128 位、192 位和 256 位。Rijndael 算法具有安全、高效和灵活等优点，满足了 AES 的要求，可根据不同的加密级别采用不同的密钥长度，其分组长度也是可变的。

7.2.4　公开密钥密码技术

对称密钥密码体制的加密与解密都使用相同的密钥，这些密钥由发送方和接收方分别保存。对称密钥密码体制的主要问题是密钥的生成、管理、分发都很复杂。对称密钥密码体制的缺陷促进了公开密钥密码体制的产生。

1. 公开密钥密码概述

美国斯坦福大学的两名学者迪菲（W. Diffie）和赫尔曼（M. Hellman）于 1976 年发表了文章 *New Direction in Cryptography*，提出了“公开密钥密码体制”的思想，开创了密码学研究的新方向。公开密钥密码体制的产生主要有两个原因：一是由于对称密钥密码体制的密钥分配问题；二是由于对数字签名的要求。

与传统的对称密钥密码体制不同，公开密钥密码体制要求密钥成对出现，一个为加密密钥；另一个为解密密钥，而且不能从其中一个密钥推导出另一个密钥。其中一个密钥对外公布，称为公开密钥；另一个密钥绝对保密，称为私有密钥。用公开密钥加密的信息只能用私有密钥解密，反之亦然。以公开密钥作为加密密钥、用户私有密钥作为解密密钥，可实现多个用户加密的消息只能由一个用户解读，这主要用于保密通信，如图 7.10 所示。以用户私有密钥作为加密密钥，公开密钥作为解密密钥，可实现由一个用户加密的消息由多个用户解读，这主要用于数字签名，如图 7.11 所示。由于公钥算法不需要联机密钥服务器，密钥分配协议简单，所以极大地简化了密钥管理。

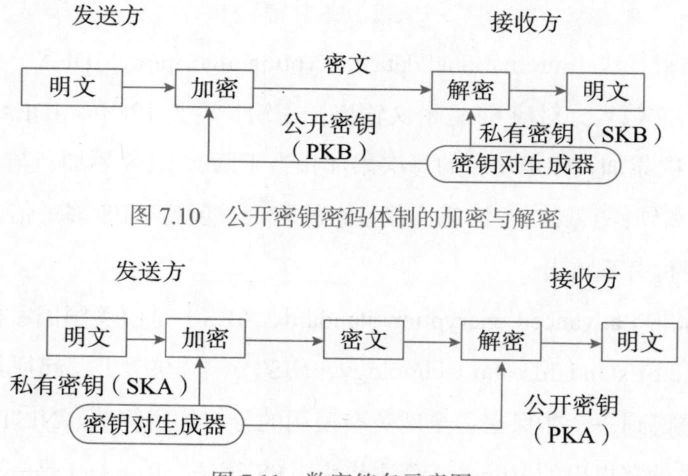

图 7.10　公开密钥密码体制的加密与解密

图 7.11　数字签名示意图

公开密钥密码体制的工作原理为：用户 A 和用户 B 各自拥有一对密钥（PKA，SKA）和（PKB，SKB），私有密钥 SKA、SKB 分别由用户 A、用户 B 各自秘密保管，而公开密钥 PKA、PKB 则以证书的形式对外公布。当用户 A 要将明文消息 P 安全地发送给用户 B，则用户 A 使用用户 B 的公开密钥 PKB 加密 P，得到密文 $C=E_{PKB}(P)$；而用户 B 收到密文 C 后，用自己的私有密钥 SKB 解密，恢复明文 $P=D_{SKB}(C)=D_{SKB}(E_{PKB}(P))$。

现有大量的公钥密码算法，包括背包体制、RSA（根据其发明者命名，即 R. Rivest、A. Shamir 和 L. Adleman）算法、数字签名算法（digital signature algorithm，DSA）、Diffie-Hellman 算法等，它们的安全性都基于复杂的数学问题。

2. RSA 算法

RSA 密码系统的安全性是基于大素数分解的困难性，即两个大的素数相乘计算乘积很容易，但从乘积求出这两个大素数却很难。

假定用户 A 在系统中进行加密和解密，则可以根据以下步骤选择密钥和进行密码变换。

（1）用户 A 随机选择两个 100 位以上的十进制大素数 p、q 并保密。

（2）计算它们的乘积 $N=pq$ 并将 N 公开，N 的长度可任意选取，一般为 1024 位。

（3）计算 N 的欧拉函数 $\Phi(N)=(p-1)(q-1)(\mathrm{mod}\ N)$。

（4）用户从 $[1,\ \Phi(N)-1]$ 中任选一个与 $\Phi(N)$ 互为素数的数 e，作为公开密钥。

（5）用欧几里得算法计算同余方程 $ed=1\mathrm{mod}\Phi(N)$，得到另一个数 d，作为私有密钥。这样就产生了一对密钥：公钥（e，N），私钥（d，N）。

（6）任何向用户 A 发送明文的用户，均可用用户 A 的公开密钥 e 加密。若整数 M 为明文，C 为密文，则有 $C=M^e$（mod N），得到密文 C。

（7）用户 A 收到密文 C 后，可利用自己的私有密钥 d 进行解密，即 $M=C^d$（mod N）。

3. RSA 算法举例

下面用一个简单的例子说明 RSA 算法的应用。

（1）产生一对密钥。

① 选择两个素数：$p=5$，$q=11$；

② 计算 $N=pq=55$；

③ 计算 N 的欧拉函数 $\Phi(N)=(p-1)(q-1)=40$；

④ 从［1，39］区间选一个与 40 互为素数的数 e，如 $e=7$，根据式 $7d=1\ \mathrm{mod}\ 40$ 解得 $d=23$。

于是得到公钥（7，55）和私钥（23，55）。

（2）对密钥进行加密与解密。

首先将密文分组，使每组明文的值在［1，54］之间。当明文 M 是 1 时，则加密过程为 $M^7=1^7\ \mathrm{mod}\ 55=1$，解密过程为 $C^{23}=1^{23}\ \mathrm{mod}\ 55=1$。当明文 M 是 2 时，则加密过程为 $M^7=2^7\ \mathrm{mod}\ 55=18$，解密过程为 $C^{23}=18^{23}\ \mathrm{mod}\ 55=2$。以此类推，当明文 M 为 54 时，加密过程为 $M^7=54^7\ \mathrm{mod}\ 55=54\ \mathrm{mod}\ 55=54$，解密过程为 $C^{23}=54^{23}=54\ \mathrm{mod}\ 55=54$。

从表 7.3 可以看出 RSA 加密实质上是一种单表变换，需要大量的数学计算。该算法利用了大素数分解困难，特别是大素数之积难被分解的特性，因此该密码很难被破解。如果想要破解该密码，就需要花费很长时间进行大量运算。

表 7.3 加密表

明文	密文	明文	密文	明文	密文	明文	密文
1	1	14	9	28	52	42	48
2	18	16	36	29	39	43	32
3	42	17	8	31	26	46	51
4	49	18	17	32	43	47	53
6	41	19	24	34	34	48	27
7	28	21	21	36	31	49	14
8	2	23	12	37	38	51	6
9	4	24	29	38	47	52	13
12	23	26	16	39	19	53	37
13	7	27	3	41	46	54	54

4. Diffie-Hellman 密钥交换

密钥交换是指通信双方交换会话密钥，以加密通信双方后续连接所传输的信息。每次逻辑连接使用一把新的会话密钥，用完就丢弃。Diffie-Hellman 算法是第一个公开密钥算法，发布于 1976 年，Diffie-Hellman 算法能够用于密钥分配，但不能用于加密或解密信息。

Diffie-Hellman 算法有两个公开参数：p 和 g，且由 p 可求出 g。参数 p 是一个大素数，参数 g 是一个比 p 小的整数，对于 1 到 p−1 之间的任何一个数，都可以用 $g^i \bmod p$（$1 \leqslant i \leqslant p-1$）得到。也就是说，通过计算 $g^i \bmod p$（$1 \leqslant i \leqslant p-1$），可得到 1 到 p−1 之间数字的无重复全排列。

Diffie-Hellman 密钥交换过程为：发送方 A 生成一个随机私有数 a，接收方 B 生成随机私有数 b，他们使用参数 p 和 g 及他们的私有数算出公开数。A 的公开数 $X= g^a \bmod p$，B 的公开数 $Y= g^b \bmod p$，然后他们互换公开数。最后 A 使用 $(g^b)^a \bmod p$ 计算 K_{ab}，而 B 使用 $(g^a)^b \bmod p$ 计算 K_{ba}。由于 $K_{ab}=K_{ba}=K$，因此发送方 A 和接收方 B 就拥有共享秘密密钥 K，如图 7.12 所示。

下面用一个简单的例子来说明上述过程。

① A 和 B 协商后选择采用素数 p=5，并计算出 g（$g<p$），因此 g 可以是 2 或者 3。这是因为：2 mod 5=2，2^2 mod 5=4，2^3 mod 5=3，2^4 mod 5=1；3 mod 5=3，3^2 mod 5=4，3^3 mod 5=2，3^4 mod 5=1；1、2、3 和 4 构成了一个无重复的全排列。假设双方约定 g=3 并对外公开。

② A 选择随机私有数 a=2，计算 $X=g^a \bmod p=3^2 \bmod 5=4$，并发送给 B。

③ B 选择随机私有数 b=3，计算 $Y=g^b \bmod p=3^3 \bmod 5=2$，并发送给 A。

④ A 计算 $K_{ab}=(g^b)^a \bmod p=(g^b \bmod p)^a \bmod p=2^2 \bmod 5=4$。

⑤ B 计算 $K_{ba}=(g^a)^b \bmod p=(g^a \bmod p)^b \bmod p=4^3 \bmod 5=4$。

可知会话密钥为 $K_{ab}=K_{ba}=K=4$。

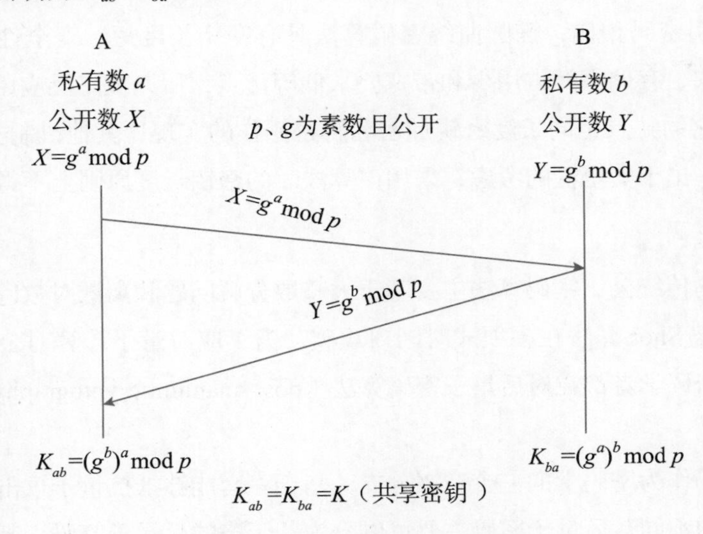

图 7.12　Diffie-Hellman 密钥交换

5. 椭圆曲线数字签名算法

椭圆曲线数字签名算法（elliptic curve digital signature algorithm，ECDSA）是使用椭圆曲线密码（ellipse curve ctyptography，ECC）对 DSA 的模拟。ECDSA 于 1999 年成为 ANSI 标准，并于 2000 年成为 IEEE 和 NIST 标准。

ECC 由 Neal Koblitz 和 Victor Miller 于 1985 年分别独立提出。与传统的基于大质数分解难题的加密算法不同，ECC 加密方式基于“离散对数”数学难题，其安全性建立在求解椭圆曲线离散对数问题困难性的基础之上。下面描述一个利用椭圆曲线进行加密通信的过程。

① 用户 A 选定一条椭圆曲线 $Ep(a, b)$，并取椭圆曲线上一点作为基点 G。

② 用户 A 选择一个私有密钥 k，并生成公开密钥 $K=kG$。

③ 用户 A 将 $Ep(a, b)$ 和点 K、G 传给用户 B。

④ 用户 B 接到信息后，将待传输的明文编码到 $Ep(a, b)$ 上的一点 M（编码方法不作讨论），并产生一个随机整数 $r(r<n)$。

⑤ 用户 B 计算点 $C_1=M+rK$ 和 $C_2=rG$。

⑥ 用户 B 将 C_1、C_2 传给用户 A。

⑦ 用户 A 接到信息后，计算 C_1-kC_2，结果就是点 M。

因为 $C_1-kC_2=M+rK-k(rG)=M+rK-r(kG)=M$，再对点 M 进行解码就可以得到明文。

在这个加密通信过程中，如果有一个偷窥者 H，他只能看到 $Ep(a, b)$、K、G、C_1、

C_2，而通过 K、G 求 k 或通过 C_2、G 求 r 都是相对困难的。因此，H 无法得到 A、B 间传送的明文信息。另外，用户 B 在处理期间不会获得任何关于 k 的新知识，因此用户 A 的私钥仍然是私有的。

与传统公钥密码相比，椭圆曲线密码算法具有密钥长度短、安全性能高、计算量小、处理速度快、存储空间占用少和带宽要求低等优点，所以被广泛应用于各种存储受限的环境中。它的缺点是同长度密钥加密和解密操作的实现比其他机制花费的时间长。在具体应用中，出于安全性的考虑，采用该算法时的密钥长度原则上不得小于 160 位。

6. 后量子密码

目前主流的传统公钥密码算法主要基于大整数分解问题和离散对数问题，但这两类数学难题都已被 Shor 算法在多项式时间内攻破。为了应对量子计算对公钥密码算法的威胁，全球的密码学者都在对后量子密码算法（post-quantum cryptography，PQC）进行研究。

后量子密码作为密码学的一个新兴分支，基于一套能够抵抗量子攻击的算法。根据底层困难问题的不同，后量子密码主要可以分为基于格的后量子密码、基于编码的后量子密码、基于哈希的后量子密码，以及基于多变量的后量子密码。除此之外，近几年还有一些其他抗量子攻击特性的密码体制，如 David Jao 等基于普通椭圆曲线或超奇异椭圆曲线同源问题提出的密码算法。其中，基于格的后量子密码计算复杂度较低，在性能上拥有很好的优势；基于编码的后量子密码也是一类比较有竞争力的密码，而且因其底层基于纠错码，本身拥有很好的纠错能力；基于哈希的后量子密码的主要优点是安全性仅依赖于泛型哈希函数的某些加密属性，即使所选的哈希函数将来被破坏，也可以很容易地用新的哈希结构替换它们；基于多变量的后量子密码主要用于签名方案，因为这类签名方案要求的硬件资源非常少，签名速度快；基于超奇异同源的后量子密码具有公钥尺寸小的特点，有利于应用在嵌入式和物联网等资源受限的芯片中，但目前它在性能上远不如其他类型的公钥密码系统。

7.2.5 混合加密算法

混合加密算法是非对称加密和对称加密相结合的算法。非对称加密算法计算量很大且在速度上不适合加密大量数据，而对称加密算法的密钥管理和分发却十分困难、复杂。为了弥补两种算法的不足，可用对称密钥加密明文数据，然后使用非对称密钥加密对称密钥，如图 7.13 所示。发送方的加密过程可表示成 $E_{\mathrm{PKB}}(K) \| E_K(M)$，接收方的解密过程可表示成 $D_{\mathrm{SKB}}(E_{\mathrm{PKB}}(K) \| E_{\mathrm{K}}(M))=K \| E_{\mathrm{K}}(M)$，$D_{\mathrm{K}}(E_{\mathrm{K}}(M))=M$。其中 PKB、SKB 分别为接收方的公开密钥和私有密钥；M 为发送方要发送的明文；K 为发送方与接收方共有的对称密钥，符号“‖”表示“与”。

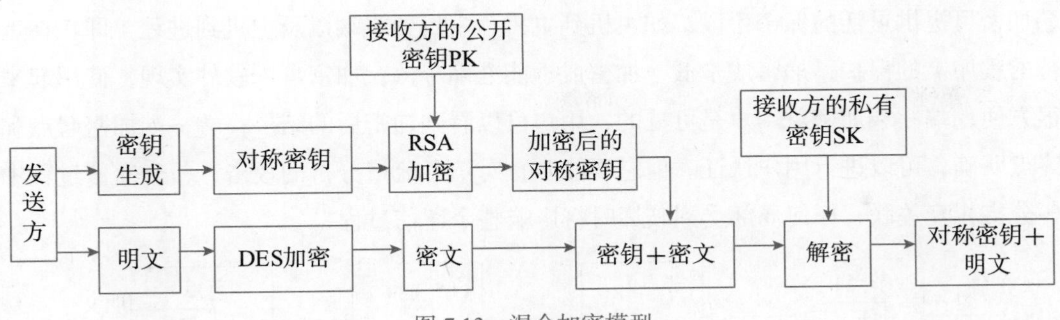

图 7.13 混合加密模型

一般来说，需要加密的数据量很大，而对称密钥的数据量则相对很小，混合加密算法可充分利用对称密钥密码技术运算速度快、成本低的优点和公开密钥密码技术反破译能力强、密钥分发方便的优点。而且由于每次密钥只使用一次，因此即使在某次传输中密钥不慎泄露，也只会影响本次交换的信息。

7.2.6 网络加密方法

1. 链路加密

链路加密是对一条链路的通信采取的保密措施，如图 7.14 所示。信息在每台节点机内都要被解密后再加密，依次进行，直至到达目的地。使用链路加密装置能为某链路上的所有报文提供传输服务。如果报文仅在一部分链路上加密而在另一部分链路上不加密，则相当于未加密，仍然是不安全的。与链路加密类似的节点加密方法，是在节点处采用一个与节点机相连的密码装置（被保护的外围设备），密文在该装置中被解密并被重新加密，明文不通过节点机，避免了链路加密节点处易受攻击的缺点。

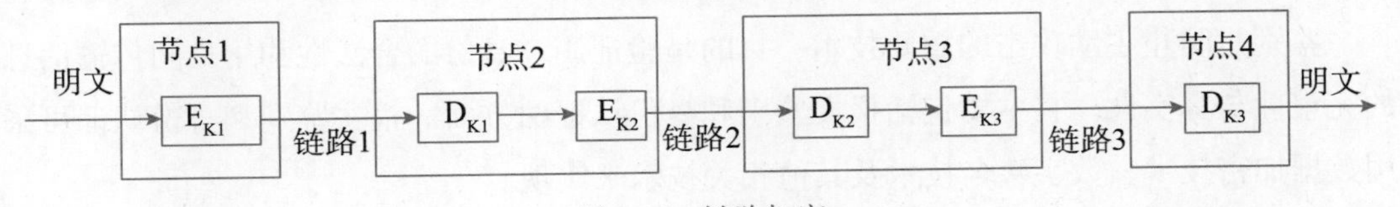

图 7.14 链路加密

链路加密方式比较简单，实现比较容易；可防止对报文流量分析的攻击；一个中间链路被攻破时，不影响其他链路上的信息。链路加密的缺点是：一个中间节点被攻破时，通过该节点的所有信息将被泄露；加密和维护成本高，用户费用很难合理分配；链路加密只能认证节点而不面向用户，它不能提供身份鉴别。

2. 端—端加密

端—端加密是对整个网络的通信系统采取的保护措施，允许数据从源点到终点的传输过程中始终以密文形式存在。消息只在源点加密，终点解密，如图 7.15 所示。因此，消息在整个传输过程中均受到保护，即使某个中间节点被损坏也不会使消息泄露。端—

端加密可提供灵活的保密手段，如主机到主机、主机到终端以及主机到进程（即正在运行的程序）的保护；加密成本低，加密成本能准确分摊；加密可用软件实现，使用起来很方便；端—端加密对用户是可见的，用户可以看到加密后的结果；端—端加密起点和终点明确，可以进行用户认证。但它不能防止对信息流量分析的攻击；整个通信过程中各分支相互关联，任何局部受到破坏时将影响整个通信过程。

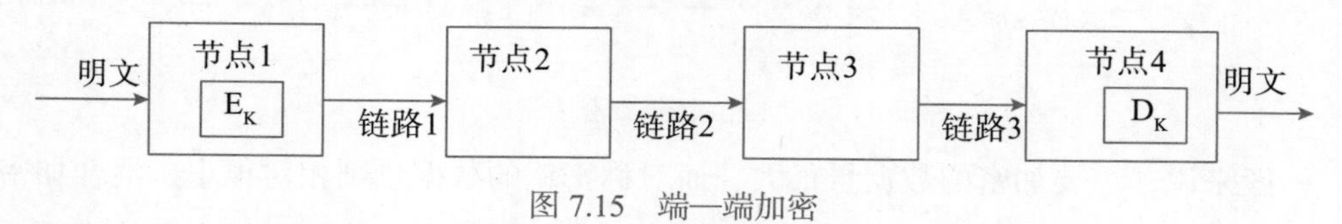

图 7.15　端—端加密

因此，为了发挥链路加密和端—端加密的优点，用户可以将两种加密方式结合起来，对于报文头采用链路方式加密，对于报文采用端—端加密。

7.3　网络鉴别与认证

网络安全系统一个很重要的方面就是防止非法用户对系统的主动攻击和非法访问，如伪造、篡改信息，私自访问加密信息等。这种安全要求对实际网络系统的应用是十分重要的。随着网络的进一步普及，网络鉴别与认证技术逐渐发展起来，并广泛应用于日常生活，采用鉴别与认证技术，不仅可对网络中的各种报文进行鉴别，而且还可以确定用户身份，以防止不必要的安全事故发生。

7.3.1　鉴别与身份认证

1. 鉴别的概念

鉴别是防止主动攻击的重要技术，目的是验证用户身份的合法性和用户间传输信息的完整性与真实性。它主要包括报文鉴别和身份认证两方面。报文鉴别和身份认证可采用数据加密技术、数字签名技术及其他相关技术来实现。

报文鉴别是为了确保数据的完整性和真实性，对报文的来源、时间和目的地进行验证，其过程通常涉及加密和密钥交换。加密时可使用对称密钥和非对称密钥进行混合加密。

身份认证就是验证申请进入网络的用户是否为合法用户，以防止非法用户访问系统。身份认证的方式一般有口令验证、摘要算法验证和基于公钥基础设施（public key infrastructure，PKI）的验证等。验证、授权和访问控制都与网络实体安全有关。虽然用户身份只与验证有关，但很多情况下还需要考虑授权及访问控制等方面的问题。通常情况下，授权和访问控制都是在成功验证之后进行的。

2. 报文鉴别

报文鉴别是一个过程，它使得通信的接收方能够验证所收到的报文中发送方、报文内容、发送时间和发送序列等内容的真伪。报文鉴别又称完整性校验，整个过程一般包括确认以下 3 方面内容：报文是由指定的发送方产生；报文内容没有被修改过；报文是按已经传送的相同顺序收到的。所有这些内容的确认均可通过数字签名、信息摘要或散列函数来完成。

3. 身份认证

身份认证一般涉及识别和验证两个过程。识别要求对网络中的每个合法用户都具有识别能力，保证识别的有效性以及代表用户身份识别符的唯一性。验证是指在访问者声明自己身份后，系统对其声明的身份进行验证，以防假冒。

识别的信息一般是非秘密的，如用户信用卡卡号、用户名和身份证号码等。而验证的信息一般是秘密的，如用户信用卡密码和登录密码等。身份认证的方法一般有口令验证、个人持证验证和个人特征验证等。其中口令验证最为简单，系统开销最小，但安全性也最差；持证为个人持有物，如钥匙、磁卡和智能卡等，比口令验证安全性更好，但验证系统比较复杂；个人特征验证如指纹识别、声音识别、血型识别及视网膜识别等，其安全性最好，但验证系统也最为复杂。身份认证在网络安全中的地位十分重要，是最基本的安全服务。

7.3.2 数字签名

数字签名在信息安全（包括身份认证、数据完整性、不可否认性以及匿名性等）方面有重要应用，特别是在大型网络安全通信中的密钥分配、认证以及电子商务系统中有重要作用。

1. 报文摘要

报文摘要是由单向散列（Hash）函数将需要加密的明文“摘要”成一串定长的密文，即单向散列值。它有固定的长度，且不同的明文摘要成密文，其结果总是不同的，而同样的明文其摘要必定一致，这样摘要便可验证明文在传输过程中是否被篡改。一个好的报文摘要具有下述性质：报文中的任何一点微小变化将导致摘要的大面积变化（雪崩效应）；试图从摘要中恢复出报文是不可能的；找到两条具有相同摘要值的报文也是不可能的。

现举例说明单向 Hash 函数的实现方法。假设生成单向 Hash 函数的办法是：对一段英文消息中的字母 a、e、h 出现的次数进行计算，生成的消息摘要值 H 取字母 a、e 出现次数的乘积，再加上字母 h 出现的次数。那么，对于一段英文消息“The bank account is two zero zero eight”，这段英文中 a 出现的次数为 2，e 出现的次数为 4，h 出现的次数为 2，那么生成的消息摘要值为 $H=2\times4+2=10$。如果有人截获了这段消息，并把它改成

"The bank account is two zero zero seven"，则这段英文中，a 出现的次数为 2，e 出现的次数为 5，h 出现的次数为 1，则新的摘要值 H1=2 × 5+1=11。显然，被人修改后的摘要值已经发生变化。通过检查消息摘要值的方法就可以发现消息是否被篡改。

目前，在众多摘要算法中，最常用的是信息 - 摘要算法（Message-Digest Algorithm 5，MD5），和安全散列算法（Secure Hash Algorithm-1，SHA-1）。其中，MD5 算法的摘要长度为 128 位，SHA-1 算法与 MD5 算法很相似，但其摘要长度更长，有 160 位、192 位和 256 位三个版本，因而比 MD5 算法更安全，强度更高。

2. 数字签名的基本概念

数字签名是实现交易安全的核心技术之一，它的实现基础就是加密技术。数字签名将信息发送者的身份与信息传送结合起来，可以保证信息在传输过程中的完整性，并提供信息发送者的身份认证，以防止信息发送者抵赖行为的发生。数字签名一般采用公开密钥签名，即用发送方的私有密钥加密，接收方用发送方的公开密钥解密。数字签名必须保证以下几点。

（1）保证信息的完整性，数据不被篡改。根据 Hash 函数的性质，一旦原始信息被改动，所生成的数字摘要就会发生很大的变化，因此，通过这种方式能防止原始信息被篡改。

（2）抗否认性。使用公开密钥的加密算法，由于只有发送方一人拥有私有密钥，因此，发送方不能否认发送过信息。

（3）身份认证。使用公开密钥的加密算法，由于只有发送方一人拥有私有密钥，因此，可确定信息来自发送方，防止接收方伪造一份声称来自发送方的报文。

数字签名有两种：一种是对整体消息的签名，即消息经过密码加密后被签名的消息整体；另一种是对压缩消息的签名，即附加在被签名消息之后或某一特定位置上的一段签名图样。

3. 数字签名的基本过程

在传统的商务活动中，人们通过对商务文件进行签名来保证文件的真实有效性，对签字方进行约束并防止其事后抵赖。在电子商务活动中，则对电子文档进行数字签名，商务文档与数字签名一起发送，以作为日后查证的依据，从而为电子商务提供不可否认服务。把 Hash 函数与公钥算法结合起来，可以同时保证数据的完整性和真实性。完整性是指传输的数据未被修改，而真实性则是指保证是由确定的合法者产生的 Hash 摘要，而不是由其他人假冒。把这两种机制结合起来便产生了所谓的基于数字摘要的数字签名，其原理如图 7.16 所示。

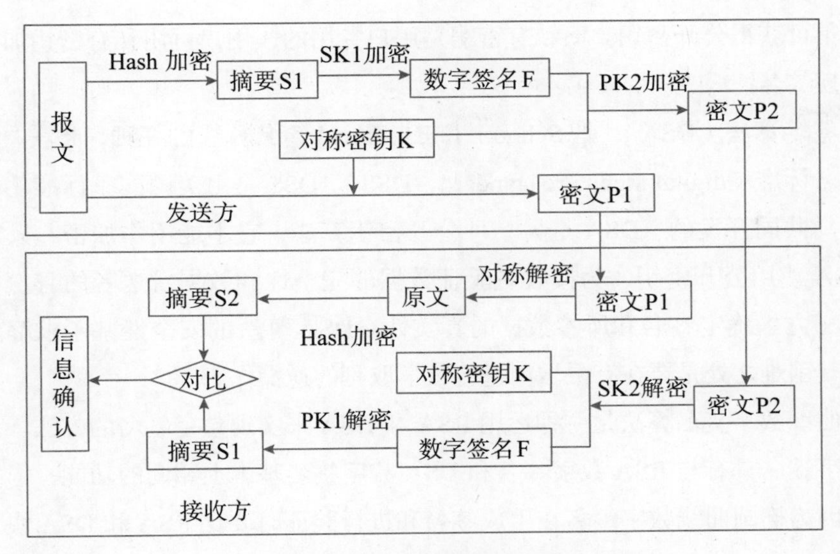

图 7.16　数字签名的处理过程

（1）被发送文件用 Hash 算法产生摘要 S1。

（2）发送方用自己的私人密钥 SK1 对摘要 Sl 再加密，这就形成了数字签名 F。

（3）随机产生一个对称密钥 K，将原文用该密钥进行对称加密，形成密文 P1。

（4）将对称密钥 K 和数字签名 F 用接收方的公开密钥 PK2 进行加密，形成密文 P2。

（5）将密文 P1 和密文 P2 发送到接收方。

（6）接收方用自己的私人密钥 SK2 对密文 P2 解密，得到对称密钥 K 和数字签名 F。

（7）用发送方的公开密钥 PK1 对数字签名 F 解密，还原摘要 S1。

（8）用对称密钥 K 对密文 P1 解密，还原原文。

（9）用同一 Hash 算法还原原文，产生新的摘要 S2。

（10）将摘要 S1 与摘要 S2 对比，如两者一致，则说明传送过程中信息没有被破坏或篡改，否则即被破坏或篡改。

4. 数字签名技术

目前应用最广泛的数字签名算法（digital signature algorithm，DSA）有 Hash 签名、RSA 签名、DSS 签名、椭圆曲线数字签名算法等。

Hash 签名是最主要的数字签名方法。它与 RSA 数字签名不同，是将数字签名与要发送的信息紧密联系在一起，特别适合于电子商务活动。将一个商务合同的内容和要发送的信息紧密联系在一起，增加了可靠性和安全性。

RSA 密码技术的优点是没有密钥分配问题，网络越复杂，网络用户越多，其优点越明显。公开密钥加密使用两个不同的密钥，其中有一个是公开的，另一个是保密的。公开密钥可以保存在系统目录内、未加密的电子邮件中、电话号码簿或公告牌里，网上任何用户都可获得公开密钥。而私有密钥是用户专用的，用户可用私有密钥加密“摘要值”以实现签名。

数字签名算法（DSA），是 Schnorr 和 E1 Gamal 签名算法的变种，被美国 NIST 作为数字签名标准（digital signature standard，DSS）。DSS 是由美国国家标准化研究院和国家安全局共同开发的。DSA 是另一种公开密钥算法，它不能用作加密，只用作数字签名。DSA 使用公开密钥，为接收者验证数据的完整性和数据发送者的身份，它也可用于由第三方去确定签名和所签数据的真实性。DSA 算法的安全性基于求解离散对数的困难，其困难之处是要在有限域内进行数学取幂的逆操作。

椭圆曲线数字签名算法是一种运用 RSA 和 DSA 来实现数字签名的方法。基于椭圆曲线的数字签名具有与 RSA 数字签名和 DSA 数字签名基本上相同的功能，但实施起来更有效，因为椭圆曲线数字签名在生成签名和进行验证时要比 RSA 和 DSA 快。在目前的 ECC（elliptic curve cryptography，椭圆曲线加密）体制中，椭圆曲线加密算法与 DSA 相互独立，椭圆曲线加密算法仅能实现报文加密和解密功能，椭圆曲线数字签名算法仅能验证发送报文的合法性。

量子数字签名技术基于物理学基本原理，由于量子不可复制的特性，使得应用该签名技术的电子文档等具有不可篡改性和不可抵赖性，保密性极高。近年来，除了普通量子签名，人们还对量子盲签名、量子群签名及量子代理签名等进行了大量研究，取得了丰硕成果。

7.3.3 常用身份认证技术

身份认证技术能够对信息收发双方进行真实身份鉴别，可保护网络信息资源的安全。它的任务是识别、验证网络信息系统中用户身份的合法性和真实性，按不同授权等级访问系统各级资源，并禁止非法访问者进入系统接触资源。

1. 基于秘密信息的身份认证方法

（1）口令认证。口令认证是系统为每个合法用户建立一个用户名 / 口令对。当用户登录系统或使用某项功能时，提示用户输入自己的用户名和口令，系统核对用户输入的用户名 / 口令对与系统内已有的合法用户的用户名 / 口令对是否匹配，如与某一用户名 / 口令对匹配，则该用户的身份得到了认证。

口令认证的优势是实现简单，无需任何附加设备，成本低，速度快。口令认证的缺点是安全性仅仅基于用户口令的保密性，而用户口令一般较短且是静态数据，容易猜测，易被攻击。采用窥探、字典攻击、穷举尝试、网络数据流窃听或重放攻击等手段很容易攻破该认证系统。

（2）单向认证。如果通信的双方只需要一方被另一方鉴别身份，这样的认证过程就是一种单向认证，前面所述的口令认证就是一种单向认证，这种简单的单向认证还没有与密钥分发结合。与密钥分发结合的单向认证主要有两类方案：一类采用对称密钥加密体制，需要一个可信赖的第三方——通常称为密钥分发中心（key distribution center，KDC），用第三方实现通信双方的身份认证和密钥分发（如 DES 算法）。KDC 是网络环境中被大家公认的可信第三方，它与每个网络通信方都保持一个共享密钥。需要第三方参与的单向认证过程如下，其中"‖"表示"与"。

① A 向 KDC 要求与 B 建立共享密钥（会话密钥），A 向 KDC 发送自己与 B 的身份标识及随机数 N_1。N_1 为仅使用一次的随机数，用于抵御重放攻击，防止伪造。可表示为：$A \rightarrow KDC: ID_A \| ID_B \| N_1$。

② KDC 在收到消息①后，负责为 A、B 随机生成一个共享密钥 K_{AB}，然后用密钥 K_B 将 K_{AB} 与 A 的标识 ID_A 一起加密，生成 A 想访问 B 的凭据，再将 K_{AB}、ID_B 和 N_1 一起用 K_A 加密。可表示为：$KDC \rightarrow A: E_{KA}[K_{AB} \| ID_B \| N_1 \| E_{KB}[K_{AB} \| ID_A]]$。

③ A 收到消息②后进行解密，获得了访问 B 的共享密钥 K_{AB}，并用 K_{AB} 加密向 B 所传输的信息。可表示为：$A \rightarrow B: E_{KB}[K_{AB} \| ID_A] \| E_{KAB}[M]$。

其中，ID_A、ID_B 分别为 A、B 的标识；N_1 为序号，用于抵御重放攻击，防止伪造；K_A 为用户 A 和 KDC 的共有密钥，网络中其他用户无法知道 K_A；K_B 为用户 B 和 KDC 的共有密钥，网络中其他用户无法知道 K_B；K_{AB} 为用户 A、B 的本次会话密钥；M 为明文。

另一类采用非对称密钥加密体制加密和解密，这种方法使用不同的密钥，无须第三方参与。典型的公钥加密算法有 RSA 认证等。它的优点是能适应网络的开放性要求、密钥管理简单并且可方便地实现数字签名和身份认证等功能，是目前电子商务等技术的核心基础。其缺点是算法复杂。其认证过程是：$A \rightarrow B: E_{PKB}[K_{AB}] \| E_{KAB}[M]$。此时用接收方 B 的公钥 PKB 加密会话密钥 K_{AB}，接收方 B 用自己的私有密钥解密后就可得到会话密钥 K_{AB}。

单向认证运算量最小、速度快、安全度高，但其密钥的秘密分发难度大。

（3）双向认证。双向认证中，通信双方需要互相鉴别各自的身份，然后交换会话密钥。典型方案是 Needham Schroeder 协议，其优点是保密性高，但会遇到消息重放攻击。

① $A \rightarrow KDC: ID_A \| ID_B \| N_1$；

② $KDC \rightarrow A: E_{KA}[K_{AB} \| ID_B \| N_1 \| E_{KB}[K_{AB} \| ID_A]]$；

③ $A \rightarrow B: E_{KB}[K_{AB} \| ID_A]$；

④ B → A: $E_{KAB}[N_2]$；

⑤ A → B: $E_{KAB}[f(N_2)]$。

其中，N_2 为任一随机数，$f(N_2)$ 为 N_2 的某个函数，如 $f(N_2)=N_2-1$。

可以看出双向认证与单向认证相比，只是多了接收方B的反向认证，但实质是相同的。

2. 基于物理安全性的身份认证方法

尽管前面提到的身份认证方法在原理上有很多不同，但它们有一个共同的特点，就是只依赖于用户知道的某个秘密的信息。与此对照，另一类身份认证方案是依赖于用户特有的某些生物学信息或用户持有的硬件（如智能卡 / 令牌等）。

（1）智能卡 / 令牌。智能卡 /令牌具有硬件加密功能，有较高的安全性。每个用户持有一张存储用户个性化的秘密信息的智能卡，同时在验证服务器中也存放该智能卡中的秘密信息。进行认证时，用户输入 PIN（个人身份识别码），智能卡认证 PIN 成功后，即可读出智能卡中的秘密信息，进而利用该秘密信息与主机之间进行认证。基于智能卡 / 令牌的认证方式是一种双因素的认证方式（PIN+ 智能卡），即使 PIN 或智能卡被窃取，用户仍不会被冒充。智能卡提供硬件保护措施和加密算法，可以利用这些功能加强安全性能，例如可以把智能卡设置成用户只能得到加密后的某个秘密信息，从而防止秘密信息的泄露。但智能卡 / 令牌认证可能会遗失或被盗用，使用者必须谨记随身携带。同时，令牌的分发和跟踪管理也比较困难和麻烦，实施和管理代价也远高于口令系统。

（2）生物特征认证。生物特征认证是指采用人类自身的生理和行为特征来验证用户身份的技术。人类自身的指纹、掌形、虹膜、视网膜、面容、语音和签名等具有先天性、唯一性及不变性等特点，利用生物特征来识别个人身份，用户使用时无须记忆，更难以借用、盗用和遗失。因此，生物特征认证更为安全、准确和便利。但生物特征认证也可能产生拒认、误认和特征值不能录入等问题。拒认是指用户的认证被拒绝通过，导致需要多次认证才能验证通过。误认是指将非法用户误认为正当用户通过验证，导致致命错误。特征值不能录入是指某些用户的生物特征值有可能因故不能被系统记录，从而导致用户不能使用系统，如上肢残缺者不能使用指纹或掌纹系统，口吃者不能使用语音识别系统等。由于以上 3 类问题，生物特征认证应用受到了一定的限制，且由于其成本和技术成熟度等原因，还有待推广和普及。

7.3.4 数字证书

数字证书是各类实体在网上进行信息交流及商务活动的身份证明，在电子交易的各个环节，交易各方都需验证对方证书的有效性，从而解决相互间的信任问题。它是一个数据结构，将安全个体或属性识别符和一个公钥值绑定在一起，并由某一认证机构的成员进行数字签名。一旦用户知道认证机构的真实公钥，就能检查证书签名的合法性。

1. 数字证书概述

数字证书是一个经过认证机构（certificate authority，CA）数字签名的、包含公开密钥拥有者信息及公开密钥的文件。最简单的数字证书包含一个公开密钥、名称以及 CA 的数字签名。一般情况下，证书中还包括密钥的有效时间、发证机关（证书授权中心）的名称和该证书的序列号等信息。

数字证书利用一对相互匹配的密钥进行加密和解密。每个用户自己设定一个特定的且仅为本人所知的私钥，并用它进行解密和签名；同时，用户需要设定一个公钥并由本人公开，为公众所共享，用于加密和签名。当发送保密文件时，发送方使用接收方的公钥对数据加密，而接收方则使用自己的私钥解密，这样信息就可以安全地传送到目的地。通过数字证书可以保证加密过程是一个不可逆的过程，只有私有密钥才能对加密文件进行解密。

数字证书按拥有者分类，一般分为个人证书、企业证书、服务器证书和信用卡身份证书。它们又拥有各自不同的分类，如个人证书又分为个人安全电子邮件证书和个人身份证书，企业证书又分为企业安全电子邮件证书和企业身份证书，服务器证书又分为 Web 服务器证书和服务器身份证书，信用卡身份证书包括消费者证书、商家证书和支付网关证书等。从数字证书的用途上看，数字证书又可分为签名证书和加密证书。签名证书主要用于对用户信息进行签名，以保证信息的不可否认性；加密证书主要用于对用户传送信息进行加密，以保护认证信息以及公开密钥的文件。

数字证书认证是基于 PKI 标准的网上身份认证系统进行的。数字证书以数字签名的方式通过第三方权威认证机构有效地进行网上身份认证，帮助网上各个交易实体识别对方身份和表明自己身份，具有真实性和防抵赖功能。与物理身份证不同的是，数字证书还具有安全、保密、防篡改的特性，可对企业网上传输的信息进行有效保护和安全传输。

2. 数字证书的格式

数字证书的类型有很多种，主要包括 X.509 公钥证书、简单公钥基础设施（simple public key infrastructure，SPIK）证书、优良保密协议（pretty good privacy，PGP）证书和属性证书。但现在大多数证书都建立在 ITU-T X.509 标准基础之上，图 7.17 给出了 X.509 版本 3 的证书格式。

版本号	序列号	签名算法	颁发者	有效期	主体	主体公钥信息	颁发者唯一标识符	扩展	签名

图 7.17　X.509 版本 3 的证书格式

X.509是一种通用的证书格式，认证者总是CA或由CA指定的人。X.509证书包含以下数据。

（1）X.509版本号：指出该证书使用了何种版本的X.509标准，版本号可能会影响证书中一些特定的信息。

（2）证书序列号：由CA给每个证书分配的唯一数字型编号。当证书被取消时，此序列号将放入由CA签发的证书作废表中。

（3）签名算法标识符：用于指定CA签署证书时所使用的公开密钥算法或Hash算法等签名算法类型。

（4）证书颁发者：一般为证书颁发机构的可识别名称。

（5）证书有效期：标明了证书的起始日期和时间以及终止日期和时间，证书在这两个日期之间是有效的。

（6）主体信息：证书持有人的唯一标识符，该信息在互联网上应该是唯一的，需指出该主体的通用名、组织单位、证书持有人的姓名和服务处所等信息。

（7）证书持有人的公钥：包括证书持有人的公钥、算法标识符和其他相关的密钥参数。

（8）认证机构：证书发布者的信息，是签发该证书的实体唯一CA的X.509名字，使用该证书意味着信任签发证书的实体。

（9）扩展部分：特指专用的标准和专用功能的字段。

（10）发布者数字签名：由发布者私钥生成的签名，以确保这个证书在发放之后没有被篡改过。

3. 认证机构系统

认证机构系统是电子商务体系的核心环节，是电子交易的基础。它通过自身的注册审核体系，检查核实进行证书申请的用户身份和各项相关信息，使网上交易的用户属性与真实性一致。它是权威的、可信赖的和公正的第三方机构，专门负责发放并管理所有参与网上交易实体所需的数字证书。

CA系统为实现其功能，主要由以下三部分组成。

（1）认证机构。认证机构是一台CA服务器，是整个认证系统的核心，它保存根CA的私钥，其安全等级要求最高。CA服务器具有产生证书、实现密钥备份等功能，这些功能应尽量独立实施。CA服务器通过安全链接与登记机构和轻量目录访问协议服务器实现安全通信。CA服务器的主要功能包括CA初始化和CA管理、处理证书申请、证书管理和交叉认证。

（2）注册机构。通常为了减轻CA服务器的处理负担，专门用一个单独的机构即注册机构（registration authority，RA）来实现用户的注册、申请及部分其他管理功能。

RA 由 RA 服务器和 RA 操作员组成。RA 服务器由操作员管理，而且还配有轻量目录访问协议服务器。客户只能访问 RA 操作员，不能直接和 RA 服务器通信，RA 操作员是互联网用户进入 CA 系统的访问点。用户通过 RA 操作员实现证书申请、撤销和查询等功能。RA 服务器和 RA 操作员之间的通信都通过安全 Web 会话实现，RA 操作员的数量没有限制。

（3）证书目录服务器。由于认证机构颁发的证书只是捆绑了特定实体的身份和公钥，而没有提供如何找到该证书的方法，因此需建立目录服务器来提供稳定可靠的、规模可扩充的在线数据库系统来存放证书。目录服务器存放了认证机构所签发的所有证书，当终端用户需要确认证书信息时，通过轻量目录访问协议下载证书或者吊销证书列表，或者通过在线证书状态协议向目录服务器查询证书的当前状况。

4. 数字认证

数字认证是检查一份给定的证书是否可用的过程，也称证书验证。数字认证引入了一种机制，确保证书的完整性和证书颁发者的可信赖性。在考虑证书的有效性或可用性时，除了简单的完整性检查，还需要其他的机制。

数字认证包括如下主要内容。

（1）一个可信的 CA 已经在证书上签名，即 CA 的数字签名被验证是正确的。

（2）证书有良好的完整性，即证书上的数字签名与签名者的公钥和单独计算出来的证书 Hash 值相一致。

（3）证书处在有效期内并且证书没有被撤销。

（4）证书的使用方式与任何声明的策略或使用限制相一致。

在 PKI 中，认证是一种将实体及其属性和公钥绑定的手段。如前所述，这种绑定表现为一种签名的数据结构即公钥证书，这些证书上都有颁发 CA 的私钥签名。CA 对它所颁发的证书进行数字签名，从完整性的角度来看，证书受到了保护。如果它们不含有任何敏感信息，证书可以被自由随意地传播。

7.3.5　公钥基础设施

公钥基础设施（public key infrastructure，PKI）产生于 20 世纪 80 年代，它结合多种密码技术和手段，采用证书进行公钥管理，通过第三方可信任机构把用户的公钥和用户的其他标识信息捆绑在一起，在互联网上验证用户的身份，为用户建立一个安全的网络运行环境，并可以在多种应用环境下方便地使用加密和数字签名技术保证网上数据的机密性、完整性、有效性。PKI 实际上是一套软硬件系统和安全策略的集合，它提供了一整套安全机制，使用户在不知道对方身份的情况下，以证书为基础，通过一系列的信任关系进行通信和交易。

1. PKI 的组成

一个实用的 PKI 体系应该是安全的、易用的、灵活的和经济的，它必须充分考虑互操作性和可扩展性。从系统构建的角度，PKI 由 3 个层次构成，如图 7.18 所示。

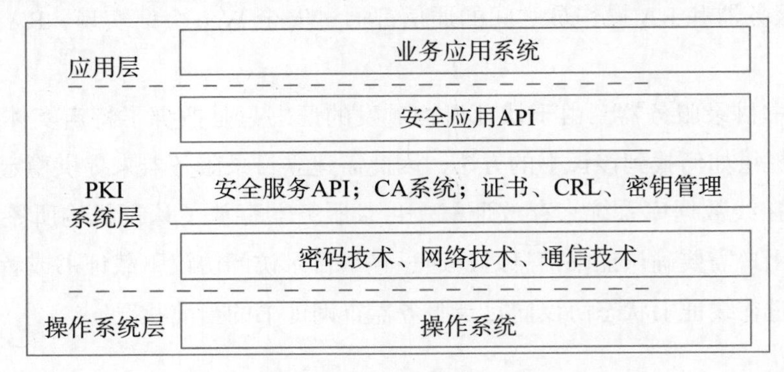

图 7.18　PKI 系统应用框架

PKI 系统的最底层位于操作系统之上，为密码技术、网络技术和通信技术等，包括各种硬件和软件。中间层为安全服务和认证服务，以及证书、证书撤销列表（certificate revocation list，CRL）和密钥管理服务。最高层为安全应用 API，包括数字信封、基于证书的数字签名和身份认证等，为上层的各种业务应用提供标准的接口。

一个完整的 PKI 系统包括 CA、数字证书库、密钥备份及恢复系统、证书作废处理系统和客户端证书处理系统等。

（1）认证机构。CA 证书机制是被广泛采用的一种安全机制，使用证书机制的前提是建立 CA 以及配套的 RA 注册审批机构系统。

（2）数字证书库。证书库是 CA 颁发证书和撤销证书的集中存放地，可供用户进行开放式查询，获得其他用户的证书和公钥。

（3）密钥备份及恢复系统。PKI 提供的密钥备份和恢复解密密钥机制是为了解决用户由于某种原因丢失了密钥使得密文数据无法被解密的问题。

（4）证书作废处理系统。证书作废处理系统是 PKI 的一个重要组件。证书的有效期是有限的，证书和密钥必须由 PKI 系统自动进行定期更换，超过有效期限就要进行作废处理。

（5）客户端证书处理系统。为了方便客户操作，在客户端装有软件，申请人通过浏览器申请、下载证书，并可以查询证书的各种信息，对特定的文档发送时间戳请求等。

2. PKI的运行模型

为了更好地了解 PKI 系统运行情况，需要进一步明确活动的主体及其相关操作。在 PKI 的基本框架中，包括管理实体、端实体和证书库 3 类实体，它们的职能如下。

（1）管理实体。它包括 CA 和 RA，是 PKI 的核心，是 PKI 服务的提供者。CA 和

RA 以证书方式向端实体提供公开密钥的分发服务。

（2）端实体。它包括证书持有者和验证者，它们是 PKI 服务的使用者。

（3）证书库。它是一个分布式数据库，用于存放和检索证书及 CRL。

PKI 操作分为存取操作和管理操作两类。前者涉及管理实体或端实体与证书库之间的交互，操作目的是向证书库中存放、从证书库中读取证书和 CRL；后者涉及管理实体与端实体之间或管理实体内部的交互，操作目的是完成证书的各项管理任务和建立证书链。PKI 系统的具体运行流程如图 7.19 所示。

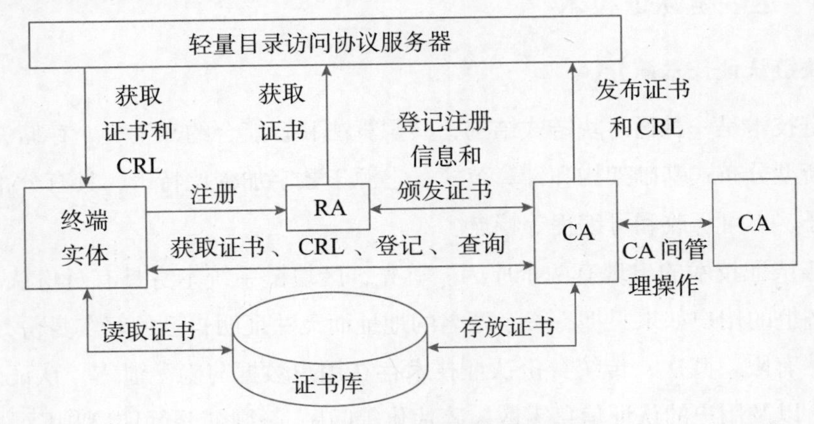

图 7.19　PKI 系统的具体运行流程

用户向 RA 提交证书申请或证书注销请求，由 RA 审核；RA 将审核后的用户证书申请或证书注销请求提交给 CA；CA 最终签署并颁发用户证书，并且登记在证书库中，同时定期更新 CRL，供用户查询。从根 CA 到本地 CA 之间存在一条链，下一级 CA 由上一级 CA 授权。

3. PKI 提供的服务

PKI 主要提供以下服务。

（1）认证。认证是确认实体自己所申明的主体。在应用程序中，有实体鉴别和数据来源鉴别两种情形。前者只简单认证实体本身的身份，后者鉴定某个指定的数据是否来源于某个特定的实体，确定被鉴别的实体与特定数据有着静态的不可分割的联系。

（2）机密性。机密性是确保数据是秘密，除了指定的实体，无人能读出这些数据。它是用来保护主体的敏感数据在网络中传输和非授权泄露时，自己不会受到威胁。

（3）数据完整性。数据完整性是确认数据没有被非法修改。无论是传输还是存储过程中的数据，都需要经过完整性检查。

（4）不可否认性。不可否认性用于从技术上保证实体对它们行为的诚实性，人们更关注的是数据来源的不可否认性和接收后的不可否认性。

（5）安全时间戳。安全时间戳是一个可信的时间权威机构用一段可认证的完整数据表示时间戳。最重要的不是时间本身的准确性，而是相关时间和日期的安全，以证明两个事件发生的先后关系。在 PKI 中，它依赖于认证和完整性服务。

（6）特权管理。特权管理包括身份鉴别、访问控制、权限管理、许可管理和能力管理等。在特定环境中，必须为单个实体、特定的实体组和指定的实体角色制定策略。这些策略规定实体、实体组和实体角色能做什么、不能做什么，其目的是在维持所希望的安全级别的基础上进行每日的交易。

7.3.6 区块链认证技术

1. 区块链认证技术简介

区块链技术是一种通过块链式结构、共识算法和智能合约来生成、存储、操作和验证数据的新型分布式基础架构和计算范式。它源于数字加密比特币，具有分布式、去中介、去信任、不可篡改和可编程等特点。

区块链认证技术的出现有两个原因。首先，区块链系统本身具有身份认证的需求，一个区块链上的用户如果只拥有一个匿名的地址而无法证明自己的真实身份，那么其应用范围必然有限。其次，传统身份认证技术存在用户数据与隐私泄露、认证效率低下、维度单一，以及用户的认证信息零散、碎片化等问题，这些问题可以利用区块链得到极大的改善。最后，利用地址账户及其他密码学工具，可以将用户真实身份信息与认证凭据隔离，避免验证过程中产生的数据泄露；将验证信息与地址账户绑定，用户也能够更好地管理和使用自己的认证信息；利用区块链的连通特性，可以连接不同的验证机构与信息使用方，从而可使身份认证过程更加高效。

区块链身份认证是指在区块链系统中确认交易者身份的过程，从而确定该用户是否具有对交易数据的访问和使用权限，确保对交易行为的确认和不可抵赖。区块链系统中的身份认证又分为以下 3 种。

（1）匿名认证。在用户身份标识的建立和认证过程中，不允许直接或间接确定交易者的真实身份。

（2）实名认证。在用户身份标识的建立和认证过程中，应直接或间接地确定交易者的真实身份。

（3）可控匿名认证。在用户身份标识的建立和认证过程中，除监管方以外不允许直接或间接确定交易者的真实身份；在必要时，监管方可恢复匿名后交易方的真实身份。

2. 区块链认证技术应用实例

当今，没有身份就无法拥有银行账户，无法获得社会福利，无法行使受教育的权利，无法参与一系列的社会活动等。同样，一个区块链上如果用户只拥有匿名的地址而无法证明自己的真实身份，那么其应用范围必然有限。现在已经出现了不少将区块链技术与身份识别相结合的应用。ShoCard 是一个将实体身份证件的数据指纹保存在区块链上的服务。用户使用手机扫描自己的身份证件，ShoCard 应用会把证件信息加密后保存在用户本地，把数据指纹保存到区块链。区块链上的数据指纹受一个私钥控制，只有持有该私钥的用户自己才有权修改，ShoCard 也无权修改。为了防范用户盗用他人身份证件扫描上传，ShoCard 还允许银行等机构对用户的身份进行背书，确保真实性。

OneName 则提供了另一种身份服务。任何比特币的用户都可以把自己的比特币地址与自己的姓名、社交平台账号等进行绑定，相当于为每个社交账户提供了一个公开的比特币地址并赋予其进行数字签名的能力。

除上述两个应用实例之外，区块链认证技术的实例还有 Bitnation 项目和爱沙尼亚政府推出的“电子公民”计划等。区块链认证技术是安全技术手段的发展方向之一，未来会有更大的作为。

7.4　防火墙技术

作为内部网与外部网之间的第一道屏障，防火墙是最先受到人们重视的网络安全产品之一。防火墙不仅具有数据包过滤、应用代理服务和状态检测等功能，还支持加密、VPN、强制访问控制和多种认证等功能。随着网络安全技术的整体发展和网络应用的不断变化，现代防火墙技术已经逐步走向网络层之外的其他安全层。

7.4.1　防火墙概述

互联网的资源共享和开放模式为生活带来了方便，但网络安全问题也日益突出，使用防火墙可以有效防御大多数来自网络的攻击。

1. 防火墙的概念

防火墙是一套独立的软硬件配置。它位于互联网与内部网之间，是两个网络之间的安全屏障，作为内部与外部沟通的桥梁，也是企业网络对外接触的第一道屏障。在逻辑上，防火墙可能是一个分离器、限制器或分析器，能有效地监控内部网和互联网之间的任何活动，保证内部网络的安全。简单地说，防火墙就是位于两个信任程度不同的网络之间的软件或硬件组合，它对两个网络之间的通信进行控制，通过强制实施允许的安全策略，防止对重要信息资源的非法存取和访问，达到保护系统安全的目的。

2. 防火墙的功能

一般地，防火墙可以防止来自外部网络通过非授权行为访问内部网，可以提供一个单独的“阻塞点”，并支持在“阻塞点”上设置安全和审计检查。防火墙的日志记录和安全审计功能可以向网络安全管理员提供一些重要信息，使管理员能够对当前的网络状况进行通行规则的设定。总的来说，防火墙具有以下功能。

（1）防火墙为内部网络提供安全屏障。防火墙可检测所有经过的数据细节，并根据事先定义好的策略允许或禁止这些数据通过。它可以极大地提高内部网络的安全性，并通过过滤不安全的服务降低风险。

（2）防火墙可强化网络安全策略。通过以防火墙为中心的安全方案配置，能将所有的安全功能（如口令、加密、身份认证、审计等）配置在防火墙上。与将网络安全分散在各主机上相比，集中的防火墙安全管理将更为经济，更具可操作性。

（3）防火墙能对网络存取和访问进行监控审计。防火墙能记录所有通过自己的访问，并同时提供网络使用情况的统计数据。当发生可疑情况时，防火墙能立刻报警，并提供网络检测和攻击的详细信息，方便网络安全管理员迅速进行威胁分析，并进行实际排查。

（4）防火墙能防止内部信息外泄。通过利用防火墙对内部网络进行划分，可实现对内部网络重点网段的隔离，从而限制局部重点或敏感网络安全问题对全局网络造成的影响。防火墙所提供的阻塞内部网络 DNS 信息的功能，也能有效地隐藏内部网络中机密的主机域名和 IP 地址。

（5）防火墙能提供安全策略检查。所有进出网络的信息都必须通过防火墙，防火墙成为网络上的一个安全检查站，通过对外部网络进行检测和报警，可将检查出来的可疑访问一一拒绝和拦截。

（6）防火墙是实施网络地址转换（network address translation，NAT）的理想场所。防火墙在内外网之间的特殊位置决定了它在 NAT 实施中的重要地位，在防火墙上实施 NAT 可将有限的 IP 地址动态或静态地与内部的 IP 地址对应起来，用来缓解地址空间短缺的问题。

3. 防火墙的局限性

防火墙可以使内部网络在很大程度上免受攻击，但还有很多威胁是防火墙无能为力的，包括以下几方面。

（1）防火墙不能防范内部人员的攻击，它只能提供周边防护，并不能控制内部用户对内部网络滥用授权的访问。内部用户可窃取数据、破坏硬件和软件，并巧妙地修改程序而不接近防火墙。

（2）防火墙不能防范绕过它的攻击，如果站点允许对防火墙后的内部系统进行拨号访问，那么防火墙将不能阻止进攻者的拨号进攻。

（3）防火墙不能防御全部威胁。虽然优秀的防火墙设计方案能够在一定程度上防御新的威胁，但由于攻击技术不断革新，而防火墙技术一直以被动的方式进行相应革新，故防火墙不可能防御所有的威胁。

（4）防火墙不能防御恶意程序和病毒。防火墙大多采用包过滤的工作原理，扫描内容针对源、目标地址和端口号，而不扫描数据的确切内容。即便是一些应用程序级的防火墙，在面对可使用各种手段隐藏在正常数据中的恶意程序和病毒，防火墙也显得无能为力。此外，防火墙只能防御从网络进入的恶意程序和病毒，而不能处理通过被感染系统进入网络并在内部网络内大肆传播的病毒和恶意程序。

7.4.2　防火墙的主要技术

1. 包过滤技术

包过滤技术是防火墙在网络层和传输层根据数据包中的包头信息有选择地实施允许数据包通过或阻止数据包通过的技术。防火墙根据事先定义好的过滤规则审查每个数据包的头部，以便确定其是否与某一条包过滤规则匹配。过滤规则基于数据包的包头信息进行制定。包过滤技术包括两种基本类型：静态包过滤技术和动态包过滤技术。

（1）静态包过滤技术。静态包过滤防火墙工作在网络层和传输层，与应用层无关。静态包过滤技术依据的是分组交换技术。用户在网络中传输的信息被分割成具有一定大小和长度的包进行传输，每一个数据包的包头中都会包含数据包的IP源地址、目标地址、传输协议（TCP、UDP、ICMP等）、TCP / UDP目标端口以及ICMP消息类型等信息。这些分组采用存储转发技术逐一发送到目标主机。

静态包过滤防火墙根据定义好的过滤规则检查每个通过它的数据包，以确定其是否与某一条或多条过滤规则相匹配，并决定是否允许该数据包通过，即它对每一个数据包的包头按照包过滤规则进行判定，与规则相匹配的包则根据路由表信息继续转发，否则，则丢弃。过滤规则是一个在系统内部设置的访问控制表，它是根据数据包的包头信息来制定的。静态包过滤防火墙通过读取数据包中的地址信息来判断这些“包”是否来自可信任的安全站点，一旦发现来自危险站点的数据包，防火墙便会将这些数据拒之门外。其工作流程如图7.20所示。

静态包过滤防火墙的优点是：逻辑简单、网络效率高、透明性好、价格低廉、易于安装和使用；它不针对各个具体的网络服务采取特殊的处理方式，具有很强的通用性；大多数路由器都提供分组过滤功能，使用静态包过滤防火墙不会增加网络成本；可以满足大部分网络用户的安全需求。

静态包过滤防火墙的缺点是：访问控制表中的过滤规则数目有限，因而各种安全要求不可能充分满足，而且随着过滤规则数目的增加，设备及网络性能均会受到很大的影响；由于缺少上下文关联信息，不能有效地过滤如 UDP 等协议；静态包过滤技术只能根据数据包的来源、目标和端口等网络信息进行判断，无法识别基于应用层的恶意侵入；不支持用户认证，不提供日志功能。

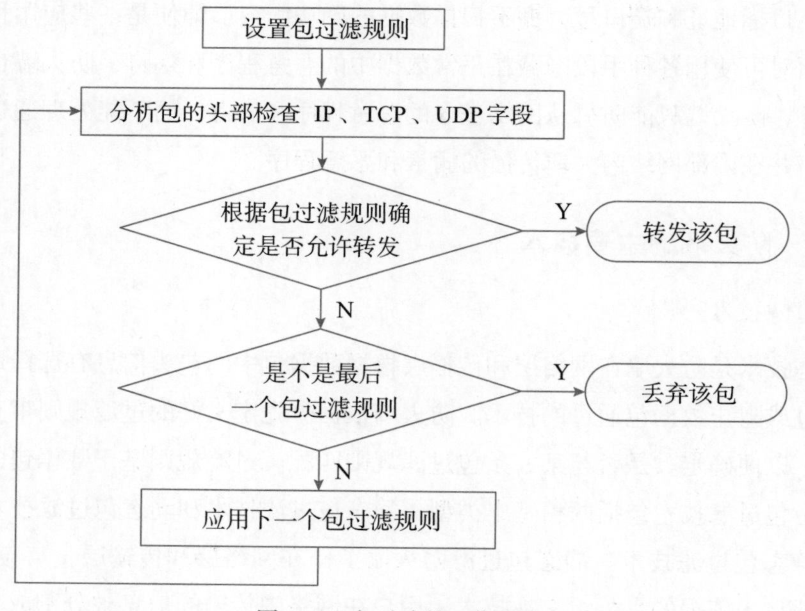

图 7.20　包过滤的工作流程

（2）动态包过滤技术。动态包过滤技术采用动态设置包过滤规则的方法，避免了静态包过滤技术所具有的问题。采用这种技术的防火墙对通过其建立的每一个链接都进行跟踪，并且根据需要可动态地在过滤规则中增加或更新条目。

总的来说，包过滤技术作为防火墙的应用有两类：一是路由设备在完成路由选择和数据转发之外，同时进行包过滤，这是常用的方式；二是在一种称为屏蔽路由器的路由设备上启动包过滤功能。

包过滤技术的优点是：首先，一个过滤路由器能协助保护整个网络；其次，数据包过滤不需要用户进行任何特殊的训练即可操作，对用户完全透明；最后，过滤路由器速度很快，效率较高，并且技术通用、廉价、有效并易于安装、使用和维护，适合在很多不同情况的网络中采用。但包过滤技术安全性较差，不能彻底防止地址欺骗，无法执行某些安全策略。所以很少把包过滤技术当作单独的安全解决方案，而经常与其他防火墙技术组合使用。

2. 应用代理技术

开发代理的最初目的是对 Web 进行缓存，减少冗余访问，但现在主要用于防火墙。代理服务器通过侦听网络内部客户的服务请求，检查并验证其合法性，若合法，它将作为一台客户机向真正的服务器发出请求并取回所需信息，再转发给客户。对于内部客户而言，代理服务器好像原始的公共服务器；对于真正的服务器而言，代理服务器好像原始的客户，即代理服务器充当了双重身份，并将内部系统与外界完全隔离开来，外面只能看到代理服务器，而看不到任何内部资源。基于代理技术的防火墙经历了两个发展阶段：代理防火墙和自适应代理防火墙。

（1）代理防火墙。代理防火墙也叫应用层网关（application gateway）防火墙。这种防火墙通过一种代理（proxy）技术参与到一个 TCP 连接的全过程。从内部发出的数据包经过这样的防火墙处理后，就好像是源于防火墙外部网卡一样，从而可以达到隐藏内部网结构的作用。它的核心技术就是代理服务器技术。

所谓代理服务器是指代表客户处理服务器连接请求的程序，如图 7.21 所示。它工作在应用层，完全控制内部与外部网络之间的流量，强制执行用户认证，并提供较详细的审计日志。当代理服务器得到一个客户的连接意图时，它们将核实客户请求，并经过特定的安全化的代理应用程序处理连接请求，将处理后的请求传递到真实的服务器上，然后接收服务器应答，并做进一步处理后，将答复交给发出请求的最终客户。代理服务器在外部网络向内部网络申请服务时发挥了中间转接的作用。代理防火墙最突出的优点就是安全。由于每一个内外网络之间的连接都要通过代理的介入和转换，通过专门为特定的服务（如 http）编写的安全化的应用程序进行处理，然后由防火墙本身提交请求和应答，没有给内外网络的计算机以任何直接会话的机会，从而避免了入侵者使用数据驱动类型的攻击方式入侵内部网。包过滤类型的防火墙是很难彻底避免这一漏洞的。

代理型防火墙的优点是安全性较高，内部与外部网络之间的任何一个连接都要经过代理服务器的监视和传送。其缺点是数据处理速度慢，尤其是在网络吞吐率较高时，会成为内部与外部网络之间的瓶颈，而且代理服务器必须针对客户机可能产生的所有应用类型逐一进行设置，大大增加了系统管理的复杂性。

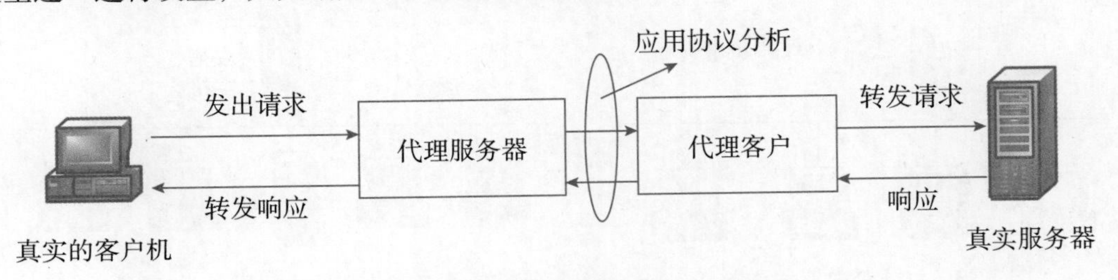

图 7.21　代理服务器

（2）自适应代理技术。自适应代理技术，本质上也属于代理服务技术，但它结合了动态包过滤技术，因此具有更强的检测功能。它拥有代理服务防火墙的安全性和包过滤防火墙的高速度等优点。

在自适应代理防火墙中，对数据包的初始安全检查仍然在应用层进行，一旦建立安全通道，其后的数据包就可重新定向到网络层快速转发；另外，自适应代理技术可根据用户定义的安全规则（如服务类型、安全级别等），动态适应传送中的数据流量。当安全要求较高时，安全检查仍在应用层中进行，以保证防火墙的最大安全性；而一旦可信任身份得到认证，其后的数据包便可直接通过速度快得多的网络层。

7.4.3 防火墙的体系结构

构成防火墙的体系结构一般有 5 种：过滤路由器结构、双宿主机网关、屏蔽主机结构、屏蔽子网结构和组合结构。

1. 过滤路由器结构

过滤路由器结构是最基本的防火墙体系结构，如图 7.22 所示。过滤路由器是一个具有数据包过滤功能的路由器，路由器上安装有 IP 层的包过滤软件，可以进行简单的数据包过滤。因为路由器是受保护网络和外部网络连接的必然通道，所以屏蔽路由器的使用范围很广，但其缺点也非常明显，一旦屏蔽路由器的包过滤功能失效，受保护网络和外部网络就可以进行任何数据的通信。

2. 双宿主机网关

如果一台主机装有两块网卡，一块连接受保护网络，一块连接外部网络，那么这台主机就是双宿主机网关，如图 7.23 所示。一般主机上都有相应的路由软件，能够很容易地实现屏蔽路由器的功能，并且可以有详尽的日志，也可以安装相应的系统管理软件，便于系统管理员使用。但一旦入侵者入侵双宿主机并使其只具有路由功能，则任何网络中的用户均可随便访问内部网。

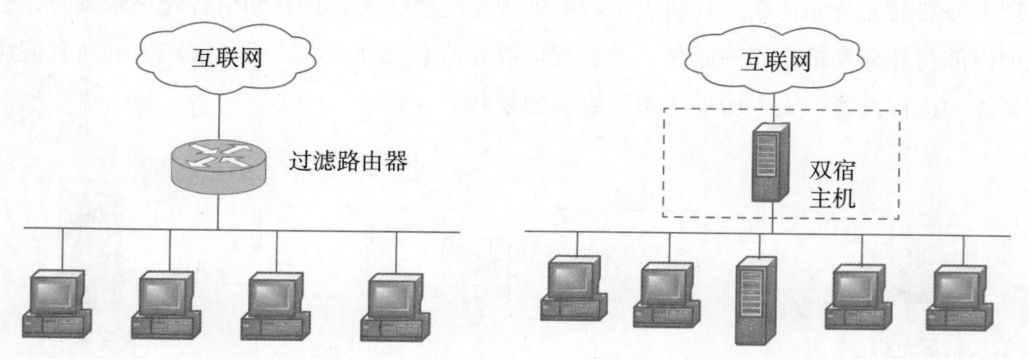

图 7.22 过滤路由器示意图　　图 7.23 双宿主机网关示意图

3. 屏蔽主机结构

屏蔽主机结构是由一个双宿主机网关（堡垒主机）和一个过滤路由器组成的。防火墙的配置包括一个位于内部网络上的堡垒主机和一个位于堡垒主机与互联网之间的过滤路由器，如图 7.24 所示。首先，过滤路由器阻塞外部网络进来的除了通向堡垒主机的所有其他信息流。然后外部信息流要经过过滤路由器的过滤，过滤后的信息流被转发到堡垒主机上，由堡垒主机上的应用服务代理对这些信息流进行分析并将合法的信息流转发到内部网络的主机上；最后外出的信息首先经过堡垒主机上的应用服务代理的检查，被转发到过滤路由器，由过滤路由器将其转发到外部网络上。

屏蔽主机结构的优点是：因为包含了过滤路由器和堡垒主机，所以提供了双重安全保护，网络层和应用层的安全设施使得攻击内部网络变得更难；过滤路由器位于堡垒主机和互联网之间，过滤主机网关在具备双宿主机网关优点的同时，也消除了其直接访问的弊端；由于堡垒主机位于内部网络上，因此内部主机可以很容易访问到它。但屏蔽主机网关要求对两个部件配置以便能协同工作，所以防火墙的配置工作很复杂。

4. 屏蔽子网结构

屏蔽子网防火墙是在屏蔽主机网关防火墙的基础上再加一台路由器。两个屏蔽路由器都放在子网的两端，在内部网络和外部网络之间形成一个被隔离的子网，如图7.25所示。内部网络和外部网络均可访问被屏蔽子网，但禁止它们穿过被屏蔽子网通信。外部屏蔽路由器和应用网关与屏蔽主机网关防火墙中的功能相同。内部屏蔽路由器在应用网关与受保护网络之间提供附加保护，从而形成三道防线。因此，一个入侵者要进入受保护的网络比主机过滤防火墙更加困难。但是，它要求的设备和软件模块较多，配置较贵且相当复杂。

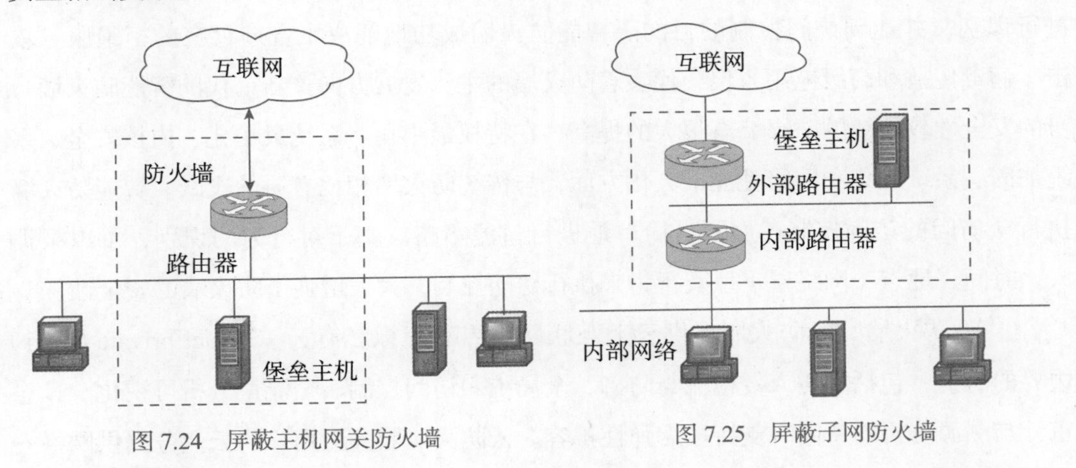

图7.24　屏蔽主机网关防火墙　　图7.25　屏蔽子网防火墙

5. 组合结构

一般在构造防火墙时，很少采用单一的体系结构，而经常采用以上4种基本结构组合而成的多体系结构，如多堡垒主机结构、合并内外路由器结构、堡垒主机与内部路由器结构、堡垒主机与外部路由器结构、多个过滤路由器结构和双目主机与子网过滤结构等。具体选用何种的组合要根据网络中心向用户提供的服务、对网络安全等级的要求以及承担的风险情况等确定。

7.4.4 新一代防火墙及其体系结构的发展趋势

1. 新一代防火墙种类

（1）电子防火墙。新一代电子防火墙种类如下。

① 分布式防火墙。分布式防火墙是指那些驻留在网络中的主机（如服务器等），并对主机系统自身提供安全防护的防火墙产品。传统的防火墙只是网络中的单一设备，它的管理是局部的，而对分布式防火墙而言，每个防火墙可根据安全性的不同需求布置在网络中任何需要的位置上，但安全策略又是统一策划和管理的。分布式防火墙主要应用于企业网络的服务器主机，用于堵住内部网的漏洞，避免来自企业内部网的攻击，支持基于加密与认证的网络应用。分布式防火墙可增强网络内部的安全性，其与网络的拓扑无关，而且支持移动计算模式。

② 嵌入式防火墙。嵌入式防火墙是内嵌于路由器或交换机的防火墙产品，是某些路由器的标准配置，是为弥补并改善各类安全能力不足的边缘防火墙、入侵监测系统以及网络代理程序而设计的。它可以确保内网与外网具有以下功能：不管内网的拓扑结构如何变更，防护措施都能延伸到网络边缘并为网络提供保护；这类防火墙的安全特性独立于主机操作系统与其他安全性程序。

③ 智能防火墙。智能防火墙是利用统计、记忆、概率和决策的智能方法来对数据进行识别，并达到访问控制的目的。智能防火墙成功地解决了普遍存在的拒绝服务攻击、病毒传播和高级应用入侵，代表着防火墙的主流发展方向。新一代的智能防火墙自身的安全性较传统的防火墙有很大的提高，在特权最小化、系统最小化、内核安全、系统加固、系统优化和网络性能最大化方面，与传统防火墙相比有质的飞跃。智能防火墙执行全访问的访问控制，而不是简单地进行过滤策略。基于对行为的识别，可以根据人、时间、地点（网络层）以及行为来执行访问控制，大大增强了防火墙的安全性。

④ 云防火墙。云防火墙提供云上互联网边界和虚拟私有云（virtual private cloud）边界的防护，包括实时入侵检测与防御、全局统一访问控制、全流量分析可视化、日志审计与溯源分析等，同时支持按需弹性扩容。云防火墙服务为用户的云业务提供网络安全防护的基础服务，同时也提供对用户内部网络的整体安全防护。

（2）光子防火墙。光子防火墙作为一种能够直接在光层中保护光网络的技术，通过全光模式匹配技术在光域中进行光信号所承载信息的识别和分析，甄别出入侵的恶意攻击，并依据预先配置的安全策略选择相应的防御手段，实现光层的入侵检测和安全防护。基于光子防火墙处理速度快、效率高以及容量大的优点，一台光子防火墙可以代替上万台传统电子防火墙，大幅度降低网络的复杂性和成本。

2. 电子防火墙体系结构的发展趋势

随着网络应用特别是多媒体应用的快速发展，传统的基于 X86 体系结构的电子防火墙已不能满足网络高吞吐量和低时延的需求。为了满足这种需求，又出现了基于网络处理器的防火墙和基于专用集成电路（application specific integrated circuit，ASIC）的防火墙这两种新技术。网络处理器是专门为处理数据包而设计的可编程处理器，它的特点是内含了多个可以并发进行数据处理工作的引擎，对数据包处理的一般性任务进行了优化。同时硬件体系结构的设计也大多采用高速的接口技术和总线规范，具有较高的 I/O 能力，所以这类防火墙的性能要比基于 CPU 架构的传统防火墙好许多。但是网络处理器防火墙本质上是基于软件的解决方案，它在很大程度上依赖于软件设计的性能。而 ASIC 防火墙将算法固化在硬件中，使用专门的硬件来处理网络数据流，在性能上有明显的优势。但 ASIC 防火墙缺乏灵活性。总之，从性能、功能、技术成熟度方面考虑，ASIC 方案较好。而从进入门槛、研发成本和灵活性考虑，则网络处理器更好一些。目前防火墙的体系结构开始更新换代，电子防火墙未来基本上是沿着网络处理器与 ASIC 两个方向发展。

7.5　反病毒技术

7.5.1　计算机病毒概述

1. 计算机病毒的概念

计算机病毒是指编制或在计算机程序中插入破坏计算机功能或者毁坏数据，影响计算机使用并且能够自我复制的一组计算机指令或者程序代码。计算机的信息需要存取、复制和传送，计算机病毒作为信息的一种形式可以随之繁殖、感染和破坏。计算机病毒通常是附加在某个文件上，通过文件复制、传送和执行等方式进行传播，因此病毒传播与文件传播媒体的变化有着直接关系。计算机病毒可通过软盘、移动硬盘和硬盘等磁介质传播，也可通过计算机网络通信、文件交换（如 Word 宏病毒等）、电子邮件的附件、QQ 等即时通信软件、点对点的通信系统和无线通道及调制解调器、无线电收发器、串/并口等方式传播。随着移动设备和物联网的普及和智能化，无线通信网络已成为病毒传播的新平台。从广义上来说，现在的计算机病毒已经由从前的单一传播和单一行为，变成依赖互联网传播，集电子邮件、文件传播等多种传播方式，融黑客和木马等多种攻击手段于一身的“新病毒”。

计算机病毒的产生过程可分为程序设计、传播、潜伏、触发、运行和实行攻击。计算机病毒拥有一个生命周期，即从生成作为其生命周期的开始到被完全清除作为其生命周期的结束，主要包括开发期、传染期、潜伏期、发作期、发现期、消化期、消亡期。计算机病毒的来源多种多样，主要的产生原因有恶作剧、报复心理、版权保护、娱乐需要、军事、经济和政治目的。

2. 计算机病毒组成

计算机病毒程序一般由引导模块、传染模块和破坏模块组成。引导模块的作用是将病毒由外存引入内存，使病毒的传染模块和破坏模块处于活动状态，以监视系统运行。传染模块负责将病毒传染给其他计算机程序使病毒向外扩散。病毒的传染模块由病毒传染的条件判断部分和病毒传染程序主体部分两部分组成。破坏模块是病毒的核心部分，它体现了病毒制造者的意图。病毒的破坏模块是由病毒破坏的条件判断部分和病毒破坏程序主体部分两部分组成。应指出的是，并非所有计算机病毒程序都需要上述3个模块，如引导型病毒没有破坏模块，而某些文件型病毒则没有引导模块。

3. 计算机病毒的特征

任何计算机病毒都是人为制造并具有破坏性的程序。概括起来，计算机病毒具有非法性、破坏性、传染性、隐蔽性、潜伏性、不可预见性和衍生性等特点。

非法性是指病毒的行为都是在未获得计算机用户的授权下悄悄进行的，它所进行的操作，绝大多数都违背了用户意愿和利益。

破坏性是指任何病毒只要侵入计算机系统，都会对系统及应用程序产生不同程度的影响。最显著的后果是破坏计算机系统或删除用户保存的数据。病毒根据其破坏性可分为良性病毒和恶性病毒。

传染性也叫自我复制或传播性，是计算机病毒的本质特征。在一定条件下，病毒可以通过某种渠道从一个文件或一台计算机上传染到另外没有被感染的文件或计算机上。

隐蔽性是计算机病毒最基本的特征，计算机系统在感染病毒后仍然能够运行，被感染的程序也能正常执行，用户不会感到明显的异常。病毒的存在、传染和对数据的破坏过程不易为计算机操作人员发现。

潜伏性指计算机病毒感染系统后不会即时发作，它长期潜伏在系统中，选择特定的时间、满足特定的诱发条件时才会启动。病毒的潜伏性越好，它在系统中存在的时间就越长，传染的范围也越广，危害性也越大。例如，著名的“黑色星期五”在13号且为星期五的日子里才会发作，CIH病毒会在每月的26日发作。

不可预见性是指随着计算机病毒制作技术的不断提高，种类不断翻新，防病毒技术明显落后于病毒制造技术。因此，对未来病毒的类型、特点及破坏性等很难预测。

衍生性是指计算机病毒程序易被他人模仿和修改，从而产生原病毒的变异，衍生出多种“同根”的病毒。变异的病毒可能比原病毒具有更大的危害。

7.5.2　网络病毒

互联网的开放性成为计算机病毒广泛传播的有利途径，互联网本身的安全漏洞也为产生新的计算机病毒提供了良好的条件，加之一些新的网络编程软件（如 JavaScript、ActiveX）为计算机病毒渗透到网络的各个角落提供了方便，因此网络病毒得以兴起。近年来，平均每天都有十几种甚至更多的新计算机病毒被发现，而且网络上计算机病毒的传播速度是单机的几十倍，每年会有 98% 的企业机构不同程度地遭到网络计算机病毒的攻击。随着网络技术的发展和普及，网络病毒是未来病毒的发展趋势，将是人们未来主要的防御对象。

1. 网络病毒概述

广义上认为，可以通过网络传播，同时破坏某些网络组件（服务器、客户机、交换和路由设备）的病毒就是网络病毒。狭义上认为，局限于网络范围的病毒就是网络病毒，即网络病毒应该是充分利用网络协议及网络体系结构作为其传播途径或机制，同时网络病毒的破坏也应是针对网络的。这里所讨论的网络病毒是广义上的网络病毒。网络病毒包括了具有网络传播功能的计算机病毒、蠕虫、木马等恶意软件。正如《第十七次计算机病毒和移动终端病毒疫情调查报告》中指出，目前网络是我国计算机病毒传播的主要途径。调查显示 2017 年我国计算机病毒中通过网络下载或浏览传播的比例为 81.55%。另据 2022 年 1 月瑞星公司发布的《2021 年中国网络安全报告》显示，手机病毒样本 275.6 万个，病毒类型以信息窃取、资费消耗、远程控制、流氓行为等类型为主。可以看出，手机病毒是网络病毒未来的一个隐患。

2. 网络病毒的特点

计算机网络的主要特征是资源共享。一旦共享资源感染了病毒，网络各节点间信息的频繁传输会将计算机病毒迅速传染到其所共享的机器上，从而形成多种共享资源的交叉感染。网络病毒的迅速传播、再生、发作，比单机病毒造成的危害更大。目前应用最广泛的两类网络是局域网和互联网，在互联网运行的各种网络应用平台多，如 WWW 网、各类邮件网络等。网络病毒主要具有以下特点。

（1）传播方式多样化。对于计算机网络系统而言，病毒主要是通过“工作站 - 服务器 - 工作站”的基本途径来传播。具体地说，网络病毒传染的方式一般有电子邮件、网络共享、网页浏览、服务器共享目录等，其传播方式多而复杂，难以防范。

（2）传播速度快，范围广。在网络环境下，病毒可以通过网络通信机制，借助网络线路进行迅速扩展，特别是通过互联网，新出现的病毒可以在短时间内迅速传播到世界各地。单机运行条件下，病毒只能通过移动存储介质，由一台计算机感染到另一台。但在整个网络系统中，却能通过网络通信平台迅速扩散。据相关测试报告指出，在网络正常运用情况下，若一台工作站存在病毒，会在短短的十几分钟之内感染几百台计算机设备。

（3）清除难度大，难以控制。在网络环境下，病毒感染的站点数量多，范围广，很容易在一个网段形成交叉感染。若病毒存在单机中，可采取删除携带病毒的文件或低级格式化硬盘等方式来彻底清除病毒，但若存在整个网络环境中，只要一台工作站没有彻底进行杀毒处理，就会感染网络系统中的所有设备。还有可能一台工作站的病毒刚刚清除完，瞬间又会被另一台携带病毒的工作站感染。针对此类问题，只是对工作站开展相应的病毒查杀与清除，无法彻底解决与清除病毒对整个网络系统所造成的危害。

（4）破坏危害大。网络病毒将直接影响网络的工作，轻则降低网络速度，影响工作效率；重则破坏服务器系统资源，使通信线路产生拥塞，造成网络系统全面瘫痪。2017年爆发的“WannaCry”蠕虫病毒，至少150个国家的30万名用户感染，造成80亿美元的损失，影响到金融、能源和医疗等众多行业。

（5）病毒变种繁多，并向混合型、多样化发展。随着编程技术的发展和网络语言的日益丰富，计算机病毒的编制技术也不断随之发展和变化，其功能也由最开始的简单自身复制挤占硬盘空间到目前的多样化功能，如开启后门、远程控制、密码窃取等，从而增强其危害性。另外，网络病毒会借助更多的网络传播应用平台，融合多种传播和破坏方式。

3. 网络病毒的传播

互联网的飞速发展给防病毒工作带来了新的挑战。互联网上有众多的软件、工具可供下载，有大量数据需要交换，这在客观上为病毒的大面积传播提供了可能和方便。互联网本身也衍生出一些新病毒，如Java动态网页和ActiveX控件等携带的病毒。这些病毒不需要宿主程序，它们可通过互联网肆意寄生，也可以与传统病毒混杂在一起，不被人们察觉。更有甚者，它们可跨越操作平台，一旦被传染便可毁坏所有操作系统。网络病毒突破网络安全系统，就会传播到网络服务器，进而在整个网络上传染和再生，就可能使网络资源遭到严重破坏。

互联网也可以作为网络病毒的载体，将病毒方便地传送到其他站点，具体入侵网络的途径如下。

（1）邮件感染。计算机病毒文件附加在邮件中，并通过互联网传播，当用户接收带病毒的邮件时，就会感染计算机，继而感染全网络。

（2）通过共享资源。计算机病毒先传染网络中的一台工作站，并驻留在工作站的内存中，该工作站通过查找网络上共享资源来传播其病毒。

（3）FTP方式。当用户从互联网上下载程序时，计算机病毒即感染计算机，再由此感染网络。

（4）网页恶意脚本。在网页上附加恶意脚本，当用户浏览该网页时，此脚本病毒就感染该用户的计算机，然后通过其感染全网络。

（5）WWW浏览。在互联网上利用Java Applets和ActiveX Control来编写和传播病毒和恶性攻击程序。

4. 网络病毒的攻击手段

网络病毒的攻击手段可分为非破坏性攻击和破坏性攻击。非破坏性攻击一般是为了扰乱系统的运行，并不盗取系统资料，通常采用拒绝服务攻击或信息炸弹。破坏性攻击是以侵入计算机系统、盗取系统保密信息、破坏系统的数据为目的。网络病毒的攻击手段如下。

（1）设置网络木马。该方法是利用漏洞进入用户的计算机系统，通过修改注册表自启动，运行时有意不让用户察觉，将用户计算机中的所有信息都暴露在网络中。大多数黑客程序的服务器端都是木马。

（2）网络监听。网络监听是一种监视网络状态、数据流以及网络上传输信息的管理工具，它可以将接口设置为监听模式，可以截获网上传输的信息。

（3）网络蠕虫。网络蠕虫是利用网络缺陷和网络新技术，对自身进行大量复制的病毒程序。

（4）捆绑器病毒。这类病毒的制造者使用特定的捆绑程序将病毒与应用程序如QQ、IE捆绑起来，表面上看是一个正常的文件，而当用户运行这些应用程序时，隐藏的病毒即给用户造成危害。

（5）网页病毒。网页病毒是利用网页进行破坏的病毒，它存在于网页之中，其实质是利用Script语言编写一些恶意代码。当用户登录某些含有网页病毒的网站时，网页病毒就会悄悄激活，轻则修改用户的注册表，重则关闭系统的许多功能，使用户无法正常使用计算机系统，更有甚者可以将用户的系统进行格式化。

（6）后门程序。程序员在设计功能复杂的程序时，一般会采用模块化的思想，将整个项目分割为多个功能模块，为便于分别进行设计、调试，往往会留一个模块的秘密入口，也称为后门。由于程序员的疏忽或其他原因，程序正式部署时，后门未被关闭。为黑客会利用穷举搜索法发现并利用这些后门进入系统、发动攻击，提供了可乘之机。

（7）黑客程序。黑客程序一般都具有攻击性，它会利用漏洞控制远程计算机，甚至破坏计算机。黑客程序通常在用户的计算机中植入木马，与木马内外勾结，对计算机安全构成威胁。

（8）信息炸弹。信息炸弹是指使用一些特殊的工具软件，短时间内向目标服务器发送大量超出系统负载的信息，以造成目标服务器超负荷、网络堵塞、系统崩溃的攻击手段。

7.5.3 特洛伊木马

特洛伊木马的英文名为 trojan horse，它是一种基于远程控制的黑客工具。木马程序通常寄生在用户的计算机系统中，盗窃用户信息，并通过网络发给黑客。它与普通的病毒程序不同，并不以感染文件，破坏系统为目的，而是以寻找后门，窃取密码和重要文件为主，还可以对计算机进行跟踪监视、控制、查看、修改资料等操作，具有很强的隐蔽性、突发性和攻击性。

1. 特洛伊木马的传播方式

特洛伊木马的传播方式主要有以下 4 种。

（1）通过 E-mail 传播。控制端将木马程序以附件的形式附在邮件上发送出去，收件人只要打开附件就会感染木马。

（2）通过 Web、FTP、BBS 等提供软件下载服务的网站传播。由于木马程序所占空间一般都非常小，只有几 KB 到几十 MB，因此把木马程序捆绑到正常文件上，用户很难发现。一些非正式的网站往往以提供软件下载为名，将木马捆绑在软件安装程序上，用户只要一运行此类安装程序，木马就会自动安装。

（3）通过会话聊天软件的“文件传输”功能进行传播。用户一旦打开带有木马的文件，就立刻感染木马。

（4）通过网页传播。黑客可以通过 JavaScript、Java Applet 或 ActiveX 编辑脚本程序，使木马程序在用户浏览染毒网页时从系统后台偷偷下载并自动完成安装。

2. 特洛伊木马的工作原理

特洛伊木马程序与其他病毒程序一样，都需要在运行时隐藏自己。传统的文件型病毒寄生于可正常执行程序体中，通过宿主程序的执行而执行，与之相反，大多数木马程序都拥有一个独立的可执行文件。木马通常不容易被发现，因为它是以一个正常应用的身份在系统中运行的。木马的运行可以有以下三种模式：潜伏在正常程序应用中，附带执行独立的恶意操作；潜伏在正常程序应用中，但会修改正常的应用程序并进行恶意操作；完全覆盖正常程序应用，执行恶意操作。

特洛伊木马程序也采用 C/S 模式。它一般包括一个客户端和一个服务器端，客户端放置在木马控制者的计算机中，服务器端放置在被入侵的计算机中，木马控制者通常利用绑定程序将木马服务器绑定在某个合法软件上，诱使用户运行合法软件，使计算机感染木马病毒。此外，木马控制者还可利用端口扫描工具扫描端口，也可采用信息反馈方式，确定网络中哪一台计算机感染了木马病毒，从而通过客户端与被入侵计算机的服务器端建立远程连接。一旦连接建立，木马控制者就可以通过对被入侵计算机发送指令的办法来传输和修改文件。

通常，木马程序的服务器部分都是可以定制的，攻击者可以定制的项目包括服务器运行的 IP 端口号、程序启动时机、如何发起调用、如何隐身、是否加密等。另外，攻击者还可以设置登录服务器的密码，确定通信方式，比如发送一个宣告成功接管的 E-mail，或者联系某个隐藏的互联网交流通道、广播被侵占机器的 IP 地址。当木马程序的服务器部分完成启动后，它还可以直接与攻击者机器上运行的客户端程序通过预先定义的端口进行通信。除此之外，攻击者也可以用广播方式发布命令，指示所有在他控制下的中毒计算机一起行动，或向更广的范围传播。事实上，只需要一个预先定义好的关键词，就可以让所有被入侵的计算机格式化自己的硬盘或者向另一台主机发起攻击。攻击者还会经常用木马程序控制大量的计算机，然后针对某一要害主机发起分布式拒绝服务攻击。

3. 特洛伊木马的危害及分类

从本质上讲，特洛伊木马是一种基于远程控制的工具，但其具有隐藏性和非授权性特点。它可以实现窃取宿主计算机数据、接受非授权操作者指令、远程管理服务器端进程、修改删除文件和数据、操纵系统注册表、监视服务器端动作、建立代理攻击跳板和释放网络蠕虫等功能。

因此，根据特洛伊木马的特点及其危害范围，木马可以分为网游木马、网银木马、下载类木马、代理类木马、FTP 木马、通信软件类木马和网页点击类木马等。

（1）网游木马主要针对网络游戏，木马制作者通过散布网游木马来大量窃取专门的网游账号，再将账号中的装备和虚拟货币转移或者出卖，从而获取现实利益。网游木马通常采用记录用户键盘输入、Hook 游戏进程 API 函数等方法获取用户的密码和账号。窃取到的信息一般通过发送电子邮件或向远程脚本程序提交的方式发送给木马制作者。

（2）网银木马是一种专门针对网络银行进行攻击的木马，它采用记录键盘和系统信息的方法盗窃网银账号和密码，并发送到木马制造者指定的邮箱，直接导致用户的经济损失。此类木马针对性较强，木马制造者先要对某银行的网上交易系统进行仔细的分析，然后针对安全薄弱环节编写病毒程序。

（3）下载类木马。这种木马程序所占空间一般很小，其功能主要是从网络上下载其他病毒程序或安装广告软件。由于所占空间很小，因此下载类木马更容易传播，传播速度也更快。

（4）代理类木马。用户感染代理类木马后，会在本机开启 HTTP 等代理服务功能。黑客把受感染的计算机作为跳板，以被感染用户的身份进行黑客活动，达到隐藏自己身份的目的。

（5）FTP 木马。通过打开被控制计算机的 21 号端口（FTP 所使用的默认端口），使每个人都可以用一个不用密码的 FTP 客户端程序，就能连接到受控制端的计算机，并且可以进行最高权限的上传和下载数据，窃取受害者的机密文件。

（6）通信软件类木马。国内即时通信软件如 QQ、新浪 UC、微信等网上聊天的用户群十分庞大。即时通信类木马分为发送消息型、盗号型和传播自身型。

（7）网页点击类木马。网页点击类木马会恶意模拟用户点击广告等动作，在短时间内可以产生数以万计的点击量。病毒制造者的目的是赚取高额的广告推广费用。此类病毒的技术简单，一般只是向服务器发送 HTTP GET 请求。

7.5.4 网络蠕虫

一般来说，网络蠕虫通常不需要所谓的激活。它通过分布式网络来散播特定的信息或错误，进而造成网络服务遭到拒绝并发生死锁。网络蠕虫可以独立运行，并能把自身的一个包含所有功能的副本传播到另一台计算机上。

网络蠕虫与传统计算机病毒不同，并非以破坏计算机为目的，而是以计算机为载体，主动攻击网络。它是一种通过网络传播的病毒，具有病毒的一些共性，如传播性、隐蔽性和破坏性等普通病毒的特点，还具有自己的一些特征，如不利用文件寄生（有的只存在于内存中），使网络造成拒绝服务，以及和黑客技术相结合等。由于网络蠕虫一开始便是基于网络的，因此随着网络的发展，它的生命力越来越强，破坏力也越来越大。

1. 网络蠕虫的基本结构和传播

网络蠕虫由主程序和引导程序两部分组成。主程序一旦在计算机中运行，就可以开始收集与当前计算机联网的其他计算机的信息。它能通过读取公共配置文件检测当前计算机的联网状态信息，尝试利用系统的缺陷在远程计算机上建立引导程序。引导程序实际上是网络蠕虫主程序或一个程序段的副本，将网络蠕虫带入它所感染的每一台计算机中。

网络蠕虫的基本程序结构包含传播模块、隐藏模块和目的功能模块。主程序中最重要的是传播模块。传播模块实现了自动入侵功能，这是网络蠕虫能力的最高体现。它主要负责蠕虫的传播，一般包括扫描子模块、攻击子模块和复制子模块。隐藏模块使网络蠕虫在侵入计算机后，立刻隐藏自身，防止被用户所察觉。目的功能模块主要用于实现对计算机的控制、监视和破坏。

网络蠕虫的一般传播过程为扫描、攻击和复制三个阶段。在扫描阶段，网络蠕虫的扫描功能模块负责收集目标主机的信息，寻找可利用的漏洞或弱点。当程序向某个计算机发送的探测漏洞信息收到成功反馈数据后，就得到了一个潜在的可传播的对象，并进入攻击阶段。在攻击阶段中，网络蠕虫按步骤自动攻击前面扫描所找到的对象，并取得该计算机的权限，为后续步骤做好准备。在复制阶段，复制模块通过原计算机和新计算机的交互将网络蠕虫复制到新计算机中并启动，从而完成一次典型的传播。

网络蠕虫常驻于一台或多台计算机中，并具有自动重新定位的能力。如果它检测到网络中的某台计算机未被占用，即将自身的一个复制发送给那台计算机，每个程序段都能把自身的复制重新定位于另一台计算机中，并且能够识别出它自己所占用的计算机。

2. 网络蠕虫的分类

根据使用者情况的不同，网络蠕虫可以分为两种：一种是面向企业用户和局域网的网络蠕虫，这种网络蠕虫具有很大的主动攻击性，爆发也有一定突然性。一般利用系统漏洞进行攻击，使网络突然瘫痪，但其目标集中目的单一，较易被查杀。另一种是面向个人用户的网络蠕虫，这种网络蠕虫以“爱虫”“求职信”为主要代表，少数利用了微软应用程序存在的漏洞，更多的是对用户进行欺诈和诱骗，通过电子邮件、恶意网页等方式实现网络传播。其传播方式多样和复杂，也很难在网络上根除。

根据传播和攻击的特性，网络蠕虫还可以分为漏洞蠕虫、邮件蠕虫等。漏洞蠕虫主要利用微软的系统漏洞进行传播，它可制造大量的攻击数据堵塞网络，并造成被攻击系统不断重启、系统速度变慢等现象，是网络蠕虫中数量最多的一类。“红色代码”“尼姆达”等病毒都是属于漏洞蠕虫。电子邮件蠕虫主要通过邮件进行传播，它使用自己的 SMTP 引擎，将病毒邮件发给搜索到的邮件地址，此外，它还能利用 IE 漏洞，使用户在没有打开附件的情况下就感染病毒。“爱虫”“求职信”就是典型的电子邮件蠕虫。

3. 网络蠕虫的特点

网络蠕虫具有以下特点。

（1）传播速度快。网络蠕虫扩散具有范围广、数量大及距离远等特点。

（2）利用操作系统和应用程序漏洞主动进行攻击。网络蠕虫和普通病毒最大的不同是网络蠕虫往往能够利用漏洞。漏洞可分为软件缺陷和人为缺陷两种。软件缺陷如远程溢出、微软 IE 和 Outlook 的自动执行漏洞等，需要软件厂商和用户共同配合，需要不断地升级软件。而人为缺陷主要是指计算机用户的疏忽。

（3）传播方式多种多样。网络蠕虫可以利用包括文件、电子邮件、Web 服务器、Web 脚本、U 盘和网络共享等多种方式来进行传播。

（4）病毒制作技术与传统病毒有所不同。许多新型网络蠕虫利用了最新的编程语言和编程技术来实现，从而易于修改以产生新的变种，同时也能有效躲避防病毒软件的拦截和搜索。它甚至可以潜伏在 HTML 页面内，在计算机上网浏览时进行感染。

（5）一般与黑客技术紧密结合。由于网络蠕虫具有主动传播和难以防范等特点，因此在现代黑客技术中被广泛采用，不少网络蠕虫加入了开启被感染计算机后门的功能，有的甚至与木马技术相结合，以取得被感染计算机完全的非授权控制。以“红色代码”为例，感染了病毒的计算机，其 Web 目录的 Scripts 下将生成一个 root.exe，可以远程执行任何命令，从而使黑客能够再次进入。

（6）破坏性强。网络蠕虫将直接影响网络的正常工作，轻则降低网络速度，影响工作效率，重则造成网络系统瘫痪，破坏服务器系统资源。

7.5.5 移动智能终端病毒

2020 年我国移动电话用户总数达到了 15.94 亿，其中通过手机上网的用户数已经突破 12.7 亿。据统计，有四成的移动终端使用者感染过病毒。

移动终端涵盖各式各样的手机和 PDA。移动终端病毒是对移动终端各种病毒的广义称呼，它以移动终端为感染对象，以移动终端网络和计算机网络为平台，通过无线或有线通信等方式，对移动终端进行攻击，从而造成移动终端出现异常的各种不良程序代码。

与计算机病毒类似，移动终端病毒也是一段人为编制的计算机程序代码，通常不是以可执行程序的方式单独存在，而是需要附着在某些具有正常功能的程序上进行传播，具有传染性、隐蔽性、潜伏性、可触发性和破坏性等特点。其传播需要传染源、传染途径和传染目标三个基本要素。移动终端中的软件是建立在嵌入式操作系统之上的程序，相当于在一个小型的智能处理器中运行的应用。移动终端病毒依靠软件系统的漏洞来入侵。移动终端病毒要传播和运行，必须是移动服务上要提供数据传输功能，并且移动终端要支持 Java 等高级程序写入功能。目前，移动终端病毒主要通过几种途径进行攻击：终端—终端、终端—网关—终端、PC—终端。

（1）终端—终端。移动终端直接感染移动终端，其中间桥梁为蓝牙、红外等无线连接。通过该途径传播的最著名的病毒是 Cabir 蠕虫。它通过手机的蓝牙设备传播，使染毒的蓝牙手机通过无线方式搜索并传染其他蓝牙手机。

（2）终端—网关—终端。终端通过发送包含毒程序或数据至网关，网关染毒后再把病毒传染给其他终端或者干扰其他终端。典型的例子是 VBS（visual basic script，VB 脚本）病毒，它的破坏方式是感染短信平台后，通过短信平台向用户发送垃圾信息或广告。

（3）PC—终端。病毒先寄宿在普通计算机上，当移动终端连接染毒计算机时，病毒再传染给移动终端。

移动终端病毒的危害包括窃取用户信息、传播非法信息、破坏软硬件和造成网络瘫痪等。

7.5.6　病毒防治技术

1. 病毒防治技术分类

病毒防治技术主要分为如下 3 类。

（1）预防病毒技术。它通过自身常驻系统内存，优先获得系统的控制权，监视和判断系统中是否有病毒存在，进而阻止计算机病毒进入计算机系统对其进行破坏。防病毒技术主要手段包括加密可执行程序、引导区保护、系统监控与读写控制、系统加固等。

（2）检测病毒技术。它通过对计算机病毒的特征来进行判断的侦测技术，如自身校验、关键字、文件长度的变化等。病毒检测一直是病毒防护的支柱，然而随着病毒的数目和可能切入点的大量增加，识别古怪代码串的进程变得越来越复杂，而且容易产生错误和疏忽。因此，新的反病毒技术应将病毒检测、多层数据保护和集中式管理等多种功能集成起来，形成多层次防御体系，既具有稳健的病毒检测功能，又具有数据保护能力。

（3）消除病毒技术。它可通过对病毒的分析，清除病毒并恢复原文件。大量的病毒针对网上资源和应用程序进行攻击，存在于信息共享的网络介质上，因而要在网关上设防，在网络入口实时杀毒。对于内部网络感染的病毒，如客户机感染的病毒，可通过服务器防病毒功能，在病毒从客户机向服务器转移的过程中将其清除，把病毒感染的区域限制在最小范围内。

2. 常用病毒预防技术

计算机病毒防治的关键是做好预防工作，防患于未然。对计算机用户来说，预防病毒感染的措施主要有三个：一是选用先进可靠的反病毒软件对计算机系统进行实时保护，预防病毒入侵；二是从个人角度，严格遵守病毒预防的有关守则，并不断学习病毒防治知识和经验；三是通过配置系统的参数来对系统本身进行加固。从技术的角度看，目前最常用的病毒预防技术有实时监视技术、全平台防病毒技术和系统加固技术 3 种。

实时监视技术可通过修改操作系统，使操作系统本身具备防病毒功能，将病毒隔绝于计算机系统之外。目前已经形成了包括注册表监控、脚本监控、内存监控、邮件监控以及文件监控在内的多种监控技术。实时监视技术的防病毒软件采用了与操作系统的底层无缝连接技术，实时监视器所占用的系统资源极小，基本不会影响用户的操作，它会在计算机运行的每一秒都执行严格的防病毒检查，确保从互联网、光盘、U 盘等途径进入计算机的每一个文件都是安全的，一旦发现病毒，则自动将病毒隔离或清除。实时监控技术解决了用户对计算机病毒的“未知性”。

全平台防病毒技术是面向各种不同操作系统的病毒防治技术。目前，病毒活跃的平台有 Windows、Linux 等。为了使防病毒软件做到与底层无缝连接，实时地检查和清除病毒，必须在不同的平台上使用相应平台的防病毒软件。只有在每一个点上都安装相应的防病毒模块，才能在每一点上都实时地抵御各种病毒的攻击，使网络真正实现安全性和可靠性。

系统加固是防病毒攻击的基本方法，常见的系统加固工作主要包括安装最新补丁、禁止不必要的应用和服务、禁止不必要的账号、去除后门、内核参数及配置调整、系统最小化处理、加强口令管理以及启动日志审计功能等。

3. 常用病毒检测技术

计算机病毒的检测技术按照是否执行代码分为静态检测和动态检测两种。静态检测是指在不实际运行目标程序的情况下进行检测。一般通过二进制统计分析、反汇编、反编译等技术查看和分析代码的结构、流程及内容，从而推导出其执行的特性，故称为完全检测。常用的静态检测技术包括特征码扫描技术和启发式扫描技术等。

动态检测是指在运行目标程序时，通过监测程序的行为、比较运行环境的变化确定目标程序是否包含恶意行为。根据目标程序一次或多次执行的特性，判断是否存在恶意行为，可以准确地检测出异常属性，但无法判定某特定属性是否一定存在，故称为不完全检测。常用的动态检测技术包括行为监控分析和代码仿真分析等。

4. 病毒的发展趋势及防范对策

现在的计算机病毒已经由从前的单一传播、单种行为变成了互联网传播，集电子邮件、文件传染等多种传播方式，融木马、黑客、网络蠕虫等多种攻击手段于一身，形成了与传统病毒概念完全不同的新型病毒。根据这些病毒的发展和演变，未来计算机病毒具有如下发展趋势。

（1）病毒网络化。新型病毒将与互联网和企业外部网更紧密地结合在一起，利用一切可以利用的方式进行传播。特别是有些网络病毒是利用当前最新的基于互联网的编程语言与编程技术实现的，易于修改以产生新的变种，从而逃避反计算机病毒软件的搜索。

（2）病毒功能综合化。新型病毒将集文件传染、网络蠕虫、木马、黑客程序于一体，破坏性大大加强。

（3）病毒传播多样化。新型病毒将通过网络共享、网络漏洞、网络浏览、电子邮件、即时通信软件等途径进行传播。

（4）病毒多平台化。新型病毒将不仅只针对 Windows 和 Linux 平台，还会扩散到手机、PDA 等移动设备上，以及对物联网或工业互联网进行破坏。

（5）病毒智能化。随着智能计算机的发展，计算机病毒也具有智能化。某些病毒可能对外设、硬件实施物理性破坏，或利用多媒体对人体实施攻击。

（6）病毒平民化。随着专用计算机病毒生成工具的流行，计算机病毒制造已经变得相对容易和简单。

因此，为了使现代防病毒技术跟上病毒技术发展步伐，保证网络系统安全，这就要求新型的防病毒软件做到下述各点。

（1）与互联网全面结合，不仅能进行手动查杀和文件监控，还必须对网络层、邮件客户端进行实时监控，防止病毒入侵。

（2）建立快速反应的病毒检测信息网，在新型病毒暴发的第一时间提供解决方案。

（3）提供方便的在线自动升级服务，使计算机用户随时拥有最新的防病毒能力。

（4）对病毒经常攻击的应用程序（如 Outlook、IE 等）进行重点保护。

（5）提供完善、及时的防病毒咨询，提高用户的防病毒意识，尽快使用户了解新型病毒的特征和解决方案。

（6）提供足够的备份数据文件和恢复数据的功能。

7.6　入侵检测与防御技术

传统的安全防御策略，如访问控制机制、加密技术、防火墙技术等，采用的是静态安全防御技术，对网络环境下日新月异的攻击手段缺乏主动响应。而检测技术是动态安全技术的核心技术之一，是防火墙的合理补充，是安全防御体系的一个重要组成部分。

7.6.1　入侵检测技术概述

入侵检测是指及时发现并报告计算机系统中违反安全策略的行为，如非授权访问、Web 攻击、探测攻击、邮件攻击和网络服务缺陷攻击等。入侵检测系统（IDS）是从计算机网络系统的一个或若干关键点收集信息并根据相应规则对这些信息进行分析，查看系统中是否有违反安全策略行为和遭到袭击的迹象。它可以在不影响网络性能的情况下对网络进行监视，从而提供对系统内部攻击、外部攻击和误操作的实时保护，被认为是防火墙之后的第二道安全门。具体说来，入侵检测系统的主要功能如下。

（1）检测并分析用户和系统的活动。

（2）核查系统配置和漏洞。

（3）评估系统关键资源和数据文件的完整性。

（4）识别已知的攻击行为。

（5）统计分析异常行为。

（6）操作系统日志管理，并识别违反安全策略的用户活动。

1. 入侵检测系统的系统模型

通用入侵检测框架（common intrusion detection framework，CIDF）阐述了一个入侵检测系统的通用模型。CIDF 将 IDS 需要分析的数据统称为事件，它可以是网络中的数据包，也可以是从系统日志等其他途径得到的信息。它将一个入侵检测系统分为以下组件，如图 7.26 所示。

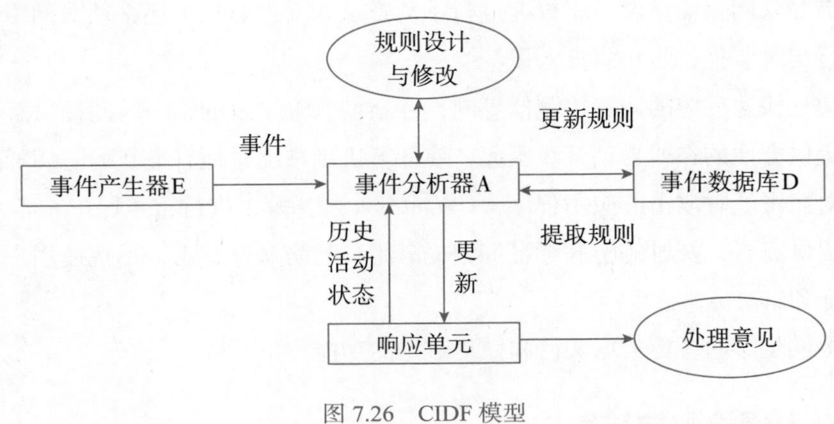

图 7.26　CIDF 模型

（1）事件产生器（event generator）。事件产生器采集和监视被保护系统的数据，并且将这些数据进行保存，一般是保存到数据库中。这些数据可以是网络的数据包，也可以是从系统日志等其他途径收集到的信息。

（2）事件分析器（event analyzer）。事件分析器的功能主要分为两方面：一是用于分析事件产生器收集到的数据，区分数据的正确性，发现非法的或者潜在危险的、异常的数据现象，通知响应单元做出入侵防范；二是对数据库保存的数据做定期的统计分析，以发现某段时期内的异常表现，进而对该时期内的异常数据进行详细分析。

（3）响应单元（response unit）。响应单元是协同事件分析器工作的重要组成部分，一旦事件分析器发现具有入侵企图的异常数据，响应单元就对具有入侵企图的攻击施以拦截、阻断、反追踪等手段，保护被保护系统免受攻击和破坏。

（4）事件数据库（event database）。事件数据库记录事件分析单元提供的分析结果，同时记录下所有来自事件产生器的事件，以备以后的分析与检查。

2. 入侵检测的过程

从整体上看，入侵检测系统在进行入侵检测时主要过程为：信息收集、信息分析和结果处理，如图 7.27 所示。

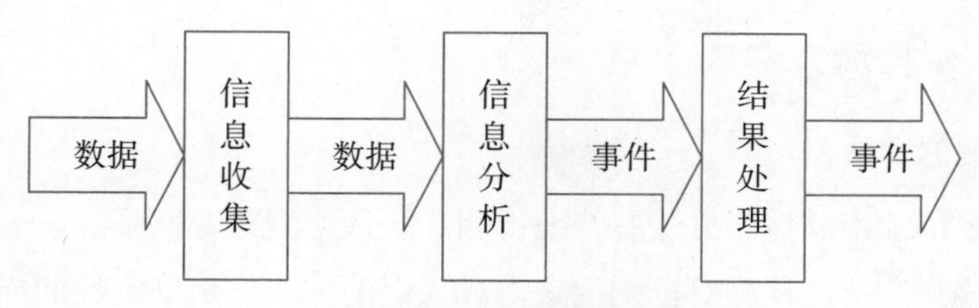

图 7.27　入侵检测的基本结构

（1）信息收集。信息收集的内容包括系统、网络、数据以及用户活动的状态和行为。可以在计算机网络系统中的若干不同关键点收集信息，这不仅扩大了检测范围，也方便系统综合各源点信息正确判断系统是否受到攻击。在这个阶段中，务必要保证用于检测网络系统的软件具有可靠的完整性和较强的坚固性，防止因被攻击而导致原有软件系统或文件被篡改，以免收集错误信息或者完全不能检测入侵信息。

（2）信息分析。信息分析一般通过模式匹配、统计分析和完整性分析三种技术手段对收集到的有关系统、网络、数据以及用户活动的状态和行为等信息进行分析。其中前两种方法主要用于实时入侵检测，而后一种方法主要用于事后分析。

模式匹配是指将收集到的信息与已知的网络入侵和系统已有的模式数据库进行比较，从而发现可能违反安全策略的行为。该方法只需收集相关数据集合，减少了系统负担，技术已相当成熟，但缺点是需要不断升级以应付不断出现的入侵攻击，并不能检测从未出现过的入侵攻击手段。

统计分析先为系统对象（如用户、文件、目录和设备等）创建一个统计描述，统计正常使用时的一系列可测量属性（如访问次数、操作失败次数和延时长度等）。测量属性的平均值将被用来与网络、系统的行为进行比较，只要观察值在正常波动的范围之外，就认为有入侵发生。此方法的优点是可检测到未知的入侵和某些方式复杂的入侵，但缺点是误报、漏报概率高，而且不能适应用户行为的突然改变。

完整性分析主要关注某个文件或对象的修改。它利用严格加密机制来识别对象文件的任何变化。这种方法的优点是只要攻击导致文件或其他被监视对象的任何改变，都能被立刻发现；其缺点是只能用批处理方式实现，适用于事后分析。

（3）结果处理。结果处理包括主动响应、被动响应或者两者的混合。主动响应是当攻击或入侵被检测到时，自动做出的一些动作，包括收集相关信息、中断攻击过程、阻止攻击者的其他行动、反击攻击者。被动响应提供攻击和入侵的相关信息，包括报警和告示、SNMP 协议通知、定期事件报告文档，然后由管理员根据所提供的信息采取相应的行动。目前比较流行的响应方式有记录日志、实时显示、E-mail 报警、声音报警、SNMP 报警、实时 TCP 阻断、防火墙联动和手机短信报警等。

7.6.2 入侵检测方法

1. 入侵检测的方法

入侵检测系统常用的检测方法有特征检测、统计检测与专家系统。

（1）特征检测。特征检测对已知的攻击或入侵的方式作出确定性的描述，形成相应的事件模式。当被审计的事件与已知的入侵事件模式相匹配时，即报警。它的原理与专家系统相仿，其检测方法与计算机病毒的检测方式类似。目前基于对包特征描述的模式匹配应用较为广泛。该方法预报检测的准确率较高，但对于无先验知识（即专家系统中的预定义规则）的入侵与攻击行为无能为力。

（2）统计检测。统计模型常用于异常检测，在统计模型中常用的测量参数包括：审计事件的数量、间隔时间、资源消耗情况等。常用的入侵检测统计模型有以下5种。

① 操作模型。假设该模型异常可通过测量结果与一些固定指标相比较得到，固定指标可以根据经验值或一段时间内的统计平均得到。举例来说，在短时间内的多次失败的登录很有可能是口令尝试攻击。

② 方差。计算参数的方差，设定其置信区间，当测量值超过置信区间的范围时表明有可能是异常。

③ 多元模型。操作模型的扩展，通过同时分析多个参数实现检测。

④ 马尔柯夫过程模型。将每种类型的事件定义为系统状态，用状态转移矩阵来表示状态的变化，根据状态的改变情况来实现检测。

⑤ 时间序列分析。将事件计数与资源耗用根据时间排成序列，如果一个新事件在该时间发生的概率较低，则该事件可能是入侵。

统计方法的最大优点是它可以“学习”用户的使用习惯，从而具有较高检出率与可用性。但是它的“学习”能力也给入侵者以机会，通过逐步“训练”使入侵事件符合正常操作的统计规律，从而透过入侵检测系统。

（3）专家系统。用专家系统对入侵进行检测，经常是针对有特征的入侵行为。所谓的规则，即是知识，不同的系统与设置具有不同的规则，且规则之间往往无通用性。专家系统的建立依赖于知识库的完备性，知识库的完备性又取决于审计记录的完备性与实时性。入侵的特征抽取与表达，是入侵检测专家系统的关键。在系统实现中，将有关入侵的知识转换为if-then结构（也可以是复合结构），条件部分为入侵特征，then部分是系统防范措施。运用专家系统防范有特征入侵行为的有效性，完全取决于专家系统知识库的完备性。

2. 入侵检测的分类

入侵检测系统是根据入侵行为与正常访问控制行为的差别来识别入侵的，根据入侵采用不同的原理，可分为异常检测和误用检测。

（1）异常检测。异常检测假设入侵者活动异常于正常的活动。为实现该类检测，IDS 建立正常活动的“规范集”，当主体的活动违反其统计规律时，认为可能是“入侵”行为。如果系统错误地将异常活动定义为入侵，称为错报。如果系统未能识别真正的入侵行为称为漏报。

异常检测具有抽象出系统正常行为从而可检测系统异常行为的能力。这种能力不受系统以前是否知道这种入侵与否的限制，所以能够检测新的入侵行为。另外，异常检测较少依赖于特定的主机操作系统，对内部合法用户的越权违法行为检测能力强。但是若入侵者了解到检测规律，就可以小心地避免系统指标的突变，而使用逐渐改变系统指标的方法逃避检测。异常检测的检测效率也不高，检测时间较长。最重要的是，这是一种“事后”的检测，当检测到入侵行为时，破坏早已经发生了。

（2）误用检测。误用检测又称基于知识的检测。它假定所有入侵行为和手段都能够表达为一种模式或特征，并为已知系统和应用软件的漏洞建立入侵特征模式库。检测时，将收集到的信息和特征模式进行匹配来判断是否发生入侵。误用检测对已知的攻击有较高的检测准确度，技术相对成熟，便于进行系统维护。但它完全依赖入侵特征的有效性，难以检测来自内部用户的攻击，不能很好地检测到新型的攻击或已知攻击的变体，需要不断升级才能保证系统检测能力的完备性。

误用检测准确度高，技术相对成熟，便于进行系统维护。但它不能检测出新的入侵行为，完全依赖入侵特征的有效性，维护特征库的工作量大，难以检测来自内部用户的攻击。

7.6.3　入侵检测系统

1. 入侵检测系统的分类

根据要检测的对象不同，入侵检测系统可分为基于主机的入侵检测系统（host based IDS，HIDS）和基于网络的入侵检测系统（network based IDS，NIDS）。

（1）基于主机的入侵检测系统。基于主机的入侵检测产品通常安装在被重点检测的主机之上，以系统日志、应用程序日志等作为数据源，并利用主机上的其他信息对该主机的网络实时连接以及对系统审计日志进行智能分析和判断。当有文件被修改时，IDS 将新的纪录条目与已知的攻击特征相比较，看它们是否匹配。如果匹配，就会向系统管理员报警或者作出适当的响应。基于主机的入侵检测系统能确定攻击是否成功，能监视特定的系统活动，适用被加密和交换的环境，但它只能保护本地单一主机，而且占用大量存储资源和 CPU 资源，实时性差。

（2）基于网络的入侵检测系统。基于网络的入侵检测系统的数据源是网络上的数据包。将一台主机的网卡设为混杂模式，监听所有本网段内的数据包并进行判断。一般基于网络的入侵检测系统担负着保护整个网段的任务，放置在比较重要的网段内，不停地监视网段中的各种数据包，对每一个可疑的数据包进行特征分析。如果数据包与产品内置的某些规则吻合，基于网络的入侵检测系统就会发出警报甚至直接切断网络连接。目前，大部分入侵检测产品都是基于网络的。基于网络的入侵检测系统的优点是，能实时检测和响应；攻击者转移证据很困难；对主机资源消耗少；与使用的具体操作系统无关。基于网络的入侵检测系统最大的缺点是，它本身也会受到攻击。

（3）基于主机的和基于网络的集成入侵检测系统。许多机构的网络安全解决方案都同时采用了基于主机和基于网络的两种入侵检测系统，因为这两种系统在很大程度上是互补的。实际上，许多客户在使用 IDS 时都配置了基于网络的入侵检测。在防火墙之外的检测器检测来自外部互联网的攻击。DNS、E-mail 和 Web 服务器经常是攻击的目标，但是它们又必须与外部网络交互，不可能对其进行全部屏蔽，所以应在各个服务器上安装基于主机的入侵检测系统，其检测结果也要向控制台报告。因此，即便是小规模的网络结构也常常需要基于主机和基于网络的两种入侵检测能力。

2. 入侵检测系统的部署

入侵检测系统有不同的部署方式和特点，根据所掌握的网络检测和安全需求，可选取各种类型的入侵检测系统。部署工作包括基于网络的入侵检测系统和基于主机的入侵检测系统的部署规划。

（1）基于网络的入侵检测系统的部署。

基于网络的入侵检测系统可以在网络的多个位置进行部署，可以在隔离区（demilitarized zone，DMZ）、外网入口、内网主干与关键子网处部署，如图 7.28 所示。

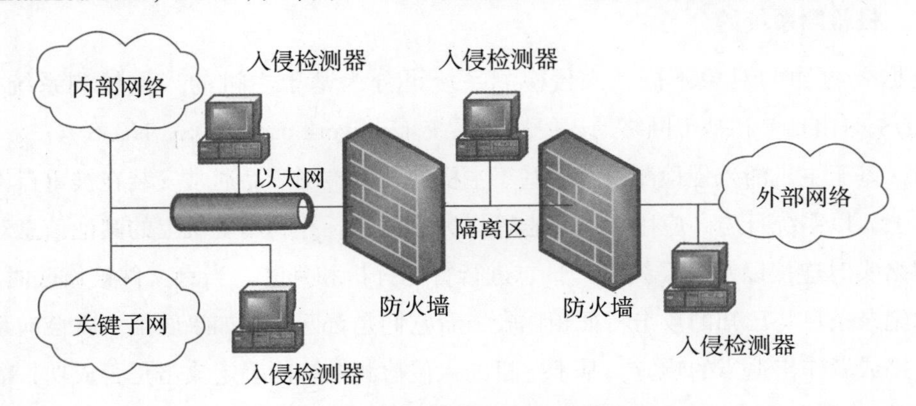

图 7.28　网络入侵检测系统的部署示意图

部署在隔离区的入侵检测器可以检测来自外部的攻击，这些攻击已经渗入第一层防御体系。它可以检测出网络防火墙的性能和配置策略中的问题，也可以对内外提供服务的重要服务器进行集中检测。部署在外网入口的入侵检测器可以检测和记录所有对外部网络的攻击行为，包括对内部服务器、防火墙本身的攻击以及内网计算机不正常的数据通信行为。部署在内网主干的入侵检测器主要检测内网流出和经过防火墙过滤后流入内网的网络数据。部署在关键子网上的入侵检测器可以有效保护关键子网不被外部或没有权限的内部用户的侵入，防止关键数据的泄露或丢失。

（2）基于主机的入侵检测系统的部署。

在基于网络的入侵检测的部署完成配置后，基于主机入侵检测系统的部署可以给系统提供高级别的保护。但部署在每台主机上将会耗费大量的时间和资金，而且维护日志和系统升级也将花费大量的资金。因此可以将基于主机的入侵检测系统部署在关键主机上，这样可以减少规划部署的花费，也可以将管理的精力集中在最需要保护的主机上。

3. 入侵检测系统的发展趋势

入侵检测系统的发展方向如下。

（1）分布式入侵检测。传统的入侵检测系统一般局限于单一的主机或网络架构，对异构系统及大规模网络的检测明显不足，同时不同的入侵检测系统之间不能协同工作。因此，分布式入侵检测技术是发展的方向之一。它是针对分布式网络攻击的检测方法，使用分布式的方法来检测分布式的攻击，其中的关键技术为检测信息的协同处理与入侵攻击全局信息的提取。

（2）智能化入侵检测。即使用人工智能的方法与手段来进行入侵检测。目前，入侵方法越来越多样化和综合化，入侵速度也越来越快。尽管已经有神经网络、遗传算法、模糊技术和免疫原理等方法应用在入侵检测领域，但这些还远远不够，需要对智能化的入侵检测系统进行更深入的研究，以解决其自学习和自适应能力。

（3）应用层入侵检测。许多入侵的语义只有在应用层才能理解，而目前的 IDS 仅能检测如 Web 之类的通用协议，而不能处理如数据库系统等其他的应用系统。许多基于客户、服务器与中间件以及对象技术的大型应用，需要应用层的入侵检测保护。

（4）入侵检测的评测方法。用户需对众多的 IDS 系统进行评价，评价指标包括 IDS 检测范围、系统资源占用、IDS 系统自身的可靠性与鲁棒性。通过设计通用的入侵检测测试和评估方法与平台，以实现对多种 IDS 系统的检测已成为当前 IDS 的一个重要研究领域。

（5）全面的安全防御方案。它使用安全工程风险管理的思想与方法处理网络安全，将网络安全作为一个整体工程来处理，从管理、网络结构、加密通道、防火墙、病毒防护、入侵检测等方面对网络进行全面评估，然后提出可行的解决方案。

7.6.4 漏洞扫描技术

就目前的系统安全而言，只要系统中存在漏洞，就一定存在着潜在的安全威胁。漏洞扫描技术是对计算机系统或其他网络设备进行相关安全检测，从而发现安全隐患和可被利用的漏洞技术。

1. 漏洞扫描概念

网络漏洞是系统软、硬件存在的脆弱性。网络漏洞的存在可导致非法用户入侵系统或未经授权获得访问权限，造成信息被篡改和泄露、拒绝服务或系统崩溃等。因此，系统管理员可根据安全策略，采用相应的漏洞扫描工具以实现对系统的安全保护。

漏洞扫描是网络管理系统的重要组成部分，它不仅可实现复杂烦琐的信息系统安全管理，而且可从目标信息系统和网络资源中采集信息，帮助用户及时找出网络中存在的漏洞，分析来自网络外部和内部的入侵信号，甚至能及时对攻击做出反应。

漏洞扫描通常采用被动策略和主动策略。被动策略一般基于主机，对系统中不合适的设置、口令以及其他与安全规则相抵触的对象进行检查。主动策略一般基于网络，通过执行脚本文件来模拟系统攻击行为，并记录系统的各种反应，从而发现可能存在的漏洞。

2. 常用的漏洞扫描技术

漏洞扫描技术可分为5种。

（1）基于应用的扫描技术。它是指采用被动的、非破坏性的办法检查应用软件包的设置，从而发现安全漏洞。

（2）基于主机的扫描技术。它是指采用被动的、非破坏性的办法对系统进行扫描，涉及系统内核、文件属性等问题，还包括口令解密，可把一些简单的口令剔除。因此，它可以非常准确地定位系统存在的问题，发现系统漏洞。它的缺点是与平台相关，升级复杂。

（3）基于目标的扫描技术。它是指采用被动的、非破坏性的办法检查系统属性和文件属性，如数据库、注册号等，通过消息文摘算法，对文件的加密数据进行检验。其基本原理是采用消息加密算法和Hash函数，如果函数的输入有一点变化，那么其输出就会发生很大的变化，这样文件和数据流的细微变化都会被感知。这些算法加密强度极大，不易受到攻击，并且其实现是运行在一个闭环上，不断地处理文件和系统目标属性，然后产生检验数，并将这些检验数同原来检验数相比较，一旦发现改变就通知管理员。

（4）基于网络的扫描技术。它是指采用积极的、非破坏性的办法来检验系统是否有可能被攻击崩溃。它利用一系列的脚本对系统进行攻击，然后对结果进行分析。这种技术通常被用来进行穿透实验和安全审计。基于网络的扫描技术可以发现网络的一系列漏洞，也容易安装，但是，会影响网络的性能。

（5）综合利用上述 4 种方法的技术。这种技术集中了以上 4 种技术的优点，极大地增强了漏洞识别的精度。

3. 漏洞扫描技术的选用

在选用漏洞扫描技术时，应该注意以下技术特点。

（1）扫描分析的位置。在漏洞扫描中，第一步是收集数据，第二步是分析数据。在大型网络中，通常采用控制台和代理相结合的结构，这种结构特别适用于异构型网络，容易检测不同的平台。在不同威胁程度的环境下中，可以有不同的检测标准。

（2）报表与安装。漏洞扫描系统生成的报表是了解系统安全状况的关键，它记录了系统的安全特征，针对发现的漏洞提出需要采取的措施。整个漏洞扫描系统还应该提供友好的界面及灵活的配置特性，而且安全漏洞数据库需要不断更新补充。

（3）扫描后的解决方案。一旦扫描完毕，如果发现漏洞，则系统会采取多种反应机制。预警机制可以让系统发送消息、电子邮件、传呼等来报告发现的漏洞。报表机制则列出所有漏洞的报表，以根据这些报告采用有针对性的补救措施。与入侵检测系统一样，漏洞扫描有许多管理功能，通过一系列的报表可让系统管理员对这些结果做进一步的分析。

（4）扫描系统本身的完整性。有许多设计、安装、维护扫描系统都要考虑安全问题。安全数据库必须安全，否则就会成为黑客的工具，因此，加密就显得特别重要。因为新的攻击方法不断出现，所以要给用户提供一个更新系统的方法，更新的过程也必须给予加密，否则将产生新的危险。实际上，扫描系统本身就是一种攻击，如果被黑客利用，那么就会产生难以预料的后果。因此，必须采用保密措施，使其不会被黑客利用。

7.6.5　入侵防护技术

防火墙只能拒绝明显可疑的网络流量，但仍允许某些流量通过，因此对许多入侵攻击无计可施。入侵检测技术只能被动地检测攻击，而不能主动地把变化莫测的威胁阻止在网络之外。面对越来越复杂的网络安全问题，人们迫切需要一种主动入侵防护的解决方案，以保证企业网络在各种威胁和攻击环境下正常运行，因此，入侵防护技术诞生了。

1. 入侵防护系统的概念

入侵防护系统（intrusion prevention system，IPS）是一种主动的、智能的入侵检测系统，能预先对入侵行为和攻击性网络流量进行拦截，避免其造成任何损失，它不是简单地在恶意数据包传送时或传送后才发出报警信号。IPS 通常部署在网络的进出口处，当它检测到攻击企图后，就会自动地将攻击包丢掉或采取措施将攻击源阻断，如图 7.29 所示。

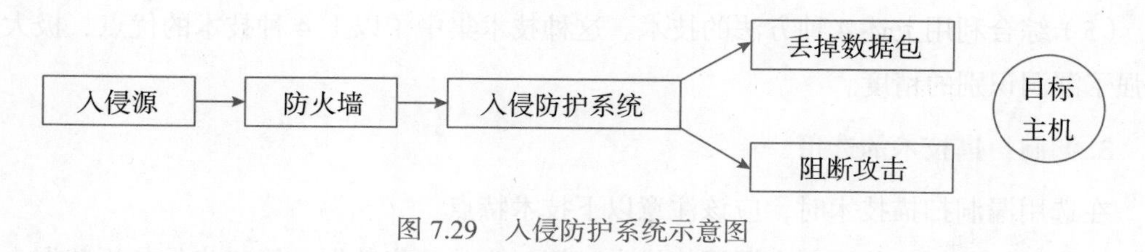

图 7.29 入侵防护系统示意图

2. IPS 的工作原理

IPS 与 IDS 在检测方面的原理基本相同。它首先由信息采集模块实施信息收集，内容包括网络数据包、系统审计数据和用户活动状态及行为等，利用来自网络数据包和系统日志文件、目录和文件中的不期望的改变、程序执行中的不期望行为，以及物理形式的入侵信息等方面，然后利用模式匹配、协议分析、统计分析和完整性分析等技术手段，由检测引擎对收集到的有关信息进行分析，最后由响应模块对分析后的结果做出适当的响应。IPS 与传统的 IDS 有两大重要区别：自动拦截和在线运行，两者缺一不可。防护工具（软、硬件方案）必须设置相关策略，以对攻击自动做出响应，要实现自动响应，系统就必须在线运行。当黑客试图与目标服务器建立会话时，所有数据都会经过 IPS 位于活动数据路径中的传感器。传感器检测数据流中的恶意代码，核对策略，在未转发到服务器之前将含有恶意代码的数据包拦截。由于是在线实时运作，因此能保证处理方法适当且可预知。

3. IPS 的关键技术

（1）主动防御技术。通过对关键主机和服务的数据进行全面的强制性防护，对其操作系统进行加固，并对用户权力进行适当限制，以达到保护驻留在主机和服务器上数据的效果。这种防范方式不仅能够主动识别已知的攻击方法，对于恶意的访问予以拒绝，而且还能成功防范未知的攻击行为。

（2）防火墙和 IPS 联动技术。一是通过开放接口实现联动，即防火墙或 IPS 产品开放一个接口供对方调用，按照一定的协议进行通信、传输警报。该方式比较灵活，防火墙可以行使访问控制功能，IPS 系统可以执行入侵检测功能，丢弃恶意通信，确保该通信不能到达目的地，并通知防火墙进行阻断。因为是两个系统的配合运作，所以要重点考虑防火墙和 IPS 联动的安全性。二是紧密集成实现联动，把 IPS 技术与防火墙技术集成到同一个硬件平台上，在统一的操作系统管理下有序地运行，所有通过该硬件平台的数据不仅要接受防火墙规则的验证，还要被检测判断是否含有攻击，以达到真正的实时阻断。

（3）综合多种检测方法。IPS有可能引发误操作，阻塞合法的网络事件，造成数据丢失。为避免发生这种情况，IPS 采用了多种检测方法，最大限度地正确判断已知和未知攻击。其检测方法包括误用检测和异常检测，增加状态信号、协议和通信异常分析功能，以及后门和二进制代码检测。为解决主动性误操作，采用通信关联分析的方法，让 IPS 全方位识别网络环境，减少错误告警。将琐碎的防火墙日志记录、IDS 数据、应用日志记录以及系统弱点评估状况收集到一起，合理推断网络中将要发生哪些情况，并做出适当的响应。

（4）硬件加速系统。IPS 必须具有高效处理数据包的能力，才能实现百兆、千兆甚至更高速网络流量的数据包检测和阻断功能。因此，IPS 必须基于特定的硬件平台，采用专用硬件加速系统来提高 IPS 的运行效率。

4. IPS 的分类

IPS 根据部署方式可分为 3 类：网络型入侵防护系统（NIPS）、主机型入侵防护系统（HIPS）、应用型入侵防护系统（AIPS）。

（1）网络型入侵防护系统（network based intrusion prevention system，NIPS）。NIPS 采用在线工作模式，在网络中起到一道关卡的作用。流经网络的所有数据流都经过 NIPS，起到保护关键网段的作用，一般的 NIPS 都包括检测引擎和管理器。NIPS 实现了实时防御，但仍然无法检测出具有特定类型的攻击，误报率较高。

（2）主机型入侵防护系统（host based intrusion prevention system，HIPS）。HIPS 是预防黑客对关键资源（如重要服务器、数据库等）的入侵。HIPS 通常由代理（agent）和数据管理器组成，采用类似 IDS 异常检测的方法来检测入侵行为，也就是允许用户定义规则，以确定应用程序和系统服务的哪些行为是可以接受的、哪些是违法的。agent 驻留在被保护的主机上，用来截获系统调用并进行检测和阻断，然后通过可靠的通信信道与数据管理器相连。HIPS 这种基于主机环境的防御非常有效，而且也容易发现新的攻击方式，但配置非常困难，参数的选择会直接关系到误报率的高低。

（3）应用型入侵防护系统（application intrusion prevention system，AIPS）。AIPS 是 NIPS 的一个特例，它把基于主机的入侵检测系统扩展成位于应用服务器之前的网络设备，用来保护特定应用服务（如 Web 服务器和数据库等）的网络设备。它通常被设计成一种高性能的设备，配置在应用数据的网络链路上，通过 AIPS 安全策略的控制防止基于应用协议漏洞和设计缺陷的恶意攻击。

7.6.6　网络欺骗技术

网络欺骗技术是根据网络系统中存在的安全弱点，采取适当的技术，伪造虚假或设置不重要的信息资源，使入侵者相信网络系统中这些信息资源具有较高价值，并具有可攻击和窃取的安全漏洞，然后将入侵者引向这些资源。网络欺骗技术既可以迅速检测到入侵者的进攻并获知其进攻技术和意图，又可以增加入侵者的工作量、入侵复杂度以及不确定性，使入侵者不知道其进攻是否成功。网络欺骗技术使网络防御一方可以跟踪网络进攻一方的入侵行为，根据掌握的进攻方意图及其采取的技术，先于入侵者及时修补本方信息系统和网络系统存在的安全隐患和漏洞，达到网络防御的目的。

网络欺骗一般通过隐藏和伪装等技术手段实现，隐藏技术包括隐藏服务、多路径和维护安全状态信息机密性；伪装技术包括重定向路由、伪造假信息和设置圈套，等等。下面将简单介绍几种网络欺骗技术。

1. 蜜罐技术

蜜罐技术模拟存在漏洞的系统，为攻击者提供攻击目标。其目标是寻找一种有效的方法影响入侵者，使得入侵者将技术、精力集中到蜜罐而不是其他真正有价值的正常系统和资源中。蜜罐技术还能迅速切断检测到的入侵企图。蜜罐技术是一种用作侦探、攻击或者缓冲的安全资源，用来引诱人们去攻击或入侵它，其主要目的是分散攻击者的注意力，收集与攻击和攻击者有关的信息。

但是，对于手段高明的网络入侵，蜜罐技术作用很小。因此，分布式蜜罐技术便应运而生，它将蜜罐散布在网络的正常系统和资源中，利用闲置的服务端口充当欺骗，从而增大了入侵者遭遇欺骗的可能性。分布式蜜罐技术具有两个直接的效果，一是将欺骗分布到更广范围的IP地址和端口空间中，二是增大了欺骗在整个网络中的百分比，使得欺骗比安全弱点被入侵者扫描器发现的可能性更大。

（1）蜜罐的类型。根据攻击者与蜜罐所在的操作系统的交互程度即连累等级，蜜罐分为低连累蜜罐、中连累蜜罐和高连累蜜罐。低连累蜜罐只提供某些伪装服务；中连累蜜罐提供更多接口与操作系统进行交互；高连累蜜罐可以全方位与操作系统进行交互。

从商业运作的角度，蜜罐又分为商品型蜜罐和研究型蜜罐。商品型蜜罐通过引诱黑客攻击蜜罐以减轻网络的危险。研究型蜜罐通过蜜罐获得攻击者的信息，并加以研究，实现知己知彼，既了解黑客们的动机，又发现网络所面临的危险，从而更好地加以防范。

从具体实现的角度，蜜罐可以分为物理蜜罐和虚拟蜜罐。高交互蜜罐通常是一台或多台拥有独立IP和真实操作系统的物理机器，提供部分或完全真实的网络服务，这种蜜罐叫作物理蜜罐。中低交互的蜜罐可以是虚拟的机器、虚拟的操作系统、虚拟的服务，这样的蜜罐就是虚拟蜜罐。配置高交互性的物理蜜罐成本很高，相对而言，虚拟蜜罐需要较少的计算机资源和维护费用。

（2）蜜罐的布置。根据需要，蜜罐可以放置在外部网中，也可以放置在内部网中。

通常情况下，蜜罐可以放在防火墙外面和防火墙后面等。蜜罐放在防火墙外面，消除了在防火墙后面出现一台主机失陷的可能，但是蜜罐可能产生大量不可预期的通信量，如端口扫描或网络攻击所致的通信流。蜜罐放在防火墙后面，有可能给内部网引入新的安全威胁。通常蜜罐提供大量的伪装服务，因此不可避免地修改防火墙的过滤规则，使它对进出内部网和蜜罐的通信流加以区别对待。一旦蜜罐失陷，那么整个内部网将完全暴露在攻击者面前。

蜜罐布置如图 7.30 所示，蜜罐 A 部署在组织的防火墙之外，目标是研究每天有多少针对组织的攻击企图。此位置适于部署低交互度蜜罐，能够检测对系统漏洞的所有攻击行为。蜜罐 A 容易被攻击者识别，被攻破的风险很大，而且有时因检测的数据量过大而使用户难以处理。

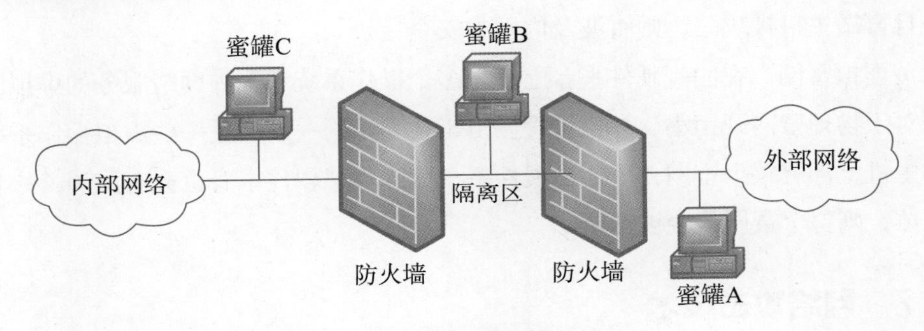

图 7.30　蜜罐布置图

蜜罐 B 部署在组织安全防线以内的隔离区，目标是检测或者响应高风险网络上的攻击或者未授权活动。蜜罐 B 隐藏于隔离区域的各种服务器之中，将其工作状态类似于网络内的其他系统（如 Web 服务器）。当攻击者顺序扫描和攻击各服务器时，蜜罐可以检测到攻击行为，并通过与攻击者的交互响应取证其攻击行为。当攻击者随机选取服务器进行攻击时，蜜罐 B 有被避开的可能性。由于蜜罐 B 不易被攻击者发现，因此，只要有出入蜜罐 B 的活动流量均可判定为可疑的未授权行为，从而可以捕获到高价值的非法活动。

蜜罐 C 部署在组织的内部网络，目标是检测或响应来自组织内部的攻击或者未授权活动。此位置的蜜罐对于捕获来自内部的扫描和攻击作用最大。

2. 蜜网技术

蜜网技术实质上仍是一种蜜罐技术，但它与传统的蜜罐技术相比具有两大优势。首先，蜜网是一种高交互型的用来获取广泛安全威胁信息的蜜罐，高交互意味着蜜网是用真实的系统应用程序以及服务来与攻击者进行交互；其次，蜜网是由多个蜜罐以及防火墙、入侵防御系统、系统行为记录、自动报警、辅助分析等一系列系统和工具所组成的一整套体系结构，这种体系结构创建了一个高度可控的网络，使得安全研究人员可以控制和监视其中的所有攻击活动，从而去了解攻击者的攻击工具、方法和动机。蜜网体系结构具有三大核心需求，即数据控制、数据捕获和数据分析。数据控制是对攻击者在蜜网中对第三方发起攻击行为进行限制的机制，以减轻蜜网架设的风险；数据捕获技术能够监控和记录攻击者在蜜网内的所有行为；数据分析技术则是对捕获到的攻击数据进行整理和融合，以辅助安全专家从中分析出这些数据背后的攻击工具、方法、技术和动机。

根据构建蜜网所需的资源和配置，可分为物理蜜网和虚拟蜜网两类。

（1）物理蜜网。体系架构中的蜜罐主机都是真实的系统，通过与防火墙、物理网关、入侵防御系统、日志服务器等一些物理设备组合，共同组成一个高度可控的网络。这类蜜网组建对物理系统的开销很大，而且它是由真实系统构建的，对安全性能要求更高，一旦蜜罐主机被攻陷，则将波及内网的安全。

（2）虚拟蜜网。在同一硬件平台上运行多个操作系统和多种网络服务的虚拟网络环境，相对于物理蜜网开销小，易于管理。由于这类蜜网一般通过一些虚拟操作系统软件在单台主机上部署整个蜜网，因此扩展性差，而且虚拟软件本身也会有漏洞，一旦被攻击者破坏，则整个蜜网就会被控制。

7.7 网络攻击技术

网络攻击主要是指通过信息收集、分析、整理以后，发现目标系统的漏洞与弱点，有针对性地对目标系统（服务器、网络设备与安全设备）进行资源入侵与破坏，窃取、监视与控制机密信息的活动。

攻击者的攻击策略可以概括为信息收集、分析系统的安全弱点、模拟攻击、实施攻击、改变日志、清除痕迹等。信息收集的目的是获悉目标系统提供的网络服务及存在的系统缺陷，攻击者往往采用网络扫描、网络嗅探和口令攻击等手段收集信息。在收集到攻击目标的有关网络信息之后，攻击者探测网络中每台主机，以寻求安全漏洞。根据获取的信息，建立模拟环境，对其攻击，并测试可能的反应，然后对目标系统实施攻击。猜测程序可对截获的用户账号和口令进行破译；破译程序可对截获的系统密码文件进行破译；对网络和系统本身漏洞可实施电子引诱（如木马）等。大多数攻击利用了系统本身的漏洞，在获得一定的权限后，以该系统为跳板展开对整个网络的攻击。同时，攻击者通常试图毁掉攻击入侵的痕迹，并在目标系统上新建安全漏洞或后门，以便在攻击点被发现之后，继续控制该系统。

研究者 J.Anderson 在早期有关入侵检测的重要文献中将攻击者分为 3 类。

（1）伪装者。伪装者是指没有被授权使用计算机，却通过了系统访问控制获得合法账号的人，通常是来自系统的外部人员。

（2）违法者。违法者是指未经授权而访问系统的数据、程序和资源的合法人员，或者虽然经过授权但是错误使用其权利的用户，通常是来自系统内部的人员。

（3）秘密用户。秘密用户是指夺取系统控制管理权，并以此逃避审计和访问控制，或者禁止审计数据收集的用户，其既可能来自外部人员，也有可能来自内部人员。

7.7.1　网络攻击的目的、手段与工具

1. 网络攻击的目的

攻击者攻击网络系统的目的通常有以下 6 种。

（1）对系统的非法访问。

（2）获取所需信息，包括科技情报、个人资料、金融账户、信用卡密码、科技成果及系统信息等。

（3）篡改、删除或暴露数据资料，达到非法目的。

（4）获取超级用户权限。

（5）利用系统资源对其他目标进行攻击、发布虚假信息、占用存储空间等。

（6）拒绝服务。

2. 网络攻击的手段

攻击者进行网络攻击总有一定的手段，只有了解其攻击手段，才能采取正确的对策以对付网络攻击。

（1）口令入侵。所谓口令入侵是指使用某些合法用户的账户和口令登录到目的主机，然后实施攻击活动。口令入侵的前提是必须先得到该主机上某个合法用户的账号，然后进行合法用户口令的破译。攻击者获取口令通常有 3 种方法。一是通过网络监听，非法得到用户口令。这种方法有一定局限性，但危害大，监听者往往可获得其所在网段的所有用户账号和口令。二是在知道用户账号后利用专门软件强行破解用户口令。这种方法不受网段限制，但攻击者需要一定的时间和耐心。三是在获得一个服务器上的用户口令文件后，用暴力破解程序来破解用户口令。

（2）放置木马程序。特洛伊木马程序可以直接侵入用户的计算机并进行破坏，它常被伪装成工具程序或者游戏等诱使用户打开带有特洛伊木马程序的邮件附件或从网上直接下载，一旦用户打开这些邮件的附件或者下载这些程序后，它们就会像古特洛伊人在敌人城外留下的藏满士兵的木马一样留在用户的计算机中，并在用户的计算机系统中隐藏一个可以在 Windows 启动时悄悄执行的程序。当用户连入互联网时，这个程序就会通知攻击者报告用户的 IP 地址以及预先设定的端口。攻击者在收到这些信息后，利用这个潜伏在用户计算机中的程序，就可以任意修改用户计算机的参数设定、复制文件、

窥视整个硬盘中的内容等，从而达到控制用户计算机的目的。

（3）电子邮件攻击。电子邮件攻击主要有两种方式。一是电子邮件轰炸，就是通常所说的邮件炸弹。电子邮件轰炸是指用伪造的 IP 地址和电子邮件地址向同一邮箱发送数以千计内容相同的邮件，致使收信人的邮箱被“炸”，严重时可能会给电子邮件服务器系统带来危险，甚至瘫痪。二是电子邮件欺骗，攻击者佯装自己是系统管理员给用户发送邮件，其邮件地址和系统管理员完全相同，要求用户修改口令，或者在看似正常的附件中加载病毒或其他木马程序。

（4）利用一个节点攻击其他的节点。攻击者在攻破一台主机后，往往以此主机为根据地，攻击其他主机。它们可以用网络监听的方法，尝试攻破同一网络中的其他主机，也可以通过 IP 欺骗，攻击其他主机。这种方法很狡猾，但难度也大。

（5）网络监听。网络监听是主机的一种工作模式，主机可以接收本网段在同一条物理通道上传输的所有信息，而不考虑信息的发送方和接收方是谁。如果两台主机进行通信的信息没有加密，使用监听工具就可以截获口令和账号等用户资料。虽然此方法有一定的局限性，但监听者往往能够获得其所在网段的所有用户的口令和账号。

（6）利用账号进行攻击。攻击者会利用操作系统提供的默认账号和密码进行攻击，如 UNIX 主机都有 FTP 和 guest 等默认账户。攻击者可以利用 UNIX 操作系统提供的命令收集信息，不断提高自己的攻击能力。系统管理员关掉默认账户或者提醒无口令用户增加口令，一般可以克服这类攻击。

（7）获取超级用户权限。攻击者可利用特洛伊木马程序或自己编写的导致缓冲区溢出的程序对系统进行攻击，一旦非法获得对用户机器的完全控制权，或获得超级用户的权限，攻击者就可以隐藏自己的行踪，在系统中留下后门，从而可以修改资源配置，拥有对整个网络的控制权。这种攻击一旦成功，危害性极大。

3. 攻击者常用的工具

攻击者常用的工具有扫描器、嗅探器、木马工具和炸弹工具等。

（1）扫描器。扫描器是检测本地或远程系统安全性较差的软件。通过与目标主机的 TCP/IP 端口建立连接并请求某些服务，记录目标主机的应答，收集目标主机的相关信息，从而发现目标主机某些内在的安全弱点。扫描器包括 IP 跟踪器、IP 扫描器、端口扫描器和漏洞扫描器。

（2）嗅探器。嗅探器是一种常用的收集有用数据的工具，收集的信息可以是用户的账号和密码，或者商业机密数据。攻击者使用嗅探器可暗中监视用户的网络状况并获得用户账号、信用卡号码和私人信息等机密数据。

（3）木马工具。木马是一种黑客程序，它本身并不破坏硬盘上的数据，只是悄悄地潜伏在被感染的计算机里，被感染后，攻击者可以通过互联网找到这台机器，在自己的计算机上远程操纵它，窃取用户的上网账号和密码。著名的木马工具软件如冰河木马、广外女生等，功能都很强大，被攻击者广泛利用。

（4）炸弹工具。邮件炸弹即向受害者发送大量的垃圾邮件，由于邮箱容量有限，当庞大的邮件垃圾到达信箱时，就会把信箱挤爆，把正常的邮件冲掉。同时，由于占用大量的网络资源而导致网络阻塞。攻击者常用的炸弹工具有邮件类炸弹、IP 类炸弹和 QQ 类炸弹等。

7.7.2　网络攻击类型

任何以干扰、破坏网络系统为目的的非授权行为都称为网络攻击。网络攻击通常可分为拒绝服务攻击、利用攻击、信息收集攻击和虚假信息攻击 4 类。

1. 拒绝服务攻击

拒绝服务（denial of service，DoS）攻击是攻击者通过各种手段来消耗网络带宽或服务器的系统资源，最终导致被攻击服务器资源耗尽或系统崩溃而无法提供正常的服务，或通过更改系统配置使系统无法正常工作，如更改路由器的路由表达到攻击的目的。这种攻击可能并没有对服务器造成损害，但可以使人们对被攻击的服务器所提供的服务信任度下降，影响公司声誉以及用户对网络的使用。DoS 攻击主要有以下几种类型。

（1）编程缺陷 DoS 攻击。编程缺陷 DoS 攻击就是利用应用程序、操作系统等在处理异常情况时的逻辑错误而实施的 DoS 攻击。攻击者通常向目标系统发送精心设计的畸形分组来试图导致服务的失效和系统的崩溃。例如，在死亡之 Ping 攻击中，攻击者向目标系统发送超长的 ICMP 回送请求报文。该 ICMP 报文中数据的长度超过了 RFC 标准中规定的 IP 数据报的最大长度，一些系统在接收到这样意想不到的报文时会出现内存分配错误，导致堆栈崩溃，系统死机。

（2）带宽耗用 DoS 攻击。带宽耗用 DoS 攻击是一种最阴险的攻击，它的目的就是消耗网络的所有可用带宽。这种攻击可以发生在局域网中，最常见的是攻击者远程消耗系统资源。例如，在 UDP 洪水攻击中，攻击者通过伪造与某一主机 Chargen 服务之间的一次 UDP 连接，使回复地址指向开着 Echo 服务的一台主机，将 Chargen 和 Echo 服务互指，来回传送大量毫无用处的垃圾数据，导致宽带拥塞而形成攻击。

（3）资源耗竭 DoS 攻击。资源耗竭 DoS 攻击集中于系统资源而不是网络带宽的消耗。一般来说，这种攻击涉及诸如 CPU 利用率、内存、文件系统和系统进程总数等资源的消耗。攻击者通常具有一定数量系统资源的合法访问权，滥用这些访问权消耗额外的资源。这样，系统和合法用户就被剥夺了原来享用的资源，造成系统崩溃或可利用资源耗尽。例如，在同步序列编号（synchronize sequence numbers，SYN）洪泛攻击中，攻击者向目标服务器发送大量的 TCP SYN 分组（连接请求），而这些分组的源地址都是伪造的不同 IP 地址。服务器试图为每个 SYN 分组建立 TCP 连接，并向这些伪造的 IP 地址发送 TCP SYN+ACK 分组进行响应。但攻击者不会对这些分组进行响应来完成第三次握手。这会导致服务器维护大量未完成的连接，当这些连接的数量超过了系统上限时，系统不会再接受包括正常用户发送的任何连接请求。

（4）分布式 DoS 攻击。资源耗竭 DoS 攻击需要向目标服务器发送大量的分组，通过单个源一般很难达到效果。分布式 DoS 攻击借助外界的平台，把不同的计算机系统联合在一起，对其进行攻击，进而增强攻击效果。一般情况下，攻击者将主控程序安装在一个用于控制的计算机上，将受控程序安装部署在互联网中的多台计算机上，当主控程序向这些受控程序发出攻击指令时，受控程序即可根据指令发动攻击。这种分布式 DoS 攻击往往能产生巨大的流量来淹没目标系统的网络带宽或直接导致目标系统资源耗尽而崩溃。很多分布式 DoS 攻击还结合反射攻击技术进一步将攻击流量进行放大，产生足以使目标系统立即崩溃的超巨量的攻击流量。例如，在 Smurf 攻击中，攻击者通过向被攻击主机所在的网络发送大量的 ICMP 回送请求报文，这些请求报文的目的地址为该网络的广播地址，而源地址为被攻击主机的 IP 地址，最终导致该网络中的所有主机作为反射节点将应答都发往被攻击主机。

（5）基于路由的 DoS 攻击。在基于路由的 DoS 攻击中，攻击者操纵路由表项以拒绝向合法系统或网络提供服务。攻击者往往通过假冒源 IP 地址就能创建 DoS 攻击，这种攻击的目标是受害网络的分组或经由攻击者的网络路由。

（6）基于域名服务器的 DoS 攻击。DNS 是一个分布式数据库，用于 TCP/IP 中，以实现域名与 IP 地址的转换。基于 DNS 的 DoS 攻击与基于路由的 DoS 攻击类似。大多数 DNS 攻击涉及欺骗受害者的域名服务器，高速缓存虚假的地址信息。当用户请某 DNS 执行查找请求时，攻击者就达到了把它们重新定向到自己喜欢的站点上的效果。

2. 利用攻击

利用攻击是一类试图直接对用户机器进行控制的攻击，最常见的利用型攻击有以下 3 种。

（1）口令猜测。攻击者首先识别主机，并判断该主机是否支持基于 TELNET 服务或 NFS 服务。如果该主机支持 TELNET 服务或 NFS 服务，而且该主机有可利用的用户账号，攻击者就使用口令识别程序获取口令并控制主机。选择难以猜测的口令，比如字母与标点符号的组合，确保像 TELNET 和 NFS 这样可利用的服务不暴露在公共范围，如果这些服务支持锁定策略，可先进行锁定。这些措施可以预防口令猜测攻击。

（2）特洛伊木马。特洛伊木马是一种直接由攻击者或通过可信的用户秘密安装到目标主机的程序。安装成功并获得管理员权限后，该程序就可以直接远程控制目标系统。采取不下载可疑程序并拒绝执行、运用网络扫描软件定期监视内部主机上的 TCP 服务等措施可预防该类攻击。

（3）缓冲区溢出。缓冲区是用户为程序运行时在计算机中申请的一段连续的内存，它保存了给定类型的数据。缓冲区溢出攻击是指通过向程序的缓冲区写入超出其长度的内容，造成缓冲区的溢出，从而破坏程序的堆栈，使程序转而执行其他的指令，以达到攻击的目的。缓冲器溢出可能会带来两种结果：一是过长的字符串覆盖了相邻的存储单元，引起程序运行失败，严重的可导致系统崩溃；另一种后果是利用这种漏洞可以执行任意指令，甚至可以取得系统特权，由此而引发多种攻击。通过不断更新操作系统“补丁”可预防这种攻击。

3. 信息收集攻击

信息收集攻击是被用来为进一步入侵系统提供有用的信息。这类攻击主要包括扫描技术和利用信息服务技术等，具体有 6 种。

（1）地址扫描。运用 ping 程序探测目标地址，若对此做出反应，则表示其存在。常见的地址扫描工具有 IP 地址扫描器、IP Scaner 以及 MAC 地址扫描器等。在防火墙上过滤掉 ICMP 应答消息可预防该攻击。

（2）端口扫描。通常使用扫描软件向网络中的主机连接一系列的 TCP 端口，扫描软件可以找到主机的开放端口并建立连接。常见的端口扫描工具有 port scanner、ScanPort 和端口扫描器等。许多防火墙能检测到系统是否被扫描，并自动阻断扫描企图。

（3）反向映射。攻击者向主机发送虚假信息，然后根据返回“主机不可到达”这一消息特征判断出哪些主机正在工作。攻击者通常会采用不会触发防火墙规则的常见消息类型，这些类型包括 RESET、SYN/ACK 消息、DNS 响应包等。NAT 和非路由代理服务器能自动抵御此类攻击，也可在防火墙上过滤“主机不可到达”ICMP 应答。

（4）慢速扫描。由于一般扫描侦测器的实现是通过监视某个时间段里一台特定主机发送连接的数目（例如每秒 10 次）来决定是否在被扫描，攻击者可以通过使用扫描速度慢一些的扫描软件进行扫描而不易被侦测到。用户可通过引诱服务来对慢速扫描进行侦测。

（5）DNS 域转换。DNS 协议不对转换或信息的更新进行身份认证，这使得该协议以不同的方式被利用。对一台公共的 DNS 服务器，攻击者只需实施一次 DNS 域转换就能得到所有主机的名称以及内部 IP 地址。可采用防火墙过滤掉域转换请求来避免这类攻击。

（6）finger 服务。finger 服务用于服务器向远程请求者提供系统用户的相关信息。攻击者使用 finger 命令来刺探一台 finger 服务器以获取关于该系统的用户信息。采取关闭 finger 服务并记录尝试连接该服务的对方 IP 地址，或者在防火墙上进行过滤，可预防该服务攻击。

4. 虚假信息攻击

虚假信息攻击用于攻击目标配置不正确的消息，主要有 4 种。

（1）DNS 高速缓存污染。由于 DNS 之间交换信息时不进行身份认证，攻击者可将一些虚假信息掺入，并把用户引向自己的主机。可采取在防火墙上过滤 DNS 更新，外部 DNS 服务器不能更改内部服务器对内部机器的识别等措施预防该攻击。

（2）伪造电子邮件。由于 SMTP 并不对邮件发送者的身份进行鉴定，攻击者可对网络内部用户伪造电子邮件，声称是来自某个客户认识并相信的人，并附带上可安装的木马程序，或者附带引向恶意网站的连接。采用广泛应用于电子邮件和文件的加密软件 PGP 等安全工具或电子邮件证书对发送者进行身份鉴别等措施可预防该攻击。

（3）ARP 欺骗。安装有 TCP/IP 的计算机有一个 ARP 缓存表，表里的 IP 地址与 MAC 地址是一一对应的。作为攻击源的主机伪造一个 ARP 响应包，其中的 IP 地址与 MAC 地址的对应关系与真实情况不同，此伪造的 ARP 响应包广播出去之后，被欺骗主机 ARP 缓存中的特定 IP 被关联到错误的 MAC 地址，导致目的主机不能被正常访问。采取静态绑定 IP 和 MAC 地址、改进或扩展 ARP 协议以及安装 ARP 防火墙等措施可以防范 ARP 欺骗。

（4）IP 地址欺骗。IP 地址被用来在网络和计算机之间发送及接收信息，因此，每个信息包里都包含了 IP 地址，这样双方就能进行正确的通信。攻击者通过 IP 地址的伪装使某台主机冒充成另外一台被信任的主机，骗取连接以获得信息或者特权。放弃以地址为基础的认证系统、对数据包进行加密、在路由器上进行过滤处理以及采用 IP 安全协议等都是目前防范 IP 地址欺骗的主要措施。

7.8 VPN 技术

VPN 是依靠 ISP 和其他网络服务提供商，在公用网络中建立专用数据通信网络的技术。在 VPN 中，任意两个节点之间的连接并没有传统专用网所需的端 - 端物理链路，而是利用某种公用网的资源动态组成的。IETF 将基于 IP 的 VPN 定义为：使用 IP 机制仿真私有广域网，通过私有隧道技术在互联网上仿真一条点到点的专线技术。所谓虚拟是指用户不再需要拥有实际的长途数据线路，而是使用互联网的长途数据线路。所谓专用是指用户可以为自己制定一个最符合自己需求的网络。VPN 技术采用了鉴别、访问控制、保密性、完整性等措施，以防止信息被泄露、篡改和复制。

7.8.1　VPN 概述

1. VPN 的类型

VPN 有 3 种类型：远程访问 VPN、企业内部 VPN 以及扩展的 VPN。

（1）远程访问 VPN。对于出差流动员工、远程办公人员和远程小办公室，远程访问 VPN 通过公用网络与企业的 Extranet 和 Intranet 建立私有的网络连接，如图 7.31 所示。远程访问 VPN 的结构有两种类型：一是用户发起的 VPN 连接；二是接入服务器发起的 VPN 连接。用户发起的 VPN 连接是指远程用户通过服务提供点接入互联网，再通过网络隧道协议与企业网建立一条隧道（可加密）连接，从而访问企业网内部的资源。在这种情况下，用户端必须维护和管理发起隧道连接的有关协议和软件。在接入服务器发起的 VPN 连接应用中，用户通过本地号码或免费号码拨入 ISP，然后 ISP 的网络访问服务器（network access server，NAS）发起一条隧道连接用户的企业网。在这种情况下所建立的 VPN 连接对远端用户是透明的，构建 VPN 所需的协议及软件均由 ISP 负责管理和维护。

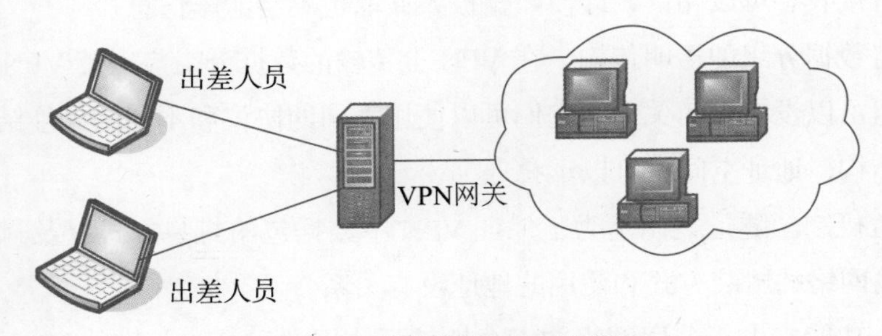

图 7.31　远程访问 VPN 示意图

（2）企业内部 VPN。企业内部 VPN 是指企业将各分支机构的 LAN 连接而成的网络，如图 7.32 所示。通过公用网络将企业各分支机构的局域网和总部的局域网连接起来，以实现资源共享，信息安全传递，既提高了工作效率，也节省了采用专线上网通信的高额费用。

（3）扩展的 VPN。如果一个企业希望将客户、供应商、合作伙伴等连接到企业内部网，可以使用 Extranet VPN，它实质上也是一种网关对网关的 VPN。与 Intranet VPN 不同的是，它需要在不同企业内部网络间组建，需要有不同协议和设备之间的配合和不同的安全配置，如图 7.33 所示。

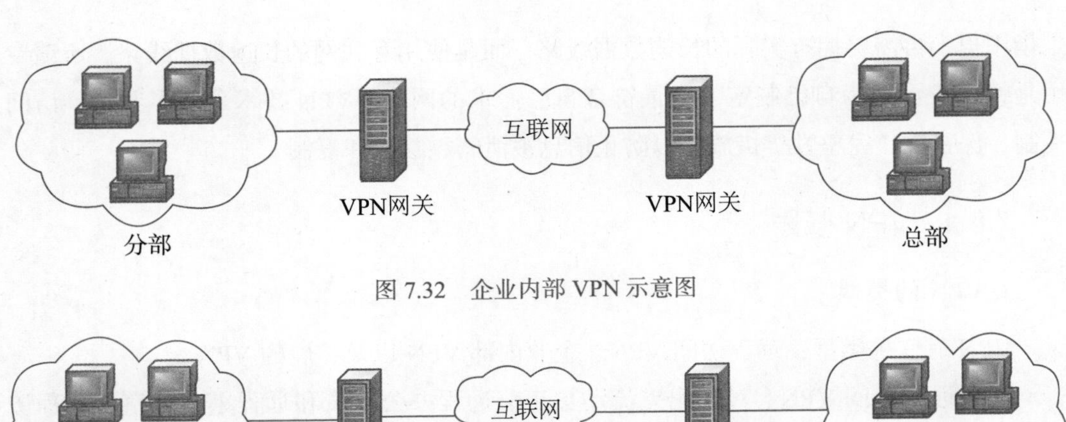

图 7.32 企业内部 VPN 示意图

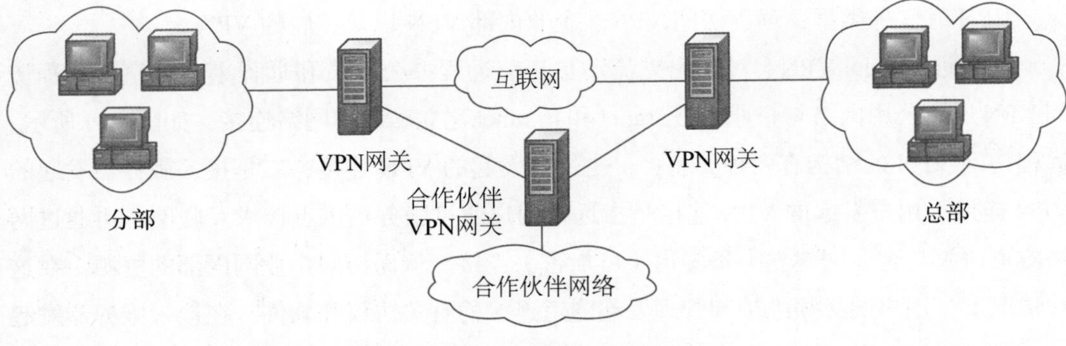

图 7.33 扩展的 VPN 示意图

2. VPN 的基本功能

（1）数据的封装和加密。通过对数据的封装和加密可以使要传输的数据在公用网络上传输时只有接收者可以阅读，即使数据被人截取也不会泄露信息。

（2）支持数据分组的透明传输。在 VPN 上传输的数据分组与支持 VPN 的公用网络上传输的分组可以没有任何关系，它们可以使用不同的协议和不同的寻址结构，即使有相同的寻址结构，地址空间也可以重叠。

（3）隧道机制。隧道机制是为了保证 VPN 中数据包的封装方式以及封装后所使用的地址与传输网络的封装方式和使用的地址没有关系。

（4）安全功能。由于公用网络的安全性较低，因此以其为基础的 VPN 必须满足用户需要的安全，通过用户的身份认证和信息认证，做到传输信息的完整性和合法性，并能鉴别用户的身份。

（5）提供访问控制。提供访问控制可以保证不同的用户有不同的访问权限。

（6）服务质量。VPN 应根据不同用户的要求支持不同级别的服务，包括网络正常运行时间、宽带以及等待时间。

3. VPN 网络安全技术

目前 VPN 主要通过加密解密技术、密钥管理技术、隧道技术与身份鉴别技术来保证网络安全。

（1）加密解密技术。通过互联网传递的数据必须经过加密，确保网络其他未授权的用户无法读取信息。在 VPN 中，对双方大量的通信流量使用对称加密算法，而对管理、分发对称加密的密钥则采用更加安全的非对称加密技术。

（2）密钥管理技术。在 VPN 中，密钥分发与管理非常重要。密钥的分发可通过手工分发也可通过密钥交换协议动态分发。手工分发只适合密钥更新不太频繁的简单网络。而密钥交换协议采用软件动态生成密钥，保证密钥在互联网上安全传输而不被窃取，而且密钥可快速更新，以提高 VPN 安全性。目前主要的密钥交换与管理标准主要有网络简单密钥管理协议（simple key management for IP，SKIP）与互联网安全关联和密钥管理协议（Internet security association and key management protocol，ISAKMP）。SKIP 是由 Sun 公司所推出的技术，主要利用 Diffie-Hellman 算法在网络上传输密钥。在 ISAKMP 中，双方都持有两把密钥，即公钥 / 私钥对，通过执行相应的密钥交换协议而建立共享密钥。

（3）隧道技术。被封装的数据包在互联网中传递时所经过的逻辑路径称为隧道。隧道技术是通过使用互联网的基础设施在网络之间传递数据的方式。使用隧道传递的数据（或负载）可以是不同协议的数据帧或包，隧道协议将这些协议的数据帧或包重新封装在新的包头中发送。新的包头提供了路由信息，从而使被封装的负载数据能够通过互联网传递。为创建隧道，隧道的客户机和服务器双方必须使用相同的隧道协议。被封装的数据包在隧道的两个端点之间通过互联网网络进行传递，其一旦到达网络终点将被解包并转发到最终目的地。隧道技术包括数据封装、传输和解包在内的全过程。

隧道技术可分为第二层或第三层隧道协议为基础的技术，上述分层按照开放系统互联（OSI）的参考模型划分。第二层隧道协议对应 OSI 模型中的数据链路层，使用帧作为数据交换单位。PPTP（point to point tunneling protocol，RFC2637，点对点隧道协议）、L2TP（layer two tunneling protocol，RFC2661，第二层隧道协议）和 L2F（layer two tunneling protocol，RFC2341，第二层转发）都属于第二层隧道协议，都是将数据封装在 PPP 帧中，通过互联网发送。第三层隧道协议对应 OSI 模型中的网络层，使用包作为数据交换单位。通用路由封装（generic routiing encapsulation，GRE）协议以及 IP 安全协议（IPSecurity，IPSec）都属于第三层隧道协议，都是将 IP 包封装在附加的 IP 包头中通过 IP 网络传送。

（4）身份鉴别技术。VPN 方案必须能够验证用户身份并严格控制只有授权用户才能访问 VPN。另外，方案必须提供审计和计费功能，显示何人在何时访问了何种信息。当用户通过 VPN 客户端访问 VPN 网关时，客户端首先对用户进行双因子身份认证，双因子即用户数字证书和该数字证书的使用口令。VPN 客户端采用基于 PKI 技术的数字证书技术，完成 VPN 网关服务器和用户身份的双向验证。验证通过后，VPN 网关服务器产生对称会话密钥，并分发给用户。在用户与 VPN 网关服务器的通信过程中，使用该会话密钥对信息进行加密传输。身份认证和保护会话密钥在传递过程中的安全，主要通过非对称加密算法完成，VPN 系统使用 1024 位的 RSA 算法，具有高度的安全性。

7.8.2 隧道协议

1. 隧道协议的基本概念

无论哪种隧道协议都是由传输协议、封装协议以及乘客协议组成的。传输协议被用来传送封装协议，IP 和帧中继都是非常合适的传输协议。封装协议被用来建立、保持和拆卸隧道，包括 L2F、L2TP、PPTP、GRE 等协议。乘客协议是被封装的协议，它们可以是 PPP、SLIP 等，这是用户真正要传输的数据。以邮政系统为例，乘客协议就是写好的信，信的语言可以是汉语或英语等，具体如何解释由发信人与收信人自己负责，这对应于乘客协议的数据解释由隧道双方负责。封装协议就是信封，可以是平信、挂号信或者特快专递，这对应于多种封装协议，每种封装协议的安全级别不同。传输协议就是信的运输方式，可以是陆运、海运或者空运，它们对应于不同的传输协议。

根据隧道的端点是用户计算机还是拨号服务器，隧道可分为自愿隧道和强制隧道。自愿隧道是指由用户或客户端计算机通过发送 VPN 请求配置和创建一条隧道。此时，用户端计算机作为隧道客户方成为隧道的一个端点。强制隧道是由支持 VPN 的拨号接入服务器配置和创建一条隧道。此时，用户端的计算机不作为隧道端点，而是由位于客户计算机和隧道服务器之间的远程接入服务器作为隧道客户端，成为隧道的一个端点。

现有的隧道协议主要包括两类：一类是第 2 层隧道协议，其对数据链路层的数据包进行封装，主要用于构建远程访问 VPN；另一类是第 3 层隧道协议，其把网络层的各种协议数据包直接封装，主要用于构建内联网 VPN。

2. 第 2 层隧道协议

第 2 层隧道协议主要有两个：一个是由微软、Asend 以及 3Com 等公司支持的 PPTP；另一个是由 IETF 起草，微软、Cisco 和 3Com 等公司共同制定的 L2TP。

（1）PPTP。PPTP 将 PPP 的数据帧封装进 IP 数据包中，通过 TCP/IP 网络进行传输。PPTP 可以对 IP、IPX 数据进行加密传递，其由 PPTP 控制报文和 PPTP 数据报文组成。控制报文负责隧道的创建、维护和终止。数据报文负责使用 GRE 协议对 PPP 数据帧进行封装。PPTP 的功能特性被分成两部分：PPTP 访问服务器（PPTP access concentrator，PAC）和 PPTP 网络服务器（PPTP network server，PNS）。

通过 PPTP，远程用户经由互联网访问企业网络。这样大大减少了建立和维护专用远程线路的费用，同时也为企业提供了充分的安全保证。同时，“隧道”采用现有的安全检测和认证策略，还允许管理员和用户对数据进行加密，使数据更加安全。

（2）L2TP。L2TP 允许用户从客户端或访问服务器端发起 VPN 连接。L2TP 支持封装的 PPP 帧在 IP、X.25、帧中继或 ATM 等网络中传输。L2TP 可用于互联网及企业专用的 Intranet。L2TP 的客户端是使用 L2TP 和 IPSec 的 VPN 客户端，而 L2TP 服务器是使用 L2TP 隧道协议和 IPSec 的 VPN 服务器。客户端与服务器进行 VPN 通信的前提是二者之间有连通且可用的 IP 网络。如果 L2TP 客户端是通过拨号上网，则先拨号到本地的 ISP 建立 PPP 连接，然后访问互联网。

L2TP 主要由 L2TP 访问集中器（L2TP access concentrator，LAC）和 L2TP 网络服务器（L2TP network server，LNS）构成，LAC 是附属在交换网络上的具有 PPP 端系统和 L2TP 处理能力的设备，LAC 是一个 NAS，它为用户通过 PSTN/ISDN 提供网络接入服务。LNS 是 PPP 端系统上处理 L2TP 协议服务器端部分的软件。LAC 支持客户端的 L2TP，它用于发起呼叫，接收呼叫和建立隧道；LNS 是所有隧道的终点。在传统的 PPP 连接中，用户拨号连接的终点是 LAC，L2TP 使 PPP 协议的终点延伸到 LNS。L2TP 特别适合组建远程接入方式的 VPN，因此已经成为事实上的工业标准。

第 2 层隧道协议具有简单易行的优点，但是其可扩展性不好。更重要的是，它们没有提供内在的安全机制，不能支持企业和企业的外部客户及供应商之间会话的保密性要求。因此，当企业欲将其内部网与外部客户及供应商网络相连时，第 2 层隧道协议不支持构建企业外部网（Extranet）。Extranet 需要对隧道进行加密并需要相应的密钥管理机制。

3. 第 3 层隧道协议

第 3 层隧道协议主要包括 IPSec 和 GRE 协议。

（1）IPSec。IPSec 是专为 IP 设计提供安全服务的一种协议。为了实现在专用或公用 IP 网络上的安全传输，IPSec 使用安全方式封装和加密整个 IP 包。IPSec 的主要功能为加密和认证，为此，IPSec 还需要有密钥管理和交换功能。以上三方面的工作分别由认证头（authentication header，AH）、封装安全负载（encapsulating security payload，ESP）和互联网密钥交换（Internet key exchange，IKE）三个协议规定。AH 协议只涉及认证，不涉及加密；ESP 协议主要用来处理对 IP 数据包的加密，此外对认证也提供某种程度的支持。AH 虽然在功能上和 ESP 有些重复，但 AH 除了可以对 IP 的有效负载进行认证，还可以对 IP 头部实施认证，而 ESP 的认证功能主要是面对 IP 的有效负载。当要实现数据保密时，必须采用 ESP 协议封装 IP 数据包来完成。ESP 与具体的加密算法相独立，几乎可以支持各种对称密钥加密算法，例如，DES、TripleDES、RC5 等。IKE 协议主要是对密钥交换进行管理。

IPSec 有两种工作方式：传输模式和隧道模式。传输模式只对 IP 数据包的有效负载进行加密或认证，封装数据包继续使用以前的 IP 头部，只对 IP 头部的部分域进行修改，而 IPSec 头部插入 IP 头部和传输层头部之间。传输模式的目的是保护端到端的安全通信。在传输模式中，所有解密、加密和协商操作均由端系统自行完成，两个需要通信的终端计算机之间直接运行 IPSec，不加入任何 IPSec 过程。隧道模式对整个 IP 数据包进行加密或认证，需要新产生一个 IP 头部，IPSec 头部被放在新产生的 IP 头部和以前的 IP 数据包之间，从而组成一个新的 IP 头部。在隧道模式中，安全网关与安全网关之间运行 IPSec，所有解密、加密和协商操作均由安全网关来完成，安全网关对其来自端系统的数据进行保护。

（2）GRE 协议。GRE 协议规定了如何用一种网络协议封装另一种网络协议的方法，是一种最简单的隧道封装技术，它提供了将一种协议的报文在另一种协议组成的网络中传输的能力。GRE 协议隧道由两端的源 IP 地址和目的 IP 地址来定义，允许用户使用 IP 包封装 IP、IPX、AppleTalk 包，并支持全部路由协议，如路由信息（RIP2）协议、开放式最短路径优先（OSPF）协议等。通过 GRE 协议，用户可以利用公共 IP 网络连接 IPX 网络、AppleTalk 网络，还可以使用保留地址进行网络互联，或者对公网隐藏企业网的 IP 地址。

GRE 协议将收到的其他协议的数据包进行重新封装的过程为：先加上 GRE 协议包头，然后把重新封装好的数据包加上一个新的 IP 报头，使其和常规数据包一样在 IP 网络中被路由到隧道目的地址，由目的设备去掉 GRE 封装，取出原始数据包，根据取出数据包的原始三层地址路由到最终目的地。

由于 GRE 协议只提供数据包的封装，并没有采用加密功能来防止网络侦听和攻击，所以在实际环境中经常与 IPSec 一起使用，由 IPSec 提供用户数据的加密，从而给用户提供更好的安全性。

7.9 无线局域网安全技术

近年来，无线局域网应用越来越多，它将扩展有线局域网或在某些情况下取而代之。无线局域网将依靠其无法比拟的灵活性、可移动性和极强的扩容性，使人们真正享受到简单、方便、快捷的连接。

但是，与有线网络一样，无线局域网正面临安全问题的困扰，其中包括来自网络用户的攻击、未认证用户获得存取权和来自公司或工作组外部的窃听。由于无线媒体的开放性，窃听是无线通信常见的问题，使得无线网络的安全性更差。

7.9.1 无线局域网的安全问题

目前，困扰无线局域网发展的因素已不是速度，而是安全、应用和互联互通方面的问题，其中安全已成为制约无线局域网发展的重要因素。安全问题不解决，无线局域网的应用前景必将大受影响。与有线网络相比较，无线局域网的安全问题主要有两方面。

1. 物理安全

无线设备包括站点（STAtion，STA）和接入点（access point，AP）。站点通常是由一台 PC 或者笔记本电脑加上一块无线网络接口卡构成；接入点通常由一个无线输出口和一个有线网络接口构成，其作用是提供无线与有线网络之间的桥接。物理安全是关于这些无线设备自身的安全问题。无线设备虽有一定的保护措施，但是这些保护措施总是基于最小信息保护需求的。如果存储重要信息的无线设备被盗，那么小偷就可能无限期地对设备拥有唯一的访问权，不断地获取受保护的数据。因此，有必要加强无线设备的各种保护措施。

2. 存在的威胁

因无线局域网传输介质的特殊性，使得信息在传输过程中具有更多的不确定性，受到的威胁更大，主要表现在以下几方面。

（1）信息重放。无线网络在防范疏漏时，很容易受到中间人欺骗攻击，即使采用 VPN 等保护措施也难以避免。攻击者通常伪装成网络资源，当受害者开始建立连接时，攻击者会截取连接，并与目的端建立连接，同时将所有的通信经攻击主机代理到目的端。这种攻击可以对授权客户和合法 AP 进行双重欺骗，进而达到窃取和篡改信息的目的。

（2）密钥破解。利用网上流行的一些非法软件，黑客能够获取 AP 信息覆盖范围内的数据包，通过对足够的加密数据包进行分析，从而破解密钥。黑客对密钥的破解速度取决于无线网内发射信号的主机数量、监听无线通信的机器速度等。

（3）网络窃听。由于无线局域网是以无线信号作为上网的传输媒介，因而其不能像传统网络那样采用物理隔离的手段减少窃听。另外，由于网络通信大多数都以明文（非加密）方式进行的，这就会使处于无线信号覆盖范围之内的攻击者可以乘机监视并破解（读取）通信信息。这种威胁已经成为无线局域网面临的最大问题之一。

（4）假冒攻击。当攻击者截获一合法用户的身份信息时，可利用该用户的身份侵入网络，对网络进行攻击。高超的攻击者可能部署假冒 AP 设备引诱合法用户访问，并通过分析窃取密钥和口令，以便发动针对性攻击。攻击者还可能伪装成 DNS 或 DHCP 服务器重新向用户通信数据到其他网络，这是一种威胁最严重的攻击方式。

（5）MAC 地址欺骗。入侵者通过网络窃听工具获取到数据，进而获得 AP 允许通信的静态地址池，这样便可以利用 MAC 地址伪装等手段合理接入网络。即使 AP 启用了 MAC 地址过滤，也无法阻止此类入侵者连接 AP。

（6）拒绝服务。攻击者可能对 AP 发送大量垃圾信息阻塞信道，或者发送与无线局域网相同频率的干扰信号来干扰网络的正常运行，使 AP 拒绝服务，从而导致正常的用户无法使用网络。

（7）服务后抵赖。服务后抵赖是指交易双方中的一方在交易完成后否认其参与了此次交易。

面对上述无线网络的安全威胁，必须采取相应的安全措施保障信息的保密性、完整性、可用性以及资源的合法使用。

7.9.2 增强无线局域网安全的主要技术

1. 无线局域网的早期安全技术

通常，网络的安全性主要体现在两方面：一是访问控制，它用于保证敏感数据只能由授权用户进行访问；二是数据加密，它用于保证传送的数据只被所期望的用户所接收和理解。无线局域网相对于有线局域网所增加的安全问题主要是由于其采用了电磁波作为载体来传输数据信号，其他方面的安全问题两者是相同的。

（1）服务集标识符访问控制。服务集标识符（service set identifier，SSID）技术即将一个无线局域网分为几个需要不同身份认证的子网，每一个子网都需要独立的身份认证，只有通过身份认证的用户才可以进入相应的子网。因此可以认为 SSID 是一个简单的口令，通过对 AP 点和网卡设置复杂的 SSID，并禁止 AP 向外广播 SSID，可以实现一定访问控制功能。SSID 严格来说不属于安全机制，而且所有使用该网络的人都知道SSID，因而很容易泄漏。

（2）MAC 地址过滤。通过限制接入终端的 MAC 地址来确保只有经过注册的设备才可以接入无线网络，这是 MAC 地址过滤。由于每一块无线网卡拥有唯一的 MAC 地址，在 AP 内部可以建立一张“MAC 地址控制表”，只有在表中列出的 MAC 才是合法的可以接入的无线网卡，否则将会被拒绝接入。利用 MAC 地址过滤可以有效地防止未经过授权的用户侵入无线网络。但是，这要求 AP 中的 MAC 地址列表必须随时更新，可扩展性差。另外，由于攻击者可以通过无线网络信息流来侦听有效的 MAC 地址，并通过配置 WLAN 网卡使用同样的 MAC 地址来接入网络，所以 MAC 地址过滤也只能提供最简单的访问控制功能。

（3）有线等效保密。有线等效保密（wired equivalent privacy，WEP）是为了保证数据能安全地通过无线网络传输而制定的一个加密标准，只有在用户的加密密钥与 AP 的密钥相同时才能获准存取网络的资源，从而防止非授权用户的监听以及非法用户的访问。WEP 采用 RC4 加密算法，密钥长度有 64 位和 128 位两种。其中系统生成 24 位的初始向量，AP 和终端配置的密钥为 40 位和 104 位。RC4 加密算法强度较低，加密信息很容易被人破解。另外，在 WEP 中，没有密钥分发机制，不产生临时的通信密钥，包括鉴别在内的所有通信过程都是用统一共享密钥，并且所有接入该服务器的终端都使用这同一个密钥。倘若一个用户丢失密钥，则将殃及整个网络。国内外众多研究已从理论和实践上证明了 WEP 加密存在严重的安全隐患。

2. WLAN 安全的增强性技术

为了推进 WLAN 的发展和应用，提出了增强 WLAN 安全的若干方法。

（1）IEEE 802.1x 扩展认证协议。IEEE 802.1x 使用远程身份认证拨号用户服务（remote authentication dial in user service，RADIUS）等标准安全协议提供集中的用户标识、身份认证、动态密钥管理。基于 IEEE 802.1x 认证体系结构，其认证机制是由客户端设备、接入设备、后台 RADIUS 认证服务器三方完成。配置 RADIUS 客户端的 AP 将连接请求发送到后台 RADIUS 服务器。后台 RADIUS 服务器处理此请求并准予或拒绝连接请求。如果准予请求，则根据所选身份认证方法使该客户端获得身份认证，并且为会话生成唯一密钥。然后，客户机与 AP 激活加密软件，利用密钥进行通信。

IEEE 802.1x 提供无线客户端与 RADIUS 服务器间的认证，而非客户端与 AP 间的认证。认证信息仅为用户名与口令，在存储、使用和传递过程中存在泄露、丢失等隐患。AP 与 RADIUS 服务器之间使用共享密钥来传递认证过程协商的会话密钥，该共享密钥是静态的，也存在一定的安全隐患。

（2）WPA 保护机制。Wi-Fi 保护接入（Wi-Fi protected access，WPA）是继承了 WEP 基本原理而又解决了 WEP 缺点的一种新技术。其原理是根据通用密钥，配合表示计算机 MAC 地址和分组信息顺序号的编号，分别为每个分组信息生成不同的密钥。然后与 WEP 一样将此密钥用 RC4 加密技术处理。通过这种处理，所有客户端的分组信息所交换的数据将由各不相同的密钥加密而成。这样，无论收集到多少这样的数据，要想破译出原始的通用密钥是几乎不可能的。WPA 还有防止数据中途被篡改的功能和认证功能。

WPA 综合使用了时限密钥完整性协议（temporal key integrity protocol，TKIP）、802.1x、可扩展认证协议（extensible authentication protocol，EAP）和信息完整性代码（message integrity code，MIC）技术。负责接入认证的 802.1x 和 EAP 协议与执行数据加密及完整性校验的 TPIK 和 MIC 协议一起，提高了 WPA 在增强数据加密能力以及网络安全性能和接入控制能力方面的可靠性。在保持 Wi-Fi 认证产品硬件可行性的基础上，解决了 802.11 在数据加密、接入认证和密钥管理方面存在的缺陷。WPA 是一种比 WEP 更为强大的加密算法，其包含了认证、加密和数据完整性校验三个组成部分，是一个完整的安全性方案。

（3）IEEE 802.11i。由于 WPA 在 WLAN 安全上的固有缺陷和 WLAN 安全要求的不断提高，IEEE 标准委员会于 2005 年 6 月 25 日审批通过了新一代的 WLAN 安全标准：IEEE 802.11i 标准。IEEE 802.11i 的商业名称为 WPA2，WPA 是它的一个子集。该标准定义了强健安全网络（robust security network，RSN）的概念，增强了 WLAN 中的数据加密和认证性能，并针对 WEP 加密机制的各种缺陷进行了多方面改进。IEEE 802.11i 标准倾向于使用基于 AES 的计数器模式密码块链消息认证码协议（counter mode with cipher block chaining message authentication code protocol，CCMP）来提供消息的保密性、完整性和身份认证。AES 加密采用对称分组密码体制，加密数据块和密钥长度可以是 128b、192b、256b 中的任意一种，而且有很多轮的重复和变换。该算法汇聚了设计简单、密钥安装快、需要的内存空间少、在所有的平台上运行良好、支持并行处理并且可以抵抗所有已知攻击等优点。

（4）国家标准无线局域网鉴别与保密基础结构。无线局域网鉴别与保密基础结构（authentication and privacy infrastructure，WAPI）是针对 IEEE 802.11 标准中 WEP 协议安全问题，在中国无线局域网国家标准 GB 15629.11 中提出的 WLAN 安全解决方案。WAPI 采用公开密钥体制的椭圆曲线密码算法和对称密钥密码体制的分组密码算法，分别用于 WLAN 设备的数字证书、密钥协商和传输数据的加密解密，从而实现设备的身份鉴别、链路验证、访问控制和用户信息在无线传输状态下的加密保护。

WAPI 的主要特点是采用基于公钥密码体系的证书机制，真正实现了移动终端与 AP 间双向鉴别。用户只要安装一张证书就可在覆盖 WLAN 的不同地区漫游，方便用户使用。另外，它充分考虑了市场应用，从应用模式上可分为单点式和集中式两种。单点式主要用于家庭和小型公司的小范围应用，集中式主要用于热点地区和大型企业，可以和运营商的管理系统结合起来，共同搭建安全的无线应用平台。采用 WAPI 能够彻底扭转 WLAN 多种安全机制并存且互不兼容的现状，从根本上解决安全和兼容性问题。虽然 WAPI 功能强大，但与 IEEE 802.11i 并不兼容，目前支持 WAPI 的设备还比较少。

7.10 云计算安全

7.10.1 云计算安全的概念

1. 云计算的特点

云计算是在分布式计算、并行计算和网格计算等技术的基础上发展起来的，是一种新兴的共享基础架构的模式。2003 年，美国国家科学基金会（NSF）投资 830 万美元支持“网格虚拟化和云计算 VGrADS”项目，正式拉开了云计算的研发序幕。按照美国国家标准与技术学会（NIST）的定义，云计算是一种利用互联网实现随时随地、按需、便捷地访问共享资源池，如计算设施、存储设备和应用程序等的计算模式。云计算的核心是可以将很多计算机资源协调在一起，使用户通过网络就可以获取到无限的资源，而不受时间和空间的限制。

云计算具有5个基本特点。①按需自助服务。用户可对计算资源进行单边部署而自动地满足需求，无须服务提供商人工配合。②泛在网络连接。云计算的服务能力通过网络来提供，支持多种标准化网络接入手段，能够通过客户端、浏览器和移动设备等终端广泛访问。③多租户和资源池。云计算服务商采用多租户模式，根据用户需求动态地分配和再分配物理资源和虚拟资源，包括存储器、处理器、内存、网络及虚拟机等，资源放置、管理与分配策略对用户透明。④快速灵活。供应商可快速、弹性地部署云计算资源，对于用户来说，云计算资源近乎无限，可以随时按需购买。⑤服务计费。通过对不同类型的服务计费，云计算系统能自动控制和优化资源利用情况，并产生统计报表。

目前，云计算主要提供3类服务模式：基础设施即服务（infrastructure as a service，IaaS）、平台即服务（platform as a service，PaaS）、软件即服务（software as a service，SaaS）。IaaS提供给用户的服务是对所有基础设施的使用权限，包括计算、存储、网络和其他资源。PaaS为开发、测试和管理软件应用程序提供按需开发环境，主要面向开发人员。SaaS则将应用软件封装成服务，用户可直接使用。

2. 云安全的定义

2008年“云安全”这一概念成为信息安全界的热点，并成为云计算应用发展中最重要的研究课题之一。目前，业界对云安全的认识和研究应用呈现出以下两个分支。

（1）安全技术在云环境下的应用。针对云计算自身存在的安全隐患，研究相应的安全措施和解决方案。即利用安全技术解决云环境下的安全问题，提升云平台自身的安全，保障云计算业务的可用性、数据的机密性和完整性以及隐私权的保护等。当前主流云服务提供商及研究机构所关注的重点就是云自身安全这一层面。

（2）云计算技术在安全领域的应用。利用云计算架构，采用云服务模式，实现安全的服务化或统一安全监控管理，即通过云计算的特性来提升安全解决方案的服务性能，属于云计算技术的安全应用。当前传统安全厂商多立足于云安全应用这一层面，利用云计算技术解决常规安全问题，如瑞星公司的云查杀模式和奇虎360公司的云安全系统等。

7.10.2 云计算面临的安全威胁

从网络安全的角度看，虽然云计算提供了新的计算模式和服务应用，但各种传统的信息安全威胁都适用于云计算平台。同时，由于在构建云服务中企业丧失了对资源、服务以及应用的大部分控制，云计算可能具有一些云环境所特有的安全风险。

1. 云虚拟化安全威胁

云计算平台对现有计算技术的整合是借助云虚拟化实现的。云端的虚拟化软件将物理计算设备划分为一个或多个虚拟机，用户可以灵活地调配虚拟机执行所需计算任务。虚拟化技术在提高云基础设施使用效率的同时，也带来了巨大的安全威胁，主要包括虚拟机硬件设备、虚拟机监控软件和虚拟化操作系统三方面。

对于虚拟机硬件设备，云计算将信息资源和数据计算交换分布在大量联网计算机上，如果攻击者物理接入云的硬件设备，通过执行恶意程序代码，修改虚拟机的源程序并改变其功能，便能达到攻击虚拟机的目的。

虚拟机监控软件位于底层硬件设备和虚拟化操作系统之间，监控和管理虚拟化操作系统，一旦攻击者控制了虚拟机监控软件，就能轻易地改变用户的操作系统，并且控制所有被监控的资源。

虚拟化操作系统是在虚拟机监控软件层上采用虚拟化技术生成的操作系统。除了和传统操作系统一样受到病毒感染、系统漏洞等安全威胁，虚拟化操作系统还面临一个特殊威胁。即虚拟机从一个物理主机迁移至另一个主机后，原来主机的硬盘上仍保留有虚拟化操作系统的痕迹，即使将其从硬盘上删除或格式化，攻击者依然能通过恢复技术从该主机硬盘上获取有用的数据和信息，这将造成信息泄露。

2. 云数据安全威胁

随着用户陆续将应用迁移到云端，传统的数据安全措施面临巨大挑战。云计算的数据库一般采用多租户共享运营模式，该模式为云用户提供一个预先定义的环境，且与其他租户共享，通常利用客户的标识为数据打标签来区分不同用户的数据。如果没有一个安全的数据库环境，数据在存储、传输和使用过程中，其秘密性、完整性和可用性都有可能遭到破坏。

数据存储方面，用户一旦把数据传输给云服务商，就已不能完全控制对这些数据的自主处理。这就导致了一系列的问题，例如数据会不会丢失、泄露；数据能否彻底删除；丢失的数据能否快速完整地恢复；数据隔离是否安全等。

数据传输方面，云服务中的数据传输高度依赖于网络设备，传输过程中任何一个环节的异常都会给用户数据带来安全风险。例如，黑客可能以智能化和隐蔽化的手段侵犯数据隐私；传递中的数据感染上病毒会导致信息无法被正常读取和运算；外部网络通信线路可能被截获、监听，造成信息失密；云服务商可能从数据传输过程中获取加密解密的密钥，也给用户数据带来安全风险。

数据访问方面，一些云服务商可能以用户未知的方式越权访问用户数据，同时由于云端的数据处于共享环境，如果缺乏用户访问控制和信息操作权限的有效管理，也会导致用户的数据被非法访问。

3. 云应用安全威胁

云计算服务推动了服务的网络化趋势，其最终目的是向用户交付多种多样的应用。由于云计算基础设施的灵活性和开放性，任何终端用户都可以进行接入，公众可获得性以及用户对计算基础设施缺少控制，为云应用程序的安全带来了很大的挑战。

与传统的B/S或C/S模式相比，云计算服务调用方式具有统一接口、多租户、虚拟化、动态和复杂业务实现等特点，因此在服务安全、Web安全、身份认证和访问控制等方面均有相应的安全需求。在当下的网络环境下，病毒和木马等恶意代码不断涌现，云计算环境的开放性特点使得自身的安全漏洞更容易暴露出来，需要在服务自身的运行和与用户交互的过程中实施全程安全保障。

4. 管理和合规层面的安全威胁

目前云计算管理标准的规范尚不完善，云实现方式的多样性和结构的复杂性导致云服务通用性差、云间协同能力不足、管理边界模糊和责任划分难以明确，云服务商的服务不够透明等。在合同纠纷和法律诉讼等方面，云服务合同、服务等级协议（service level agreement，SLA）和IT流程规范等都还很不完善。另外，虚拟化技术导致物理位置不确定和国际相关法律法规更加复杂，使得云计算环境中合同纠纷和法律诉讼成为云服务推广的障碍。

7.10.3 云计算安全的关键技术

云计算面临诸多新的安全威胁，但解决这些问题并不缺乏技术基础。如数据外包与服务外包安全、可信环境计算、虚拟机安全和秘密同态计算等技术多年来一直为学术界和业界所关注，关键在于如何实现上述技术在云环境下的实用化，进而形成支撑云计算安全的技术体系，并最终为云用户提供具有安全保障的云服务。

1. 虚拟化安全技术

（1）虚拟化硬件设备。在硬件设备方面，应选用可信平台模块（trusted platform module，TPM），在虚拟服务器启动时进行用户身份认证，以防止非法用户使用。为保证服务器CPU之间的物理隔离，选择的CPU应支持硬件虚拟化技术，这样可减少许多安全隐患。在虚拟服务器的安装过程中，要为每台虚拟服务器各划分一个独立的硬盘分区，实现从逻辑上隔离各虚拟服务器。对物理主机的安全防护可采用传统的防护措施，如杀毒软件、防火墙和主机防御系统等。为了避免被攻击的某台虚拟服务器影响到物理主机，可在物理主机上只运行虚拟服务软件，严格控制其运行数量，同时禁止其他网络服务在该物理主机上运行。通过VPN，可以实现物理主机与虚拟服务器的连接或资源共享，并可采用加密进行资源共享。

（2）虚拟化软件设备。虚拟化软件具有创建、运行和销毁虚拟服务器的能力，它直接安装在裸机上。为确保该层的安全，云计算服务者必须建立健全的访问控制策略，严格审核访问用户的权限，任何未经授权的用户禁止访问虚拟化软件层，而对有权限访问的用户，必须完整保存其对虚拟化软件层的访问记录，以便执行审计。

（3）虚拟化操作系统。为防止病毒感染、系统漏洞等传统的安全威胁，需要为每个虚拟化操作系统安装基于主机的杀毒软件、入侵检测和入侵防御系统以及防火墙等。在使用虚拟机过程中，要对虚拟机镜像文件库进行访问控制和加密处理，防止非法用户的访问和窃取。同时，为保证同一物理机上不同虚拟机之间的资源隔离，包括CPU调度、内存虚拟化、VLAN以及I/O设备虚拟化之间的资源隔离，最好使用可支持虚拟技术的多核处理器。这样可以做到CPU之间的物理隔离，以避免许多不必要的问题。此外，当虚拟机从一个物理主机迁移至另外的主机时，云管理员必须确保先前的物理主机硬盘上的数据被彻底擦除，或将硬盘物理销毁，以防止攻击者通过恢复技术从该物理主机硬盘上获取有用的数据和信息。

2. 数据安全技术

（1）云数据存储安全。对于存储中的数据，用户隐私保护和数据安全措施主要包括数据隔离、数据擦除以及数据异地容灾与备份等。

① 数据隔离。在多租户共享运营模式下，用户数据将与其他用户的数据混合存储。虽然，云服务商会采用一些数据隔离技术，例如数据标签来防止对混合存储数据的非授权访问。但是由于应用程序的漏洞，非授权访问还将发生。为此，对于云存储类服务，一般情况下，提供者都支持对数据进行加密存储，以防数据被他人非法窥探。通常可采用效能较高的对称加密算法，如AES、三重数据加密标准（triple data encryption algorithm，triple-DES）等国际通用算法，我国国家密码管理局编制的商用密码分组标准对称算法等。

② 数据擦除。数据残留有两种：一种是物理数据存储设备上的数据被擦除后留有的痕迹；另一种是虚拟机迁移、回收和改变大小等操作造成虚拟机上存储数据的残留。攻击者可能捕获这些痕迹，进而恢复出原始数据，导致信息泄露。因此，不论信息是存在内存中还是硬盘中，当存储空间再次分配给其他租户之前，应将上一租户的数据彻底清除干净。目前，云计算环境中数据完全擦除的方法还比较少，一些研究人员提出了数据自我销毁，即数据在到达数据拥有者预先设定的时间或者其他出发条件后，自我删除销毁。另外，还可以通过内存加密和磁盘加密技术，使明文形式的数据和密钥只在虚拟机的特定运行空间中存在，从而防止数据残留引起的数据泄露。

③ 数据异地容灾与备份。由于云计算环境通常采用集中式的数据存储，当主节点

发生故障时，会导致整个系统故障。为避免单点故障，数据异地容灾和备份显得尤为重要。云服务商主要采用数据冗余存储方法来解决容灾备份问题。为了使用户数据免受人为攻击和不可抗力的破坏，必须制订灾难恢复计划，其中确定恢复点和恢复时间目标是关键所在。

（2）云数据传输安全。在云计算环境下，物理安全边界逐步消失，取而代之的是逻辑安全边界。云计算环境中的数据传输可能会造成数据失真、用户隐私数据被二次使用以及用户数据被非授权检索等安全问题。为此，在传输数据时，可以选择在链路层、网络层、传输层以及应用层对数据加密，如采用 IPSec、SSL 等 VPN 技术，确保从终端到云存储的传输安全，使数据在网络传输中具有机密性、完整性和可用性；也可采用加密通道来保障信息的安全传输。

（3）云数据访问安全。保证云数据访问安全的关键是用户身份认证和访问控制两方面。

① 身份认证。安全的数据访问首先依赖于用户的身份认证，以区分合法用户和非法用户。在互联网时代的大型数据业务系统中，大量用户的身份认证和接入管理往往采用强制认证方式，例如指纹认证、USB Key 认证和动态密码认证等。在云计算平台上，用户更加关心云计算服务提供者是否按照 SLA 实施双方约定好的访问控制策略。用户的主要关注点是如何通过身份认证来保证其自身资源或数据等不会被提供者或他人滥用。当前比较可行的办法是引入第三方 CA，由第三方 CA 提供为双方所接受的私钥，以实现隐私保护与数据安全。

② 访问控制。访问控制是在对用户进行识别和认证的基础上，判断是否允许其访问数据资源。在云计算环境中，各个云应用属于不同的安全管理域，每个安全域都管理本地的资源和用户。在跨多个域的资源访问中，各域需要有自己的访问控制策略，在进行资源共享和保护时必须对共享资源制定一个公共的、双方都认同的访问控制策略。鉴于云中各企业组织提供的资源服务兼容性和可组合性日益增强，身份联合授权是云访问控制服务安全框架需要考虑的重要问题。目前有多种方式可以实现身份联合，如在企业中构建身份供应机构 ID，或者专门供应商统一建立身份认证即服务（identify as a service，IDaaS）。需要注意的是，在构建云身份联合模型时，应构建身份管理机构，合理设定用户基本属性，且对云服务提供商的访问提供支持。

3. 应用安全技术

（1）终端用户安全。在终端上安装安全软件，比如杀毒软件、防火墙等，来确保计算机的安全性。目前，用户获得云服务的主要接口就是浏览器，所以浏览器的安全与否极为重要。要实现端到端的安全，就必须采取措施来确保浏览器的安全。在多个系统同时运行的情况下，攻击者将以虚拟机上的漏洞为入口来获取物理机上的数据，故应加强虚拟机的管理。

（2）SaaS 模式的应用安全。SaaS 模式提供给用户忽略底层云基础设施的软件服务。在 SaaS 模式下，云计算提供商维护和管理所有应用，并保证应用程序和组件的安全性。用户只需负责最高层面的安全，即用户自己的操作安全和个人密码等秘密信息的保管。因此，要慎重选择 SaaS 的提供商。目前对于云计算提供商的评估方法是根据保密协议，要求提供商提供相关的安全操作记录，包括黑盒和白盒测试记录等。用户应尽量了解云计算提供商的虚拟数据存储架构。此外，提供商应最大限度地确保所提供服务的安全性，并提供高强度密码，对密码进行定期管理。

（3）PaaS 模式的应用安全。PaaS 模式不提供基础设施，而是提供基于基础设施的服务平台，用户可在此平台上用编程语言和操作系统来进行应用的开发与运行。在 PaaS 模式下，云计算提供商应负责所提供平台的安全。

（4）IaaS 模式的基础设施安全。在 IaaS 模式下，云计算提供商将虚拟机租赁出去，并不管理用户的应用、运行及维护，只是将用户部署在虚拟机上的应用当成一个黑盒子而已。用户在虚拟机上的应用程序无论执行何种任务，都由用户自己管理和支配。此外，用户应深入理解 SLA 并向云服务商进行确认，并应综合考虑云服务商的服务等级、提供的 API 以及云服务商的安全监测和管理能力，以确保用户虚拟机安全使用。

本章小结

本章简要介绍了网络安全的相关概念、密码技术、网络鉴别与认证、防火墙技术、反病毒技术、入侵检测与防御技术、网络攻击技术、虚拟专用网技术、无线局域网安全技术以及云计算安全等内容，对其中的公开密钥密码技术、防火墙的主要技术、虚拟专用网技术进行了系统介绍。

思考题

7.1 什么是网络安全？常见的网络安全威胁有哪些？

7.2 请列出你熟悉的几种常见的网络安全防护措施。

7.3 什么是替代密码和移位密码？举例说明。

7.4 加密技术的基本原理是什么？对称密钥密码技术和公钥密码技术有什么区别？

7.5 常见的公钥密码技术有哪些？什么是数字签名？

7.6 解释链路加密和端—端加密。

7.7 公开密钥如何应用于保密通信和数字签名？

7.8　简述身份认证的常用方法。

7.9　什么是区块链身份认证？

7.10　简述 PKI 的组成及基本框架。

7.11　什么是数字证书？CA 系统由几部分组成？

7.12　防火墙的工作原理是什么？它有哪些功能？

7.13　防火墙的主要技术有哪些？

7.14　防火墙有几种体系结构，各有什么特点？

7.15　代理防火墙有哪些优缺点？

7.16　简述防火墙的发展趋势。

7.17　简述计算机病毒的组成及特征。

7.18　简述木马、网络蠕虫的原理及种类。

7.19　什么是入侵检测和漏洞扫描，各有什么作用？

7.20　简述基于主机的入侵检测系统和基于网络的入侵检测系统的异同。

7.21　简述网络攻击的目的、手段与工具。

7.22　简述网络攻击的类型与防范方法。

7.23　简述 VPN 的分类与关键技术。

7.24　简述 L2TP、PPTP 及 IPSec 等隧道协议。

7.25　简述 IPSec 的安全机制。

7.26　无线局域网中有哪些常见的安全技术？

7.27　什么是云安全？云计算通常面临哪些安全威胁？

7.28　保证云计算安全的关键技术通常包括哪些？

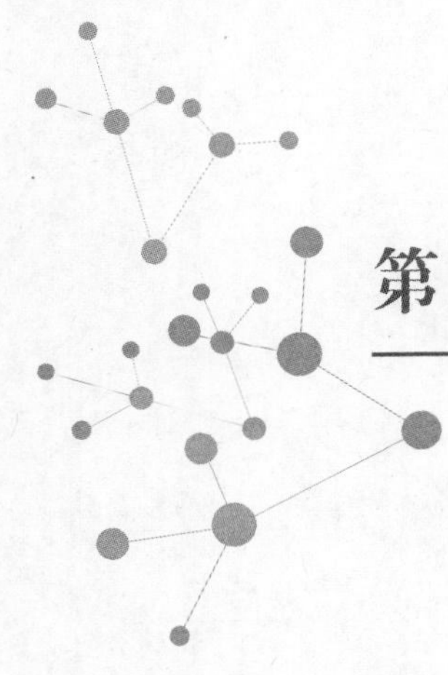

第 8 章　局域网的设计与安全管理

前面第 3 章介绍了计算机网络的组网技术，第 7 章对网络安全的多种技术进行了阐述，本章通过两个案例，比较具体地探讨了局域网的组网（设计）及其安全管理。

通过本章学习，可以了解（或掌握）：

- 局域网规划与设计；
- 校园网的安全策略体系；
- 校园网常见的安全管理问题；
- 企业网拓扑结构设计；
- 企业网 IP 地址分配；
- 企业网 VLAN 划分。

8.1　局域网的规划与设计

8.1.1　局域网规划

在网络高速发展的今天，高效地接入互联网，为学校和企业等单位的人员提供全球信息资源并与外界保持联系，以及为建设本单位的信息系统提供网络支持，是计算机局域网建设与安全管理的根本目的。局域网建设的重要一环即局域网规划。局域网规划是在用户需求分析和系统可行性论证的基础上，确定局域网总体方案和网络体系结构的过程。局域网规划直接影响到网络的性能和分布情况。

1. 需求分析

在局域网方案设计之前，需要从多方面对用户进行调查，弄清用户真正的需求。通常采用自顶向下的分析方法，了解用户所从事的行业，该用户在行业中的地位和与其他单位的关系等。不同行业的用户，同一行业的不同用户，对网络建设的需求各不相同。了解其项目背景，有助于更好地了解用户建网的目的和目标。

在了解用户建网的目的和目标之后，应进行更细致的需求分析和调研，一般从下列几方面进行。

（1）网络的物理布局。充分了解用户的位置、距离和环境等，以及现有计算机和网络设备的分布情况，并进行实地考察。

（2）用户设备的类型与配置。调查用户现有的物理设备，确定网络各部分传输介质的类型及规格，所采用的综合布线系统，计算机网络、通信网络以及有线电视网络和各种控制网络的协同情况。

（3）通信类型和通信流量。确定用户之间的通信类型，并对数据、语音、视频以及多媒体等的通信流量进行估算。

（4）网络服务。网络服务包括数据库系统、共享数据、电子邮件、Web 应用、外设共享以及办公自动化等。

（5）网络现状。如果规划在一个现有网络的基础上建立一个新的网络系统，则需了解现有网络的使用情况，尽可能在设计新的网络系统时考虑对旧系统的利用，这样才能保护用户原有的投资，节约费用。

（6）网络安全性需求。明确用户的敏感数据及分布情况和所需安全级别，根据用户需求选用不同类型的防火墙和采用不同的安全措施，以保证网络系统的安全。

（7）网络扩展需求。考虑网络将来的扩展及资源预留情况，如企业新增长点的多少、网络节点及布线的预留比率、网络设备及主机的扩展性等。

（8）网络管理需求。企业的管理需求包括管理规定和措施以及使用网络设备和网络管理软件的管理等，主要涉及是否对网络进行远程管理、需要哪些管理功能、选择什么样的网络管理软件及网络管理设备、如何分析和处理网络管理信息以及如何制定网络管理策略。

2. 可行性分析

可行性分析是结合用户的具体情况，论证建网目标的科学性和正确性，从而提出一个解决用户需求的方案。它主要包括技术和经费预算的可行性。技术可行性主要包括以下 4 方面的内容。

（1）传输。包括各网络节点的传输方式、通信类型、通信容量和数据速率等。

（2）用户接口。包括采用的协议和工作站类型等。

（3）服务器。包括服务器类型、容量和协议等。

（4）网络管理能力。包括网络管理、网络控制和网络安全等。

在进行经费预算的可行性分析时，要考虑建网所需设备的购买和安装费用、用户培训和支持费用以及网络运行和维护费用，尤其应该考虑用户培训和运行维护费用的预算，这是维持网络正常运行最为关键的部分。

在网络系统的规划中，通常应给出几个总体方案供用户选择，以便用户根据具体情况从中选择最佳方案。

8.1.2 局域网设计

局域网设计是根据网络规划及总体方案，对网络类型、协议、子网划分、逻辑网络和设备选型等进行工程化设计的过程。

1. 局域网的设计原则

局域网设计时，一般应遵循下列原则。

（1）标准性和开放性原则。符合国际或公认的工业标准，具备开放功能，以便于不同网络产品的互联，并考虑设备在技术上的扩充性。

（2）可扩展性原则。在网络设计时要充分考虑网络的扩展性。网络的覆盖范围、数据速率、支持的最大节点数不仅要满足目前系统的要求，而且要考虑今后发展的需要。同时，要保护用户现有投资，充分利用现有计算机资源及其他设备资源。

（3）先进性与实用性兼顾原则。应尽可能地采用先进而成熟的技术，采用先进的设计思想、先进的软硬件设备以及先进的开发工具。同时注重实用性，使网络系统获得较高性价比。

（4）安全与可靠性原则。网络的可靠性、安全性应优先考虑。选择适当的冗余，保证网络在故障情况下能正常运行。设置各种安全措施，保证从网络用户到数据传输各环节的安全。

（5）可维护性原则。有充分的网络管理手段，可维护性好。

进行局域网设计时，首先考察物理链路，物理链路的带宽是局域网设计的基础；然后分析数据流的特征，以明确应用和数据流的分布特征，从而更加有效地进行资源分布，如企业邮件服务和工作组共享打印对于网络的需求是不一致的；最后，采用层次化模型进行设计，因为层次结构能够将多个子网清晰地互联，使局域网更加易于拓展和易于管理；此外，适度考虑网络冗余，局域网中的单点故障不应该影响局域网的互通性。

2. 局域网类型及协议的选择

通过前述用户需求分析，已经对需求有了详细的描述。在网络设计中，设计人员首先应根据所用的计算机及网络的应用水平、业务需求、技术条件以及费用预算等，选择恰当和合理的网络类型及协议。

一般情况下，对局域网，应确定采用何种网络技术（以太网、FDDI、ATM 和无线网络）。目前，企事业单位通常采用的是交换以太 LAN；一些对网络可靠性要求较高的单位，采用 FDDI；在远程医疗、视频点播、语音和远程教育等方面有特殊要求的单位可采用 ATM。

对要通过广域网进行通信的网络，应着重考虑它的接入技术（如 PSTN、ISDN、ADSL 等）、互联技术（如 SDH、VPN 等）和广域网性能优化等因素。例如，一个企业中两个相距较远的分支机构，可通过采用公用网络 VPN 技术进行信息传送。

而对于网络协议，TCP/IP 已经是国际工业标准，并广泛应用于互联网。建议企事业单位网络以及要与互联网连接的网络，宜选择 TCP/IP 作为主要的协议，其他协议作为辅助的、局部的补充协议。

3. 子网划分

在 6.3 节中已经介绍了将一个网络划分成若干子网，以防止广播风暴并调节网络负荷。在实际系统的设计中，常常需要将一个网络划分为若干子网，这是网络设计中应考虑的问题。

划分子网的方法很多，通常采用通过物理连接或 VLAN 来实现。VLAN 是在交换局域网技术的基础上建立的。目前，在交换局域网中，往往使用 VLAN 来划分子网。

划分子网的策略也有很多。在实际应用中，最常用的是按部门划分和按任务划分两种方式。

4. 局域网的逻辑设计

局域网的逻辑设计主要包括网络拓扑结构设计、网络地址的分配和命名、广域网和局域网技术选择与应用、安全策略和管理策略设计等内容。

（1）网络拓扑结构的分层设计。逻辑结构设计通常采用网络层次结构设计方法，该方法采用分层化的模型来设计园区网和企业网，其三层结构网络如图 8.1 所示。

核心层主要是由高端路由器、交换机组成的网络中心。核心层的主干交换机一般采用高速率的链路连接技术，在与汇聚层骨干交换机相连时要建立链路冗余连接，以保证与骨干交换机之间存在备份连接和负载均衡，完成高带宽、大容量网络层路由交换功能。汇聚层主要包括路由器、千兆位及以上交换机、防火墙和服务器群（包括域名服务器、文件服务、数据库服务器、应用服务器、WWW 服务器等）、网络管理终端以及主干链路等，它们均可采用千兆以上模块进行生成树冗余链路连接。汇聚层交换机和接入层交换机之间可以利用全双工技术和高传输率网络互联，保证分支主干无带宽瓶颈。而接入层主要由交换机和其他设备组成，用来连接入网用户。设计时可采用网络管理、可堆叠的以太网交换机作为网络的接入级交换机，以适应高端口密度的部门级大中型网络。交换机的普通端口直接与用户计算机相连，高速端口上连高速率的汇聚层网络交换机，可以有效缓解网络骨干的瓶颈。

（2）网络地址的分配和命名。在网络设计时，应给出网络地址分配方案和命名模型。在网络地址分配方案中，一般采用分层方式对网络地址进行分配，并使用一些有意义的标号，以改进其可伸缩性和可用性。同时也可以对多种网络资源进行命名，简短而有意义的名字可以简化网络管理，增强网络的性能和可用性。

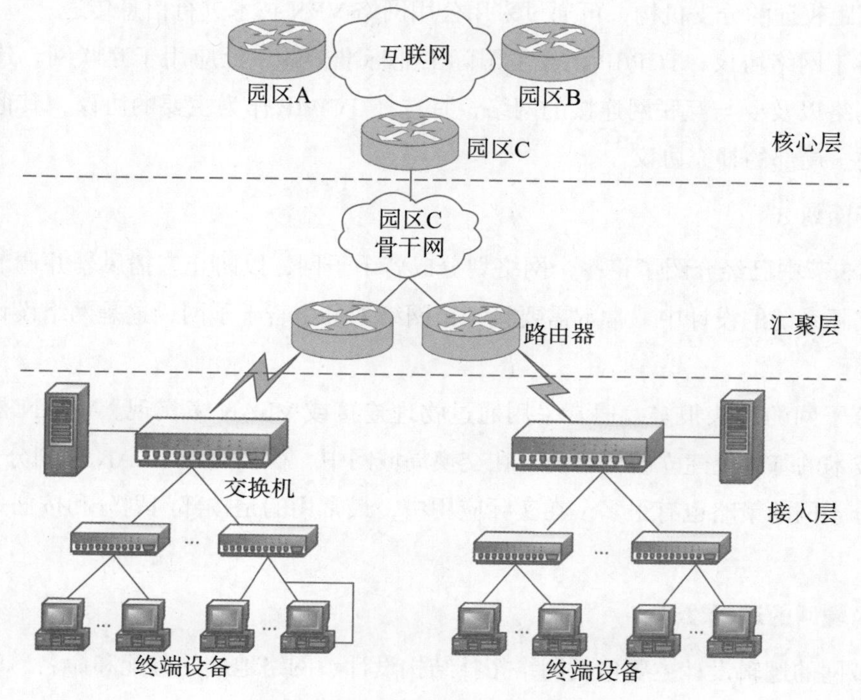

图 8.1　局域网拓扑设计的三层结构图

（3）广域网和局域网技术选择与应用。广域网技术选择主要考虑广域网接入技术（如 PSTN、ISDN、ADSL 等）、广域网互联技术（如 SDH、VPN 等）、广域网性能优化等因素。局域网技术选择主要考虑生成树协议、扩展 STP、虚拟局域网、WLAN、链路聚合技术、冗余路由技术、线路冗余和负载均衡、服务器集群与负载均衡等因素。

（4）网络安全和管理策略设计。网络安全和管理策略设计是网络设计的重要一环。

网络安全设计主要包括机房及物理线路安全设计、网络安全、系统安全、应用安全、数据容灾与恢复、安全运维服务体系以及安全管理体系等，具体如下：

① 网络安全主要内包括安全域划分、边界安全策略、路由器与交换机设备安全策略、防火墙安全配置和 VPN 功能要求等；

② 系统安全主要包括身份认证、账户管理、桌面安全管理、系统监控与审计、病毒防护和访问控制等；

③ 应用安全主要包括数据库安全、电子邮件服务安全和 Web 服务安全等。

网络管理设计主要包括以下内容：

① 确定网络管理的目标，即用户对性能管理、故障管理、配置管理、安全管理和计费管理等方面的需求以及实现的可能性；

② 确定网络管理结构，主要包括网络管理设备、网络管理代理和网络管理系统等内容；

③ 确定网络管理工具和协议。

5. 局域网硬件选择

网络硬件是网络运行的基础设施和物理保障，主要包括路由器、交换机、服务器、工作站、网卡、网络线缆及其配件等。一般而言，网络硬件设备的选择原则为：选择拥有先进和成熟技术、较高产品性价比、良好售后服务以及良好扩展性的主流厂家的硬件设备。但是在实际的选择中，用户往往要根据自己的实际情况，在以上原则的基础上，做出一个平衡的选择。例如，在选择文件服务器时，若经费充裕，可采用专业型的文件服务器；若经费有限，一般 PC 也可以充当文件服务器。而当考虑文件服务器的具体功能和特征时，比如容错能力，若执行“磁盘镜像”，则需要一块控制卡控制两个硬盘；若执行“磁盘复制”，则需要有两块控制卡控制两个硬盘；若执行“文件服务器镜像”，则需要有两台服务器同时运行。

6. 局域网系统软件的选择

网络系统软件的种类很多，常见的有网络操作系统软件、数据库软件和开发软件等。

（1）网络操作系统。在使用小型机服务器时，一般操作系统都是由厂家提供，因此基本上不存在选择问题。在选择 PC 架构的服务器时，用户拥有较多的选择。目前可以选择的网络操作系统主要有 UNIX、Linux、Windows Server、OS/2 Warp Server、Solaris 和 NetWare 等。Linux 大部分是免费软件，其源代码完全公开，在商业系统中的使用应慎重，而 OS/2 Warp Server、Solaris 两个操作系统，则需要和硬件设备结合起来考虑。Windows Server 操作系统具有良好的用户界面，较为完善的应用支持，对于一般规模的网络具有良好的适应性。UNIX 则具有较好的稳定性，但对网络管理员要求较高，而且管理相对复杂。在一些特定行业和事业单位中，NetWare 仍有应用。

（2）其他系统管理软件。数据库软件主要有 Oracle、IBM DB2、Informix、PostgreSQL 和 Microsoft SQL Server 等产品，用户可以根据各自的应用特点选择相应的数据库软件。

网络管理软件主要有 HP 公司的 OpenView，IBM 公司的 NetView/6000 等，不过它们都需要 UNIX 支持。Windows 环境的网管软件有 Cisco 的 Cisco Work、3COM 的 Transcend、Bay Networks 的 Optivity 以及 Cabletron 的 Spectrum 等。而网络管理软件一般根据网络设备的品牌和型号来选取。

8.2　企业网的设计与安全管理

随着网络应用的发展，越来越多的企业认识到，除了要依靠网络设备本身和网络结构的可靠性，网络安全管理也是一个关键环节。只有合理地规划和设计网络结构，制定网络安全策略以及采取相应的措施，才能保证网络和应用系统的稳定运行。本节以湖南SKS公司的局域网开发为例，对企业网的设计及安全管理进行阐述。

8.2.1 企业网拓扑结构设计

企业局域网的设计主要是局域网的拓扑结构设计。由于该公司下属单位较多，且地域分散，这里仅根据前述8.1.2节中介绍的三层结构模型进行网络拓扑结构设计。在计控所和总厂分别设置了一台核心交换机作为核心层。周边各二级分厂及部处作为汇聚层。各分厂以下车间和科室以及部处以下的科室通过第三级交换机或第四级交换机作为接入层，直接接入PC等终端设备。在计控所的核心交换机上接入防火墙，对互联网进行访问。在计控所、总厂分别接入一台路由器，通过中国电信和中国联通两条链路，对长沙分部网络进行互联。公司具体网络拓扑结构如图8.2所示。应指出的是，图中北京集团总部和长沙分部只画了路由器和防火墙，其中SDH是指光传输设备，其余交换机、服务器和PC等均未画出。

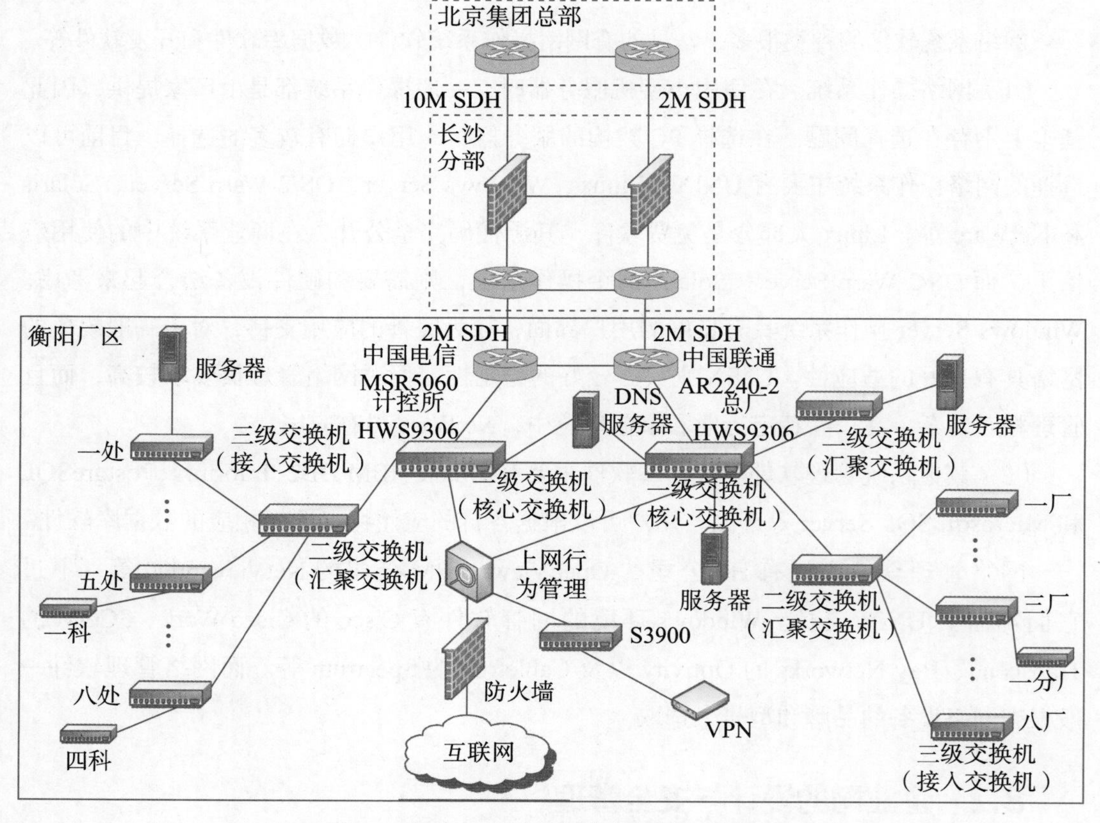

图8.2 湖南SKS公司网络拓扑结构示意图

8.2.2　企业网 IP 地址分配和 VLAN 划分

1. IP 地址分配

大中型企业一般由总公司和分公司组成，构建企业网络要求总公司和分公司均有自己的内部网络，且还要将总公司和分公司的内部网络互联起来。因此，在构建网络之前，需要对总公司和分公司的网络进行统一的 IP 地址规划。

在进行 IP 地址规划时，既要考虑有效地利用地址空间，又要考虑网络的可扩展性、灵活性、层次性和可管理性。同时需要满足路由协议进行路由聚合，减少路由器中路由表的长度，减少路由器 CPU 以及内存的消耗和提高路由算法效率等需求。根据用户需求，可以按照如下几种策略进行分配。

（1）按部门 / 机构分配 IP 地址。对各部门进行统一编号，根据编号顺序分配 IP 地址。这种方法的优点是 IP 地址与部门编号之间有一定的相关性，便于记忆 IP 地址。缺点是如果编号相邻的部门之间的位置不相邻，则 IP 地址在物理位置上不连续，不利于进行路由聚合。

（2）按物理位置分配 IP 地址。即为物理位置相邻的子网分配相邻的 IP 地址段。由于物理位置相邻，因此通常连接到相同的路由器上，便于进行路由聚合。但一旦某部门的物理位置发生变化，则聚合无法实现，因此按照物理位置分配 IP 地址也有一定的局限性。

（3）按拓扑结构分配 IP 地址。根据分层结构设计的思想，按拓扑结构分配 IP 地址可以很容易地在汇聚层形成路由聚合，因此理论上较为合理。但由于拓扑结构通常和实际的物理布线结构有一定的差异，所以按拓扑结构分配 IP 地址在实施时不一定容易实现。

2. VLAN 划分

公司网络常因用户计算机有病毒而导致整个网络有大量广播数据存在，影响网络正常使用。为此需要为各个部门划分不同的 VLAN，以减少广播风暴对整个网络的影响。

VLAN 是通过交换机，采用网络管理软件构建跨越不同网段以及不同网络的端到端的逻辑网络。只有构成 VLAN 的站点直接与支持 VLAN 的交换机端口相连并受相应管理软件管理，才能实现 VLAN 通信。VLAN 在逻辑上是一个独立的 IP 子网，在实现上通常采用以下两种方式。

（1）基于端口的 VLAN 技术（静态）。将一台或多台交换机上的若干端口划分为一组，根据所连接的端口确定成员关系。此种技术在定义 VLAN 成员时十分简单，是目前最常用的实现方式。

（2）基于 MAC 地址的 VLAN 技术（动态）。根据网络设备的 MAC 地址确定 VLAN

成员关系，与它所连接的端口和使用的 IP 地址无关。这种划分方式的最大优点是当用户改变接入端口时不用重新配置，缺点是初始的配置量较大，要知道每台主机的 MAC 地址并进行配置。

此外，还可以利用基于协议的 VLAN 技术、基于网络地址的 VLAN 技术以及基于规则的 VLAN 技术等来划分 VLAN。

目前该公司网络可使用的 IP 地址有 7000 个左右，现有防火墙 1 台，路由器 2 台，核心层交换机 2 台，汇聚层交换机 40 多台，接入层交换机多台，终端计算机 1000 多台（包括应用系统服务器）等。针对公司下级单位较多、地域分散的特点，该公司按处室和厂别分配 IP 地址，采用基于端口的 VLAN 技术将每个二级单位（厂及部处）以及个别三级单位（分厂或科室）划分为一个 VLAN。VLAN 大小根据各使用单位终端计算机的数量进行合理分配，可有效节约 IP 资源。VLAN 划分及 IP 分配如表 8.1 和表 8.2 所示。

表 8.1 计控所 9306 的 VLAN 划分和 IP 分配

编　号	VLAN 编号	IP 网段号	部门名称
1	301	10.*.*.0	A 计控所核心
2	302	10.*.*.0	A1 一处
3	303	10.*.*.0	A2 二处
4	304	10.*.*.0	A3 三处
5	305	10.*.*.0	A4 四处
6	306	10.*.*.0	A5 五处
7	307	10.*.*.128	A6 一科
8	308	10.*.*.0	A7 六处
9	309	10.*.*.128	A8 二科
10	310	10.*.*.0	A9 七处
11	311	10.*.*.128	A10 三科
12	312	10.*.*.0	A11 八处
13	313	10.*.*.128	A12 四科

表 8.2 总厂 9306 的 VLAN 划分和 IP 分配

编　号	VLAN 编号	IP 网段号	部门名称
1	314	10.*.*.0	B 总厂核心
2	315	10.*.*.0	B1 一厂
3	316	10.*.*.0	B2 二厂
4	317	10.*.*.0	B3 三厂
5	318	10.*.*.128	B4 一分厂

续表

编　号	VLAN 编号	IP 网段号	部门名称
6	319	10.*.*.0	B5 四厂
7	320	10.*.*.0	B6 五厂
8	321	10.*.*.0	B7 六厂
9	322	10.*.*.0	B8 七厂
10	323	10.*.*.0	B9 八厂

8.2.3　路由器协议选择

VLAN 虽然减少了广播风暴对网络的影响，但也阻止了各个部门之间的正常访问。用三层交换机和路由器协议可解决此问题。

三层路由协议涉及静态或动态协议、距离矢量和链路状态协议以及内部和外部协议等。静态路由协议是手工预先配置，操作简单，适应小型平面网络。动态路由协议可适应网络拓扑变化，利用算法计算最佳路由。距离矢量路由协议主要以跳数来衡量到达目的网络的代价，如 RIP 和 RIP2；链路状态路由协议主要以带宽、延迟作为代价，如增强内部网关路由协议（enhanced interior gateway routing protocol，EIGRP）和 OSPF。内部路由协议是自治系统内部运行的协议，反之则为外部路由协议，其 AS 是指在单个实体管理下采用共同的路由策略的一个或一组网络。

在具体的网络设计中，可采用以下标准进行路由协议的选择。

（1）网络通信量特性。EIGRP 和 OSPF 利用组播传播路由信息。

（2）带宽、内存和 CPU 的使用。如动态路由协议、生成树利用算法实现特定功能，每进行一次运算，都需要内存和 CPU。

（3）支持的对等数量。如 RIP 最大支持 15跳路由器。

（4）是否快速适应网络拓扑变化。开放数据保护框架（open data protection framework，ODPF）和 EIGRP 在收敛速度上比 RIP 快。

（5）是否支持鉴别。OSPF、EIGRP、RIPv2 都支持认证。

通常小型网络多采用静态路由和 RIP，大中型网络多采用 EIGRP 和 OSPF，在多厂家路由设备的网络中，通常采用 OSPF 路由协议。

该公司目前网络分布情况比较复杂，并且应用系统较多。例如现有金蝶 EAS 服务器、劳资系统服务器、OA 服务器、考勤系统服务器和称量系统服务器等，共计 10 多台。这些服务器主要是针对公司内部局域网的应用。另外，还有视频会议系统，人力资源、财务等应用系统主要是针对集团总部和长沙分部的广域网。因此，公司现有的核心交换机以及广域网路由器均使用双链路、双设备。为使所有的路由都定义具体的数据流向以及分流控制等网络优化机制，对于集团广域网的数据访问，通过 OSPF 路由协议实现。以上策略有效保证了公司网络的冗余性、可靠性。

8.2.4 企业网安全设计与管理

企业网安全设计与管理具体如下。

（1）接入网安全设计。接入网安全设计主要从物理安全、防火墙和分组过滤器、审计日志 / 鉴别 / 授权、定义良好的出口和入口点以及支持鉴别的路由协议方面考虑。

（2）远程访问和 VPN 安全设计。远程访问和 VPN 安全设计从物理安全、防火墙、鉴别 / 授权 / 审计、加密、一次性口令以及安全协议，如挑战握手身份认证协议（challenge handshake authentication protocol，CHAP）、RADIUS、IPSec 等方面考虑。

（3）无线网络安全设计。无线网络安全设计包括将 WLAN 置于自己的子网或 VLAN 中，简化地址以便于更容易配置分组过滤器，所有的无线或有线便携机需要运行个人防火墙和防病毒软件，禁止广播 SSID 的信标，需要 MAC 地址鉴别，设立专供外部访问的 WLAN 等。

（4）公共服务器安全设计。公共服务器安全设计包括将服务器放在防火墙保护的隔离内，在服务器本身上运行防火墙，激活 DoS 保护，限制每个时间帧的连接数，使用打了最新安全补丁的操作系统，采用模块化维护，如 Web 服务器不同时运行其他服务等。

（5）服务器集群安全设计。服务器集群安全设计包括布置网络和主机入侵检测系统监控服务器子网和单个服务器，配置过滤器限制服务器的连接以防服务器受到损害，修补服务器操作系统已知的安全缺陷，服务器的访问和管理需要鉴别和授权，将 root 口令限制为少数人等。

（6）网络中间设备安全设计。网络中间设备主要指路由器和交换机等设备，应将其作为高价值主机对待，防止可能的入侵。

（7）网络安全设备自身安全设计。网络安全设备承担整个局域网的安全，在运行中，应根据网络需求开启安全功能，同时实时监测安全设备被攻击情况，及时调整安全策略以及升级系统版本和功能包。

（8）数据备份设计。数据备份是容灾的基础。为防止系统出现操作失误或系统故障导致数据丢失，应将全部或部分数据从应用主机的硬盘或阵列复制到其他存储介质。目前较实用的数据备份方式，分为本地备份异地保存、远程磁带库与光盘库、远程关键数据 + 定期备份、远程数据库复制、网络数据镜像以及远程镜像磁盘等。

（9）上网行为管理。上网行为管理是指帮助用户控制和管理对互联网的使用，包括上网人员管理、上网浏览管理、上网外发管理、上网应用管理、上网流量管理、上网行为分析、上网隐私保护、设备容错管理和风险集中告警等。

（10）安全套餐设计。安全套餐设计可从防火墙、杀毒软件、数据库审计、日志审计、堡垒机、数据备份系统、双因素认证、机房运维管理软件、加密软件、上网行为管理以及应用容灾等安全措施中进行选择，采取合适的安全套餐配置。

该公司网络主要采用硬件防火墙和软件防火墙相结合的方式，以保证网络环境的安全性和可靠性。同时使用了日志审计、堡垒机和上网行为管理等。具体的安全管理配置如图 8.3 所示。

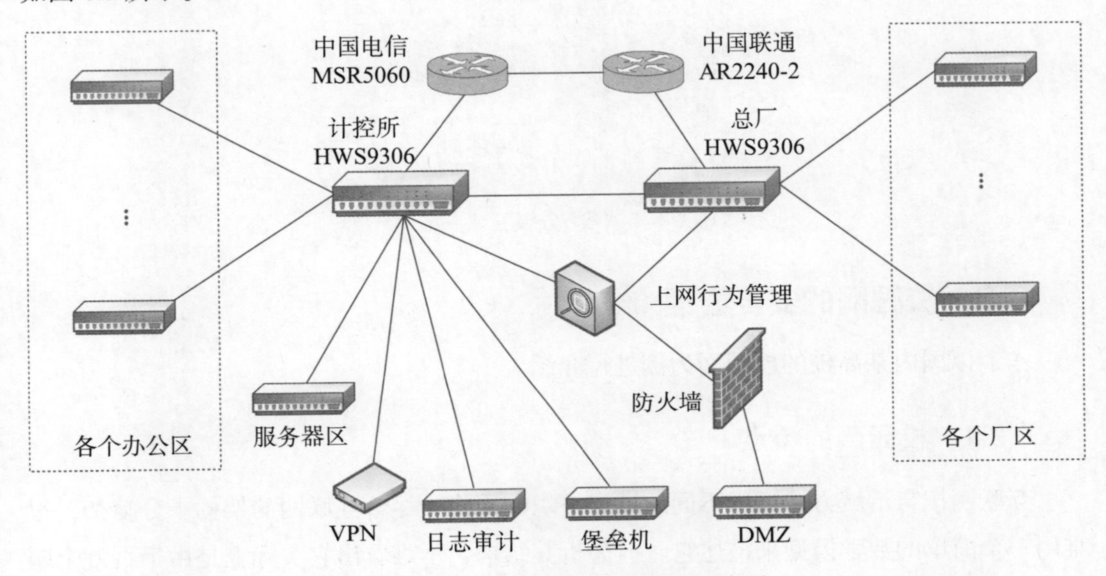

图 8.3　某公司网络安全管理配置示意图

① 采用深信服的硬件防火墙。对各个网络之间进行有效控制的访问，对那些不明确的数据和链接进行安全检测，按照检测的结果决定可否进行通信，对网络进行实时监视。

② 终端计算机安装卡巴斯基网络杀毒软件。通过防病毒服务器在网络上更新病毒库，并强制所有局域网中的计算机及时更新杀毒软件。针对病毒的几种破坏形式，形成统一的整体网络病毒防范体系。

③ 采用深信服的堡垒机。堡垒机具有身份认证、账号管理、授权控制和安全审计等功能，以保障网络和数据不受来自外部和内部用户的入侵和破坏。

④ 采用深信服的日志审计系统。日志审计系统能实时不间断地采集汇聚企业中不同厂商不同种类的网络设备、主机、操作系统和用户业务系统的日志信息，协助用户进行分析及合规审计，及时并有效地发现异常事件及审计违规。

⑤ 通过深信服行为管理设备，对用户的上网行为进行分级管理，按岗位或角色进行授权。通过 IP-MAC 绑定方式，严格控制终端计算机的上网情况。杜绝乱接乱搭网线的现象，防止单点引发的网络故障。图 8.4 展示了具体的分级管理方案。

网络安全涉及国家安全，除了使用上述网络安全防护策略之外，还需对用户、经理和技术人员进行网络安全培训，提升其网络安全意识，普及网络安全防护技能。

图 8.4 网络分级管理方案

8.3 校园网的安全管理

本节以国内某高校的校园网为例进行介绍。

8.3.1 校园网的特点

互联网按自治域方式运行不同地域和组织的网络。尽管互联网的架构十分复杂，很难用一个简单的数学模型来描述它。但分析其结构，不难看出它实际上是由千百万个园区网通过路由器互联而成，一个园区网（校园网、企业网等）可以看成是一个自治域，因此可将互联网的拓扑结构简化成图 8.5。

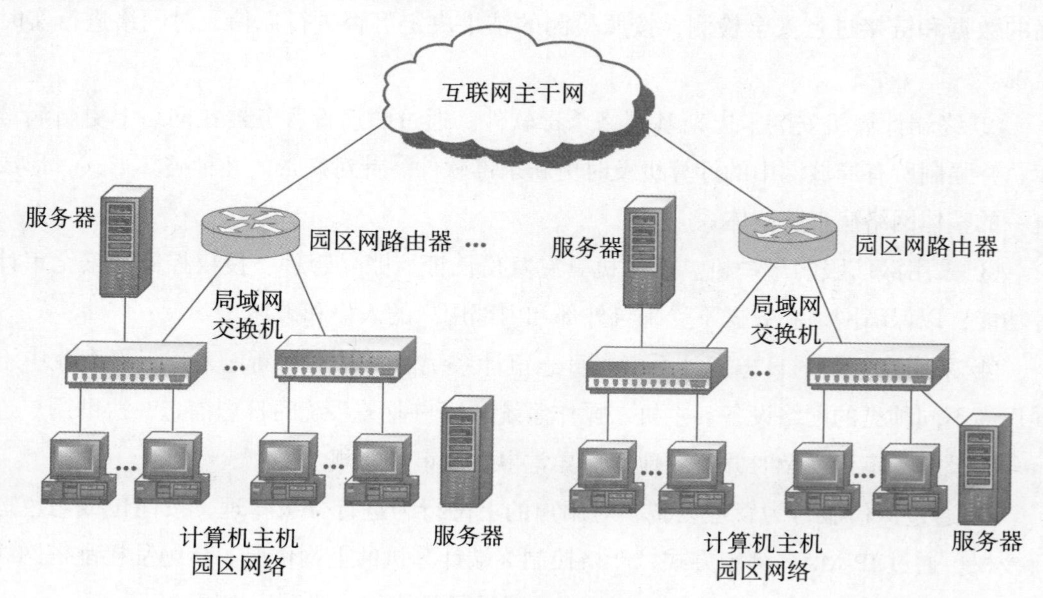

图 8.5 互联网简化的拓扑结构

从图 8.5 中可以看出，计算机主机的安全管理是网络安全管理的关键和基础。这是因为计算机主机是互联网中最基本的网元，是网络行为的主体；计算机主机的所有者是网络行为的责任人。常见的网络攻击都发生在计算机主机之间，而且 90% 以上发起攻击的计算机主机是在其所有者不知情的情况下进行的。计算机主机安全是由其所有者的安全意识和专业水平所决定的，而网络管理人员却无法直接控制。要解决计算机网络的安全管理问题，我们必须做好以下三点：

（1）对人（攻击者）的防范；

（2）对人（使用者）的教育；

（3）对人（管理者）的依赖。

网络的核心是人，网络存在的意义也是为人服务。一个已经建好的并正常运行的网络，其绝大部分故障都是由于网络用户无意或有意的行为所造成。因此，规范用户的网络行为是保证网络安全稳定运行的最有效途径。

为此，应根据用户的网络行为对网络影响的程度进行分析，并制定相应的网络安全策略，然后从技术和法规的角度制定相应的制度来规范用户的网络行为。

网络行为对网络的影响主要分为三类：

（1）网络行为影响网络的安全，包括信息窃密、冒充等信息安全方面的攻击等；

（2）网络行为影响网络的性能，包括本书 7.7.2 节所述的 DoS、SYN 泛洪等耗尽网络资源方面的攻击等；

（3）网络行为既影响网络的安全也影响网络的性能，对上面两方面都能产生影响的攻击，例如 ARP 欺骗，它既对网络安全有影响（窃取用户的信息），又对网络的性能有影响（消耗网关的资源）。

在网络管理中最费力的问题是：确认网络中发生的事情，找出发生问题的原因，取证及保留历史数据，向用户说明发生问题的原因及解决问题的方法。

TCP/IP 不是一组完善的协议，它存在大量的漏洞。对于网络中那些利用 TCP/IP 漏洞但符合协议的攻击，现有的网络管理系统尚不能从协议上检测到攻击，只有分析用户的行为特征，才能检测出此类攻击行为。例如，在一个局域网内，1 分钟内出现 500 个 “Who has 192.168.0.1? Tell 192.168.0.2” ARP 广播包。由于这些包都是合法的 ARP 协议包，现有的网络管理系统一般不会对此做出反应。但它在 1 分钟内重复 500 次，显然就是恶意攻击了，因为它消耗了网络设备的 CPU 和内存资源。在我们的实际观察中，此类攻击能造成网关设备的 CPU 利用率急剧上升。还有如僵尸网络发起的 DoS 攻击，也是利用了 TCP/IP 或操作系统的漏洞来攻击而耗尽网络的资源。

网络管理是网络稳定运行的必要条件，它包含多领域的问题，既有技术性问题，也包含法律、管理、心理学等非技术性问题。计算机主机安全是网络安全的基础，而用户的网络行为管理则是计算机网络管理的关键。对于一个完备的网络管理系统，我们不仅要分析网络中设备本身的故障、网络中那些不合法的协议包，还要分析和管理用户的网络行为，并定位产生不良网络行为的主机和责任人，这样才能有效地管理好计算机网络。

在信息传播技术迅猛发展的今天，校园网以其丰富的信息资源、良好的交互性能以及开放性等特点，越来越受到人们的青睐。校园网不仅承担着信息交流的任务，也承担着为教育改革提供发展平台的任务，同时还承担了下一代教学和个性化学习试验平台的重任，因此校园网是一种与商业网络、政府网络不同的园区网络。它具有自身的特点，充满了活力，各种新的网络应用层出不穷。但由于用户群体（尤其是学生群体）活跃，网络环境开放，计算机系统多样化，同时还普遍存在系统漏洞，所以校园网中的计算机病毒泛滥，外来系统入侵和攻击等恶意破坏行为频繁，内部用户滥用网络资源以及发送垃圾邮件等不良现象层出不穷。如何确保校园网长期稳定安全地运行，是校园网管理工作中的重点。

8.3.2 校园网安全策略体系

在校园网管理中有一个悖论，即从信息安全的角度出发，让第三者知道的东西越少越好，而从网络安全管理的角度出发，知道的东西越多越好。如何平衡以上两点，则需要由安全策略来决定。现有的网络管理模型一般都是按OSI模型的功能分块，侧重于故障、配置、计费、性能和安全等技术性管理，对于网络中存在的大量计算机主机和用户缺乏有效的属性定义和管理手段，满足不了当前园区网管理的需要。为了保证校园网安全、稳定地长期运行，有必要在校园网建设的初期就建立安全策略体系。校园网的安全策略体系中通常考虑采用如下策略和技术。

（1）组织管理。建立健全的管理机构和管理制度，加强管理人员的队伍建设，加强对网络用户的网络安全教育和网络技能培训。

（2）物理安全策略。认真做好防火、防尘、防盗、防水、防震、防雷电、防电磁辐射等工作，建立健全的设备管理制度。

（3）访问控制策略。访问控制是网络安全的核心策略之一，它的主要任务就是防止对网络资源的非法访问。

（4）安全审计。安全审计主要是实时监测网络中与安全有关的事件，将这些情况如实记录，获得入侵证据和入侵特征，实现对攻击的分析和跟踪。

（5）防火墙技术。防火墙主要执行访问控制策略。

（6）入侵检测系统（IDS）。入侵检测能力是衡量一个防御体系是否完整有效的重要因素。入侵检测系统可以弥补防火墙的不足。

（7）加密技术。信息加密是保证网络信息安全最有效的技术之一。网络加密通常有链路加密、端点加密和节点加密三种。

（8）身份认证技术。身份认证技术是在网络通信中标志通信各方身份信息的技术。如数字证书、口令机制等。在各种应用中要解决统一身份认证问题。

（9）账号管理机制。账号管理是指设置账号登录权限，对账号的操作进行审核、记录并及时清除过期账号。

（10）多元素绑定、防盗用策略。通过用户名、IP-MAC、端口等多元素绑定，防止网络资源被盗用。

（11）VLAN 技术和 VPN 技术。VLAN 技术是控制网络广播风暴、保证网络安全的一种重要手段；VPN 技术可以让用户通过互联网安全地登录到内部网络。

（12）安全漏洞防范。系统漏洞已经成为计算机病毒横行、黑客攻击的主要途径。及时安装各种补丁、升级应用程序、封锁系统安全漏洞已成为重要的安全措施之一，应为不同的操作系统提供补丁升级平台。当用户数量很多时，要提供本地的补丁升级平台。

（13）防病毒安全体系。注意解决防病毒软件的安装和智能升级问题，以及计算机病毒的监控问题。

（14）数据备份和恢复技术。天灾、战争、计算机病毒、黑客入侵、人为破坏等都将造成数据丢失，而数据备份和恢复是指在安全防护机制失效的情况下，可进行应急处理和响应，及时恢复信息，以减小攻击的破坏程度。

8.3.3　网络接入认证技术的选择

校园网中存在着不同的用户群体，因而各有不同的特点。例如，教工用户群体，他们主要是利用网络查询和交流信息，因此看重的是网络资源的丰富程度和网络的稳定性。他们的文化素养较高，一般都会遵守校园网的有关规定。而学生用户群体除了通过网络获取与学习有关的知识外，更看重网络的开放性和娱乐性。他们所产生的网络流量往往占到所有网络流量的 70% 以上，而且他们的好奇心很强，喜欢下载各种黑客软件并针对校园网存在的漏洞进行尝试，因此往往对网络安全造成很大的影响。为了保证校园网稳定地运行，有必要针对不同的用户群体采用不同的网络接入认证技术。目前在校园网中常用的接入技术有 Web/Portal、802.1x 和 PPPoE 三种，其中在本校园网管理案例中，Portal/Web 认证主要用于教学和行政管理用户。而对于校园中最活跃的学生用户群体，即滥用网络资源现象最严重的学生区网络，则主要采用 802.1x 认证技术。为此，这里对 Web/Portal 以及 802.1x 认证技术稍加介绍。

1. Portal/Web 认证

Portal 又称门户网站，Portal 认证通常也称 Web 认证。

Portal/Web 认证的基本原理是：未认证用户只能访问特定的站点服务器，任何其他访问都被无条件地重新定向到 Portal 服务器；只有在认证通过后，用户才能访问互联网。Portal 的基本组网方式如图 8.6 所示，它由认证客户机、接入设备、Portal 服务器和认证 / 计费服务器四个基本要素组成。

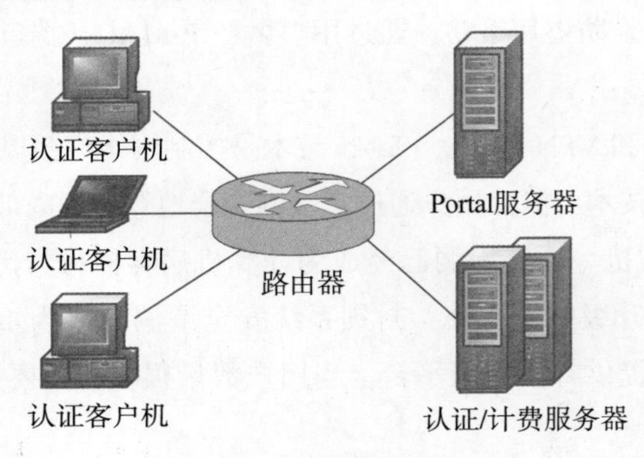

图 8.6 Portal 的基本组网方式

① 认证客户机。认证客户机为运行 HTTP/HTTPS 的浏览器。用户在没有通过认证前，所有 HTTP 请求都被提交到 Portal 服务器。

② 接入设备。用户在没有通过认证前，接入设备将认证客户机的 HTTP 请求无条件强制到 Portal 服务器。

③ Portal 服务器。Portal 服务器是一个 Web 服务器，用户可以用标准的 WWW 浏览器访问。Portal 服务器提供免费门户服务和基于 Web 认证的界面，接入设备与 Portal 服务器之间交互认证客户机的认证信息。互联网内容提供者（Internet content provider，ICP）可通过该站点向用户提供各自站点的相关信息。

④ 认证 / 计费服务器。完成对用户的认证和计费。接入设备和认证 / 计费服务器之间通过 RADIUS 协议进行交互，完成认证、计费的功能。

Portal/Web 认证的优点如下。

① 使用简单，用户无须安装客户端软件。

② 新业务支撑能力强大。利用 Portal 认证的门户功能，运营商可以将信息查询、网上购物等业务放到 Portal 服务器上。

Portal/Web 认证的缺点如下。

① 认证是在第七层协议上实现的，从逻辑上来说为了确认网络第二层的连接而到第七层做认证，这不符合网络逻辑。

② 由于认证是在第七层协议上实现的，对设备的性能必然提出更高要求，增加了

建网成本。

③ Portal/Web 认证是在认证通过前就为用户分配了 IP 地址，而且分配 IP 地址的 DHCP 服务器对用户而言是完全裸露的，容易被恶意攻击。一旦 DHCP 服务器受攻击瘫痪，整个网络就无法进行认证了。

④ Portal/Web 认证的用户连接性差，不容易检测用户是否离线，基于时间的计费较难实现。

⑤ 用户在访问网络前，不管是 TELNET、FTP 还是其他业务，必须使用浏览器进行 Portal/Web 认证，易用性不好，而且认证前后业务流和数据流无法区分。

2. IEEE 802. 1x 认证体系

802.lx 是 IEEE 为了解决基于端口的接入控制（port-based network access control）而定义的一个标准。802.1x 认证系统提供了一种用户接入认证的手段，它仅关注端口的打开与关闭。对于合法用户（根据账号和密码）接入时，该端口打开，而对于非法用户接入或没有用户接入时，则使端口处于关闭状态。

802.1x 协议起源于 802.11 协议，后者是 IEEE 的 WLAN 协议。制定 802.1x 协议的初衷是解决 WLAN 用户的接入认证问题。802.1x 是基于端口的认证协议，是一种对用户进行认证的方法和策略。端口可以是一个物理端口，也可以是一个逻辑端口（如 VLAN）。对于一个端口，如果认证成功那么就“打开”这个端口，允许所有的报文通过；如果认证不成功就使这个端口保持“关闭”，即只允许 802.1x 的认证协议报文通过。

802.1x 认证的体系结构包括三部分，即请求者系统、认证系统和认证服务器系统，如图 8.7 所示。

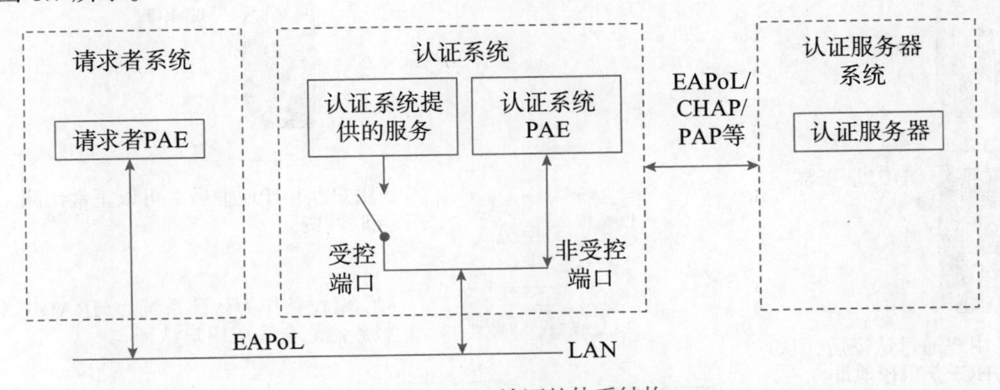

图 8.7　802.1x 认证的体系结构

请求者是位于局域网链路一端的实体，由连接到该链路另一端的认证系统对其进行认证。请求者通常是支持 802.1x 认证的用户终端设备，用户通过启动客户端软件发起 802.lx 认证。认证系统对连接到链路对端的认证请求者进行认证。认证系统通常为支持 802.lx 协议的网络设备，它为请求者提供服务器端口，该端口可以是物理端口也可以是逻辑端口，一般在用户接入设备（如 LAN 交换机和 AP）上实现 802.1x 认证。认证服务器系统是为认证系统提供认证服务的实体，一般使用远程用户拨号认证服务（RADIUS）来实现认证服务器的认证和授权功能，而常用的认证协议有 EAPoL、CHAP 以及口令认证协议（password authentication protocol，PAP）等。

请求者和认证系统之间运行 802.1x 定义的 EAPoL。请求者和验证者都拥有端口访问实体（port access entity，PAE）单元，请求者的 PAE 负责对验证信息请求做出响应，验证者的 PAE 负责与请求者之间的通信，代理授予通过验证服务器验证的证书，并且控制端口的授权状态。认证系统每个物理端口内部包含有受控端口和非受控端口。非受控端口始终处于双向连通状态，主要用来传递 EAPoL 的协议帧，可随时保证接收认证请求者发出的 EAPoL 认证报文；受控端口只有在认证通过的状态下才打开，用于传递网络资源和服务。

按照不同的组网方式，802.1x 认证可以采用集中式组网（汇聚层设备集中认证）、分布式组网（接入层设备分布认证）和本地认证组网三种不同的组网方式。在不同的组网方式下，802.1x 认证系统所在的网络位置有所不同。

（1）802.1x 集中式组网（汇聚层设备集中认证）。802.1x 集中式组网方式是将 802.1x 认证系统端放到网络位置较高的局域网交换设备上，这些局域网交换设备为汇聚层设备。网络位置较低的局域网交换只将认证报文传给作为 802.1x 认证系统端的网络位置较高的局域网交换设备，集中在该设备上进行 802.1x 认证处理。汇聚层设备集中认证如图 8.8 所示，这种组网方式的优点是采用 802.1x 集中管理方式，降低了管理和维护成本。

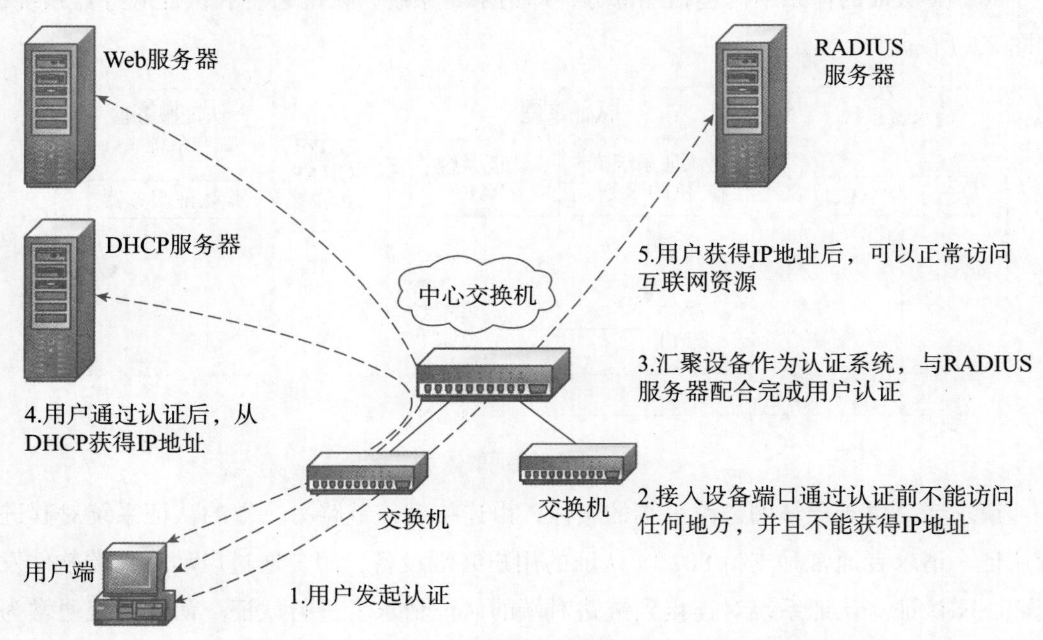

图 8.8　802.1x 集中式组网（汇聚层设备集中认证）

（2）802.1x 分布式组网（接入层设备分布认证）。802.1x 分布式组网方式适用于受控组播等特性的应用。802.1x 分布式组网是把 802.1x 认证系统端放在网络位置较低的多个局域网交换设备上，这些局域网交换设备作为接入层边缘设备。认证报文送给边缘设备，进行 802.1x 认证处理。这种组网方式的优点是，采用中 / 高端设备与低端设备认证相结合的方式，可满足复杂网络环境的认证；认证任务分配到众多的设备上，减轻了中心设备的负荷。接入层设备分布认证如图 8.9 所示。

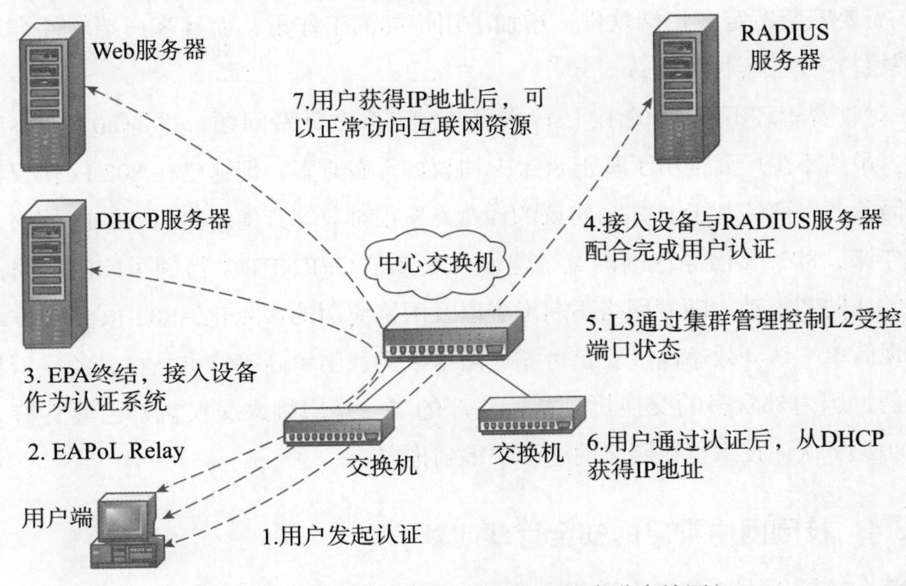

图 8.9　802.1x 分布式组网（接入层设备分布认证）

（3）802.1x 本地认证组网。本地认证的组网方式在小规模应用环境中非常适用。它的优点是节约成本，不需要单独购置昂贵的服务器。而且 802.1x 的身份认证、授权和记账协议（authentication authorization and accounting，AAA）可以在本地进行，不用到远端认证服务器上去认证。但随着用户数目的增加，还是应该由本地认证向 RADIUS 认证迁移。

IEEE 802.1x 的优点如下：

① 它是国际行业标准，而且微软的 Windows XP 等操作系统内置支持；

② 不涉及其他认证技术所考虑的 IP 地址协商和分配问题，是各种认证技术中最为简化的实现方案，易于支持多业务；

③ 容易实现，网络综合造价低；

④ 在网络第二层结合 MAC 地址、端口、账户和密码等参数实现用户认证，绑定技术具有较高的安全性；

⑤ 控制流和业务流完全分离，对传统包月制等单一收费制网络少量改造，即可升级成运营级网络，实现多业务运营。

IEEE 802.1x 的缺点如下：

① 802.1x 认证技术的操作对象是端口，相对于宽带以太网认证而言，这一特性存在着很大的安全隐患，可能出现端口打开之后，其他用户无须认证就可自由接入，导致无法控制非法接入的问题；

② 要求系统内所有设备都必须支持 802.1x 协议，在一定程度上加大了现有网络的改造难度；

③ 需要安装特定客户端软件，增加了用户端的工作量，而且客户端软件容易和其他应用软件产生兼容性冲突；

④ 对收费管理不利，802.1x 协议本身并没有涉及计费问题，这是 802.1x 协议致命的缺陷。虽然不少厂商推出了基于 802.1x 协议的计费方案，但这已在 802.1x 协议标准之外了，因此各厂商的基于 802.1x 协议的计费方案很难兼容其他厂商的 802.1x 网络设备。

近年来，802.1x 已经在国内宽带建设，尤其是 CERNET 中得到了广泛应用，并得到客户的认同和推动。随着网络不断发展以及网络应用的多元化，802.1x 认证技术所具备的实现简单、认证效率高、安全可靠、网络带宽利用率高等特点，将日益显示其优越性。目前，国内外众多的交换机厂商所生产的二、三层接入交换机都已经支持 802.1x 协议，802.1x 认证技术也在园区网建设中得到推广。

8.3.4 校园网中常见的安全管理问题

目前在校园网中普遍存在盗用 IP 和 MAC 地址、滥用网络资源、破坏网络基础设施、私接和乱接网络、对网络设备或其他用户进行协议攻击以及建立不良信息网站等不良上网行为。为了减轻这些不良行为的危害，维持正常、有序的网络秩序，应该建立一个安全有效的网络管理系统。

在校园网的运行管理中，常常遇到的问题是，如果没有网络管理系统，故障查找和诊断总是从用户给网络管理员打电话开始；如果有网络管理系统，则可能不知道选择哪个管理系统更好。我们应根据校园网的实际情况，对网络设备以及应用系统加以规划、监控和管理，并跟踪、记录、分析网络的异常情况，使网络管理人员能够及时处理发生的问题。一个好的网络管理系统应具备以下功能。

（1）显示：表明状态的变化。

（2）诊断：了解网络的状态。

（3）控制：控制或改变网络状态的能力。

（4）数据库：记录和存储与网络相关的信息。

网络管理的关键是要知道网络中到底发生了什么，网络中有哪些应用程序在运行。尽管很多商业网络管理软件有很强的设备管理和性能管理能力，但由于价格昂贵，对异构网络产品兼容性不好，而且安全性管理的功能一般都比较弱，所以单个的商业管理软件往往不能满足复杂网络结构的管理需求。目前在互联网上有很多开放源码的软件，例如常见的 Linux 系统中的 iptables 防火墙、snort 入侵检测系统、Wireshark 协议分析软件、MRTG 网络性能监测软件等，都可以用来实现网络管理和安全的功能。因此综合分析通过集成多种管理软件所得到的数据，就可以得知网络中发生的各种事件并采取相应的措施，以确保网络安全及稳定运行。现分别介绍在校园网运行和管理中经常遇到的问题，以及如何处理等。

1. 计算机机房的维护管理

在校园网中，由于计算机较多（一般几百台到数千台，甚至万台以上），用户的流动性大，难以管理，黑客攻击、计算机病毒（尤其是网络蠕虫和 DoS 攻击）发作频繁，对网络性能影响很大，应特别注意。

（1）有些机房管理人员喜欢将计算机不断地重装操作系统，希望由此解决计算机病毒频繁发作的问题。但由于没有及时安装系统补丁程序，往往会带来更多的安全问题。维护操作系统的安全性，及时安装最新的系统补丁程序和及时更新病毒特征库，往往比重装操作系统更有效。当机房的计算机过多时，应该考虑建立专有的补丁更新服务器。

（2）在计算机机房的管理中，有一个常见的误区，当机房里有计算机病毒发作时，系统管理员往往只对局域网的代理服务器进行系统维护、安装系统补丁程序和更新病毒特征库，其实这是远远不够的。这时必须要对局域网里的每一台计算机（而不管机房里有多少台计算机）都进行系统维护才能真正地解决问题。

（3）最好在每个机房的网络出口上设置一台防火墙，对机房进出的流量进行管理和控制。

2. 网络核心设备的性能与选型

校园网核心路由设备的性能对于网络的性能、稳定和安全有很大的影响。核心设备要有足够强的处理能力才能提供判断网络性能和故障的信息，以应付日益猖獗的网络蠕虫并拒绝 DoS 攻击。核心设备的选型不仅要看其数据包的转发能力，而且还应重点了解其所能提供的网络管理信息和对各种网络行为的处理能力，而对各种网络行为的处理能力往往是国产网络设备的薄弱环节。

3. 防火墙的性能和部署位置

由于各种网络攻击手段层出不穷，因此防火墙要有足够强的数据处理能力才能应付当前的网络病毒和网络攻击，还要有足够多的端口才能满足日益复杂的网络拓扑的需求。防火墙的部署位置要尽量向接入层靠近，才能最大限度地减轻网络蠕虫和 DoS 攻击的危害。

4. 路由器的配置

能否正确配置路由器，对于网络性能和安全的影响很大。例如，通过在 Cisco 路由器中建立访问控制列表并在相应端口进行配置，且在路由器端口上启用源路由校验和访问控制列表，可以在很大程度上减轻常见网络蠕虫（如冲击波病毒、震荡波病毒、SQLsnake 蠕虫等）和 DoS 攻击的危害，并显著改善网络的性能。另外，在路由器端口上启用 NetFlow 监测功能，则对于了解网络的运行状况会有很大的帮助。

5. 防范垃圾邮件

目前在校园网中通常采用如下措施防范垃圾邮件的泛滥。

（1）安装邮件（计算机病毒）过滤网关。

（2）关闭邮件服务器的转发功能。

（3）封锁垃圾邮件和转发垃圾邮件的服务器。

（4）将发垃圾邮件的行为纳入上网行为管理的范围。

6. 善用网络统计信息

善用网络统计信息是管理网络的重要手段之一。通过分析网络的各种统计信息，往往可以发现很多网络行为的特征，并以此为依据，采取相应的措施，达到改善网络性能和网络安全性的目的。

（1）对利用网络流量监控软件 MRTG[①]（mutil router traffic grapher）得到的网络流量图进行分析，如图 8.10 所示。

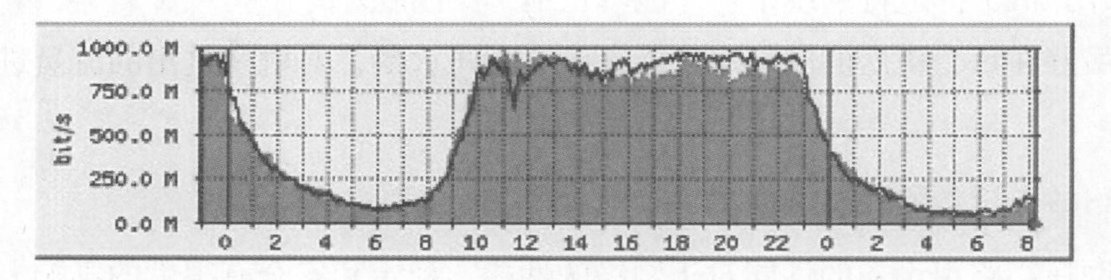

图 8.10　交换机端口流量分析曲线图 1

在图 8.10 中，阴影表示输入流量，黑线表示输出流量（该交换机端口采用全双工通信）。从图中可以看出，网络流量已长时间（从 10 点到 23 点）达到了端口带宽的上限，出现了严重的阻塞现象。同时，也可以从下述相应代码看出，该端口出现了严重的丢包现象。

drop 34961 packets（表示已丢包数）

avg_in 88612000 bit/s 14558 pkt/s（表示平均输入流量和包数）

avg_out 94062000 bit/s 30010 pkt/s（表示平均输出流量和包数）

① 由瑞士奥尔滕的 Tobias Oetiker 与 Dave Rand 开发。

（2）从持续的平顶形状的流量图和异常的端口每秒转发包数（进出的转发包数比例严重失调），可以得知网络中存在 DoS 攻击，需要通知有关用户尽快处理，否则将对网络安全造成严重影响，如图 8.11 所示。

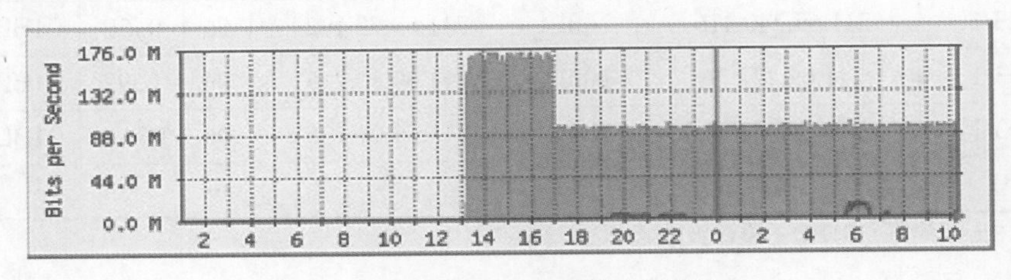

图 8.11　交换机端口流量分析曲线图 2

在正常情况下，网络流量曲线为多峰状，同时流入 / 流出或流出 / 流入的包转发率的比值很少超过 10。在图 8.11 中，从 17 点到次日 10 点，流量几乎不变，流量曲线呈平顶状，输入流量大，而输出流量很小（见图 8.11 中靠近横坐标轴的黑线），这是 DoS 攻击的典型特征之一。同时，也可从下述相应代码得出，平均输入流量与平均输出流量的比值为 470，远远大于 10。

```
drop 0 packets
avg_in 95456000 bit/s 28174 pkt/s
avg_out 191000 bit/s 60 pkt/s
```

（3）利用从路由器中得到的 NetFlow 数据进行分析，如表 8.3 所示，其中，SrcIf 表示路由器输入接口，ScrIPaddress 表示数据源 IP 地址，DstIPaddress 表示目的地 IP 地址，Pr 表示协议种类，SrcP 表示数据源端口，DstP 表示目的地端口，Pkts 表示数据包数量。

表 8.3　路由器中的 NetFlow 数据

	SrcIf	ScrIPaddress		DstIPaddress	Pr	SrcP	DstP	Pkts
1	Se3/1	211.69.241.235	Null	211.69.77.103	06	0612	0087	1
2	Se3/1	211.69.240.116	Null	211.69.99.183	06	112E	01BD	2
3	Se3/1	211.69.241.235	Null	211.69.80.31	06	0577	0087	2
4	Se3/1	211.69.241.235	Null	211.69.79.248	06	053C	0087	2
5	Se3/1	211.69.241.235	Null	211.69.99.113	06	10AE	0087	2
6	Se3/1	207.14.65.39	Se3/1	210.43.120.141	06	0D7B	0050	11
7	Se3/1	209.63.165.23	Se3/1	210.43.123.206	06	0F6C	0050	3
8	Se3/1	10.254.65.241	Se3/1	210.43.124.214	06	09ED	0050	55
9	Se3/1	211.69.240.116	Null	211.69.79.226	06	04F6	01BD	1
10	Se3/1	211.69.242.36	Null	211.69.94.127	06	091A	01BD	2
11	Se3/1	210.43.59.235	Se3/1	210.43.123.195	06	0F93	0050	47

续表

	SrcIf	ScrIPaddress		DstIPaddress	Pr	SrcP	DstP	Pkts
12	Se3/1	211.69.241.235	Null	211.69.80.134	06	05FC	01BD	2
13	Se3/1	211.69.240.116	Null	211.69.79.192	06	045B	01BD	2
14	Se3/1	211.69.242.36	Null	211.69.82.218	06	0593	01BD	2
15	Se3/1	211.69.242.36	Null	211.69.91.138	06	05AA	01BD	2
…	…	…	…	…	…	…	…	…

注：0087—冲击波病毒，01BD—震荡波病毒。

从DstP一列的数据可以得知，网络中存在大量的计算机蠕虫所产生的数据包，需要通知有关用户及时清除计算机蠕虫的危害；同时还可以从第6～8行的数据得知，Se3/1接口所连接的网络设备上有关路由的配置存在问题，没有进行源路由检查，导致IP欺骗的数据包可以通过该端口向外发送，因此需要通知相关设备的系统管理员修改配置，消除IP欺骗对外部网络的危害。

（4）利用服务器主机的日志对异常网络进行分析，从而识别出对信息安全威胁较大的入侵企图。例如：

Jan 24 18:50:41 localhost sshd[18568]: authentication failure; rhost=202.118.167.84 user=nobody

Jan 24 18:50:44 localhost sshd[18570]: authentication failure; rhost=202.118.167.84 user=mysql

an 24 19:04:09 localhost sshd[19402]: authentication failure; rhost=202.118.167.84 user=webalizer

Jan 24 19:04:48 localhost sshd[19441]: authentication failure; rhost=202.118.167.84 user=postfix

Jan 24 19:04:51 localhost sshd[19444]: authentication failure; rhost=202.118.167.84 user=squid

Jan 24 19:05:23 localhost sshd[19476]: authentication failure; rhost=202.118.167.84 user=root

Jan 24 19:06:01 localhost sshd[19509]: authentication failure; rhost=202.118.167.84 user=games

Jan 24 19:06:24 localhost sshd[19532]: authentication failure; rhost=202.118.167.84 user=adm

从上面的主机日志中，可以看出IP地址为202.118.167.84的用户，在不断地试用不同的用户名来连接一台服务器。在10多分钟的时间内，它分别用了nobody、mysql、 webalizer、postfix、squid、root 等账号企图登录服务器，因此可以确定该 IP 地址对应的计算机正在对网络中的服务器进行字典攻击，对此必须引起高度警惕。

（5）网络拓扑安全是一种容易被忽略但却容易被突破的安全问题。由于在校园网中，私接、乱接网络的现象比较严重，极易出现网络拓扑环路，从而引发广播风暴。图 8.12 所示为由 MRTG 软件得到的流量图，表示从星期二到星期四出现了广播风暴，产生了很大的网络异常流量，对网络性能造成了严重的影响。

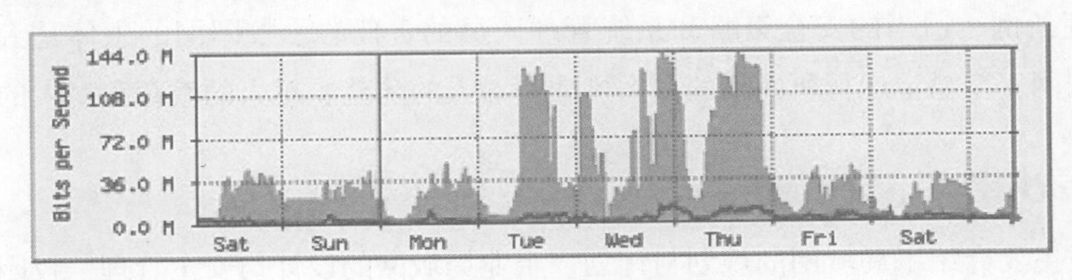

图 8.12　交换机端口流量分析曲线图 3

同时，从下述由交换机产生的日志信息代码也可以看出，在设备名为 S3026E-3 的交换机的 25 端口上出现了拓扑环路。因此，应及时拆除拓扑环路，使网络恢复正常工作。

%Sep 9 10:16:34 2006 S3026E-3 DRV_NI/5/LOOP BACK:

Loopback does exist on port 25 vlan 1 , please check it

（6）在校园网的局域网中常见的 ARP 欺骗攻击行为，通常会造成该局域网的用户与其他网络通信中断的后果。可以通过协议分析软件（例如 Sniffer 或 Wireshark 等）捕获的 ARP 广播包进行分析。例如，在图 8.13 中，可以看到 IP 地址为 202.197.70.161 的计算机正在局域网内播发 ARP 欺骗的广播包，因此应通知该用户尽快清除 ARP 病毒的影响，不然会影响到该局域网其他用户正常上网。

```
11822 09:16: 202.197.70.161  52:54:ab:13:90:c5 202.197.70.254    00:e0:fc:21:6a:69 ARP 60 202.197.70.10 is at 52:54:ab:13:90:c5
11829 09:16: 202.197.70.161  52:54:ab:13:90:c5 202.197.70.254    00:e0:fc:21:6a:69 ARP 60 202.197.70.239 is at 52:54:ab:13:90:c5
11830 09:16: 202.197.70.161  52:54:ab:13:90:c5 202.197.70.254    00:e0:fc:21:6a:69 ARP 60 202.197.70.239 is at 52:54:ab:13:90:c5
11831 09:16: 202.197.70.161  52:54:ab:13:90:c5 202.197.70.254    00:e0:fc:21:6a:69 ARP 60 202.197.70.239 is at 52:54:ab:13:90:c5
11832 09:16: 202.197.70.161  52:54:ab:13:90:c5 202.197.70.254    00:e0:fc:21:6a:69 ARP 60 202.197.70.239 is at 52:54:ab:13:90:c5
12373 09:16: 169.254.126.197 00:0d:61:a1:8c:a2 Broadcast         ff:ff:ff:ff:ff:ff ARP 60 who has 169.254.126.90? Tell 169.254.126.197
12374 09:16: 169.254.126.197 00:0d:61:a1:8c:a2 Broadcast         ff:ff:ff:ff:ff:ff ARP 60 who has 169.254.126.90? Tell 169.254.126.197
13112 09:16: 202.197.70.161  52:54:ab:13:90:c5 3comEuro_1f:34:98 00:30:1e:1f:34:98 ARP 60 202.197.70.254 is at 52:54:ab:13:90:c5
13113 09:16: 202.197.70.161  52:54:ab:13:90:c5 3comEuro_1f:34:98 00:30:1e:1f:34:98 ARP 60 202.197.70.254 is at 52:54:ab:13:90:c5
13114 09:16: 202.197.70.161  52:54:ab:13:90:c5 3comEuro_1f:34:98 00:30:1e:1f:34:98 ARP 60 202.197.70.254 is at 52:54:ab:13:90:c5
13115 09:16: 202.197.70.161  52:54:ab:13:90:c5 3comEuro_1f:34:98 00:30:1e:1f:34:98 ARP 60 202.197.70.254 is at 52:54:ab:13:90:c5
13667 09:16: 202.197.70.161  52:54:ab:13:90:c5 202.197.70.254    00:e0:fc:21:6a:69 ARP 60 202.197.70.13 is at 52:54:ab:13:90:c5
13668 09:16: 202.197.70.161  52:54:ab:13:90:c5 202.197.70.254    00:e0:fc:21:6a:69 ARP 60 202.197.70.13 is at 52:54:ab:13:90:c5
13671 09:16: 202.197.70.161  52:54:ab:13:90:c5 202.197.70.254    00:e0:fc:21:6a:69 ARP 60 202.197.70.13 is at 52:54:ab:13:90:c5
13672 09:16: 202.197.70.161  52:54:ab:13:90:c5 202.197.70.254    00:e0:fc:21:6a:69 ARP 60 202.197.70.13 is at 52:54:ab:13:90:c5
13675 09:16: 202.197.70.161  52:54:ab:13:90:c5 202.197.70.254    00:e0:fc:21:6a:69 ARP 60 202.197.70.238 is at 52:54:ab:13:90:c5
13676 09:16: 202.197.70.161  52:54:ab:13:90:c5 202.197.70.254    00:e0:fc:21:6a:69 ARP 60 202.197.70.238 is at 52:54:ab:13:90:c5
13678 09:16: 202.197.70.161  52:54:ab:13:90:c5 202.197.70.254    00:e0:fc:21:6a:69 ARP 60 202.197.70.238 is at 52:54:ab:13:90:c5
```

图 8.13　ARP 分析数据

7. 新兴网络媒体的管理

新兴网络媒体博客（Blog）、威客（Wiki）、播客（Podcast）、抖音、电子商务、社交软件平台 QQ、微信等新兴网络媒体的出现，使得互联网变得更丰富多彩，但也带来了网络管理风险。因此，应注意以下问题：要制定管理规章；把好信息发布关，保护敏感数据；加强对知识产权与匿名访问的管理。

当今，校园网已经成为高校公共信息基础设施之一。随着校园网络规模的不断扩大，高校正常的教学和行政管理越来越依赖校园网的安全稳定运行。因此，有效的网络日常运行管理和网络安全防范显得更加重要。若没有一支相对稳定的技术管理队伍，没有长期积累的日常工作经验和系统管理人员的责任心，再好的网络设备和安全设施也将无法保障校园网长期稳定地运行。可见，校园网的安全稳定运行依赖于健全的组织机构、管理条例、适当的安全策略和系统管理人员的责任心。校园网的主体是人，说到底，校园网安全稳定运行所面临的最大挑战是对人的防范、对人的教育和对人的依赖。

本章小结

本章主要介绍了局域网的规划与计划、企业局域网的设计与安全管理、校园网的安全管理等内容，对其中的企业局域网设计与安全管理进行了深入阐述。

思考题

8.1　什么是局域网规划？其主要工作有哪些？

8.2　什么是局域网设计？

8.3　简述局域网设计应遵循的原则。

8.4　局域网逻辑设计的主要有哪些工作？

8.5　校园网应采用哪些安全策略？

8.6　校园网可能存在哪些安全问题？

8.7　校园网应如何管理？

8.8　企业网可能存在哪些安全问题？

8.9　企业网的 IP 地址应如何分配？

8.10　企业网的 VLAN 应如何划分？

8.11　调研某一个企业或学校 / 学院计算机网络，为其设计网络安全管理方案。比较校园网与企业网的异同。

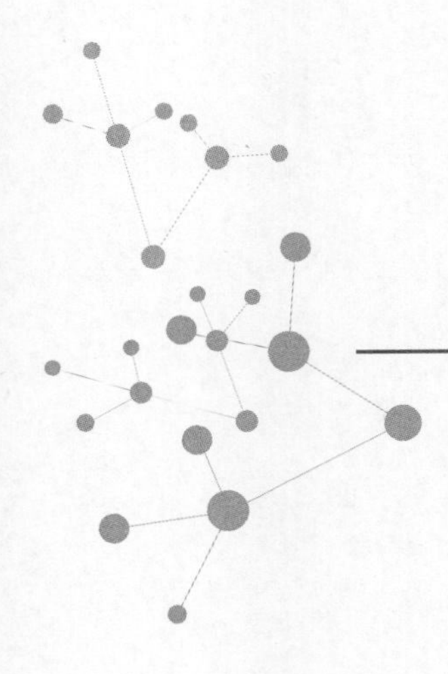

第 9 章　计算机网络实验

实验 1　局域网组网

一、实验题目

局域网组网

二、实验课时

2课时。

三、实验目的

1. 参观校园网或学院局域网，应对计算机网络组成、硬件设备等有一定的了解。

2. 利用网络设备，学生自己组建局域网，培养学生的动手能力。

3. 使学生进一步了解局域网组网技术，培养分析问题、解决问题的能力，提高查询资料和撰写书面文件的能力。

四、实验内容和要求

1. 了解局域网的组成和各种设备的用途。

2. 利用实验室提供的网络设备和双绞线，5 ～ 6 位同学一组，组建一个局域网，并对局域网进行相应的配置。

3. 独立完成上述内容，并提交书面实验报告。

实验2 使用交换机的命令行管理界面

一、实验题目

使用交换机命令行管理界面

二、实验课时

2课时。

三、实验目的

1. 了解超级终端实验环境。

2. 了解交换机的带内管理和带外管理两种管理方式，掌握交换机带外管理方式的操作。

3. 熟练掌握交换机命令行各种操作模式的区别，以及模式之间的切换。

4. 掌握交换机命令行的基本功能。

四、实验内容和要求

1. 进入超级终端实验环境。

2. 使用带外管理方式对交换机进行管理。

3. 熟练掌握交换机命令行用户模式、特权模式、全局配置模式、端口模式等各级模式的提示符，以及模式间的切换命令。

4. 了解各级操作模式下可执行的命令，掌握交换机命令行的基本功能。

五、实验步骤

1. 进入超级终端实验环境。

2. 交换机命令行操作模式的进入。

按 Enter 键后，进入用户模式。

```
switch>                                      ! 用户模式
switch>enable                                ! 进入特权模式
password:                                    ! 注意输入密码时，不会显示任何字符
switch#configure terminal                    ! 进入全局配置模式
switch（config）#interface fastEthernet 0/5  ! 进入交换机 F0/5 的接口模式
switch（config-if）#exit                     ! 退回到上一级操作模式
switch（config）#
```

```
switch（config-if）#end                    ！直接退回到特权模式
```

3. 交换机命令行基本功能。

```
switch>?                                   ！显示当前模式下所有可执行的命令
switch#co?                                 ！显示当前模式下所有以 co 开头的命令
switch#copy?                               ！显示 copy 命令后可执行的参数
Switch# conf ter                           ！命令的简写功能，代表 configure terminal
Switch#con（按 Tab 键可自动补齐 configure）
Switch（config-if）#（按 Ctrl+Z）          ！快捷键功能，Ctrl+Z 可退回到特权模式
```

实验 3　交换机的基本配置

一、实验题目

交换机的基本配置

二、实验课时

2课时。

三、实验目的

1. 掌握交换机全局基本配置和交换机端口常用配置参数。
2. 熟悉交换机基本配置的有效查看命令。

四、实验内容和要求

1. 掌握交换机的设备名称、端口速率和双工模式的配置方法。
2. 熟悉交换机基本配置、MAC 地址表和当前生效配置信息的查看命令。

五、实验步骤

1. 交换机设备名称的配置。

```
switch（config）# hostname 105_switch      ！在全局配置模式下，配置交换机的
                                           ！设备名称为 105_switch
```

2. 交换机端口参数的配置。

```
switch#show interface fastEthernet 0/3     ！显示端口的配置信息
switch（config）#interface fastEthernet 0/3 ！进入 F0/3 的端口模式
switch（config-if）#speed 10               ！配置端口速率为 10M
```

switch（config-if）#duplex half　　　　　　！配置端口的双工模式为半双工

switch（config-if）#no shutdown　　　　　　！开启该端口，使该端口转发数据

3. 查看交换机各项信息。

switch#show version　　　　　　！查看交换机的基本配置

switch#show mac-address-table　　　　　　！查看交换机的 MAC 地址表

switch#show running-config　　　　　　！查看交换机当前生效的配置信息

实验 4　VLAN

一、实验题目

VLAN

二、实验课时

2 课时。

三、实验目的

1. 掌握 VLAN 的配置，包括创建、删除和划分等。
2. 掌握不同 VLAN 间计算机相互通信的配置。

四、实验内容和要求

1. 创建两个或两个以上 VLAN。
2. 将某个接口或多个连续的接口分配到 VLAN 中。
3. 实现同一 VLAN 间计算机的相互通信。
4. 掌握不同 VLAN 间计算机相互通信的配置方法。
5. 独立完成上述内容，并提交书面实验报告。

五、实验设备

交换机（1 台）、计算机（两台）、直连线（2 条）

六、实验拓扑

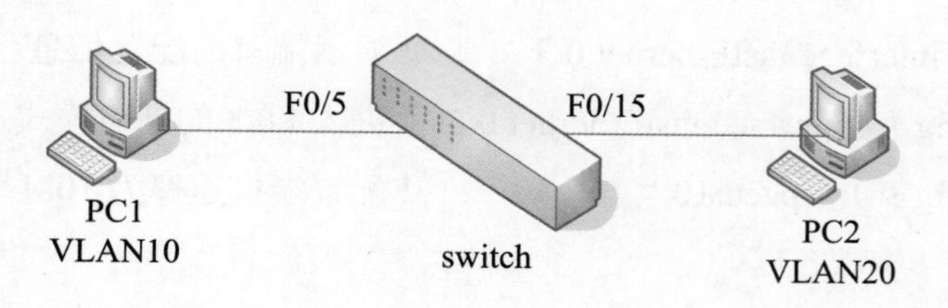

七、实验步骤

1. 创建和删除 VLAN。

```
switch#show vlan                              ! 显示已配置的 VLAN 信息
switch（config）# vlan 10                     ! 创建 VLAN10
switch（config-vlan）#name test10             ! 将 VLAN10 命名为 test10
switch（config）# vlan 20
switch（config-vlan）#name test20
switch#show vlan
switch（config）#no vlan 10                   ! 删除某个 VLAN
```

2. 将接口分配到 VLAN。

```
switch（config）# interface fastEthernet 0/5
switch（config-if）# switchport access vlan 10      ! 将 fastEthernet0/5 端口加入 vlan10
switch（config）# interface fastEthernet 0/15
switch（config-if）# switchport access vlan 20
switch（config）# interface range fastEthernet 0/1-10 ! 将多个连续的接口分配到某一 VLAN
```

3. 同一个 VLAN 中两台 PC 互 ping。

执行“开始→运行”命令，在“运行”文本框中输入 cmd，进入 DOC 界面。输入下面代码。

```
>ipconfig              ! 可查看本机 IP 地址
>ping 192.168.0.61     ！ 同一个 VLAN 里的 PC 互 ping
```

4. 不同 VLAN 中两台 PC 互 ping。

按照步骤 3 进行互 ping，发现不同 VLAN 中两台 PC 不能互 ping。下面介绍如何设置不同 VLAN 间 PC 的通信。命令行如下：

```
switch（config）#interface vlan 10                       ! 创建虚拟接口 VLAN 10
switch（config-if）#ip address 192.168.10.254 255.255.255.0 ! 配置虚拟接口 vlan10 的
                                                          ! 地址
switch（config-if）#no shutdown                           ! 开启端口
switch（config-if）#exit
switch（config）#interface vlan 20                       ! 创建虚拟接口 VLAN 20
switch（config-if）#ip address 192.168.20.254 255.255.255.0 ! 配置虚拟接口 vlan20 的
                                                          ! 地址
switch（config-if）#no shutdown                           ! 开启端口
```

按照所配置的虚拟接口地址修改各个 PC 的 IP，进行互 ping 测试，可以实现不同 VLAN 间 PC 的相互通信。

实验 5　跨交换机实现 VLAN

一、实验题目

跨交换机实现 VLAN

二、实验课时

2 课时。

三、实验目的

1. 掌握跨交换机之间 VLAN 的特点。
2. 掌握跨交换机同一 VLAN 计算机相互通信的配置方法。

四、实验内容和要求

1. 在交换机 A 上创建两个 VLAN，并分配接口。
2. 在交换机 B 上创建两个同样的 VLAN，并分配接口。
3. 将两台交换机相连的接口均配置为 trunk 端口。
4. 实现跨交换机同一 VLAN 计算机相互通信，不同 VLAN 计算机相互隔离。
5. 独立完成上述内容，并提交书面实验报告。

五、实验设备

交换机（2 台）、计算机（3 台）、直连线（4 条）。

六、实验拓扑

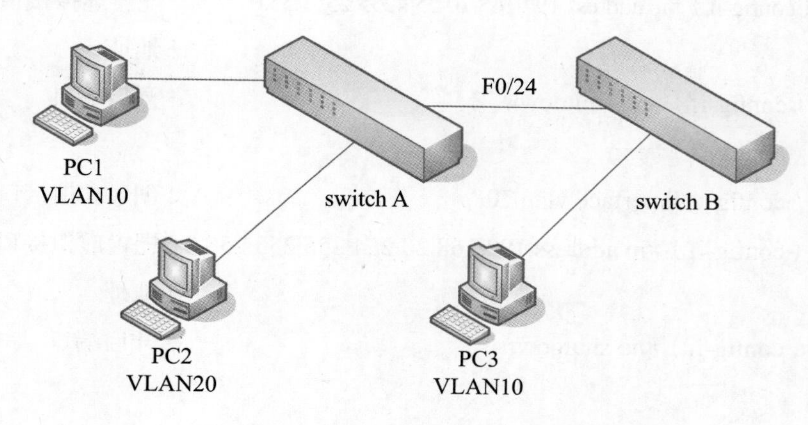

七、实验步骤

1. 在交换机 A 上创建 VLAN10 和 VLAN20，并分配端口。

```
switchA（config）# vlan 10                    ! 创建 VLAN10
switchA（config-vlan）#name test10            ! 将 VLAN10 命名为 test10
switchA（config）# vlan 20
switchA（config-vlan）#name test20
```

2. 在交换机 B 上创建 VLAN10 和 VLAN20，并分配端口。

3. 将交换机 A 和交换机 B 相连的端口（假定为 0/24 端口）定义为 tag vlan 模式。

```
switchA（config）#interface fastEthernet 0/24
switchA（config-if）#switchport mode trunk
switchB（config）#interface fastEthernet 0/24
switchB（config-if）#switchport mode trunk
```

验证 F0/24 端口设为 tag vlan 模式

```
switchA#show interfaces fastEthernet 0/24 switchport
```

4. 验证 PC1 和 PC3 能相互通信，PC2 和 PC3 不能相互通信。

思考：如何配置可使得 PC2 和 PC3 能够相互通信?

实验 6　Windows 网络操作系统的配置与使用

一、实验题目

Windows 网络操作系统的配置与使用

二、实验课时

2 课时。

三、实验目的

1. 通过指导老师指导和学生动手操作，使学生熟悉网络操作系统的配置。
2. 培养学生动手能力和书面表达能力。

四、实验内容和要求

1. Windows 网络操作系统中域的配置与管理。
2. Windows 网络操作系统中用户的管理。
3. 独立完成上述内容，并提交书面实验报告。

实验7　Windows文件系统和共享资源管理

一、实验题目

Windows 文件系统和共享资源管理

二、实验课时

2 课时。

三、实验目的

1. 掌握 NTFS 文件系统特点。
2. 利用 NTFS 权限保护文件。
3. 掌握共享文件夹的建立与管理。
4. 掌握共享打印机的建立与管理。

四、实验内容和要求

1. 为用户账户和组指派 NTFS 文件系统文件夹和文件权限。
2. 测试 NTFS 文件夹和文件权限。
3. 创建和测试、管理文件夹共享。
4. 创建和测试、管理共享打印机。
5. 独立完成上述内容，并提交书面实验报告。

五、实验步骤

1. 实验准备。
2. 利用 NTFS 权限保护文件和文件夹。
3. 共享文件夹的建立和管理。
4. 共享打印机的建立和管理。

实验8　Web服务器的建立和管理

一、实验题目

Web服务器的建立和管理

二、实验课时

2 课时。

三、实验目的

1. 学会用 Windows 网络操作系统建立 Web 服务器。
2. 掌握 Web 服务中的主要参数及其作用。
3. 掌握 Web 服务器的配置和管理。
4. 掌握使用浏览器访问 Web 服务器。

四、实验内容和要求

1. 安装、配置和管理 Windows 网络操作系统的 Web 服务。
2. 建立 Web 站点。
3. 实现多个站点访问。
4. 使用浏览器浏览 Web 服务器。
5. 独立完成上述内容，并提交书面实验报告。

五、实验步骤

1. 实验准备。
2. 在服务器上安装 Web 信息服务组件。
3. 创建一个 Web 站点。
4. 利用绑定多个 IP 地址实现多个站点。
5. 利用多个端口实现多个 Web 站点。
6. 配置 Web 站点的安全性。
7. 对 IIS 服务的远程管理。

实验 9　活动目录的创建和管理

一、实验题目

活动目录的创建和管理

二、实验课时

2 课时。

三、实验目的

1. 掌握 Windows 网络操作系统的活动目录服务。
2. 学会安装和配置活动目录。

3. 使用活动目录工具创建和管理活动目录对象。

4. 学会使用组策略实现安全策略。

四、实验内容和要求

1. 加深对活动目录的理解，掌握如何用单域模式组建小型网络和管理活动目录。

2. 安装和配置活动目录，建立域、域树、域林。校验活动目录安装正确与否。

3. 通过使用活动目录工具创建和管理活动目录对象。

4. 使用组策略以实现安全策略。

5. 独立完成上述内容，并提交书面实验报告。

五、实验步骤

1. 安装和配置活动目录。

2. 安装活动目录后的校验。

3. 将计算机加入活动目录。

4. 管理活动目录。

5. 组策略。

实验 10　软件防火墙和硬件防火墙的配置

一、实验题目

软件防火墙和硬件防火墙的配置

二、实验课时

2 课时。

三、实验目的

1. 了解防火墙的安全原理和功能。

2. 掌握软件防火墙的安装、设置、管理方法。

3. 掌握硬件防火墙的搭建、调试、配置、监控技术。

四、实验内容和要求

1. 学会常见的桌面防火墙软件的安装。

2. 掌握防火墙软件中应用程序规则、包过滤规则、安全模式、区域属性的配置方法。

3. 学会硬件防火墙的搭建和安装，调试。

4. 了解硬件防火墙的基本设置命令，学会 IP 地址转换、网络端口安全级别设置、静态地址翻译和静态路由设置。

5. 学会编写简单的配置文档，并能够阅读防火墙日志。

五、实验步骤

1. 安装个人防火墙软件。
2. 设定应用程序规则和包过滤规则。
3. 按网络安全需求配置安全模式和区域属性。
4. 根据网络拓扑结构在子网中安装硬件防火墙。
5. 对硬件防火墙进行初始化设置。
6. 配置网络端口参数。
7. 配置内外网卡 IP 地址，并指定要进行转换的内部地址。
8. 配置静态路由。
9. 配置静态地址翻译。

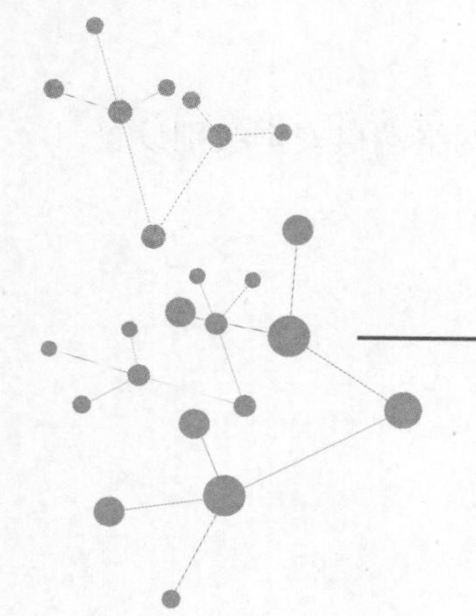

参考文献

[1] 高阳，韩庆兰，单汨源，等 . 计算机网络原理与实用技术 [M]. 长沙：中南工业大学出版社，1998.

[2] 高阳，王坚强，田兰，等 . 网络与电子商务 [M]. 长沙：湖南人民出版社，2001.

[3] 高阳，王坚强 . 计算机网络原理与实用技术 [M]. 2 版 . 北京：电子工业出版社，2005.

[4] 高阳，王坚强 . 计算机网络技术及应用 [M]. 北京：清华大学出版社，2009.

[5] 高阳，王坚强 . 计算机网络原理与实用技术 [M]. 北京：清华大学出版社，2009.

[6] 张中荃 . 接入网技术 [M]. 北京：人民邮电出版社，2017.

[7] 刘千里，魏子忠，陈量，等 . 移动互联网异构接入与融合控制 [M]. 北京：人民邮电出版社，2015.

[8] 秦志光，张凤荔 . 计算机病毒原理与防范 [M]. 2 版 . 北京：人民邮电出版社，2016.

[9] 赖英旭，刘思宇，杨震，等 . 计算机病毒与防范技术 [M]. 2 版 . 北京：清华大学出版社，2019.

[10] 韩兰胜 . 计算机病毒原理与防治技术 [M]. 武汉：华中科技大学出版社，2010.

[11] 须益华，马宜兴 . 网络安全与病毒防范 [M]. 6 版 . 上海：上海交通大学出版社，2016.

[12] 刘功申，孟魁，王轶骏，等 . 计算机病毒与恶意代码：原理、技术及防范 [M]. 4 版 . 北京：清华大学出版社，2019.

[13] 刘建伟，王育民 . 网络安全：技术与实践 [M]. 3 版 . 北京：清华大学出版社，2017.

[14] 李剑，杨军 . 计算机网络安全 [M]. 北京：机械工业出版社，2020.

[15] 卿昱 . 云计算安全技术 [M]. 北京：国防工业出版社，2016.

[16] 刘化君 . 网络安全技术 [M]. 北京：机械工业出版社，2015.

[17] 李学锋，郑毅 . 网络工程设计与项目实训 [M]. 南京：东南大学出版社，2016.

[18] 毛雪涛，李琳 . 网络工程与设计 [M]. 北京：机械工业出版社，2014.

[19] 赖会霞 . 中小型企业网络构建 [M]. 北京：科学出版社，2016.

[20] 许军，鲁志萍 . 网络设备配置项目化教程 [M]. 2 版 . 北京：清华大学出版社，2015.

[21] 苗凤君，夏冰 . 局域网技术与组网工程 [M]. 2 版 . 北京：清华大学出版社，2018.
[22] GISIN N. 跨越时空的骰子：量子通信、量子密码背后的原理 [M]. 周荣庭，译 . 上海：上海科学技术出版社，2016.
[23] 张文卓 . 大话量子通信 [M]. 北京：人民邮电出版社，2020.
[24] 杨心强 . 数据通信与计算机网络教程 [M]. 3 版 . 北京：清华大学出版社，2021.
[25] 邢彦辰 . 数据通信与计算机网络 [M]. 3 版 . 北京：人民邮电出版社，2020.
[26] STALLINGS W，CASE T. 数据通信：基础设施、联网和安全（原书第 7 版）[M]. 陈秀真，译 . 北京：机械工业出版社，2015.
[27] 董健 . 物联网与短距离无线通信技术 [M]. 2 版 . 北京：电子工业出版社，2016.
[28] 陈光辉，黎连业，王萍，等 . 网络综合布线系统与施工技术 [M]. 5 版 . 北京：机械工业出版社，2018.
[29] 卢晓丽，于洋 . 计算机网络基础与实践 [M]. 北京：北京理工大学出版社，2020.
[30] 潘爱民 . Windows 内核原理与实现 [M]. 北京：电子工业出版社，2010.
[31] YOSIFOVICH P. Windows 内核编程 [M]. 李亮，译 . 北京：机械工业出版社，2021.
[32] 郭强 . Windows 10 深度攻略 [M]. 北京：人民邮电出版社，2018.
[33] 李志鹏 . 精解 Windows 10[M]. 2 版 . 北京：人民邮电出版社，2017.
[34] 微软平台技术顾问团队 . Windows 10 开发入门经典 [M]. 北京：清华大学出版社，2016.
[35] 刘振洪，吴敏凤 . Linux 操作系统实用教程 [M]. 天津：天津科学技术出版社，2016.
[36] 文东戈，赵艳芹 . Linux 操作系统实用教程 [M]. 2 版 . 北京：清华大学出版社，2019.
[37] 孙昊，王洋，赵帅，等 . 物联网之魂：物联网协议与物联网操作系统 [M]. 北京：机械工业出版社，2019.
[38] 张荣超 . 鸿蒙应用开发实战 [M]. 北京：人民邮电出版社，2021.
[39] 王善平 . 古今密码学趣谈 [M]. 北京：电子工业出版社，2012.
[40] 康桂花 . 计算概论 [M]. 北京：中国铁道出版社，2016.
[41] 杨军，余江，赵征鹏 . 基于 FPGA 密码技术的设计与应用 [M]. 北京：电子工业出版社，2012.
[42] 徐凯，崔红鹏 . 密码技术与物联网安全：mbedtls 开发实战 [M]. 北京：机械工业出版社，2019.
[43] 廖滨华 . 网络基础与应用当代大学生必备必用 [M]. 武汉：湖北科学技术出版社，2014.
[44] 胡娟 . 电子商务支付与安全 [M]. 北京：北京邮电大学出版社，2018.
[45] 长铗，韩锋 . 区块链：从数字货币到信用社会 [M]. 北京：中信出版社，2016.
[46] 黎连业，黎萍，王华，等 . 计算机网络系统集成技术基础与解决方案 [M]. 北京：机械工业出版社，2013.
[47] 秦智 . 网络系统集成 [M]. 西安：西安电子科技大学出版社，2017.
[48] 张思卿，王海文，王丽君 . 计算机网络技术 [M]. 武汉：华中科技大学出版社，2013.
[49] 刘化君，郭丽红 . 网络安全与管理 [M]. 北京：电子工业出版社，2019.
[50] 陈虹，肖成龙 . 计算机网络 [M]. 北京：机械工业出版社，2018.
[51] 云红艳，高磊，杜祥军，等 . 计算机网络管理 [M]. 2 版 . 北京：人民邮电出版社，2014.
[52] 高泽华，孙文生 . 物联网：体系结构、协议标准与无线通信（RFID、NFC、LoRa、NB-IoT、WiFi、ZigBee 与 Bluetooth）[M]. 北京：清华大学出版社，2020.
[53] 王良明 . 云计算通俗讲义 [M]. 3 版 . 北京：电子工业出版社，2019.
[54] 马睿，苏鹏，周翀 . 大话云计算：从云起源到智能云未来 [M]. 北京：机械工业出版社，2020.
[55] 张飞舟 . 物联网应用与解决方案 [M]. 2 版 . 北京：电子工业出版社，2019.

[56] 大前研一. IoT 变现 [M]. 朱悦玮，译. 2 版. 北京：北京时代华文书局，2019.
[57] 郎为民，马卫国，张寅，等. 大话物联网 [M]. 2 版. 北京：人民邮电出版社，2020.
[58] 周奇. 无线网络接入技术及方案的分析与研究 [M]. 北京：清华大学出版社，2018.
[59] BACH M J. UNIX 操作系统设计 [M]. 陈葆钰，王旭，柳纯录，等译. 北京：人民邮电出版社，2019.
[60] 王珊，萨师煊. 数据库系统概论 [M]. 5 版. 北京：高等教育出版社，2014.
[61] 范录宏，皮亦鸣，李晋. 北斗卫星导航原理与系统 [M]. 北京：电子工业出版社，2020.
[62] 文东戈，孙昌立，王旭. Linux 操作系统实用教程 [M]. 北京：清华大学出版社，2010.
[63] KUROSE J F. 计算机网络：自顶向下方法（原书第 7 版）[M]. 陈鸣，译. 北京：机械工业出版社，2018.
[64] 华为区块链技术开发团队. 区块链技术及应用 [M]. 北京：清华大学出版社，2019.
[65] 许小刚，王仲晏. 物联网商业设计与案例 [M]. 北京：人民邮电出版社，2017.
[66] 钱燕. 实用计算机网络技术：基础、组网和维护（微课视频版）[M]. 2 版. 北京：清华大学出版社，2020.
[67] 余来文，林晓伟，封智勇，等. 互联网思维 2.0：物联网、云计算、大数据 [M]. 北京：经济管理出版社，2017.
[68] 付强. 物联网系统开发：从 0 到 1 构建 IoT 平台 [M]. 北京：机械工业出版社，2020.
[69] STALLINGS W. 现代网络技术：SDN、NFV、QoE、物联网和云计算 [M]. 胡超，邢长友，陈鸣，译. 北京：机械工业出版社，2018.
[70] TANENBAUM A S，WETHERALL D J. 计算机网络 [M]. 严伟，潘爱民，译. 5 版. 北京：清华大学出版社，2020.
[71] 刘耕，苏郁. 5G 赋能 行业应用与创新 [M]. 北京：人民邮电出版社，2020.
[72] 施战备，秦成，张锦存，等. 数物融合：工业互联网重构数字企业 [M]. 北京：人民邮电出版社，2020.
[73] 刘勇. 计算机网络基础 [M]. 北京：清华大学出版社，2016.
[74] 谢希仁. 计算机网络 [M]. 7 版. 北京：电子工业出版社，2017.
[75] 吴军. 智能时代：5G、IoT 构建超级智能新机遇 [M]. 北京：中信出版社，2020.
[76] 谢雨飞，田启川. 计算机网络与通信基础 [M]. 北京：清华大学出版社，2019.
[77] 韩立刚. 计算机网络原理创新教程 [M]. 北京：中国水利水电出版社，2017.
[78] 孙傲冰，姜文超，涂旭平，等. 云计算、大数据与智能制造 [M]. 武汉：华中科技大学出版社，2020.
[79] 王达. 深入理解计算机网络 [M]. 北京：中国水利水电出版社，2017.
[80] 谢钧，谢希仁. 计算机网络教程（微课版）[M]. 5 版. 北京：人民邮电出版社，2018.
[81] 沈鑫剡，俞海英，胡勇强，等. 网络技术基础与计算思维实验教程 [M]. 北京：清华大学出版社，2016.
[82] 许毅，陈立家，甘浪雄，等. 无线传感器网络技术原理及应用 [M]. 2 版. 北京：清华大学出版社，2018.
[83] 金光，江先亮. 无线网络技术：原理、应用与实验 [M]. 4 版. 北京：清华大学出版社，2020.
[84] NTT DATA 集团. 图解物联网 [M]. 丁灵，译. 北京：人民邮电出版社，2017.
[85] 苏金树，赵宝康，赵锋. 网络技术发展愿景与展望 [J]. 中国计算机学会通讯，2021，17（7）：51-58.

[86] 朱云乐 . 5G 移动通信发展趋势与若干关键技术 [J]. 信息记录材料，2021，22 (9)：69-70.
[87] 陈忠贵，武向军 . 北斗三号卫星系统总体设计 [J]. 南京航空航天大学学报，2020，52 (6)：835-845.
[88] 龙桂鲁 . 量子安全直接通信原理与研究进展 [J]. 信息通信技术与政策，2020 (7)：10-19.
[89] 董怡雯 . 量子通信技术现状与应用前景分析 [J]. 通讯世界，2020，27 (6)：73-74.
[90] 徐兵杰，刘文林，毛钧庆，等 . 量子通信技术发展现状及面临的问题研究 [J]. 通信技术，2014，47(5)：463-468.
[91] 易芝玲，王森，韩双锋，等 . 从 5G 到 6G 的思考 : 需求、挑战与技术发展趋势 [J]. 北京邮电大学学报，2020，43 (2)：1-9.
[92] 李琳依 . 利用光子极化和轨道角动量自由度编码实现的高容量量子安全直接通信协议 [D]. 北京：北京邮电大学，2020.
[93] 张小飞，徐大专 . 6G 移动通信系统：需求、挑战和关键技术 [J]. 新疆师范大学学报（哲学社会科学版），2020，41 (2)：122-133.
[94] 齐俊鹏，田梦凡，马锐 . 面向物联网的无线射频识别技术的应用及发展 [J]. 科学技术与工程，2019，19 (29)：1-10.
[95] 金志刚，吴桐，李根 . 基于短距离无线通信的物联网智能锁安全机制研究 [J]. 信息网络安全，2019 (10)：16-23.
[96] 陈亮，余少华 . 6G 移动通信发展趋势初探 [J]. 光通信研究，2019 (4)：1-8.
[97] 王欣龙 . 量子安全直接通信改进方案研究 [D]. 兰州：兰州大学，2019.
[98] 王向斌 . 量子通信的前沿、理论与实践 [J]. 中国工程科学，2018，20 (6)：87-92.
[99] 龙桂鲁，盛宇波，殷柳国 . 量子通信研究进展与应用 [J]. 物理，2018，47 (7)：413-417.
[100] 秦冬 . 基于虚拟化技术的信息化系统服务器部署方案研究 [J]. 电脑知识与技术，2018，14 (13)：234-235.
[101] 曹傧，梁裕丞，罗雷，等 . ad hoc 云环境中分布式博弈卸载策略 [J]. 通信学报，2017，38 (11)：24-34.
[102] 邓富国，李熙涵，龙桂鲁 . 量子安全直接通信 [J]. 北京师范大学学报（自然科学版），2016，52 (6)：790-799.
[103] 张平，陶运铮，张治 . 5G 若干关键技术评述 [J]. 通信学报，2016，37 (7)：15-29.
[104] 齐婵颖，李战怀，张晓，等 . 云存储系统性能评测技术研究 [J]. 计算机研究与发展，2014，51（A 增刊）：223-228.
[105] 龙桂鲁，秦国卿 . 量子密钥分发与量子安全直接通信 [J]. 物理与工程，2014，24 (2)：3-12.
[106] 吴华，王向斌，潘建伟 . 量子通信现状与展望 [J]. 中国科学（信息科学），2014，44 (3)：296-311.
[107] 王怀群 . 一种 10M/100M 自适应以太网光纤收发器的实现 [J]. 煤炭工程，2013，45 (5)：126-128.
[108] 何玲燕，王川，焦荣珍，等 . 量子通信原理及进展概述 [J]. 中国电子科学研究院学报，2012，7 (5)：466-471.
[109] 罗乐，刘轶，钱德沛 . 内存计算技术研究综述 [J]. 软件学报，2016，27 (8)：2147-2167.
[110] 刘垏，苏舒，崔以田，等 . 快速以太网光纤收发器系统设计 [J]. 功能材料与器件学报，2012，18 (4)：278-282.
[111] 陈海军 . 浅谈光纤收发器在网络通信中的应用 [J]. 中小企业管理与科技，2012，(6)：292-293.
[112] 汪伟斌 . 光纤收发器分类和选取 [J]. 有线电视技术，2003，(2)：71，66.
[113] 刘静，李桥梁，吴洪涛 . 光纤收发器的设计 [J]. 电子机械工程，2002，18 (5)：28-31.

[114] 李腾飞 . 基于 RMON2 协议的网络流量监测与预测研究 [D]. 西安：西安电子科技大学，2014.
[115] 王智红 . 基于 CORBA/Web 的综合网络管理技术研究 [J]. 网络安全技术与应用，2017 (2)：62-63.
[116] 中国互联网信息中心 . 第 47 次中国互联网络发展状况统计报告 [R/OL]. (2021-02-03)[2022-12-11]. http://www.cac.gov.cn/2021-02/03/c_1613923423079314.htm.
[117] 阮伟华 . 100G 以太网物理层研究及关键模块 ASIC 实现 [D]. 南京：东南大学，2017.
[118] 任奎，王聪 . 加密数据库技术：前沿与展望 [J]. 中国计算机学会通讯，2021，17 (6)：42-49.
[119] 丁大尉，胡志强 . 新一代互联网的演化机制与社会问题研究 [J]. 科学研究，2020，38 (1)：10-15.
[120] 吴建平，吴茜，徐恪 . 下一代互联网体系结构基础研究及探索 [J]. 计算机学报，2008，31 (9)：1536-1548.
[121] 马俊 . 下一代互联网研究现状和发展趋势及其在海警业务中的应用研究 [J]. 中国新通信，2019，21 (14)：114-116.
[122] 孙舒扬 . IPv6 中国下一代互联网的发展机遇 [J]. 互联网经济，2018 (8)：20-25.
[123] 宋萍 . 我国下一代互联网发展途径研究 [J]. 计算机产品与流通，2018 (8)：31-32.
[124] 程强 . 家庭互联网中的互联技术 [J]. 信息通信技术，2016，10 (3)：31-35.
[125] 钟菲，刘洋，张学敏，等 . 基于智能电网的电力线通信技术发展及应用研究 [J]. 通信电源技术，2018，35 (12)：158-159.
[126] 龚康，徐萍 . 浅谈音频分享平台在移动互联时代的生存现状：以“播客”为例 [J]. 古今文创，2021 (16)：117-119.
[127] 刘艳青 . 全媒体语境下国内新闻播客发展路径探索 [J]. 新闻研究导刊，2020，11 (20)：209-212.
[128] 贺崧智，熊卫民 . 网络音频在中国的产生和发展 [J]. 科学文化评论，2020，17 (5)：93-106.
[129] 周利娟 . 移动互联时代中文播客平台发展研究：以小宇宙 APP 为例 [J]. 视听，2021 (2)：119-120.
[130] 谢啸轩 . 国内播客产业兴起的动因与挑战研究 [J]. 新媒体研究，2021，7 (5)：60-62.
[131] 孙舒扬 . IPv6 中国下一代互联网的发展机遇 [J]. 互联网经济，2018 (8)：20-25.
[132] 李昕婕 . 网络短视频发展与类型分析 [J]. 声屏世界，2019 (9)：93-94.
[133] 李千帆，赖洁瑜 . 网络视频发展现状及营销模式探索 [J]. 经济研究导刊，2020 (10)：66-67.
[134] 史家瑞 . 浅论网络短视频的发展现状与法律监管——以抖音短视频为例 [J]. 法治与社会，2018 (22)：54-55.
[135] 武蕊 . 关于现阶段网络短视频的研究分析：以抖音为例 [J]. 法治与社会，2019 (26)：139-140.
[136] 刘海林 . IEEE802.16m OFDMA 资源调度技术研究 [D]. 成都：西南交通大学，2016.
[137] 成苗荣 . WiMAX 网络中节能机制的研究 [D]. 无锡：江南大学 . 2015.
[138] 刘莹，任罡，李崇荣，等 . 建设先进网络基础设施支撑教育信息化发展和应用 [J]. 中国科学院院刊，2013，28 (4)：482-490.
[139] 徐力生 . 无线 MESH 网络在广播发射台的应用 [J]. 广播电视信息，2011 (2)：88-90.
[140] 徐书欣，赵景 . ARP 欺骗攻击与防御策略探究 [J]. 现代电子技术，2018，41 (8)：78-82.
[141] 欧贤，胡燕 . IP 地址欺骗与防范技术研究 [J]. 数字技术与应用，2015 (11)：203.
[142] 王凤领 . 基于 IPSec 的 VPN 技术的应用研究 [J]. 计算机技术与发展，2012，22 (9)：250-252.
[143] 凤丹，欧锋 . GRE 隧道协议安全性分析 [J]. 微计算机信息，2007 (33)：75-77.
[144] 王丽娜，刘炎，何军 . 基于 IPSec 和 GRE 的 VPN 实验仿真 [J]. 实验室研究与探索，2013，32 (9)：70-75.
[145] 秦磊华 . VPN 隧道技术研究 [J]. 计算机工程与科学，2003，25 (2)：16-19.

[146] 马川 . VPN 的 IPSec 和 SSL 实施对比研究 [J]. 计算机安全，2008 (6)：63-65.
[147] 池卓轩 . VPN 技术在企业应用中的研究 [D]. 广州：华南理工大学，2011.
[148] 唐旭，陈蓓 . 基于 WLAN 的网络安全技术在校园网中的应用研究 [J]. 中国职业技术教育，2013 (17)：80-82.
[149] 刘华 . 无线网络安全问题研究 [J]. 电脑知识与技术，2015，11 (3)：34-35.
[150] 李军 . 无线网络安全问题探讨 [J]. 电子测试，2017 (20)：119-120.
[151] 房沛荣，唐刚，程晓妮 . WPA/WPA2 协议安全性分析 [J]. 软件，2015，36 (1)：22-25.
[152] 王婷，黄国彬 . 近四年来我国云安全问题研究进展 [J]. 情报科学，2013，31 (1)：153-160.
[153] 李连，朱爱红 . 云计算安全技术研究综述 [J]. 信息安全与技术，2013，4 (5)：42-45.
[154] 张玉清，王晓菲，刘雪峰，等 . 云计算环境安全综述 [J]. 软件学报，2016，27 (6)：1328-1348.
[155] 冯登国，张敏，张妍，等 . 云计算安全研究 [J]. 软件学报，2011，22 (1)：71-83.
[156] 余娟娟 . 浅析“云安全”技术 [J]. 计算机安全，2011 (9)：39-44.
[157] 李亚奇 . 云计算访问控制技术研究综述 [J]. 信息与电脑（理论版），2016 (22)：47-48.
[158] 侯勇 . 银河麒麟操作系统高可用技术的设计与实现 [D]. 长沙：国防科学技术大学，2005.
[159] 许振新 . 辉煌，从“麒麟”开始：记完全自主知识产权的国产服务器操作系统 Kylin 问世 [J]. 中国计算机用户，2004 (36)：50.
[160] 唐潇霖 . 国产操作系统 欲与微软试比高 [J]. 信息系统工程，1999 (9)：31.
[161] 孙玉芳 . 国产操作系统迎来新世纪的曙光 [J]. 求是，2000 (20)：57-58.
[162] 孙玉芳 . 国产操作系统为何发展缓慢 [N]. 光明日报，2000-08-09 (1).
[163] 刘启原 . 国产操作系统 COSIX[J]. 软件世界，1995 (1)：8-12.
[164] 孙玉芳 . 我所经历的 20 年国产操作系统研发 [J]. 中国计算机报，2000-07-17 (A08).
[165] 徐翠娟，张景田 . 关于发展国产软件业的几点思考 [J]. 统计与咨询，1999 (2)：35-36.
[166] 李壮，倪光南 . 中国软件产业处在十字路口 [J]. 科学新闻，2007 (3)：2.
[167] 沈俊 . 中国软件业发展的十大问题与五大对策 [J]. 上海综合经济，1999 (5)：27-28.
[168] 周明德 . 国产操作系统 COSIX 和国产系统软件平台 COSA[J]. 电子科技导报，1997 (5)：31-34.
[169] 陈文晖 . 论我国软件产业当前的形势、机遇和发展战略 [J]. 科技导报，2003，21 (3)：49-53.
[170] 张恒 . 基于内存分析的 Windows 内核结构探测 [D]. 武汉：武汉大学，2018.
[171] 刘磊 . 超融合架构在校园校信息化建设中的作用 [J]. 信息通信，2018 (4)：186-187.
[172] 孟欣 . 基于超融合架构的新一代数据中心建设探究 [J]. 电脑编程技巧与维护，2018 (4)：98-100.
[173] 王霞，木楠，何玲慧，等 . 超融合架构在图书馆数据中心的应用 [J]. 中华医学图书情报杂志，2020，29 (3)：32-36.
[174] 刘建兵，王振欣 . 主动安全网络架构：基于社会控制原理的网络安全技术 [J]. 信息安全研究，2021，7 (7)：590-597.
[175] 王育欣，王育斌 . 信息平台中防火墙技术的分析与应用 [J]. 硅谷，2012 (6)：157.
[176] 王潮，姚皓南，王宝楠，等 . 量子计算密码攻击进展 [J]. 计算机学报，2020，43 (9)：1691-1707.
[177] 万武南，陈豪，陈俊，等 . 区块链的椭圆曲线密码算法侧信道安全分析 [J]. 应用科学学报，2019，37 (2)：203-212.
[178] 时丽平，王子健 . 一种高效的椭圆曲线密码标量乘算法及其实现 [J]. 中国电子科学研究院学报，2019，14 (8)：846-850.
[179] MILLER V S. Use of elliptic curves in cryptography[C]// Proceedings of CRYPTO’85 on Advances in Cryptology CRYPTO’85，1985. Berlin：Springer-Verlag，LNCS(218)：417-426.

[180] 胡建军，王伟，李恒杰 . Pollard ρ 攻击素域椭圆曲线密码的实践研究 [J]. 武汉大学学报（工学版），2019，52 (9)：836-840.

[181] 吴伟彬，刘哲，杨昊，等 . 后量子密码算法的侧信道攻击与防御综述 [J]. 软件学报，2021，32 (4)：1165-1185.

[182] SHOR P W. Polynomial-time algorithms for prime factorization and discrete logarithms on a quantum computer[J]. SIAM Review，1999，41 (2)：303-332.

[183] 陈冰儿，王帮海，劳南新 . 基于 DPoS 扩展的量子加密区块链 [J]. 广东工业大学学报，2021，38 (2)：34-38.

[184] 郁昱 . 后量子密码专栏序言 [J]. 密码学报，2017，4 (5)：472-473.

[185] 王永利，徐秋亮 . 量子计算与量子密码的原理及研究进展综述 [J]. 计算机研究与发展，2020，57 (10)：2015-2026.

[186] 舒远，田东平，胡艳宁 . 基于密钥托管的量子加密网络 [J]. 激光杂志，2002 (2)：57-58.

[187] 王宇 . 一次一密和区域划分的混沌图像加密研究 [D]. 大连：大连理工大学，2019.

[188] 岳庄台 . 基于 RLWE 的批处理同态加密方案 [D]. 上海：上海师范大学，2021.

[189] LIANG M. Symmetric quantum fully homomorphic encryption with perfect security[J]. Quantum Information Processing，2013，12 (12)：3675-3687.

[190] 中国科学技术大学 . 中国科学技术大学成功实现 500 公里量级现场无中继光纤量子密钥分发 [J]. 信息网络安全，2021，21 (7)：97.

[191] 张春辉 . 新型量子密码的方案设计与实验验证 [D]. 南京：南京邮电大学，2020.

[192] BENNETT C H，BRASSARD G. Quantum cryptography：Public key distribution and coin tossing[J]. Theoretical Computer Science，2014，560：7-11.

[193] 佟为明，张希栋，李中伟，等 . 基于椭圆曲线密码的数据集中器通信报文混合密码算法 [J]. 电力系统自动化，2014，38 (4)：86-91.

[194] 姚前，张大伟 . 区块链系统中身份管理技术研究综述 [J]. 软件学报，2021，32 (7)：2260-2286.

[195] 董立伟，高燕娃，宋美静 . 云防火墙中针对网络攻击专利技术综述 [J]. 中国新通信，2016，18 (4)：55.

[196] REJEB R，LEESON M S，GREEN R J. Fault and attack management in all-optical networks[J]. IEEE Communications Magazine，2006，44 (11)：79-86.

[197] 黄善国，李新，唐颖，等 . 高速光子防火墙关键技术综述 [J]. 通信学报，2019，40 (9)：157-167.

[198] 郭俊峰 . 基于快速序列匹配的光子防火墙技术研究 [D]. 北京：北京邮电大学，2020.

[199] 蔡晓晴，邓尧，张亮，等 . 区块链原理及其核心技术 [J]. 计算机学报，2021，44 (1)：84-131.

[200] MEDARD M，MARQUIS D，BARRY R A，et al. Security issues in all-optical networks[J]. IEEE Network：The Magazine of Computer Communications，1997，11 (3)：42-48.

[201] TAO W，SOMANI A K. Cross-talk attack monitoring and localization in all-optical networks[J]. IEEE/ACM Transactions on Networking，2005，13 (6)：1390-1401.

[202] SKORIN-KAPOV N，CHEN J，WOSINSKA L. A new approach to optical networks security：Attack-aware routing and wavelength assignment[J]. IEEE/ACM Transactions on Networking，2010，18 (3)：750-760.